Custom-Code-Migration nach SAP S/4HANA®

SAP PRESS ist eine gemeinschaftliche Initiative von SAP SE und der Rheinwerk Verlag GmbH. Unser Ziel ist es, Ihnen als Anwendern qualifiziertes SAP-Wissen zur Verfügung zu stellen. SAP PRESS vereint das Know-how der SAP und die verlegerische Kompetenz von Rheinwerk. Die Bücher bieten Ihnen Expertenwissen zu technischen wie auch zu betriebswirtschaftlichen SAP-Themen.

Damit Sie nach weiteren Titeln Ihres Interessengebiets nicht lange suchen müssen, haben wir eine kleine Auswahl zusammengestellt.

Chiuaru, Freilinger-Huber, Stark, Trapp
ABAP-Entwicklung für SAP S/4HANA
2019, 548 Seiten, geb.
ISBN 978-3-8362-6788-5
www.sap-press.de/4823

Densborn, Finkbohner, Freudenberg, Höft, Mathäß, Rubarth
Migration nach SAP S/4HANA
3., aktualisierte und erweiterte Auflage 2020, 670 Seiten, geb.
ISBN 978-3-8362-7455-5
www.sap-press.de/5047

Michael Englbrecht
SAP Fiori – Implementierung und Entwicklung
3., aktualisierte und erweiterte Auflage 2020, 798 Seiten, geb.
ISBN 978-3-8362-7268-1
www.sap-press.de/4947

Thomas Schneider, Werner Wolf
Erweiterungen für SAP S/4HANA – Das Praxishandbuch
2018, 510 Seiten, geb.
ISBN 978-3-8362-6204-0
www.sap-press.de/4613

Emily Celen, Lutz Rosenpflanzer

Custom-Code-Migration nach SAP S/4HANA®

Liebe Leserin, lieber Leser,

vielen Dank, dass Sie sich für ein Buch von SAP PRESS entschieden haben.

Als ich die erste Auflage unseres Buches »Migration nach SAP S/4HANA« lektorierte, sprang mir die Migration des kundeneigenen Codes als eine Aufgabe ins Auge, die näherer Betrachtung bedarf. Schließlich haben wir bei SAP PRESS in den vergangenen Jahren Tausende Exemplare von ABAP-Büchern verkauft, die erklären, wie man den SAP-Standardcode um kundeneigene Programmierungen erweitert. Die Idee eines praktischen Leitfadens für die Custom-Code-Migration war geboren.

Ich bin sehr glücklich, dass ich mit Emily Celen und Lutz Rosenpflanzer eine Autorin und einen Autor für dieses Buchprojekt gefunden habe, die genau diese Migration schon in zahlreichen Projekten gemeinsam mit SAP-Kunden durchgeführt haben. Ihr Praxiswissen fließt in jede Zeile dieses Buches ein. Sicher wird Ihnen das vorliegende Buch dabei helfen, Herr Ihrer kundeneigenen Erweiterungen zu werden und diese sicher und performant nach SAP S/4HANA zu überführen.

Wir freuen uns stets über Lob, aber auch über kritische Anmerkungen, die uns helfen, unsere Bücher zu verbessern. Scheuen Sie sich nicht, mich zu kontaktieren. Ihre Fragen und Anmerkungen sind jederzeit willkommen.

Ihre Janina Schweitzer
Lektorat SAP PRESS

janina.schweitzer@rheinwerk-verlag.de
www.rheinwerk-verlag.de
Rheinwerk Verlag · Rheinwerkallee 4 · 53227 Bonn

Auf einen Blick

Wir hoffen, dass Sie Freude an diesem Buch haben und sich Ihre Erwartungen erfüllen. Ihre Anregungen und Kommentare sind uns jederzeit willkommen. Bitte bewerten Sie doch das Buch auf unserer Website unter **www.rheinwerk-verlag.de/feedback**.

An diesem Buch haben viele mitgewirkt, insbesondere:

Lektorat Janina Schweitzer
Gutachten Thomas Fiedler, SAP
Korrektorat Annette Lennartz, Bonn
Herstellung Denis Schaal
Typografie und Layout Vera Brauner
Einbandgestaltung Bastian Illerhaus
Coverbild iStock: 959274154 © tampatra
Satz III-Satz, Husby
Druck Beltz Grafische Betriebe, Bad Langensalza

Dieses Buch wurde gesetzt aus der TheAntiquaB (9,35/13,7 pt) in FrameMaker. Gedruckt wurde es auf chlorfrei gebleichtem Offsetpapier (90 g/m²). Hergestellt in Deutschland.

Bibliografische Information der Deutschen Nationalbibliothek:
Die Deutsche Nationalbibliothek verzeichnet diese Publikation in der Deutschen Nationalbibliografie; detaillierte bibliografische Daten sind im Internet über *http://dnb.dnb.de* abrufbar.

ISBN 978-3-8362-7632-0

1. Auflage 2020

Informationen zu unserem Verlag und Kontaktmöglichkeiten finden Sie auf unserer Verlagswebsite **www.rheinwerk-verlag.de**. Dort können Sie sich auch umfassend über unser aktuelles Programm informieren und unsere Bücher und E-Books bestellen.

Inhalt

Vorwort

»Hallo Basisentwicklung, ihr habt doch da so einen Verwendungsnachweis in ABAP. Damit könnte man die Kunden doch unterstützen, ihren Z-Code anzupassen, wenn sie ihr System auf SAP S/4HANA umstellen, oder?«

Diese Anfrage war der Startschuss für das Projekt *Custom-Code-Migration*, das wir im März 2015 mit dem Ziel begonnen haben, unsere Kunden bestmöglich dabei zu unterstützen, ihr System von der klassischen SAP Business Suite auf SAP S/4HANA umzustellen. Was aus dieser Anfrage geworden ist, können Sie in diesem Buch erfahren.

Heute, etwa fünf Jahre später, ist das Thema Custom-Code-Migration bei der Mehrzahl der SAP-Kunden eines der brennendsten Themen in den IT-Abteilungen. Denn ihre Systemlandschaften befinden sich gerade im Umbruch in Richtung SAP S/4HANA. Dabei muss sehr gut geplant werden, was mit den ganzen Eigenentwicklungen der letzten Jahrzehnte passieren soll. In diesem Kontext treten häufig ähnliche Fragen wie die folgenden auf:

- Muss ich meinen gesamten Kundencode nochmals von Neuem entwickeln?
- Darf ich in SAP S/4HANA überhaupt noch Z-Code entwickeln?
- Wie sieht es mit meinen Modifikationen und Erweiterungen aus?

Was ist hier eigentlich das Problem, das gelöst werden muss? Das S in S/4HANA steht ja für Simplifizierung. Das klingt erstmal positiv. Es scheint alles einfacher zu werden. Aber für den Entwickler von kundeneigenem Code bedeutet gerade diese Simplifizierung auch viel Arbeit. Warum?

Simplifizierung bedeutet, dass jede Menge Objekte im SAP-Code geändert wurden. Einige Objekte wurden inkompatibel geändert oder sogar gelöscht. Das hat zum Teil gravierende Auswirkungen auf den kundeneigenen Code, etwa Abbrüche zur Laufzeit, Syntaxfehler in den Programmen oder im schlimmsten Fall funktionale Fehler in den Anwendungen, die teilweise nur schwer auffindbar sind. Aus diesem Grund muss in jedem SAP-S/4HANA-Projekt der Aufwand geleistet werden, den kundeneigenen Code zu analysieren und entsprechend anzupassen.

Zum Glück hat sich gezeigt, dass diese Aufgabe mittlerweile sehr gut machbar ist. Sie ist auch deshalb gut machbar, weil es inzwischen Experten gibt, die sehr viel Projekterfahrung auf diesem Gebiet gesammelt haben. Zwei dieser Experten haben sich entschieden, ihre Erfahrungen in diesem Buch zusammenzustellen, um Ihnen zu helfen, Ihre Codeumstellungen zu meistern. Es bedarf nämlich nicht nur allein der Kenntnis der richtigen Werkzeuge und der in SAP S/4HANA vorgenommenen Änderungen im Vergleich zur SAP Business Suite, sondern es muss auch die richtige Vorgehensweise gefunden werden, um so ein Projekt effizient zu meistern.

Schon die ersten Kundenprojekte mit dem Release 1511 haben gezeigt, dass eine reine Anpassung des existierenden Kundencodes oftmals nicht ausreicht, um sich erfolgreich auf die neue Business Suite vorzubereiten. Eine ebenso wichtige Aufgabe ist es, sich zu überlegen, ob denn wirklich jede Zeile ABAP-Code, die in den letzten Jahren geschrieben wurde, in SAP S/4HANA überhaupt noch benötigt wird. Ich ziehe hier immer gern den Vergleich zum Umzug in ein neues Haus oder eine neue Wohnung. Auch dabei ist es sehr ratsam, zuvor zu überlegen, ob man wirklich all seine Sachen mitnehmen muss oder ob man sich nicht von dem ein oder anderen Ding trennen kann.

Genau so sieht es aus, wenn man nach SAP S/4HANA umzieht. Es gibt Analysen, die zeigen, dass ca. 40–60 % des gesamten Kundencodes nicht produktiv genutzt werden. Warum also sollte man diesen Code in dem Wissen anpassen, dass er auch in SAP S/4HANA nicht mehr genutzt werden wird? Besser ist es, diesen Code vor der Systemumstellung zu löschen. Dafür bietet SAP Tools an, die Sie anleiten, um den überflüssigen Code zu identifizieren und zu eliminieren.

Wenn man diesen ersten Schritt gemeistert hat, geht es an die eigentliche Analyse des noch immer relevanten Kundencodes, der mit nach SAP S/4HANA umziehen soll. Wir bieten dafür mit der Custom-Code-Migration-App, basierend auf dem ABAP Test Cockpit, nicht nur ein sehr effizientes Analysewerkzeug an, sondern mit den sogenannten Quick Fixes mittlerweile auch Ansätze, um den Kundencode semiautomatisch umzusetzen. Mit diesen Werkzeugen sollte jeder Kunde in der Lage sein, die notwendigen Anpassungen vorzunehmen.

Der nächste Schritt, der aktuell in vielen Projekten noch nicht angegangen wird, ist die Modernisierung und Optimierung der kundeneigenen Entwicklungen. Sie kaufen sich mit SAP S/4HANA ja nicht nur eine modernisierte und vereinfachte Anwendungsschicht, sondern auch eine moderne und renovierte ABAP-Technologieplattform, basierend auf SAP HANA. Auch in Ihren eigenen Anwendungen können Sie Nutzen aus diesen neuen Technologien ziehen. Gerade die SAP-HANA-Technologie bietet Ihnen als Entwickler sehr viele Möglichkeiten, die Performance Ihrer Anwendungen deutlich zu verbessern, indem datenintensive Operationen direkt auf der Datenbank ausgeführt werden und nicht wie früher im ABAP-Stack. Das setzt aber voraus, dass Sie sich mit Technologien wie Core Data Services und Datenbankprozeduren auseinandersetzen. Natürlich fällt dieses Wissen nicht vom Himmel, sondern ist mit entsprechenden Investitionen und Aufwänden verbunden, um diese neuen Technologien im Rahmen eines SAP-S/4HANA-Projekts zu erlernen. Viele Kunden stellen erst mitten im Projekt fest, dass sie in SAP S/4HANA einen CDS View anlegen oder erweitern müssen und dass dafür eine neue Entwicklungsumgebung zu verwenden ist. Viele dieser Technologien existieren jedoch schon seit geraumer Zeit. Sie müssen also gar nicht Ihr SAP-S/4HANA-Projekt abwarten, um sie einzusetzen.

Zusammenfassend lautet mein Vorschlag für einen erfolgreichen Umgang mit dem Kundencode in einem SAP-S/4HANA-Projekt:

1. Identifizieren und eliminieren Sie nicht genutzten Code. Denken Sie an den Umzug ins neue Haus!
2. Nutzen Sie die Werkzeuge, die SAP bereitstellt, um Ihren Kundencode zu analysieren und anzupassen.
3. Nutzen Sie die Chance, Ihre Anwendungen mithilfe der neuen Technologien zu optimieren und zu vereinfachen.

Wenn ich Sie überzeugen konnte, diesen Weg einzuschlagen, zögern Sie nicht, weiterzulesen, um alle Details zu dieser Vorgehensweise zu erfahren.

Thomas Fiedler

SAP, Product Owner ABAP Development Tools

Einleitung

Für viele SAP-Kunden steht in den nächsten Jahren die Umstellung ihrer SAP Business Suite auf SAP S/4HANA an. Durch die für SAP S/4HANA charakteristischen Vereinfachungen im Vergleich zur klassischen SAP Business Suite ist dieser Umstieg häufig sehr anspruchsvoll. Er bietet allerdings auch großes Potenzial, die eigenen Prozesse zu optimieren und von zahlreichen Innovationen zu profitieren. Doch ist es insbesondere für SAP-Kunden mit zahlreichen und komplexen Eigenentwicklungen in den Systemen entscheidend, diese Prozesse und Funktionen auch in der neuen SAP-S/4HANA-Welt weiterhin nutzen zu können. Dabei steht zum einen die Sicherung getätigter Investitionen und zum anderen die Umsetzung der eigenen Prozesse außerhalb von SAP-Standardlösungen oder Partner-Add-ons im Zentrum des Interesses.

Custom-Code-Migration

Zur Unterstützung hat SAP Werkzeuge und Vorgehensweisen entwickelt, um die kundeneigenen Entwicklungen, den sogenannten *Custom Code*, nach SAP S/4HANA zu migrieren. Der Begriff *Custom-Code-Migration* wird dabei als Oberbegriff für die Übernahme und Anpassung der Eigenentwicklung verwendet.

Ziel dieses Buches

Das Ziel dieses Buches ist es, Ihnen Wege und Lösungen vorzustellen, wie Sie Ihre Eigenentwicklungen in SAP S/4HANA möglichst kostengünstig und zielgerichtet übernehmen können. Zur besseren Veranschaulichung finden Sie dazu zahlreiche praktische Beispiele und Empfehlungen auf Basis unserer umfangreichen Projekterfahrungen.

Zielgruppe

Da dieses Buch einen kompletten Überblick über die Migration der Eigenentwicklungen nach SAP S/4HANA gibt, ist es für unterschiedliche Lesergruppen geeignet. Zur Vorbereitung des Umstiegs auf SAP S/4HANA und für eine Bewertung der Auswirkungen dieses Umstiegs auf die Eigenentwicklungen richtet es sich an IT-Manager und -Mitarbeiter, die in absehbarer Zeit den Umstieg auf SAP S/4HANA planen. Darüber hinaus gibt es Projektleitern oder Entwicklungsmanagern einen Überblick über die einzelnen Werkzeuge und die Methodik, damit sich diese innerhalb des Angebots orientieren und dessen Relevanz für das eigene Transformationsprojekt bewerten können. Für ABAP-Entwickler wird eine Vielzahl praxisnaher Beispiele vorgestellt, um die Umstellung der Eigenentwicklungen im Detail zu erläutern.

Vorkenntnisse

Für die Lektüre dieses Buches sind Kenntnisse der ABAP-Entwicklung und ein gewisses Grundverständnis von SAP NetWeaver und SAP ERP von Vorteil. Weiterführende Informationen zur ABAP-Entwicklung, SAP HANA, SAP S/4HANA oder SAP NetWeaver finden Sie in spezialisierten Büchern.

SAP-S/4HANA-Ausgangsrelease

Dieses Buch beschreibt die Vorgehensweise für die Migration der Eigenentwicklung in SAP-S/4HANA-Transformationsprojekten auf Basis des aktuellen Releases SAP S/4HANA 1909. Bei höheren Releases kann es deshalb zu Abweichungen und anderen Bildschirmansichten im Vergleich zu den in diesem Buch vorgestellten Abbildungen kommen. Aktuell ist jedoch davon auszugehen, dass die generellen Schritte zur Durchführung der Migration der Eigenentwicklungen auch in höheren SAP-S/4HANA-Releases weitestgehend gleich bleiben werden.

Aufbau dieses Buches

Die ersten Kapitel sind gleichermaßen für IT-Manager und IT-Mitarbeiter interessant, die noch kein konkretes Transformationsprojekt geplant haben und sich über verschiedene Möglichkeiten informieren möchten.

In **Kapitel 1**, »Was kommt mit SAP S/4HANA auf Sie zu?«, führen wir Sie in die Neuerungen in SAP S/4HANA im Vergleich zur klassischen SAP Business Suite ein. Anschließend erhalten Sie einen Überblick der drei grundlegenden Transformationsszenarien Neuimplementierung, Systemkonvertierung und Landschaftstransformation. Darauf aufbauend werden die Unterschiede bei der Übernahme von kundeneigenen Entwicklungen in den jeweiligen Transformationsszenarien erläutert.

In **Kapitel 2**, »Das Konvertierungsprojekt im Überblick«, werden anhand eines Beispiels der typische Ablauf eines Konvertierungsprojekts und die notwendigen Tätigkeiten für die Migration der Eigenentwicklungen erörtert. Anschließend werden hilfreiche vorbereitende Maßnahmen für den Umstieg nach SAP S/4HANA vorgestellt.

Die folgenden Kapitel geben IT-Managern, Administratoren und Entwicklern einen Überblick der notwendigen Anpassungen an Eigenentwicklungen.

In **Kapitel 3**, »Umfang der Custom-Code-Migration bestimmen«, stellen wir Ihnen verschiedene Lösungen zur Ermittlung der produktiven Eigenentwicklungen vor. In vielen Fällen wird es Altlasten in Form von Eigenentwicklungen geben, die nicht mehr genutzt werden. Die Reduzierung des Migrationsumfangs um diese nicht mehr benötigten Eigenentwicklungen verringert wesentlich den Aufwand für die Umstellung auf SAP S/4HANA.

In **Kapitel 4**, »Analyse der erforderlichen Anpassungen«, zeigen wir Ihnen, wie Sie Ihre Entwicklungen auf die Kompatibilität mit SAP HANA oder SAP S/4HANA hin prüfen zu können. Hierfür erörtern wir die Analysewerkzeuge von SAP, wie beispielsweise das ABAP Test Cockpit, den Code Inspector oder die App *Custom Code Migration*.

Die folgenden Kapitel richten sich gezielt an ABAP-Entwickler und fokussieren sich auf die Codeumstellung für SAP S/4HANA.

In **Kapitel 5**, »Custom-Code-Anpassung für SAP HANA«, wird die Umstellung von datenbankspezifischen Eigenentwicklungen im Kontext von SAP HANA anhand von vielen praktischen Beispielen vorgestellt. Hierbei werden nicht nur performancerelevante Auswirkungen betrachtet, sondern auch potenzielle Fehler, die innerhalb der Eigenentwicklung auf SAP HANA auftreten können.

In **Kapitel 6**, »Custom-Code-Anpassung für SAP S/4HANA«, werden alle SAP-S/4HANA-Prüfvarianten vorgestellt, und die Umstellung der Eigenentwicklung für SAP S/4HANA wird auf Basis vieler praktischer Beispiele erläutert. Dabei zeigen wir Ihnen konkrete Lösungsvorschläge zu allen gängigen Prüfmeldungen auf.

Zur Reduzierung des manuellen Aufwands der Custom-Code-Migration stellt SAP *Quick Fixes* zur Verfügung, die eine halbautomatische Codekorrektur auf Basis von Best Practices erlauben. In **Kapitel 7**, »Quick Fixes«, erhalten Sie deshalb einen Überblick zu deren Funktionsumfang und ihrer Verwendung.

In **Kapitel 8**, »Custom-Code-Optimierung nach der Migration«, betrachten wir das Optimierungspotenzial von Eigenentwicklungen. Wir erläutern, wie Sie die kritischen Teile der zu optimierenden Eigenentwicklungen, z. B. mit dem SQL-Monitor, identifizieren können. Zusätzlich gehen wir auf einige Neuerungen in der ABAP-Sprache und die neuen Erweiterungstechnologien für SAP S/4HANA ein.

In **Kapitel 9**, »Best Practices für Transformationsprojekte«, erörtern wir die allgemeinen Herausforderungen in Transformationsprojekten und geben Ihnen Empfehlungen. Abschließend stellen wir vier am Markt etablierte Partnertools und -services vor, die den SAP-S/4HANA-Umstieg mit speziellen Lösungen in unterschiedlichen Bereichen unterstützen oder ihn erleichtern können.

Informationskästen

In hervorgehobenen Informationskästen finden Sie in diesem Buch Inhalte, die wissenswert und hilfreich sind, aber etwas außerhalb der eigentlichen Erläuterung stehen. Damit Sie die Informationen in den Kästen sofort einordnen können, haben wir die Kästen mit Symbolen gekennzeichnet:

- In Kästen, die mit diesem Symbol gekennzeichnet sind, finden Sie Informationen zu *weiterführenden Themen* oder wichtigen Inhalten, die Sie sich merken sollten. [«]
- Die mit dem *Tippsymbol* gekennzeichneten Kästen geben Ihnen spezielle Empfehlungen, die Ihnen die Arbeit erleichtern können. [+]
- Kästen mit dem *Achtungsymbol* weisen Sie auf typische Probleme oder Fallstricke hin. [!]

- Durch dieses Symbol kenntlich gemachte *Beispiele* weisen auf Einsatzbeispiele aus der Praxis hin.

SAP hat mit dem Übergang zu SAP S/4HANA und den umgebenden Cloud-Lösungen eine starke technologische Innovation umgesetzt, die mit dem Wechsel von R/2 nach R/3 vergleichbar ist. In diesem Buch beschreiben wir die vielen Herausforderungen und Lösungsansätze, die so ein Umbruch mit sich bringt. Lassen Sie sich auch von dem Gedanken leiten, dass der Wechsel in die neue SAP-S/4HANA-Welt große Chancen und Möglichkeiten bietet. Daran mitzuwirken ist eine spannende Erfahrung für jeden Beteiligten und bereichernd für das betreffende Unternehmen.

Wir hoffen, dass Sie dieses Buch als hilfreiches Nachschlagewerk und Leitfaden für Ihre Reise nach SAP S/4HANA wahrnehmen. Wir wünschen Ihnen viel Vergnügen beim Lesen!

Danksagung

Wir bedanken uns für die freundliche Unterstützung und das wertvolle, konstruktiv-kritische Feedback bei Christian Kuhn, Annett Laube, Marco Wahler und Lars Woll. Weiterhin gilt unser herzlicher Dank den Kollegen bei SAP für die großzügige Begleitung des Projekts, insbesondere namentlich und stellvertretend Thomas Fiedler. Abschließend danken wir Janina Schweitzer von SAP PRESS für ihre kompetente Unterstützung und die sehr gute Zusammenarbeit bei der Erstellung dieses Buches.

Emily Celen und **Lutz Rosenpflanzer**

Kapitel 1
Was kommt mit SAP S/4HANA auf Sie zu?

SAP S/4HANA ist viel mehr als nur ein neues Produkt der SAP Business Suite. Mit einem benutzerfreundlichen Interface, neuen Technologien und vielen neuen Funktionen und Prozessen ist es das neue Flaggschiff von SAP.

Mit *SAP S/4HANA* (kurz für *SAP Business Suite 4 SAP HANA*) bietet SAP die neueste und vierte Generation seines Produkts für das *Enterprise Resource Planning* (ERP) an. Der sogenannte *digitale Kern* von SAP S/4HANA soll zukünftig alle zentralen betriebswirtschaftlichen Geschäftsprozesse umfassen und die Fachbereiche dabei unterstützen, die stetig wachsenden digitalen Herausforderungen zu meistern. Bei der strategischen Ausrichtung von SAP S/4HANA orientiert sich SAP an dem Paradigma *Principle of One*, nach dem es nur noch eine Zielarchitektur zur Abbildung einer betriebswirtschaftlichen Anforderung geben soll.

Umfangreiche Änderungen in SAP S/4HANA

Jedes neue Release von SAP S/4HANA beinhaltet eine umfangreiche Liste von Änderungen im Vergleich zur klassischen SAP Business Suite zur Umsetzung dieser strategischen Ausrichtung. Neben vielen prominenten Änderungen, wie beispielsweise der Einführung des Geschäftspartners, einer neuen Preis- und Nachrichtenfindung oder der neuen Anlagenbuchhaltung, wurde auch eine Vielzahl technischer Änderungen durchgeführt. Das neueste Release von SAP S/4HANA setzt auf vereinfachte Tabellenstrukturen und verzichtet weitestgehend auf Summen- und Indextabellen für transaktionale Daten. Darüber hinaus werden zunehmend Funktionen und Transaktionen vereinfacht und harmonisiert und alte Funktionen sukzessive gelöscht oder ersetzt.

SAP HANA, die Datenbank

SAP S/4HANA kann nur noch mit der In-Memory-Datenbank *SAP HANA* betrieben werden. Mit SAP HANA können große Datenmengen im Arbeitsspeicher vorgehalten und in Sekundenschnelle analysiert und verarbeitet werden. SAP HANA überwindet damit die klassischen Limitierungen anderer relationaler Datenbanken und integriert moderne Technologien, die die neue ERP-Suite SAP S/4HANA bereichern. In SAP S/4HANA wurden bestimmte Datenmodelle und -strukturen für SAP HANA optimiert, um von den Stärken der In-Memory-Datenbank zu profitieren.

Unterschiedliche Betriebsmodelle

Erstmalig mit SAP S/4HANA haben Kunden die Wahl, die ERP-Lösung von SAP als Cloud-Dienst zu nutzen. Der klassische On-Premise-Betrieb oder ein Private-Cloud-Modell sind mit SAP S/4HANA ebenfalls möglich. Auch sind hybride Modelle realisierbar, in denen beispielsweise Cloud-Systeme von Vertriebsgesellschaften auf das zentrale SAP-S/4HANA-On-Premise-System der Holding zugreifen. Diese Flexibilität ist essenziell, um schnell skalieren und auf die gestiegenen Anforderungen des Marktes reagieren zu können.

Investitionsumfrage der DSAG

Die *Deutschsprachige SAP-Anwendergruppe e. V.* (DSAG) führt regelmäßig Umfragen zur Transformationsstrategie ihrer Mitglieder in der DACH-Region (Deutschland, Österreich, Schweiz) durch. Anfang 2020 berichtete die DSAG, dass fast die Hälfte der befragten Unternehmen für 2020 mit einem weiteren Anstieg ihres Gesamtbudgets für Investitionen in IT- und SAP-Systeme rechnen. In den DACH-Ländern investieren SAP-Kunden inzwischen mehr in SAP S/4HANA als in den Vorgänger SAP ERP (siehe Abbildung 1.1, Quelle: *http://s-prs.de/v763200*). Eine deutliche Mehrheit der Kunden plant, den Umstieg auf SAP S/4HANA in den nächsten drei Jahren durchzuführen. Dabei präferieren 20 % der Unternehmen eine Neuimplementierung von SAP S/4HANA, 39 % bevorzugen eine Systemkonvertierung, 34 % sind noch unentschlossen und 7 % gehen von einem hybriden Transformationsszenario aus.

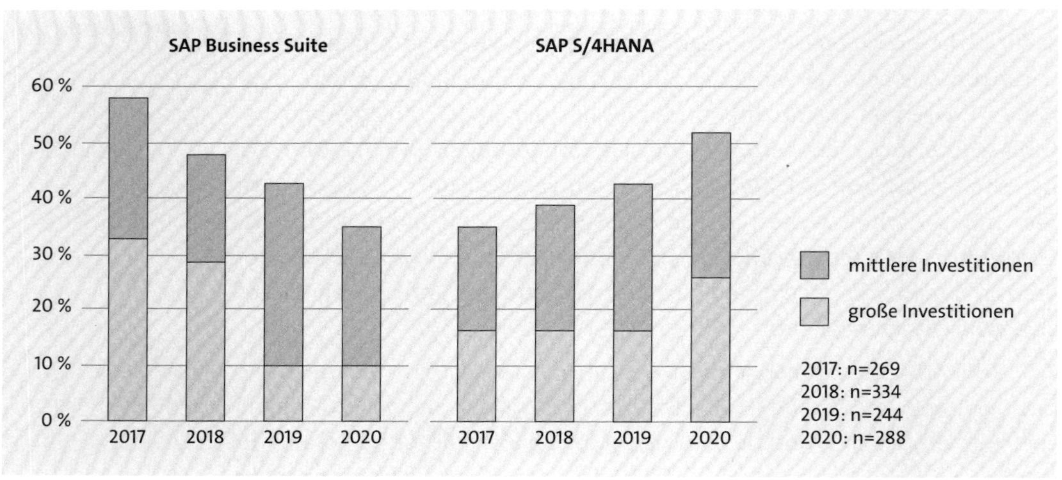

Abbildung 1.1 Geplante Investitionen in SAP Business Suite und SAP S/4HANA (Quelle: DSAG-Investitionsumfrage 2020)

In den letzten Jahren stellt sich demnach für viele SAP-Kunden weniger die Frage, *ob* sie auf SAP S/4HANA umsteigen werden, sondern vielmehr *wann* und *wie*. Abhängig von dem gewählten Transformationsszenario ergeben sich unterschiedliche Vorgehensweisen für die Anpassung und Erstellung von Eigenentwicklungen.

In diesem Kapitel stellen wir Ihnen in Abschnitt 1.1 zunächst die Änderungen im Vergleich zur klassischen SAP Business Suite und Innovationen in SAP S/4HANA im Überblick vor. Dabei heben wir die technischen Änderungen hervor, die Sie im Zusammenhang mit Eigenentwicklungen in Ihrem System berücksichtigen sollten. Anschließend erläutern wir in Abschnitt 1.2 die Unterschiede zwischen den Transformationsszenarien Neuimplementierung, Systemkonvertierung und Landschaftstransformation. Auch hierbei fokussieren wir uns auf die Vorgehensweisen für die Anpassung von Eigenentwicklungen, die sich aus dem gewählten Szenario ergeben.

1.1 SAP S/4HANA im Vergleich zur klassischen SAP Business Suite

SAP S/4HANA ist zwar ein neues Produkt, die Basis ist jedoch das klassische und bewährte SAP ERP innerhalb der SAP Business Suite. Dessen technischer Kern wird auch als *SAP ERP Central Component* (SAP ECC) bezeichnet. Viele Transaktionen und Applikationen, die im SAP-ERP-System verwendet wurden, sind auch noch in SAP S/4HANA verwendbar. Dennoch unterscheidet sich SAP S/4HANA in mehreren Punkten wesentlich vom klassischen SAP-ERP-System.

Beginn mit Simple Finance

Eine Vielzahl von Prozessen und Applikationen wurde in SAP S/4HANA *simplifiziert*, also vereinfacht. Die erste große Simplifizierung wurde 2014 mit *SAP S/4HANA Finance* (damals bekannt unter dem Namen *SAP Simple Finance*) zugänglich gemacht. SAP S/4HANA Finance stand als Add-on für das SAP-ERP-System zur Verfügung. Die Tabellenstrukturen in SAP S/4HANA Finance wurden im Vergleich zum Finanzwesen (FI) in SAP ERP radikal vereinfacht. Um die Aufwände für den Umstieg zu reduzieren, führte SAP gleichnamige Views zu den Tabellen ein, die die Daten analog zur früheren Struktur, aber bereits aus der neuen Datenquelle aufbereiteten.

Simplification List

Einen Überblick über die Vereinfachungen des jeweils aktuellen SAP-S/4HANA-Releases gibt die sogenannte *SAP S/4HANA Simplification List*. Für jedes Major-Release wird von SAP eine neue Liste der Vereinfachungen veröffentlicht, die alle Änderungen des aktuellsten SAP-S/4HANA-Releases im Vergleich zu *SAP ERP Central Component* (ECC) 6 zusammenfasst.

[»]

SAP S/4HANA Simplication List 1909

Zum Zeitpunkt der Drucklegung dieses Buches ist die aktuellste Version die Simplification List für SAP S/4HANA 1909. Sie umfasst ca. 1.000 Seiten: *http://s-prs.de/v763201*

Die Simplification List gibt lediglich einen Überblick über die Änderungen. Häufig wird auf SAP-Hinweise mit Detailinformationen referenziert. In den folgenden Abschnitten greifen wir ein paar wichtige Änderungen und Neuerungen in SAP S/4HANA auf und erläutern diese kurz.

1.1.1 Der neue Geschäftspartner

Der *Geschäftspartner* (engl. *Business Partner* oder kurz BP) ist das neue führende Objekt zur Pflege von Personen, Organisationen oder Gruppen von Kunden und Lieferanten. Die Einführung des Geschäftspartners ist eine Voraussetzung für die Nutzung von SAP S/4HANA. Die bekannten Transaktionen für die Pflege des Kunden- und Lieferantenstamms in SAP ERP, wie beispielsweise FD01, XD02 oder VD03, stehen in SAP S/4HANA nicht mehr zur Verfügung. Die zentrale Pflege der Geschäftspartnerstammdaten erfolgt über die Transaktion BP.

Customer-Vendor-Integration

Die Stammdatentabellen für Kreditoren und Debitoren aus SAP ERP bleiben in SAP S/4HANA erhalten. Die *Customer-Vendor-Integration* (CVI) stellt einen automatischen Stammdatenabgleich sicher. Sie wird über das Customizing im Implementierungsleitfaden (IMG) konfiguriert und aktiviert. Für die Erstsynchronisation steht das *Synchronisationscockpit* zur Verfügung, das auf Basis der CVI-Konfiguration die Geschäftspartnerdaten mit den Debitoren- und Kreditorenmassendaten aktualisieren kann. Zusätzlich stellt die CVI bei der Stammdatenpflege eines einzelnen Geschäftspartners über die Transaktion BP in SAP S/4HANA sicher, dass die Stammdatentabellen für Debitoren und Kreditoren ebenfalls korrekt aktualisiert werden.

Kundeneigene Erweiterungen

Kundeneigene Erweiterungen der Stammdatenpflege können über das *Business Data Toolset* (BDT) oder die *Easy Enhancement Workbench* (EEWB) in die Transaktion BP integriert werden. Das BDT bietet umfangreiche Einstellungsmöglichkeiten für die Transaktion BP an. Neben der Erweiterung vorhandener Konfigurationen unterstützt das BDT beispielsweise auch die Verwendung kundeneigener Dynpros bei der Geschäftspartnerpflege. Das EEWB verwendet die Einstellungsmöglichkeiten des BDT, um auf Basis eines einfachen Assistenten eine neue kundeneigene Registerkarte mit neuen kundeneigenen Feldern in die Transaktion BP zu integrieren.

1.1.2 Das Universal Journal

Das Universal Journal dient der zentralen Belegaufbewahrung in SAP S/4HANA. In SAP ERP wurden Sekundärindizes in die Tabellen BSIS (Sekundärindex für Sachkonten) und BSAS (Sekundärindex für Sachkonten mit ausgeglichenen Posten) geschrieben, um einen schnellen Zugriff auf FI-Belege zu ermöglichen. In der Tabelle BSEG (Belegsegment) wurden Beleginformationen im externen Rechnungswesen und im Controlling redundant gespeichert.

Durch das Universal Journal als *Single Source of Truth* werden keine redundanten Beleginformationen mehr vorgehalten. Die Anwendungsdaten aus den Bereichen Hauptbuchhaltung (FI-GL), Anlagenbuchhaltung (FI-AA), Controlling (CO) und aus dem Material Ledger (CO-PC-ACT) werden zentral im Universal Journal, basierend auf der Tabelle ACDOCA, erfasst und ausgewertet (siehe Abbildung 1.2).

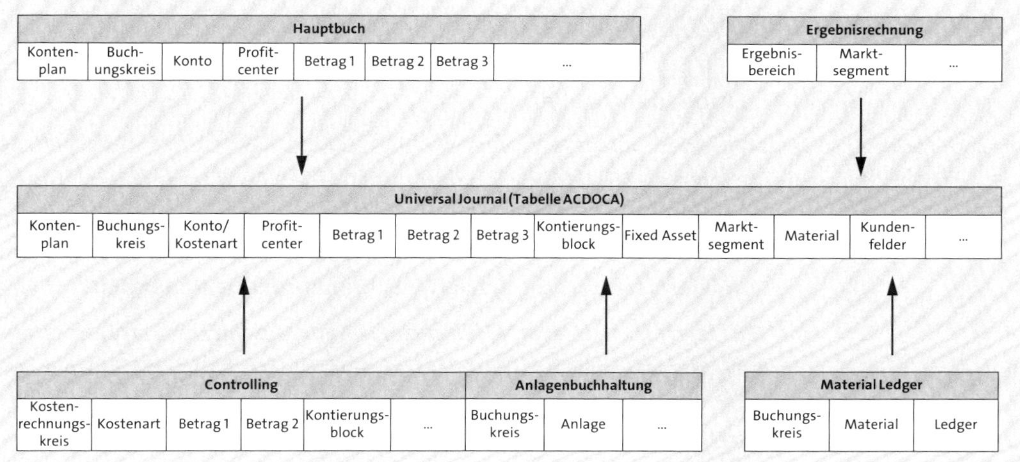

Abbildung 1.2 Universal Journal

Das Universal Journal ersetzt damit einige Tabellen aus SAP ERP. Zur Gewährleistung der Abwärtskompatibilität wurden sogenannte *Kompatibilitäts-Views* eingeführt, die auf Basis der obsoleten Tabellen automatisch das neue Datenmodell berücksichtigen. Dadurch wird sichergestellt, dass lesende Zugriffe auf obsolete Tabellen in Eigenentwicklungen weitestgehend noch funktionieren. In Abschnitt 2.3.2 stellen wir Ihnen die Kompatibilitäts-Views und in Abschnitt 2.3.3, »Die Top 10 der Simplification Items«, wichtige Datenmodelländerungen im Zuge des Universal Journals näher vor.

1.1.3 SAP Credit Management

Kreditmanagement aus FIN-FSCM-CR

Für SAP ERP sind zwei Arten des Kreditmanagements verfügbar:

- das ältere *Kreditmanagement* in der Vertriebskomponente *Sales and Distribution* (SD) bzw. der Debitorenbuchhaltung *Accounts Receivable*, kurz FI-AR (SD-BF-CM bzw. FI-AR-CR)
- das neuere und funktional umfangreichere Kreditmanagement innerhalb von *Financial Supply Chain Management*, kurz FIN-FSCM-CR

Gemäß dem Principle of One wurde nur das Kreditmanagement aus FIN-FSCM-CR als Zielarchitektur in SAP S/4HANA übernommen und wird zukünftig unter dem Namen *SAP Credit Management* weiterentwickelt. Das ältere SD-/FI-AR-Kreditmanagement wurde nicht in SAP S/4HANA übernommen und kann deshalb nach einem Umstieg auch nicht mehr verwendet werden. Für alle Eigenentwicklungen im Kontext des älteren SD-/FI-AR-Kreditmanagements ist deshalb eine Umstellung auf das FIN-FSCM-CR-basierte Kreditmanagement notwendig.

1.1.4 Embedded Analytics

Embedded Business Warehouse

Das *Embedded Business Warehouse* (Embedded BW) ist ein integraler Bestandteil von SAP S/4HANA. Für das Embedded BW wird standardmäßig bereits eine Vielzahl von Reports für verschiedene Analysen ausgeliefert. Die Stärken dieser Reports liegen in der Kombination aus analytischen Funktionen und der Verwendung der aktuellsten transaktionalen Daten.

Mit dem Begriff *SAP S/4HANA Embedded Analytics* werden darüber hinaus alle analytischen Funktionalitäten bezeichnet, die zusätzlich im Rahmen von SAP S/4HANA bereitgestellt werden. Damit können massenhaft geschäftsprozessrelevante Daten analysiert und in Echtzeit ausgewertet werden.

CDS Views

Mit den *Core Data Services* (CDS) liefert SAP das technische Grundgerüst, um Massendaten auf Basis von SAP HANA effizient verarbeiten zu können. Mithilfe von *CDS Views* können Datenmodelle definiert werden.

Die Anzahl der von SAP ausgelieferten CDS Views nimmt fortwährend zu. Mit ABAP 7.40 SP05 wurden CDS Views erstmalig vorgestellt. Mit SAP S/4HANA 1709 wurden ca. 22.5000 CDS Views ausgeliefert, mit dem Release SAP S/4HANA 1809 stieg diese Zahl auf ca. 34.000 an und mit SAP S/4HANA 1909 sind bereits ca. 43.000 CDS Views Bestandteil der Standardauslieferung.

Virtuelles Datenmodell

Im *virtuellen Datenmodell* (VDM) werden betriebswirtschaftliche Objekte in SAP S/4HANA strukturiert mit CDS Views abgebildet. Das VDM bildet in vielen Bereichen die Grundlage für Datenzugriffe in SAP S/4HANA. Die CDS

Views, aus denen sich das VDM zusammensetzt, folgen den konsistenten Modellierungs- und Benennungsregeln. Die betriebswirtschaftlichen Daten, die in abstrakten Datenbanktabellen gespeichert sind, können auf diese Weise einfacher konsumiert werden.

SAP-Fiori-Apps für integrierte Analysen

Darüber hinaus stellt SAP verschiedene Auswertungsmöglichkeiten über Standardreports und *SAP-Fiori-Apps* zur Verfügung, z. B. die KPI-Kacheln zur Abbildung von Kennzahlen (*Key Performance Indicators*). Mit diesen Apps lassen sich integrierte Analysen auf Basis von (kundenindividuellen) CDS Views und Massendaten ausführen.

Operatives Reporting

Der Schwerpunkt des Embedded BW bzw. von Embedded Analytics ist das *operative Reporting* auf Basis der aktuellsten transaktionalen Daten. Für (längerfristige) taktische und strategische Analysen wird der Einsatz eines separaten Data Warehouses wie *SAP BW/4HANA* weiterhin empfohlen.

1.1.5 Die neue Materialbedarfsplanung

MRP Live

Die *Materialbedarfsplanung* (Material Resource Planning, kurz MRP) war in SAP ERP sehr ressourcen- und zeitintensiv, da über 50 Tabellen gelesen und diverse Materialeingänge, Bestände und Bedarfe miteinander verrechnet werden mussten. In SAP S/4HANA kann die für SAP HANA optimierte Materialbedarfsplanung *MRP Live* verwendet werden. Sie nutzt einfachere Datenmodelle und führt Berechnungen mittels *ABAP Managed Database Procedures* (AMDP) direkt auf der SAP-HANA-Datenbank aus. Mit den AMDP können auf Basis einer ABAP-Klasse native Datenbankprozeduren und -funktionen verwaltet und direkt in der Datenbank ausgeführt werden. Dadurch ist MRP Live um ein Vielfaches schneller als die klassische SAP-ERP-Variante.

Erweiterte Funktionen

Die Materialbedarfsplanung wurde mit MRP Live darüber hinaus um zusätzliche Funktionen erweitert bzw. es wurden bestehende Funktionen angepasst. Zum Beispiel können die Auswirkungen verschiedener Entscheidungen über Simulationen miteinander verglichen werden. MRP Live plant auf Werks- und Dispositionsbereichsebene. Für bestimmte Materialgruppen kann damit die Materialbedarfsplanung über Dispositionsbereiche vorgenommen werden, oder bestimmte Dispositionsbereiche können explizit ausgeschlossen werden. Eine Planung auf Lagerortebene wie bei der klassischen MRP-Variante ist nicht mehr möglich.

Der Disponent wird über das *MRP Live Cockpit* von mehreren Standard-Dashboards unterstützt, beispielsweise einer Übersicht der verzögerten Materiallieferungen von Lieferanten, einer Übersicht über verzögerte Lieferungen an Kunden und einer, die über unerwartete Materialknappheit informiert. Probleme können damit schnell identifiziert und es können entsprechende Maßnahmen ergriffen werden.

1.1.6 Die neue Produktions- und Feinplanung

PP/DS statt SAP APO

Aus dem bekannten *SAP Advanced Planning and Optimization* (SAP APO) für die Produktions- und Feinplanung wurden viele Funktionen als *Production Planning and Detailed Scheduling* (PP/DS) in den digitalen Kern von SAP S/4HANA übernommen. Im klassischen SAP ERP war nur die Planung auf Tagesebene möglich. Mit PP/DS kann nun auch eine genauere Bedarfsplanung erfolgen, die essenziell in Just-in-time-Prozessen ist. Zusätzlich können Produktionskapazitäten oder Komponenten von Stücklisten berücksichtigt werden.

Von einer manuellen, ausnahmebasierten Planung bis hin zur automatischen, optimierungsbasierten Planung sind mit PP/DS wesentlich komplexere Planungsszenarien möglich. Damit können Rüstzeiten optimiert, Engpassmaschinen besser eingesetzt und die Termintreue besser auf die Kundenbedarfe abgestimmt werden.

Wurden in SAP ERP umfangreiche Eigenentwicklungen im Bereich der Produktions- und Feinplanung durchgeführt, ist eine kritische Überprüfung des jeweiligen Prozesses und der funktionalen Abdeckung in SAP S/4HANA erforderlich. Im Zuge der PP/DS-Einführung ist ein Neudesign des Prozesses sinnvoll.

1.1.7 SAP Fiori

SAP Fiori stellt bei der Anwendung von Geschäftsapplikationen die Bedienbarkeit und die Benutzererfahrung in den Fokus. SAP bewegt sich damit weg von komplizierten und umfangreichen Transaktionen hin zu benutzerfreundlichen Apps für einen spezifischen Anwendungsfall. In SAP S/4HANA stehen inzwischen mehr als 1.700 SAP-Fiori-Apps zur Verfügung.

Designprinzipien

SAP-Fiori-Apps basieren auf fünf Designprinzipien:

- **Rollenbasiertheit**
  Jeder Mitarbeiter sieht nur die für sein Aufgabengebiet relevanten Applikationen. Jede App ist auf einen Anwendungsfall optimiert.
- **Adaptivität**
  Die intuitive Benutzeroberfläche passt sich automatisch dem (mobilen) Endgerät an und berücksichtigt dabei unterschiedliche Auflösungen und Displaygrößen.

- **Einfachheit**
  Bei *einem* bestimmten Anwendungsfall soll *ein* Anwender mit einer speziellen Rolle idealerweise maximal *drei* Klicks benötigen, um eine Aufgabe zu erledigen (1-1-3-Prinzip). SAP Fiori hilft dem Benutzer, sich auf die wichtigsten Tätigkeiten zu fokussieren.
- **Kohärenz**
  Ein einheitliches und stimmiges Bedien- und Designkonzept, unabhängig von der verwendeten App, reduziert Anwendungsfehler und minimiert den Aufwand zur Einarbeitung in neue Apps.
- **Begeisternde Optik**
  Der Benutzer soll von der einfachen Benutzung der Applikation begeistert sein. Eine personalisierbare Konfiguration des Launchpads oder von Applikationen nach den individuellen Bedürfnissen des Benutzers sollen darüber hinaus eine Bindung zwischen Benutzer und Anwendung herstellen.

Diese fünf Designprinzipien bilden die Grundlage für die *SAP Fiori Design Guidelines*, die auf der Seite *https://experience.sap.com/fiori-design/* vorgestellt werden.

SAPUI5

Die Designprinzipien sind grundsätzlich technologieunabhängig. Die von SAP empfohlene UI-Technologie (User Interface) ist jedoch *SAPUI5*. Daher werden weitgehend alle neuen Applikationen von SAP mit SAPUI5 entwickelt. SAPUI5 basiert technisch auf HTML5, dem mit Abstand am weitesten verbreiteten Standard für die Entwicklung webbasierter Applikationen.

Rollenbasiertes Berechtigungskonzept

Bei einem Umstieg auf SAP S/4HANA muss das aktuelle Berechtigungskonzept im Hinblick auf die neuen SAP-S/4HANA-Rollen für die SAP-Fiori-Apps geprüft werden. In vielen Fällen sind zwar auch noch die alten SAP-GUI-Transaktionen über die Einstiegsseite, das *SAP Fiori Launchpad*, zugänglich, das Potenzial von SAP S/4HANA wird jedoch nur mit den neuen Funktionen innerhalb der neuen SAP-Fiori-Apps voll ausgenutzt. SAP S/4HANA über das SAP Logon und ausschließlich über die alten, ABAP-basierten SAP-GUI-Transaktionen zu bedienen, ist ähnlich, wie mit einem Lamborghini Huracán auf einer deutschen Autobahn lediglich 60 km/h zu fahren. Technisch ist es zwar möglich, sinnvoll dagegen keinesfalls.

Einführung des SAP Fiori Launchpads

Bestimmte Transaktionen sind in SAP S/4HANA ausschließlich über den Browser als SAPUI5-Applikationen zu bedienen. Die Einrichtung des SAP Fiori Launchpads als den zentralen Einstiegspunkt zum Aufrufen der SAP-Fiori-Apps ist deshalb in jedem SAP-S/4HANA-Einführungsprojekt obligatorisch.

1.1.8 Das neue Erweiterungskonzept

Eine große Stärke des bewährten SAP ERP ist die flexible Erweiterungsfähigkeit, über die komplexe kundeneigene Anforderungen abgedeckt werden können. Wurden viele kundeneigene Entwicklungen im System vorgenommen, kann sich das jedoch auch zu einer großen Herausforderung für Unternehmen entwickeln. Unter Umständen führen die Eigenentwicklungen zu hohen fortlaufenden Kosten und Aufwänden für Implementierung, Wartung oder Tests parallel zum operativen Tagesgeschäft.

Basierend auf der aktuellen SAP-Produktphilosophie der Simplifizierung wurde das Erweiterungskonzept für SAP S/4HANA angepasst. Ziel war es dabei, Erweiterungen mit weniger Aufwand durchführen zu können und zeitgleich die laufenden Kosten für diese Erweiterungen zu reduzieren. In SAP S/4HANA wird zusätzlich zu den bekannten Erweiterungskonzepten für einfache Szenarien eine toolbasierte Erweiterungsmöglichkeit direkt in SAP S/4HANA (*In-App-Extensibility* bzw. *In-App-Erweiterbarkeit*) angeboten.

In-App-Erweiterbarkeit

Die In-App-Erweiterbarkeit sieht vor, dass SAP-Fiori-Geschäftsanwendungen über eigens dafür bereitgestellte Apps erweitert werden. Auch bei den Apps zur Durchführung der Erweiterungen handelt es sich um SAP-Fiori-Apps. So können z. B. SAP-Datenbanktabellen um neue kundeneigene Felder erweitert werden. Diese Felder können einfach in die SAP-Fiori-Apps zur Pflege integriert und bei Bedarf mit einer eigenen Programmierlogik versehen werden. Die Erstellung von neuen Datenbanktabellen, kundeneigenen Analysen und Formularen ist darüber hinaus ebenfalls möglich.

Über die *SAPUI5 Flexibility Services* können SAP-Fiori-Benutzeroberflächen im sogenannten *UI Adaption Mode* angepasst werden. Der UI Adaption Mode unterstützt beispielsweise das Verstecken, Anzeigen, Umbenennen oder Verschieben bestimmter Eingabe- oder Anzeigefelder (*UI Controls*) auf der Benutzeroberfläche, ohne dass Entwicklerkenntnisse notwendig sind.

Side-by-Side-Erweiterbarkeit

Für komplexere Erweiterungsszenarien gibt es darüber hinaus zusätzliche Erweiterungsmöglichkeiten auf Basis der *SAP Cloud Platform*, die *Side-by-Side-Extensibility* bzw. *Side-by-Side-Erweiterbarkeit*. Die SAP Cloud Platform ist ein mietbare, cloudbasierte Plattform (Platform as a Service, PaaS) zur Entwicklung, Integration und für den Betrieb von Cloud-Anwendungen oder kundenindividuellen Erweiterungen. Über die Side-by-Side-Erweiterbarkeit können Sie vollständig neue Benutzeroberflächen und Anwendungen auf der SAP Cloud Platform entwickeln. Diese Applikationen können dann über definierte Endpunkte (sogenannte *Whitelisted Services*) in SAP S/4HANA oder SAP S/4HANA Cloud integriert werden.

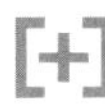

Praxisbeispiele zur In-App- und Side-by-Side-Entwicklung

Einen Einrichtungsleitfaden zur In-App- und zur Side-by-Side-Erweiterbarkeit mit einer Beschreibung der benötigten SAP-Fiori-Apps, der Aktivierung spezieller Services, der Einrichtung der notwendigen Berechtigungen und vielem mehr sowie praktische Beispielen finden Sie im *SAP Best Practices Explorer* unter *http://s-prs.de/v763202* oder im *SAP Extensibility Explorer* unter *https://www.sap.com/extends4.*

Die neuen Erweiterungsmöglichkeiten für SAP S/4HANA sind sehr umfangreich. In diesem Buch betrachten wir die Auswirkungen bestehender Erweiterungen in SAP-ERP-Systemen im Zuge eines Transformationsprojekts. Für einen detaillierten Einstieg in das Thema SAP-S/4HANA-Erweiterungen empfehlen wir das Buch »Erweiterungen für SAP S/4HANA. Das Praxishandbuch« von Thomas Schneider und Werner Wolf (SAP PRESS 2018).

1.1.9 Intelligente Technologien

Beim maschinellen Lernen zieht der Computer automatisch Erkenntnisse aus vorhandenen Daten, um darauf basierend mit neuen, unbekannten Daten umgehen zu können. In SAP S/4HANA werden solche und ähnliche Algorithmen über intelligente Technologien wie *Machine Learning* und *Predictive Analytics* in zentrale Geschäftsprozesse integriert.

SAP Cash Application

Beispielsweise ist ein intelligenter Abgleich von neuen Zahlungseingängen zu offenen Rechnungen in SAP S/4HANA über die *SAP Cash Application* möglich. Die Applikation lernt automatisch aus den manuellen Tätigkeiten des Buchhalters, ohne dass detaillierte Regeln manuell definiert werden müssten. Die Informationen zu neuen Zahlungseingängen und offenen Rechnungen werden automatisch an eine Abgleichs-Engine auf der SAP Cloud Platform gesendet, die die Zahlungen den Rechnungen zuordnen kann oder sie zur manuellen Prüfung an die Debitorenbuchhaltung sendet.

Stetig wachsender Funktionsumfang

Ein weiteres Beispiel sind die SAP-Fiori-Apps für die Vertragsverwaltung. Sie ermöglichen die frühzeitige Vorhersage von Vertragsablaufdaten oder Warenverbräuchen. Im Bereich der Fertigung kann des Weiteren *SAP S/4HANA Manufacturing for Production Engineering and Operations* verwendet werden, um proaktive Analysen durchzuführen und Störungen durch geänderte Arbeitspläne, Anweisungen oder Aufträge so gering wie möglich zu halten. Seit SAP S/4HANA 1709 ist darüber hinaus das *SAP Financial Closing Cockpit* ein zentraler Bestandteil des digitalen Kerns. Es unterstützt bei der Planung, Ausführung, Automatisierung, Überwachung und Analyse von Abschlussaufgaben im Zuge des wiederkehrenden Periodenabschlusses.

Weitere Beispiele für Lösungen mit integrierten intelligenten Technologien sind *Predictive Analytics for Stock in Transit*, *SAP Business Integrity Screening*, *Service Ticket Intelligence*, *SAP Invoice and Goods Receipt Reconciliation* oder *Payment Advice Extraction*. Die Anzahl der SAP-Applikationen, die intelligente Technologien unterstützen, nimmt stetig zu.

1.1.10 SAP S/4HANA Cloud

SAP S/4HANA als SaaS

SAP S/4HANA Cloud und SAP S/4HANA basieren auf der gleichen technologischen Basis (der sogenannten Codebasis). Mit SAP S/4HANA Cloud bietet SAP die Option an, das neue ERP-System als *Software as a Service* (SaaS) zu beziehen und somit von SAP betreiben zu lassen, ohne sich um Themen wie Hardware, Wartung oder Betrieb kümmern zu müssen.

SAP verfolgt einen *Cloud-First-Ansatz* bei der Entwicklung neuer Funktionen und Geschäftsprozesse. In der Cloud-Version von SAP S/4HANA werden quartalsweise neue Funktionen zur Verfügung gestellt. So können Cloud-Kunden die aktuellsten Innovationen aus der SAP-S/4HANA-Entwicklung direkt produktiv nutzen. Für die On-Premise-Variante werden jährlich neue Major Releases bereitgestellt.

Stetig wachsender Funktionsumfang

Die Erweiterungsmöglichkeiten für SAP S/4HANA Cloud sind sehr eingeschränkt. Ein kongruenter Umstieg ist damit nicht für jeden Kunden möglich. Beispielsweise sind *Modifikationen*, die in der On-Premise-Variante geduldet werden, in SAP S/4HANA Cloud nicht möglich. Gemäß der Cloud-First-Strategie arbeitet SAP aber mit Hochdruck daran, den Funktionsumfang von SAP S/4HANA Cloud stetig zu erweitern, sodass alle industriespezifischen Anforderungen abgedeckt werden können. Aktuell ist SAP S/4HANA Cloud jedoch eher für Unternehmen geeignet, die sich stark am SAP-Standard orientieren und standardisierte Kernprozesse haben. Die niedrigeren Gesamtbetriebskosten (*Total Cost of Ownership*, kurz TCO) und die Notwendigkeit, immer agiler auf neue Marktanforderungen reagieren zu können, werden aber sicher immer mehr Unternehmen dazu verleiten, über kurz oder lang dem Trend zu folgen und einen Umstieg auf die Cloud-Lösung durchzuführen.

1.2 Transformationsszenarien

Für einen Umstieg auf SAP S/4HANA sind mehrere grundsätzliche Entscheidungen zu treffen. Die wichtigste Entscheidung ist das Vorgehen zum Aufbau des Zielsystems. Daraus leitet sich dann ab, ob Änderungen am Betriebsmodell erforderlich sind oder bestimmte Prozesse an die neue Zielarchitektur angepasst werden müssen.

Drei Szenarien

Beim Aufbau des Zielsystems werden, wie in Abbildung 1.3 dargestellt, grundsätzlich drei Szenarien unterschieden: die *Neuimplementierung* (Greenfield-Ansatz), die *Systemkonvertierung* (Brownfield-Ansatz) und die *Landschaftstransformation*.

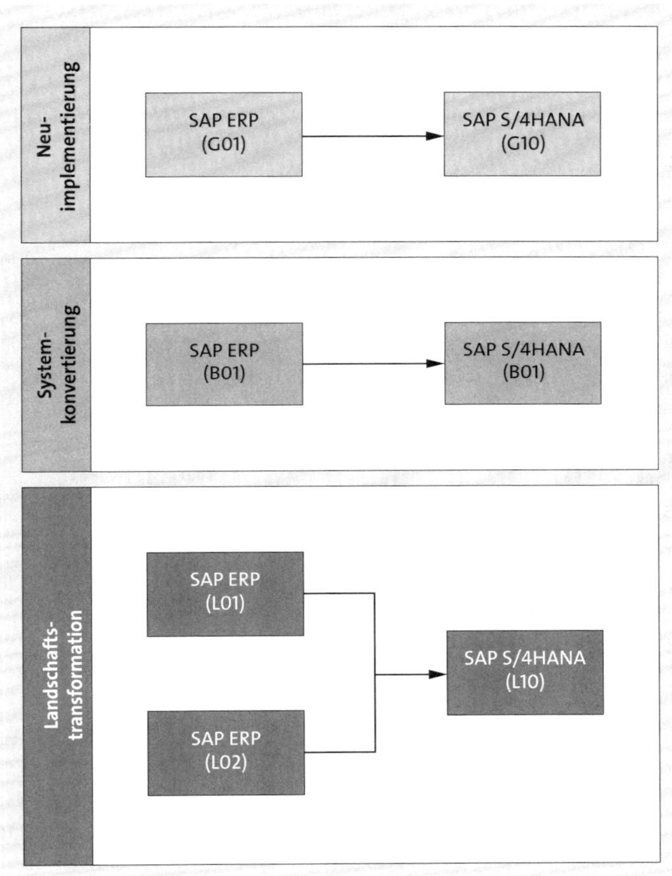

Abbildung 1.3 Die Transformationsszenarien im Überblick

Zur einfacheren Veranschaulichung der unterschiedlichen Transformationsszenarien gehen wir in Abbildung 1.3 von fiktiven System-IDs mit dem Namensmuster GXX, BXX oder LXX aus:

- Die Neuimplementierung verläuft im Wesentlichen wie ein klassisches SAP-Einführungsprojekt. Auf Basis einer neuen SAP-S/4HANA-Installation (G10) wird für alle Prozesse ein neues Customizing durchgeführt. Die Stamm- und Bewegungsdaten werden aus dem alten System (G01) migriert. Das Zielsystem (G10) kann SAP S/4HANA (on premise) oder SAP S/4HANA Cloud sein.

- Bei der Systemkonvertierung wird das bestehende SAP-ERP-System (B01) auf ein SAP-S/4HANA-System (B01) aktualisiert. Das Zielsystem kann in diesem Fall nur on premise betrieben werden.
- Bei der Landschaftstransformation werden verschiedene Systeme der SAP Business Suite (L01 und L02) in ein zentrales SAP-S/4HANA-System (L10) zusammengeführt. Das Vorgehen hierbei ähnelt dem eines Neuimplementierungsprojekts, ist jedoch in der Regel wesentlich komplexer. Als Betriebsmodell für das Zielsystem ist hier auch SAP S/4HANA Cloud denkbar.

[»]

Beispiel für hybride Ansätze: BLUEFIELD von SNP

Am Markt haben sich mittlerweile weitere Vorgehensmodelle etabliert, die auf den drei grundsätzlichen Vorgehensmodellen basieren. Beispielsweise hat die Firma *SNP Schneider-Neureither & Partner SE* diverse Tools für ihren *BLUEFIELD-Ansatz* entwickelt (*http://s-prs.de/v763203*). Ein SAP-ERP-System kann dabei ohne Stamm- und Bewegungsdaten in ein SAP-S/4HANA-System konvertiert werden. Anschließend werden wie bei einer Neuimplementierung alle notwendigen Daten (inklusive der Historiendaten) ins SAP-S/4HANA-System migriert. Wie bei einer Landschaftstransformation werden auch bei diesem Ansatz mehrere Quellsysteme unterstützt ebenso wie ein Carve-out von Buchungskreisen. Bei komplexeren Systemlandschaften und historisch gewachsenen Systemen lohnt es sich, verschiedene Anbieter für die Transformationsberatung am Markt zu vergleichen.

Planung der Laufzeit

Die Laufzeit eines Transformationsprojekts ist abhängig von der Komplexität des abzubildenden Zielsystems und den zur Verfügung stehenden Ressourcen. Eine pauschale Aussage zur Projektlaufzeit der Transformationsszenarien ist daher nicht möglich. Abhängig von den Rahmenbedingungen eines Projekts ist die Varianz sehr groß, und die Laufzeit kann zwischen mehreren Monaten und mehreren Jahren betragen. In der Regel ist jedoch ein Neuimplementierungsprojekt aufwendiger als eine Systemkonvertierung, wenn man vom gleichen Umfang des Zielsystems und fixen Ressourcen ausgeht.

Auswahl des Szenarios

Unabhängig davon, welches Transformationsszenario man letztlich favorisiert, werden in der Regel bestimmte kundenindividuelle Entwicklungen auch im neuen SAP-S/4HANA-System weiterhin benötigt. Selbst bei einer Neuimplementierung ist sehr häufig eine kundenindividuelle Entwicklung notwendig, um den SAP-Standard an die im Unternehmen etablierten betriebswirtschaftlichen Prozesse anzupassen.

Custom-Code-Migration

Sobald bestehende kundenindividuelle Entwicklungen an die veränderten SAP-S/4HANA-Strukturen angepasst werden müssen, sprechen wir von einer *Custom-Code-Migration*. Sie ist unabhängig vom Transformationsszenario. Auch bei einer Neuimplementierung muss überprüft werden, ob kundeneigene Entwicklungen in den Altsystemen vorliegen und angepasst werden müssen, damit diese mit dem neuen SAP-S/4HANA-Datenmodell und den veränderten technischen Strukturen kompatibel sind.

Abhängig vom Transformationsszenario ist jedoch das Vorgehen bei der Custom-Code-Migration, also *wie* und *wann* die Anpassung erfolgen kann. Vor jedem Transformationsprojekt sollte deshalb frühzeitig eine einheitliche Strategie zur Übernahme der angepassten kundeneigenen Entwicklungen festgelegt werden. In den folgenden Abschnitten geben wir Ihnen einen Überblick über den Ablauf der drei Transformationsszenarien und über die Unterschiede bei der Übernahme von kundeneigenen Entwicklungen.

1.2.1 Custom-Code-Migration im Rahmen einer Neuimplementierung

Fokus auf wichtige Prozesse

Im Zuge eines Neuimplementierungsprojekts kommen in der Regel alle bestehenden Prozesse und Anwendungen auf den Prüfstand. Eines der wesentlichen Ziele bei einer Neuimplementierung ist es, alle betriebswirtschaftlich notwendigen Prozesse in einem neu aufgesetzten System abzubilden. Nicht mehr benötigte Prozesse, Konfigurationen oder auch kundeneigene Implementierungen werden bewusst nicht übernommen.

In der Regel enthält das neue System zunächst nur das von SAP ausgelieferte Customizing. Es gibt diverse Anbieter am Markt, die bereits vorkonfigurierte Branchensysteme ausliefern, um die Aufwände bei einem Neuimplementierungsprojekt zu reduzieren. Dennoch ist es auch unter diesen Voraussetzungen unabdingbar, die unternehmensspezifischen Prozesse zu prüfen und das Customizing und etwaige Eigenentwicklungen anzupassen.

Datenmigration

Ein wichtiges Teilprojekt bei jeder Neuimplementierung ist die Datenübernahme bzw. -migration. Alle Stamm- und Bewegungsdaten müssen vom produktiven Altsystem ins SAP-S/4HANA-System migriert werden. Für die Datenübernahme stehen in SAP S/4HANA diverse Applikationen zur Verfügung. Hervorzuheben ist hier das *SAP S/4HANA Migration Cockpit*, das für die gängigsten *Migrationsobjekte* einen Import von Massendaten auf Basis einer SAP-Standardauslieferung erlaubt. In SAP S/4HANA wird darüber hinaus auch die kundenindividuelle Erweiterung dieser Migrationsobjekte oder die Anlage neuer Migrationsobjekte auf Basis des bestehenden Frameworks unterstützt.

SAP Gateway

In den vergangenen Jahren wurde häufig parallel zum SAP-S/4HANA-Backend-System ein SAP-S/4HANA-Frontend-Server (*SAP Gateway*) aufgebaut. Mittlerweile wird dieser Frontend-Server in der Regel als sogenanntes *Embedded Gateway* direkt auf dem ehemaligen SAP-S/4HANA-Backend-System mitinstalliert, sodass ein separates SAP-Gateway-System nicht mehr notwendig ist. Bei der Neuinstallation von SAP S/4HANA werden in diesem Fall alle SAP-Fiori-Apps direkt mitinstalliert. Dadurch vereinfachen sich die spätere Konfiguration sowie die Wartung und der Support für die SAP-Fiori-Apps.

Transport von Entwicklungen

Das SAP-S/4HANA-System erhält bei einer Neuimplementierung eine neue *Systemidentifikation* (SID). Es empfiehlt sich, das SAP-S/4HANA-System im Zuge des Neuimplementierungsprojekts frühzeitig an das aktuelle Transportwesen der SAP-ERP-Systemlandschaft anzuschließen. Daraus resultiert die verpflichtende Vergabe der neuen SID. Da die Projektlaufzeit mehrere Monate betragen kann, ist es in der Regel notwendig, bestimmte Änderungen aus dem SAP-ERP-Entwicklungssystem ebenfalls in das neue SAP-S/4HANA-System zu portieren.

Der Anschluss des SAP-S/4HANA-Systems an das Transportwesen hat mehrere Vorteile:

- Bestehende *Entwicklungen* können einfacher vom Entwicklungssystem in das SAP-S/4HANA-System umgezogen werden.
- Erweiterungen am *Customizing* können einfacher ins SAP-S/4HANA-System importiert werden.
- Komplette *Datenbankinhalte* können einfacher umgezogen werden.

Die Alternative hierzu ist eine manuelle Pflege bzw. Änderung aller Objekte direkt im neuen SAP-S/4HANA-System. Falls die Übernahme bestimmter Objekte über Transportaufträge vom SAP-ERP- ins SAP-S/4HANA-System erfolgen soll, müssen diese Transportaufträge *vor* dem SAP-S/4HANA-Import sorgfältig manuell überprüft werden. Beispielsweise kann der Transport von SAP-Standardobjekten, z. B. über SAP-Hinweise, zu Problemen führen. SAP-Hinweise sollten grundsätzlich nur direkt im neuen SAP-S/4HANA-System heruntergeladen und niemals transportiert werden. Auch sollte bei der Übernahme von Customizing- bzw. Datenbankinhalten sichergestellt sein, dass die Quellstruktur im SAP-ERP-System identisch mit der Zielstruktur in SAP S/4HANA ist. Andernfalls müssen die Daten entweder manuell übernommen oder gegebenenfalls anderweitig migriert werden.

Umzugstransporte

Kundeneigene Entwicklungen können über *Umzugstransporte* vom Entwicklungssystem ins SAP-S/4HANA-Zielsystem übernommen werden. Bei Umzugstransporten wird die SID im Objektkatalogeintrag des Objekts automatisch auf das SAP-S/4HANA-Zielsystem angepasst. Damit wird das SAP-S/4HANA-System das führende System für dieses Objekt.

Dieses Vorgehen hat zwei entscheidende Vorteile:

- **Notwendige Änderungen im Quellsystem (SAP ERP)**
  Falls ein Entwickler Änderungen an diesem Objekt durchführen möchte, erscheint automatisch der Modifikationsassistent. Erweiterungen an diesem Objekt sind nur noch als Modifikation möglich. Eine unbeabsichtigte parallele Weiterentwicklung mit zwei »auseinanderlaufenden« Versionen in SAP ERP und SAP S/4HANA ist damit ausgeschlossen.

  Jeder Entwickler muss die aktuelle Änderung hinsichtlich ihrer Kompatibilität mit SAP ERP und SAP S/4HANA bewerten. Sind zwingend Erweiterungen an diesem Objekt im SAP-ERP-Quellsystem notwendig, sollte stets geprüft werden, ob diese Erweiterung stattdessen federführend im SAP-S/4HANA-System durchgeführt (sofern das Objekt selbst mit SAP ERP kompatibel ist) und anschließend dann über einen Transportauftrag ins SAP-ERP-System übernommen werden kann. Bewusste Modifikationen im SAP-ERP-System sollten auch die Ausnahme bleiben.
- **Notwendige Änderungen im Zielsystem (SAP S/4HANA)**
  Notwendige Anpassungen an Eigenentwicklungen können direkt ohne Modifikationsassistent oder die nachträgliche Änderung des Originalsystems im Objektkatalogeintrag im SAP-S/4HANA-System durchgeführt werden.

Abbildung 1.4 illustriert die Übernahme von Eigenentwicklungen von einem SAP-ERP-System in ein neues SAP-S/4HANA-System. Das neue SAP-S/4HANA-System hat die SID P10. Darin werden über Umzugstransporte die Eigenentwicklungen `Z01` und `Z02` aus dem SAP-ERP-System P01 übernommen.

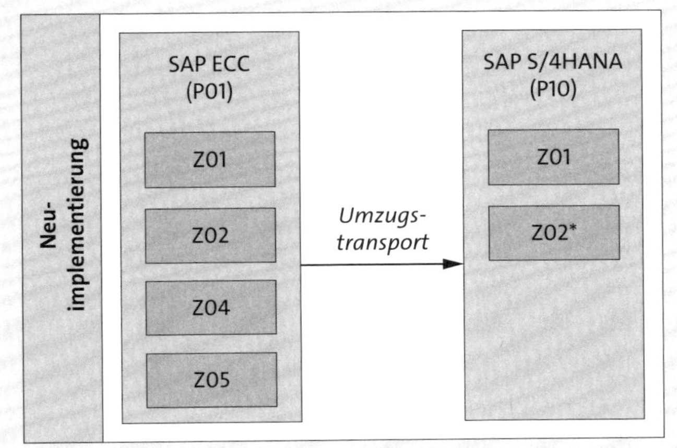

Abbildung 1.4 Neuimplementierung – Übernahme von Eigenentwicklungen

Übernahme von Deltaänderungen

Das Objekt Z01 ist bereits kompatibel mit der aktuellen SAP-S/4HANA-Version, weswegen eine Anpassung des Custom Codes diesem Fall nicht notwendig ist. Bei dem Objekt Z02 ist eine Anpassung direkt in SAP S/4HANA notwendig, um SAP-S/4HANA-spezifische Datenmodelle zu berücksichtigen. In Abbildung 1.4 wird es deshalb als neue Version Z02* dargestellt. Die alte Version von Z02 bleibt im SAP-ERP-System so bestehen, wie sie ist. Die kundeneigenen Entwicklungen Z04 und Z05 werden bewusst nicht ins SAP-S/4HANA-System übernommen, da sie nicht mehr produktiv verwendet bzw. durch eine in SAP S/4HANA verfügbare Funktion ersetzt werden können.

Custom-Code-Migration-App

Eine manuelle Analyse der relevanten Entwicklungen, die manuelle Übernahme und auch die manuelle Umstellung von Entwicklungsobjekten in SAP S/4HANA kann bei einer Vielzahl von Entwicklungen sehr aufwendig werden. Als Alternative zu manuell erstellten Umzugstransporten können Eigenentwicklungen über die *Korrektur-Workbench* (siehe Abschnitt 9.2.5) oder die SAP-Fiori-App *Custom Code Migration* (CCM, siehe Abschnitt 4.6) ins Zielsystem übertragen werden. Über die Quick Fixes (siehe Kapitel 7) ist anschließend eine halbautomatische Massenanpassung der Entwicklungen auf die SAP-S/4HANA-spezifischen Datenmodelle und -strukturen möglich.

Verwendung der CCM-App

Da die CCM-App eine Vielzahl zusätzlicher Funktionen bietet, wie z. B. die automatische Ermittlung technischer Abhängigkeiten und der produktiven Relevanz, empfehlen wir bei einem Neueinführungsprojekt den Einsatz dieser App. Über diese App lassen sich die Eigenentwicklungen aus dem Quellsystem in das Zielsystem übertragen. Die Verwendung von manuell erstellten Umzugstransporten, der Korrektur-Workbench oder abapGIT ist zwar technisch auch möglich, führt aber zu wesentlich höheren manuellen Aufwänden bei einer Massenübernahme.

1.2.2 Custom-Code-Migration im Rahmen einer Systemkonvertierung

Bei einer Systemkonvertierung ist die Ausgangsbasis ein existierendes SAP-ERP-System. Dieses System wird in mehreren Schritten in ein SAP-S/4HANA-System umgewandelt. Anders als bei der Neuimplementierung bleibt die SID des Systems bei einer Systemkonvertierung daher bestehen. Darüber hinaus enthält das SAP-S/4HANA-System nach der Konvertierung weitestgehend alle Daten und das Customizing des Ursprungssystems.

Systemvoraussetzungen

Vor jeder Systemkonvertierung sollten zuerst die obligatorischen Systemvoraussetzungen überprüft werden. Beispielsweise muss das SAP-ERP-System bereits auf Unicode umgestellt sein. Auch wird geprüft, ob es sich um ein Dual-Stack-System handelt, das heißt einen SAP NetWeaver Application Server (AS) mit einem ABAP- und einem Java-Stack. Nur ein reiner SAP NetWeaver AS ABAP kann in ein SAP-S/4HANA-System konvertiert werden.

Start-Releases

Folgende Start-Releases werden für eine Systemkonvertierung unterstützt:

- SAP ERP 6.0 EHP 0 bis 8 auf beliebiger Datenbank (AnyDB) oder SAP HANA
- SAP Simple Finance Add-on 1.0 for SAP Business Suite powered by SAP HANA
- SAP Simple Finance, On-Premise-Edition 1503
- SAP S/4HANA Finance 1605

Für detaillierte Informationen sollten Sie die SAP-Hinweise und Dokumentationen zu Ihrem Zielrelease überprüfen. Ist das Zielrelease SAP S/4HANA 1809, sollten Sie zusätzlich z. B. noch den SAP-Hinweis 2625407 beachten.

Ist nur eine der obligatorischen Voraussetzungen nicht erfüllt, kann über die Systemkonvertierung der *Maintenance Planner* nicht fortgesetzt werden. Der Maintenance Planner generiert die Downloaddateien z. B. für Addons, SAP-Pakete oder die Stack-Konfigurationsdatei (**stack.xml**), die vom *Software Update Manager* (SUM) für die technische Systemkonvertierung benötigt werden.

Simplification Item Check

Ein wesentlicher Part der Prüfungen im Vorfeld einer Systemkonvertierung (*Pre-Checks*) ist die Abarbeitung der Vereinfachungselemente, der sogenannten *Simplification Items* (SI). Der *SI-Check-Report* prüft die Inhalte von Datenbanken und technische Strukturen und liefert den Status der Inkompatibilität mit SAP S/4HANA des aktuellen Quellsystems. Der SI-Check-Report wird über die SAP-Hinweise 2399707 und 2502552 aktualisiert.

Diese Prüfungen müssen bei jedem Upgrade auf ein neues Major Release ausgeführt werden. Für *Feature Package Stacks* (FPS) sind sie hingegen nicht relevant. Da der SUM die gleichen Prüfungsroutinen wie der SI-Check-Report beinhaltet, muss vor der technischen Konvertierung sichergestellt sein, dass alle vom SI-Check-Report gemeldeten Fehler behandelt wurden. Detailliertere Informationen zum SI-Check finden Sie in SAP-Hinweis 2399707.

Custom Code Check

Parallel zum SI-Check können bereits die Eigenentwicklungen über den *Custom Code Check* (CCC) überprüft und teilweise sukzessive umgestellt werden. Der Custom Code Check liefert im Ergebnisbrowser des *ABAP Test Cockpits* (ATC) alle potenziellen Inkompatibilitäten als sogenannte *Befunde*. Als Datenbasis für die Ermittlung der Befunde wird die Vereinfachungsdatenbank, die *Simplification Database* (Simplificaton DB) herangezogen.

Wenn beispielsweise in SAP S/4HANA systemseitig ein bestimmtes Datenelement geändert oder gelöscht wurde und dieses Datenelement in einer kundeneigenen Entwicklung wieder verwendet wird, liefert der Custom Code Check einen entsprechenden Befund für diesen Report. Viele Befunde sind nur technischen Umstellungen geschuldet. Die betreffenden Objekte können daher bereits als vorbereitende Tätigkeit bearbeitet und die angepassten Objekte sukzessive produktiv gesetzt werden. Zusätzlich kann während dieser Phase die CCM-App verwendet werden, um nicht mehr benötigte Objekte zu identifizieren (siehe Abschnitt 3.4) und einen Löschtransport zu erzeugen.

Ablauf der technischen Konvertierung

Nach der Abarbeitung der Pre-Checks kann die technische Konvertierung über den SUM ausgeführt werden. Dabei werden im Wesentlichen drei Schritte durchlaufen:

1. **Datenbankmigration**
   Falls das Quellsystem noch nicht auf einer SAP-HANA-Datenbank läuft, bietet der SUM über die *Database Migration Option* (DMO) an, die Datenbank direkt mit nach SAP HANA zu migrieren.
2. **Software-Update**
   Eine Aktualisierung der Software auf SAP S/4HANA wird durchgeführt.
3. **Datenkonvertierung**
   Eine Vielzahl von Daten aus dem Quellsystem wird in das neue Datenmodell von SAP S/4HANA überführt.

Nacharbeiten

Nach Abschluss der technischen Konvertierung wird der Abgleich der Entwicklungsobjekte mit der Transaktion SPAU durchgeführt und mit den applikationsspezifischen Nacharbeiten begonnen. Diese Nacharbeiten beinhalten primär manuelle Tätigkeiten im FI-Bereich, etwa für die Massenmigration der Belegdaten vom alten Datenmodell in das neue Datenmodell (siehe auch SAP-Hinweis 2332030).

Darüber hinaus folgen üblicherweise diverse technische Nacharbeiten, die jedoch stark von der aktuellen Implementierung bzw. den Anforderungen abhängig sind. Zu diese Nacharbeiten gehören die Aktivierung von SAP-Fiori-Apps, die Pflege von Berechtigungsrollen, die Neugenerierung von SAP Queries, Konditionstabellen usw.

Nach der technischen Systemkonvertierung können bestimmte Befunde aus dem Custom Code Check über *Quick Fixes* (siehe Kapitel 7) effizient bearbeitet werden. Nach Abschluss dieser Nacharbeiten steht das SAP-S/4HANA-System zur Nutzung bereit.

1.2.3 Custom-Code-Migration im Rahmen einer Landschaftstransformation

Wenn mehrere unterschiedliche SAP-ERP-Systeme in ein SAP-S/4HANA-System überführt werden, reden wir von einer Landschaftstransformation.

Mastersystem

Bei jeder Landschaftstransformation wird zunächst das *Mastersystem* vorbereitet. Das Mastersystem ist üblicherweise eine Neuimplementierung von SAP S/4HANA oder eine Kopie eines erfolgreich konvertierten Produktivsystems. Letzteres ist dann zu empfehlen, wenn ein Produktivsystem als sinnvolle Vorlage für alle anderen SAP-ERP-Systeme dienen kann. Das Vorgehen zur Übernahme und Anpassung der Eigenentwicklungen ist damit entweder analog zu dem bei einer Neuimplementierung oder zu dem bei einer Systemkonvertierung.

SAP Landscape Transformation

Sobald das Mastersystem zur Verfügung steht, können anschließend die Daten aus den übrigen SAP-ERP-Systemen in das Mastersystem migriert werden. Für die Migration der Daten unter Berücksichtigung des neuen SAP-S/4HANA-Datenmodells stehen verschiedene Möglichkeiten zur Verfügung:

- Das Werkzeug *SAP Landscape Transformation* wurde speziell für die Umsetzungslogik von einem SAP-ERP- in ein SAP-S/4HANA-System erweitert und kann für die erstmalige Datenübertragung in das SAP- S/4HANA-Mastersystem verwendet werden.
- Alternativ stellt SAP Tools, wie beispielsweise *SAP Data Services*, SAP S/4HANA Migration Cockpit oder (noch) die altbekannte *Legacy System Migration Workbench* (LSMW) für die Datenmigration zur Verfügung. Letztere hat sich in aktuellen Neuimplementierungsprojekten zwar noch bewährt, wird aber in absehbarer Zeit durch das SAP S/4HANA Migration Cockpit abgelöst werden.

Die Landschaftstransformation kann für Unternehmen nicht nur an Bedeutung gewinnen, wenn die gesamte ERP-Systemlandschaft konsolidiert werden soll, sondern auch, wenn nur ausgewählte Buchungskreise oder Anwendungsbereiche bzw. Komponenten vorab im SAP-S/4HANA-Mastersystem live gehen sollen. Die Varianten der Landschaftstransformation sind hochgradig individuell und unternehmensspezifisch. Die Planung und Umsetzung der Landschaftstransformation ist somit stark vom definierten Umfang der Transformation und den zur Verfügung stehenden Ressourcen abhängig.

1.3 Zusammenfassung

SAP S/4HANA vereint eine moderne Systemarchitektur mit einem mächtigen und individualisierbaren ERP-System und einer Vielzahl von Vereinfachungen und Prozessverbesserungen. Damit soll eine zukunftssichere Ausrichtung gewährleistet sein. Die Simplification List gibt einen Überblick über alle Änderungen in SAP S/4HANA im Vergleich zur klassischen SAP Busines Suite. Neben einer Vielzahl an technischen Änderungen werden bestehende Lösungen gemäß dem Principle of One konsolidiert. Außerdem wird SAP S/4HANA um neue Funktionen erweitert. Die vielen neuen SAP-Fiori-Apps erleichtern dem Anwender die Verwendung von SAP S/4HANA über eine rollenbasierte und personalisierbare Benutzerführung.

Der Umstieg auf SAP S/4HANA kann entweder als Neuimplementierung, Systemkonvertierung oder Landschaftstransformation durchgeführt werden. Eine Neuimplementierung ist häufig dann für Kunden interessant, wenn das Quellsystem – meist historisch bedingt – mit zu vielen Altlasten »verbogen« wurde. In diesem Fall möchte man ganz neu, sozusagen auf der grünen Wiese, beginnen.

Bei der Systemkonvertierung bleiben weitgehend alle operativen Daten im System erhalten. Dieser Weg ist dann zu empfehlen, wenn das meiste Customizing, die Stamm- und Bewegungsdaten sowie die Eigenentwicklungen übernommen werden sollen.

Die Landschaftstransformation ist nur für Kunden interessant, die ihre Systemlandschaft harmonisieren und mehrere SAP-ERP-Systeme in ein zentrales SAP-S/4HANA-System überführen wollen.

Kapitel 2
Das Konvertierungsprojekt im Überblick

In jedem Konvertierungsprojekt gibt es typische wiederkehrende Aufgaben, wenngleich jedes Konvertierungsprojekt unterschiedlich ist. Eine gute Vorbereitung ist ein wesentlicher Erfolgsfaktor.

Viele SAP-Bestandskunden präferieren laut einer IDC-Studie aus dem Juni 2019 (*http://s-prs.de/763207*) eine Systemkonvertierung gegenüber den anderen Transformationsszenarien. Durch eine Systemkonvertierung erhoffen sie sich eine kürzere Projektlaufzeit sowie eine Reduzierung der Aufwände, da bei einem solchen technischen System-Upgrade die Daten und die Konfiguration des Ausgangssystems weitestgehend beibehalten werden können. Jedes Konvertierungsprojekt besteht aus unterschiedlichen Phasen, die wiederum auf eine Vielzahl von einzelnen Aktivitäten heruntergebrochen werden können. Ein Konvertierungsprojekt sollte nicht mit einem einfachen Upgrade-Projekt verwechselt und dementsprechend eingeplant werden. Aufgrund der Simplifizierungsmaßnahmen in SAP S/4HANA sind die für ein Konvertierungsprojekt erforderlichen notwendigen Aktivitäten wesentlich umfangreicher als bei einem typischen Upgrade-Projekt.

In diesem Kapitel geben wir Ihnen einen Überblick über den Ablauf eines Konvertierungsprojekts. Am Beispiel eines groben Projektplans für ein fiktives Unternehmen erläutern wir die Aktivitäten, die für eine SAP-S/4HANA-Systemkonvertierung notwendig sind. Um Ihnen einen besseren Einblick zu geben, welche Änderungen im Kontext der Custom-Code-Migration relevant werden, stellen wir Ihnen in diesem Kontext die zehn wichtigsten Simplification Items vor. Abschließend geben wie Ihnen Tipps zu vorbereitenden Tätigkeiten, die Sie auf Ihrem Transformationspfad nach SAP S/4HANA unterstützen.

2.1 Ablauf eines Konvertierungsprojekts

Bei jeder Systemkonvertierung ist im Vorfeld eine umfassende Analyse des Quellsystems notwendig. In Abbildung 2.1 werden die typischen Phasen eines Konvertierungsprojekts veranschaulicht.

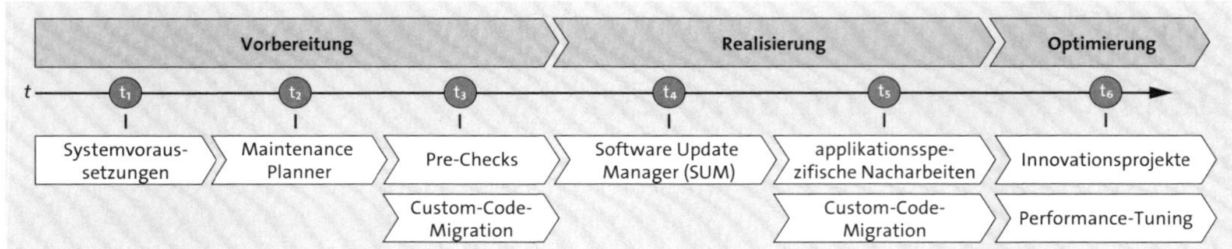

Abbildung 2.1 Typische Phasen eines Konvertierungsprojekts

Vorbereitungsphase

In der *Vorbereitungsphase* wird das System auf mögliche Inkompatibilitäten mit SAP S/4HANA überprüft. Die Befunde der Pre-Checks müssen auf ihre Relevanz hin überprüft und bearbeitet bzw. Inkompatibilitäten behoben werden, bevor eine Systemkonvertierung überhaupt möglich ist. SAP bietet verschiedene Tools an, die Sie bei dieser Analyse unterstützen. Über den *SAP Readiness Check for SAP S/4HANA* (siehe Abschnitt 2.4.1) können beispielsweise bestimmte obligatorische Voraussetzungen und Abhängigkeiten für einen Umstieg auf SAP S/4HANA veranschaulicht werden.

Für die Konvertierung eines SAP-ERP-Systems in ein SAP-S/4HANA-System muss das System bereits auf Unicode umgestellt worden sein. Darüber hinaus ist der Umstieg auf SAP S/4HANA nur mit bestimmten Start-Releases möglich (siehe Abschnitt 1.2.2, »Custom-Code-Migration im Rahmen einer Systemkonvertierung«).

Maintenance Planner, SI-Checks und CCC

Im nächsten Schritt kann der Maintenance Planner Add-ons und Business Functions auf eine etwaige Inkompatibilität mit SAP S/4HANA hin prüfen und alle notwendigen Softwarepakete für die Aktualisierung auf SAP S/4HANA zusammenstellen. Parallel zu den Simplification Item Checks (SI-Checks) kann bereits die Bearbeitung der Eigenentwicklungen auf Basis des Custom Code Checks (CCC) erfolgen. Viele Befunde, die über den Custom Code Check ermittelt werden, können bereits im SAP-ERP-System bearbeitet werden. Mit SAP ERP 6.0 Enhancement Package (EHP) 8 stellt SAP eine Vielzahl von neuen Klassen und Funktionsbausteinen zur Verfügung, die das Lesen oder Ändern von Simplification Items sowohl in SAP ERP als auch in SAP S/4HANA erlauben.

Software Update Manager

In der Phase des Software Update Managers (SUM) findet die eigentliche technische Konvertierung des SAP-ERP-Systems in ein SAP-S/4HANA-System statt. In dieser Phase kann auch die Datenmigration nach SAP HANA durchgeführt werden, sofern noch nicht bereits geschehen.

In der Phase der technischen Konvertierung wird eine *Schatteninstanz* aufgebaut. Dies geschieht durch das Kopieren aller Repository-relevanten Tabellen in ein eigenes Datenbankschema. Ab diesem Zeitpunkt wird die Entwicklungsumgebung durch den SUM gesperrt. In der Schatteninstanz wird der Abgleich von ABAP-Dictionary-Objekten mit der Transaktion SPDD ausgeführt. Ihre Modifikationen an ABAP-Dictionary-Objekten werden entweder auf den SAP-Standard zurückgesetzt oder manuell mit Ihren Änderungen am ABAP-Dictionary-Objekt abgeglichen, um diese für das SAP-S/4HANA-System zu erhalten.

Downtime

Anschließend kommt es zu einer *Downtime*, in der eine Anmeldung am System nicht mehr möglich ist. Während dieser Downtime werden unter anderem die Repository-relevanten Tabellen durch die aus der Schatteninstanz ersetzt. Nach der Downtime erfolgen technische Nacharbeiten, und der Abgleich über die Transaktionen SPAU und SPAU_ENH kann begonnen werden. Beim SPAU-Abgleich werden Repository-Objekte entweder auf den SAP-Standard zurückgesetzt oder manuell mit Ihren Modifikationen abgeglichen. Bei Objekten, die mit dem *Modifikationsassistenten* geändert wurden, ist eine automatische Übernahme dann möglich, wenn sich die Modifikationen in der Original- und Kundenversion nicht direkt überschneiden. In SAP S/4HANA bietet die Transaktion SPAU eine komfortable Massenbearbeitung von Objekten an, um die Abgleich-Aufwände zu reduzieren. Für den Abgleich von Erweiterungsimplementierungen wird die Transaktion SPAU_ENH verwendet. Hier können Quelltext-Plug-ins, Enhancements oder BAdI-Implementierungen (Business Add-ins) abgeglichen werden.

Nacharbeiten

Parallel zum SPAU-Abgleich kann mit den applikationsspezifischen und technischen Nacharbeiten begonnen werden. Diese Nacharbeiten umfassen beispielsweise die Aktivierung von SAP-Fiori-Apps, die FI-Datenmigration, das Delta-Customizing (z. B. für das Kreditmanagement) oder die Anpassung des Rollenkonzepts. Nach dem der SPAU-Abgleich abgeschlossen ist, folgt eine weitere Phase der Codeanpassungen für SAP S/4HANA.

[«]

Änderungszeitpunkt für Befunde

Der Custom Code Check gibt keine Auskunft über den empfohlenen Änderungszeitpunkt für einen Befund. Eine Vielzahl der Anpassungen an den Eigenentwicklungen, die im Rahmen des Custom Code Checks als erforderlich identifiziert werden, können bereits *vor* der technischen Konvertierung mit dem SUM im SAP-ERP-Entwicklungssystem durchgeführt werden. Beispielsweise können viele Befunde im Zusammenhang mit SAP HANA und viele Feldlängenkonflikte bereits im SAP-ERP-System durchgeführt werden. Die betreffenden Anpassungen machen die Eigenentwicklungen meist robuster, verändern aber die Geschäftslogik nicht.

In Ausnahmefällen müssen Änderungen *während* der technischen Konvertierung direkt im jeweiligen Zielsystem ausgeführt werden. Dies betrifft z. B. Append-Erweiterungen der Tabelle MARC (werkspezifischer Materialstamm). Um den zugehörigen Befund zu bearbeiten, ist eine View-Erweiterung in SAP S/4HANA nötig, da MARC in SAP S/4HANA keine transparente Tabelle, sondern ein CDS View ist.

Viele weitere Befunde können sinnvollerweise erst *nach* der technischen Konvertierung bearbeitet werden, da erst dann die neuen Strukturen oder Application Programming Interfaces (APIs) zur Verfügung stehen. Direkte Zugriffe auf die Tabelle ACDOCA (das Universal Journal) sind beispielsweise erst nach der Konvertierung möglich, da diese erst in SAP S/4HANA existiert.

Ausgangs- und Zielrelease

Bereits ab SAP ERP 6.0 ohne Enhancement Package ist eine Konvertierung auf SAP S/4HANA möglich. Das Quellsystem kann eine SAP-HANA- oder eine beliebige andere Datenbank (AnyDB) verwenden. Die SAP-HANA-Migration kann direkt im Zuge der technischen Konvertierung durchgeführt werden.

Als Zielrelease kann das aktuellste SAP-S/4HANA-Release festgelegt werden. Denkbar ist es aber auch, zunächst eine Teilkonvertierung, z. B. auf SAP S/4HANA Finance 1605, und anschließend ein System-Upgrade auf das aktuellste SAP-S/4HANA-Release durchzuführen (siehe Abbildung 2.2). Manche Unternehmen präferieren diesen Weg, um die Anzahl der Änderungen bei der Produktivnahme zu reduzieren und damit etwaige Risiken zu minimieren. Diese Entscheidung sollte bewusst getroffen werden und geht immer zulasten der gesamten Projektlaufzeit und den damit verbundenen Projektkosten.

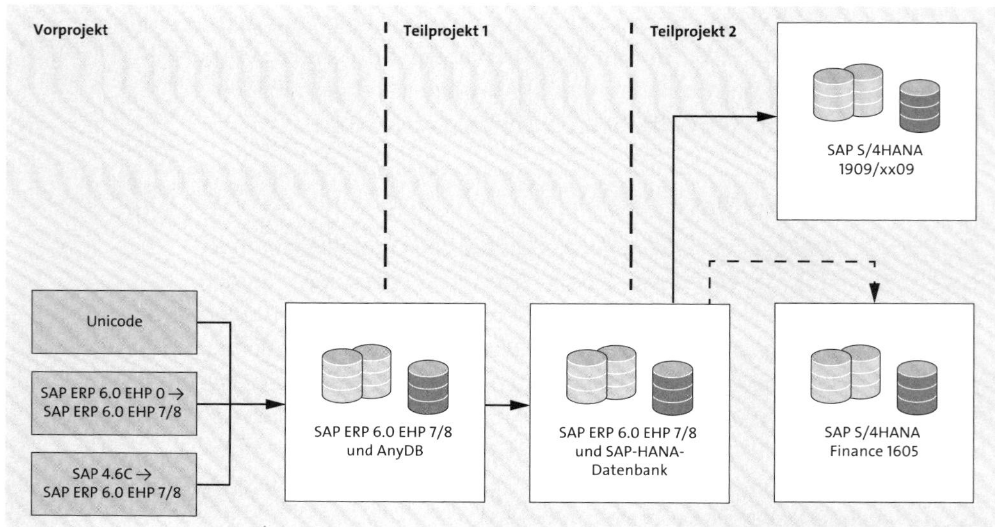

Abbildung 2.2 Konvertierungspfade von SAP ERP nach SAP S/4HANA

Sandbox in Planung berücksichtigen

Wir empfehlen, grundsätzlich bei jeder Systemkonvertierung mindestens die Konvertierung eines Sandbox-Systems in den Projektplan mit aufzunehmen und erfolgreich abzuschließen. Auch wenn eine Sandbox-Systemkonvertierung zu einer längeren Projektlaufzeit und höheren Kosten führt, gibt sie die beste Sicherheit, um die spätere Prozessabbildung in SAP S/4HANA zu testen.

[«]

Ausnahme in SAP-Einführungsprojekten

Wir empfehlen zwar grundsätzlich mindestens eine Sandbox-Systemkonvertierung, aber auch hier gibt es Ausnahmen, beispielsweise, wenn ein Unternehmen sich gerade mitten in einem Einführungsprojekt für SAP ERP befindet und noch keine produktive Umgebung existiert. Da in diesem Fall der bisherige Arbeitsstand nicht verloren gehen soll, kann eine Systemkonvertierung im Zuge der SAP-Neueinführung durchgeführt werden. In der Regel reicht es in einem solchen Fall aus, ein Backup vom Entwicklungssystem zu erstellen und die Systemkonvertierung anschließend direkt auf Basis des Entwicklungssystems abzuschließen. Da das Entwicklungssystem in der Regel kaum Daten enthält, ist hierdurch ein wesentlich schnellerer Abschluss der Systemkonvertierung möglich. Eine zusätzliche Sandbox-Systemkonvertierung würde den Abschluss des Gesamtprojekts dagegen nur unnötig verzögern.

Wenn zu Beginn eines Konvertierungsprojekts die obligatorischen Voraussetzungen geprüft wurden und mögliche Vorarbeiten im SAP-ERP-System abgeschlossen sind, wird das erste Sandbox-System (SBX1, siehe ❶ in Abbildung 2.3) aus einer aktuellen Systemkopie des produktiven SAP-ERP-Systems (PRD) erstellt. Der Ablauf der Systemkonvertierung wird dann vollständig auf dieser PRD-Kopie durchgespielt.

War die Systemkonvertierung des Sandbox-Systems erfolgreich, kann die Systemkonvertierung des *Entwicklungssystems* (DEV) beginnen ❸. Falls die Systemkonvertierung der Sandbox nicht erfolgreich war, ist der Aufbau eines weiteren Sandbox-Systems (SBX2) notwendig ❷.

Anzahl der Sandbox-Systeme

Mit wie vielen Sandbox-Systemen man in einem Systemkonvertierungsprojekt planen sollte, ist von unterschiedlichen Faktoren abhängig, wie beispielsweise den vorhandenen Erfahrungen des Projektteams, dem zur Verfügung stehenden Zeitfenster für die Downtime, den zur Verfügung stehenden Ressourcen, der Anzahl und Komplexität der im System abgebildeten Prozesse und Entwicklungen und vielem mehr. Häufig reichen bei mittelständischen Unternehmen ein bis zwei Sandbox-Systemkonvertierungen, bis die SAP-ERP-Systemlandschaft konvertiert werden kann. Letztendlich kann sich aber die Zahl der notwendigen Sandbox-Systeme auch ungeplant erhöhen, z. B. wenn aufgrund von Ressourcenumstellungen, schlechter Dokumentation, stetig wechselnder Umfänge, inakzeptabler Downtime-Zeiten oder Ähnlichem der Ablauf der Konvertierung immer wieder neu durchexerziert werden muss (siehe auch Abschnitt 9.1.1, »Organisatorische Herausforderungen und Fallstricke«).

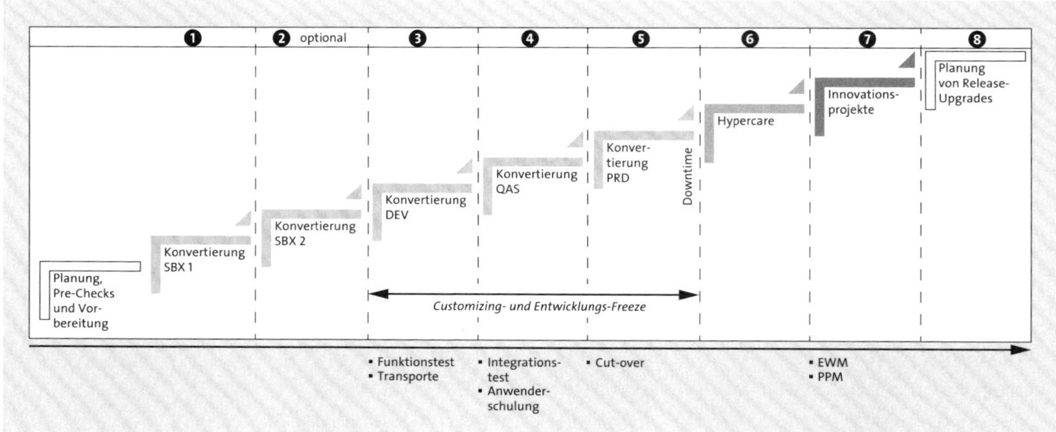

Abbildung 2.3 Ablauf einer Systemkonvertierung mit Sandbox-Systemen

System-Freeze

Sobald die Systemkonvertierung des Entwicklungssystems begonnen wird, gilt ein allgemeiner *System-Freeze*, das heißt, Customizing- und Workbench-Änderungen sind nicht mehr zulässig. In Einzelfällen können dringende Transporte in das produktive SAP-ERP-System übernommen werden, wenn gewährleistet ist, dass die jeweilige Änderung keine negativen Seiteneffekte hat. Wenn beispielsweise die ursprüngliche Version des betroffenen Repository-Objekts in Workbench-Transporten oder die Struktur von Customizing-Tabellen in Customizing-Transporten in SAP ERP und in SAP S/4HANA nicht identisch sind, kann es zu Importabbrüchen oder Laufzeitfehlern kommen.

Konvertierung der SAP-ERP-Systemlandschaft

Nachdem das Entwicklungssystem konvertiert und der Funktionstest erfolgreich abgeschlossen wurde, folgt analog die Systemkonvertierung des *Qualitätssicherungssystems* (QAS ❹) mit einem umfangreichen Integrationstest der Prozesse und angebundenen Schnittstellen.

Anschließend wird das Produktivsystems (PRD ❺) nach SAP S/4HANA konvertiert. Alle notwendigen Tätigkeiten für die Vor- bzw. Nachbearbeitung werden über einen Cut-over-Plan gesteuert.Wie bei jedem anderen größeren Projekt sollte nach dem *Go-live* des Produktivsystems mit einer *Hypercare-Phase* ❻ von mindestens zwei Wochen geplant werden. In dieser Phase muss das Projektteam bei etwaigen Problemen schnell aktiv werden können. Zuletzt folgen in der längerfristigen Planung weitere Innovationsprojekte ❼, wie beispielsweise die Einführung von SAP Extended Warehouse Management (SAP EWM) oder SAP Portfolio and Project Management (SAP PPM), und weitere Updates bzw. Upgrades ❽ des SAP-S/4HANA-Systems.

2.2 Beispiel für einen groben Projektplan

Ein erster grober Projektplan kann bereits sehr früh zu Projektbeginn erstellt werden, ohne dass die Details der Prozessabbildung in SAP S/4HANA bereits bekannt sind. Der Projektplan umfasst die einzelnen Projektphasen mit ersten Indikatoren für die Laufzeit. Abhängig von der Anzahl der Ergebnisse aus dem SAP Readiness Check, dem Custom Code Check und dem SI-Check können so bereits sehr früh die ungefähren Aufwände für das Projekt eingeplant werden. Darüber hinaus kann eine erste Schätzung erfolgen, mit wie vielen Sandbox-Systemen man für das Transformationsprojekt planen sollte.

Big Bang vs. Vorprojekte

In der Praxis tendieren mittelständische Unternehmen häufig zu mehreren, kleineren Vorprojekten, in denen technische oder fachliche bzw. prozessspezifische Änderungen bereits in SAP ERP produktiv gesetzt werden, anstatt mit einem großen *Big Bang* alle technischen und fachlichen Änderungen auf einmal einzuführen. Durch die Splittung des Transformationsprojekts in einfacher kalkulierbare Vorprojekte können etwaige Komplikationen bei der Produktivsetzung besser überwacht und gegebenenfalls bearbeitet werden.

In der Regel erhöhen sich durch jedes Vorprojekt aber auch die *Projektlaufzeit* und damit verbunden die *Projektgesamtkosten*. Die Synergien eines Gesamtprojekts können nicht mehr effizient genutzt werden. Beispielsweise durchläuft jedes umfangreichere Projekt in der Regel einen Integrationstest vor dem Go-live. Bei der Projektplanung mit Vorprojekten müssen für jedes Vorprojekt Spezifizierungs-, Implementierungs-, Tests- und Go-live- bzw. Hypercare-Phasen in den Gesamtprojektplan mit aufgenommen werden.

In der Praxis werden häufig die SAP-HANA-Migration oder die Aktivierung des Geschäftspartners in SAP ERP als Vorprojekte durchgeführt, bevor das eigentliche Transformationsprojekt gestartet wird. Ob und welche Vorprojekte im Gesamtprojekt eingeplant werden, ist von vielen Faktoren abhängig, wie Ressourcen, Verfügbarkeit, Ausgangssystem(e), Zielsystem(e), produktiv verwendete Komponenten oder dem Budget. Eine generelle Empfehlung ist daher nicht möglich.

Reduzierung von Vorprojekte auf ein sinnvolles Maß

Grundsätzlich sollte die Anzahl der Vorprojekte auf ein sinnvolles Maß reduziert bzw. sollten solche Projekte möglichst parallelisiert werden, um Synergien im Gesamtprojekt effektiv nutzen zu können.

Abbildung 2.4 zeigt einen beispielhaften groben Projektplan des fiktiven Unternehmens *Sonnenschein AG*.

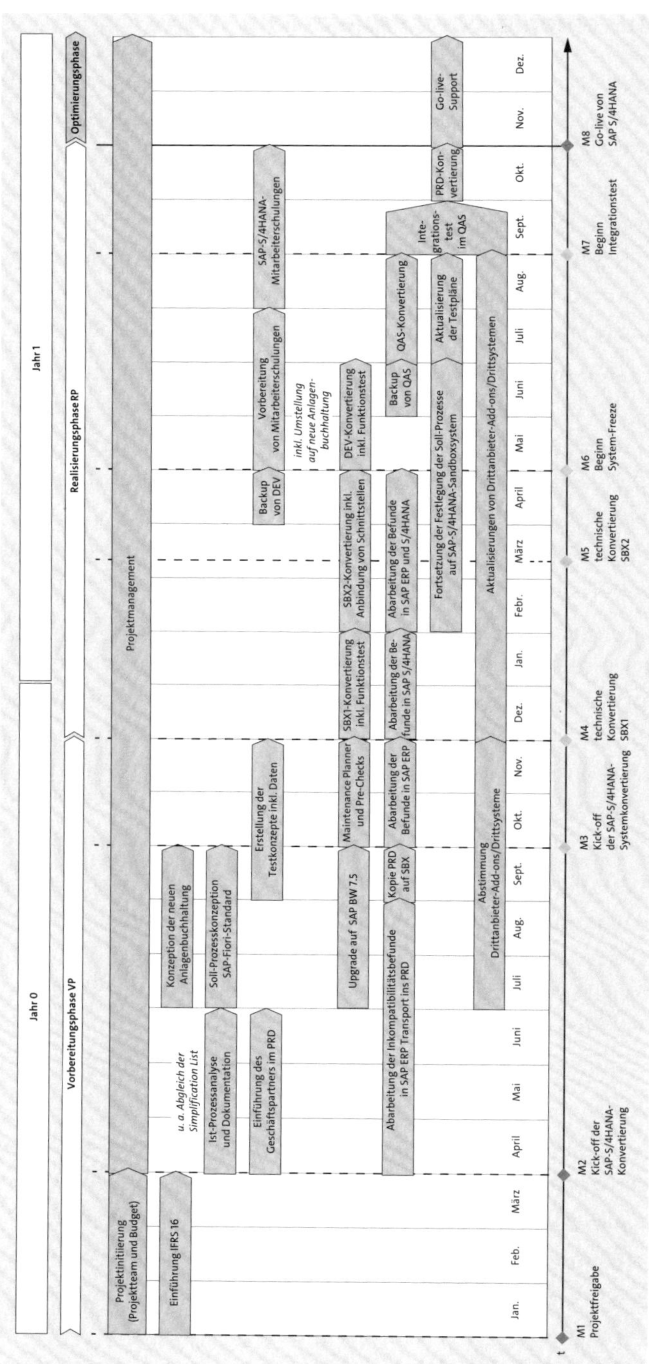

Abbildung 2.4 Beispiel eines groben Projektplans für ein mittelständisches Unternehmen

Ausgangslage der Sonnenschein AG

Bei der Sonnenschein AG handelt es sich um ein mittelständisches, international tätiges Unternehmen aus der Fertigungsindustrie, das SAP ERP 6.0 EHP 8 mit einer SAP-HANA-Datenbank im Einsatz hat. Die Sonnenschein AG nutzt das SAP-ERP-System bereits seit 15 Jahren und hat mithilfe der zwei bis drei SAP-Entwickler in der eigenen IT-Abteilung stetig Erweiterungen an diesem System durchgeführt.

Die Sonnenschein AG nutzt die Systemkonvertierung nach SAP S/4HANA als Chance, um die eigenen Prozesse zu verbessern und teilweise auch wieder zurück in den SAP-Standard zu überführen. Da mehrere andere Projekte parallel laufen, befürchtet sie jedoch, dass es bereits zu Projektbeginn zu Ressourcenengpässen hinsichtlich der gefragten Know-how-Träger kommt. Da das Unternehmen rund um die Uhr produziert, würden ein längerer Systemausfall oder Komplikationen durch Änderungen zu erheblichen Problemen führen. Aus diesem Grund werden verschiedene Vorprojekte in den Projektplan aufgenommen und die einzelnen Phasen jeweils mit einem zeitlichen Puffer versehen. Der Projektplan sieht für die gesamte Systemkonvertierung einen Zeitraum von ca. zwei Jahren vor.

Vorprojekt IFRS 16

Wegen gesetzlicher Änderungen muss die Sonnenschein AG zunächst die Bilanzierung nach dem *International Financial Reporting Standard 16* (IFRS 16) einführen. Dieses Vorprojekt muss abgeschlossen sein, bevor das eigentliche SAP-S/4HANA-Konvertierungsprojekt begonnen werden kann.

Ist- und Soll-Prozesse

Nach Abschluss der IFRS-16-Einführung startet die Sonnenschein AG eine Analyse und Dokumentation der aktuellen Prozesse. Erst wenn dieser Ist-Stand bekannt ist, können darauf aufbauend die unternehmensspezifischen Soll-Prozesse in SAP S/4HANA definiert werden. Parallel zu dieser Bestandsaufnahme wird bereits der Geschäftspartner in SAP ERP aktiviert und im Produktivsystem eingeführt.

Beginn der Custom-Code-Anpassungen

Die Bearbeitung von Befunden aus dem Custom Code Check ist von den zuvor genannten Tätigkeiten weitestgehend unabhängig. Die Sonnenschein AG kann über den Einsatz der App *Custom Code Migration* nachvollziehen, dass viele Entwicklungen nicht mehr benötigt werden. In einer ersten Phase werden deshalb nicht mehr benötigte Entwicklungen massenhaft stillgelegt. Anschließend möchte die Sonnenschein AG mit der Anpassung der verbleibenden Entwicklungen für SAP S/4HANA beginnen. Die internen Entwickler wissen, dass sie in der aktuellen Projektphase nur Codeänderungen durchführen dürfen, die sowohl mit SAP ERP als auch mit SAP S/4HANA kompatibel sind. Diese Codeänderungen werden in Paketen durchgeführt, getestet und in das Produktivsystem übernommen.

Dokumentation der Änderungen

Anschließend folgt die erste Sandbox-Systemkonvertierung. Jeder Fehler, der bei dieser Konvertierung auffällt, und jede daraufhin vorgenommene

Änderung wird von der Sonnenschein AG dokumentiert oder direkt im produktiven SAP-ERP-System behoben, um sie anschließend bei der zweiten Sandbox-Systemkonvertierung zu validieren.

Da die zweite Sandbox-Systemkonvertierung ein zufriedenstellendes Ergebnis liefert, folgt anschließend die Systemkonvertierung des Entwicklungssystems. Auf dem Entwicklungssystem wird ein Funktionstest durchgeführt. Danach wird das Qualitätssicherungssystem konvertiert. Im Qualitätssicherungssystem werden die Schnittstellen angebunden, und der Integrationstest wird durchgeführt. Abschließend folgen die Systemkonvertierung des Produktivsystems und eine zweimonatige Hypercare-Phase.

2.3 Welche Änderungen am Anwendungscode sind erforderlich?

In diesem Abschnitt geben wir Ihnen einen Einblick in die notwendigen Änderungen von Eigenentwicklungen im Zuge einer SAP-S/4HANA-Transformation. Einen ersten Überblick über den Umfang der technischen Änderungen erhalten Sie über die Vereinfachungsdatenbank (*Simplification Database*), die wir in Abschnitt 2.3.1 vorstellen. Die Vereinfachungsdatenbank dient als Basis für den Custom Code Check und beinhaltet alle technischen Änderungen in SAP S/4HANA.

Um den Umstellungsaufwand für die Eigenentwicklungen zu reduzieren, stellt SAP spezielle Kompatibilitätsobjekte zur Verfügung, die wir in Abschnitt 2.3.2, »Kompatibilitäts-Views«, beschreiben. In manchen Fällen kann eine Änderung der Eigenentwicklungen umgangen werden, indem man auf diese speziellen Objekte zugreift, die trotz der Änderung des Datenmodells auch mit SAP S/4HANA weiterhin kompatibel sind.

Abschließend geben wir in Abschnitt 2.3.3, »Die Top 10 der Simplification Items«, einige Beispiele für mögliche Anpassungen von Eigenentwicklungen. Alle möglichen Änderungen, die im Zuge einer SAP-S/4HANA-Transformation erforderlich werden können, wären zu divers, um sie hier zu beschreiben. Daher konzentrieren wir uns hier auf die Behandlung der am häufigsten auftretenden Befunde.

2.3.1 Die Vereinfachungsdatenbank

Technische Basis für den Custom Code Check

Die Vereinfachungsdatenbank fasst alle technischen Änderungen von SAP S/4HANA im Vergleich zu SAP ERP zusammen. Jede einzelne aufgeführte Änderung wird als Simplification Item bezeichnet. Die Simplification Items werden in der Regel über SAP-Hinweise näher beschrieben. Für jedes neue

Major Release von SAP S/4HANA wird eine neue Simplification List von SAP veröffentlicht, mit einem stetig wachsendem Inhalt und neuen Simplification Items. Die Simplification List ist eine textuelle Beschreibung der Änderungen in SAP S/4HANA im Vergleich zu SAP ERP. Im Gegensatz dazu werden in der Vereinfachungsdatenbank die technischen Objekte (Transaktionen, Reports, Funktionen und vieles mehr) zusammengefasst, die von den Änderungen in SAP S/4HANA betroffen sind.

Download

Die Vereinfachungsdatenbank bildet die Grundlage für den Custom Code Check. Sie kann direkt aus dem *SAP Software Download Center* (*http://s-prs.de/v763208*) heruntergeladen und anschließend über die Transaktion SYCM im Prüfsystem importiert werden (Details hierzu lesen Sie in Abschnitt 4.2.1, »Vorbereitungen zur Nutzung des ABAP Test Cockpits«). In Abbildung 2.5 wird ein Auszug der Vereinfachungsdatenbank über die Transaktion SYCM angezeigt.

Inhalt der Vereinfachungsdatenbank (475202 Einträge)

Übersicht

SAP-O...	SAP-Objektname	Anwendungskomponente	Vereinfachungskategorie	SAP-Hinweisnummer	SAP-Hinweistitel	Prüfkategorie
FUNC	CS_H2M_MBOM_EXISTENCE_CHECK	CA-FLE-MAT	Syntaktisch nicht kompatible Änderung d.vorhandenen Funktion	2438131	Feldlängenerweiterung für Materialnummer: Quelltextanpassungen für Verwendungen	
FUNC	BAPI_NETWORK_GETDETAIL	CA-FLE-MAT				
FUNC	BAPI_KANBANCC_GETLIST_ALL	CA-FLE-MAT				
FUNC	CAVC_C_CHECK_INSTANTIATION	CA-FLE-MAT				
DOMA	OBJKN	PM-WOC-MO		2670006	Feldlängenerweiterung für Objektlistennummer - allgemeine technische Hintergrund	1
CLAS	CL_CS_BOM_PRODVER_MIGRATION	LO-MD-BOM		2215123	Fertigungsstücklistenauflösung wird über Fertigungsversionen empfohlen	
DOMA	CS_DOM_UPDATED_FIELD	LO-MD-BOM				
DOCU	NACS_BOM_HANA015	LO-MD-BOM				
DOCU	RECS_BOM_PRODVER_MIGRATION	LO-MD-BOM				
MESS	CS_BOM_HANA015	LO-MD-BOM				
REPT	CL_CS_BOM_PRODVER_MIGRATION==	LO-MD-BOM				
FUNC	CS_BOM_STKO_UPDATE	LO-MD-BOM				
CLSD	CL_CS_BOM_PRODVER_MIGRATION	LO-MD-BOM				
PROG	CS_BOM_PRODVER_MIGRATION_TOP	LO-MD-BOM				
FUNC	CS_BOM_STKO_MASS_VALIDITY	LO-MD-BOM				
DTEL	CS_PRODVER_NEW	LO-MD-BOM				
TABL	BOM_TY_PRODVER_MATPL_ENTRIES	LO-MD-BOM				
PROG	CS_BOM_PRODVER_MIGRATION	LO-MD-BOM				
FUNC	CS_BOM_STKO_VALIDITY	LO-MD-BOM				
FUGR	CS_BOM	LO-MD-BOM				

Abbildung 2.5 Inhalt der Vereinfachungsdatenbank

Weitere Informationen zum Download der Vereinfachungsdatenbank

SAP-Hinweis 2241080 enthält detaillierte Informationen zum Download der Vereinfachungsdatenbank.

Zum Zeitpunkt der Drucklegung dieses Buches umfasst die Vereinfachungsdatenbank ca. 475.200 Objekte. Das Volumen der Vereinfachungsdatenbank ist ein Indikator dafür, wie umfangreich die Erweiterungen und Vereinfachungen in SAP S/4HANA im Vergleich zu SAP ERP sind. Der Einsatz der Vereinfachungsdatenbank ist für den Custom Code Check obligatorisch, da es aufgrund der Vielzahl an Änderungen nicht möglich wäre, einen manuellen Abgleich auszuführen.

2.3.2 Kompatibilitäts-Views

Gleichbleibender Datenzugriff

Im Zuge der technischen Umstrukturierung des Datenmodells für die Einführung von SAP Simple Finance wurden viele Summen- und Anwendungsindextabellen eliminiert. Aus Kompatibilitätsgründen wurden sogenannte *Kompatibilitäts-Views* eingeführt, mit denen ein ähnlicher Zugriff auf die Daten wie vor der Umstrukturierung möglich ist. Die Kompatibilitäts-Views sind CDS Views, die die Daten aus den neuen Datenstrukturen im Format der alten Datenbanktabellen abbilden. Sie haben teilweise denselben technischen Namen wie die ursprüngliche Datenbanktabelle.

[»]

Zwei Versionen von Kompatibilitäts-Views

Im Zuge der Entwicklung von SAP Simple Finance hat SAP zwei unterschiedliche technische Varianten verwendet, um die Kompatibilitäts-Views zu implementieren. Die Kompatibilitäts-Views der *Version 1* (V1) wurden mit dem ersten Release des SAP-Simple-Finance-Add-ons eingeführt. Sie tragen immer den gleichen Namen wie die ursprünglichen Datenbanktabellen. Sie werden bei einer Systemkonvertierung über den SUM automatisch generiert. Der alte Datenbestand wird in Backup-Tabellen gesichert. Die Namen dieser Backup-Tabellen beginnen jeweils mit dem Namen der Originaltabelle, gefolgt von dem Suffix _BCK. Für die Tabelle BSAD wird beispielsweise die Backup-Tabelle BSAD_BCK angelegt.

Mit SAP Simple Finance 2.0 bzw. SAP S/4HANA 1511 wurde die *Version 2* (V2) der Kompatibilitäts-Views eingeführt. Diese Views unterscheiden sich in folgenden Aspekten von den Views der V1:

- Die Kompatibilitäts-Views V2 haben nicht den gleichen Namen wie die ursprünglichen Datenbanktabellen.
- Die Datenbankschnittstelle leitet automatisch alle SELECT-Anfragen an die ursprünglichen Datenbanktabellen auf den entsprechenden Kompatibilitäts-View um. Die Kompatibilitäts-Views V2 werden daher auch als *Redirect-Views* bezeichnet.

Die Ermittlung eines Kompatibilitäts-Views V1 ist etwas einfacher bzw. offensichtlicher als die Ermittlung eines Views der V2-Variante. Dafür kommt es bei speziellen, inkorrekten Zugriffen auf Kompatibilitäts-Views V2 nicht zu Laufzeitfehlern, wie das bei der V1 der Fall war.

Originaltabellen zu Kompatibilitäts-Views V1

In Tabelle 2.1 sind die Originaltabellen aufgeführt, die im Zuge der Entwicklung von SAP Simple Finance durch gleichnamige Kompatibilitäts-Views V1 ersetzt wurden.

Originaltabelle	Beschreibung	CDS View
BSAD	Buchhaltung: Sekundärindex für Debitoren (ausgebliebene Posten)	BSAD_DDL
BSAK	Buchhaltung: Sekundärindex für Kreditoren (ausgeglichene Posten)	BSAK_DDL
BSAS	Buchhaltung: Sekundärindex für Sachkonten (ausgeglichene Posten)	BSAS_DDL
BSID	Buchhaltung: Sekundärindex für Debitoren	BSID_DLL
BSIK	Buchhaltung: Sekundärindex für Kreditoren	BSIK_DLL
BSIS	Buchhaltung: Sekundärindex für Sachkonten	BSIS_DLL
FAGLBSAS	Buchhaltung: Sekundärindex für Sachkonten (ausgeglichene Posten)	FAGLBSAS_DLL
FAGLBSIS	Buchhaltung: Sekundärindex für Sachkonten	FAGLBSIS_DLL
GLTO	Sachkontenstamm Verkehrszahlen	GLTO_DLL
KNC1	Kundenstamm Verkehrszahlen	KNC1_DLL
KNC3	Kundenstamm Verkehrszahlen Sonderhauptbuchvorgänge	KNC3_DLL
COSP	CO-Objekt: Summen Kosten – externe Buchungen	V_COSP_DDL
COSS	CO-Objekt: Summen Kosten – interne Buchungen	V_COSS_DDL
FAGLFLEXT	Hauptbuch: Summen	V_FAGLFLEXT_DDL

Tabelle 2.1 Kompatibilitäts-Views V1 und zugehörige Originaltabellen

Originaltabellen zu Kompatibilitäts-Views V2

Die ergänzenden Kompatibilitäts-Views V2 und deren Originaltabellen sind in Tabelle 2.2 aufgeführt.

Originaltabelle	Beschreibung	CDS View
ANEA	Anlagen-Einzelposten anteilige Werte	FAAV_ANEA
ANEK	Belegkopf Anlagenbuchung	FAAV_ANEK

Tabelle 2.2 Kompatibilitäts-Views V2 und zugehörige Originaltabellen

Original-tabelle	Beschreibung	CDS View
ANEP	Anlagen-Einzelposten	FAAV_ANEP
ANLC	Anlagen-Wertfelder	FAAV_ANLC
ANLP	Anlagen-Periodenwerte	FAAV_ANLP
BSIM	Sekundärindex Belege zum Material	V_BSIM
CKMI1	Index für Rechnungswesenbelege zum Material	V_CKMI1
COEP	CO-Objekt: Einzelposten periodenbezogen	V_COEP
FAGLFLEXA	Hauptbuch: Ist-Einzelposten	FGLV_FAGLFLEXA
MLCD	Material-Ledger: Verdichtungssätze (aus Belegen)	V_MLCD
MLCR	Material-Ledger-Beleg: Währungen und Werte	V_MLCR
MLHD	Material-Ledger-Beleg: Kopf	V_MLHD
MLIT	Material-Ledger-Beleg: Positionen	V_MLIT
MLPP	Material-Ledger-Beleg: Buchungsperioden und Mengen	V_MLPP
T012K	Konten bei Hausbanken	V_T012K_BAM
T012T	Bezeichnung der Konten bei Hausbanken	V_T012T_BAM
FMGLFLEXA	Hauptbuch: Ist-Einzelposten	FGLV_FMGLFLEXA
FMGLFLEXT	Hauptbuch Public Sector: Summen	FGLV_FMGLFLEXT
PSGLFLEXA	Hauptbuch: Ist-Einzelposten	FGLV_PSGLFLEXA
PSGLFLEXT	Hauptbuch Public Sector: Summen	FGLV_PSGLFLEXT
JVGLFLEXA	General Ledger: Actual Line Items	FGLV_JVGLFLEXA
JVGLFLEXT	General Ledger: Totals	FGLV_JVGLFLEXT

Tabelle 2.2 Kompatibilitäts-Views V2 und zugehörige Originaltabellen (Forts.)

Darstellung des Kompatibilitäts-Views V1

Ruft man in Transaktion SE11 eine der Datenbanktabellen auf, für die es einen Kompatibilitäts-Views V1 gibt, wird der Name des CDS Views, über den die Datenermittlung erfolgt, im Feld **DDL Source** angezeigt, wie in Abbildung 2.6 dargestellt.

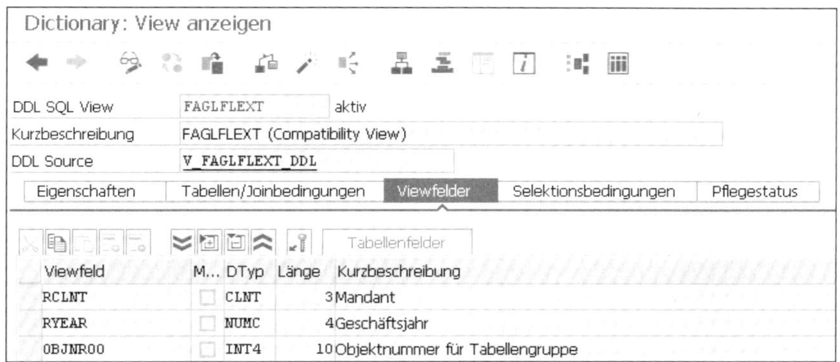

Dictionary: View anzeigen

DDL SQL View: FAGLFLEXT aktiv
Kurzbeschreibung: FAGLFLEXT (Compatibility View)
DDL Source: V_FAGLFLEXT_DDL

Eigenschaften | Tabellen/Joinbedingungen | Viewfelder | Selektionsbedingungen | Pflegestatus

Tabellenfelder

Viewfeld	M...	DTyp	Länge	Kurzbeschreibung
RCLNT		CLNT	3	Mandant
RYEAR		NUMC	4	Geschäftsjahr
OBJNR00		INT4	10	Objektnummer für Tabellengruppe

Abbildung 2.6 Aufruf des Kompatibilitäts-Views V2 zur Tabellenstruktur FAGLFLEXT

Darstellung des Kompatibilitäts-Views V2

Bei einem Kompatibilitäts-View V2 ist das anders. Wie am Beispiel der Tabelle FAGLFLEXA in Abbildung 2.7 zu erkennen, suggeriert die Anzeige in Transaktion SE11, dass es sich bei dem aufgerufenen Objekt um eine (unveränderte) transparente Tabelle handelt.

Dictionary: Tabelle anzeigen

Technische Einstellungen Append-Struktur...

Transp.Tabelle: FAGLFLEXA aktiv
Kurzbeschreibung: Hauptbuch: Ist-Einzelposten

Eigenschaften | Auslieferung und Pflege | Felder | Eingabehilfe/-prüfung | Währungs-/Mengenfelder | Indizes

Suchhilfe | Eingebauter Typ | 61

Feld	Key	Ini...	Datenelement	Datentyp	Länge	DezS...	Kurzbeschreibung
RCLNT	✓	✓	MANDT	CLNT	3	0	Mandant
RYEAR	✓	✓	GJAHR	NUMC	4	0	Geschäftsjahr
DOCNR	✓	✓	BELNR_D	CHAR	10	0	Belegnummer eines Buchhaltungsbeleges
.INCLUDE	✓	✓	FAGLFLEX01_KEY	STRU	0	0	Hauptbuch: Technische Felder im Key der Einzelposten
RLDNR	✓	✓	FAGL_RLDNR	CHAR	2	0	Ledger in der Hauptbuchhaltung
.INCLUDE	✓	✓	FAGLFLEX03_KEY	STRU	0	0	Hauptbuch: Zusatzkontierung SAP im Key der Einzelposten
RBUKRS	✓	✓	BUKRS	CHAR	4	0	Buchungskreis
DOCLN	✓	✓	DOCLN6	CHAR	6	0	Sechsstellige Buchungszeile für Ledger

Abbildung 2.7 Aufruf des Kompatibilitäts-Views V2 zur Tabellenstruktur FAGLFLEXA

Bei Kompatibilitäts-Views V2 wird der CDS View nicht angezeigt. Die Darstellung des Datenbanktabelleninhalts ist über die Transaktion SE16N wie gewohnt möglich. Auch können Sie innerhalb einer Eigenentwicklung in der Regel wie gewohnt über eine SELECT-Anweisung auf das Datenbankobjekt zugreifen. Das Objekt verhält sich im System scheinbar exakt so, als würde die alte transparente Datenbanktabelle FAGLFLEXA noch existieren.

CDS View anzeigen

Die »technische Wahrheit« versteckt sich in der Implementierung des CDS Views, der für die neue Datenermittlung verantwortlich ist. Den Namen dieses CDS Views können Sie im SAP GUI auf verschiedenen Wegen ermitteln:

- **Vertreterobjekt zur Tabelle anzeigen**
  In Transaktion SE11 folgen Sie dem Menüpfad **Zusätze • Vertreterobjekt**, um sich den Namen des Kompatibilitäts-Views anzeigen zu lassen. Der Kompatibilitäts-View wird im sich daraufhin öffnenden Pop-up-Fenster im Feld **Vertreterobjekt** angezeigt (siehe Abbildung 2.8).

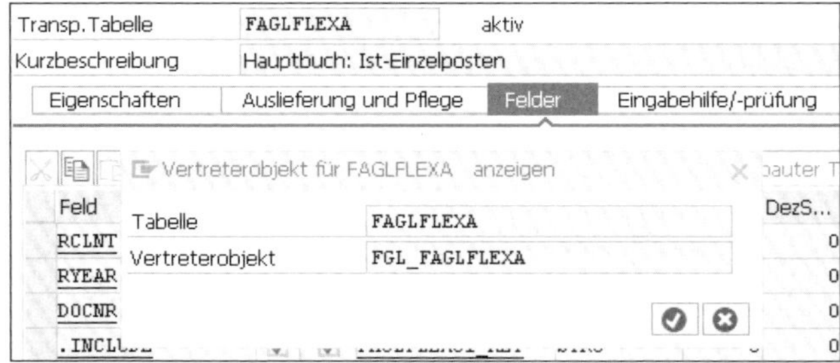

Abbildung 2.8 Anzeige des Kompatibilitäts-Views zu einer Tabelle in Transaktion SE11

- **Proxy-Objekt zur Tabelle anzeigen**
  In Transaktion SE16N oder SE16H geben Sie den Namen der Datenbanktabelle im Feld **Tabelle** ein und drücken die [↵]-Taste. Der Name des Kompatibilitäts-Views wird daraufhin im Feld **Proxy-Objekt** angezeigt (siehe Abbildung 2.9).

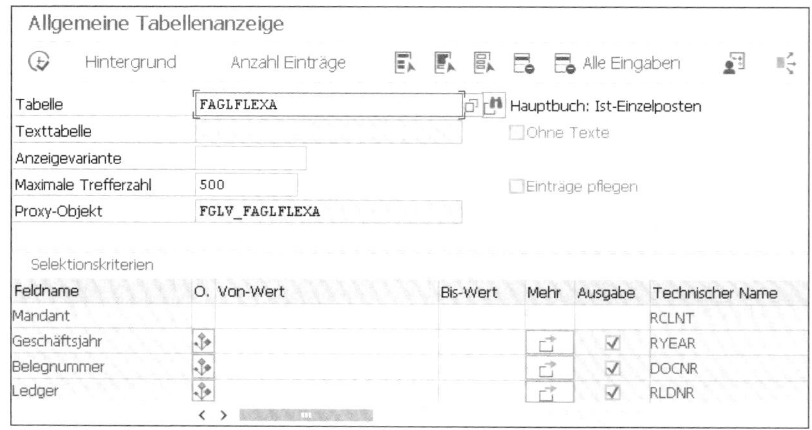

Abbildung 2.9 Anzeige des Kompatibilitäts-Views zu einer Tabelle in Transaktion SE16N

- **SQL-Trace auswerten**
  Über die Transaktion ST05 (*SQL-Trace*) können Datenbankzugriffe protokolliert und die Details zu den Zugriffen angezeigt werden.

SQL-Trace auswerten

Zunächst aktivieren Sie den SQL-Trace über den Button **Trace einschalten**. Dann können Sie beispielsweise über die Transaktion SE16N exemplarisch auf Datenbankinhalte der Tabelle `FAGLFLEXA` zugreifen. Anschließend deaktivieren Sie den Trace über den Button **Trace ausschalten**.

Über den Button **Trace anzeigen** können Sie nun die Ergebnisse des Trace auswerten. In der Ergebnisliste erscheinen alle Datenbanktabellen, auf die zugegriffen wurde, während der Trace aktiviert war. In der Ergebnisliste wird in der Spalte **Objektname** der Kompatibilitäts-View zur jeweiligen Tabelle angezeigt (siehe Abbildung 2.10).

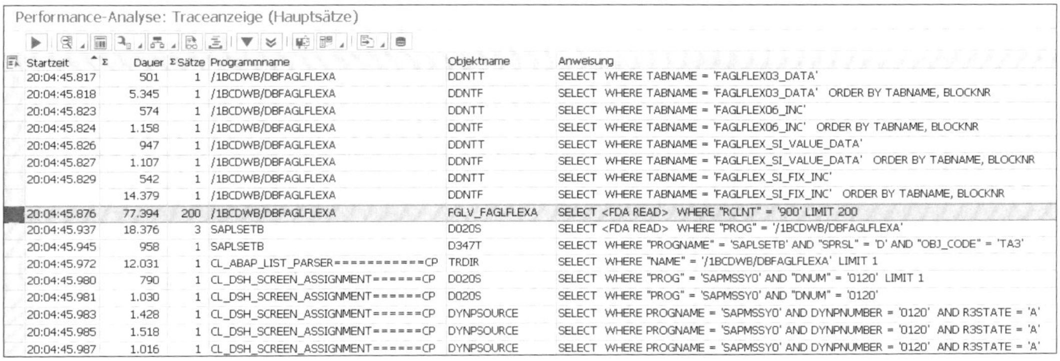

Performance-Analyse: Traceanzeige (Hauptsätze)

Startzeit	Dauer	Sätze	Programmname	Objektname	Anweisung
20:04:45.817	501	1	/1BCDWB/DBFAGLFLEXA	DDNTT	SELECT WHERE TABNAME = 'FAGLFLEX03_DATA'
20:04:45.818	5.345	1	/1BCDWB/DBFAGLFLEXA	DDNTF	SELECT WHERE TABNAME = 'FAGLFLEX03_DATA' ORDER BY TABNAME, BLOCKNR
20:04:45.823	574	1	/1BCDWB/DBFAGLFLEXA	DDNTT	SELECT WHERE TABNAME = 'FAGLFLEX06_INC'
20:04:45.824	1.158	1	/1BCDWB/DBFAGLFLEXA	DDNTF	SELECT WHERE TABNAME = 'FAGLFLEX06_INC' ORDER BY TABNAME, BLOCKNR
20:04:45.826	947	1	/1BCDWB/DBFAGLFLEXA	DDNTT	SELECT WHERE TABNAME = 'FAGLFLEX_SI_VALUE_DATA'
20:04:45.827	1.107	1	/1BCDWB/DBFAGLFLEXA	DDNTF	SELECT WHERE TABNAME = 'FAGLFLEX_SI_VALUE_DATA' ORDER BY TABNAME, BLOCKNR
20:04:45.829	542	1	/1BCDWB/DBFAGLFLEXA	DDNTT	SELECT WHERE TABNAME = 'FAGLFLEX_SI_FIX_INC'
	14.379	1	/1BCDWB/DBFAGLFLEXA	DDNTF	SELECT WHERE TABNAME = 'FAGLFLEX_SI_FIX_INC' ORDER BY TABNAME, BLOCKNR
20:04:45.876	77.394	200	/1BCDWB/DBFAGLFLEXA	FGLV_FAGLFLEXA	SELECT <FDA READ> WHERE "RCLNT" = '900' LIMIT 200
20:04:45.937	18.376	3	SAPLSETB	D020S	SELECT <FDA READ> WHERE "PROG" = '/1BCDWB/DBFAGLFLEXA'
20:04:45.945	958	1	SAPLSETB	D347T	SELECT WHERE "PROGNAME" = 'SAPLSETB' AND "SPRSL" = 'D' AND "OBJ_CODE" = 'TA3'
20:04:45.972	12.031	1	CL_ABAP_LIST_PARSER===========CP	TRDIR	SELECT WHERE "NAME" = '/1BCDWB/DBFAGLFLEXA' LIMIT 1
20:04:45.980	790	1	CL_DSH_SCREEN_ASSIGNMENT======CP	D020S	SELECT WHERE "PROG" = 'SAPMSSY0' AND "DNUM" = '0120' LIMIT 1
20:04:45.981	1.030	1	CL_DSH_SCREEN_ASSIGNMENT======CP	D020S	SELECT WHERE "PROG" = 'SAPMSSY0' AND "DNUM" = '0120'
20:04:45.983	1.428	1	CL_DSH_SCREEN_ASSIGNMENT======CP	DYNPSOURCE	SELECT WHERE PROGNAME = 'SAPMSSY0' AND DYNPNUMBER = '0120' AND R3STATE = 'A'
20:04:45.985	1.518	1	CL_DSH_SCREEN_ASSIGNMENT======CP	DYNPSOURCE	SELECT WHERE PROGNAME = 'SAPMSSY0' AND DYNPNUMBER = '0120' AND R3STATE = 'A'
20:04:45.987	1.016	1	CL_DSH_SCREEN_ASSIGNMENT======CP	DYNPSOURCE	SELECT WHERE PROGNAME = 'SAPMSSY0' AND DYNPNUMBER = '0120' AND R3STATE = 'A'

Abbildung 2.10 Anzeige des Kompatibilitäts-Views in Transaktion ST05 (Hauptsätze zum SQL-Trace)

Wenn Sie eine Zeile markieren, z. B. die für einen Zugriff auf das Objekt `FGLV_FAGLFLEXA`, und auf den Button **Anweisungen anzeigen** der ALV-Anzeige klicken, navigieren Sie zur Detailanzeige der verwendeten SQL-Anweisung. Hier werden der Name der ursprünglichen Tabelle (**Redirected table**) und der des Kompatibilitäts-Views, auf den der Zugriff umgeleitet wurde, im Bereich der `FROM`-Anweisung angezeigt (siehe Abbildung 2.11). Jeder Zugriff auf die Tabelle `FAGLFLEXA` wird automatisch über die Datenbankschnittstelle an den CDS View `FGLV_FAGLFLEXA` weitergeleitet.

Anzeige der Tabellendefinition

Über die *ABAP Development Tools* (ADT) in Eclipse können Sie sich die Tabellendefinition in CDS anzeigen lassen (siehe Abbildung 2.12). Die Tabellendefinition beginnt klassisch mit der Anweisung `define table`. Die Annotation `@AbapCatalog.replacementObject` definiert den Kompatibilitäts-View und damit die eigentliche Datenquelle. Für die Tabelle `FAGLFLEXA` werden die Daten aus dem CDS View `FGL_FAGLFLEXA` ermittelt.

SQL Trace-Satz

Details zum ausgewählten SQL-Trace-Satz

```
SELECT
  /* FDA READ */
  "RCLNT" , "RYEAR" , "DOCNR" , "RLDNR" , "RBUKRS" , "DOCLN" , "ACTIV" ,
  "RMVCT" , "RTCUR" , "RUNIT" , "AWTYP" , "RRCTY" , "RVERS" , "LOGSYS" ,
  "RACCT" , "COST_ELEM" , "RCNTR" , "PRCTR" , "RFAREA" , "RBUSA" , "KOKRS" ,
  "SEGMENT" , "SCNTR" , "PPRCTR" , "SFAREA" , "SBUSA" , "RASSC" , "PSEGMENT"
  , "TSL" , "HSL" , "KSL" , "OSL" , "MSL" , "WSL" , "DRCRK" , "POPER" ,
  "RWCUR" , "GJAHR" , "BUDAT" , "BELNR" , "BUZEI" , "BSCHL" , "BSTAT" ,
  "LINETYPE" , "XSPLITMOD" , "USNAM" , "TIMESTAMP" , "_DATAAGING"
FROM
  /* Redirected table: FAGLFLEXA */ "FGLV_FAGLFLEXA" "FAGLFLEXA"
WHERE
  "RCLNT" = ?
LIMIT ?
  WITH RANGE_RESTRICTION('CURRENT')
```

Variablen

```
A0(CH,3)        = '900'
A1(I4,3)        = 500
```

Abbildung 2.11 Anzeige des Kompatibilitäts-Views in Transaktion ST05 (SQL-Trace-Satz)

[S4E] FAGLFLEXA

```
@EndUserText.label : 'General Ledger: Actual Line Items'
@AbapCatalog.enhancementCategory : #EXTENSIBLE_CHARACTER_NUMERIC
@AbapCatalog.tableCategory : #TRANSPARENT
@AbapCatalog.deliveryClass : #A
@AbapCatalog.dataMaintenance : #LIMITED
@AbapCatalog.replacementObject : 'fgl_faglflexa'
define table faglflexa {
  @AbapCatalog.foreignKey.keyType : #KEY
  @AbapCatalog.foreignKey.screenCheck : true
  key rclnt  : mandt not null
    with foreign key [0..*,1] t000
      where mandt = faglflexa.rclnt;
  key ryear  : gjahr not null;
  key docnr  : belnr_d not null;
  key include faglflex01_key not null;
  key include faglflex03_key not null;
  key docln  : docln6 not null;
  include faglflex00_inc not null
    extend rtcur :
      remove foreign key
    extend runit :
      remove foreign key;
  include faglflex01_data not null;
  include faglflex02_inc not null;
  include faglflex03_data not null;
  include ci_faglflex04 not null;
  include ci_faglflex05 not null;
  include faglflex06_inc not null;
  value_data : include faglflex_si_value_data;
  fix        : include faglflex_si_fix_inc not null;
  include ci_faglflexa not null;
  _dataaging : data_temperature;

}
```

Abbildung 2.12 Anzeige der Kompatibilitäts-View-Definition innerhalb der Tabellendefinition

Aufrufhierarchie des CDS Views

Der CDS View FGL_FAGLFLEXA nutzt eine tief verschachtelte CDS-View-Aufrufhierarchie, das heißt, er ruft einen CDS View auf, der einen weiteren CDS View konsumiert usw. Wenn man dieser Aufrufhierarchie folgt, gelangt man letztendlich zur Datenermittlung aus den neuen Tabellen ACDOCA, FINSC_LEDGER_REP und FINSC_LD_CMP. Hierüber ist nachvollziehbar, wie die Daten aus der ehemaligen transparenten Tabelle in SAP S/4HANA über das neue Datenmodell ermittelt werden.

Da die transparente Tabelle aus technischer Sicht durch einen CDS View ersetzt wurde, hat diese Änderung unter gewissen Umständen Auswirkungen auf die Eigenentwicklungen. Beispielsweise sind schreibende SQL-Operationen auf einen CDS View wie INSERT, UPDATE, MODIFY oder DELETE grundsätzlich nicht möglich.

Unterschiedliches Laufzeitverhalten

Kompatibilitäts-Views V1 und Kompatibilitäts-Views V2 reagieren innerhalb der ABAP-Entwicklung teilweise unterschiedlich. Wir veranschaulichen das Systemverhalten am Beispiel des Kompatibilitäts-Views V1 für den Zugriff auf Daten aus Tabelle FAGLFLEXT und des Kompatibilitäts-Views V2 für den Zugriff auf Daten aus FAGLFLEXA.

Bei der Aktivierung des Codings aus Listing 2.1 kommt es in SAP S/4HANA zu einem Syntaxfehler (»Der Datenbank-View "FAGLFLEXT" ist schreibgeschützt und kann deshalb nicht verändert werden«). Deshalb wird es bei der Ausführung des Codings zu einem Laufzeitfehler kommen.

```
UPDATE faglflext FROM ls_faglflext.
WRITE: 'sy-subrc:', sy-subrc.
```

Listing 2.1 SQL-Update-Anweisung auf einen Kompatibilitäts-View V1

Anders sieht es mit dem Beispiel in Listing 2.2 aus.

```
UPDATE faglflexa FROM ls_faglflexa.
WRITE: 'sy-subrc:', sy-subrc.
```

Listing 2.2 SQL-Update-Anweisung auf einen Kompatibilitäts-View V2

Die Aktivierung und technische Ausführung des Codings ohne Laufzeitfehler ist grundsätzlich noch möglich. Das Ergebnis in der Variablen sy-subrc aus Listing 2.2 wird nach der SQL-Update-Anweisung immer den Wert »4« haben, da ein Update über den CDS View technisch nicht möglich ist.

Einschränkungen bei der Datenselektion

Die Einschränkungen bei der Verwendung von Kompatibilitäts-Views beziehen sich nicht nur auf ändernde SQL-Operationen, sondern können auch dazu führen, dass Anpassungen bei der Datenselektion Ihrer Anwendungen erforderlich werden. In Listing 2.3 werden alle Daten aus dem Kompatibilitäts-View V1 FAGLFLEXT ermittelt, in einer lokalen Tabelle gespeichert und nach dem Primärschlüssel sortiert. Unter SAP S/4HANA verursacht die Ausführung dieser SQL-Anweisung einen Laufzeitfehler (Dump).

```
SELECT * FROM faglflext
         INTO TABLE @DATA(lt_faglflext)
         ORDER BY PRIMARY KEY.
```

Listing 2.3 Ungültige Verwendung von ORDER BY am Beispiel des Kompatibilitäts-Views V1 FAGLFLEXT

Zur Korrektur des Laufzeitfehlers muss die explizite Feldliste in der ORDER BY-Anweisung erweitert werden. Listing 2.4 zeigt eine korrigierte Variante des in Listing 2.3 gezeigten Aufrufes.

```
SELECT * FROM faglflext
         INTO TABLE @DATA(lt_faglflext)
         ORDER BY rclnt, ryear, objnroo.
```

Listing 2.4 Korrigierte Verwendung von ORDER BY am Beispiel des Kompatibilitäts-Views V1 FAGLFLEXT

Die ORDER BY-Anweisung wird bei Kompatibilitäts-Views V2 vollständig unterstützt.

2.3.3 Die Top 10 der Simplification Items

Häufig auftretende Befunde

Beim Custom Code Check treten immer wieder bestimmte Befunde mit der gleichen Prüfmeldung auf, unabhängig von der Anzahl oder Komplexität der Eigenentwicklungen oder von der Branchenzuordnung des Zielsystems. Die in diesem Abschnitt zusammengestellte Top 10 der Simplification Items soll Ihnen nicht nur einen Überblick über häufig auftretende Befunde geben, sondern zu jedem Befund auch Details und Hintergründe klären. Ferne geben wir Ihnen jeweils eine allgemeine Empfehlung zu notwendigen Erweiterungen.

Nr. 1: Feldlängenerweiterung für Materialnummern (SAP-Hinweis 215424)

Mit SAP S/4HANA 1511 wurde die Domäne für die Materialnummer von 18 auf 40 Stellen erweitert. Diese technische Erweiterung wird bei einer Systemkonvertierung nach SAP S/4HANA über den SUM durchgeführt. Jedes SAP-S/4HANA-System arbeitet damit automatisch mit einer 40-stelligen Materialnummer auf Basis der Domäne MATNR. Abbildung 2.13 zeigt das entsprechende Datenelement MATNR mit der zugeordneten Domäne MATNR im ABAP Dictionary.

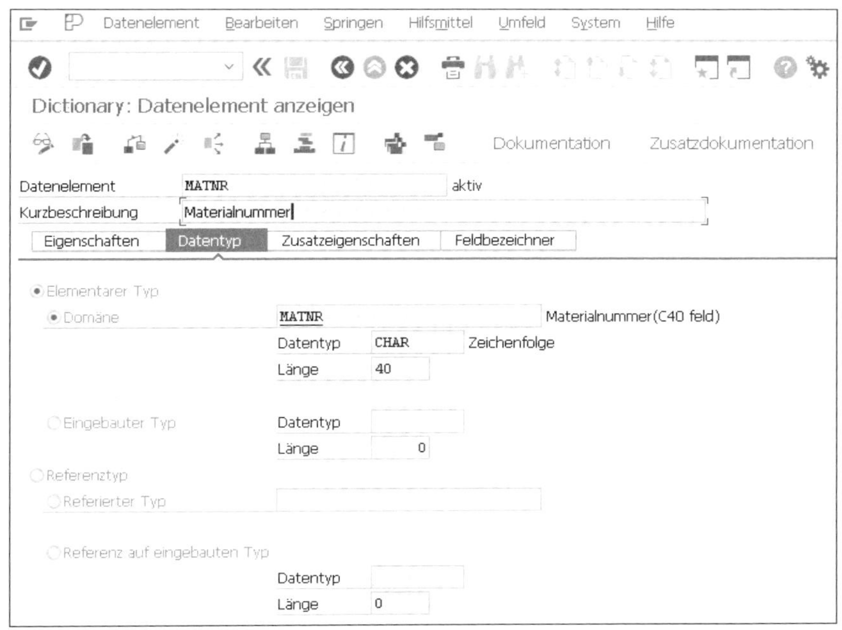

Abbildung 2.13 Datenelementdefinition von MATNR in SAP S/4HANA 1909

[«]

Ausnahme SAP S/4HANA Finance 1605

Auf der ersten Etappe zu SAP S/4HANA 1503, SAP Simple Finance, betrug die maximale Feldlänge der Materialnummer noch 18 Zeichen. Mit SAP S/4HANA 1511 wurde die Materialnummer von 18 auf 40 Stellen erweitert. Da SAP S/4HANA Finance 1605 auf SAP ERP 6.0 EHP 8 basiert, wird hier noch die 18-stellige Materialnummer verwendet. Ab SAP S/4HANA 1610 bleibt die Domänenerweiterung auf eine 40-stellige Materialnummer auch für die darauffolgende Releases bestehen.

Aktivierung im Customizing

Über das Customizing kann die Verwendung der 40-stelligen Materialnummer aktiviert werden. Ohne diese Aktivierung kann in SAP S/4HANA ebenso wie in SAP ERP nur die 18-stellige Materialnummer verwendet werden. Die deaktivierte Feldlängenerweiterung ist die Standardeinstellung im Customizing nach einer Systemkonvertierung oder einer Neuinstallation.

Um die 40-stellige Materialnummer zu verwenden, können Sie diese in Transaktion SPRO über folgenden Pfad aktivieren:

SAP Referenz-IMG • Anwendungsübergreifende Komponenten • Allgemeine Anwendungsfunktionen • Feldlängenerweiterung • Erweiterte Felder aktivieren

Alternativ können Sie die mandantenabhängige Customizingtabelle auch über die Transaktion FLETS aufrufen.

Um die Aktivierung durchzuführen, wechseln Sie in den Bearbeitungsmodus ( ) und markieren die Checkboxen **Materialnummererweiterung** und **Bestätige, dass ich SAP-Hinweis 2232396 gelesen habe** (siehe Abbildung 2.14). Speichern Sie diese Änderung. Anschließend können Sie das Materialnummernformat über die Transaktion OMSL kundenspezifisch anpassen, um eine Feldlänge von mehr als 18 Zeichen zu unterstützen.

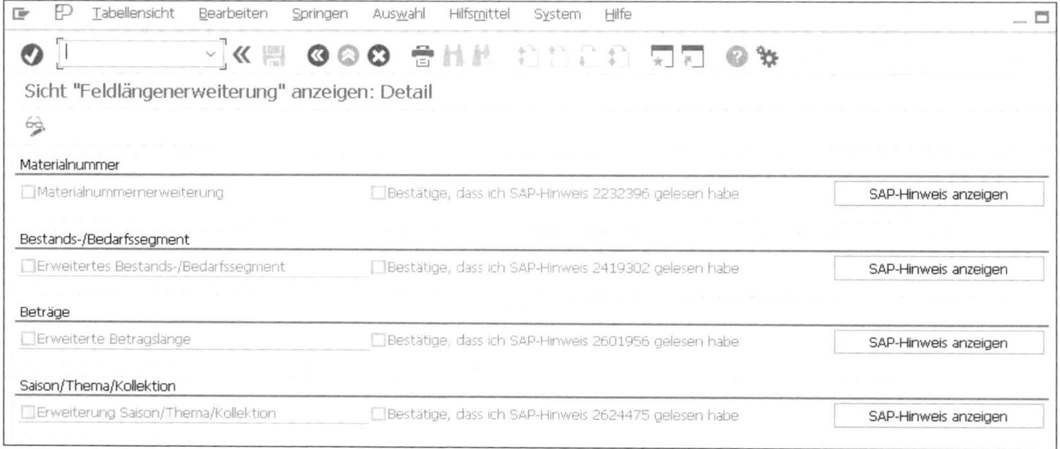

Abbildung 2.14 Aktivierung der Feldlängenerweiterung im Customizing

[!]

Keine Deaktivierung der Feldlängenerweiterung

Sobald die Feldlängenerweiterung in einem System aktiviert wurde, ist eine nachträgliche Deaktivierung in der Regel nicht mehr möglich. Das System geht davon aus, dass nach der Aktivierung bereits Datenbestände verbucht wurden, die die Feldlängenerweiterung verwenden. Um Dateninkonsistenzen zu vermeiden bzw. den korrekten Zugriff auf die verbuchten Daten weiterhin zu gewährleisten, wird deshalb eine nachträgliche Deaktivierung nicht empfohlen, auch wenn diese über die Transaktion FLETS ausgeführt werden kann.

Empfehlung zur Aktivierung

Wir empfehlen eine Aktivierung der erweiterten Materialnummer nur dann, wenn die zuvor verwendeten 18 Stellen in absehbarer Zeit nicht mehr ausreichen. Eine rein vorsorgliche Aktivierung der erweiterten Materialnummer ist zwar auch möglich, die daraus resultierenden Aufwände sind jedoch nicht unerheblich und sollten bei dieser Entscheidung bedacht werden. Innerhalb von Eigenentwicklungen können Konstellationen auftreten, die mit einer

40-stelligen Materialnummer nicht mehr funktionsfähig sind, weshalb diese Entwicklungen umgestellt werden müssen. Auch kann es bei einer Multisystemlandschaft zu Inkompatibilitäten innerhalb der Kommunikation kommen, wenn andere Schnittstellensysteme die 40-stellige Materialnummer nicht unterstützen. Der SAP-Hinweis 2232396 gibt einen aktuellen Überblick zu Integration und Einschränkungen mit anderen SAP-Business-Suite-Systemen für die aktivierte Längenerweiterung der Materialnummer.

[«]

Auswirkungen auf andere Domänen

Die Materialnummer-Feldlängenerweiterung hat auch Auswirkungen auf andere Objekte. Beispielsweise wurde die Domäne für Klassifikationsmerkmale (Datenelement ATWRT) in SAP S/4HANA von 30 auf 70 Stellen erweitert, unter anderem auch, um dort bei der Bewertung die 40-stellige Materialnummer hinterlegen zu können. Die Verwendung des 70-stelligen Klassifikationsmerkmals ist jedoch nur nach Aktivierung der Materialnummer-Feldlängenerweiterung möglich.

Speicherung in der Datenbank

Verglichen mit einem SAP-ERP-System hat sich das Format, wie die Materialnummer in der Datenbank gespeichert wird, nicht geändert. Die Materialnummer wird in der Datenbank weiterhin wie gewohnt linksbündig, gemäß dem im Customizing definierten Materialnummernformat, gespeichert. Deshalb ist in der Regel auch keine Datenumsetzung notwendig, wenn von SAP ERP nach SAP S/4HANA konvertiert wird. Tabelle 2.3 zeigt die Speicherung der Materialnummer auf Ebene der Datenbank bei einer 18-stelligen Materialnummer in SAP ERP und einer 40-stelligen in SAP S/4HANA. In beiden Fällen wird die Materialnummer linksbündig auf Basis des definierten Materialnummernformats abgelegt.

Datentyp	MATNR (Länge 18) in SAP ERP	MATNR (Länge 40) in SAP S/4HANA
numerisch	000000000000000123	000000000000000123
alphanumerisch	MAT123	MAT123

Tabelle 2.3 Speicherung der Materialnummer auf Ebene der Datenbank in SAP ERP und SAP S/4HANA

Erweiterung von Entwicklungsobjekten

In SAP S/4HANA wurde bei vielen Funktionsbausteinen, Klassenmethoden, Business Add-ins (BAdIs) usw. die Signatur bzw. Implementierung angepasst, um die erweiterte Materialnummer zu unterstützen. Bei lokalen/nicht remotefähigen Funktionsbausteinen wurde in der Regel lediglich sichergestellt, dass statt der 18-stelligen Materialnummer nun eine 40-stellige Materialnummer unterstützt wird. Auch bei nicht freigegebenen, remotefähigen Funktionsbausteinen, die in der Regel nur systemintern verwendet werden, wurde diese Erweiterung durchgeführt. Die Signatur dieser Funktionen ist meist gleich geblieben.

Neue Parameter

Bei freigegebenen, remotefähigen Schnittstellen wurde ein anderes Vorgehen gewählt. Die Signatur der Funktionen wurde um ein oder mehrere Felder für die 40-stellige Materialnummer erweitert. Andernfalls könnte es zu Kommunikationsproblemen bei bestehenden Schnittstellen nach dem Umstieg auf SAP S/4HANA kommen. Die technische Definition von bestehenden Parametern bleibt deshalb unverändert. Die 40-stellige Materialnummer wurde bei solchen Funktionen lediglich in Form von zusätzlichen Parametern ergänzt.

In Abbildung 2.15 und Abbildung 2.16 wird SAPs Vorgehen bei dieser Erweiterung am Beispiel des Funktionsbausteins `BAPI_MATERIAL_GETLIST` veranschaulicht. Dieser freigegebene remotefähige Funktionsbaustein liefert auf Basis der Tabelle `MATNRSELECTION` alle Materialstammdaten in der Tabelle `MATNRLIST` zurück.

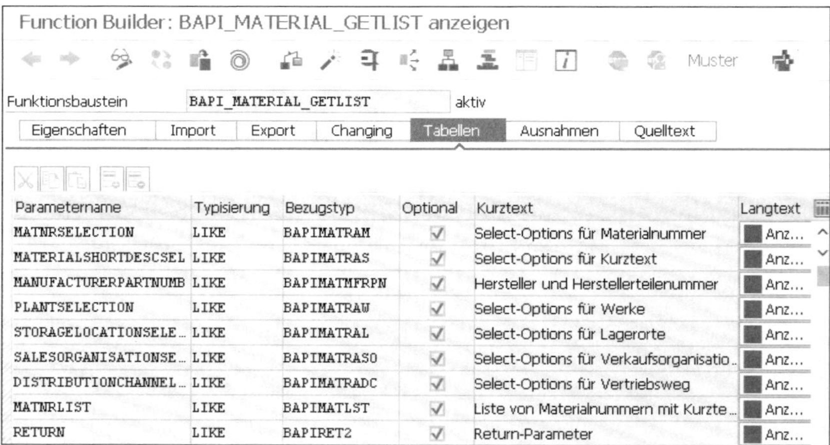

Parametername	Typisierung	Bezugstyp	Optional	Kurztext	Langtext
MATNRSELECTION	LIKE	BAPIMATRAM	✓	Select-Options für Materialnummer	Anz...
MATERIALSHORTDESCSEL	LIKE	BAPIMATRAS	✓	Select-Options für Kurztext	Anz...
MANUFACTURERPARTNUMB	LIKE	BAPIMATMFRPN	✓	Hersteller und Herstellerteilenummer	Anz...
PLANTSELECTION	LIKE	BAPIMATRAW	✓	Select-Options für Werke	Anz...
STORAGELOCATIONSELE...	LIKE	BAPIMATRAL	✓	Select-Options für Lagerorte	Anz...
SALESORGANISATIONSE...	LIKE	BAPIMATRASO	✓	Select-Options für Verkaufsorganisatio...	Anz...
DISTRIBUTIONCHANNEL...	LIKE	BAPIMATRADC	✓	Select-Options für Vertriebsweg	Anz...
MATNRLIST	LIKE	BAPIMATLST	✓	Liste von Materialnummern mit Kurzte...	Anz...
RETURN	LIKE	BAPIRET2	✓	Return-Parameter	Anz...

Abbildung 2.15 Signatur des Funktionsbausteins BAPI_MATERIAL_GETLIST in SAP S/4HANA

Die in Abbildung 2.16 dargestellten Parameter in der Tabelle `MATNRSELECTION` für die Felder `MATNR_LOW` und `MATNR_HIGH` haben in SAP S/4HANA ebenfalls eine technische Länge von 18 Stellen für die Materialnummer. Wird dieser Funktionsbaustein von einem externen System aufgerufen und wird dabei weiterhin die 18-stellige Materialnummer in diesen Feldern übergeben, ist eine korrekte Verarbeitung auch in SAP S/4HANA möglich.

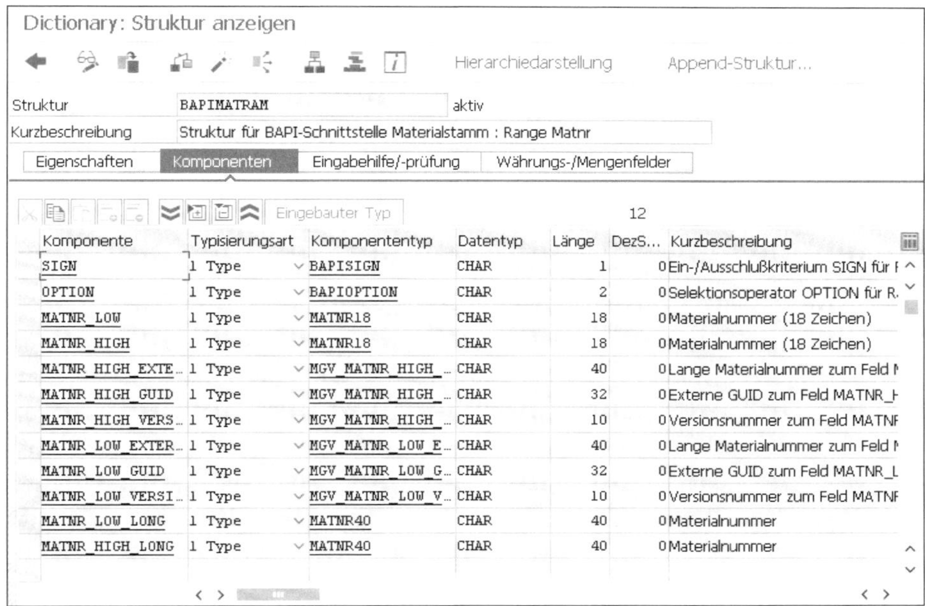

Komponente	Typisierungsart	Komponententyp	Datentyp	Länge	DezS...	Kurzbeschreibung
SIGN	1 Type	BAPISIGN	CHAR	1	0	Ein-/Ausschlußkriterium SIGN für I
OPTION	1 Type	BAPIOPTION	CHAR	2	0	Selektionsoperator OPTION für R.
MATNR_LOW	1 Type	MATNR18	CHAR	18	0	Materialnummer (18 Zeichen)
MATNR_HIGH	1 Type	MATNR18	CHAR	18	0	Materialnummer (18 Zeichen)
MATNR_HIGH_EXTE...	1 Type	MGV_MATNR_HIGH_...	CHAR	40	0	Lange Materialnummer zum Feld M
MATNR_HIGH_GUID	1 Type	MGV_MATNR_HIGH_...	CHAR	32	0	Externe GUID zum Feld MATNR_H
MATNR_HIGH_VERS...	1 Type	MGV_MATNR_HIGH_...	CHAR	10	0	Versionsnummer zum Feld MATNR
MATNR_LOW_EXTER...	1 Type	MGV_MATNR_LOW_E...	CHAR	40	0	Lange Materialnummer zum Feld M
MATNR_LOW_GUID	1 Type	MGV_MATNR_LOW_G...	CHAR	32	0	Externe GUID zum Feld MATNR_L
MATNR_LOW_VERSI...	1 Type	MGV_MATNR_LOW_V...	CHAR	10	0	Versionsnummer zum Feld MATNR
MATNR_LOW_LONG	1 Type	MATNR40	CHAR	40	0	Materialnummer
MATNR_HIGH_LONG	1 Type	MATNR40	CHAR	40	0	Materialnummer

Abbildung 2.16 Struktur BAPIMATRAM zur Tabelle MATNRSELECTION

Verwendung auch bei lokalen Aufrufen

Sofern das Zielsystem eine 40-stellige Materialnummer unterstützt, können und sollten die neuen *_LONG-Felder verwendet werden. Diese Empfehlung gilt auch, wenn der Funktionsbaustein nur lokal aufgerufen wird. Auch wenn Sie die erweiterte Materialnummer über das Customizing zum aktuellen Zeitpunkt nicht aktivieren, wird bei ausschließlich lokalen Aufrufen empfohlen, das Coding auf die neuen *_LONG-Felder umzustellen, um eine spätere Kompatibilität zu gewährleisten.

Bearbeitung der CCC-Befunde

SAP-Hinweis 2438131 beschreibt die Hintergründe der Erweiterungen, die bei lokalen oder Remote-Aufrufen von Funktionsbausteinen in SAP S/4HANA beachtet werden sollten. Wenn Sie innerhalb einer Eigenentwicklung auf einen so geänderten Funktionsbaustein zugreifen, liefert der Custom Code Check (CCC) in der Regel einen entsprechenden Befund. Dieser Befund wird direkt in der Zeile des Funktionsaufrufes (CALL FUNCTION) gemeldet. Der *Prüftitel* gibt Auskunft darüber, um welche Art der Änderung es sich handelt (z. B. Materialfeldlängenerweiterung). Jedoch liefert der Befund keine Detailinformationen dazu, welche Übergabe- oder Rückgabestruktur von der Änderung betroffen ist. Hilfreich ist hier die PDF-Datei in den Anlagen des genannten SAP-Hinweises. Sie bietet einen sehr guten Überblick, bei welchem Funktionsbaustein in welcher technischen Struktur eine Erweiterung für die Materialnummer durchgeführt wurde. Dies ist sehr hilfreich, da die von SAP erweiterten Funktionsbausteine sehr umfangreich sein können.

Im Kontext der Materialnummer-Feldlängenerweiterung sind neben etwaigen Erweiterungen von Dynpros, innerhalb von Schnittstellen, Formularen usw. noch viele weitere Punkte zu beachten, die jedoch den Rahmen dieses Abschnitts sprengen würden. SAP-Hinweis 2267140 gibt einen guten Überblick zu weiteren relevanten Abhängigkeiten. Das PDF-Dokument in den Anlagen dieses Hinweises fasst die wichtigsten Punkte mit mehreren Beispielen sehr gut zusammen.

Nr. 2: Feldlängenerweiterung für Beträge (SAP-Hinweis 2610650)

Um den Anforderungen von Banken und Finanzinstituten gerecht zu werden, wurde die Länge des Betragsfeldes in den Anwendungsbereichen für das Hauptbuch und im Controlling erweitert. Ab SAP S/4HANA 1809 wurden Währungsbetragsfelder mit einer Feldlänge zwischen 9 und 22 Stellen einschließlich zwei Dezimalstellen auf 23 Stellen erweitert. Neben diesen Währungsbetragsfeldern sind ausgewählte Datenelemente (Typ DEC, CHAR und NUMC) mit verschiedenen Längen und Dezimalstellen, die Beträge enthalten, ebenfalls von dieser Erweiterung betroffen.

Im Folgenden veranschaulichen wir diese Erweiterung an Hand des Datenelements DMBTR. Abbildung 2.17 zeigt die Definition des Datenelements DMBTR in SAP ERP. Der Datentyp ist hier der für Währungen (CURR) mit einer Länge von 13 Stellen und zwei Dezimalstellen. Als Domäne verwendet dieses Datenelement WERT7.

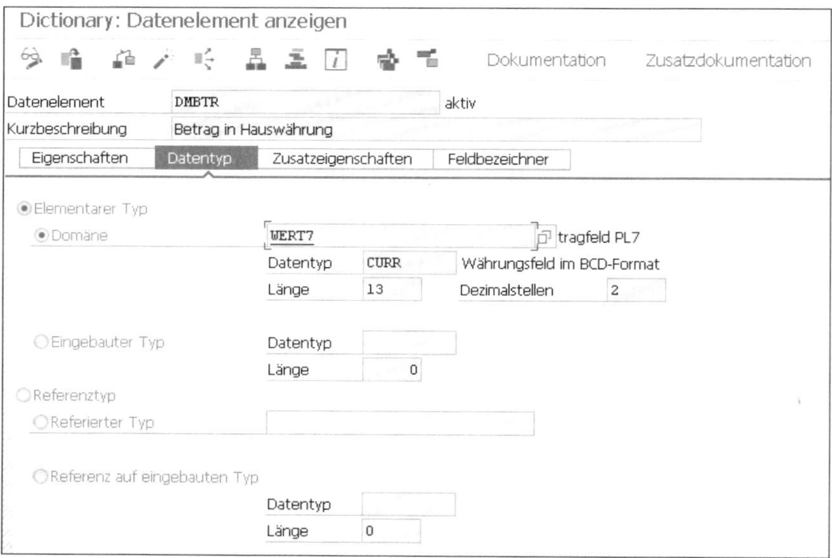

Abbildung 2.17 Definition des Datenelements DMBTR in SAP ERP

In Abbildung 2.18 ist die gleiche Datenelementdefinition in SAP S/4HANA 1909 zu sehen. Die Domäne hat den Namen AFLE13D2016N_TO_23D2030N und die technische Länge von 23 Stellen.

Dictionary: Datenelement anzeigen

Dokumentation Zusatzdokumentation

Datenelement DMBTR aktiv

Kurzbeschreibung Betrag in Hauswährung

Eigenschaften | Datentyp | Zusatzeigenschaften | Feldbezeichner

Elementarer Typ

Domäne AFLE13D2016N_TO_23D2030N

Datentyp CURR Währungsfeld im BCD-Format

Länge 23 Dezimalstellen 2

Eingebauter Typ Datentyp

Länge 0

Referenztyp

Referierter Typ

Referenz auf eingebauten Typ

Datentyp

Länge 0

Abbildung 2.18 Definition des Datenelements DMBTR in SAP S/4HANA 1909

Wenn Sie den elementaren Datentyp hinter der Domäne in Abbildung 2.17 und Abbildung 2.18 vergleichen, erkennen Sie, dass das Datenelement in SAP S/4HANA um zehn Stellen erweitert wurde.

[«]

Namenskonventionen neuer Domänen

Der Domänenname AFLE13D2016N_TO_23D2030N in SAP S/4HANA sieht auf den ersten Blick kryptisch aus, folgt aber einer strikten Namenskonvention. Die Namenskonvention verschlüsselt die Länge, die Nachkommastellen, die Ausgabelänge und die Vorzeicheninformation der Ersetzungs- und Zieldomäne. Bei der Domäne AFLE13D2016N_TO_23D2030N hat die Quelldomäne beispielsweise eine Länge von 13 Stellen und zwei Nachkommastellen, eine Ausgabelänge von 16 und kein Vorzeichen. Daraus ergibt sich der Namensbestandteil 13D2016N. Die Zieldomäne hat eine Länge von 23 Stellen und zwei Nachkommastellen, eine Ausgabelänge von 30 und kein Vorzeichen, woraus sich der Namensbestandteil 23D2030N ergibt. Weitere Regeln für diese Namenskonvention sind in SAP-Hinweis 2628040 beschrieben.

Auswirkungen auf ABAP-Coding

Analog zur im vorangegangenen Abschnitt beschriebenen Materialnummer-Feldlängenerweiterung wurde auch hier die Domäne der bereits existierenden Datenelemente angepasst. Bei diesem Ansatz ist ABAP-Coding, das die betroffenen Typen verwendet, in den meisten Fällen nach wie vor syntaktisch korrekt. Unter Umständen kann es jedoch zu ungewollten Seiteneffekten kommen, beispielsweise wenn in der Ausgabe eines Dynpros von maximal 13 Stellen ausgegangen wird und deshalb der Wert abgeschnitten wird.

In seltenen Fällen kann es aber auch zu Laufzeitfehlern kommen. Eine der häufigsten Ursachen ist eine Inkompatibilität zwischen Aktualparameter und Formalparameter, das heißt, wenn der Parametertyp, der einer Funktion übergeben wird, nicht mit der Funktionssignaturdefinition übereinstimmt. Auch können in Einzelfällen Überlauffehler auftreten, wenn ein erweiterter Betrag in ein kürzeres Betragsfeld verschoben wird.

Aktivierung über das Customizing

Analog zur Materialnummer-Feldlängenerweiterung kann auch die Erweiterung des Betragsfeldes über die Transaktion FLETS im Customizing aktiviert werden. Auch hier ist keine nachträgliche Deaktivierung mehr möglich, nachdem die Aktivierung einmal erfolgt ist.

Unabhängig davon, ob diese Feldlängenerweiterung aktiviert wird oder nicht, sollten Sie Ihre Eigenentwicklungen so weit wie möglich dahingehend anpassen, dass die maximale Betragsfeldlänge von 23 Stellen in den Währungsfeldern über die neuen Domänen unterstützt wird. Diese Anpassung dient der Sicherstellung einer späteren Kompatibilität der Eigenentwicklungen. Die technische Erweiterung der Domäne ist genau wie bei den Materialnummer-Feldlängen automatisch gegeben, sobald die Systemkonvertierung nach SAP S/4HANA durchgeführt wurde. Sie ist unabhängig von der Aktivierung über das Customizing. Ihre Eigenentwicklungen sollten Sie deshalb in jedem Fall überprüfen und gegebenfalls anpassen.

Ersetzungsdatenelemente

Für alle erweiterten Datenelemente wurden von SAP Kopien der Originaldefinitionen unter denselben Namen, jedoch mit dem Suffix `_CS` als sogenannte *Ersetzungsdatenelemente* angelegt (siehe z. B. das Ersetzungsdatenelement `DMBTR_CS` in Abbildung 2.19). Ist die Unterstützung des neuen 23-stelligen-Datenelements innerhalb einer Eigenentwicklung nicht möglich oder explizit nicht gewünscht, sollte die Umstellung auf diese Ersetzungsdatenelemente hin geprüft werden.

Unterstützung der Betragsfelderweiterung

Ab SAP S/4HANA 1809 werden die Ersetzungsdatenelemente in Standardprozessen bereits überall dort verwendet, wo eine Unterstützung der erweiterten Betragslänge nicht geplant ist (z. B. in der Logistik). Nur bestimmte Funktionen oder Applikationen mit Fokus auf die Anwendungsbereiche FI/CO unterstützen die erweiterte Betragslänge nach erfolgter Aktivierung. Dazu gehören z. B. die Anwendungen »Sachkonten ausgleichen«, »Hauptbuchbelege prüfen«, »Vorerfasste Buchungsbelege anzeigen« oder »Profitcenter verwalten«. Eine Auflistung der Funktionen, die eine erweiterte Betragsfeldlänge unterstützen, können Sie dem SAP-Hinweis 2628654 entnehmen.

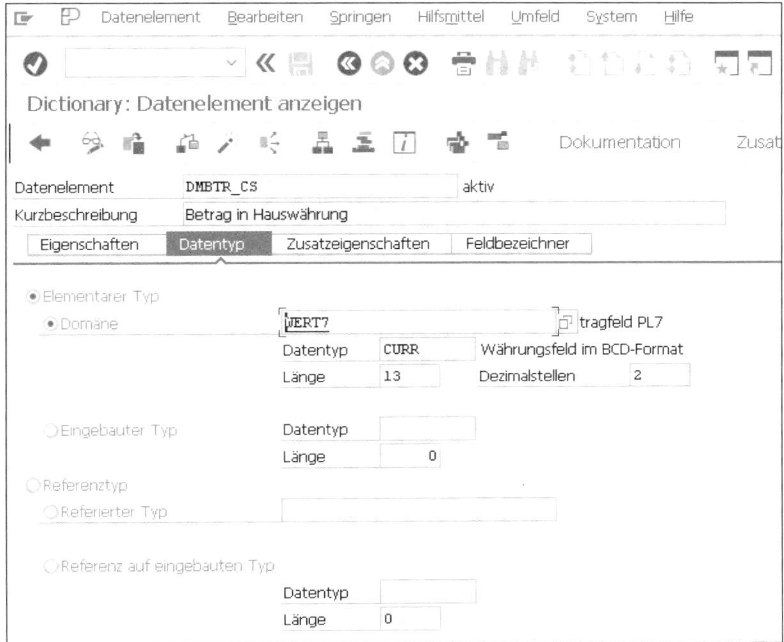

Abbildung 2.19 Ersetzungsdatenelement DMBTR_CS in SAP S/4HANA 1909

Nr. 3: Datenmodelländerungen in der Preisfindung und Konditionstechnik (SAP-Hinweis 2220005)

Das Ergebnis zur Preisfindung für Aufträge oder Bestellungen wird in SAP ERP in der Tabelle KONV gespeichert. In SAP S/4HANA wurde die Tabelle KONV durch die neue Datenbanktabelle PRCD_ELEMENTS ersetzt. In der Tabelle KONV werden keine Daten mehr gespeichert. Ein automatischer Zugriff auf die Tabelle PRCD_ELEMENTS über einen Kompatibilitäts-View wird bei einer SELECT-Anweisung auf die Tabelle KONV *nicht* unterstützt. Jeder Zugriff auf die Tabelle KONV in Eigenentwicklungen muss deshalb überprüft und gegebenenfalls angepasst werden, unabhängig davon, ob es sich um einen lesenden oder ändernden Zugriff handelt.

Factory-Klasse für PRCD_ELEMENTS

Grundsätzlich wird empfohlen, Datenzugriffe so weit wie möglich über APIs durchzuführen. SAP bietet dazu die Klasse CL_PRC_RESULT_FACTORY für den lesenden und schreibenden Zugriff an. Darüber hinaus kann für komplexere Selektionen auch der CDS View V_KONV verwendet werden. Dieser liest die Daten aus der Tabelle PRCD_ELEMENTS im Format der Tabelle KONV.

[!]

Performanceeinschränkungen bei Verwendung von V_KONV

Aus Performancegründen empfiehlt SAP, den CDS View V_KONV nicht für einfache Selektionen zu verwenden. Stattdessen sollte das Coding auf einen API-Zugriff umgestellt werden. Die von SAP ausgelieferten APIs haben häufig einen automatischen Pufferungsmechanismus. Da die Tabelle PRCD_ELEMENTS als transparente Tabelle ohne Pufferung erstellt wurde, sind direkte Datenbankzugriffe im Vergleich zu API-Zugriffen unter Umständen langsamer.

In Abbildung 2.20 sehen Sie die Definition der Tabelle KONV aus einem SAP-ERP-System und in Abbildung 2.21 die Definition der Tabelle PRCD_ELEMENTS in SAP S/4HANA 1909.

Die wichtigsten Änderungen der Tabelle PRCD_ELEMENTS im Vergleich zur Tabelle KONV lassen sich wie folgt zusammenfassen:

- Der Schlüssel ist in der neuen Tabelle unverändert.
- Bestimmte Spalten wurden entfernt (z. B. WEGXX und STUFE).
- Bei anderen Spalten wurde eine Felderweiterung durchgeführt (z. B. KRECH, KAWRT, KBETR, KWERT, KOPOS).
- Bestimmte Spalten wurden zusammengeführt (KONV-KOLNR und KONV-KOLNR3 in PRCD_ELEMENTS-KOLNR).
- Eine neue Spalte wurde eingeführt (WAERK).

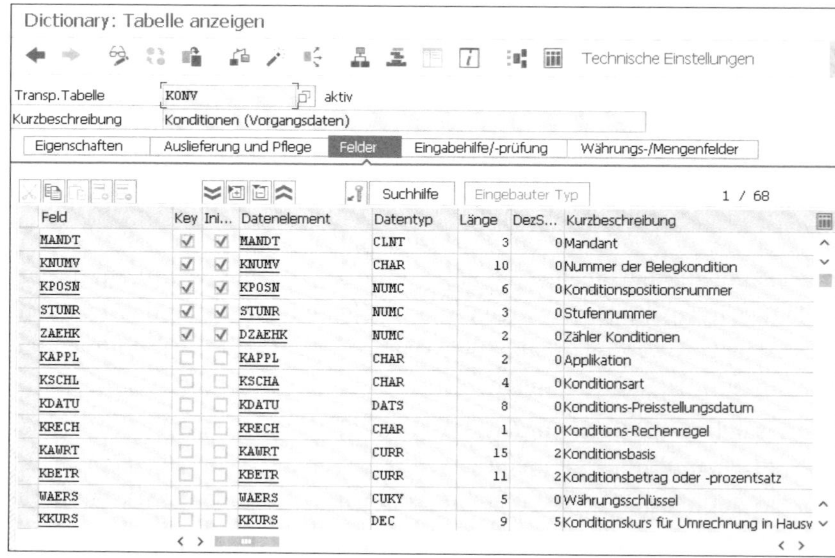

Feld	Key	Ini...	Datenelement	Datentyp	Länge	DezS...	Kurzbeschreibung
MANDT	✓	✓	MANDT	CLNT	3	0	Mandant
KNUMV	✓	✓	KNUMV	CHAR	10	0	Nummer der Belegkondition
KPOSN	✓	✓	KPOSN	NUMC	6	0	Konditionspositionsnummer
STUNR	✓	✓	STUNR	NUMC	3	0	Stufennummer
ZAEHK	✓	✓	DZAEHK	NUMC	2	0	Zähler Konditionen
KAPPL			KAPPL	CHAR	2	0	Applikation
KSCHL			KSCHA	CHAR	4	0	Konditionsart
KDATU			KDATU	DATS	8	0	Konditions-Preisstellungsdatum
KRECH			KRECH	CHAR	1	0	Konditions-Rechenregel
KAWRT			KAWRT	CURR	15	2	Konditionsbasis
KBETR			KBETR	CURR	11	2	Konditionsbetrag oder -prozentsatz
WAERS			WAERS	CUKY	5	0	Währungsschlüssel
KKURS			KKURS	DEC	9	5	Konditionskurs für Umrechnung in Hausv

Abbildung 2.20 Datenbanktabelle KONV in SAP ERP

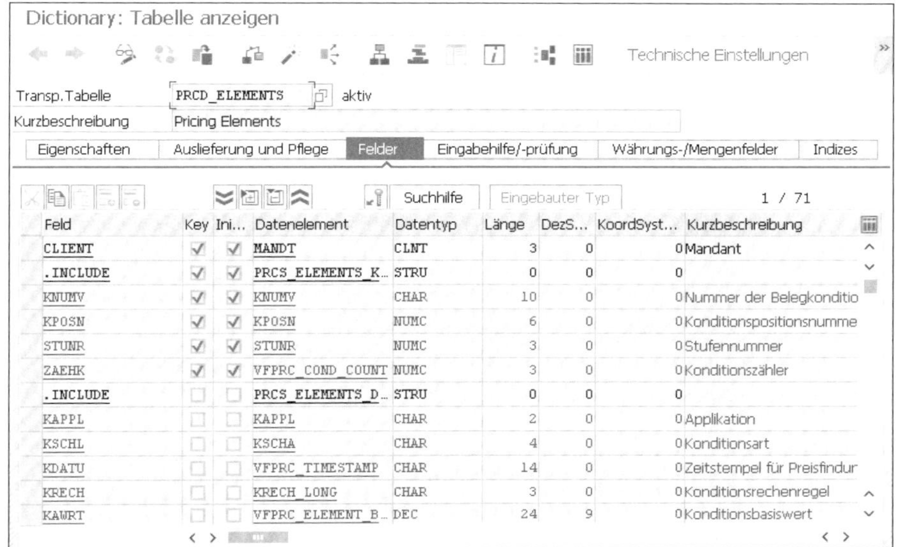

Dictionary: Tabelle anzeigen

Technische Einstellungen

Transp.Tabelle PRCD_ELEMENTS aktiv

Kurzbeschreibung Pricing Elements

Eigenschaften | Auslieferung und Pflege | Felder | Eingabehilfe/-prüfung | Währungs-/Mengenfelder | Indizes

Suchhilfe | Eingebauter Typ | 1 / 71

Feld	Key	Ini...	Datenelement	Datentyp	Länge	DezS...	KoordSyst...	Kurzbeschreibung
CLIENT	✓	✓	MANDT	CLNT	3	0	0	Mandant
.INCLUDE	✓	✓	PRCS_ELEMENTS_K...	STRU	0	0	0	
KNUMV	✓	✓	KNUMV	CHAR	10	0	0	Nummer der Belegkonditio
KPOSN	✓	✓	KPOSN	NUMC	6	0	0	Konditionspositionsnumme
STUNR	✓	✓	STUNR	NUMC	3	0	0	Stufennummer
ZAEHK	✓	✓	VFPRC_COND_COUNT	NUMC	3	0	0	Konditionszähler
.INCLUDE			PRCS_ELEMENTS_D...	STRU	0	0	0	
KAPPL			KAPPL	CHAR	2	0	0	Applikation
KSCHL			KSCHA	CHAR	4	0	0	Konditionsart
KDATU			VFPRC_TIMESTAMP	CHAR	14	0	0	Zeitstempel für Preisfindur
KRECH			KRECH_LONG	CHAR	3	0	0	Konditionsrechenregel
KAWRT			VFPRC_ELEMENT_B...	DEC	24	9	0	Konditionsbasiswert

Abbildung 2.21 Datenbanktabelle PRCD_ELEMENTS in SAP S/4HANA

Eliminierung von VAKEY und VADAT

Zusätzlich wurde das Datenmodell in den Konditionstabellen dahingehend angepasst, dass der *variable Schlüssel* (VAKEY) und das *variable Datum* (VADAT) aus allen Konditionskopftabellen entfernt wurden. Diese Änderung betrifft auch z. B. die Tabellen KONH (Preisfindung), NACH (Nachrichtensteuerung), KOND3 (Kampagnenfindung), KONDN (Naturalrabatt), KONHM (Portfoliofindung), J_3GPRLHD (ETM Preislisten Konditionskopf) und WIND (Belegindex). Für die interne Verarbeitung wurden als Ersatz die neuen Datenelemente VAKEY_LONG und VADAT_KO_LONG eingeführt, auf die in SAP S/4HANA über die neue Serviceklasse CL_COND_VAKEY_SRV zugegriffen werden kann.

Nr. 4: Geschäftspartneransatz (SAP-Hinweis 2265093)

Ab SAP S/4HANA 1511 ist der Geschäftspartner das neue führende Objekt zur Pflege von Kunden- und Lieferantendaten. In SAP ERP wurden Kunden und Lieferanten noch als getrennte, autarke Objekte behandelt. In SAP S/4HANA ist die Pflege der Kunden- und Lieferanten-Stammdaten zentral über die Geschäftspartner-Transaktion BP zugänglich. Die alten Transaktionen zur Anzeige bzw. Pflege des Kunden- bzw. Lieferantenstamms, wie beispielsweise VD02, XD01 und FD03 können in SAP S/4HANA nicht mehr verwendet werden. Beim Aufruf dieser Transaktionen werden Sie automatisch an die Transaktion BP weitergeleitet.

[»]

Aktivierung des Geschäftspartneransatzes

Der Geschäftspartner ist in SAP Simple Finance 1503 und SAP S/4HANA Finance 1605 noch optional, wird aber ab SAP S/4HANA 1511 obligatorisch. Sie können den Geschäftspartner bereits in SAP ERP aktivieren und verwenden. Die Einführung des Geschäftspartners kann als ein mögliches Vorprojekt zur SAP-S/4HANA-Migration eingeplant werden.

In SAP ERP haben Sie die Wahl, ob Sie weiterhin die alten Debitor-/Kreditor-Transaktionen nutzen möchten, damit Ihre Stammdaten mit dem Geschäftspartner synchronisiert werden. Eine umgekehrte Aktivierung der Synchronisation mit den Debitor- und Kreditor-Stammdaten über die Transaktion BP ist in SAP ERP ebenfalls möglich.

Customer-Vendor-Integration

Aus Kompatibilitätsgründen werden die alten Datenbanktabellen für den Kundenstamm (KNA1, KNVV usw.) oder Lieferantenstamm (LFA1, LFB1 usw.) über die sogenannte *Customer-Vendor-Integration* (CVI) mit den Geschäftspartnerstammdaten synchronisiert. Kundeneigene Felder an diesen Stammdatentabellen bleiben nach der Systemkonvertierung unverändert. Da häufig auch Standardtransaktionen erweitert wurden, um die Anzeige und Pflege von kundeneigenen Feldern zu unterstützen, ist eine zusätzliche analoge Erweiterung der Transaktion BP in SAP S/4HANA erforderlich. Die Erweiterung dieser Transaktion kann in der Regel nicht automatisch erfolgen, da häufig konzeptionelle Vorarbeiten erforderlich sind, wie die Definition der relevanten Geschäftspartnerrollen, einer Registerkarte, eines Abschnitts, einer Berechtigung usw.

Nr. 5: Datenmodelländerungen im Vertrieb (SAP-Hinweis 2198647)

In der Vertriebskomponente SD wurden folgende Änderungen durchgeführt:

- **Beseitigung der Statustabellen VBUK und VBUP**
  Die Tabellen VBUK (Statusinformation für SD-Belegkopf) und VBUP (Statusinformationen für SD-Belegposition) existieren in SAP S/4HANA zwar noch, werden aber nicht mehr fortgeschrieben. Im Zuge der technischen Systemkonvertierung werden die Statusinformationen aus diesen beiden Tabellen in das neue SAP-S/4HANA-Datenmodell überführt. Im neuen Datenmodell werden die Statusinformationen direkt in den Tabellen zum SD-Belegkopf bzw. der SD-Belegposition gespeichert. Technisch werden die Statusinformationen zu SD-Aufträgen nun direkt in den Tabellen VBAK und VBAP fortgeschrieben, für Lieferungen in den Tabellen LIKP und LIPS und für Fakturen in der Tabelle VBRK.

- **Feldlängenerweiterung für den Vertriebsbelegtyp (VBTP)**
  Der Vertriebsbelegtyp wurde von einem einstelligen Zeichenfeld mit dem Datenelement VBTYP zu einem vierstelligen Zeichenfeld mit dem Datenelement VBTYPL erweitert.

  Anstatt den Vertriebsbelegtyp über statische Literale abzufragen (z. B. C für »Auftrag«), wird die Verwendung der Klasse IF_SD_DOC_CATEGORY empfohlen. Sie besitzt viele statische Konstanten, die direkt verwendet werden können (für Aufträge z. B. IF_SD_DOC_CATEGORY=>ORDER).
- **Änderung der technischen Struktur der Belegflusstabelle VBFA**
  In früheren SAP-S/4HANA-Versionen wurden in der Belegfluss-Tabelle VBFA nur direkte Belegbeziehungen gespeichert. Ab SAP S/4HANA 1709 werden darin auch indirekte Belegbeziehungen gespeichert. Hierzu wurde die Tabelle VBFA erneut um das Feld STUFE erweitert. Der zusammengesetzte Primärschlüssel mit Vorgängerbeleg, Folgebeleg und zugehörigem Vertriebsbelegtyp wurde durch den neuen Primärschlüssel RUUID vom Typ RAW(16) ersetzt.

  Der Zugriff auf die Tabelle über Vorgängerbeleg, Folgebeleg und Vertriebsbelegtyp ist nach wie vor möglich. Da der Vertriebsbelegtyp erweitert wurde, sind die Felder VBTYPEXT_V und VBTYPEXT_N nicht mehr notwendig und wurden deshalb entfernt. Für den Zugriff auf die Tabelle VBFA wird die Verwendung der Klasse CL_SD_DOCUMENT_FLOW_RT empfohlen, sofern dies in der betreffenden Zugriffskonstellation möglich ist.
- **Eliminierung der Indextabellen für SD-Belege nach Material und Kunde**
  Um einen performanten Zugriff auf SD-relevante Informationen zu gewährleisten, wurden in speziellen Tabellen redundante Daten parallel zu den Originaltabellen fortgeschrieben. Da mit SAP HANA ein performanter Zugriff direkt auf die Originaltabellen möglich ist, wurden in SAP S/4HANA die folgenden Tabellen entfernt:
  - VAKPA (Vertriebsindex: Aufträge zu Partnerrollen)
  - VAPMA (Vertriebsindex: Auftragspositionen zu Material)
  - VLKPA (Vertriebsindex: Lieferungen zu Partnerrollen)
  - VLPMA (Vertriebsindex: Lieferungspositionen zu Material)
  - VRKPA (Vertriebsindex: Fakturen zu Partnerrollen)
  - VRPMA (Vertriebsindex: Fakturapositionen zu Material)

  In SAP S/4HANA werden CDS Views für diese Tabellen ausgeliefert, deren Namen sich aus dem V_ und dem alten Tabellenamen zusammensetzen, z. B. V_VAKPA. Diese ermitteln die Daten in der alten Struktur, jedoch direkt aus den neuen Originaltabellen. Aus Kompatibilitätsgründen wurden diese CDS Views als Kompatibilitäts-Views V2 eingeführt. Damit funktionieren automatisch alle SELECT-Anweisungen auf die alten Tabellen wie zuvor. Ändernde Operationen sind technisch nicht möglich und müssen, wie bei Kompatibilitäts-Views üblich, umgestellt werden.

Nr. 6: Datenmodelländerungen in der Anlagenbuchhaltung (SAP-Hinweis 2270387)

Für die neue Anlagenbuchhaltung ist die Aktivierung der neuen Hauptbuchhaltung obligatorisch. Bei der neuen Anlagebuchhaltung werden die Ist-Werte statt in den Tabellen ANEP (Anlagen-Einzelposten), ANEA (Anlagen-Einzelposten anteilige Werte), ANLP (Anlagen-Periodenwerte) und ANLC (Anlagen-Wertfelder) nun direkt in der Tabelle ACDOCA (Universal Journal) gespeichert. Die Werte aus der Tabelle ANEK (Belegkopf Anlagenbuchung) werden in den Tabellen BKPF und ACDOCA gespeichert. Die Tabelle BSEG (Belegsegment Buchhaltung) wird weiterhin wie gewohnt fortgeschrieben.

Durch die Integration von Kompatibilitäts-Views können lesende Zugriffe auf die Datenbanktabellen in der Regel wie gewohnt genutzt werden, schreibende Zugriffe müssen jedoch umgestellt werden. Statistische Werte (z. B. für Steuerzwecke) aus den Tabellen ANEP, ANEA, ANLP und ANLC werden in der neuen Tabelle FAAT_DOC_IT (Statistische Einzelposten in der Anlagenbuchhaltung) fortgeschrieben. Die Planwerte aus den Tabellen ANLP und ANLC werden in der Tabelle FAAT_PLAN_VALUES (Geplante Abschreibungen und Aufwertungen) gespeichert.

Nr. 7: Außenhandel in SD/MM (SAP-Hinweis 2223144)

Eingeschränkte Außenhandelsfunktionalität

In SAP S/4HANA sind die Außenhandelsfunktionen (SD-FT oder MM-FT) weitestgehend nicht mehr verfügbar. In der SAP S/4HANA Simplification List 1909 werden 221 Transaktionen aufgelistet, die in SAP S/4HANA nicht mehr unterstützt werden. Stattdessen kann für bestimmte ausgewählte internationale Handelsfunktionen, wie beispielsweise Intrastat, die Komponente *SAP S/4HANA for International Trade* verwendet werden. Alternativ bietet *SAP Global Trade Services* (SAP GTS) einen umfangreichen Funktionsumfang für die Abwicklung des Außenhandels (z. B. Präferenzmanagement). SAP GTS wird als eigenständiges SAP-System installiert und bietet Standardschnittstellen für die SAP-S/4HANA-Integration.

Bei einem Umstieg auf SAP S/4HANA sollten Sie prüfen, ob und wie die aktuell verwendeten Außenhandelsprozesse in SAP S/4HANA und/oder SAP GTS abgebildet werden können. Erst dann kann analysiert werden, wie eine Umstellung der Eigenentwicklungen erfolgen kann.

Nr. 8: Inkompatible Änderungen des Hauptbuches (SAP-Hinweis 2431747)

Umstrukturierung des Finanzwesens

Im Finanzwesen wurden in SAP S/4HANA umfangreiche Änderungen durchgeführt, die auch das Hauptbuch betreffen. Aus Entwicklersicht lassen sich die technischen Änderungen wie folgt zusammenfassen:

- **Ersetzung von Summen- und Einzelpostentabellen**
  Viele Summen- und Einzelpostentabellen wurden durch Kompatibilitäts-Views ersetzt (z. B. BSIS, BSAS, BSIK, BSAK, BSID, BSAD, BSIM, MLIT, COEP, COSS, COSP, FAGLBSIS, FAGLBSAS oder FAGLFLEXA). Lesende Zugriffe auf diese Tabellen funktionieren in der Regel noch wie in SAP ERP, sollten aber auch auf ihre Performance hin getestet werden. Schreibende Zugriffe auf diese Kompatibilitäts-Views sind nicht möglich.
- **Speicherung von Belegpositionen in den Tabellen ACDOCA oder BSEG**
  Die Tabelle BSEG enthält nicht mehr alle Hauptbuchbuchungen. Bestimmte Buchungspositionen z. B. für Umlagen oder Verteilungen aus dem Controlling oder zur Fremdwährungsbewertung werden nur noch in der Tabelle ACDOCA fortgeschrieben, aber nicht mehr in der Tabelle BSEG.

  Unabhängig davon, in welcher Tabelle eine Belegposition gespeichert ist, wird der Belegkopf in SAP S/4HANA weiterhin in der Tabelle BKPF fortgeschrieben. Das längerfristige Ziel ist es, die Tabelle BSEG nur noch für die Verwaltung offener Posten oder manueller FI-Buchungen (z. B. über die Transaktion FB01) zu verwenden.

  Über das Kennzeichen BSTAT = 'U' in der Tabelle BKPF können Buchungsvorgänge identifiziert werden, die Einträge in der Tabelle ACDOCA fortschreiben, jedoch nicht (mehr) in der Tabelle BSEG sind. Hilfreich bei der Umstellung von Eigenentwicklungen können die beiden Funktionsbausteine FAGL_GET_GL_DOCUMENT und FAGL_GET_LEADING_LEDGER sein. Der Funktionsbaustein FAGL_GET_GL_DOCUMENT wertet die beiden Tabellen ACDOCA und BSEG hinsichtlich der Belegnummer, des Buchungskreises, des Geschäftsjahres und des Ledgers aus. Oftmals wird bei der Selektion das führende Ledger verwendet, das wiederum über den Funktionsbaustein FAGL_GET_LEADING_LEDGER ermittelt werden kann.
- **Eliminierung von Datenbank-Views**
  Bestimmte Datenbank-Views, wie beispielsweise GLT0_AEDAT, sind nicht mehr vorhanden. Zugriffe auf diese Views müssen umgestellt werden, da es sonst zu Laufzeitfehlern kommt.
- **Neue Customizing-Tabellen**
  Da in SAP S/4HANA neue Customizing-Tabellen eingeführt wurden, sind bestimmte alte Customizing-Tabellen obsolet bzw. teilweise obsolet. Im

Hauptbuch sind die Tabellen T881, T881T und T882G betroffen. In Eigenentwicklungen sollten Lesezugriffe auf diese Tabellen über die Methoden CL_FINS_ACDOC_UTIL=>GET_T881_EMU, CL_FINS_ACDOC_UTIL=>GET_T881T_EMU und CL_FINS_ACDOC_UTIL=>GET_T882G_EMU umgestellt werden.

[+]

Architektur des Hauptbuches im Überblick

Die in SAP S/4HANA durchgeführten Änderungen am Hauptbuch sind sehr umfangreich. Eine detaillierte Auflistung aller Änderungen würde den Rahmen dieses Abschnitts sprengen. Deshalb verweisen wir an dieser Stelle auf den SAP-Hinweis 2431747, der detailliertere Informationen zur Umstellung liefert. Die Anlage zu diesem Hinweis veranschaulicht die neue Architektur mit grafischen Beispielen und liefert Anleitung zur Anpassung des kundeneigenen Codes.

Nr. 9: Vertriebsunterstützung (SAP-Hinweis 2214585)

Die Vertriebsunterstützung (Computer-Aided-Selling, kurz CAS) wird in SAP S/4HANA nicht mehr unterstützt. Die strategische Ausrichtung von SAP sieht vor, dass entsprechende Funktionen zukünftig durch *SAP Sales Cloud* im Portfolio *SAP Customer Experience* (vormals SAP C/4HANA) oder in *SAP Customer Relationship Management* (SAP CRM) abgebildet werden sollen.

Blacklist-Monitor

In der SAP S/4HANA Simplification List 1909 werden 55 Transaktionen aufgelistet, die nicht mehr unterstützt werden. Diese Transaktionen wurden in einen *Black List Monitor* aufgenommen. Bei der Verwendung von Entwicklungsobjekten wie Transaktionen, Funktionsbausteinen, Reports usw., die in die Ausschlussliste des Black List Monitors aufgenommen wurden, wird bei einer Verwendung automatisch ein Fehler ausgelöst. Dort können sie auch nach einer nachträglichen Modifikation der Ausschlusslisteneinträge im Black List Monitor in der Regel nicht mehr aufgerufen werden, da viele abhängige Objekte in SAP S/4HANA nicht mehr verfügbar sind. SAP-Hinweis 2249880 gibt einen Überblick zum Vorgehen bei Entwicklungsobjekten, die von SAP in den Black List Monitor aufgenommen wurden.

Ob und in welchem Umfang das kundeneigene Code bei Befunden zur Vertriebsunterstützung angepasst werden muss, ist abhängig davon, welche Prozesse Sie aktuell und zukünftig verwenden wollen. Im Folgenden geben wir Ihnen deshalb am Beispiel der Vereinfachungen in der Komponente Vertriebsunterstützung einen allgemeinen Überblick, wie mit obsoleten Zugriffen auf Entwicklungsobjekte umgegangen werden kann, die von SAP in den Black List Monitor aufgenommen wurden:

- **Technische Verwendung von Objekten der Vertriebsunterstützung**
  Der Custom Code Check prüft die Eigenentwicklung auf mögliche Inkompatibilitäten in SAP S/4HANA. Nicht Bestandteil dieser Prüfung ist, ob und wie die vom Coding abhängigen Standardprozesse operativ verwendet werden. Häufig greifen Entwickler auf Entwicklungsobjekte wie Datenelemente, Strukturen oder Datenbanktabellen zurück, weil sie technisch passend scheinen, ohne Kenntnis von den abhängigen SAP-Standardprozessen zu haben.

  Bei einer solchen *technischen Verwendung* ist es in der Regel ausreichend, das auf der Ausschlussliste stehende Vertriebsunterstützungsobjekt durch ein anderes freigegebenes SAP-Objekt oder Z-Objekt zu ersetzen. In der Regel ist die Verwendung freigegebener SAP-Objekte der Neuanlage kundeneigener Objekte vorzuziehen, z. B. weil Übersetzungen bereits vorhanden sind, der Wartungsaufwand reduziert werden kann usw.
- **Fachliche Verwendung von Objekten der Vertriebsunterstützung**
  Aufwendiger sind die Analyse und Umsetzung bei einer fachlichen Verwendung der SAP-Vertriebsunterstützungsobjekte. Wenn beispielsweise in SAP ERP die Transaktion V+01 verwendet wird, um einen Kontakt anzulegen, wird dieser Prozessschritt in SAP S/4HANA nicht mehr funktionieren. Die Transaktion V+01 ist Bestandteil der Ausschlussliste des Black List Monitors und wird in SAP S/4HANA nicht mehr unterstützt. Auch wenn bestimmte Strukturen oder Datenbanktabellen zur Vertriebsunterstützung noch existieren, sollten diese nicht mehr verwendet werden, da die übergeordneten Geschäftsprozesse teilweise oder vollständig nicht mehr ausführbar sind.

Analyse der Prozesse

Bevor das Entwicklungsobjekt angepasst werden kann ist eine konzeptionelle Aufarbeitung notwendig, wie zukünftig der Prozess zur Vertriebsunterstützung mit SAP S/4HANA abgebildet werden soll. Möglichweise wird eine Eigenentwicklung mit der Einführung von SAP Customer Experience oder SAP CRM obsolet, da dort bestimmte Funktionalitäten bereits im SAP-Standard zur Verfügung stehen. Eine Bewertung der Auswirkungen auf die Eigenentwicklungen ist erst nach Spezifizierung des Soll-Prozesses mit SAP S/4HANA möglich.

Nr. 10: Indirekte Beziehungen in der Vertriebsbelegflusstabelle VBFA (SAP-Hinweis 2470721)

In der Datenbanktabelle VBFA werden die Verknüpfungen zu bestimmten SD-Belegen, wie beispielsweise Kundenaufträgen, Lieferungen, Ausgangsrechnungen oder FI-Belegen, als *Vertriebsbelegfluss* gespeichert. Über die

Felder VBELV/POSNV und VBELN/POSNN in der Tabelle VBFA wird jeweils der Vorgängerbeleg mit dem Nachfolgebeleg verknüpft. In SAP ERP wurden auch indirekte Beziehungen zu den Belegen in der Tabelle VBFA fortgeschrieben. Das Feld STUFE in der Tabelle VBFA beschreibt dabei die *relative Distanz* der Belege zueinander. Die relative Distanz legt somit die direkte oder indirekte Belegbeziehung vom Vorgängerbeleg zum Nachfolgebeleg fest.

Direkte vs. indirekte Beziehung

Den Unterschied zwischen direkter und indirekter Belegbeziehung möchten wir Ihnen an zwei Beispielen verdeutlichen:

- **Kundenauftrag (Vorgänger) und Auslieferung (Nachfolger)**
  Das Feld STUFE hat den Wert »00«, da die Auslieferung in einer *direkten Beziehung* zum Kundenauftrag angelegt wurde.
- **Kundenauftrag (Vorgänger) und Rechnung (Nachfolger)**
  Das Feld STUFE hat den Wert »01«, da die Rechnung in einer *indirekten Beziehung* zum Kundenauftrag steht und exakt *ein* weiterer Beleg, die Auslieferung, zwischen dem Kundenauftrag und der Rechnung verbucht wurde.

Re-Einführung von STUFE

In früheren SAP-S/4HANA-Versionen wurde das Feld STUFE aus der Tabelle VBFA entfernt. Damit war nur noch eine Fortschreibung von direkten Beziehungen möglich. Ab den im Folgenden genannten Releases und Support-Package-Ständen wurden das Feld STUFE und die Speicherung von indirekten Beziehungen wieder eingeführt:

- SAP S/4HANA 1709 (SP00)
- SAP S/4HANA 1610 SP02 und FPS2 (Feature-Pack-Stack 2)
- SAP S/4HANA 1511 SP04
- über die Korrekturanleitung des SAP-Hinweises 2418242
  in SAP S/4HANA 1610 SP00/SP01
- über die Korrekturanleitung des SAP-Hinweises 2418242
  in SAP S/4HANA 1511 SP00/SP01/SP02/SP03

Bei einer Systemkonvertierung ausgehend von einem Release ohne das Feld STUFE ist ein Neuaufbau der fehlendenden Belegflusseinträge für die indirekten Beziehungen notwendig.

Die Umstellung der Eigenentwicklungen ist somit stark vom Zielrelease abhängig. Zum aktuellen Zeitpunkt ist das Ausgangssystem bei einer Systemkonvertierung in den meisten Fällen ein SAP-ERP-System, und dieses wird in ein aktuelles SAP-S/4HANA-Release konvertiert. Da in diesen Fällen beide Produkte die indirekten Beziehungen in der Tabelle VBFA verwenden, kann die Änderung hinsichtlich des Feldes STUFE bei der Anpassung der Eigenentwicklungen vernachlässigt werden. Trotz der Ablösung des Primärschlüssels aus SAP ERP mit Vorgängerbelegnummer, Vorgängerbelegposition, Nachfolgebelegnummer, Nachfolgebelegposition und Vertriebsbelegtyp des Nachfolgebelegs durch die eindeutige Identifikation der Belegbeziehung (RUUID) in SAP S/4HANA können Zugriffe über den alten Primärschlüssel in SAP S/4HANA weitestgehend bestehen bleiben.

2.4 Die wichtigsten Vorbereitungen für die Konvertierung

Um einen möglichst reibungslosen Umstieg auf SAP S/4HANA durchzuführen, bedarf es einer guten Vorbereitung. Die vorbereitenden Tätigkeiten sind stark von dem unternehmensspezifisch definierten Ziel abhängig. Bei der Zieldefinition sind beispielsweise nicht nur das Transformationsszenario, das Betriebsmodell oder das Zielrelease essenziell, sondern auch, welche Bestandteile in welchem Umfang in SAP S/4HANA verwendet werden sollen.

Technischer oder prozessorientierter Ansatz

Grundsätzlich unterscheiden wir zwei unterschiedliche Transformationsansätze, den technischen und der prozessorientierten:

- Der *technische Transformationsansatz* fokussiert sich auf eine Minimalumstellung der obligatorischen Komponenten. Bei einer technischen Umstellung sollen alle Prozesse in SAP S/4HANA idealerweise genauso laufen wie in SAP ERP. Schwerpunkte der technischen Transformation sind die Migration der Datenbank nach SAP HANA, die Umstellung der Eigenentwicklung auf das neue SAP-S/4HANA-Datenmodell, die Bearbeitung der fehlerhaften und obligatorischen SI-Checks sowie das Set-up von SAP Gateway.

  Für die Bewertung und Durchführung der vorbereitenden Tätigkeiten stellt SAP unterschiedliche Tools zur Verfügung, die umfassende Auswertungen etwaiger Komplikationen aufzeigen. Diese Tools unterstützen nicht nur bei einer ersten Analyse, sondern werden teilweise auch für die Durchführung der vorbereitenden Tätigkeiten bis hin zur automatischen Systemkonfiguration verwendet.

  Eine Systemkonvertierung nach dem technischen Transformationsansatz wird umgangssprachlich auch als *Bloody Conversion* bezeichnet. Bei einer Bloody Conversion stehen alle Tätigkeiten im Fokus, die eine technische Systemkonvertierung verhindern. Das SAP-ERP-System wird ohne Rücksicht auf Datenverluste oder Prozessprobleme nach SAP S/4HANA konvertiert (deswegen *bloody*, im Deutschen übersetzt mit »blutig«).

Beispielsweise werden im Bereich des Custom Code Checks ausschließlich die Befunde bearbeitet, die Fehler bei der technischen Konvertierung durch den SUM verhindern. Werden kritische Befunde des Custom Code Checks ignoriert, kann es nach der technischen Konvertierung zu Laufzeitfehlern bei der Ausführung der Eigenentwicklung kommen.

Über diesen Transformationsansatz ist zwar eine schnelle Systemkonvertierung möglich, jedoch zulasten der Stamm- und Bewegungsdatenqualität und der Ausführung der betriebswirtschaftlichen Prozesse.

- Auch wenn SAP S/4HANA im Kern auf SAP-ERP-Komponenten basiert, wurden umfangreiche Änderungen und Vereinfachungen vorgenommen, die zur Folge haben, dass bestimmte betriebswirtschaftliche Prozesse aus SAP ERP in SAP S/4HANA nicht mehr abgebildet werden können. Beim *prozessorientierten Transformationsansatz* werden deshalb zunächst alle operativen SAP-ERP-Prozesse analysiert. Darauf aufbauend wird entschieden, wie diese zukünftig abgebildet werden sollen. Da SAP S/4HANA eine große Brandbreite an neuen Funktionen in petto hat, wird ein Transformationsprojekt für Unternehmen erst dann einen wirklichen Mehrwert erzielen, wenn bestimmte Optimierungen gezielt in die betriebswirtschaftlichen Prozesse integriert werden.

  Auch für die prozessorientierte Umstellung bietet SAP unterschiedliche Tools an, die die Nutzung des Systems aus betriebswirtschaftlicher Sicht analysieren und Sie bei der Entscheidungsfindung unterstützen.

Hybrider Transformationsansatz

In der Praxis sehen wir häufig einen *hybriden Transformationsansatz*. Viele mittelständische Kunden bevorzugen die Produktivsetzung von Änderungen in kleineren Wellen statt in einer allumfassenden, großen Umstellung. Häufig existiert auch in solchen Projekten, die dem hybriden Transformationsansatz folgen, eine Tendenz in Richtung des technischen oder prozessorientierten Transformationsansatzes.

Wir empfehlen Ihnen, grundsätzlich immer beide Ansätze bei einem Transformationsprojekt zu berücksichtigen. Letztlich spielen unternehmensspezifische Faktoren, wie beispielsweise freie Ressourcen und Kapazitäten, vorhandene Skills, Zeitplan, andere parallele Projekte, Kosten oder die strategische Ausrichtung, eine wesentliche Rolle bei der Entscheidung, welcher Transformationsansatz in einem Unternehmen verfolgt wird.

In den folgenden Abschnitten geben wir Ihnen Empfehlungen zu den vorbereitenden Tätigkeiten und informieren Sie, welche Tools Sie dabei jeweils unterstützen.

2.4.1 SAP Readiness Check

Als ersten Schritt sollten Sie den *SAP Readiness Check* ausführen. Der SAP Readiness Check ist ein kostenloses, cloudbasiertes Tool, das Ihnen einen Überblick über alle relevanten Bereiche einer SAP-S/4HANA-Systemkonvertierung bietet. Das Tool analysiert die Nutzungs- und Konfigurationsdaten Ihrer vorhandenen, produktiven SAP-ERP-Systeme und ermittelt darauf basierend die Kompatibilität mit SAP S/4HANA und die erforderlichen vorbereitenden Schritte für eine Systemkonvertierung.

Dashboard

Über eine webbasierte Oberfläche erhalten Sie Zugriff auf ein interaktives Dashboard, wie in Abbildung 2.22 exemplarisch gezeigt. Es empfiehlt SAP-Fiori-Apps, die Sie einführen sollten, gibt Informationen zu den für Sie relevanten Simplification Items, analysiert die Kompatibilität von Add-ons und sagt voraus, welche Befunde zu Eigenentwicklungen Sie voraussichtlich werden beachten müssen. Außerdem enthält es Sizing-Informationen für SAP S/4HANA und vieles mehr.

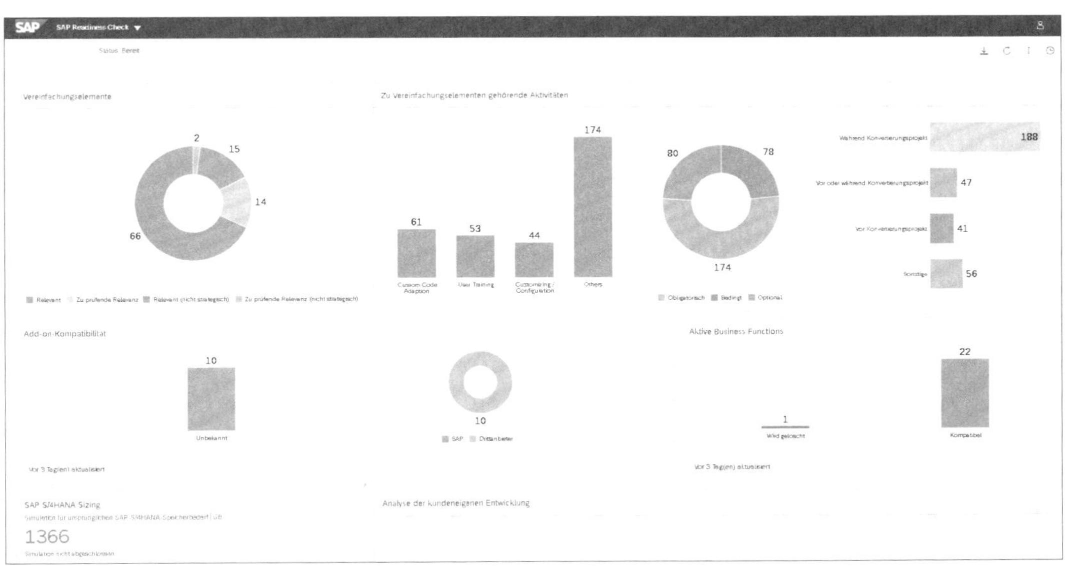

Abbildung 2.22 Dashboard des SAP Readiness Checks 2.0

Weitere Informationen zum SAP Readiness Check

Informationen zu den notwendigen Voraussetzungen für die Ausführung des SAP Readiness Checks und zum Zugriff erhalten Sie auf der Seite *http://s-prs.de/v763210* im SAP Help Portal.

2.4.2 SAP Business Scenario Recommendations

Visualisierung relevanter Geschäftsszenarien

Der Bericht *SAP Business Scenario Recommendations* (BSR) liefert auf Grundlage der aktuellen produktiven Systemnutzung eine Empfehlung, wie Sie am besten von SAP HANA, SAP Fiori und SAP S/4HANA profitieren können. Dieser Bericht visualisiert basierend auf den eingereichten Daten, welche Geschäftsszenarien für Sie am relevantesten sind. Abbildung 2.23 zeigt ein Beispiel für eine solche Visualisierung. Im Kontext der eingesetzten Geschäftsbereiche zeigt der Bericht, welche Transaktionen häufig verwendet werden und ob in diesen Geschäftsbereichen in SAP S/4HANA Vereinfachungen vorgenommen wurden.

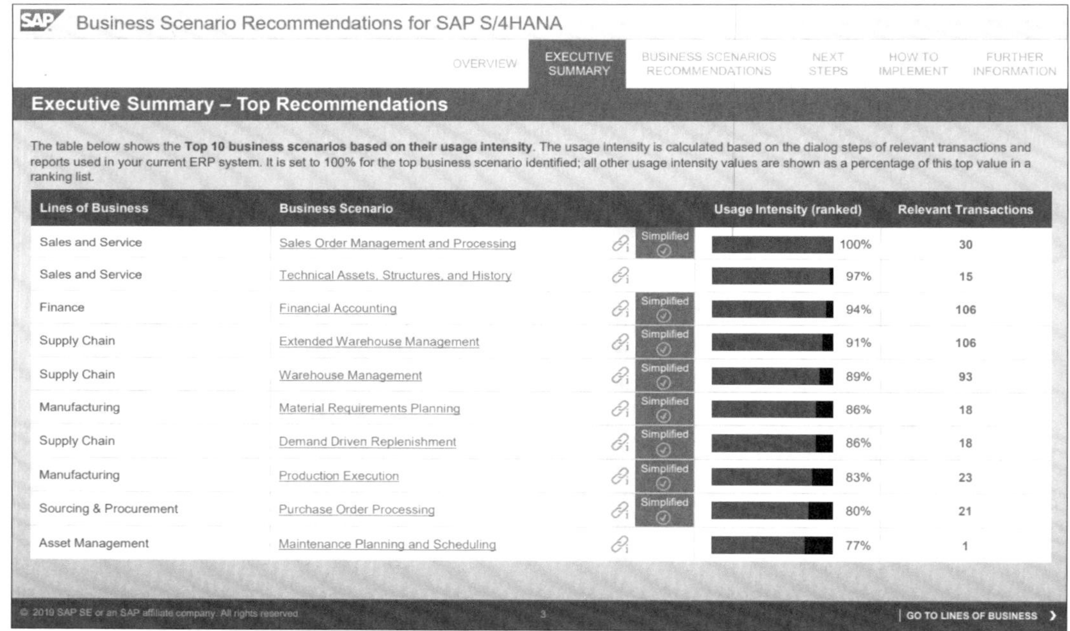

Lines of Business	Business Scenario		Usage Intensity (ranked)	Relevant Transactions
Sales and Service	Sales Order Management and Processing	Simplified	100%	30
Sales and Service	Technical Assets, Structures, and History		97%	15
Finance	Financial Accounting	Simplified	94%	106
Supply Chain	Extended Warehouse Management	Simplified	91%	106
Supply Chain	Warehouse Management	Simplified	89%	93
Manufacturing	Material Requirements Planning	Simplified	86%	18
Supply Chain	Demand Driven Replenishment	Simplified	86%	18
Manufacturing	Production Execution	Simplified	83%	23
Sourcing & Procurement	Purchase Order Processing	Simplified	80%	21
Asset Management	Maintenance Planning and Scheduling		77%	1

Abbildung 2.23 Überblick der Top-Empfehlungen des BSR

Auswertung der verwendeten Transaktionen

Für diese Geschäftsszenarien stellt Ihnen der BSR Empfehlungen zusammen, wie Sie neue, vereinfachte Szenarien abbilden oder von SAP HANA profitieren können, um Ihre Transaktionen zu beschleunigen. Im Anhang des Berichts befindet sich eine Liste der Top-Custom-Code-Transaktionen, sortiert nach der Antwortzeit (in Millisekunden), die beispielhaft in Abbildung 2.24 gezeigt wird.

Für Kunden der SAP-Standardwartung ist der BSR ein kostenloser Service. Für die Erstellung des Berichts stellt SAP eine Anleitung zur Verfügung (*http://s-prs.de/v763211*).

Business Scenario Recommendations for SAP S/4HANA

OVERVIEW | EXECUTIVE SUMMARY | BUSINESS SCENARIOS RECOMMENDATIONS | NEXT STEPS | HOW TO IMPLEMENT | FURTHER INFORMATION

Appendix – Top Custom Code Transactions by Response Time

The table below shows the top custom code transactions and reports (Z- and Y-objects) by response time. All custom code objects need to be assessed for potential adjustment needs during an SAP S/4HANA transformation project. We recommend to start with these heavily used objects.

Report or Transaction Name	Number of Dialog Steps	Average response Time / Dialog Step (ms)	Response Time (ms)
[illegible]	31	15.932.405,7	493.904.577
[illegible]	495	514.908,2	254.879.559
[illegible]	391.520	541,8	212.125.536
[illegible]	31	4.662.669,5	144.542.755
[illegible]	389	343.039,9	133.442.521
[illegible]	1.457	85.243,3	124.199.488
[illegible]	1.486	76.863,1	114.218.567
[illegible]	424.352	268,1	113.768.771
[illegible]	57.565	1.547,1	89.058.812
[illegible]	2.016	39.767,5	80.171.280
[illegible]	167.797	438,0	73.495.086
[illegible]	20.017	3.255,1	65.157.337
[illegible]	124	521.232,3	64.632.805
[illegible]	18.059	3.369,0	60.840.771
[illegible]	20.818	2.576,5	53.637.577
[illegible]	33.451	1.495,1	50.012.590
[illegible]	186	249.305,9	46.370.897
[illegible]	4.427	10.015,1	44.336.848
[illegible]	186	229.286,1	42.647.215
[illegible]	31	1.271.628,9	39.420.496
[illegible]	32.596	1.065,6	34.734.298
[illegible]	744	45.700,6	34.001.246
[illegible]	744	42.199,2	31.396.205

 134 GO TO NEXT SLIDE

Abbildung 2.24 Top-Custom-Code-Transaktionen nach Antwortzeit im BSR

2.4.3 SAP Fiori Apps Recommendations

Der Bericht *SAP Fiori Apps Recommendations* (FAR) gibt auf Basis der aktuellen Systemnutzung eine Empfehlung für die zukünftig in SAP S/4HANA zu verwendeten SAP-Fiori-Apps. Abbildung 2.25 zeigt ein Beispiel für die Ausgabe des Reports. Auf dieser Überblickseite wird die Anzahl der in den einzelnen Geschäftsbereichen empfohlenen SAP-Fiori-Apps angezeigt.

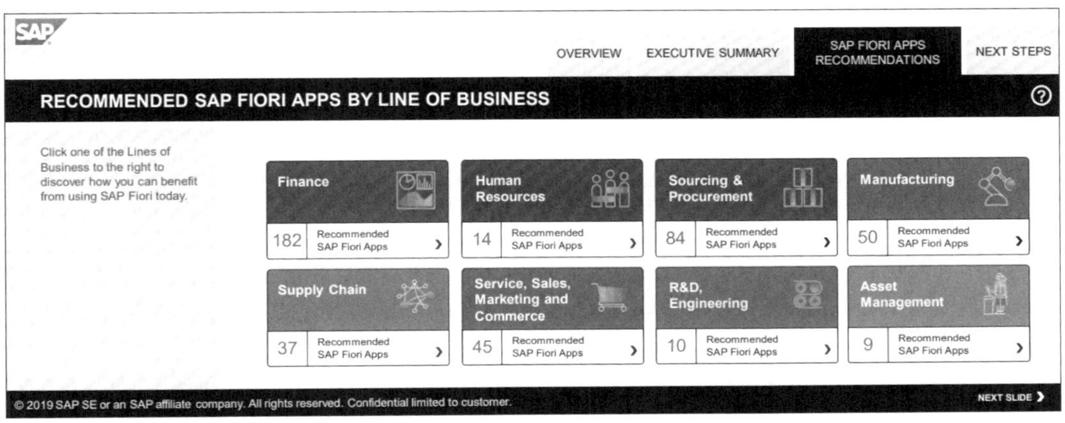

Abbildung 2.25 Überblick der SAP-Fiori-App-Empfehlungen im FAR

Analyse je Geschäftsbereich

Ausgehend von dieser Übersicht wird jeder Geschäftsbereich im FAR separat betrachtet. Zu jedem Geschäftsbereich erfolgt jeweils eine Auflistung der am häufigsten verwendeten Transaktionen, verbunden mit der Empfehlung, über welche SAP-Fiori-App der betreffende Prozess in SAP S/4HANA abgebildet werden kann.

Abhängig von der Version des Ausgangssystems existieren aktuell drei Versionen des FAR-Reports:

- Empfehlungen für SAP-Fiori-Apps, die in einem aktuellen SAP-ERP-System verwendet werden können
- Empfehlungen für den Umstieg von SAP ERP auf SAP S/4HANA
- Empfehlungen für SAP-Fiori-Apps, die in einem aktuellen SAP-S/4HANA-System verwendet werden können

Für SAP-ERP- und SAP-S/4HANA-Systeme

Die Verwendung des FAR-Reports ist damit nicht nur in Kontext eines Transformationsprojekts sinnvoll. Beispielsweise können Kunden, die bereits ein produktives SAP-S/4HANA-System verwenden, den Report auswerten, um zusätzliche Informationen zu erhalten, welche SAP-Fiori-Apps für die aktuelle Systemversion empfohlen werden.

Der FAR ist für Kunden der SAP-Standardwartung ein kostenloser Service. Um den Bericht erstellen zu lassen, müssen Sie ein Formular ausfüllen und Ihre Verwendungsdaten (auf Basis der Transaktion ST03N) an SAP senden (*http://www.sap.com/FAR*). Innerhalb von fünf Tagen erhalten Sie den generierten FAR-Report.

2.4.4 Maintenance Planner

Prüfung von Add-ons und Business Functions

Über den *Maintenance Planner* prüft das Quellsystem das Ausgangssystem hinsichtlich der technischen Voraussetzungen für die Systemkonvertierung und auf Abhängigkeiten hin. Es wird auch geprüft, ob es Add-ons oder Business Functions gibt, die zu Komplikationen führen können.

Der Maintenance Planner kann entweder on premise im SAP Solution Manager oder über einen Cloud-Service verwendet werden. Wir empfehlen Ihnen, den Maintenance Planner bereits in einer frühen Projektphase zu starten, um mögliche Komplikationen aufgrund von fehlenden Voraussetzungen oder inkompatiblen Komponenten frühzeitig zu identifizieren. Im späteren Projektverlauf können Sie die Softwarepakete für die SAP-S/4HANA-Konvertierung, die vom SUM benötigt werden, über den Maintenance Planner herunterladen.

2.4.5 SAP Activate

SAP Activate ist eine Implementierungsmethode für die erfolgreiche Einführung von SAP S/4HANA. Sie beinhaltet Best Practices für Geschäftsprozesse und eine geführte Konfiguration.

[«]

SAP Best Practices Explorer

Mehr Informationen über die mit SAP Activate bereitgestellten Best Practices erhalten Sie im *SAP Best Practices Explorer* unter *http://rapid.sap.com/bp*.

IMG-Nachfolger

Die *geführte Konfiguration* ist ein neuer Ansatz für das System-Customizing und basiert auf SAP-Fiori-Apps. Sie wird den in SAP R/3 eingeführten und lange etablierten Einführungsleitfaden (Implementation Guide, kurz IMG) mittelfristig ersetzen. Im Rahmen der geführten Konfiguration wird der Benutzer Schritt für Schritt am Geschäftsprozess durch alle notwendigen Aufgaben des Customizings geleitet.

Roadmap Viewer

Daneben stellt SAP Activate einen *Roadmap Viewer* bereit. Der Roadmap Viewer ist ein Portal für SAP Activate und kann für Neuimplementierungsprojekte von SAP S/4HANA Cloud oder on premise sowie für Konvertierungsprojekte auf die On-Premise-Version von SAP S/4HANA verwendet werden. Er gibt mit den *Implementation Roadmaps* umfassende Übersichten zu Ihren Projekten, den zugehörigen Aktivitäten, Aufgaben und Liefergegenständen aus. Abbildung 2.26 zeigt ein Beispiel für einen Projektplan, der in Microsoft Excel angezeigt und bearbeitet werden kann. Darüber hinaus können spezifische Roadmaps für das Projektmanagement als Projektstrukturplan in den SAP Solution Manager hochgeladen werden. Mehr Informationen zum Roadmap Viewer erhalten Sie unter *https://go.support.sap.com/roadmapviewer/*.

Projektphasen

Die SAP-Activate-Methode unterteilt ein Projekt in sechs Phasen:

1. *Discover*: Projektrahmen, Roadmap und Vorgehensweise, (Trial-)Systemzugriff
2. *Prepare*: Vorbereitung
3. *Explore*: Testkonvertierung
4. *Realize*: funktionale Konvertierung und Cut-over
5. *Deploy*: Go-live, Cut-over
6. *Run*: Betrieb, Überwachung, Support

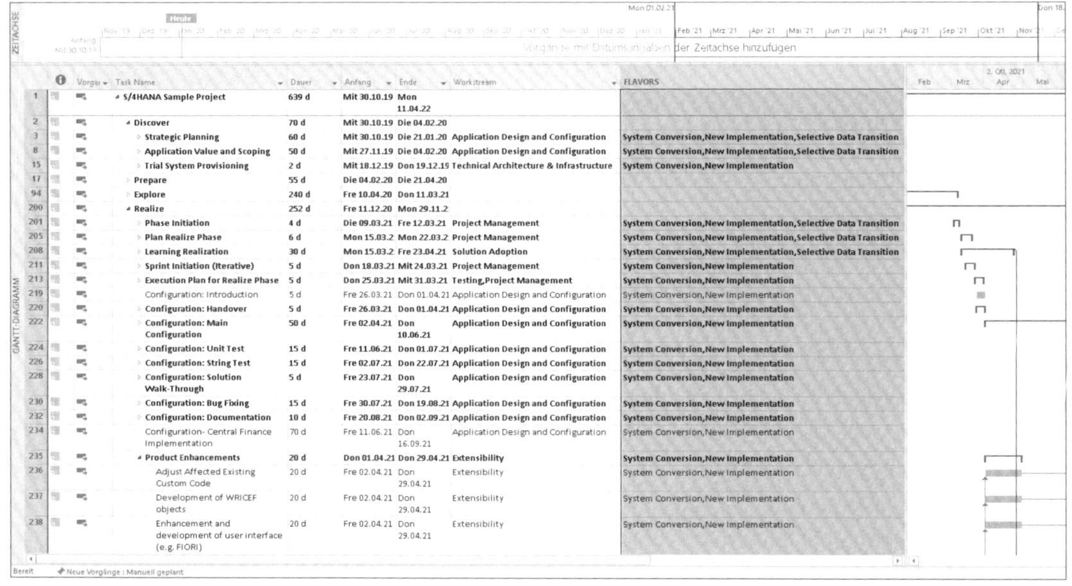

	Task Name	Dauer	Anfang	Ende	Workstream	FLAVORS
1	S/4HANA Sample Project	639 d	Mit 30.10.19	Mon 11.04.22		
2	Discover	70 d	Mit 30.10.19	Die 04.02.20		
3	Strategic Planning	60 d	Mit 30.10.19	Die 21.01.20	Application Design and Configuration	System Conversion,New Implementation,Selective Data Transition
8	Application Value and Scoping	50 d	Mit 27.11.19	Die 04.02.20	Application Design and Configuration	System Conversion,New Implementation,Selective Data Transition
15	Trial System Provisioning	2 d	Mit 18.12.19	Don 19.12.19	Technical Architecture & Infrastructure	System Conversion,New Implementation
17	Prepare	55 d	Die 04.02.20	Die 21.04.20		
94	Explore	240 d	Fre 10.04.20	Don 11.03.21		
200	Realize	252 d	Fre 11.12.20	Mon 29.11.2		
201	Phase Initiation	4 d	Die 09.03.21	Fre 12.03.21	Project Management	System Conversion,New Implementation,Selective Data Transition
205	Plan Realize Phase	6 d	Mon 15.03.2	Mon 22.03.2	Project Management	System Conversion,New Implementation,Selective Data Transition
208	Learning Realization	30 d	Mon 15.03.2	Fre 23.04.21	Solution Adoption	System Conversion,New Implementation,Selective Data Transition
211	Sprint Initiation (Iterative)	5 d	Don 18.03.21	Mit 24.03.21	Project Management	System Conversion,New Implementation
213	Execution Plan for Realize Phase	5 d	Don 25.03.21	Mit 31.03.21	Testing,Project Management	System Conversion,New Implementation
219	Configuration: Introduction	5 d	Fre 26.03.21	Don 01.04.21	Application Design and Configuration	System Conversion,New Implementation
220	Configuration: Handover	5 d	Fre 26.03.21	Don 01.04.21	Application Design and Configuration	System Conversion,New Implementation
222	Configuration: Main Configuration	50 d	Fre 02.04.21	Don 10.06.21	Application Design and Configuration	System Conversion,New Implementation
224	Configuration: Unit Test	15 d	Fre 11.06.21	Don 01.07.21	Application Design and Configuration	System Conversion,New Implementation
226	Configuration: String Test	15 d	Fre 02.07.21	Don 22.07.21	Application Design and Configuration	System Conversion,New Implementation
228	Configuration: Solution Walk-Through	5 d	Fre 23.07.21	Don 29.07.21	Application Design and Configuration	System Conversion,New Implementation
230	Configuration: Bug Fixing	15 d	Fre 30.07.21	Don 19.08.21	Application Design and Configuration	System Conversion,New Implementation
232	Configuration: Documentation	10 d	Fre 20.08.21	Don 02.09.21	Application Design and Configuration	System Conversion,New Implementation
234	Configuration- Central Finance Implementation	70 d	Fre 11.06.21	Don 16.09.21	Application Design and Configuration	System Conversion,New Implementation
235	Product Enhancements	20 d	Don 01.04.21	Don 29.04.21	Extensibility	System Conversion,New Implementation
236	Adjust Affected Existing Custom Code	20 d	Fre 02.04.21	Don 29.04.21	Extensibility	System Conversion,New Implementation
237	Development of WRICEF objects	20 d	Fre 02.04.21	Don 29.04.21	Extensibility	System Conversion,New Implementation
238	Enhancement and development of user interface (e.g. FIORI)	20 d	Fre 02.04.21	Don 29.04.21	Extensibility	System Conversion,New Implementation

Abbildung 2.26 SAP-Activate-Projektplan für Neuimplementierung, Systemkonvertierung und Landschaftskonvertierung

Die SAP-Activate-Methodik verwendet sogenannte *Beschleuniger* für bestimmte Arbeitsbereiche oder Prozessschritte, wie beispielsweise Templates, Fragebögen, Anleitung oder Checklisten.

2.4.6 SAP Transformation Navigator

Personalisierte Roadmap

Der *SAP Transformation Navigator* (siehe Abbildung 2.27) unterstützt Sie bei der Bewertung wichtiger Aspekte des Umstiegs auf SAP S/4HANA auf Basis einer personalisierten, branchenspezifischen Roadmap zu Ihrer aktuellen SAP-Softwarelandschaft. Sie erfahren, in welcher Reihenfolge und in welchem Zeitraum Sie neue Technologien und Lösungen einführen können und welcher Mehrwert sich für Ihr Unternehmen ergeben kann.

Das Tool stellt aus all Ihren Informationen ein personalisiertes Paket informativer Dokumente zusammen:

- **Geschäftlicher Leitfaden**
  Überblick, welche Vorteile eine Transformation bietet und aus welchen Gründen sowie weiterführende Informationen zu abhängigen KPIs und Vorteilen auf Basis der festgelegten Ziele
- **Technischer Leitfaden**
  Überblick, welche Systeme von der Transformation betroffen sind, sowie Produktempfehlungen und eine Übersicht zu Entscheidungspunkten

- **Transformationsleitfaden**
  Überblick, wie Sie Ihren Transformationsweg planen können, beispielsweise mithilfe einer *Transition Heatmap* zur Priorisierung der Produktempfehlungen oder eines Überblicks der notwendigen Lizenzen

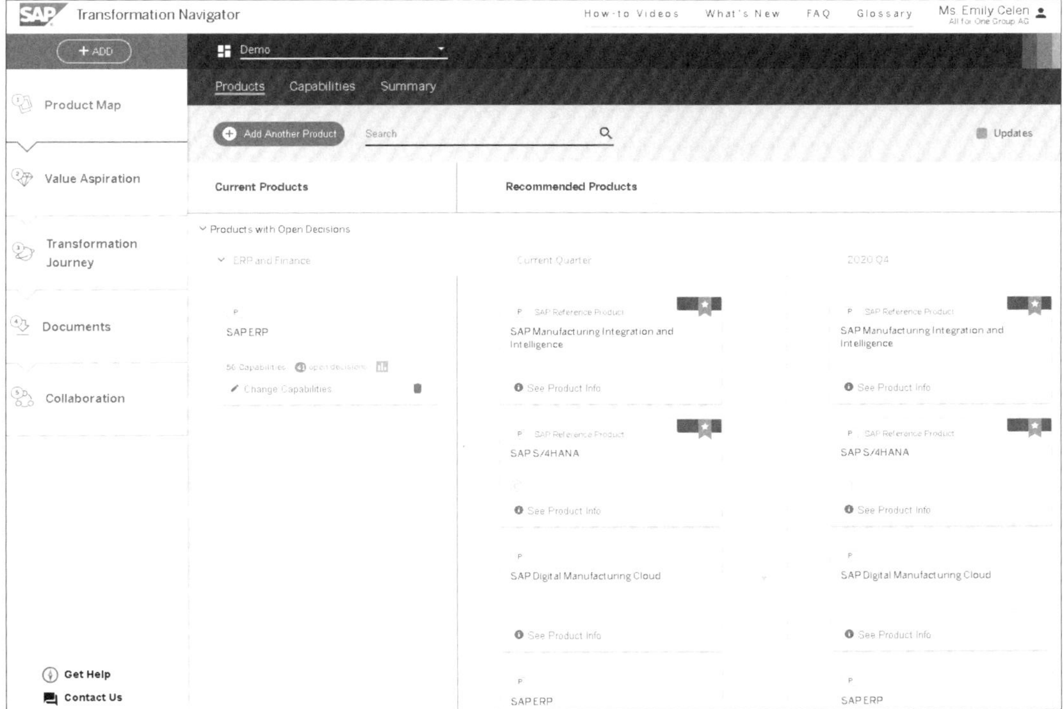

Abbildung 2.27 SAP Transformation Navigator – individuelle Roadmap erstellen

Die Verwendung des SAP Transformation Navigators über einen webbasierten Zugriff ist für SAP-Standardwartungskunden kostenlos. Weitere Informationen zum SAP Transformation Navigator finden Sie unter *http://s-prs.de/v763212*.

2.4.7 Aktuelle Systemlandschaftskarte und Schnittstellenübersicht

Grenzen des Custom Code Checks

Der Custom Code Check untersucht zwar die meisten Eigenentwicklungen im System auf etwaige Inkompatibilitäten mit SAP S/4HANA hin, berücksichtigt dabei aber weder die Daten der Verwendungsprotokollierung, noch kann er auf Informationen zu angebundenen Schnittstellen zurückgreifen. Hat sich beispielsweise durch eine Feldlängenerweiterung die Signatur eines RFC-fähigen Funktionsbausteins verändert, gibt der Custom Code Check einen entsprechenden Befund aus. Bei einem systeminternen, lokalen Aufruf dieses Funktionsbausteins ist eine Feldlängenerweiterung jedoch in der Regel unproblematisch. Der Custom Code Check kann aber nicht erkennen, ob der Funktionsbaustein tatsächlich von außerhalb des Systems aus aufgerufen wurde oder nur lokal verwendet wird.

Manuelle Bestandsaufnahme

Bereits in einem frühen Stadium des Transformationsprojekts kann daher eine *Systemlandschaftskarte* mit einer *Schnittstellenübersicht* aufgebaut bzw. erweitert werden, sofern diese nicht bereits in einer aktuellen Version vorliegt. Auf dem Markt gibt es verschiedene Hersteller, die Tools für eine automatische Schnittstellenanalyse entwickelt haben (siehe Abschnitt 9.3, »Partnertools und -services«). Alternativ kann eine Schnittstellenübersicht auch manuell, beispielsweise mit Microsoft Visio in Form eines Netzwerkdiagramms, erstellt werden.

Diese so dokumentierten Informationen sind nicht nur für Entwickler im Zuge der Custom-Code-Anpassung relevant, sondern unterstützen später auch bei der Beschreibung und Durchführung der Funktions- und Integrationstests.

2.4.8 Stilllegung nicht mehr benötigter Eigenentwicklungen

Über den Custom Code Check werden die Eigenentwicklungen auf mögliche Inkompatibilitäten zu dem neuen SAP-S/4HANA-Datenmodell hin überprüft. Eine Umstellung aller Eigenentwicklungen auf das neue Datenmodell kann unter Umständen sehr aufwendig sein. Teilweise werden in Unternehmen jedoch weniger als die Hälfte der Eigenentwicklungen wirklich (noch) produktiv verwendet. Insbesondere bei historisch gewachsenen Systemen sind häufig viele *Altlasten* im System zu finden, die gemäß dem Motto »Haben ist besser als brauchen« weiterhin existieren, aber nicht mehr verwendet werden. Bevor mit der Anpassung der Eigenentwicklungen begonnen wird, sollte daher zunächst geprüft werden, welche Entwicklungen wirklich verwendet und daher ins Zielsystem mitgenommen werden sollten.

Identifikation nicht mehr benötigter Entwicklungen

Für die Identifikation nicht mehr benötigter Entwicklungen und deren Stilllegung stellt SAP verschiedene Werkzeuge zur Verfügung:

- **Verwendungsprotokollierung in SAP ERP**

  Die Verwendungsprotokollierung kann abhängig vom Release des Ausgangssystems entweder über das *Usage and Procedure Logging* (UPL) oder über den *ABAP Call Monitor* (Transaktion SCMON) aktiviert werden. In beiden Fällen werden alle Zugriffe auf Reports, Funktionsbausteine, Klassen usw. im System protokolliert. Zusätzlich kann die Transaktion SUSG verwendet werden, um die Verwendungsprotokollierungsdaten auf Basis aggregierter ABAP-Call-Monitor-Daten über einen längeren Zeitraum im

SAP-ERP-System vorzuhalten. UPL, ABAP Call Monitor und andere Tools zur Verwendungsprotokollierung erläutern wir näher in Abschnitt 3.2.

Aufbauend auf dieser Protokollierung kann anschließend eine manuelle Analyse der Ergebnisse erfolgen. Dazu gleichen Sie die im SAP-ERP-System vorhandenen Eigenentwicklungen (z. B. über die Tabelle `TADIR`) mit den Verwendungsprotokollierungsdaten ab.

- **Custom Code Lifecycle Management**

  Die Verwendungsprotokollierung in SAP ERP kann auch über das *Custom Code Lifecycle Management* im *SAP Solution Manager* aktiviert werden. Standardmäßig werden Verwendungsprotokollierungsdaten sieben Tage lang im SAP-ERP-System vorgehalten. Diese Daten werden zyklisch vom SAP Solution Manager abgezogen und dort in Objekten des integrierten SAP Business Warehouses (SAP BW) gespeichert. Über diese Objekte können auch Verwendungsprotokollierungsdaten, die älter als ein Jahr sind, noch nachvollzogen und ausgewertet werden.

  Über das Custom Code Lifecycle Management Cockpit können darüber hinaus, analog zur Custom-Code-Migration-App, Löschtransporte erzeugt und importiert werden. Wahlweise kann auch der alte Stand wieder zurückgesetzt werden. Einen Überblick zum Funktionsumfang des Custom Code Lifecycle Managements geben wir in Abschnitt 3.3.

- **App »Custom Code Migration«**

  Die App *Custom Code Migration* kann auf Basis der Verwendungsprotokollierungsdaten aus SAP ERP oder dem SAP Solution Manager nicht mehr benötigte Entwicklungen ermitteln. Die Analyseergebnisse können daraufhin über eine benutzerfreundliche Oberfläche eingesehen werden. Welche Objekte gelöscht werden sollen, können Sie hier noch einmal prüfen und gegebenenfalls anpassen, um anschließend automatisch einen Löschtransport zu erstellen.

  Ab SAP S/4HANA 1809 ist diese App Bestandteil der Standardauslieferung und kann ohne zusätzliche Lizenzen verwendet werden. In Abschnitt 3.4 geben wir Ihnen einen Überblick zum Funktionsumfang dieser App.

Frühzeitige Aktivierung der Verwendungsprotokollierung

Wir empfehlen Ihnen die Aktivierung der Verwendungsprotokollierung bereits in einer sehr frühen Projektphase. Falls in Ihrer Systemlandschaft bereits SAP Solution Manager 7.2 oder ein aktuellerer Support-Package-Stack-Stand im Einsatz ist, empfehlen wir Ihnen, die Aktivierung über den SAP Solution Manager durchzuführen, um das produktive SAP-ERP-System nicht mit (aggregierten) Verwendungsprotokollierungsdaten zu belasten. Alternativ können Sie die Anzahl der Tage, während der die Protokollierung stattfinden soll, auch in SAP ERP anpassen.

2.4.9 Custom Code Check: Anpassungen in SAP ERP

Frühzeitige Bearbeitung der Befunde

Viele Befunde aus dem Custom Code Check können bereits im SAP-ERP-System bearbeitet werden. Wenn beispielsweise ein Datenelement oder ein Funktionsbaustein in SAP S/4HANA gelöscht wurde, kann gegebenenfalls bereits ein gleichwertiges Objekt ermittelt werden, das sowohl in SAP ERP als auch in SAP S/4HANA existiert. Eine Anpassung der Implementierung auf dieses Objekt kann bereits in SAP ERP erfolgen und so früh wie möglich produktiv gesetzt werden. Erfolgt eine Produktivnahme so einer Änderung noch vor der ersten Sandbox-Systemkonvertierung, reduziert das die Aufwände, die im späteren Projektverlauf für die erneute Evaluierung und Übernahme der Änderungen anfallen.

Anpassungen für SAP HANA

Die Behebung der meisten Befunde mit Bezug auf SAP HANA können ebenfalls bereits im Vorfeld im SAP-ERP-System durchgeführt werden, da diese Änderungen in der Regel auch in SAP S/4HANA lauffähig sind.

Ob Befunde bereits in SAP ERP oder erst in SAP S/4HANA bearbeitet werden können, gibt der Custom Code Check nicht eindeutig aus. Häufig ergibt sich erst bei der näheren Analyse eines Befundes die technische Lösung zu dessen Behandlung und die Erkenntnis, ob eine Abwärtskompatibilität besteht.

2.4.10 Systemkopien von Produktiv- und Qualitätssicherungssystem

Eine Sandbox-Systemkonvertierung gibt Auskunft über die notwendigen Tätigkeiten für die spätere Systemkonvertierung des produktiven SAP-ERP-Systems (PRD). Manchmal können die Daten und die Entwicklungen im Entwicklungssystem (DEV) und Qualitätssicherungssystem (QAS) jedoch stark vom produktiven SAP-ERP-System abweichen. In solchen Fällen kann es zu unbekannten Fehlern kommen, die während der zeitkritischen System-Freeze-Phase schnellstmöglich behoben werden müssen.

Notwendigkeit von Systemkopie prüfen

Um dieses Risiko zu minimieren, empfehlen wir deshalb die Durchführung von *Systemkopien* vom PRD auf das QAS und idealerweise auch vom QAS auf das DEV, sofern das im aktuellen Transformationsprojekt möglich ist. Sind das PRD, das QAS und das DEV bereits auf einem vergleichbaren Stand, kann dieser Schritt vernachlässigt werden.

2.4.11 Simplification Item Check

Die Vorprüfung der Umstellung über den SI-Check deckt die wichtigsten Systembereiche ab, die auf SAP S/4HANA umgestellt werden sollen. Die aktuell verwendeten Prozesse werden analysiert und mit der SAP S/4HANA Simplification List abgeglichen.

SI-Check-Report

Ab dem Zielrelease SAP S/4HANA 1709 kann der SI-Check über den Report /SDF/RC_START_CHECK ausgeführt werden, der über die SAP-Hinweise 2502552 und 2399707 ausgeliefert wird. Für die Installation dieses Reports ist die Aktivierung von *Transport-based Correction Instructions* (TCI) eine notwendige Voraussetzung. Wie Sie TCI installieren, wird in SAP-Hinweis 2187425 beschrieben.

[«]

Älterer Check-Report vorhanden

Falls Sie zunächst planen, auf SAP S/4HANA 1511 oder 1610 umzusteigen, steht Ihnen noch die ältere Version des SI-Check-Reports R_S4_PRE_TRANSITION_CHECKS zur Verfügung, die über den SAP-Hinweis 2182725 ausgeliefert wird. Ab dem Zielrelease SAP S/4HANA 1709 sollten Sie nur noch den neuen SI-Check-Report /SDF/RC_START_CHECK verwenden.

Mandantenübergreifender SI-Check

Um einen Überblick aller SI-Check-Meldungen zu erhalten, können Sie den Report im Mandant 000 ausführen, da er dort die Ergebnisse für *alle* Mandanten anzeigt. Im Selektionsbild des Reports /SDF/RC_START_CHECK, das in Abbildung 2.28 gezeigt wird, erhalten Sie die Information, ob Updates zu neuen Simplification Items verfügbar sind, und können das Zielrelease auswählen.

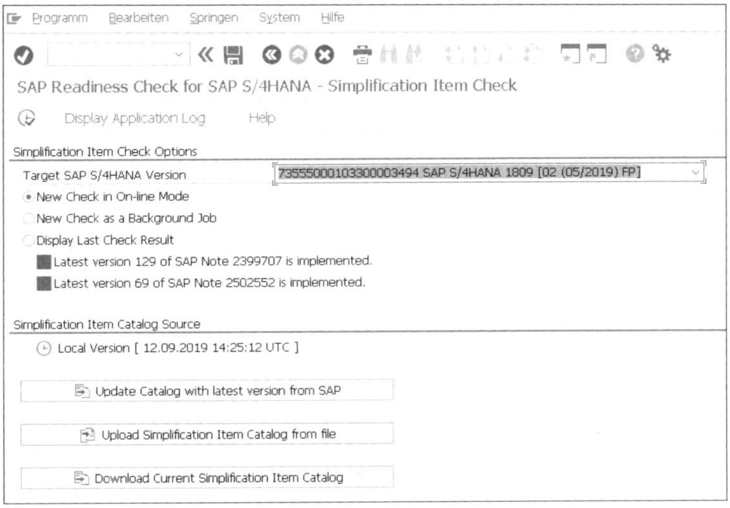

Abbildung 2.28 Selektionsbild des SI-Check-Reports

Aktualisierung des Simplification Item Catalogs

Darüber hinaus ist über diesen Report ein Upload und Download des *Simplification Item Catalogs* möglich. Der Simplification Item Catalog ist für den SI-Check essenziell, da dort die Simplification Items hinterlegt sind, die abgeglichen werden.

Der Prüflauf kann entweder online oder als Hintergrundjob eingeplant werden. Als Ergebnis erhalten Sie eine Auflistung der geprüften Simplification Items mit ihrem jeweiligen Geschäftsbereich, dem Konsistenzstatus, der Kategorie der Vereinfachung, referenzierten SAP-Hinweisen und vielem mehr (siehe Abbildung 2.29).

SAP

Check Consistency for All | Check Consistency Details | Display Consistency Check Log | Apply/Revoke Exemption | Display Exemption Log

Simplification Item List - SAP S/4HANA 1909 [Initial Shipment Stack]

Relevance	Last Cons_	Exemption_	ID	Title	Business Area	Catetory	Component	Status	Note	Application Area
			SI1 FIN GL	S4TWL - GENERAL LEDGER	Accounting and Financial Close	Change of existing functio...	FI-GL	Released	2270339	Financials - General Ledg
			SI12: Logistics MM-IM	S4TWL - Document Flow Consistency for Goods	Inventory	Change of existing functio...	MM-IM-GR,IS-A-GR,LE-SHP-D...	Released	2542099	Logistics - MM-IM
			SI1: Logistics MM-IM	S4TWL - DATA MODEL IN INVENTORY MANAGE	Inventory	Change of existing functio...	MM-IM-GF	Released	2206980	Logistics - MM-IM
			SI22: GENERIC CHECKS	S4TWL - Generic Check for SAP S/4HANA Conve	Administration and Usability	Change of existing functio...	CA-TRS-PRCK	Released	2618018	Cross Topics
			SI2: FIN AA	S4TWL - ASSET ACCOUNTING	Accounting and Financial Close	Change of existing functio...	FI-AA	Released	2270388	Financials - Asset Accour
			SI2: Logistics EHS - Occupat	S4TWL - Occupational Health	Environment, Health, and Safety	Non-strategic-function (eq...	EHS-HEA	Released	2267782	Logistics - Environment,
			SI2: Logistics PP-MRP	S4TWL - Storage Location MRP	Production Planning	Functionality unavailable (e...	PP-MRP	Released	2268045	Logistics - PP
			SI3: HR LEARN	S4TWL - SAP Learning Solution	Core HR and Time Recording	Functionality unavailable (e...	PE-LSO	Released	2383837	Human Resources
			SI5: MasterData PM	S4TWL - Simplification of copy/reference handlin	Enterprise Information Management	Change of existing functio...	LO-MD-MM	Released	2330063	Master Data
			SI6: FIN MISC ML	S4TWL - Conversion to S/4HANA Material Ledger	Cost Management and Profitability Analysis	Change of existing functio...	FIN-MIG-ML	Released	2352383	Financials - Miscellaneous
			SI6:MasterData PM	S4TWL - Foreign Trade fields in Material Master	Enterprise Risk and Compliance	Functionality unavailable (e...	LO-MD-MM	Released	2267225	Master Data
			SI2: SD PRIC	S4TWL - Data Model Changes in SD Pricing	Order and Contract Management	Change of existing functio...	SD-BF-PR,SD-MD-CM	Released	2267308	Sales & Distribution
			SI3: Logistics MM-IM	S4TWL - Material Ledger Obligatory for Material V	Inventory	Change of existing functio...	MM-IM-GF-VAL	Released	2267834	Logistics - MM-IM
			SI2: MasterData BP	S4TWL - Business Partner Approach	Enterprise Information Management	Change of existing functio...	LO-MD-BP	Released	2265093	Master Data
			S12: MasterData	S4TWL - MDM 3.0 integration	Process Management and Integration	Functionality unavailable (e...	LO-MD-MM	Released	2267295	Master Data
			SI10: Logistics PM	S4TWL - Object List Number Field Length Exten	Maintenance Management	Change of existing functio...	LO-MD-SN,PM-WOC-MO,LE-...	Released	2580670	Logistics - PM
			SI11: FIN CO	S4TWL - Summarization Hierarchies in Controlling	Cost Management and Profitability Analysis	Change of existing functio...	CO-PC-IS	Released	2349282	Financials - Controlling
			SI11: IS DIMP AUT	S4TWL - Handling Unit Management - Obsolete	Automotive	Functionality unavailable (e...	IS-A-HUM,LO-HU	Released	2633572	Industry DIMP - Automo

Abbildung 2.29 Übersicht der Simplification Items im SI-Check-Report

SI-Checks im SUM

Die SI-Checks werden vom SUM im Zuge der technischen Konvertierung noch einmal wiederholt. Der SUM erlaubt jedoch keine Systemumstellungen mehr im Fall von Fehler- oder Abbruchmeldungen. Auch bei einem rein technischen Transformationsansatz ist daher die Bearbeitung der obligatorischen Simplification Items (wie z. B. die Einführung des Geschäftspartners) im Vorfeld notwendig, damit eine Systemkonvertierung überhaupt durchgeführt werden kann.

2.4.12 Datenbereinigung und Datenarchivierung

In Abschnitt 2.1, »Ablauf eines Konvertierungsprojekts«, haben wir bereits erwähnt, dass die Konvertierung eines Entwicklungssystems in der Regel wesentlich schneller abgeschlossen werden kann als die eines Produktivsystems. Hintergrund ist, dass der SI-Check unter anderem auch die Datenkonsistenz prüft. Findet der Report Fehler in Stamm-, Bewegungs- oder Customizing-Daten, müssen diese vor der SAP-S/4HANA-Systemkonvertierung behoben werden.

Fallabhängige Datenarchivierung

Bei historisch gewachsenen älteren Systemen könnte auch eine Datenarchivierung ein sinnvolles Vorprojekt sein. Eine Datenarchivierung bietet Ihnen nicht nur den Vorteil, dass das SAP-ERP-System von nicht mehr operativ benötigten Daten entlastet wird, sondern kann auch ein Konvertierungsprojekt beschleunigen und letztendlich sogar die Kosten für die SAP-HANA-Datenbank reduzieren. Werden inkonsistente Stamm- oder Bewegungsdaten, die in den SI-Checks auffallen, einfach »wegarchiviert«, müssen diese unter Umständen nicht mehr manuell korrigiert werden. Der SI-Check-Report gibt Ihnen eine Übersicht über mögliche Inkonsistenzen. Ob eine Stammdatenarchivierung im aktuellen Projektkontext hilfreich ist, muss fallabhängig entschieden werden.

Mandanten bereinigen

Darüber hinaus ist es sinnvoll, nicht mehr benötigte Mandanten vor der Systemkonvertierung zu löschen. Beispielsweise ist der Mandant 066 in SAP ERP für den SAP EarlyWatch Alert zum Monitoring und für die Performanceüberwachung vorgesehen. Dieser Mandant wird in SAP S/4HANA nicht mehr benötigt und kann deshalb gelöscht werden.

2.5 Zusammenfassung

Auch wenn jedes Konvertierungsprojekt unterschiedlich ist, durchläuft es in der Regel dieselben typischen Phasen, beginnend mit der Prüfung der Systemvoraussetzungen. Darauf folgen die Verwendung des Maintenance Planners, die Pre-Checks, die Custom-Code-Migration, die Ausführung des SUM. Abschließend erfolgen die applikationsspezifischen Nacharbeiten parallel zu den SAP-S/4HANA-spezifischen Custom-Code-Anpassungen. Um einen reibungslosen Ablauf der Konvertierung der SAP-ERP-Landschaft nach SAP S/4HANA sicherzustellen, wird der Transformationsprozess üblicherweise zunächst auf einem Sandbox-System durchexerziert. Hier können bereits frühzeitig die SAP-S/4HANA-spezifischen Anpassungen der Eigenentwicklungen vorgenommen und getestet werden.

Die Vereinfachungsdatenbank gibt Ihnen einen Überblick über die Vielzahl an Änderungen, die in SAP S/4HANA im Vergleich zu SAP ERP durchgeführt wurden. Auch wenn die Anzahl der notwendigen Änderungen an den Eigenentwicklungen durch spezielle Kompatibilitätsobjekte reduziert wurde, ist eine manuelle Überprüfung der Eigenentwicklungen unerlässlich. In manchen Fällen wurden beispielsweise einfache Felderweiterungen in SAP S/4HANA durchgeführt oder redundante Objekte entfernt. Häufig ist die Anpassung der Eigenentwicklung in einem solchen Fall trivial und kann als vorbereitende Tätigkeit bereits in SAP ERP erfolgen. Wenn sich jedoch Prozessabläufe und die zugrunde liegenden Datenmodelle ändern, wie beispielsweise im Fall der Außenhandelsfunktionen, ist eine einfache Anpassung der Eigenentwicklungen in der Regel nicht mehr möglich. In einem solchen Fall muss zunächst der Soll-Prozess definiert und geklärt werden, ob und welche Eigenentwicklungen in dem neuen Prozess noch sinnvoll bzw. obligatorisch sind.

SAP stellt unterschiedliche Applikationen zur Verfügung, die neben einer detaillierten Systemanalyse auch bereits Empfehlungen für die Umstellung auf SAP S/4HANA aussprechen, wie z. B. den SAP Readiness Check, die Business Scenario Recommendation und die SAP Fiori Apps Recommendation. Abgerundet wird das Angebot mit weiteren Tools und Best Practices, die Sie auf Ihrem individuellen Transformationspfad nach SAP S/4HANA unterstützen.

Kapitel 3
Umfang der Custom-Code-Migration bestimmen

3

Die Custom-Code-Anpassung ist ein aufwendiger Prozess. Deswegen ist es sinnvoll, die Menge der zu migrierenden Objekte so weit wie möglich zu reduzieren. In SAP-Kundensystemen werden zwischen 30 und 70 % der Eigenentwicklungen nicht mehr benutzt. Es besteht also ein erhebliches Einsparpotenzial.

In diesem Kapitel zeigen wir Ihnen, wie Sie aus der Gesamtmenge der bestehenden Kundenentwicklungen die nicht mehr benötigten Objekte identifizieren können. Dabei kann es sich um Objekte handeln, die im Rahmen der Migration nach SAP S/4HANA außer Betrieb gehen werden, es kann sich aber auch um Objekte handeln, die schon seit längerer Zeit unbenutzt sind. Um diese Objekte zu identifizieren, stellen wir Ihnen die SAP-Standardwerkzeuge zur Erzeugung von Nutzungsstatistiken vor. Nachdem Sie die Kandidaten zur Löschung bzw. Nichtübernahme ins SAP-S/4HANA-System ausgemacht haben, müssen Sie diese Objekte löschen. Wir erklären Ihnen, wie Sie dabei effizient vorgehen.

3.1 Welcher Code muss migriert werden?

Die neuen Anwendungen in SAP S/4HANA, wie sie in der Vereinfachungsdatenbank technisch beschrieben sind (siehe Abschnitt 2.3, »Welche Änderungen am Anwendungscode sind erforderlich?«), erfordern einen umfangreichen Umbau der Kundenobjekte, die die SAP-Objekte nutzen. Die Analyse dieser erforderlichen Anpassungen beschreiben wir in Kapitel 4.

Relevante Entwicklungen

Bevor Sie jedoch mit der Anpassungsarbeit beginnen, sollten Sie untersuchen, welche Eigenentwicklungen überhaupt noch relevant sind. Dazu sind abhängig vom Migrationsstatus zwei Fragenstellungen zielführend:

- Welche Kundenobjekte werden nach der Migration nicht mehr benötigt?
- Welche Kundenobjekte sind heute schon außer Betrieb, befinden sich aber noch im System (totes Coding)?

3.1.1 Welche Objekte werden nach der Migration nicht mehr benötigt?

Nicht mehr benötigte Entwicklungen

Bei der Konvertierung eines bestehenden SAP-ERP-Systems nach SAP S/4HANA werden je nach Migrationsansatz mehr oder weniger Anpassungen an den Geschäftsprozessen eines Unternehmens vorgenommen. Bestimmte Anwendungen werden im Rahmen der Migration außer Betrieb gehen, weil die durch sie unterstützten Prozesse nicht mehr so durchgeführt werden. Mit diesen werden auch die an diese Prozesse gebundenen Eigenentwicklungen obsolet.

Ablösung der Intercompany-Verrechnung

In einem großen Konzern mit mehreren Gesellschaften wird entschieden, dass die bisher per Intercompany-Verrechnung bei anderen Gesellschaften bestellten Leistungen zukünftig direkt verrechnet werden. Die dem nicht mehr existierenden Geschäftsprozess der Intercompany-Verrechnung zugehörigen Kundenentwicklungsobjekte müssen daher manuell identifiziert und geprüft werden (siehe Abschnitt 3.5, »Manuelle Auswertung der Verwendung kundeneigener Objekte«).

Verwendung obsoleter SAP-Objekte

Neben obsolet gewordenen Objekten durch die Änderung von Geschäftsprozessen sind die durch den Umstieg auf SAP S/4HANA bedingten Änderungen zu berücksichtigen. Beispielsweise kann es sein, dass ein bestimmtes Paket in SAP S/4HANA nicht mehr genutzt werden sollte, weil die betreffende Funktionalität nun durch eine Cloud-Lösung abgedeckt wird. Ob die zukünftig obsoleten Objekte im kundeneigenen Code verwendet werden, kann durch die Codeanalysen herausgefunden werden, die wir in Kapitel 4, »Analyse der erforderlichen Anpassungen«, behandeln. Die Entscheidung, ob die betreffenden Objekte tatsächlich gelöscht oder »nur« umgebaut werden, muss jedoch basierend auf den Geschäftsanforderungen an den betreffenden Prozess im Migrationsprojekt getroffen werden.

Funktionalität mehrerer Systeme

Es kann auch den Fall geben, dass sich Kundenfunktionalität im System befindet, die noch nicht genutzt wurde, aber im SAP-S/4HANA-System genutzt werden soll. Ein Beispiel dafür sind Objekte, die durch einen Quertransport aus einem anderen System in das Ausgangssystem überführt wurden, z. B. im Zuge einer Landschaftstransformation (siehe Abschnitt 1.2.3, »Custom-Code-Migration im Rahmen einer Landschaftstransformation«). In diesem Fall kann eine Zusammenführung der Funktionalität mehrerer Systeme Projektbestandteil sein.

3.1.2 Welche Objekte werden bereits nicht mehr verwendet?

Anpassungen an Geschäftsprozessen gab es oft auch schon in der Vergangenheit. Viele SAP-ERP-Systeme sind schon seit Jahren, wenn nicht seit Jahrzehnten, in Betrieb. In dieser Zeit wurden viele eigene Entwicklungen vorgenommen. Meist hat man bei der Außerdienststellung z. B. einer nicht mehr benötigten Schnittstelle oder eines veralteten Reports keine oder nur wenig Aufräumarbeiten im System durchgeführt. Da SAP ERP in der Vergangenheit von Version zu Version immer aufwärtskompatibel von SAP weiterentwickelt wurde, gab es an diesen stillgelegten Objekten nur sehr selten technischen Anpassungsbedarf bei Upgrades. Meist trat ein solcher Bedarf auf, wenn Modifikationen am Standard oder Erweiterungen an nicht explizit von SAP vorgesehenen Stellen im Spiel waren.

Ungenutztes Coding bereinigen

Bei dem Umstieg auf SAP S/4HANA mit seinen umfangreichen, nicht mit SAP ERP kompatiblen Anpassungen werden nicht mehr benutzte, aber im System weiterhin vorhandene Objekte viele technische Befunde in den formalen Prüfungen verursachen. Dadurch entsteht ein enormer Anpassungsaufwand. Deshalb ist es von großem Interesse, möglichst viele dieser heute schon ungenutzten Objekte zu finden und vor der Migration zu bereinigen.

Informationen zur Nutzung eigener Objekte

Dazu stehen Ihnen grundsätzlich zwei Informationsquellen zur Verfügung, die Sie auch beide nutzen sollten:

- **Expertenwissen**
  Anwender oder die fachlichen Verantwortlichen für eine Systemkomponente können oft Aussagen über direkt ausführbare Objekte treffen (Transaktionen, Reports und Webanwendungen). In der Regel wissen sie, ob ein bestimmtes Objekt noch genutzt wird oder außer Betrieb ist.
- **Technische Informationen**
  Als technische Informationsquellen dienen im Wesentlichen Protokolle zur Verwendung von Objekten, die beim Aufrufen der Objekte fortgeschrieben werden.

Sowohl Experteninformationen als auch technische Informationen sind relevant zur Bestimmung der zu migrierenden Objekte. Wir wenden uns in den folgenden Abschnitten zunächst den technischen Werkzeugen zu, die SAP bereitstellt, und kommen dann in Abschnitt 3.5, »Manuelle Auswertung der Verwendung kundeneigener Objekte«, zu der Frage, wie Sie die Informationen von Experten in den Prozess der Umfangsreduktion einbinden können.

3.2 Verwendungsprotokollierung

SAP hat schon vor längerer Zeit, bereits vor der Entwicklung vom SAP S/4HANA, das Problem erkannt, dass es in vielen Kundensystemen ungenutzte Eigenentwicklungen gibt. Deshalb wurde der SAP Solution Manager zu Release 7.1 um eine neue Funktionalität zum *Software Lifecycle Management* erweitert, die unter anderem auch die Erfassung der Nutzung von Anwendungen durch die Anwender beinhaltete.

Protokollierung im SAP Solution Manager

Der SAP Solution Manager ist mit der Systemlandschaft des Kunden über das Protokoll *Remote Function Call* (RFC) verbunden. Diese Systemanbindung umfasst sowohl Produktiv- als auch Entwicklungs- oder Qualitätssicherungssysteme. Die Protokollierung der Verwendung von Anwendungen erfolgt normalerweise in einem Produktivsystem, ist aber auch in anderen Systemen möglich. Für ein aussagekräftiges Verwendungsprotokoll ist genügend Zeit erforderlich. Die Empfehlung lautet, die Protokollierung mindestens über 13 Monate durchzuführen, damit auch ein Jahresabschlussprozess dabei ist. Anschließend kann man die Protokolle analysieren. Man sieht so, welche Objekte im Protokollierungszeitraum verwendet wurden und welche nicht. Letztere sind Kandidaten zur Löschung aus dem System bzw. zur Archivierung.

Weitere Werkzeuge

Neben der Aufbereitung der Nutzungsdaten im SAP Solution Manager, auf die wir in Abschnitt 3.3, »Custom Code Lifecycle Management im SAP Solution Manager«, ausführlicher eingehen, gibt es weitere Werkzeuge, die Sie zur Protokollierung verwenden können. Neben den für den SAP Solution Manager relevanten Protokollierungswerkzeugen stellen wir auch diese in den folgenden Abschnitten vor.

3.2.1 Usage and Procedure Logging

Ältestes Tool zur Verwendungsprotokollierung

Das *Usage and Procedure Logging* (UPL) war historisch eines der ersten Werkzeuge von SAP, um die Verwendung von Objekten zu protokollieren. Die Nutzung dieses Werkzeugs wird heute nicht mehr empfohlen, wenn stattdessen der ABAP Call Monitor verwendet werden kann (siehe Abschnitt 3.2.2). In der *Workload-Statistik* werden Performancedaten zur Datenbank, der Central Processing Unit (CPU) und zu ausgeführten ABAP-Programmen (*Business-Transaktionsanalyse*) fortgeschrieben.

Bestimmung der ABAP-Verarbeitungseinheiten

Die ausgeführten ABAP-Verarbeitungseinheiten werden von der UPL nicht nur auf Programmebene, sondern auch auf der Ebene einzelner Prozeduren oder Methoden auf Basis der Workload-Statistik bestimmt. Die Häufigkeit ihrer Verwendung an einem bestimmten Tag wird in den Daten fortgeschrieben. Verarbeitungseinheiten können Zeitpunkte in der Reportverarbeitung, Aufrufe von Unterprogrammen (Anweisung `FORM`), Funktionsbausteinen (Anweisung `FUNCTION`) und Methoden (Anweisung `METHOD`) bzw. Modulen (Anweisung `MODULE`) aus einem Dynpro sein.

Aufbereitung der UPL-Daten

Abbildung 3.1 zeigt ein Beispiel für die tabellarische Aufbereitung der UPL-Daten. Das Beispiel zeigt die Ergebnisliste zur Verwendung des Reports `/SDF/SHOW_UPL`. Dieser wird direkt im protokollierten System ausgeführt. Die UPL-Daten werden normalerweise täglich in den SAP Solution Manager transportiert. Sie verbleiben meist nur einige Tage im Quellsystem, da sie durch einen konfigurierbaren Job regelmäßig bereinigt werden.

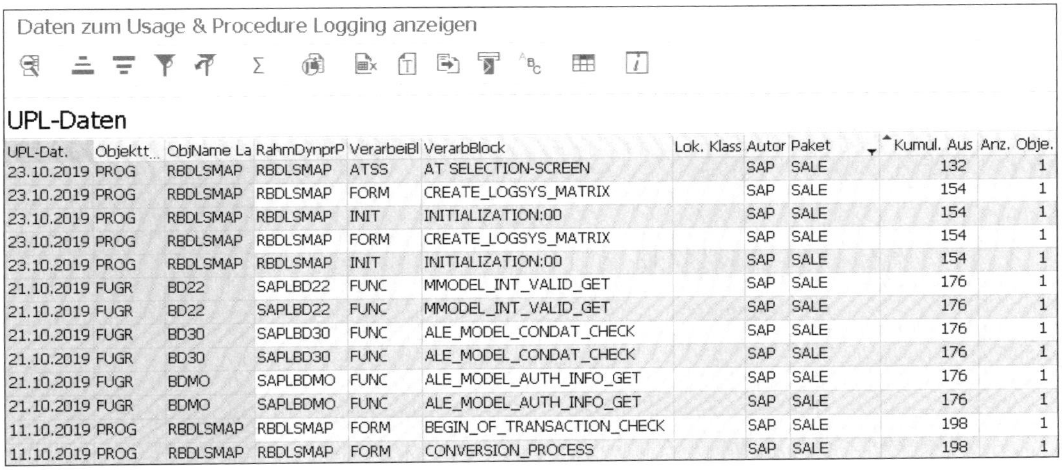

Daten zum Usage & Procedure Logging anzeigen

UPL-Daten

UPL-Dat.	Objektt...	ObjName La	RahmDynprP	VerarbeiBl	VerarbBlock	Lok. Klass	Autor	Paket	Kumul. Aus	Anz. Obje.
23.10.2019	PROG	RBDLSMAP	RBDLSMAP	ATSS	AT SELECTION-SCREEN		SAP	SALE	132	1
23.10.2019	PROG	RBDLSMAP	RBDLSMAP	FORM	CREATE_LOGSYS_MATRIX		SAP	SALE	154	1
23.10.2019	PROG	RBDLSMAP	RBDLSMAP	INIT	INITIALIZATION:00		SAP	SALE	154	1
23.10.2019	PROG	RBDLSMAP	RBDLSMAP	FORM	CREATE_LOGSYS_MATRIX		SAP	SALE	154	1
23.10.2019	PROG	RBDLSMAP	RBDLSMAP	INIT	INITIALIZATION:00		SAP	SALE	154	1
21.10.2019	FUGR	BD22	SAPLBD22	FUNC	MMODEL_INT_VALID_GET		SAP	SALE	176	1
21.10.2019	FUGR	BD22	SAPLBD22	FUNC	MMODEL_INT_VALID_GET		SAP	SALE	176	1
21.10.2019	FUGR	BD30	SAPLBD30	FUNC	ALE_MODEL_CONDAT_CHECK		SAP	SALE	176	1
21.10.2019	FUGR	BD30	SAPLBD30	FUNC	ALE_MODEL_CONDAT_CHECK		SAP	SALE	176	1
21.10.2019	FUGR	BDMO	SAPLBDMO	FUNC	ALE_MODEL_AUTH_INFO_GET		SAP	SALE	176	1
21.10.2019	FUGR	BDMO	SAPLBDMO	FUNC	ALE_MODEL_AUTH_INFO_GET		SAP	SALE	176	1
11.10.2019	PROG	RBDLSMAP	RBDLSMAP	FORM	BEGIN_OF_TRANSACTION_CHECK		SAP	SALE	198	1
11.10.2019	PROG	RBDLSMAP	RBDLSMAP	FORM	CONVERSION_PROCESS		SAP	SALE	198	1

Abbildung 3.1 Beispiel für die Ausgabe von UPL-Daten

Aktivierung im SAP Solution Manager

Die UPL-Daten können im SAP Solution Manager im Workcenter *Custom Code Lifecycle Management* (CCLM) ausgewertet werden und liefern auch die Grundlage für das *Stilllegungscockpit*, auf das wir in Abschnitt 3.3, »Custom Code Lifecycle Management im SAP Solution Manager«, näher eingehen.

Soll das UPL die Grundlage für die Daten der App *Custom Code Migration* (CCM) sein, muss es zunächst im SAP Solution Manager aktiviert werden. Man kann das UPL auch ohne den SAP Solution Manager verwenden, dann aber nicht im Kontext der CCM-App. Zur Aktivierung des UPL starten Sie die Webanwendung zur Konfiguration des SAP Solution Managers. Diese können Sie entweder über das SAP Fiori Launchpad des SAP Solution Managers aufrufen oder direkt im Browser über folgende URL:

<Webadresse Ihres SAP-Solution-Manager-Systems>/sap/bc/webdynpro/sap/ags_workcenter?WORKCENTER=WD_SISE_MAIN&sap-language=DE#

Im Navigationsbereich auf der linken Seite wählen Sie den Eintrag **Szenarioübergreifende Konfiguration • Verwendungsprotokollierung** (siehe Abbildung 3.2) und führen die einzelnen Schritte der Aktivierung durch. Im Rahmen der geführten Prozedur werden verschiedene Einstellungen im SAP Solution Manager und im protokollierten System vorgenommen. Außerdem wird die Datenablage im lokalen SAP Business Warehouse (SAP BW) des SAP Solution Managers aktiviert. Dort liegen die Nutzungsdaten nach dem Lesen und dem Transfer in den SAP Solution Manager bzw. nach der Verdichtung.

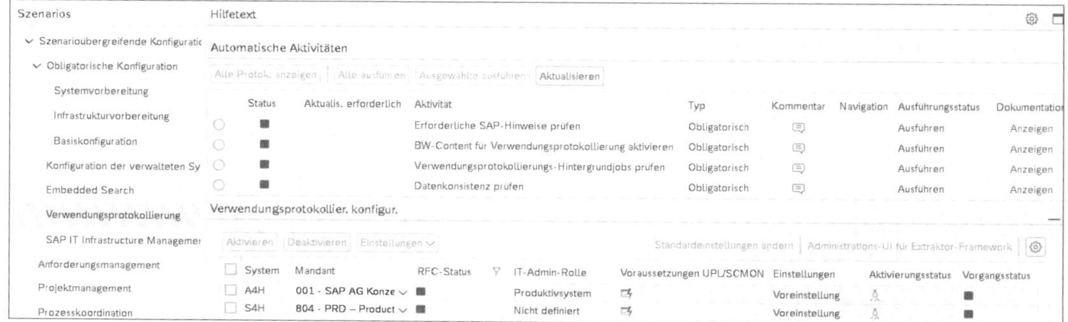

Abbildung 3.2 Aktivierung der Verwendungsprotokollierung im SAP Solution Manager

Auswertung der UPL-Daten

Direkt im protokollierten System können die UPL-Daten mithilfe des Reports `/SDF/SHOW_UPL` angezeigt werden (siehe Abbildung 3.1). Meist wird aber nur ein kurzer Zeitraum (standardmäßig sieben Tage) dargestellt, weil die Daten, wie beschrieben, nach dem Transfer in den SAP Solution Manager bereinigt werden.

Im SAP Solution Manager kann man die Daten, z. B. über die SAP-Fiori-App *Auswertungen zur kundeneigenen Entwicklung* anzeigen lassen (siehe Abbildung 3.3), wenn das Setup des CCLM entsprechend durchgeführt wurde. In diesem Fall werden die UPL-Rohdaten in der CCLM-Library verdichtet abgelegt.

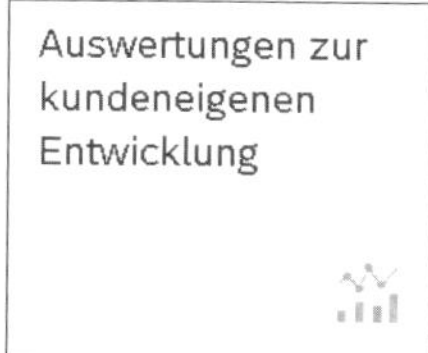

Abbildung 3.3 Kachel zum Aufruf der SAP-Fiori-App zur Auswertung von Kundenentwicklungen im SAP Solution Manager

Konfiguration der Auswertung

Nachdem ein Stichtag eingegeben wurde, wird eine Standardauswertung zu den Eigenentwicklungen angezeigt, wobei sehr viele Kriterien im **Navigationsblock** eingestellt werden können. Um die UPL-Daten zu sehen, klappen Sie diesen auf (siehe Abbildung 3.4) und wählen z. B. die folgenden Attribute (nach Abwahl der gegebenenfalls vorselektierten Attribute):

- **Entwicklungsklasse/-paket**: in den Zeilen aufreißen () und per Filter-Icon die Pakete auf die Y*- und Z*-Pakete einschränken
- **Zuletzt verwendet (Jahr)**: in den Spalten aufreißen ()

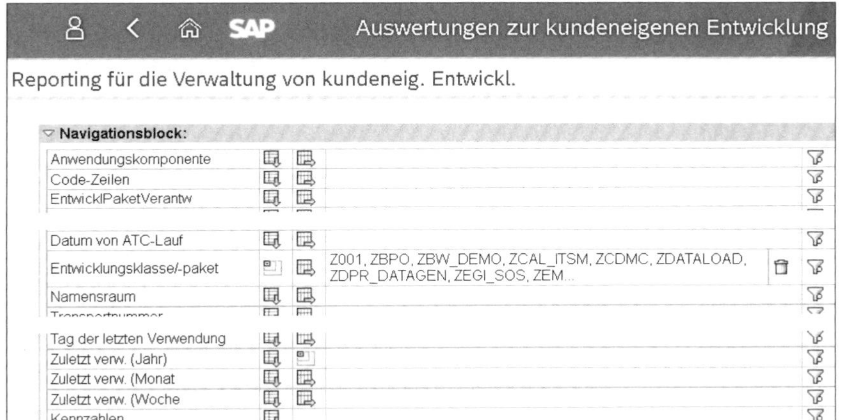

Abbildung 3.4 Navigations- bzw. Selektionsblock für die Nutzungsdaten im SAP Solution Manager

Anschließend erhalten Sie eine erste Übersicht über die Anzahl der genutzten Objekte nach Paket und Nutzungsjahr (siehe Abbildung 3.5). Die Anzahl der Nutzungen in den einzelnen Jahren wird in den Spalten dargestellt. Von spezieller Bedeutung ist die Spalte mit der Raute (#) für Jahr. Einträge in dieser Spalte bedeuten, dass keinerlei Nutzungseintrag im System vorliegt, das Objekt also seit Einschalten der Nutzungsstatistikfortschreibung nicht genutzt wurde.

Mit der rechten Maustaste können Sie die Liste (alternativ zur Auswahl über den Navigationsblock) weiter aufklappen, um z. B. detailliertere Daten zu einem Objekttyp oder -namen anzuzeigen. Die daraufhin ausgegebene Liste ist normalerweise Tausende Zeilen lang. Falls Sie sie weiterverarbeiten möchten, z. B. um einen Transport manuell zu erstellen, können Sie sie exportieren.

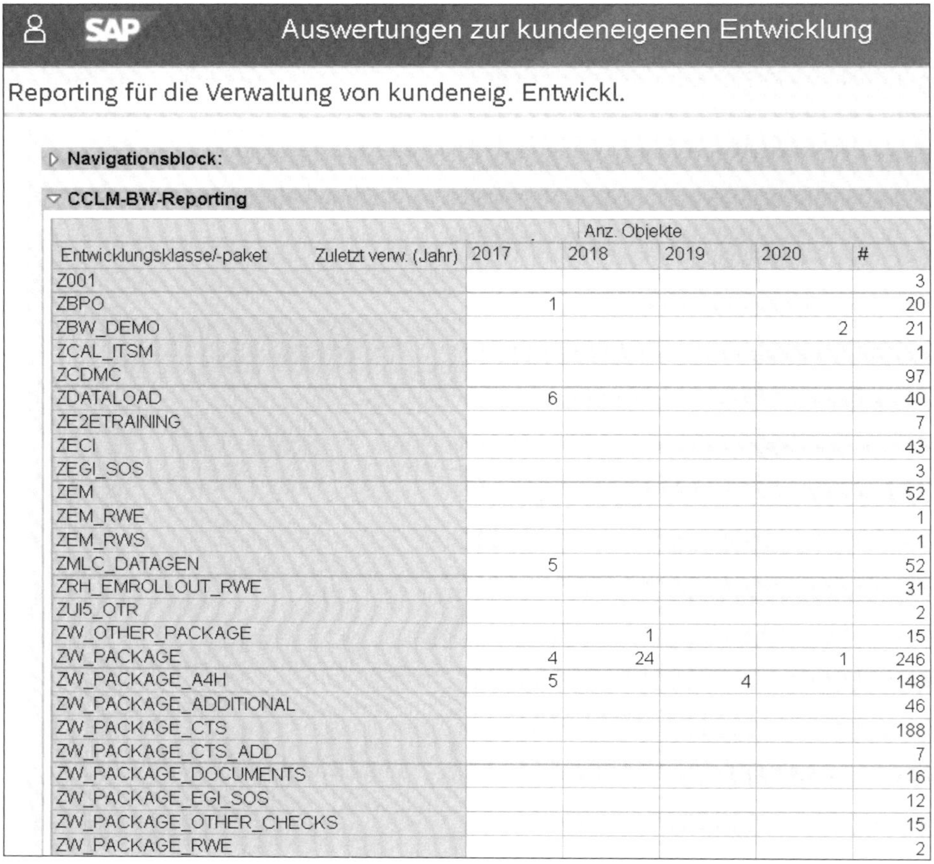

Auswertungen zur kundeneigenen Entwicklung

Reporting für die Verwaltung von kundeneig. Entwickl.

▷ Navigationsblock:

▽ CCLM-BW-Reporting

		Anz. Objekte				
Entwicklungsklasse/-paket	Zuletzt verw. (Jahr)	2017	2018	2019	2020	#
Z001						3
ZBPO		1				20
ZBW_DEMO					2	21
ZCAL_ITSM						1
ZCDMC						97
ZDATALOAD		6				40
ZE2ETRAINING						7
ZECI						43
ZEGI_SOS						3
ZEM						52
ZEM_RWE						1
ZEM_RWS						1
ZMLC_DATAGEN		5				52
ZRH_EMROLLOUT_RWE						31
ZUI5_OTR						2
ZW_OTHER_PACKAGE			1			15
ZW_PACKAGE		4	24		1	246
ZW_PACKAGE_A4H		5		4		148
ZW_PACKAGE_ADDITIONAL						46
ZW_PACKAGE_CTS						188
ZW_PACKAGE_CTS_ADD						7
ZW_PACKAGE_DOCUMENTS						16
ZW_PACKAGE_EGI_SOS						12
ZW_PACKAGE_OTHER_CHECKS						15
ZW_PACKAGE_RWE						2

Abbildung 3.5 Überblick der Nutzungsdaten im SAP Solution Manager

3.2.2 ABAP Call Monitor

Empfohlenes Tool

Der *ABAP Call Monitor* (Transaktion SCMON) ist der Nachfolger des UPL und heute das von SAP empfohlene Werkzeug zur Erzeugung von Nutzungsstatistiken, sofern der Releasestand des protokollierten Systems die Nutzung des ABAP Call Monitors zulässt. Der ABAP Call Monitor ist ab SAP-NetWeaver-Release 7.50 verfügbar. Über das *Solution Tools Plug-in* (ST-PI) kann er auch bereits ab Release 7.0 eingesetzt werden.

Die über den ABAP Call Monitor gewonnenen Daten können nach der Aggregation über die im folgenden vorgestellte Transaktion SUSG in die App *Custom Code Migration* integriert und dort zur Reduktion der im Rahmen der Custom-Code-Migration betrachteten Objekte (*Scoping*) verwendet werden. Alternativ können die Daten auch über den SAP Solution Manager verwaltet bzw. dort angezeigt werden. Dort kann der ABAP Call Monitor ähnlich wie das UPL aktiviert werden, wie im vorangegangenen Abschnitt beschrieben. Beachten Sie dazu auch SAP-Hinweis 2675307.

[!]

Gleichzeitige Nutzung von UPL und ABAP Call Monitor

Das UPL und der ABAP Call Monitor sollten nie parallel aktiv sein, um das System nicht doppelt zu belasten oder versehentlich Nutzungen mehrfach zu zählen.

Aktivierung des ABAP Call Monitors

Falls Sie den SAP Solution Manager nicht nutzen möchten, kann Aktivierung und Auswertung der Datenaufzeichnung auch direkt im auszuwertenden System erfolgen. In diesem Fall können Sie die Werkzeuge des SAP Solution Managers zum Custom Code Lifecycle Management bzw. zur Codestilllegung jedoch nicht nutzen.

Transaktion SUSG

Zur lokalen Aktivierung im protokollierten System starten Sie die Transaktion SUSG zur Aggregation der Verbrauchsdaten, und wählen Sie den Button **Activate**. Über die gleiche Transaktion können Sie die Protokollierung auch wieder deaktivieren. Nach der Deaktivierung kann sie mehrfach wieder gestartet werden.

Transaktion SCMON

Sie können die Protokollierung zu Testzwecken auch direkt in der Transaktion SCMON für den ABAP Call Monitor einschalten, deren Startseite Sie in Abbildung 3.6 sehen. In diesem Fall bleibt die Aggregation, das heißt die Erstellung eines sogenannten *Snapshots*, der die gezählten Nutzungen der Objekte zu einem bestimmten Zeitpunkt festhält, durch die Transaktion SUSG aus. Anschließend können Sie sich die unverdichteten Daten direkt in der Transaktion SCMON anzeigen lassen, aber nicht in der CCM-App nutzen.

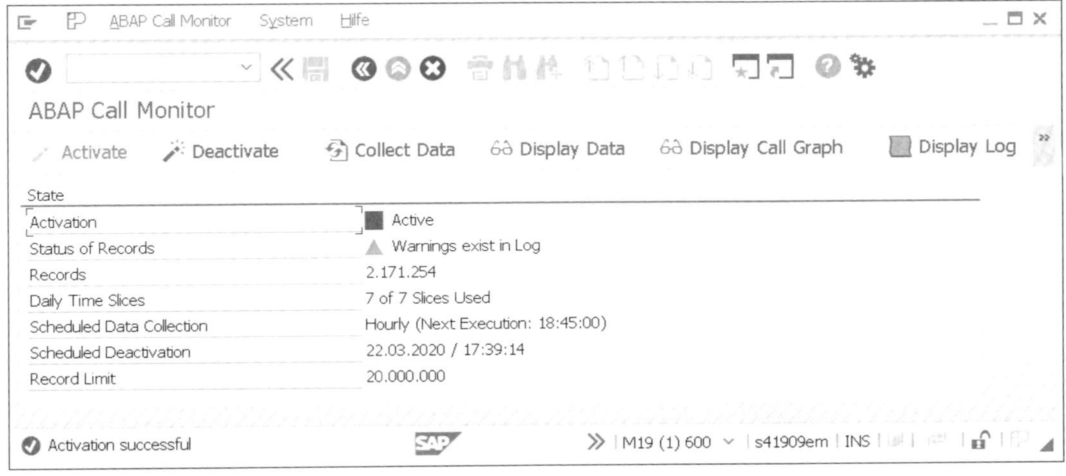

Abbildung 3.6 Einstiegsbild der Transaktion SCMON

Anzeige der Rohdaten

Zur Anzeige der Rohdaten gibt es eine Liste, die Sie über den Button **Display Data** anzeigen können. Abbildung 3.7 zeigt beispielhaft die Aufbereitung der Daten durch diesen Report. Er zeigt die aufrufende Transaktion, Anwendung oder den aufrufenden Report an (**Request Type** und **Request Name**) sowie das aufgerufene Objekt (**Called Program Name** und **Called Object Name**) mit seinem technischen Namen und Typ. Gegebenenfalls werden aufgerufene Methoden oder Unterprogramme in der Spalte **Processing Block Name** angezeigt. In der Spalte **Number of Calls** sehen Sie die Anzahl der Ausführungen. Damit wird – im Gegensatz zum UPL – der Aufrufkontext zu einem genutzten Objekt festgehalten.

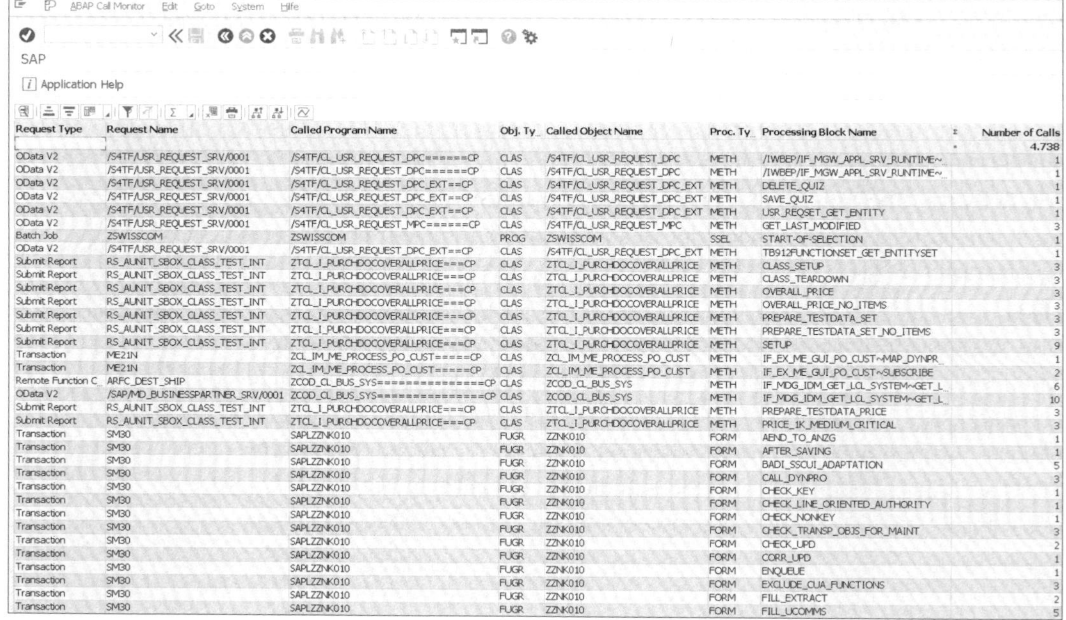

Request Type	Request Name	Called Program Name	Obj. Ty_	Called Object Name	Proc. Ty_	Processing Block Name	Number of Calls
							4.738
OData V2	/S4TF/USR_REQUEST_SRV/0001	/S4TF/CL_USR_REQUEST_DPC======CP	CLAS	/S4TF/CL_USR_REQUEST_DPC	METH	/IWBEP/IF_MGW_APPL_SRV_RUNTIME~	1
OData V2	/S4TF/USR_REQUEST_SRV/0001	/S4TF/CL_USR_REQUEST_DPC======CP	CLAS	/S4TF/CL_USR_REQUEST_DPC	METH	/IWBEP/IF_MGW_APPL_SRV_RUNTIME~	1
OData V2	/S4TF/USR_REQUEST_SRV/0001	/S4TF/CL_USR_REQUEST_DPC_EXT==CP	CLAS	/S4TF/CL_USR_REQUEST_DPC_EXT	METH	DELETE_QUIZ	1
OData V2	/S4TF/USR_REQUEST_SRV/0001	/S4TF/CL_USR_REQUEST_DPC_EXT==CP	CLAS	/S4TF/CL_USR_REQUEST_DPC_EXT	METH	SAVE_QUIZ	1
OData V2	/S4TF/USR_REQUEST_SRV/0001	/S4TF/CL_USR_REQUEST_DPC_EXT==CP	CLAS	/S4TF/CL_USR_REQUEST_DPC_EXT	METH	USR_REQSET_GET_ENTITY	1
OData V2	/S4TF/USR_REQUEST_SRV/0001	/S4TF/CL_USR_REQUEST_MPC======CP	CLAS	/S4TF/CL_USR_REQUEST_MPC	METH	GET_LAST_MODIFIED	3
Batch Job	ZSWISSCOM	ZSWISSCOM	PROG	ZSWISSCOM	SSEL	START-OF-SELECTION	1
OData V2	/S4TF/USR_REQUEST_SRV/0001	/S4TF/CL_USR_REQUEST_DPC_EXT==CP	CLAS	/S4TF/CL_USR_REQUEST_DPC_EXT	METH	TB912FUNCTIONSET_GET_ENTITYSET	1
Submit Report	RS_AUNIT_SBOX_CLASS_TEST_INT	ZTCL_I_PURCHDOCOVERALLPRICE===CP	CLAS	ZTCL_I_PURCHDOCOVERALLPRICE	METH	CLASS_SETUP	3
Submit Report	RS_AUNIT_SBOX_CLASS_TEST_INT	ZTCL_I_PURCHDOCOVERALLPRICE===CP	CLAS	ZTCL_I_PURCHDOCOVERALLPRICE	METH	CLASS_TEARDOWN	3
Submit Report	RS_AUNIT_SBOX_CLASS_TEST_INT	ZTCL_I_PURCHDOCOVERALLPRICE===CP	CLAS	ZTCL_I_PURCHDOCOVERALLPRICE	METH	OVERALL_PRICE	3
Submit Report	RS_AUNIT_SBOX_CLASS_TEST_INT	ZTCL_I_PURCHDOCOVERALLPRICE===CP	CLAS	ZTCL_I_PURCHDOCOVERALLPRICE	METH	OVERALL_PRICE_NO_ITEMS	3
Submit Report	RS_AUNIT_SBOX_CLASS_TEST_INT	ZTCL_I_PURCHDOCOVERALLPRICE===CP	CLAS	ZTCL_I_PURCHDOCOVERALLPRICE	METH	PREPARE_TESTDATA_SET	3
Submit Report	RS_AUNIT_SBOX_CLASS_TEST_INT	ZTCL_I_PURCHDOCOVERALLPRICE===CP	CLAS	ZTCL_I_PURCHDOCOVERALLPRICE	METH	PREPARE_TESTDATA_SET_NO_ITEMS	3
Submit Report	RS_AUNIT_SBOX_CLASS_TEST_INT	ZTCL_I_PURCHDOCOVERALLPRICE===CP	CLAS	ZTCL_I_PURCHDOCOVERALLPRICE	METH	SETUP	9
Transaction	ME21N	ZCL_IM_ME_PROCESS_PO_CUST=====CP	CLAS	ZCL_IM_ME_PROCESS_PO_CUST	METH	IF_EX_ME_GUI_PO_CUST~MAP_DYNPR_	1
Transaction	ME21N	ZCL_IM_ME_PROCESS_PO_CUST=====CP	CLAS	ZCL_IM_ME_PROCESS_PO_CUST	METH	IF_EX_ME_GUI_PO_CUST~SUBSCRIBE	2
Remote Function C_	ARFC_DEST_SHIP	ZCOD_CL_BUS_SYS===============CP	CLAS	ZCOD_CL_BUS_SYS	METH	IF_MDG_IDM_GET_LCL_SYSTEM~GET_L_	6
OData V2	/SAP/MD_BUSINESSPARTNER_SRV/0001	ZCOD_CL_BUS_SYS===============CP	CLAS	ZCOD_CL_BUS_SYS	METH	IF_MDG_IDM_GET_LCL_SYSTEM~GET_L_	10
Submit Report	RS_AUNIT_SBOX_CLASS_TEST_INT	ZTCL_I_PURCHDOCOVERALLPRICE===CP	CLAS	ZTCL_I_PURCHDOCOVERALLPRICE	METH	PREPARE_TESTDATA_PRICE	3
Submit Report	RS_AUNIT_SBOX_CLASS_TEST_INT	ZTCL_I_PURCHDOCOVERALLPRICE===CP	CLAS	ZTCL_I_PURCHDOCOVERALLPRICE	METH	PRICE_1K_MEDIUM_CRITICAL	3
Transaction	SM30	SAPLZZNK010	FUGR	ZZNK010	FORM	AEND_TO_ANZG	1
Transaction	SM30	SAPLZZNK010	FUGR	ZZNK010	FORM	AFTER_SAVING	1
Transaction	SM30	SAPLZZNK010	FUGR	ZZNK010	FORM	BADI_SSCUI_ADAPTATION	5
Transaction	SM30	SAPLZZNK010	FUGR	ZZNK010	FORM	CALL_DYNPRO	3
Transaction	SM30	SAPLZZNK010	FUGR	ZZNK010	FORM	CHECK_KEY	1
Transaction	SM30	SAPLZZNK010	FUGR	ZZNK010	FORM	CHECK_LINE_ORIENTED_AUTHORITY	1
Transaction	SM30	SAPLZZNK010	FUGR	ZZNK010	FORM	CHECK_NONKEY	1
Transaction	SM30	SAPLZZNK010	FUGR	ZZNK010	FORM	CHECK_TRANSP_OBJS_FOR_MAINT	3
Transaction	SM30	SAPLZZNK010	FUGR	ZZNK010	FORM	CHECK_UPD	2
Transaction	SM30	SAPLZZNK010	FUGR	ZZNK010	FORM	CORR_UPD	1
Transaction	SM30	SAPLZZNK010	FUGR	ZZNK010	FORM	ENQUEUE	1
Transaction	SM30	SAPLZZNK010	FUGR	ZZNK010	FORM	EXCLUDE_CUA_FUNCTIONS	3
Transaction	SM30	SAPLZZNK010	FUGR	ZZNK010	FORM	FILL_EXTRACT	2
Transaction	SM30	SAPLZZNK010	FUGR	ZZNK010	FORM	FILL_UCOMMS	5

Abbildung 3.7 Beispiel eines Reports aus dem ABAP Call Monitor

Protokollierung des Aufrufkontextes

Der Aufrufkontext lässt sich immer einem der folgenden Typen zuordnen, der in der Spalte **Request Type** angegeben wird:

- **Transaction**: Bei Aufrufen dieses Typs handelt es sich um eine vom Benutzer im Dialog (SAP GUI) gerufene Transaktion.
- **Remote Function Call**: Bei Aufrufen dieses Typs handelt es sich um von einem anderen System aus gestartete Funktionsaufrufe.
- **URL**: Mit diesem Typ werden alle lokalen Webanwendungsaufrufe versehen, z. B. von Anwendungen, die mit den Technologien Business Server Pages (BSP), Web Dynpro oder Floorplan Manager erstellt wurden.

- **Submit Report**: Bei Aufrufen dieses Typs handelt es sich um den Start eines Reports im Dialog.
- **Batch Job**: Bei Aufrufen dieses Typs handelt es sich um den Start eines Hintergrundprogramms.
- **Update Task**: Bei Aufrufen dieses Typs handelt es sich um den Start eines Verbuchungsmoduls.
- **Initial**: kein Eintrag
- **OData V2**: Bei Aufrufen dieses Typs handelt es sich um den Start eines Gateway-Service der OData-Protokollversion V2.
- **OData V4**: Bei Aufrufen dieses Typs handelt es sich um den Start eines Gateway-Service der OData-Protokollversion V4.

Aufrufbeziehungen

Neben der direkten Datenanzeige ist über den Startbildschirm der Transaktion SCMON auch die Anzeige einer Liste möglich, die sich auf die übergreifenden Aufrufbeziehungen zwischen unterschiedlichen Aufrufkontexten fokussiert (siehe Abbildung 3.8). Dazu klicken Sie auf den Button **Display Call Graph**. Eine Aufrufbeziehung kann z. B. lauten: Transaktion BP → Remote Function Call Z_BP_RFC.

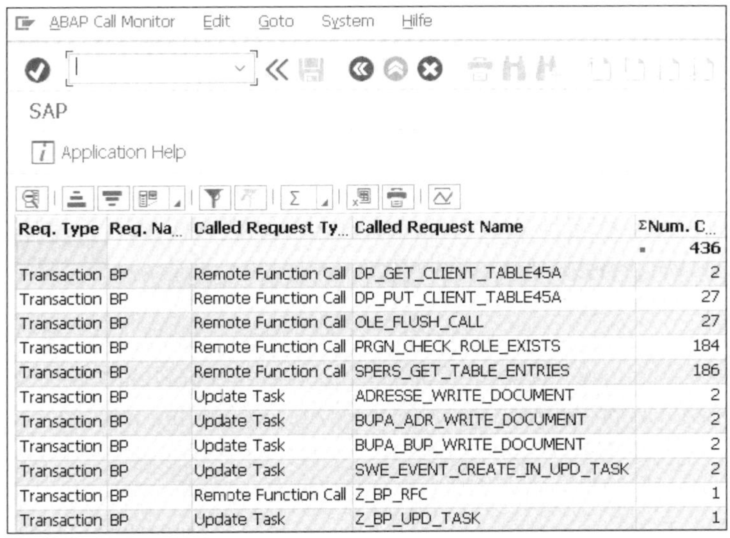

Req. Type	Req. Na...	Called Request Ty...	Called Request Name	ΣNum. C...
				436
Transaction	BP	Remote Function Call	DP_GET_CLIENT_TABLE45A	2
Transaction	BP	Remote Function Call	DP_PUT_CLIENT_TABLE45A	27
Transaction	BP	Remote Function Call	OLE_FLUSH_CALL	27
Transaction	BP	Remote Function Call	PRGN_CHECK_ROLE_EXISTS	184
Transaction	BP	Remote Function Call	SPERS_GET_TABLE_ENTRIES	186
Transaction	BP	Update Task	ADRESSE_WRITE_DOCUMENT	2
Transaction	BP	Update Task	BUPA_ADR_WRITE_DOCUMENT	2
Transaction	BP	Update Task	BUPA_BUP_WRITE_DOCUMENT	2
Transaction	BP	Update Task	SWE_EVENT_CREATE_IN_UPD_TASK	2
Transaction	BP	Remote Function Call	Z_BP_RFC	1
Transaction	BP	Update Task	Z_BP_UPD_TASK	1

Abbildung 3.8 Darstellung des Aufrufgraphen zwischen Ausführungsblöcken

Darunter ist Folgendes zu verstehen: Wenn innerhalb eines Aufrufes, der zu einem der genannten Aufrufkontexte gehört (z. B. Transaktion) ein Baustein gestartet wird, der einen neuen Kontext eröffnet (z. B. eine Update Task oder einen RFC), findet die Protokollierung der Aufrufe des neuen

Kontextes nur mit Bezug zu diesem Kontext statt. Man kann in der direkten Datenanzeige also die Bausteine des neuen Kontextes nicht mehr direkt dem ursprünglichen Aufrufer zuordnen. Über die Anzeige der Aufrufbeziehungen lässt sich der *Aufrufgraph*, das heißt die Verkettung über mehrere Aufrufe hinweg, und damit der Zusammenhang wiederherstellen.

In Abbildung 3.8 sehen Sie die von der Transaktion BP gerufenen eigenen Ausführungsblöcke (Verbuchung, RFC). Am Ende sehen Sie zwei kundeneigene Z-Bausteine, die während des Ablaufs der Transaktion gerufen werden.

Aufrufgraph mit direktem Bezug zu einem Objekt

Den Aufrufgraphen können Sie auch aus dem Report zur Anzeige der Rohdaten starten. Markieren Sie dazu einen Eintrag in der Ergebnisausgabe (siehe Abbildung 3.7), und lassen Sie sich die rufenden ([icon]) oder gerufenen ([icon]) Ausführungsblöcke über die Buttons in der Menüleiste anzeigen.

Ausgehend von dem Datenanzeigereport können Sie sich auch die zeitliche Entwicklung, das heißt die Aufrufanzahl pro Tag, anzeigen lassen, wenn es mehrere Aufrufe gegeben hat. Dazu klicken Sie auf das Icon [icon].

Datenverdichtung in Snapshots

Die Daten aus der Transaktion SCMON für einen bestimmten Zeitraum werden kopiert und in Form von Snapshots verdichtet, bevor sie z. B. in der CCM-App genutzt werden können. Im Rahmen der Umfangsbestimmung für die Custom-Code-Migration genügen diese verdichteten Daten, da es lediglich gilt, herauszufinden, ob und wann ein Objekt zuletzt genutzt wurde. Diese Verdichtung erfolgt über die Transaktion SUSG. In älteren Releases muss diese Transaktion noch installiert werden (siehe dazu die SAP-Hinweise 2643357 bzw. 2701371).

Snapshot erstellen

Nach Start der Transaktion SUSG erstellen Sie einen Snapshot über den Button **Snapshot erstellen**. Das System schlägt einen Namen für den Snapshot vor und gibt auch den Zeitraum und weitere Kriterien automatisch vor. Die Snapshots können Sie verwalten (Button **Snapshots verwalten**) und sich deren Lifecycle-Protokoll anzeigen lassen (Button **Protokoll anzeigen**).

Snapshot-Daten anzeigen

Die Snapshot-Daten selbst können nicht direkt in der Transaktion SUSG dargestellt werden. Sie können sich allerdings über die Transaktion SE16N die Inhalte direkt aus der Datenbanktabelle anzeigen lassen. Geben Sie dazu als Tabelle/View den Namen »SUSG_V_ODATA« ein. Es handelt sich dabei um den CDS View zur DDL-Source (Data Definition Language) `SUSG_I_ODATA`, der auf die benötigten Tabellen der SUSG-Daten direkt verweist. Die Spalten

PROGNAME, OBJ_TYPE und OBJ_NAME beinhalten alle jemals genutzten bzw. protokollierten Programme. Im Feld LAST_USED finden Sie die letzte Nutzung im angegebenen Kontext des Aufrufers, aufgerufenen Programms und etwaiger Unterprogramme oder Methoden.

Anzeige ungenutzter Objekte

Wenn Ihnen diese Darstellung zu technisch ist, können Sie den CDS View Z_UNUSED_V aus Listing 3.1 kopieren. Der View erstellt einen Outer Join zwischen dem Objektkatalog (Tabelle TADIR) und den Nutzungsdaten, um herauszufinden, welches Objekt nicht benutzt wurde. Falls das Feld LAST_USED leer ist, wurde für das betreffende Objekt keine Nutzung fortgeschrieben.

```
@AbapCatalog.sqlViewName: 'Z_UNUSED_V'
@AbapCatalog.compiler.compareFilter: true
@AbapCatalog.preserveKey: true
@AccessControl.authorizationCheck: #CHECK
@EndUserText.label: 'Unused objects (according to SUSG)'
define view Zunused_obj_ddl
  as select from tadir
  association to susg_v_odata on  tadir.obj_name = susg_v_odata.obj_name
                              and tadir.object   = susg_v_odata.obj_type
{
  max(susg_v_odata.last_used) as last_used,
  tadir.object,
  tadir.obj_name,
  tadir.srcsystem,
  tadir.author,
  tadir.devclass,
  tadir.created_on,
  susg_v_odata.usgid,
  sum(susg_v_odata.counter)   as counter
}
where
      pgmid  = 'R3TR'
  and(
      object = 'CLAS'
    or object = 'FUGR'
    or object = 'PROG'
  )
group by
  tadir.object,
  tadir.obj_name,
  tadir.srcsystem,
  tadir.author,
```

```
tadir.devclass,
tadir.created_on,
susg_v_odata.usgid
```

Listing 3.1 DDL-Skript zur Definition eines Views zur Selektion ungenutzter Eigenentwicklungen

CDS-View-Daten ausgeben

Die Daten des CDS Views können Sie sich entweder in der Entwicklungsumgebung Eclipse oder über die Transaktionen SE16H oder SE16N anzeigen lassen. In Eclipse wählen Sie dazu den Menüpfad **Run • Run As • Run As ABAP Application** oder die Funktionstaste [F8]. In den Transaktionen müssen Sie den technischen Datenbanknamen, hier `Z_UNUSED_V`, verwenden.

3.2.3 SQL-Monitor

Der SQL-Monitor (Transaktion SQLM) protokolliert die Tabellenbenutzung in einem SAP-System für ein bestimmtes Datenbankobjekt (Tabelle oder View) an einer bestimmten Stelle im Coding. Der Fokus liegt dabei auf den Zeiten und der Anzahl der Datenbankoperationen, weshalb der SQL-Monitor vor allem im Rahmen des Performancemonitorings eingesetzt wird.

Daten zu Datenbank aufrufen

Über einen bestimmten Zeitraum hinweg werden unter anderem folgende Daten gesammelt und verdichtet:

- Gesamtanzahl Datenbankausführungen
- gesamte Datenbankausführungszeit
- Gesamtzahl der Datensätze

Nebenbei wird hier jedoch auch der Aufrufort im ABAP-Coding festgehalten und damit indirekt bestätigt, dass dieses Coding genutzt wird. Wie bei der Transaktion SCMON werden die Daten in Snapshots verdichtet.

SQL-Monitor als Ergänzung

Da Kundenentwicklungen auch Objekte ohne Datenbankinteraktion beinhalten können, können Sie sich zur Nutzungsanalyse nicht ausschließlich auf den SQL-Monitor verlassen. Die Daten des SQL-Monitors können auch nicht automatisch in Folgeapplikationen wie die CCM-App integriert werden. Trotzdem bringt der SQL-Monitor einen zusätzlichen Nutzen für die Custom-Code-Migration:

- **Möglichkeit, gegebenenfalls nicht mehr genutzte Z-Tabellen zu analysieren**
  Neben dem kundeneigenen ABAP-Coding gibt es oft auch veraltete kundeneigene Tabellen, z. B. eigenes Customizing zu einer nicht mehr genutzten Schnittstelle. Auch wenn diese Tabellen noch Daten beinhalten, sollten Sie prüfen, ob sie tatsächlich genutzt werden.

- **Ergänzung Nutzungsstatistiken für Eigenentwicklungen**
  Falls der SQL-Monitor bereits über einen längeren Zeitraum läuft als der ABAP Call Monitor, kann man die referenzierten Codingstellen zur Vollständigkeitsprüfung oder als Ergänzung heranziehen.
- **Performanceanalyse**
  Die Performanceanalyse ist der Hauptnutzen des SQL-Monitors (siehe auch Abschnitt 8.1.1). Man kann damit leicht erkennen, welche Datenbankzugriffe häufig passieren bzw. wie viele Daten gelesen werden. Wenn es sich beim Aufrufer um ein Kundenprogramm handelt, ist dieses Programm ein Kandidat für eine Voranalyse. Bei der Datenbankmigration auf SAP HANA oder beim Umstieg auf SAP S/4HANA können sich langsame Programme oder verbesserungswürdige Tabellendesigns, die unnötig Systemressourcen verbrauchen, als Problemfälle herausstellen. Es kann daher sinnvoll sein, diese zu korrigieren und ihre Performance zu verbessern, wenn sie nach der Migration noch verwendet werden sollen.

3.2.4 Coverage Analyzer

Der Coverage Analyzer (Transaktion SCOV) ist ein Entwicklerwerkzeug, das nicht nur die gesamte Nutzung eines ABAP-Objekts protokolliert, sondern auch die Zeilen des ABAP-Codes, der tatsächlich ausgeführt wurde. Von Bedeutung ist dieses Werkzeug besonders bei Tests in Entwicklungsprojekten, um herauszufinden, ob es Testszenarien gibt, die noch nicht abgedeckt wurden.

Nutzung im Kontext der Verwendungsanalyse

Für die Verwendungsanalyse sollten Sie die Standardprotokollierungswerkzeuge ABAP Call Monitor bzw. UPL vorziehen. Die Daten der Transaktion SCOV kann man aber manuell in die Prozesse der weiteren Analyse und Löschung integrieren. In den folgenden Kontexten ist die Nutzung des Coverage Analyzers sinnvoll:

- Die SCOV-Daten liegen im System bereits länger vor als andere Protokollierungsdaten.
- Es gibt sehr große nicht modularisierte Blöcke in Programmen oder Funktionsgruppen, von denen nur kleine Teile noch genutzt werden und die man nicht gesamthaft nach SAP S/4HANA migrieren möchte.

Letzteres ist häufig der Fall bei altem ABAP-Coding, z. B. kopierten Standardreports oder User Exits aus der Transaktion CMOD, bei denen der gesamte Ablauf nur durch `IF`- oder `CASE`-Anweisungen strukturiert wurde.

Coverage Analyzer aktivieren

Der Coverage Analyzer muss zunächst in der Transaktion SCOV aktiviert werden:

1. Schalten Sie im Navigationsbaum links unter **Administration • Ein/Aus, Status** den Hauptschalter ein.
2. Schalten Sie ebenfalls die automatische Aufzeichnung der Historie ein.
3. Unter **Testgruppen** und **Registrierung** können Sie Gruppen von Benutzern definieren, für die die Analyse durchgeführt wird.
4. In den **Einstellungen** können Sie z. B. Einschränkungen zu den Paketen machen.

Daten auswerten

Wenn die Datensammlungsjobs laufen, können Sie unter **Anzeige • Detail** die Listen der Objekte und ihrer Abdeckung anzeigen. Praktisch im Kontext der Nutzungsanalyse ist, dass auch komplett ungenutzte Objekte mit angezeigt werden (siehe Abbildung 3.9).

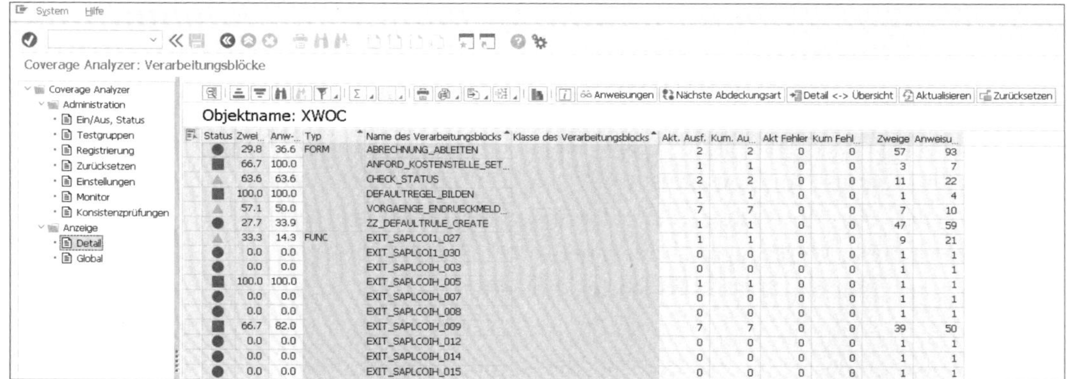

Abbildung 3.9 Analysesicht des Coverage Analyzers

Durch einen Doppelklick auf ein Objekt in der Liste gelangen Sie in die Listenanzeige der Module bzw. Verarbeitungsblöcke. Durch einen weiteren Klick auf eines der Module gelangen Sie in dessen Code. Die Bereiche, die ausgeführt oder nicht ausgeführt werden, sind in Abbildung 3.10 mit roten und grünen Markierungen hervorgehoben.

In Grün werden die ausgeführten Codeblöcke, in Rot die nicht ausgeführten Codeblöcke dargestellt. In Abbildung 3.10 sehen Sie einen Ausschnitt des Customer Exits `XWOC` (Auftrag sichern). In diesem wird die Auftragsart (`AUART`) `ZSS1` augenscheinlich nicht mehr verwendet. Der entsprechende Codeblock könnte gelöscht werden.

```
Objektname    XWOC

*Start SG01
* "Anlegen = H / Anzeigen = A / Ändern = V
IF trtyp              = 'V' AND      "Change
   caufvd_imp-auart = 'ZG90'.      "Serviceauftrag TU EPG

   CALL FUNCTION 'Z_TUEPG_SENDCHGADV_STAGING_ADD' IN UPDATE TASK
     EXPORTING
       iv_document_type   = zcl_tuepg_service=>mc_sca_doctype_service_order
       iv_document_number = caufvd_imp-aufnr.

ENDIF.
*Ende  SG01
"#01 Erweiterung Freigabe Flag setzen bei AUART ZQ01
IF caufvd_imp-auart = 'ZQ01'.
  release_order = 'X'.
*  GET PARAMETER ID 'RELEASING' FIELD lv_releasing.
ELSE.

  CALL FUNCTION 'CO_IO_STATUS_FROM_NUMBER_GET'
    EXPORTING
      aufnr_imp            = caufvd_imp-aufnr
      status_imp           = 'I0045'            "teco
    EXCEPTIONS
      status_not_active = 4.

  CHECK sy-subrc = 0.

* auart = 'ZSS1'
  CHECK caufvd_imp-auart = 'ZSS1'.
  lv_key = caufvd_imp-aufnr.

  CALL FUNCTION 'SAP_WAPI_CREATE_EVENT'
    EXPORTING
      object_type    = 'BUS2088'
      object_key     = lv_key
      event          = 'ZSTATUSTABG'
      commit_work    = ' '
*     EVENT_LANGUAGE = SY-LANGU
*     LANGUAGE       = SY-LANGU
*     USER           = SY-UNAME
*     IFS_XML_CONTAINER =
    IMPORTING
      return_code    = lv_retcode
      event_id       = lv_eventid
    TABLES
*     INPUT_CONTAINER    =
      message_lines  = lt_msgline
      message_struct = lt_msgstruc.

ENDIF.
```

Abbildung 3.10 Codedarstellung im Coverage Analyzer

3.2.5 Eigene Tools zur Verwendungsprotokollierung

Manche SAP-Kunden haben sich in der Vergangenheit eigene Protokollierungstools gebaut, bevor das UPL oder der ABAP Call Monitor verfügbar waren. Die von diesen Tools gesammelten Informationen sind z. T. sehr wertvoll, vor allem, wenn die Daten über viele Jahre protokolliert wurden. Sie sollten daher auf jeden Fall in die Überlegungen, welche Objekte in SAP S/4HANA nicht mehr benötigt werden, einbezogen werden.

Verlässlichkeit der Protokolle

Zu prüfen ist die Verlässlichkeit dieser Protokolle. Wenn die Tools an generischen Punkten ansetzen (z. B. dem User Exit zum Starten eines Reports oder der periodischen Auswertung der Transaktion ST03N), kann man sicherer sein, dass die Daten zuverlässig sind, als wenn aktiv Protokollierungsbausteine eingebaut wurden. In letzterem Fall muss überprüft werden, ob auch wirklich alle Kundenobjekte in diesen Protokollierungsbausteinen berücksichtigt wurden, damit man nicht versehentlich ein Objekt ohne Nutzungsdatenschreibung, aber mit fortgesetzter Nutzung löscht.

Die auf den durch kundeneigene Tools erfassten Nutzungsdaten basierende Löschung von Objekten muss manuell erfolgen, da z. B. die CCM-App oder das CCLM im SAP Solution Manager keine direkte Upload-Möglichkeit aus kundeneigenen Datenquellen anbietet (siehe Abschnitt 3.5.4, »Löschen von Objekten«).

3.3 Custom Code Lifecycle Management im SAP Solution Manager

Der SAP Solution Manager stellt unabhängig von einer SAP-S/4HANA-Migration umfangreiche Funktionen zum Custom Code Lifecycle Management bereit. Die angebotenen Werkzeuge reichen von Analysen und Übersichten, wie dem sogenannten *Stadtmodell*, bis hin zu aufgabenspezifischen Cockpits, wie dem *Qualitätscockpit*. Damit wird der ganze Lebenszyklus einer Entwicklung von der Erstellung über ihren Go-live, den Betrieb und Anpassungen bis hin zur Stilllegung unterstützt.

Stilllegungscockpit

Für unser Anliegen – die Bestimmung des Umfangs der zu migrierenden Kundenobjekte – ist das Stilllegungscockpit (Decomissioning Cockpit) mit seinen Funktionen von besonderer Bedeutung. Die Grundidee dieses Cockpits basiert wieder auf Nutzungsstatistiken.

Phasen der Stilllegung

Man unterscheidet die folgenden Phasen in der Verwendung des Cockpits, die wir in den folgenden Abschnitten näher betrachten:

1. **Analyse**
   Eine zu bearbeitende Objektmenge wird definiert. Neben der Selektion der Objekte werden die Beobachtungszeiträume der Nutzung und weitere Kriterien festgelegt.

2. **Identifikation**
   Nach der Objektselektion können weitere Attribute zu den Objekten gepflegt werden. Objekte können manuell vom Löschprozess ausgeschlossen werden.
3. **Warten und Beobachten**
   Über einen gewissen Zeitraum werden Nutzungen protokolliert. Neben der reinen Beobachtung kann man Objekte über die sogenannte *Ausschlussliste* auch in »Quarantäne« setzen. Eine Nutzung eines solchen Objekts führt wahlweise zu einem Dump oder wird speziell protokolliert.

   Die Beobachtung der Objekte kann wiederum in zwei Unterphasen durchgeführt werden: Nach der ersten Phase werden Löschkandidaten identifiziert, die in der zweiten Phase nochmals beobachtet werden, um sicherzugehen, dass wirklich keine weitere Nutzung stattfindet.
4. **Löschung (Dekommissionierung)**
   Nachdem ein Objekt auch während der Wartezeit nicht genutzt wurde, kann es zum Löschen vorgemerkt und später gelöscht werden.

Stilllegungscockpit aufrufen

Das Stilllegungscockpit befindet sich im SAP Fiori Launchpad des SAP Solution Managers in der Gruppe **Custom Code Management**. Abbildung 3.11 zeigt die Kachel zum Aufruf der Anwendung. Alternativ können Sie sie direkt über die URL *.../sap/bc/ui5_ui5/ui2/ushell/shells/abap/FioriLaunchpad.html#Action-DecommissionCockpit* aufrufen.

Abbildung 3.11 Kachel zum Aufruf des Stilllegungscockpits im SAP Solution Manager

3.3.1 Analyse anlegen

Objekte und ihr Lebenszyklusstatus

Nachdem Sie das Stilllegungscockpit gestartet haben, sehen Sie eine Übersicht Ihrer Objekte mit ihrem jeweiligen *Lebenszyklusstatus* aus eventuell bereits existierenden Analysen (siehe Abbildung 3.12). Das Cockpit stellt alle Kundenentwicklungsobjekte systemweit abhängig von ihrem Lebenszyklusstatus dar. Der Status wird anhand der Nutzungsstatistiken und der Daten aus vorangegangenen Stillegungsanalysen ermittelt.

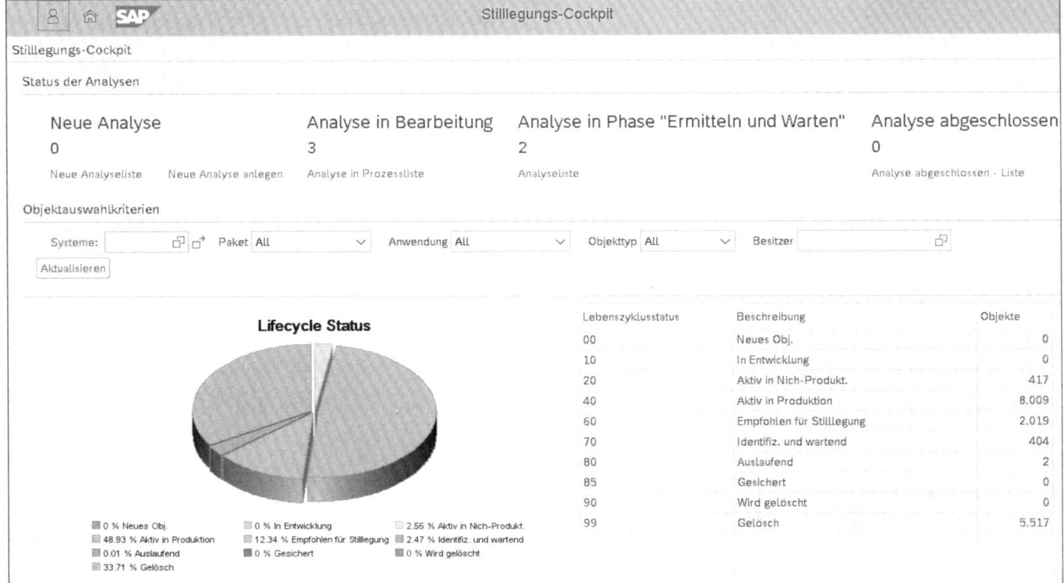

Abbildung 3.12 Einstieg in das Stilllegungscockpit

Analyse durchführen

Um eine Analyse für das System durchzuführen, das Sie nach SAP S/4HANA migrieren möchten, wählen Sie links oben in der Kachel **Neue Analyse** den Link **Neue Analyse anlegen**. Im folgenden Bild (siehe Abbildung 3.13) sind einige Einstellungen vorzunehmen, von denen die wichtigsten hier aufgeführt sind:

- **Entwicklungssysteme**: Hier geben Sie die System-ID Ihres SAP-ERP-Entwicklungssystems an.
- **Statistische Systeme**: Hier geben Sie die System-ID Ihres SAP-ERP-Produktivsystems an, aus dem die Nutzungsdaten stammen. (In beiden System-Eingabefeldern können Sie je nach Kundenlandschaft auch mehrere System-IDs angeben.)
- **Analyseperiode**: Hier stellen Sie den Zeitraum ein, in dem die Daten gesammelt werden sollen.
- **Objekte werden in keinem statistischen System verwendet**: Wählen Sie im Bereich **Analysedaten** diese Option aus, wird ein Objekt als nicht verwendet eingestuft, wenn es im Entwicklungssystem existiert, aber keine Nutzungsdaten im statistischen System geschrieben wurden.
- **Objekt angelegt vor**: Hier sollte ein Datum gewählt werden, das wenige Monate zurückliegt. Damit werden Objekte, die sich noch in Entwicklung befinden und damit noch nicht genutzt werden konnten, von einer etwaigen Löschung ausgeschlossen.

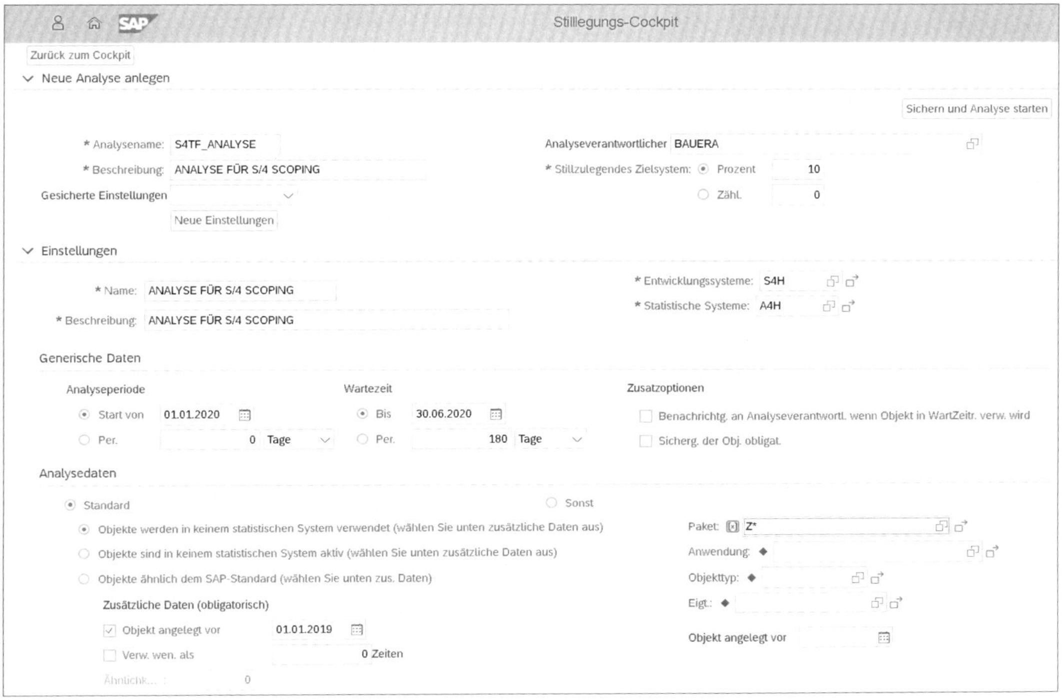

Abbildung 3.13 Definition einer Analyse im Stilllegungscockpit

Analyse einschränken

Sie können die Analyse auch weiter nach Paket oder Objekttyp einschränken. Zum Beispiel könnte es sein, dass Sie beim Scoping nur bestimmte Objekte betrachten wollen, weil diese den größten Einspareffekt bringen. In diesem Fall können Sie die Nutzungsdaten nur für diese Objekte erstellen lassen. Sie können die Analyse z. B. auf folgende Objekttypen einschränken:

- `PROG` (Reports, ABAP-Programme)
- `FUNC` (Funktionsbausteine)
- `FUGR` (Funktionsgruppen)
- `TRAN` (Transaktionen)
- `CLAS` (Klassen)
- `METH` (Methoden)
- `DEVC` (Pakete)

Nachdem Sie Ihre Einstellungen vorgenommen haben, klicken Sie rechts oben auf den Button **Sichern und Analyse starten** und kehren zum Startbildschirm des Cockpits zurück. Sie können nun die Links in den Kacheln **Analyse in Bearbeitung** bzw. **Analyse in Phase »Ermitteln und Warten«** aufrufen und – wenn die Ermittlungsjobs bereits beendet sind – die *Objektliste* zur Analyse anzeigen und bearbeiten.

3.3.2 Objektliste auswerten

Arbeitsvorrat zur Stilllegung

Die Objektliste zeigt eine Vielzahl von Informationen zu einem Kundenentwicklungsobjekt an, von denen insbesondere folgende für die Stilllegung von Bedeutung sind (siehe Abbildung 3.14):

- **System/Objekttyp/Objektname**: Diese Spalten geben das Kundenentwicklungsobjekt an.
- **Zuletzt verwendet**: Hier finden Sie das Datum des letzten Protokolleintrags in der Nutzungsstatistik. Diese Spalte kann auch leer sein.
- **Lebenszyklusstatus**: Gibt den Status des Objekts im Hinblick auf eine potenzielle Löschung bzw. eine Wartezeit an.
- **Zuletzt geändert am/von**: Hier erkennen Sie, wann der letzte Eingriff an diesem Objekt durch einen Entwickler stattgefunden hat.
- **Ausschlusslisten-Monitor-Status**: An diesem Status erkennen Sie, ob sich das Objekt in der Ausschlussliste befindet. In diesem Fall wird ein grünes Icon dargestellt.

[»]

Zeitpunkt der Analyse

Im Laufe der Zeit können sich die Attribute zur Nutzung eines Objekts natürlich ändern. Deshalb ist es wichtig, die Analyse möglichst frühzeitig, idealerweise 13 Monate vor der Migration nach SAP S/4HANA, zu starten. Berücksichtigt werden muss auch, dass nach der Identifikation der Löschkandidaten idealerweise eine ausreichend lange Wartezeit zur Beobachtung eingehalten werden sollte, sodass man sich sicher sein kann, dass wirklich keine weitere Nutzung stattfindet. Aber auch, falls weniger Zeit zur Verfügung steht, ist die Analyse trotzdem wertvoll, da sie Löschkandidaten komfortabel identifiziert.

Statusermittlung

Initial erhalten alle Objekte den Status **Empfohlen für Stilllegung**. Dieser Status kann (auch massenhaft für alle markierten Objekte über den Button **Status setzen**) umgestellt werden. Um die Wartezeit für ein bestimmtes Objekt zu aktivieren, wählen Sie den Status **Identifiz. u. wartend**. Über den Status **Genehmigung ablehnen** können Sie auch einzelne Objekte aus der Analyse entfernen, wenn Sie sicher sind, dass die Objekte noch benötigt werden.

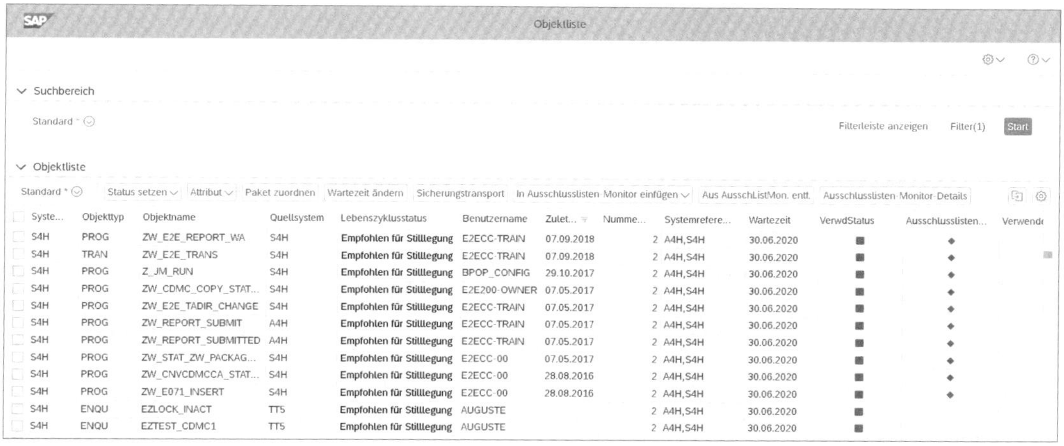

Objektliste

Suchbereich

Standard *

Filterleiste anzeigen Filter(1) Start

Objektliste

Standard * | Status setzen | Attribut | Paket zuordnen | Wartezeit ändern | Sicherungstransport | In Ausschlusslisten-Monitor einfügen | Aus AusschListMon. entf. | Ausschlusslisten-Monitor-Details

Syste...	Objekttyp	Objektname	Quellsystem	Lebenszyklusstatus	Benutzername	Zulet...	Numme...	Systemrefere...	Wartezeit	VerwdStatus	Ausschlusslisten...	Verwend
S4H	PROG	ZW_E2E_REPORT_WA	S4H	**Empfohlen für Stilllegung**	E2ECC-TRAIN	07.09.2018	2	A4H,S4H	30.06.2020			
S4H	TRAN	ZW_E2E_TRANS	S4H	**Empfohlen für Stilllegung**	E2ECC-TRAIN	07.09.2018	2	A4H,S4H	30.06.2020			
S4H	PROG	Z_JM_RUN	S4H	**Empfohlen für Stilllegung**	BPOP_CONFIG	29.10.2017	2	A4H,S4H	30.06.2020			
S4H	PROG	ZW_CDMC_COPY_STAT...	S4H	**Empfohlen für Stilllegung**	E2E200-OWNER	07.05.2017	2	A4H,S4H	30.06.2020			
S4H	PROG	ZW_E2E_TADIR_CHANGE	S4H	**Empfohlen für Stilllegung**	E2ECC-TRAIN	07.05.2017	2	A4H,S4H	30.06.2020			
S4H	PROG	ZW_REPORT_SUBMIT	A4H	**Empfohlen für Stilllegung**	E2ECC-TRAIN	07.05.2017	2	A4H,S4H	30.06.2020			
S4H	PROG	ZW_REPORT_SUBMITTED	A4H	**Empfohlen für Stilllegung**	E2ECC-TRAIN	07.05.2017	2	A4H,S4H	30.06.2020			
S4H	PROG	ZW_STAT_ZW_PACKAG...	S4H	**Empfohlen für Stilllegung**	E2ECC-00	07.05.2017	2	A4H,S4H	30.06.2020			
S4H	PROG	ZW_CNVCDMCCA_STAT...	S4H	**Empfohlen für Stilllegung**	E2ECC-00	28.08.2016	2	A4H,S4H	30.06.2020			
S4H	PROG	ZW_E071_INSERT	S4H	**Empfohlen für Stilllegung**	E2ECC-00	28.08.2016	2	A4H,S4H	30.06.2020			
S4H	ENQU	EZLOCK_INACT	TT5	**Empfohlen für Stilllegung**	AUGUSTE		2	A4H,S4H	30.06.2020			
S4H	ENQU	EZTEST_CDMC1	TT5	**Empfohlen für Stilllegung**	AUGUSTE		2	A4H,S4H	30.06.2020			

Abbildung 3.14 Objektliste zu einer Stilllegungsanalyse

Verwendung innerhalb der Wartezeit

Es kann natürlich passieren, dass ein Objekt im Laufe der Wartezeit doch noch verwendet wird. Dies wird dann in der Objektliste mit einem roten Ampelsymbol und dem Datum der Verwendung angezeigt (siehe markierte Zeile in Abbildung 3.15). In einem solchen Fall müssen Sie entscheiden, ob Sie das Objekt behalten wollen und es aus der Analyseliste entfernen. Dazu sollten Sie z. B. abklären, ob die Verwendung versehentlich geschah (z. B. durch einen falsch eingegebenen Programmnamen). In diesem Fall belassen Sie das Objekt in der Liste.

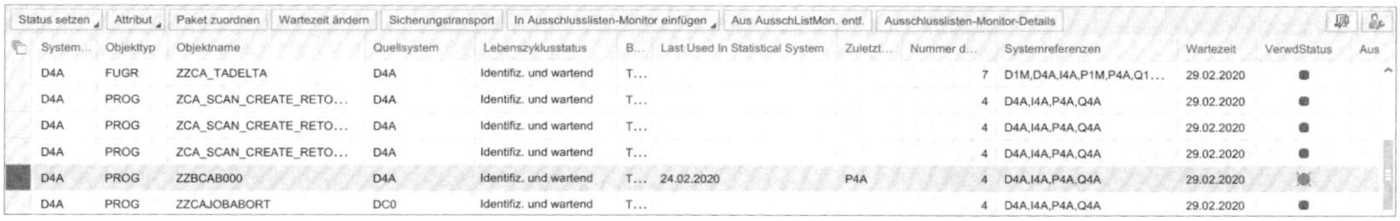

Status setzen | Attribut | Paket zuordnen | Wartezeit ändern | Sicherungstransport | In Ausschlusslisten-Monitor einfügen | Aus AusschListMon. entf. | Ausschlusslisten-Monitor-Details

System...	Objekttyp	Objektname	Quellsystem	Lebenszyklusstatus	B...	Last Used In Statistical System	Zuletzt...	Nummer d...	Systemreferenzen	Wartezeit	VerwdStatus	Aus
D4A	FUGR	ZZCA_TADELTA	D4A	Identifiz. und wartend	T...			7	D1M,D4A,I4A,P1M,P4A,Q1...	29.02.2020		
D4A	PROG	ZCA_SCAN_CREATE_RETO...	D4A	Identifiz. und wartend	T...			4	D4A,I4A,P4A,Q4A	29.02.2020		
D4A	PROG	ZCA_SCAN_CREATE_RETO...	D4A	Identifiz. und wartend	T...			4	D4A,I4A,P4A,Q4A	29.02.2020		
D4A	PROG	ZCA_SCAN_CREATE_RETO...	D4A	Identifiz. und wartend	T...			4	D4A,I4A,P4A,Q4A	29.02.2020		
D4A	PROG	ZZBCAB000	D4A	Identifiz. und wartend	T...	24.02.2020	P4A	4	D4A,I4A,P4A,Q4A	29.02.2020		
D4A	PROG	ZZCAJOBABORT	DC0	Identifiz. und wartend	T...			4	D4A,I4A,P4A,Q4A	29.02.2020		

Abbildung 3.15 Objektliste mit gefundener Verwendung

Weitere Funktionen der Objektliste sind die Zuordnung eines (anderen) Pakets, anderer Wartezeiten und einer Vielzahl von Attributen, wie z. B. Kommentaren zur Nutzung. Diese können Sie nutzen, um die Löschung der Objekte später besser steuern zu können.

3.3.3 Ausschlussliste verwenden

Ein Zwischenschritt innerhalb der Wartephase, der mehr Sicherheit bei der Bereinigung ungenutzter Objekte bietet, ist die Nutzung der Ausschlussliste (*Black List*). Damit werden Kundenentwicklungsobjekte in Quarantäne versetzt. Für diese Objekte wird ein gesondertes Quarantäne-Logging durchgeführt. Kommt es zu einer weiteren Nutzung der in Quarantäne befindlichen Objekte, kann wahlweise ein Kurzdump im protokollierten System durchgeführt werden.

Objekt hinzufügen

Um ein Objekt der Ausschlussliste hinzuzufügen, markieren Sie es in der Objektliste und wählen den Button **In Ausschlusslisten-Monitor einfügen** (siehe Abbildung 3.14). Dabei gibt es die beiden Unteroptionen **Protokollierung und Dump** und **Nur Protokollierung**. Die Protokollierung findet im jeweiligen System in der Tabelle SBLM_LOG bzw. SBLM_LOG2 statt, je nach Einstellung im System. Der Status wird an den SAP Solution Manager gesendet und dort in der Objektliste in der Spalte **Ausschlusslisten-Monitor** als Ampelsymbol angezeigt.

Details zu einem Objekt können Sie über den Button **Ausschlusslisten-Monitor-Details** anzeigen. Im Protokoll werden – wenn das Objekt tatsächlich gerufen wird – neben den Objektdaten ein Zeitstempel des Aufrufes, der aufrufende Benutzer und der Aufrufstack gespeichert (siehe Abbildung 3.16). Im Beispiel sehen Sie den Aufruf der Formroutine (VORGAENGE_ENDRUECKMELDEN), die im Kunden-Exit XWOC implementiert wurde.

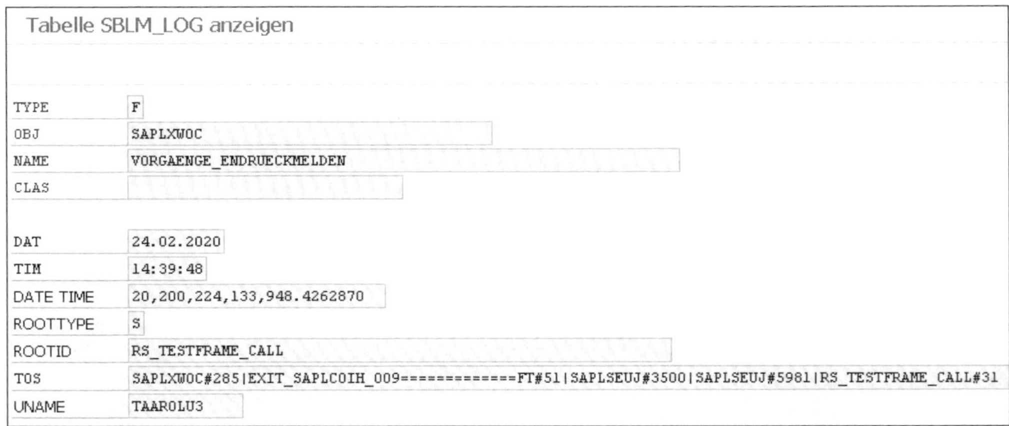

Tabelle SBLM_LOG anzeigen

TYPE	F
OBJ	SAPLXWOC
NAME	VORGAENGE_ENDRUECKMELDEN
CLAS	
DAT	24.02.2020
TIM	14:39:48
DATE TIME	20,200,224,133,948.4262870
ROOTTYPE	S
ROOTID	RS_TESTFRAME_CALL
TOS	SAPLXWOC#285|EXIT_SAPLCOIH_009============FT#51|SAPLSEUJ#3500|SAPLSEUJ#5981|RS_TESTFRAME_CALL#31
UNAME	TAAROLU3

Abbildung 3.16 Beispiel eines Eintrags im Protokoll der Ausschlussliste

Diese Informationen können bei der Analyse wichtig sein, wenn es sich um eine indirekt gerufene Funktion handelt. In der Ausschlussliste können neben Transaktionen und Programmen auch Bausteine wie Formroutinen, Funktionsbausteine oder Methoden, auch aus dem SAP-Standardnamensraum, registriert werden.

Protokollierung und Dump

Bei der Option **Protokollierung und Dump** wird der Aufruf des Objekts protokolliert und die entsprechende Anwendung abgebrochen. Dem Benutzer wird ein Kurzdump angezeigt (siehe Abbildung 3.17). Diese Option sollte man nur verwenden, wenn man sehr sicher ist, dass keine Nutzung mehr erfolgen soll, oder wenn die betreffende Funktionalität unbedingt gesperrt werden soll. Der Text im Dump ist für einen Anwender leider nicht sehr verständlich.

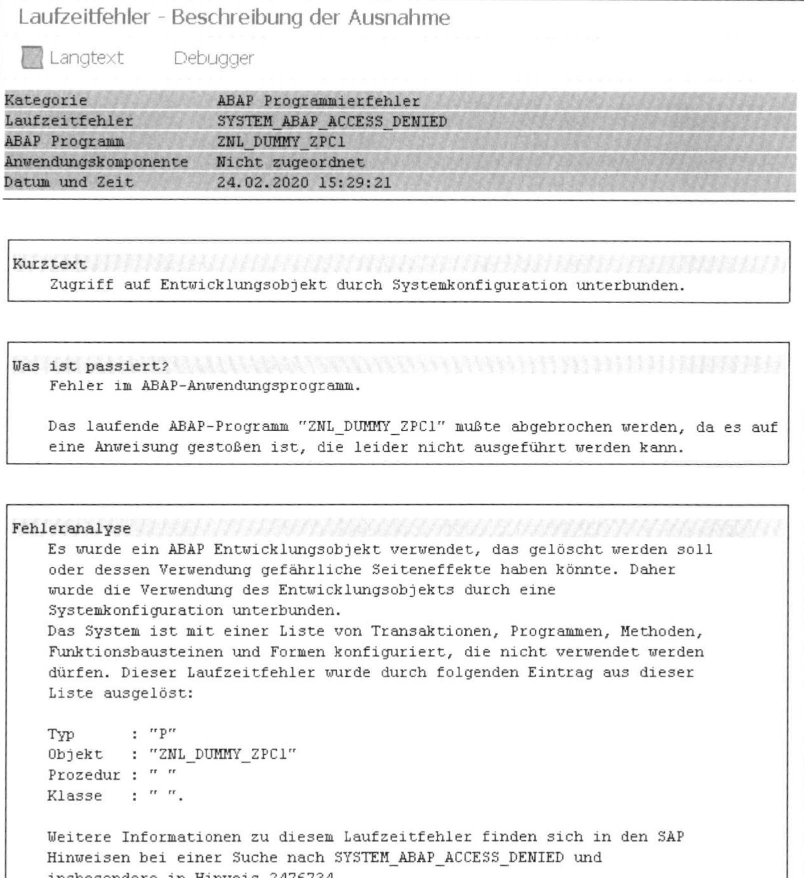
Laufzeitfehler - Beschreibung der Ausnahme

Langtext Debugger

Kategorie	ABAP Programmierfehler
Laufzeitfehler	SYSTEM_ABAP_ACCESS_DENIED
ABAP Programm	ZNL_DUMMY_ZPC1
Anwendungskomponente	Nicht zugeordnet
Datum und Zeit	24.02.2020 15:29:21

```
Kurztext
    Zugriff auf Entwicklungsobjekt durch Systemkonfiguration unterbunden.
```

```
Was ist passiert?
    Fehler im ABAP-Anwendungsprogramm.

    Das laufende ABAP-Programm "ZNL_DUMMY_ZPC1" mußte abgebrochen werden, da es auf
    eine Anweisung gestoßen ist, die leider nicht ausgeführt werden kann.
```

```
Fehleranalyse
    Es wurde ein ABAP Entwicklungsobjekt verwendet, das gelöscht werden soll
    oder dessen Verwendung gefährliche Seiteneffekte haben könnte. Daher
    wurde die Verwendung des Entwicklungsobjekts durch eine
    Systemkonfiguration unterbunden.
    Das System ist mit einer Liste von Transaktionen, Programmen, Methoden,
    Funktionsbausteinen und Formen konfiguriert, die nicht verwendet werden
    dürfen. Dieser Laufzeitfehler wurde durch folgenden Eintrag aus dieser
    Liste ausgelöst:

    Typ      : "P"
    Objekt   : "ZNL_DUMMY_ZPC1"
    Prozedur : " "
    Klasse   : " ".

    Weitere Informationen zu diesem Laufzeitfehler finden sich in den SAP
    Hinweisen bei einer Suche nach SYSTEM_ABAP_ACCESS_DENIED und
    insbesondere in Hinweis 2476734.
```

Abbildung 3.17 Dump eines im Ausschlusslisten-Monitor in Quarantäne gesetzten Objekts

[«]

Ausschlusslistenstatus lokal prüfen

Man kann den Status des Monitors und der Objekte lokal im SAP-ERP-System über die Transaktion SBLM_INTERNAL prüfen. Nehmen Sie hier jedoch keine Veränderungen vor, damit der SAP Solution Manager und das lokale System nicht auseinanderlaufen.

Manuelle Meldungsausgabe

Als Alternative zum Dump gibt es noch die Möglichkeit, eine Anweisung `MESSAGE TYPE a` mit einem aussagekräftigen Text in den Code des ABAP-Objekts einzubauen. Nach der Ausgabe der so definierten Nachricht erfolgen ein `ROLLBACK WORK` und der Abbruch des Programms. Diese Nachrichtenausgabe muss allerdings manuell geschehen und erfordert eine kleine Codeanpassung in den auszuschließenden Programmen.

3.3.4 Vormerkung zur Löschung

Wenn Sie nach Ablauf der Wartezeit sicher sind, dass ein Objekt nicht mehr gebraucht wird, kann es gelöscht werden. Dazu kann zunächst ein Sicherungstransport erstellt werden, was über die Objektliste geschehen kann. Die Löschung muss manuell durchgeführt werden, der Transport dient der Sammlung der Objekte im Sinne einer Vormerkung. Hilfestellung bei diesem Vorgang gibt Ihnen Abschnitt 3.5.4, »Löschen von Objekten«.

Der Status der Objekte wird nach der Vormerkung zur Löschung in der Objektliste der Analyse automatisch angepasst.

3.4 Die App »Custom Code Migration«

Die App *Custom Code Migration* (CCM-App) integriert die Nutzungsstatistiken für das Scoping, das heißt zur Bestimmung der nach einer SAP-S/4HANA-Migration weiterhin relevanten und der zu löschenden Kundenentwicklungsobjekte.

Quelle der Nutzungsstatistiken

Diese Nutzungsstatistiken stammen direkt aus dem ABAP Call Monitor oder dem SAP Solution Manager, der die Daten des ABAP Call Monitors oder des UPL im zu analysierenden System gesammelt hat (siehe Abbildung 3.18).

Im Fall der Verwendung der ABAP-Call-Monitor-Statistiken ohne SAP Solution Manager müssen diese, wie in Abschnitt 3.2.2, »ABAP Call Monitor«, beschrieben, über die Transaktion SUSG in Snapshots zusammengefasst werden. Die Snapshots können dann in der App ausgewählt und im Migrationsprojekt genutzt werden. Wie Sie ein Migrationsprojekt in der App anlegen, erfahren Sie in Abschnitt 4.6.2, »Migrationsprojekt einrichten«.

Bereitstellung der App

Es gibt zwei Möglichkeiten, die App zu nutzen:

- über die SAP Cloud Platform
- über ein SAP-S/4HANA-System mit dem Releasestand 1809 oder höher

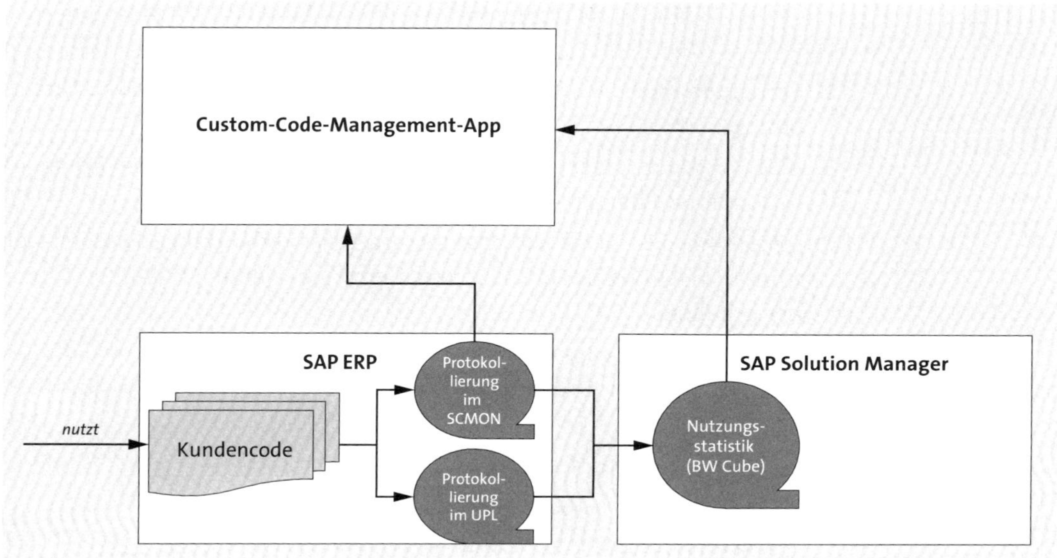

Abbildung 3.18 Mögliche Auswertungswege der Protokollierung vom Benutzer bis zur CCM-App

Abbildung 3.19 zeigt die Kachel zum Aufruf der App im SAP Fiori Launchpad. In einem deutschsprachigen SAP-S/4HANA-System trägt sie den Namen »Migration der Eigenentwicklungen«.

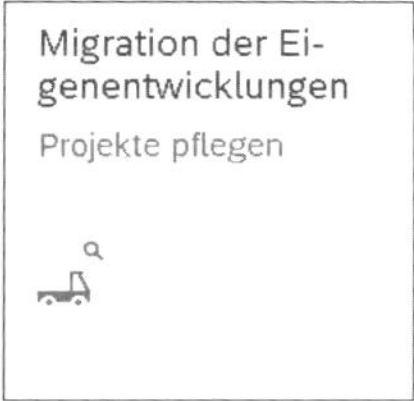

Abbildung 3.19 Die App »Custom Code Migration« zur Migration der Eigenentwicklungen im SAP Fiori Launchpad

3.4.1 Aktivieren der App auf der SAP Cloud Platform

Die Aktivierung der App in einem SAP-S/4HANA-System setzt voraus, dass man bereits ein Sandbox-System nach SAP S/4HANA migriert oder ein leeres SAP-S/4HANA-System (mindestens Release 1809) zur Verfügung hat. Über die SAP Cloud Platform können Sie die App auch bereits vor Beginn des Migrationsprojekts nutzen. Der Vorteil der Nutzung der CCM-App in der Cloud besteht darin, dass die App immer den neuesten Stand hat.

Zum Aktivieren der CCM-App auf der SAP Cloud Platform sind folgende Schritte erforderlich:

1. Einrichten eines Accounts für die Cloud-Foundry- und die Neo-Umgebung der SAP Cloud Platform
2. Aktivieren der kostenpflichtigen *SAP Cloud Platform, ABAP Environment* in der Cloud-Foundry-Umgebung.
3. Einrichten des Cloud Connectors, um eine Verbindung zwischen der ABAP-Umgebung in der Cloud und dem zu prüfenden SAP-ERP-System herzustellen
4. Einrichten der *Communication Arrangements*, also Aktivierung der Integration zwischen Ihrem System und der SAP Cloud Platform für diese Szenarien:
   - Cloud Connector Integration (SAP_COM_0200)
   - Destination Service Integration (SAP_COM_0276)
   - Custom Code Migration Integration (SAP_COM_0464)
5. Einrichten des RFC-Stubs, das heißt einer RFC-fähigen zusätzlichen Funktion zur Ermöglichung des Zugriffs von außen, im zu analysierenden SAP-ERP-System (siehe auch SAP-Hinweis 2599695)
6. Pflege der Rolle `SAP_BR_IT_PROJECT_MANAGER` in der ABAP-Umgebung, damit die App im SAP Fiori Launchpad des zugeordneten Benutzers aktiviert wird

[»]

Anleitung zur Einrichtung der CCM-App auf der SAP Cloud Platform
Weitere Details und aktuelle Anleitungen zu diesen Installationsschritten finden Sie unter folgender URL im SAP Help Portal: *http://s-prs.de/v763213*

3.4.2 Verwendungsprotokollierung auswerten

Verwendungsdaten einbinden

Nachdem Sie ein Migrationsprojekt (siehe Abschnitt 4.6.2) erstellt haben, können Sie die Verwendungsdaten in die CCM-App einbinden. Legen Sie dazu auf der Registerkarte **Verwendungsdaten** eine neue **Verwendungskonfiguration** an (siehe Abbildung 3.20). Dazu wählen Sie über die Eingabehilfe in der gleichnamigen Spalte eine **Destination für Verwendung** aus. Diese entspricht in der Regel der Destination, die in den Kopfdaten des Analyseprojekts bei Verwendung der Daten aus dem ABAP Call Monitor oder aus dem SAP Solution Manager angegeben wurde. Gepflegt werden diese Destinationen in der Konfiguration des ABAP Test Cockpits (ATC) im Bereich **Objekt-Provider • RFC-Objekt-Provider** (siehe Abschnitt 4.2.2, »ATC-Prüfsystem einrichten«).

In der Spalte **VerwendBeschreib.** wählen Sie eine Verwendungsbeschreibung aus. Nutzen Sie auch hier am besten die Wertehilfe.

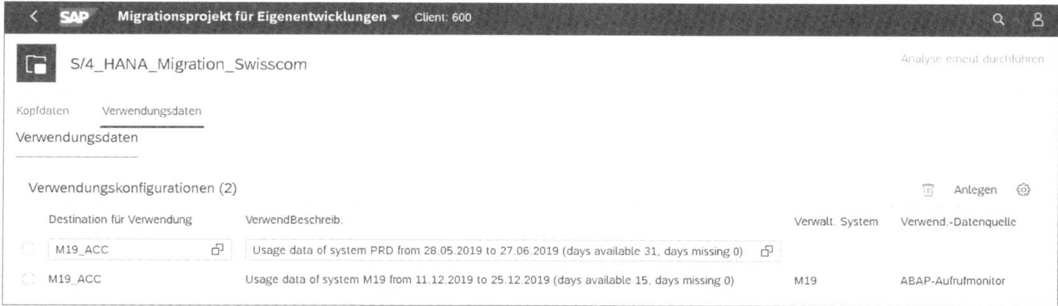

Abbildung 3.20 Auswahl der Verwendungsdaten für ein Migrationsprojekt der CCM-App

Übersicht des Scopings

Standardmäßig sind alle direkt in den Nutzungsstatistiken auffindbaren Kundenobjekte (aller Kundennamensräume), deren verwendete Objekte sowie Objekte ohne Statistik, wie z. B. Datenbanktabellen, in den Verwendungsdaten enthalten. Manuell können Sie zusätzliche Informationen über die zukünftige Nutzung Ihrer Kundenobjekte einfließen lassen. Diese Informationen können einerseits aus Planungsdokumenten oder andererseits kundeneigenen Nutzungsstatistiken stammen. Wenn Sie die Nutzung definiert und gesichert haben, sind die Aktivitäten des Bildbereichs **Projekt** abgeschlossen, und Sie können in den nächsten Bereich **Scope** wechseln (siehe Abbildung 3.21).

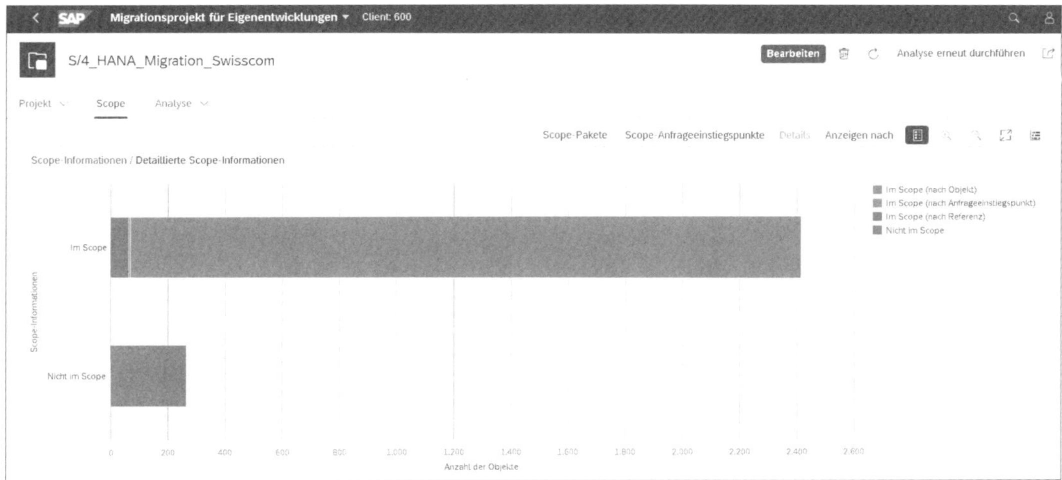

Abbildung 3.21 Scope-Übersicht zum Migrationsprojekt

Um den Scope zu editieren, wählen Sie einzelne **Scope-Pakete** oder **Scope-Anfrageeinstiegspunkte** aus:

- Nach dem Klick auf den Link **Scope-Pakete** erhalten Sie eine bearbeitbare Liste der Pakete, die aktuell im Scope enhalten sind. Zu Beginn ist das der Default-Scope.
- Mit dem Klick auf den Link **Scope-Anfrageeinstiegspunkte** werden Ihnen diese Einstiegspunkte angezeigt und können auch gepflegt werden. Dabei handelt es sich letztlich um die Startobjekte (Objektname und Aufrufkontext) der Aufzeichnungen im ABAP Call Monitor.

Sowohl die Liste der Pakete als auch die der Anfrageeinstiegspunkte kann so editiert werden (siehe Abbildung 3.22). Damit können Sie fehlende Objekte nachtragen oder Objekte, die zukünftig sicher nicht mehr benötigt werden, aus dem Migrationsumfang entfernen.

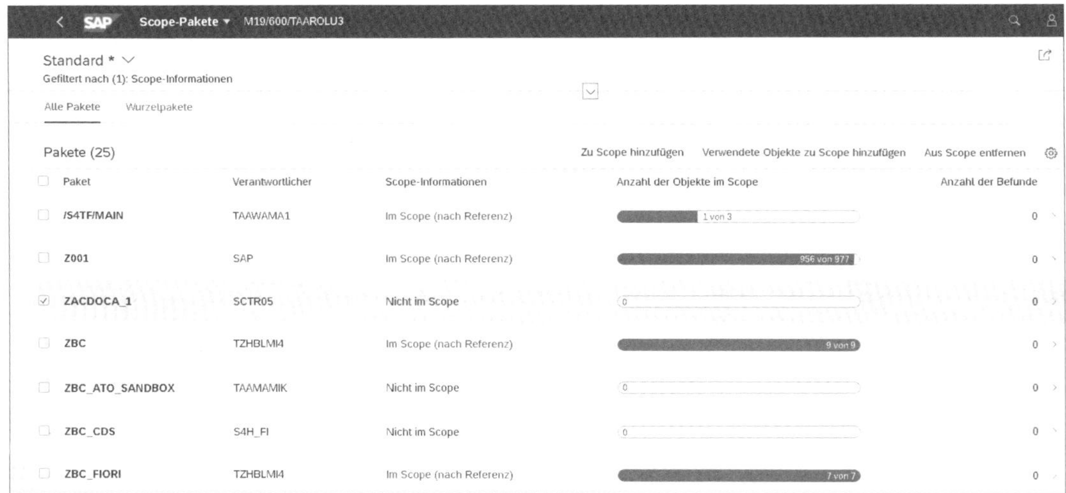

Abbildung 3.22 Detailsicht der Pakete im Scope

3.5 Manuelle Auswertung der Verwendung kundeneigener Objekte

Falls man die Löschung nicht mehr verwendeter Objekte nicht automatisiert durch die CCM-App oder das Custom Code Lifecycle Management (CCLM) im SAP Solution Manager durchführen kann, müssen die Objekte manuell identifiziert und dann archiviert oder gelöscht werden. Da dies bei einer Vielzahl von Objekten sehr aufwendig und umfangreich werden kann, ist es sinnvoll, eine Priorisierung vorzunehmen. Ziel ist dabei, die Anpassungsaufwände nach der Umstellung auf SAP S/4HANA möglichst stark zu reduzieren. Das neue System soll möglichst sauber starten, das heißt insbesondere Erweiterungen (User Exits, Appends usw.) sollte man nur dann mitnehmen, wenn sie noch benötigt werden.

3.5.1 Priorisierung der zu löschenden Objekte

Löschobjekte mit großem Einspareffekt

Das Resultat der Verwendungsprotokollierung und auch der Befragung von Modulexperten sind in der Regel lange Listen von Entwicklungsobjekten, die Kandidaten für die Löschung bzw. Nicht-Migration nach SAP S/4HANA sind. Die darin aufgeführten Entwicklungsobjekttypen sind aber im Kontext der SAP-S/4HANA-Migration nicht alle gleich wichtig. Ihre Löschung hat nicht unbedingt die gleichen Auswirkungen bzw. den gleichen Nutzen. Die Löschung eines Reports mit vielen Zeilen ABAP-Coding bringt beispielsweise einen größeren Einspareffekt bei der nachfolgenden Custom-Code-Anpassung als die Löschung eines einzelnen Datenelements. Objekte mit ABAP-Quelltext sollten Sie daher als Erstes betrachten.

Kategorisierung der Objekte

Bei der Durchführung der Löschungen bzw. der Auswahl der nicht mehr benötigten Objekte ist es zweckmäßig, die Kundenobjekte wie folgt zu gruppieren:

- **Startobjekte, die der Anwender aufruft (Transaktionen, Reports, Webapplikationen)**
  Diese Objekte werden direkt vom Anwender aufgerufen. Hier können die Erkenntnisse aus den technischen Verwendungsstatistiken gut mit Expertenwissen kombiniert werden. Die Anwenderobjekte sind meist auch Bestandteil von Prozessdefinitionen (z. B. Faktura prüfen und freigeben – Report ZFKV0000) und damit auch direkt von der SAP-S/4HANA-Migration betroffen. Je nach Verfügbarkeit kann es sein, dass das Projektteam entscheidet, das Objekt durch eine alternative SAP-Fiori-App zu ersetzen.

  Versuchen Sie, fachlich möglichst genau abzuklären, welche dieser Objekte in SAP S/4HANA wirklich noch benötigt werden. Die im Ergebnis erstellte Liste der zu löschenden Objekte kann dann als Startpunkt für die Identifikation weiterer indirekt verwendeter Objekte dienen (z. B. Unterprogramme oder ABAP-Dictionary-Strukturen), die ebenfalls gelöscht werden können, wenn sie nur durch das zu löschende Anwenderobjekt verwendet werden (siehe auch Abschnitt 3.5.2, »Bestimmung indirekter Verwendungen«).

- **Startobjekte, die über Schnittstellen aufgerufen werden (RFC, OData, Webservices)**
  In dieser Kategorie prüfen Sie, welche Schnittstellen zu anderen Systemen oder Applikationen noch benötigt werden. Manche Schnittstellenreports sind vielleicht obsolet, weil es in SAP S/4HANA neue Datenstrukturen zu versorgen gilt, oder es ändert sich die Partnerbeziehung bei einer Landschaftstransformation. Auch hier gilt, dass die Liste der zu löschenden Schnittstellen Startpunkt für gegebenenfalls weitere, indirekte verwendete Objekte entlang der Aufrufkette ist (siehe auch Abschnitt 3.5.2, »Bestimmung indirekter Verwendungen«).
- **Datenbankerweiterungen**
  Besonderes Augenmerk sollte auf Erweiterungen von Datenbanktabellen (Append-Strukturen, Customizing-Includes usw.) gelegt werden. Erweiterungen an der Datenbank sind später nur sehr mühsam wieder löschbar. Im Allgemeinen führt dies zu einer Datenbankumsetzung und gegebenenfalls einem Systemabbruch. Deshalb sollten sie nur dann wieder in SAP S/4HANA eingerichtet werden, wenn sie wirklich noch benötigt werden und wenn die entsprechende Tabelle nicht obsolet ist. Die Analyse dieser Objekte sollte manuell und gemeinsam mit den Verantwortlichen für die Prozesse durchgeführt werden, aus denen auf die jeweiligen Datenbanktabellen zugegriffen wird.
- **User Exits und Erweiterungen am SAP-Standard**
  Viele Entwicklungen sind keine komplett unabhängigen Eigenentwicklungen, sondern erweitern direkt ein SAP-Standardobjekt um kundeneigenen Code. Prüfen Sie, ob diese Erweiterungen noch benötigt werden bzw. ob sie im gleichen Umfang wie im SAP-ERP-Systems weiter bestehen sollen. Insbesondere der Umfang der auf Include-Technik basierenden klassischen Codeerweiterungen (zu finden in der Transaktion CMOD) ist in vielen Kundensystemen im Laufe der Jahre stark angewachsen. Den Umstieg auf SAP S/4HANA kann man zu einer Bereinigung, Löschung nicht mehr benötigter Codeteile und damit saubererem Coding nutzen.

Einstieg per Paket

Wenn für Ihre Eigenentwicklungen pro Anwendung jeweils Pakete angelegt wurden, ist es einfacher, den Kontext einer Anwendung, das heißt die zugehörigen Entwicklungsobjekte, zu bestimmen. Im besten Fall kann ein ganzes Paket mit allen Objekten gelöscht werden, wenn die Anwendung außer Betrieb geht. Dies gilt natürlich nur, wenn diese Objekte nicht von anderen Paketen genutzt werden.

3.5.2 Bestimmung indirekter Verwendungen

Wenn Sie – besonders bei manuellen und vom Geschäftsprozess ausgehenden Analysen – hauptsächlich die Anwenderobjekte, also Transaktionen oder Reports, kennen, die nicht mehr benötigt werden, stellt sich die Frage, welche indirekt verwendeten Objekte man ebenfalls löschen kann. Mit indirekt verwendeten Objekten sind z. B. Funktionsbausteine gemeint, die nur von dem zu löschenden Anwenderobjekt verwendet werden.

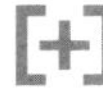

Nicht nur Kopfobjekte löschen

Außer bei kleineren Reports ist es sehr wichtig, nicht nur das Startobjekt zu löschen, sondern möglichst viele der intern exklusiv genutzten Bausteine, z. B. Klassen oder Funktionsgruppen. Dies führt zu einer signifikanten Reduktion des Aufwands bei der Custom-Code-Anpassung.

Manuelle Analyse

Die dazu erforderliche manuelle Analyse können Sie wie folgt durchführen:

1. Zur Umfeldermittlung für ein Startobjekt starten Sie die Transaktion SE84 (*Repository-Infosystem*).
2. Selektieren Sie aus der Baumstruktur links Ihren Objekttyp, z. B. **Repository-Infosystem • Programmbibliothek • Programme**.
3. Öffnen Sie mit der rechten Maustaste das Kontextmenü, und wählen Sie den Eintrag **Umfeldermittlung**.
4. Im nachfolgenden Bild können Sie ein Startobjekt wählen und die zu suchenden Objekttypen aus dem Umfeld eingrenzen (siehe Abbildung 3.23). Den **Suchbereich** sollten Sie über den gleichnamigen Button auf Kundenpakete einschränken, da ja nur diese im Fokus Ihrer Analyse stehen.
5. Als Resultat erhalten Sie eine Liste der verwendeten Umfeldobjekte.
6. Für alle diese Kundenobjekte prüfen Sie nun per **Verwendungsnachweis**, ob es außer dem Startobjekt noch einen anderen Verwender gibt. Dazu gibt es in der Ergebnisliste einen entsprechenden Button, den Sie allerdings nur einzeln für ein Objekt nach dem anderen auswählen können.
7. Wenn der Verwendungsnachweis nur das Startobjekt findet, kann das indirekt ermittelte Objekt ebenfalls gelöscht werden.

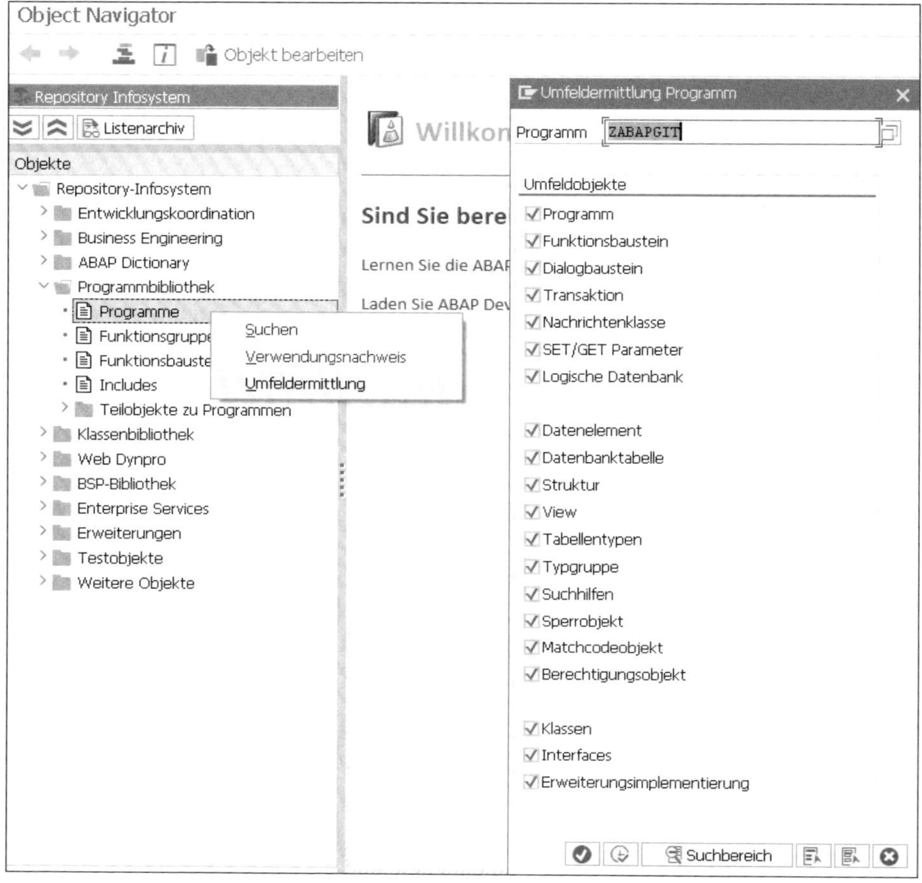

Abbildung 3.23 Umfeldermittlung eines Entwicklungsobjekts

Automatisierung mittels Report

Dieses manuelle Vorgehen ist ziemlich aufwendig. Man kann diese Analyse aber auf Basis der Standardfunktionsbausteine REPOSITORY_ENVIRONMENT_ALL und RS_EU_CROSSREF automatisieren, wie in Listing 3.2 beispielhaft dargestellt.

```
REPORT zs4tfusage.
* Objekte, die von einem Startobjekt verwendet werden, für Löschanalyse

DATA: lt_result TYPE senvi_tab,
      lv_result TYPE LINE OF senvi_tab,
      lt_find   TYPE TABLE OF tadir-obj_name,
      lv_hits   TYPE sy-tabix,
      lv_object TYPE euobj-id,
      lt_find_x TYPE TABLE OF rsfindlst.
```

```
PARAMETERS: p_objtyp TYPE euobj-id OBLIGATORY DEFAULT 'PROG',
            p_objnam TYPE tadir-obj_name OBLIGATORY.

SELECT-OPTIONS: s_muster FOR lv_result-devclass DEFAULT 'Z*' OPTION CP.

* Umgebungsanalyse
CALL FUNCTION 'REPOSITORY_ENVIRONMENT_ALL'
  EXPORTING
    obj_type        = p_objtyp
    object_name     = p_objnam
    deep            = '1'
  TABLES
    environment_tab = lt_result.

LOOP AT lt_result ASSIGNING FIELD-SYMBOL(<f_res>) WHERE object IN
s_muster.
  CLEAR: lt_find[], lt_find_x[] .
  APPEND <f_res>-object TO lt_find.
* Verwendungsanalyse
  CALL FUNCTION 'RS_EU_CROSSREF'
    EXPORTING
      i_find_obj_cls                = <f_res>-type
      no_dialog                     = 'X'
      expand_source_in_batch_mode   = ' '
      expand_source_in_online_mode  = ' '
      without_text                  = 'X'
    IMPORTING
      o_hits                        = lv_hits
    TABLES
      i_findstrings                 = lt_find
      o_founds                      = lt_find_x.

  IF lv_hits = 1  .
    WRITE: /  <f_res>-type(10), <f_res>-object(30) .
  ENDIF.
ENDLOOP.
```

Listing 3.2 Ermittlung exklusiv verwendeter Objekte als Löschkandidaten

Der Report verlangt als Eingabe den Startobjekttypen, den Startobjektnamen und den Suchnamensraum, also normalerweise Y* oder Z*. Er ermittelt das Umfeld des Startobjekts. Für jedes der gefundenen Umfeldobjekte wird geschaut, ob es noch andere Verwender als das Startobjekt gibt. Ist das nicht der Fall (exklusive Nutzung), wird das Startobjekt als Löschkandidat aufgelistet. Es findet in diesem einfachen Beispiel keine rekursive Auswertung statt.

3.5.3 Archivierung einer Kopie der zu löschenden Objekte

Bevor Sie ein Objekt wirklich aus dem System löschen, wird empfohlen, eine Kopie des zu löschenden Objekts anzulegen. Dies geschieht für den Fall, dass man dieses Objekt doch noch benötigt und wieder anlegen (nachmigrieren) muss.

Für die Archivierung gibt es verschiedene Möglichkeiten, die wir im Folgenden vorstellen.

Archivierung mit abapGit

abapGit

Git ist ein online verfügbares Software-Versionierungstool, das außerhalb der SAP-Welt sehr verbreitet ist. Im Zuge der neuen Anwendungen, wie z. B. SAP-Fiori-Apps, und der Möglichkeit, ABAP auch auf der SAP Cloud Platform zu entwickeln, entstand auch ein Konnektor zwischen ABAP-Systemen und Git, der *abapGit* genannt wird. Zur Nutzung von abapGit muss ein Benutzer in einem *GitHub* (z.B. *https://github.com/*) erstellt werden und der Report ZABAPGIT auf dem SAP-Entwicklungssystem installiert und ausgeführt werden (siehe *https://docs.abapgit.org/* für Details zur Installation). GitHub ist eine webbasierte standardisierte Anwendung zur Ablage von Coding und anderen Dateien.

Die Archivierung über abapGit wird von SAP empfohlen und ist auch am praktischsten. Alle Objekte, also auch ABAP-Dictionary-Objekte, Berechtigungsobjekte, Dynpros usw., werden dabei als XML- und ABAP-Code (Textdatei) exportiert. Abbildung 3.24 zeigt die Darstellung eines ABAP-Reports in einem GitHub.

Vorteile des GitHub-Ansatzes

Damit können die Objekte einzeln wiederhergestellt und vor allem komfortabel im Browser gesucht werden. Die Suchfunktion im Github erlaubt sogar eine Volltextsuche nach Zeichenketten im Code. Der GitHub-Ansatz eignet sich ebenfalls, wenn ABAP-Entwicklungen in der Cloud geplant werden und eventuell bereits ein GitHub genutzt wird (z. B. für SAP-Fiori-Entwicklungen).

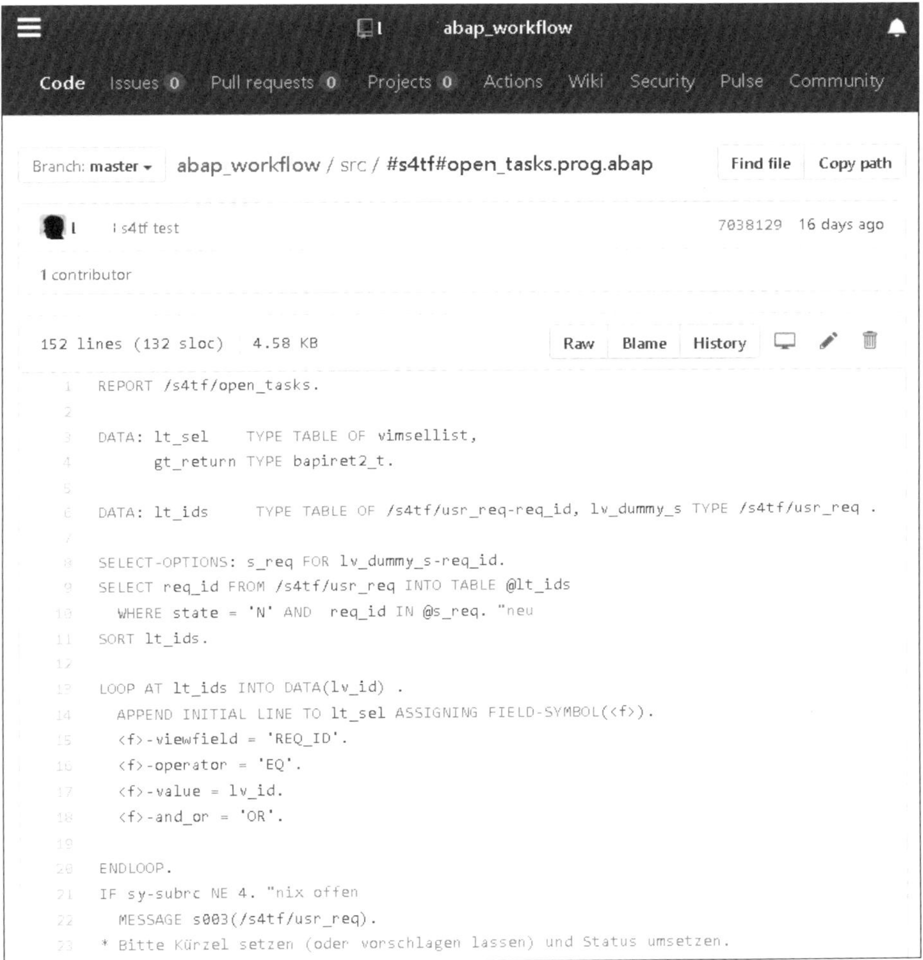

Abbildung 3.24 Beispiel eines ABAP-Reports im GitHub

Die Objekte können in abapGit auch nur lokal, z. B. als ZIP-Archiv, heruntergeladen werden, wenn man sie nicht dauerhaft in einem GitHub archivieren möchte. Dazu muss man ein sogenanntes *Offline-Projekt* erstellen und kann die Objekte dann exportieren (siehe Abbildung 3.25).

Ein Nachteil von abapGit ist, dass nur ganze Pakete archiviert bzw. transferiert werden können. Das kann dazu führen, dass man erst Objekte in neue Pakete umhängen muss, bevor die Archivierung erfolgen kann.

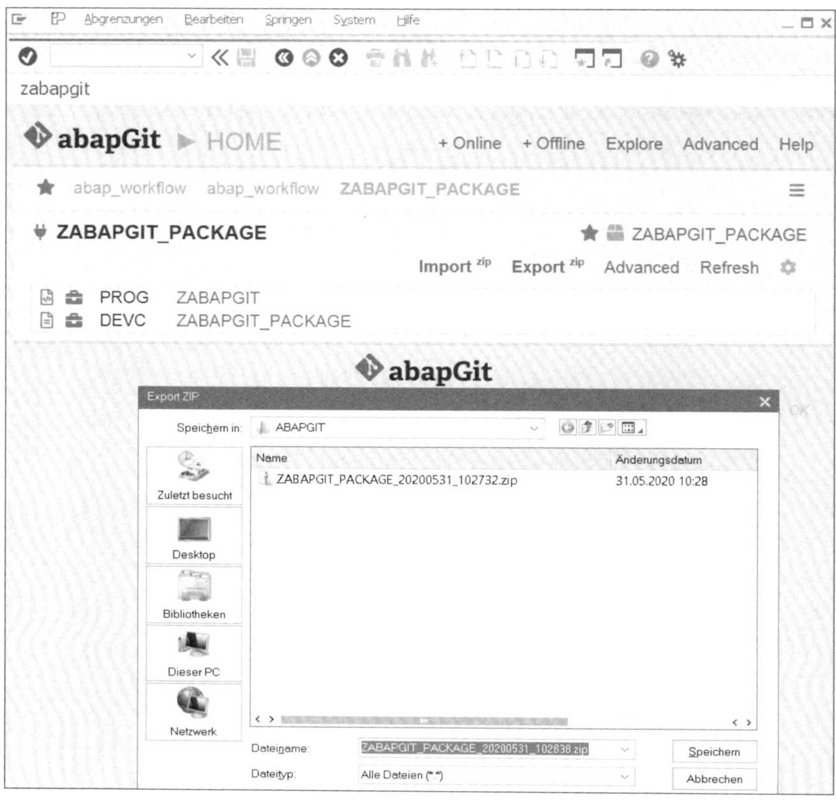

Abbildung 3.25 ZIP-Archiv-Export in abapGit

Weitere Archivierungsmöglichkeiten

Weitere Tools

Neben der Archivierung mit abapGit gibt es noch weitere Archivierungsmöglichkeiten:

- **Export einer Kopie des Auftrags im Transport Organizer**
  Der Export einer Transportauftragskopie in Transaktion SE09 ist am einfachsten ausführbar, allerdings ist das Resultat nur vollständig wieder importierbar (keine einzelnen Objekte), und der Export ist nicht direkt lesbar.
- **Nutzung anderer Exporttools**
  Als weiteres Exportwerkzeug kann z. B. *SAPlink* genutzt werden (*http://s-prs.de/v763214*). SAPlink exportiert die ABAP-Programmierobjekte als .nugg-Dateien (ein XML-Format), unterstützt allerdings nicht alle Objekttypen und wird nicht mehr weiterentwickelt.
- **Beibehaltung eines Read-only-Altsystems**
  Dies ist sicher die teuerste Alternative.

3.5.4 Löschen von Objekten

Am Ende der Bestimmung der relevanten Objekte für die SAP-S/4HANA-Migration steht die eigentliche Löschung der Objekte. Dieser Schritt ist nur erforderlich, wenn Sie die Systemkonvertierung Ihres SAP-ERP-Systems als Transformationsansatz wählen (also beim Brownfield-Ansatz).

Löschtransport

Wenn Sie die CCM-App nutzen (siehe Abschnitt 3.4, »Die App ›Custom Code Migration‹«), wird beim Szenario Systemkonvertierung ein *Löschtransport* erstellt, der dann automatisch im Software Update Manger (SUM) verwendet werden kann. Aus dem CCLM-Workcenter des SAP Solution Managers kann leider kein Löschtransport direkt erstellt werden.

Manuelle Löschung

Eine rein manuelle Löschung, dazu zählt auch das Mehrfachmarkieren von Objekten zur Löschung in der Transaktion SE80, ist sehr zeitintensiv. Sie hat aber den Vorteil, dass Sie Warnungen erhalten, wenn ein Objekt doch noch verwendet wird. Auf Basis der Objektliste aus dem CCLM können Sie wie folgt vorgehen, um die nicht mehr benötigten Objekte zu löschen:

1. Erstellen Sie in der Transaktion SE09 einen Transportauftrag vom Typ *Transport von Kopien*.
2. Fügen Sie Ihre Objekte per Copy & Paste oder über den Menüpfad **Auftrag/Aufgabe • Objektliste • Objekte aufnehmen ...** diesem Transportauftrag hinzu.
3. Stellen Sie den Typ auf **Löschtransport** um, und geben Sie den Auftrag frei. Dazu müssen Sie einen kleinen Report erstellen. Als Vorlage kann Ihnen Listing 3.3 dienen.

```
REPORT zs4tfdeltr.
* Ändern der Transportfunktion auf Löschtransport
DATA: e_code     TYPE  stpa-retcode,
      lt_stdout TYPE TABLE OF tpstdout.

PARAMETERS: p_trkorr TYPE trkorr OBLIGATORY.

" Aufruf zur Löschung kennzeichnen
UPDATE  e070
  SET     trfunction = 'L'
  WHERE   trkorr     = p_trkorr.

CALL FUNCTION 'TRINT_TP_INTERFACE'
  EXPORTING
    iv_tp_command         = 'R3E'
    iv_transport_request = p_trkorr
    iv_umodes             = '1'
```

```
    IMPORTING
      ev_tp_return_code      = e_code
    TABLES
      tt_stdout              = lt_stdout
    EXCEPTIONS
      OTHERS                 = 1.
  IF sy-subrc <> 0.
    MESSAGE ID sy-msgid TYPE sy-msgty NUMBER sy-msgno
            WITH sy-msgv1 sy-msgv2 sy-msgv3 sy-msgv4 RAISING
            error_occured.
  ENDIF.
  CALL FUNCTION 'RS_COMPLEX_OBJECT_DISPLAY'
    EXPORTING
      object_name = 'STDOUT'
      object      = lt_stdout.
```

Listing 3.3 Report zum Umstellen eines Transports von Kopien zu einem Löschtransport

4. Lassen Sie den Report mit Ihrem Transportauftrag laufen. Als Ergebnis erhalten Sie einen exportierten Löschauftrag, die Objekte sind aber noch nicht gelöscht.
5. Importieren Sie den Auftrag im selben System über die Transaktion STMS. Verwenden Sie dabei die folgenden Optionen beim Importieren des Transportauftrags:
   - Originale überschreiben
   - unzulässige Transportart ignorieren
   - Vorgängerbeziehungen ignorieren
   - nicht passende Komponentenversion ignorieren

Nun sind die Objekte tatsächlich gelöscht.

3.6 Zusammenfassung

Die Identifikation von Kundenentwicklungen, die im neuen SAP-S/4HANA-System nicht mehr benötigt werden, ist ein entscheidender Schritt zur Reduktion der Kosten des gesamten SAP-S/4HANA-Transformationsprojekts. Die nicht mehr benötigten Objekte müssen weder auf ihre Funktionsfähigkeit in SAP S/4HANA hin analysiert noch angepasst werden. Auch bei späteren Upgrades des SAP-S/4HANA-Systems müssen sie nicht mehr untersucht und gegebenenfalls angepasst werden.

Die Identifikation dieser Objekte kann entweder auf fachlicher Ebene unter Einbeziehung von Informationen zu (zukünftigen) Geschäftsprozessen erfolgen oder technisch durch die Protokollierung der von den Anwendern genutzten Komponenten. Die Protokollierung muss dazu mindestens 13 Monate lang aktiv sein, um sicherere Aussagen über die Verwendung treffen zu können. SAP stellt mit dem Usage and Produre Logging und dem ABAP Call Monitor Werkzeuge zur Verfügung, die wiederum als Basis für das Custom Code Lifecycle Management des SAP Solution Managers oder die Custom-Code-Migration-App dienen. Diese Tools erlauben die weitere Analyse, die Quarantäne und schließlich die Löschung der nicht mehr benötigten Objekte.

Kapitel 4

Analyse der erforderlichen Anpassungen

Die kundeneigenen Objekte, die nach SAP S/4HANA mitgenommen werden, werden noch im alten System mit Standardwerkzeugen wie dem ABAP Test Cockpit oder der Custom-Code-Migration-App analysiert. Das Resultat ist eine Liste der zu erwartenden Fehler und Probleme. Ein bedeutender Teil davon kann und sollte bereits vor der technischen Migration nach SAP S/4HANA bearbeitet werden.

In diesem Kapitel zeigen wir Ihnen, mit welchen SAP-Werkzeugen Sie den kundeneigenen Code im bestehenden SAP-ERP-System analysieren können. Wir stellen dar, wie Sie diese Werkzeuge konfigurieren und benutzen, die Ergebnisse der Analysen interpretieren und was dies für Auswirkungen auf die einzelnen Schritte der Custom-Code-Anpassung hat. Wir erläutern jeweils die Hintergründe der einzelnen Prüfungen im Rahmen der Analysen und zeigen Ihnen die grundsätzliche Vorgehensweise bei der Behebung der identifizierten Probleme. Neben den Werkzeugen, die eigens für die Codeanalyse bereitgestellt werden, wie dem ABAP Test Cockpit und der App *Custom Code Migration*, stellen wir noch weitere nützliche SAP-Tools vor. Eine Übersicht typischer Konstellationen in Kundensystemen, z. B. fremde Namensräume, rundet die Ausführungen dieses Kapitels ab.

4.1 Welche Tools helfen bei der Analyse?

Es gibt zwei grundsätzliche Möglichkeiten, die Detailanalyse der erforderlichen Anpassungen an den Eigenentwicklungen durchzuführen: die Nutzung der SAP-Fiori-App *Custom Code Migration* oder Prüfungen mit dem *ABAP Test Cockpit* (ATC). Die Basis beider Werkzeuge bilden die Prüfungen des *Code Inspectors* (Transaktion SCI), der die eigentlichen Analysen im Hintergrund ausführt.

ABAP Test Cockpit und Code Inspector

Das ATC wird generell von SAP als Analysetool für kundeneigene Entwicklungen empfohlen. Es greift auf den Code Inspector zu, der die einzelnen Prüfungen bereitstellt. Der Code Inspector erlaubt es, *Prüfvarianten* zur

Selektion einzelner Prüfungen und *Objektmengen* zur Eingrenzung und Auswahl des zu analysierenden kundeneigenen Codes (Custom Codes) zu definieren. Diese werden dann in sogenannten *Inspektionen* analysiert. Eine Inspektion ist also eine konkret durchgeführte Analyse zu einem bestimmten Codeumfang und einem bestimmten Zeitpunkt. Sie erzeugt eine Befundliste zu der Objektmenge (siehe Abbildung 4.1).

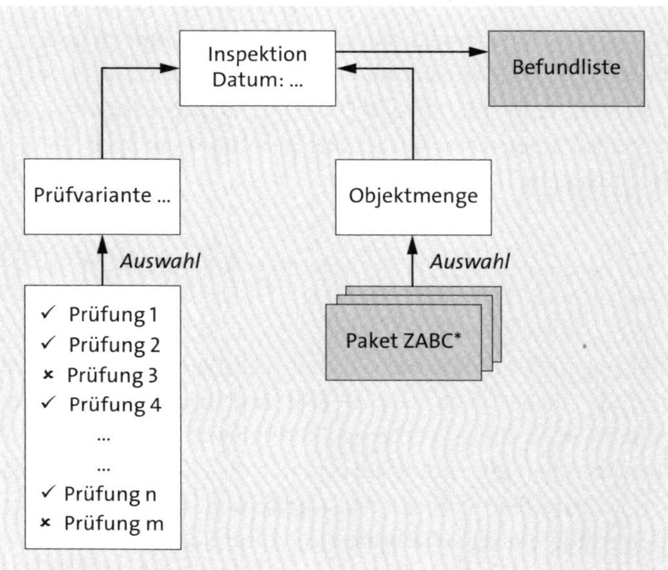

Abbildung 4.1 Arbeitsweise des Code Inspectors

Das ATC unterstützt die Qualitätssicherung und deren Zusammenspiel mit der Entwicklung. Beispielsweise kann ein vom Entwicklungssystem abweichendes Master- bzw. Konsolidierungssystem für Massentests definiert werden, dessen Prüfergebnisse systemlandschaftsübergreifend verteilt werden. Dies ist für SAP-Kunden mit mehreren Systemen, aber einem zentralen Entwicklungsteam interessant. Dazu bietet das ATC die Möglichkeit, Transportfreigaben zu steuern, verbunden mit der Option, *Befreiungen* und *Ausnahmen* zu definieren. Das bedeutet, dass bestimmte Befunde unterdrückt werden können, wenn dies aus speziellen Gründen gewünscht ist. Beispielsweise können mit solchen Befreiungen obsolete Entwicklungen oder nicht relevante Befunde bewusst ignoriert werden, wenn diese nach erfolgter Analyse für die Custom-Code-Migration nicht von Bedeutung sind.

Für die Custom-Code-Migration nach SAP S/4HANA kommt eine sehr wichtige Eigenschaft hinzu: Das ATC erlaubt es, Code aus anderen Systemen zu lesen und zu prüfen. Diese Eigenschaft ist essenziell, da die Prüfungen für die Custom-Code-Migration zusammen mit dem SAP-S/4HANA-

System ständig weiterentwickelt werden. Die Möglichkeit, über das ATC eine Prüfung für ein anderes System durchzuführen, ist nicht nur für die SAP-S/4HANA-Migration nützlich. Ein weiteres Szenario ist der Aufbau eines zentralen ATC-Systems für ganze Landschaften mit zentraler Steuerung und Auswertung der Testresultate.

CCM-App

Die App *Custom Code Migration* (CCM) ist ihrerseits wiederum ein Aufsatz für das ATC. Wie Sie im vorangegangenen Kapitel bereits erfahren haben, bietet sie die Möglichkeit, Nutzungsdaten für das Scoping zu integrieren. Die Ergebnisse des Scopings können – im Gegensatz zum ATC – in grafischen Übersichten dargestellt werden, die sich z. B. für eine Managementpräsentation eignen.

Die Analysemöglichkeiten in der App sind ebenfalls umfangreicher als im ATC. Neben den erweiterten Darstellungsoptionen gibt es beispielsweise Informationen zur Verfügbarkeit eines Quick Fixes zu einem Befund. Die Nutzungsdaten, die von der App direkt aus dem SAP-ERP-System oder indirekt über den SAP Solution Manager bezogen werden, können auch zum Löschen ungenutzter Objekte berücksichtigt werden (siehe Abbildung 4.2).

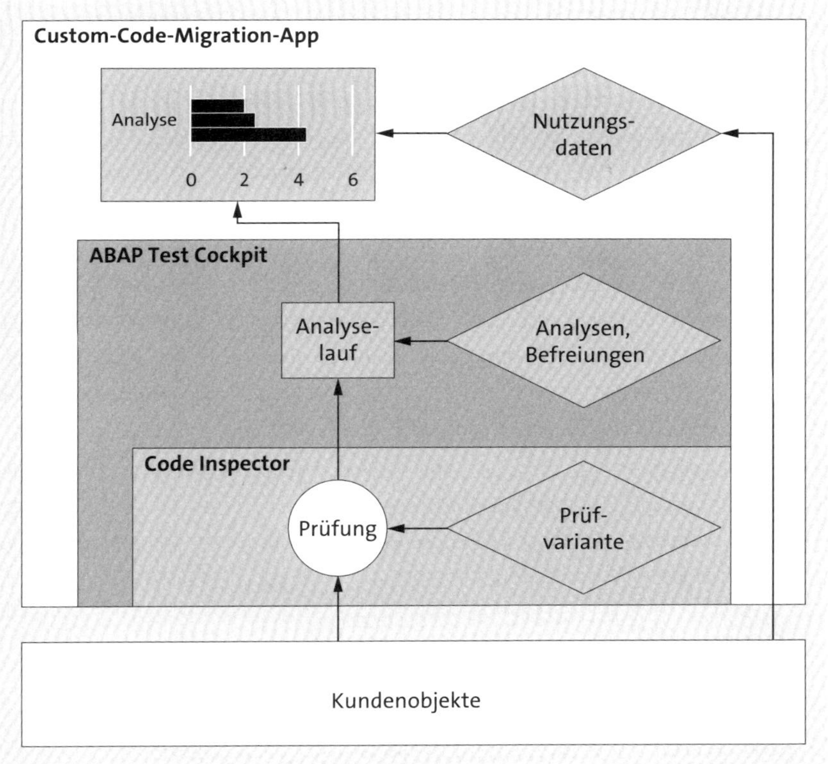

Abbildung 4.2 Zusammenspiel und Aufbau der Analysewerkzeuge

4.2 ABAP Test Cockpit

Das ATC erlaubt es, Prüfungen an kundeneigenen Entwicklungen durchzuführen und die Resultate übersichtlich zur Nachbearbeitung bereitzustellen. Wie schon erwähnt, kann das Cockpit Code aus anderen Systemen lesen und gegen Prüfvarianten prüfen, die lokal in dem System gespeichert sind, in dem das ATC installiert ist. Damit kann Code aus den alten SAP-ERP-Systemen auf bestimmte Eigenschaften hin überprüft werden, die für SAP S/4HANA relevant sind, auch wenn das betreffende Altsystem diese Eigenschaften noch gar nicht kennt. In das Altsystem muss keine zusätzliche Software eingespielt werden, die sich laufend ändert, wenn neue Prüfvarianten bereitgestellt werden.

Separates Testsystem

Das ATC wird dazu auf einem separaten Testsystem installiert, dem *ATC-Prüfsystem*. Dessen Basiskomponente muss mindestens auf dem Releasestand SAP NetWeaver 7.51 sein. Per Remote Function Call (RFC) werden die Kundenobjekte aus dem für die SAP-S/4HANA-Migration vorgesehenen Ausgangssystem in dieses Testsystem eingelesen. Dieser Ansatz ist ab dem Releasestand SAP NetWeaver 7.0 des zu prüfenden Systems möglich.

Systemlandschaft für das Prüfszenario

Es gibt mehrere Möglichkeiten, die Systemlandschaft für dieses Prüfszenario aufzusetzen:

- Die schnellste Variante ist es, die ATC-Checks im separaten ATC-Prüfsystem laufen zu lassen und dort auch die Ergebnisse darzustellen. Die Verbindung zu dem SAP-ERP-System, das in ein SAP-S/4HANA-System konvertiert werden soll, wird per RFC realisiert. Diese Variante beschreiben wir in den folgenden Abschnitten.
- Man kann die Resultate auch direkt in dem zu konvertierenden SAP-ERP-System darstellen, wenn dort eine *Referenzprüfvariante* konfiguriert wird. Diese zeigt auf die entsprechende Prüfvariante im ATC-Prüfsystem. Diese Variante beschreiben wir in Abschnitt 4.2.5, »Steuerung und Darstellung der Prüfresultate im SAP-ERP-System«.
- Wenn es nicht möglich ist, eine RFC-Verbindung einzurichten, gibt es die Möglichkeit, eine Kopie des Codings per *Filetransfer* in das ATC-Prüfsystem zu übertragen. Diese Möglichkeit beschreiben wir in Abschnitt 4.7, »Dateibasierte Werkzeuge«.

4.2.1 Vorbereitungen zur Nutzung des ABAP Test Cockpits

Um dem ATC-Prüfsystem den RFC-Lesezugriff auf das zu konvertierende SAP-ERP-System zu ermöglichen, muss einmalig ein sogenanntes *Objekt-Provider-Stub* im SAP-ERP-System eingespielt werden. Dieses kapselt die

Funktionalität für den externen Zugriff. Zusätzlich muss unter Umständen noch das ATC-Testsystem aktualisiert werden. Details zu den erforderlichen Releaseständen finden Sie in SAP-Sammelhinweis 2364916.

Vereinfachungsdatenbank

Damit die neuesten Prüfungen für die Kompatibilität mit SAP S/4HANA dem Kunden ohne großen Aufwand zur Verfügung gestellt werden können, stellt SAP diese in der Vereinfachungsdatenbank (Simplification Database) im SAP Software Download Center (*https://support.sap.com/swdc*) zur Verfügung (siehe auch SAP-Hinweis 2241080). Die Informationen der Vereinfachungsdatenbank steuern die Prüfungen des ATC bzw. halten diese aktuell (siehe Abbildung 4.3).

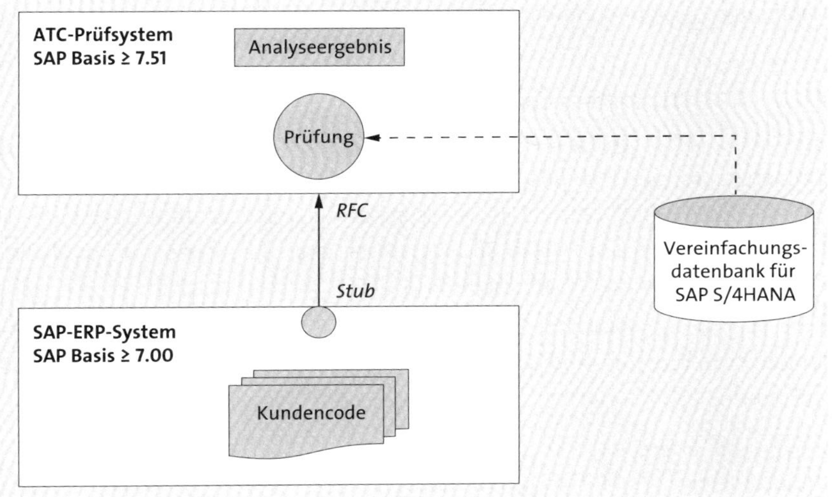

Abbildung 4.3 Architektur aus ATC-Prüfsystem, Vereinfachungsdatenbank und zu prüfendem SAP-ERP-System

Um die aktuelle Version der Vereinfachungsdatenbank herunterzuladen und zu installieren, gehen Sie wie folgt vor:

1. Suchen Sie im SAP Software Download Center unter der Rubrik **Software Downloads • Installation und Upgrades** die Komponente »CCMSIDB«.
2. Laden Sie die angegebene ZIP-Datei herunter.
3. Starten Sie im ATC-Prüfsystem die Transaktion SYCM.
4. Im Einstiegsbild **Vereinfachungsdatenbankinhalt anzeigen** wählen Sie im Menü den Pfad **Vereinfachungsdatenbank • Aus ZIP-Datei importieren** und selektieren die zuvor heruntergeladene ZIP-Datei (siehe Abbildung 4.4).

Abbildung 4.4 Import der Vereinfachungsdatenbank im ATC-Prüfsystem

4.2.2 ATC-Prüfsystem einrichten

RFC-Destination zum SAP-ERP-System

Als Nächstes richten Sie die RFC-Verbindung zwischen dem Prüfsystem und dem zu prüfenden SAP-ERP-System ein. Legen Sie dazu im ATC-Prüfsystem in Transaktion SM59 eine RFC-Destination für den Zugriff auf das zu prüfende System an. Über diese RFC-Destination wird später das zu analysierende Coding ins Prüfsystem gelesen.

ABAP Test Cockpit einrichten

Rufen Sie anschließend die Transaktion ATC im ATC-Prüfsystem auf. Sie gelangen zum Einstiegsbild des ATC mit allen verfügbaren Funktionen (siehe Abbildung 4.5).

Abbildung 4.5 Einstiegsbild des ABAP Test Cockpits

Hier müssen Sie folgende Einstellungen vornehmen, damit das Prüfsystem als Mastersystem für das zu analysierende SAP-ERP-System arbeiten kann:

1. Unter **ATC-Administration • Setup • Systemrolle** treffen Sie die Auswahl **ATC-Prüfungen mittels Objekt-Provider** (siehe Abbildung 4.6).

Abbildung 4.6 Setzen der ATC-Systemrolle

2. Unter **ATC-Administration • Setup • Objekt-Provider** pflegen Sie die zu prüfenden Systeme. Im einfachsten Fall erstellen Sie eine *Systemgruppe* mit einem Objekt-Provider, der auf das zu prüfende System zeigt (bzw. auf die für dieses System eingerichtete RFC-Destination), wie in Abbildung 4.7 gezeigt. Die Systemgruppe ist obligatorisch und kann in komplexeren Szenarien auch mehrere Systeme beinhalten, die sich auf demselben Releasestand befinden. Es kann sinnvoll sein, mehrere Systemgruppen einzurichten, wenn es beispielsweise unterschiedliche Verantwortlichkeiten für Ihre Eigenentwicklungen gibt. Im Fall der SAP-S/4HANA-Konvertierung nur eines SAP-ERP-Systems genügt eine Gruppe.

Abbildung 4.7 Definition einer ATC-Systemgruppe und Zuordnung zu einem System

3. Über einen Doppelklick auf **RFC-Objekt-Provider** erstellen Sie eine Zuordnung zwischen der Systemgruppe und Ihrem durch die RFC-Destination repräsentiertem System. Dazu müssen Sie noch eine selbst gewählte **ID** angeben.

Befreiungen

Zusätzlich können Sie über den Menüpfad **ATC-Administration • Setup • Basiseinstellungen** die Anlage von Befreiungen aktivieren, um bestimmte Befunde beim Custom Code Check zu unterdrücken. Die Befreiungen können Sie über den Menüpfad **ATC-Administration • Qualitäts-Governance • Befreiungs-Browser** einsehen, freigeben oder ablehnen. Nur freigegebene Befreiungen werden beim nächsten Custom Code Check automatisch mit berücksichtigt.

Wenn Sie Befreiungen einsetzen möchten, ist die Anlage einer Liste von *Genehmigern* notwendig. Die Genehmiger sind SAP-Benutzer, die die Berechtigung zur Freigabe oder Ablehnung von ATC-Befunden haben (Benutzerrolle SAP_SATC_QE). Über den Menüpfad **ATC-Administration • Befreiungen • Genehmigende pflegen** werden die Genehmiger gepflegt.

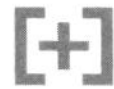

Weiterführende Informationen zu Befreiungen

Die Anlage von Befreiungen ist entweder über den ATC-Ergebnis-Browser oder über die ABAP Development Tools in Eclipse möglich. Im SAP Help Portal finden Sie weiterführende Information zur Anlage, Bearbeitung und Verwaltung von Befreiungen unter folgendem Link: *http://s-prs.de/v763204*

Prüfvarianten einspielen

Falls die Prüfvarianten für SAP S/4HANA in Ihrem ATC-Prüfsystem noch nicht angelegt sind, können Sie diese über den SAP Hinweis 2659194 (für SAP S/4HANA 1809) bzw. 2812556 (für SAP S/4HANA 1909) einspielen. Nach dem Import in das Prüfsystem müssen Sie die Prüfvarianten in der Transaktion SCI über den Menüpfad **Hilfsmittel • Prüfvarianten importieren** noch aktivieren. Prüfvarianten kann man auf diese Weise auch zwischen Systemen transportieren.

4.2.3 Prüfläufe einplanen

Konfiguration erstellen

Der nächste Schritt ist die Definition eines *Prüflaufs*, das heißt einer Selektion der zu prüfenden Objekte im SAP-ERP-System und der zu nutzenden Prüfvariante:

1. Dazu wählen Sie in Transaktion ATC den Pfad **ATC-Administration • Läufe • Läufe einplanen**.
2. Im nächsten Bild erstellen Sie eine neue *Konfiguration* über den Button **Anlegen**. Zunächst müssen Sie einen Namen für den Prüflauf vergeben, z. B. »S4_CHECK_SERIE_1« (siehe Abbildung 4.8).

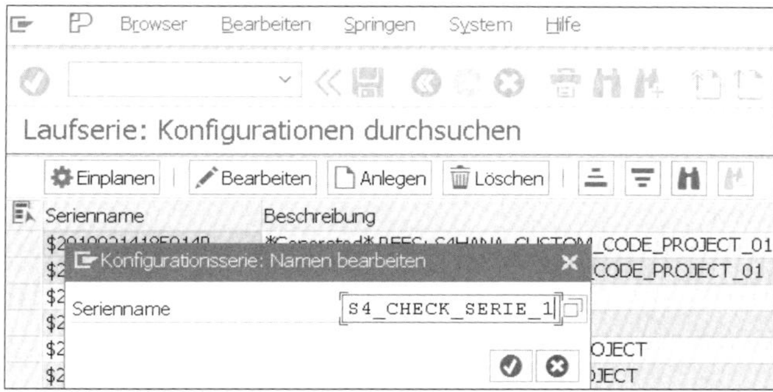

Abbildung 4.8 Anlage eines neuen ATC-Prüflaufs

3. Im folgenden Bild geben Sie eine **Prüfvariante** (z. B. `FUNCTIONAL_DB` oder `S4HANA_READINESS_1909`, siehe Abschnitt 4.3, »Standardprüfvarianten«), den **Objekt-Provider**, hinter dem sich letztlich das zu prüfende System verbirgt, sowie die zu prüfenden Objekte an. Im Bereich **Zu prüfenden Objekte** können Sie für einen ersten Test die Option **Nach Abfrage** wählen und ein **Paket** `Z...` aus Ihrem zu prüfenden SAP-ERP-System angeben (siehe Abbildung 4.9).

Abbildung 4.9 Definition eines ATC-Prüflaufs

4. Das Feld **Beschreibung** oben im Abschnitt **Prüflauf** dient der Aufbereitung der Prüfläufe in der Ergebnisliste. Den beschreibenden Text können Sie aus Datums- und Systemvariablen zusammensetzen. In Abbildung 4.9 sehen Sie die folgenden Variablen, die als Default-Beschreibung vorgeschlagen werden:
   - `&SYS&`: System-ID
   - `&DOW&`: Wochentag
   - `&CW&`: Kalenderwoche
   - `&YEAR&`: Jahr

   Die Ausgabe dieser Beschreibung könnte abhängig vom Startzeitpunkt des Prüflaufs z. B. wie folgt aussehen: M19: Monday, CW50 2019.
5. Sichern Sie Ihre Konfiguration über den Speicher-Button (💾).

Konfiguration einplanen

Nachdem Sie die Konfiguration gesichert haben, muss sie noch eingeplant werden. Dazu markieren Sie in der Liste **Laufserie: Konfigurationen durchsuchen** die neu angelegte Konfiguration und wählen die Aktion **Einplanen** (siehe Abbildung 4.10).

Abbildung 4.10 Einplanung einer ATC-Laufserie

Im folgenden Bild können Sie Ausführungsparameter für den Prüflauf setzen. Von Bedeutung sind die Möglichkeiten der parallelen Ausführung und des Versendens der Ergebnisse an ein anderes System. Für den Standardfall belassen Sie es bei den vorgeschlagenen Optionen, und klicken Sie dann auf den Button **Ausführen**, um den Prüflauf zu starten (oder auf **Im Hintergrund ausführen**, wenn der Prüflauf zeitversetzt gestartet werden soll).

4.2.4 Darstellung der Befunde im ATC-Ergebnis-Browser

Die Resultate des Prüflaufs können Sie anschließend unter **ATC-Administration • Läufe • Läufe überwachen und steuern** einsehen. Nach einem Selektionsbild, auf dem Sie optional den Namen der Laufserie, den ausführenden Benutzer und den Zeitraum angeben können, gelangen Sie in den *ATC-Laufmonitor*. Hier werden die durchgeführten Prüfläufe aufgelistet (siehe Abbildung 4.11).

Ausführungsmonitoring des Prüflaufs

Markieren Sie einen Prüflauf in der Tabelle **Projektausführungen**, z. B. unseren Prüflauf mit der Beschreibung **M19: Wednesday, CW50 2019**, und klicken Sie auf den Button **Phasen** mit dem Brillensymbol. So können Sie prüfen, ob der Prüflauf bereits beendet wurde (🏁) oder noch in Bearbeitung ist (⚙) bzw. in welchem Schritt er sich gerade befindet.

ATC-Laufmonitor

Phasen | Ergebnis | Fortsetzen | Experte

Projektausführungen

Beschreibung	Zustand	Neustarts	Dauer	Gestartet am	Start um	Läuft ab am	Gest. von	Laufserie	Prüffehler
M19: Wednesday, CW50 2019	🏁	0	29	11.12.2019	14:17:43	18.12.2019	TAAROLU3	TEST3	

Phasen & Ausführungseinheiten

PhasenSchl	Beschreibung	Zustand	Neustarts	Parallel	Gesamtzahl der Entitäten	Verarbeitete Entitäten	Verarbeitete Entitäten (mit Fehlern)	Dauer [s]	Gestartet am	Startzeit
1	Determine Object Keys	🏁	0		0	0	0	1	11.12.2019	14:17:43
2	Compute Object Attributes	🏁	0	X	28	28	0		11.12.2019	14:17:45
3	Check Objects	🏁	0	X	28	28	0	22	11.12.2019	14:17:45
4	Compute Enhanced Objects	🏁	0	X	28	28	0		11.12.2019	14:18:07
5	Check Enhanced Objects	🏁	0	X	0	0	0		11.12.2019	14:18:07
6	Evaluate Exemptions	🏁	0	X	82	82	0	1	11.12.2019	14:18:07
7	Add Runtime Error Information	🏁	0		0	0	0		11.12.2019	14:18:08
8	Create Display Load - Objects & Findings	🏁	0	X	28	28	0	2	11.12.2019	14:18:08
9	Create Display Load - Failures	🏁	0	X	0	0	0		11.12.2019	14:18:10
10	Create Display Load - Header	🏁	0		0	0	0	1	11.12.2019	14:18:10
11	Completion Phase	🏁	0		0	0	0		11.12.2019	14:18:11
12	Postprocessing	🏁	0		0	0	0	1	11.12.2019	14:18:11

Abbildung 4.11 Ein ATC-Prüflauf mit Teilschritten

Liste der Befunde

Durch die Markierung eines Prüflaufs und einen Klick auf den Button **Ergebnis** gelangen Sie zur Liste der Befunde zu den geprüften Objekten. Um erst einmal einen Gesamteindruck zu bekommen, ist der Button **Statistikansicht** hilfreich. Hier werden die Ergebnisse in einem Ergebnisbaum standardmäßig nach Prüfung und der zugeordneten Prüfmeldung gruppiert (siehe Abbildung 4.12).

M19: Wednesday, CW50 2019

Filter anwenden | Filter zurücksetzen | Filtertyp wechseln | Ungelöste Befunde

Statistik auswählen

Statistik: Prüfung	Besch...	Prio 1	Prio 2	Prio 3
Σ Summe	Summe	10	12	60
Analyse der WHERE-Bedingung für SELECT	Prüftitel	4		
Erweiterte Programmprüfung (SLIN)	Prüftitel	2	2	31
GUI Usability-Prüfung	Prüftitel		1	
Inperformante Parameterübergaben	Prüftitel		1	
Kritische Anweisungen	Prüftitel			1
Problemat.Anweisungen für Ergebnis von SELECT/OPEN CURSOR ohne ORDER BY suchen	Prüftitel			8
Problemat.SELECT *-Anweisungen suchen	Prüftitel	2	1	
Prüfung der Tabelleneigenschaften	Prüftitel	1		
SELECT-Anweisungen, die am Tabellenpuffer vorbei lesen	Prüftitel		7	
Voraussetzungen für die erweiterte Programmprüfung (SLIN)	Prüftitel			20
Web-Dynpro-Component - Konsistenz	Prüftitel	1		

Prio...	Prüfung	Prüfmeldung	Objektname	Obj	Paket	Zuerst gefunden
1	Prüfung der Tabelleneigenschaften	Änderungsprotokoll aktiv trotz Datenklasse "APPL0" o...	/S4TF/USR_CUST	TABL	/S4TF/USR_REG	09.12.2019
1	Analyse der WHERE-Bedingung für SELECT	Große Tabelle ...: Keine WHERE-Bedingung	/S4TF/CHECK_BP_NR	PROG	/S4TF/MAIN	09.12.2019
1	Analyse der WHERE-Bedingung für SELECT	Große Tabelle ...: Keine WHERE-Bedingung	/S4TF/CHECK_BP_NR	PROG	/S4TF/MAIN	09.12.2019
1	Analyse der WHERE-Bedingung für SELECT	Große Tabelle ...: Keine WHERE-Bedingung	/S4TF/CHECK_BP_NR	PROG	/S4TF/MAIN	09.12.2019
1	Analyse der WHERE-Bedingung für SELECT	Große Tabelle ...: Keine WHERE-Bedingung	/S4TF/CHECK_BP_NR	PROG	/S4TF/MAIN	09.12.2019
1	Problemat.SELECT *-Anweisungen suchen	Existenzprüf.; keine Feld.verw.	/S4TF/NAMESPACE_CHECK	PROG	/S4TF/MAIN	09.12.2019
1	Problemat.SELECT *-Anweisungen suchen	SELECT-Anweisung kann transf.werd. ...% d.Felder v...	/S4TF/CHECK_BP_NR	PROG	/S4TF/MAIN	09.12.2019
1	Web-Dynpro-Component - Konsistenz	Fehler	/S4TF/ADDON_CHECK_WDC	WDYN	/S4TF/MAIN	09.12.2019
1	Erweiterte Programmprüfung (SLIN)	Formalparameter inkompatibel zum Aktualparameter	/S4TF/USR_REQ_UTIL	CLAS	/S4TF/USR_REG	09.12.2019
1	Erweiterte Programmprüfung (SLIN)	Ausnahme wird weder behandelt noch in RAISING-Kl...	/S4TF/CL_USR_REQUEST_DPC_EXT	CLAS	/S4TF/USR_REG	09.12.2019

Abbildung 4.12 Anzeige eines ATC-Prüflaufs mit Resultaten

In der obersten Zeile wird die Summe aller Befunde sortiert nach ihrer Priorität ausgegeben. Darunter finden Sie die Anzahl der Befunde für die einzelnen Prüfungen. Im Beispiel in Abbildung 4.12 sind für problematische SELECT *-Anweisungen beispielsweise zwei Befunde der Priorität 1 (»Existenzprüfung/kein Feld verwendet« und »SELECT Anweisung kann transformiert werden«) aufgetreten. Diese Befunde können dann weiter analysiert werden. Sie können bis zum Code navigieren.

Filtermöglichkeiten

In der Darstellung gibt es verschiedene Filtermöglichkeiten, die sowohl sehr nützlich sind, um sich einen Gesamteindruck zu verschaffen, als auch, um die Umstellungsarbeiten zu planen. Unterhalb der Button-Leiste können Sie sich durch den *ATC-Schnellfilter* einen Zusatzfilter erstellen. Dazu nutzen Sie die in Abbildung 4.12 markierten Dropdown-Menüs. Als Filterkriterien bieten sich die folgenden an:

- Paket
- Ansprechpartner Objekt
- Objekttyp
- Objektname
- SAP-Hinweisnummer
- Referenzobjekt
- Referenzierter Objekttyp
- Kategorie der Vereinfachungselemente

Beispielsweise könnten Sie den Filter **Objekttyp Gleich PROG** auswählen, um alle Befunde zu Reports zu selektieren.

Über den Button **Filtertyp wechseln** und die Auswahl **Erweiterter Filter** können Sie stattdessen auch eine Kombination aus Ansprechpartner, Objekten, Priorität und dem Datum des ersten Feststellens des Befundes einstellen. Über ein weiteres Dropdown-Menü können Sie die angezeigten Befunde auf **Gelöste Befunde/Ungelöste Befunde/Alle Befunde** einschränken.

Statistiken

Wichtig ist auch der Button **Statistik auswählen** unterhalb der Filterleisten. Hier stehen Ihnen verschiedene Statistiken zur Verfügung, die nach den in Tabelle 4.1 aufgeführten Filterkriterien gruppiert werden.

Filterkriterium	Beschreibung
Kategorie der Vereinfachungselemente	Typ der erforderlichen Anpassung in SAP S/4HANA, z. B. die Kategorie **Funktion nicht verfügbar: funktionales Äquivalent verfügbar** (siehe auch Abschnitt »Suche nach Verwendungen der vereinfachten Objekte« in Abschnitt 4.3.2, »SAP-S/4HANA-Prüfungen«)
Komponentenkürzel	Komponente des Pakets, z. B. SD-CAS
Kontaktperson	Benutzer-ID des Benutzers, der das Objekt angelegt hat
Prüfung	Standardsicht nach Prüftitel und Prüfung
referenzierter Objekttyp	Objekttyp, auf den sich der Befund bezieht, z. B. DOMA für Domäne
Referenzobjekt	auslösendes Objekt, z. B. `MATNR` oder `BAPI_ALM_ORDER_GET_DETAIL`
SAP-Hinweisnummer	SAP-Hinweisnummer, z. B. 2220005

Tabelle 4.1 Filterkriterien zur Standardgruppierung der Baumsicht des ATC-Prüflaufs

Sowohl aus der Baumsicht als auch aus der darunter angezeigten Liste der einzelnen Befunde können Sie per Doppelklick auf einen Befund zu dessen Detailsicht (siehe Abbildung 4.13) und dem zugehörigen Objekt navigieren. Um zu dem Objekt zu gelangen, wählen Sie unten links in der Befundansicht den etwas unscheinbaren Link **Objekt anzeigen**.

Systemübergreifende Objektnavigation

Wenn die im Objekt-Provider gepflegte RFC-Destination einen Dialogbenutzer anspricht, kann man über diesen Link das Originalobjekt im zu prüfenden System anzeigen. Dazu ruft das ATC-Prüfsystem intern den RFC-Funktionsbaustein `RS_TOOL_ACCESS_REMOTE` auf.

In der Detailsicht zum Befund sind zusätzliche Informationen, wie beispielsweise die betroffene Zeilennummer oder unterstützte Pseudokommentare zur Unterdrückung des Befundes, aufgeführt. Falls über die ATC-Konfiguration Befreiungen aktiviert sind (siehe Abschnitt 4.2.2, »ATC-Prüfsystem einrichten«), können diese ebenfalls in der Detailsicht über einen Link (**Befreiungen beantragen**) angelegt werden. In Abbildung 4.13 wurden ATC-Befreiungen nicht aktiviert, weswegen die Meldung »Befreiungen durch Systemeinrichtung deaktiviert« erscheint.

	Ort / Befund	Beschreibung	Kontaktperson
Paket	Z_S4TF_CCM_QFIX		
Programm	ZMVV_S4HANA_PRICING		
Programm-Include	ZMVV_S4HANA_PRICING		
Zeilennummer	416		
Prüftitel	S/4HANA: Suche nach Datenbankoperationen		
Prüfmeldung	DB-Operation SELECT wurde gefunden		
Priorität	Priorität 1		
Gefunden am	30.01.2020 17:09:35		
SAP-Hinweisnummer	2220005	SAP S/4HANA: Änderungen am Datenmodell in Preisfindung und Konditionstechnik	
Komponentenkürzel	SD-BF-PR		
Referenzobjekt	KONV		
Referenzierter Objekttyp	TABL		
Kategorie der Vereinfachungselemente	I	Syntaktisch nicht kompatible Änderung d.vorhandenen Funktion	
DB-Operation SELECT wurde gefunden (KONV, siehe Hinweis(e):0002220005)			
Befund kann mit Pseudokommentar "#EC CI_DB_OPERATION_OK[2220005] unterdrückt werden			
Metriken:			
RefrnzObj.: KONV (TABL)			
Hinweis: 0002220005			
Warengrp.: Syntaktisch nicht kompatible Änderung d.vorhandenen Funktion			
Objekt anzeigen	**Befreiungen durch Systemeinrichtung deaktiviert**		

Abbildung 4.13 Auszug eines Befundes mit Meldung zu einem Objekt

4.2.5 Steuerung und Darstellung der Prüfresultate im SAP-ERP-System

Prüfergebnisse zurückspiegeln

Die ATC-Checks zu Ihrem SAP-ERP-System laufen, wie eingangs beschrieben, im ATC-Prüfsystem. Sie können die Resultate der Prüfungen also direkt im ATC-Prüfsystem analysieren. Es gibt aber auch eine Möglichkeit, sie im SAP-ERP-System auszuwerten. Dazu müssen die Resultate in das SAP-ERP-System zurückgespiegelt werden (siehe Abbildung 4.14). Diese Vorgehensweise hat folgende Vorteile:

- Sie können direkt von den Befundmeldungen auf das im gleichen System befindliche Objekt abspringen und es anpassen.
- SAP-Kunden, die kein eigenes ATC-Prüfsystem aufsetzen möchten, kann z. B. ein SAP-Beratungsunternehmen oder ein Hosting-Partner ein solches System für die Prüfungen zur Verfügung stellen. Die Ergebnisse können dann wiederum im geprüften System bereitgestellt werden. Damit muss der Kunde für eine erste Prüfung nicht extra ein System aufbauen.

Referenzprüfvariante

Technisch muss man dazu im SAP-ERP-System eine sogenannte Referenzprüfvariante erstellen, die auf die eigentliche Prüfvariante im ATC-Prüfsystem zeigt. Dazu führen Sie folgende Schritte durch:

1. Starten Sie die Transaktion SCI (den Code Inspector).

2. Wählen Sie den Menüpfad **Code Inspector • Verwaltung von • Referenzprüfsystem**, um ein Referenzprüfsystem anzulegen.
3. Legen Sie die RFC-Destination fest, die auf das ATC-System zeigt.
4. Legen Sie eine neue Prüfvariante im SAP-ERP-System an. Wählen Sie dabei unter **Auszuführende Prüfungen** die Option **Im Referenzprüfsystem**.
5. Geben Sie den Namen der Prüfvariante im ATC-Prüfsystem an (siehe Abbildung 4.15).
6. Speichern Sie die Referenzprüfvariante.

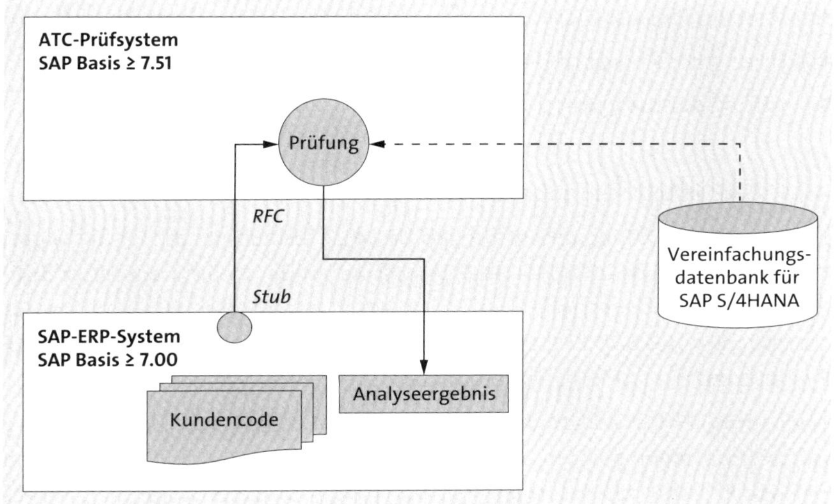

Abbildung 4.14 SAP-ERP- und ATC-Prüfsystem beim Rücktransfer der Analyseresultate

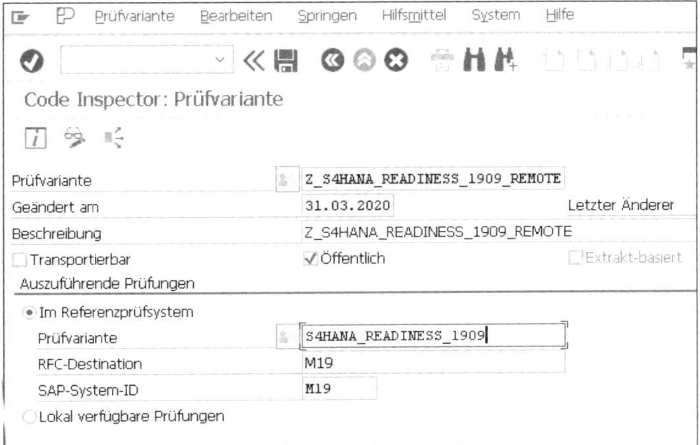

Abbildung 4.15 Referenzprüfvariante konfigurieren

Nun können Sie Ihren Prüflauf, wie in Abschnitt 4.2.3 beschrieben, lokal im SAP-ERP-System einplanen und durchführen. Die Prüfung wird auf dem ATC-Prüfsystem durchgeführt, und die Resultate und Befunde sind direkt im SAP-ERP-System abrufbar.

4.3 Standardprüfvarianten

SAP-HANA- und SAP-S/4HANA-Prüfungen

Bei der Analyse des kundeneigenen Codes im Rahmen einer SAP-S/4HANA-Migration kommen von SAP ausgelieferte Prüfungen bzw. Standardprüfvarianten zum Einsatz. Diese Prüfungen decken zwei wesentliche Bereiche ab:

- Prüfung der Kompatibilität mit der SAP-HANA-Datenbank
- Prüfung der Kompatibilität mit SAP S/4HANA

4.3.1 SAP-HANA-Datenbank-Prüfungen

Prüfung vor der Datenbankmigration

Die SAP-HANA-Datenbank-Prüfungen sind eine Voraussetzung für die Migration nach SAP S/4HANA, da SAP S/4HANA standardmäßig auf einer SAP-HANA-Datenbank betrieben wird. Sie werden bereits vor der Migration der Datenbank eines SAP-ERP-Systems oder eines anderen SAP-Business-Suite-Systems auf die SAP-HANA-Datenbank durchgeführt.

Änderungen des Datenbankzugriffs

Auch die SAP-HANA-Datenbank ist im Kern eine relationale Datenbank, die mit SQL-Anfragen gelesen und beschrieben werden kann. SQL-Anfragen an SAP HANA sind daher kompatibel mit herkömmlichen Datenbanken. Es gibt aber einige grundlegende Änderungen beim Umstieg von einer klassischen relationalen Datenbank auf SAP HANA, wie z. B. die spaltenorientierte Speicherung der Daten (*Column Store*) oder das Halten der Daten im Hauptspeicher (In-Memory). Dadurch kann man bei einer `SELECT`-Anweisung mit potenziell mehreren oder mehrzeiligen Ergebnissen nicht mehr davon ausgehen, dass die Einträge in irgendeiner Weise sortiert sind, z. B. nach dem Primärschlüssel.

Des Weiteren werden bestimmte nicht transparente Tabellenformen wie Cluster- oder Pool-Tabellen mit SAP HANA obsolet, da diese im Kontext der In-Memory-Technologie nicht mehr nützlich sind. Native SQL-Zugriffe oder Datenbankindizes können in der bestehenden Form nicht mehr verwendet werden bzw. sind mit SAP HANA nicht mehr sinnvoll.

Unperformante Zugriffe

Zu diesen Änderungen kommen Datenbankzugriffe, die im Kontext einer SAP-HANA-Datenbank zwar grundsätzlich funktionieren, aber deren Leistungsfähigkeit nicht nutzen oder die nicht performant sind. Das wichtigste Beispiel ist hier die `SELECT *`-Anweisung auf Tabellen mit vielen Spalten

(z. B. Belegtabellen wie `VBAP`, `AUFK` oder auch Stammdatentabellen wie `MARA`), obwohl nur wenige Felder benötigt werden. Da die Tabellen in der SAP-HANA-Datenbank in Spalten und nicht mehr in Zeilen organisiert sind, ist zeilenweises Lesen aufwendiger als bei einer traditionellen Datenbank. Dies fällt insbesondere ins Gewicht, wenn sehr viele Felder ohne Bedarf gelesen werden.

SAP-HANA-Prüfvarianten

Prüfungen von kundeneigenen Datenbankzugriffen werden mit den Prüfvarianten `FUNCTIONAL_DB` und `FUNCTIONAL_DB_ADDITION` durchgeführt. Letztere enthält vor allem Optimierungen, während erstere die obligatorischen Anpassungen berücksichtigt. Wie sie bei den Prüfungen grundsätzlich vorgehen, erfahren Sie in diesem Abschnitt. Weitere Details und Beispiele für notwenige Anpassungen finden Sie in Kapitel 5, »Custom-Code-Anpassung für SAP HANA«.

[«]

Prüfungen für andere Datenbanken

Die Prüfungen der Datenbankzugriffe können auch im Kontext eines anderen Datenbankwechsels genutzt werden, da diese die funktionalen Abhängigkeiten datenbankspezifischer Zugriffe im Allgemeinen prüfen. Dieser funktionale und datenbankabhängige Prüfungsumfang spiegelt sich auch im Namen der Prüfvarianten wider.

Prüfvarianten anzeigen

Sie können diese Prüfvarianten entweder im ABAP Test Cockpit (Transaktion ATC) über den Menüeintrag **Qualitäts-Governance • Prüfvarianten verwalten** oder direkt im Code Inspector (Transaktion SCI) anzeigen. Im folgenden Bild (siehe Abbildung 4.16) geben Sie im Feld **Prüfvariante** »FUNCTIONAL_DB« bzw. »FUNCTIONAL_DB_ADDITION« ein und klicken darunter auf den Anzeige-Button (6ô). Achten Sie darauf, die globale Prüfvariante (mit dem Icon vor dem Variantennamen) zu wählen.

Abbildung 4.16 Startbild des Code Inspectors zur Auswahl der Prüfvariante

Variante FUNCTIONAL_DB

Im folgenden Bild sehen Sie alle Einzelprüfungen der ausgewählten Prüfvariante. Folgende Prüfungen werden bei der Prüfvariante `FUNCTIONAL_DB` durchgeführt:

- **Sicherheitsprüfungen • Kritische Anweisungen**
  Diese Prüfung zeigt native SQL-Zugriffe und Datenbank-Hints, also direkt an die Datenbank gerichtete Zusatzinformationen, z. B. den zu nutzenden Datenbankindex, an. Native SQL-Zugriffe sind mit der SAP-HANA-Datenbank möglicherweise nicht mehr lauffähig oder können eine andere Syntax als beim Zugriff auf die alte Datenbank haben. Indizes können weiterhin verwendet werden, es muss aber im Kontext von SAP HANA geprüft werden, ob sie noch sinnvoll bzw. notwendig sind.
- **Sicherheitsprüfungen • Verwendung der ADBC-Schnittstelle**
  Diese Prüfung prüft, ob die Schnittstelle *ABAP Database Connectivity* (ADBC) verwendet wird. Die ADBC-Schnittstelle erzeugt native SQL-Zugriffe. Obwohl diese Schnittstelle auch unter SAP HANA nutzbar ist, sind diese Zugriffe möglicherweise auf SAP HANA nicht mehr lauffähig und stellen unter Umständen ein Sicherheitsrisiko dar.
- **Robuste Programmierung • DB-Operationen in Pool/Cluster-Tabellen suchen**
  Diese Prüfung findet direkte Zugriffe auf Pool-/Cluster-Tabellen. Diese Tabellenarten werden in SAP S/4HANA im Allgemeinen als transparente Tabellen umgesetzt. Die alten Direktzugriffe müssen daher überprüft werden.
- **Robuste Programmierung • Problematische Anweisungen für Ergebnis von SELECT/OPEN CURSOR ohne ORDER BY suchen**
  Bei Zugriffen auf SAP HANA ist im Fall von mehrzeiligen Ergebnissen die Resultatmenge nicht sortiert. Im Fall von nicht eindeutigen Einzelzugriffen (z. B. durch die Anweisung `SELECT SINGLE` mit potenziell mehreren möglichen Ergebnissen) ist das Resultat ebenfalls nicht eindeutig definiert. Diese Prüfung ist in Kundensystemen üblicherweise die mit den meisten Treffern.

  Diese Befunde können häufig die Zusätze `ORDER BY` oder `SORT` bereinigt werden. Über einen entsprechenden Quick Fix (siehe Abschnitt 7.2.1, »Quick Fixes für verschiedene Anwendungsfälle«) ist eine halbautomatische Korrektur auch für mehrere Objekte gleichzeitig möglich.
- **Suchfunktionen • Suche von ABAP-Anweisungsmustern**
  Es werden Verwendungen der beiden Funktionsbausteine `DB_EXISTS_INDEX` und `DD_INDEX_NAME` gesucht. Die auf diesen Bausteinen aufbauende Logik ist unter SAP HANA höchstwahrscheinlich nicht mehr korrekt bzw. die referenzierten Indizes existieren nicht mehr.

Folgende Prüfungen werden bei der Prüfvariante `FUNCTIONAL_DB_ADDITION` durchgeführt:

Variante FUNCTIONAL_ DB_ADDITION

1. **Performance-Prüfungen • Analyse der WHERE-Bedingung für SELECT** und **Analyse der WHERE-Bedingung für UPDATE und DELETE**
   Zugriffe ohne `WHERE`-Bedingungen lesen unter Umständen zu große Datenmengen, sind aber in bestimmten Kontexten, z. B. bei Customizing-Tabellen mit wenigen Einträgen, durchaus sinnvoll und notwendig.

   Die Fundstellen sollten geprüft werden und können gegebenenfalls durch den Pseudokommentar `"#EC CI_NOWHERE` ausgeblendet werden.
2. **Performance-Prüfungen • Prüfung der Tabelleneigenschaften**
   Prüft, ob die Kombinationen aus Datenklasse, Pufferart, Änderungslog und Index sinnvoll sind.

   Die Tabelleneigenschaften sollten Sie so korrigieren, dass keine Fehlermeldung mehr auftritt. Beispielsweise sollte bei Anwendungstabellen kein Tabellenänderungslog geschrieben werden, im Gegensatz zu Customizing-Tabellen.
3. **Robuste Programmierung • Unsichere Verwendung von FOR ALL ENTRIES**
   Die Anweisung `FOR ALL ENTRIES` ist zwar sehr praktisch zur Verkettung mehrzeiliger Select-Anweisungen, aber auch gefährlich, wenn die mit `FOR ALL ENTRIES` spezifizierten internen Tabellen leer sein sollten. In diesem Fall wird die Datenbanktabelle ohne `WHERE`-Bedingung vollständig ausgelesen (*Full Table Scan*).

   Um sicherzustellen, dass nicht die gesamte Tabelle gelesen wird, kann auf die Anzahl der Einträge vor der Select-Anweisung geprüft werden, z. B. mit folgender IF-Anweisung:

   ```
   IF ( 0 < LINES( interne_tabelle[] ) ).
       SELECT ... FOR ALL ENTRIES ...
   ENDIF.
   ```

Die SAP-HANA-Datenbankprüfungen und die daraus resultierenden Anpassungen sollte man so frühzeitig wie möglich vor der Migration der Datenbank oder der Custom-Code-Migration nach SAP S/4HANA durchführen. Planen Sie dazu den ATC-Lauf für die beiden Prüfvarianten `FUNCTIONAL_DB` und `FUNCTIONAL_DB_ADDITION` ein. Lösen Sie mindestens die Befunde der Priorität 1 und 2 auf, idealerweise auch Befunde mit der Priorität 3.

4.3.2 SAP-S/4HANA-Prüfungen

Anzupassende Kundenobjekte finden

Die SAP-S/4HANA-Prüfungen haben zum Ziel, Eigenentwicklungen zu finden, die aufgrund von inkompatiblen Anpassungen in SAP S/4HANA nicht mehr lauffähig sind. Dies können Zugriffe auf ABAP-Dictionary-Objekte sein, die es zukünftig nicht mehr geben wird oder die durch neue Objekte (z. B. Tabelle ACDOCA) ersetzt werden. Auch Erweiterungen an Datenbankobjekten, die zukünftig veraltet sind, werden im Zuge der SAP-S/4HANA-Prüfungen gesucht. Es sind aber auch Bausteine betroffen, wie Business Application Programming Interfaces (BAPIs), bei denen Anpassungen an den Parametern vorgenommen wurden.

Würden die SAP-S/4HANA-Prüfungen gänzlich ignoriert werden, würden nach der Migration eine Vielzahl von Laufzeitfehlern aufgrund von Syntaxfehlern erzeugt. Der kritischere Anteil der Kundenentwicklungen ist aber der, der syntaktisch noch korrekt (kompilierbar) ist, aber z. B. Daten falsch fortschreibt (z. B. bei Feldlängenanpassungen). Deswegen sollten die SAP-S/4HANA-Prüfungen frühzeitig durchgeführt und deren Befunde sorgfältig analysiert werden.

In den folgenden Abschnitten führen wir die einzelnen von SAP in der Prüfvariante S4HANA_READINESS_1909 ausgelieferten Prüfungen auf. Weitere Informationen zu den realeaseabhängigen SAP-S/4HANA-Prüfvarianten finden Sie in Abschnitt 6.2, »Versionen der SAP-S/4HANA-Prüfvarianten«.

Feldlängenerweiterungen

Bei der Prüfung auf Feldlängenerweiterungen werden Probleme gesucht, die aufgrund von Feldverlängerungen entstehen. Ein Beispiel für eine problematische Anweisung ist eine MOVE-Zuweisung von einem in SAP S/4HANA erweiterten Objekt (z. B. der neuen langen Materialnummer) auf ein bestehendes Kundenobjekt, das noch die alte Länge hat.

Es gibt hier viele verschiedene Prüfungen, davon sind die wichtigsten (Priorität 1) im Folgenden aufgeführt. Diese Befunde sollten Sie auf jeden Fall bereinigen. Weitere Informationen dazu finden Sie in Abschnitt 6.3, »Beispiele für den Prüftitel ›S/4HANA: Feldlängenerweiterungen‹«.

- **Vergleich-Längenkonflikt und -Typkonflikt**
  Diese Prüfung findet Codestellen zu Vergleichsanweisungen (IF), bei denen zwei Operanden verglichen werden, deren Länge oder Datentyp ungleich ist. Das kann zu einem falschen Resultat des logischen Ausdrucks führen.
- **MOVE-Längenkonflikt**
  Diese Prüfung findet Codestellen mit MOVE und ähnlichen Anweisungen, bei denen der Inhalt der Quellvariablen in eine kürzere Zielvariable geschrieben wird. Falls der Inhalt zur Laufzeit länger ist als die Zielvariable, kommt es zum Datenverlust.

- **SELECTION-SCREEN-Längenkonflikt**
  Der SELECTION-SCREEN-Längenkonflikt ist ein Spezialfall des MOVE-Längenkonflikts, bei dem die Länge des Parameters/der Select-Option auf dem Selektionsbild nicht zur Zielvariablen der nachfolgenden Anwendung passt.
- **Strukturkomponenten-Längenkonflikt und -Typkonflikt**
  Findet Codestellen mit MOVE-Anweisungen zwischen Strukturen, bei denen die betroffene Komponente der Zielstruktur kürzer ist bzw. einen anderen Datentyp hat als die der Quellstruktur. Diese Konstellation kann zu Datenverlust zur Laufzeit führen, wenn der Inhalt der Komponente der Quellstruktur zur Laufzeit länger ist als die Komponente der Zielstruktur.
- **Verkettung-Längenkonflikt**
  Bei einer Verkettung (CONCATENATE) mehrerer Operanden kann das Resultat größer sein als die Zielvariable. Ein Datenverlust durch Abschneiden ist möglich.
- **MESSAGE-WITH- und MESSAGE-INTO-Längenkonflikt**
  Ähnlich wie beim Verkettung-Längenkonflikt wird auch hier aus im Allgemeinen mehreren Operanden (Message-Variablen) und dem Message-Text ein Zieltext erstellt, der gegebenenfalls länger ist als die Zielvariable.

Die Prüfung kann auf die Hinweisnummer der Vereinfachung, das SAP-S/4HANA-Zielrelease, beschränkt werden. Dazu kommen als Schalter die Materialnummernlänge, der Einsatz der erweiterten Betragslänge, der Einsatz des erweiterten Bestands-/Bedarfssegments und der Einsatz der erweiterten Saison/des Themas/der Kollektion.

Suche nach Datenbankoperationen

Die Suche nach Datenbankoperationen sucht im Kontext der SAP-S/4HANA-Transformation nach nicht erlaubten Datenbankoperationen auf Tabellen bzw. Views, die inkompatibel geändert wurden. Beispiele dafür sind SELECT-Zugriffe auf die Tabellen VBUK oder KONH, die nicht mehr zulässig sind und ersetzt werden müssen.

Datenbankanweisungen

Folgende Datenbankoperationen werden durch diese Suche abgedeckt:

SELECT, SELECT FOR UPDATE, DELETE, UPDATE, MODIFY, INSERT, FETCH NEXT CURSOR, CLOSE CURSOR, OPEN CURSOR, IMPORT DBTAB, EXPORT DBTAB, READ, JOIN

Die Auswahl der betroffenen Tabellen stammt aus der installierten Vereinfachungsdatenbank (siehe Abschnitt 4.2.1, »Vorbereitungen zur Nutzung des ABAP Test Cockpits«) und kann wie folgt angezeigt werden:

1. Starten Sie Transaktion SE16N, und geben Sie als Tabelle »SYCM_PLST_SFULL« ein.
2. Geben Sie im Selektionsbild für das Feld **CHECK_CATEGORY** die Werte **0** (**Datenbankoperation – Lesen**), 2 (**Datenbankoperation – Schreiben**), **4** (**Datenbankoperation – Lesen/Schreiben**) sowie für das Feld **OBJECT_TYPE** die Werte »VIEW« und »TABL« ein.
3. Gegebenenfalls können im Feld **NOTE** noch SAP-Hinweise ausgeschlossen werden (z. B. den SAP-Hinweis 2470721 mit Bezug zur Tabelle `VBFA`, der für die meisten Kunden nicht relevant sein dürfte, da er für Neuinstallationen eines SAP-S/4HANA-Systems ab Version 1709 nicht zu beachten ist).
4. Abschließend können Sie sich über **Ausführen** die Ergebnisse zu den betroffenen Tabellen anzeigen lassen.

Die Prüfung kann über die Nummer des zu einem Simplification Item genannten SAP-Hinweises, dem SAP-S/4HANA-Zielrelease und der Vereinfachungskategorie eingeschränkt werden.

Suche nach Verwendungen der vereinfachten Objekte

Die Prüfung auf Verwendungen vereinfachter Objekte sucht im Kontext der SAP-S/4HANA-Transformation nach Verwendungen von bereits vor SAP S/4HANA im SAP-System existierenden Objekten (außer den im vorangegangenen Abschnitt genannten Tabellen und Views), die inkompatibel geändert wurden. Beispiele dafür sind Aufrufe von BAPIs wie `BAPI_PRODORD_CREATE` oder `BAPI_GOODSMVT_CREATE`.

Kategorien der Simplification Items

Die Auswahl der betroffenen Objekte entstammt der Vereinfachungsdatenbank. Sie kann auch manuell über die Transaktion SYCM angezeigt werden. Wichtig bei der Auswertung dieser Prüfung sind die von SAP vordefinierten Kategorien der Vereinfachungseinträge (Simplification Items) und deren Bedeutung:

- **Kategorie »Funktion nicht verfügbar: kein funktionales Äquivalent«**
  Diese Angabe bedeutet, dass die Funktionalität, zu der das betroffene Objekt gehört, nicht mehr zur Verfügung steht und dass ein kundenindividuelles Neudesign der betroffenen Funktion nötig ist.
- **Kategorie »Funktion nicht verfügbar: funktionales Äquivalent verfügbar«**
  Diese Angabe bedeutet, dass die betreffende Funktionalität in SAP S/4HANA anders umgesetzt ist. Das Kundencoding muss auf die neuen Objekte angepasst werden.

- **Kategorie »Funktion nicht verfügbar: gleichwertige Funktion auf Roadmap«**
  Das bedeutet, dass der betreffende Prozess in SAP S/4HANA anders umgesetzt sein wird. Das Kundencoding muss zukünftig auf die neuen Objekte angepasst werden und unter Umständen vor der Lieferung der neuen Lösung kundenindividuell umgesetzt werden.
- **Kategorie »Funktion nicht verfügbar«**
  Diese Angabe bedeutet, dass ein kundenindividuelles Neudesign der betroffenen Funktion nötig ist.
- **Kategorie »Nicht-strategische Funktion: kein funktionales Äquivalent«**
  Diese Angabe bedeutet, dass ein kundenindividuelles Neudesign der betroffenen Funktion nötig ist.
- **Kategorie »Nicht-strategische Funktion: funktionales Äquivalent verfügbar«**
  Diese Angabe bedeutet, dass der betreffende Prozess in SAP S/4HANA anders umgesetzt ist. Das Kundencoding muss auf die neuen Objekte angepasst werden.
- **Kategorie »Syntaktisch nicht kompatible Änderung der vorhandenen Funktion«**
  Diese Angabe bedeutet, dass der betreffende Prozess im SAP S/4HANA technisch anders umgesetzt ist. Das Kundencoding muss auf die neuen Objekte angepasst werden, bzw. auftretende Syntaxfehler müssen korrigiert werden.
- **Kategorie »Semantisch nicht kompatible Änderung der vorhandenen Funktion«**
  Diese Angabe bedeutet, dass der betreffende Prozess in SAP S/4HANA anders umgesetzt ist. Das Kundencoding muss auf die neuen Objekte angepasst werden.
- **Kategorie »Änderung der vorhandenen Funktion mit Auswirkung auf Performance«**
  Diese Angabe bedeutet, dass der betreffende Prozess in SAP S/4HANA anders umgesetzt wird. Das Kundencoding sollte hinsichtlich seiner Laufzeit geprüft und – falls schon im SAP-ERP-System möglich – angepasst werden.

Die Prüfungen können Sie durch Angabe der zum Simplification Item genannten SAP-Hinweisnummer, des SAP-S/4HANA-Zielreleases und der Vereinfachungskategorie einschränken.

[zB]

Kopierte ABAP-Dictionary-Elemente

Viele dieser Befunde – insbesondere zu ABAP-Dictionary-Elementen wie Datenelementen oder Strukturen – treten auf, weil das betroffene Objekt verwendet wird, obwohl die dahinterstehende Funktionalität gar nicht unbedingt benötigt wird. In der Vergangenheit haben Entwickler oft nach »passenden« Standardobjekten zur Verwendung in ihrem eigenen Code gesucht, um z. B. Übersetzungen und Bezeichner dieser Objekte direkt nutzen zu können. Ein Beispiel sind die Kopien des BAPI-Return-Parameters `BAPIRET2`. Die Objekte `RJKSDBAPIRET2`, `/SAPDII/DWB_BAPIRET2`, `LSOF_SCH_INDEP_BAPIRET2_S`, `LSOF_BAPIRET2_C`, `LSOF_SCH_DEP_BAPIRET2_S`, `LSOF_BAPIRET2_S` und `/SAPDII/DWB_BAPIRET2` sind laut Vereinfachungsdatenbank obsolet. Die gute Nachricht in einem solchen Fall ist, dass – entgegen der Aussagen zur Vereinfachungskategorie – nicht gleich eine ganze Funktionalität ersetzt werden muss, sondern nur eine andere, passendere Struktur gefunden (z. B. `BAPIRET2`) oder eine eigene Z-Struktur erstellt werden muss, um das Problem zu lösen. Daraus lässt sich aber auch ableiten, dass man zur Analyse der Befunde in die Details gehen und letztlich Wissen über die Funktionalität eines betreffenden Z-Objekts einbringen muss, um den Aufwand und die Art der Umstellung richtig einschätzen zu können. Diese Art von Fehlern ist bereits vor der Migration nach SAP S/4HANA behebbar.

Suche nach ABAP-Dictionary-Erweiterungen

Veraltete ABAP-Dictionary-Objekte

Bei der Suche nach ABAP-Dictionary-Erweiterungen werden Erweiterungen auf Ebene des ABAP-Dictionarys, wie Struktur-Appends, View-Appends und Customizing-Includes, gesucht, die an Objekten vorgenommen wurden, die laut Vereinfachungsdatenbank veraltet sind und für die es kein Proxy-Objekt gibt, das zur Laufzeit nutzbar ist.

Folgende Meldungen können im Zuge dieser Prüfung auftreten:

- Append ... erweitert ...
- Append ... erweitert eine in ... enthaltene Struktur.
- Customizing-Include ... erweitert ...
- Customizing-Include ... erweitert eine Struktur, die in ... enthalten ist.
- Append erweitert ein vereinfachtes Artefakt.
- Append erweitert eine Struktur, die in einem vereinfachten Artefakt enthalten ist.
- Customizing-Include erweitert ein vereinfachtes Artefakt.
- Customizing-Include erweitert eine Struktur, die in einem vereinfachten Artefakt enthalten ist.

Abhängig vom Transformationsszenario

Der Umgang mit diesen ABAP-Dictionary-Erweiterungen ist abhängig vom Transformationsszenario und vom spezifischen Anwendungsfall. Bei einem Konvertierungsprojekt werden im Zuge der technischen Konvertierung durch den Software Update Manager (SUM) bestimmte Strukturen automatisch mit kundeneigenen Daten erweitert. In Spezialfällen ist eine manuelle Korrektur durch einen Entwickler notwendig. Abhängig vom spezifischen Anwendungsfall bietet SAP unter anderem SAP-Hinweise an, die eine Erweiterung der SAP-Objekte um die kundeneigene ABAP-Dictionary-Erweiterung ermöglichen.

Im Gegensatz hierzu empfiehlt es sich bei einem Neuimplementierungsprojekt, die Übernahme der notwendigen Erweiterungen frühzeitig im Entwicklungs- bzw. Migrationskonzept zu berücksichtigen. Abhängig von der ausgewählten Migrationsmethodik werden kundeneigene Tabellenerweiterungen in der Regel nicht automatisch in die Datenmigration mit einbezogen. Es ist daher in diesen Fällen sinnvoll – auch unter fachlichen Gesichtspunkten – einen neuen Platz für die kundeneigenen Daten in einer Standardtabelle oder sogar außerhalb von SAP S/4HANA, z. B. in einer Cloud-Lösung, zu suchen und eine entsprechende Migration dorthin zu planen.

Suche nach Basistabellen der ABAP-Dictionary-Views

Veraltete SAP-Tabellen

Die Suche nach Basistabellen der ABAP-Dictionary-Views sucht nach kundeneigenen Datenbank-Views, deren Basistabellen auf veraltete SAP-Tabellen referenzieren. Dabei werden alle View-Typen (Datenbank-, Projektions-, Pflege- und Help-Views) berücksichtigt, also nicht nur die direkt auf der Datenbank sichtbaren Views. Wenn eine Verwendung eines solchen Views gefunden wird, wird abhängig vom Typ des Views, vom Pflegestatus (nur anzeigen oder modifizieren) und der Vereinfachungskategorie der Basistabelle entschieden, ob das Objekt problematisch ist. Anschließend wird eine der folgenden Meldungen ausgegeben:

- View ... hat ... als Basistabelle.
- View basiert auf einem vereinfachten Artefakt.

Auch diese Verwendungen sind kritisch, da die Datenbasis dieser Views in SAP S/4HANA gegebenenfalls nicht mehr korrekt gefüllt sind. Es ist zu prüfen, ob die betreffenden Views entweder ersetzt (z. B. durch einen neuen CDS View im SAP-S/4HANA-Standard) oder auf die neuen Datenablagen umgebaut werden können.

AMDP-CDS-Client-Parameter

Die Prüfung AMDP-CDS-Client-Parameter findet Probleme mit automatischen Mandantenfiltern bei der Nutzung von CDS Views bzw. ABAP Managed Database Procedures (AMDPs). In klassischen SAP-ERP-Systemen tritt dieser Befund selten auf.

CDS-Berechtigungen

Die Prüfung auf CDS-Berechtigungen findet ABAP-Zugriffe auf CDS Views, die durch die DDL-Annotation `@AccessControl.authorizationCheck: #PRIVILEGED_ONLY` geschützt wären. Ein direkter Zugriff auf das generierte View-Objekt würde diesen Berechtigungsschutz jedoch umgehen. In klassischen SAP-ERP-Systemen tritt dieser Befund nicht häufig auf.

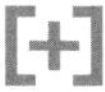

Großteil der Befunde vor der Migration beheben

Auch die SAP-S/4HANA-Prüfungen sollten Sie frühzeitig vor dem eigentlichen Transformationsprojekt durchführen. Planen Sie dazu den ATC-Lauf mit der aktuellsten SAP-S/4HANA-Prüfvariante ein. Fehler, die unabhängig von den neuen Objekten in SAP S/4HANA sind, sollten Sie bereits vor der Migration beheben, z. B. Befunde im Zusammenhang mit zukünftig gelöschten Datentypen. Planen Sie die Aufwände für die Bearbeitung der restlichen Objekte für die Zeit nach dem Upgrade sorgfältig ein.

4.3.3 Default-Prüfvarianten

Standardprüfungen

SAP liefert im Standard – unabhängig von der SAP-S/4HANA-Migration – zwei Prüfvarianten aus, die per Default wie folgt verwendet werden:

- **Prüfvariante DEFAULT**
  Diese Prüfvariante wird für aus der ABAP Workbench (Transaktion SE80) gerufene Prüfungen verwendet und ist auch im ATC in einem neuen System initial eingestellt.
- **Prüfvariante TRANSPORT**
  Sofern bei der Transportfreigabe eine Prüfung erfolgt und der Code Inspector der Testtreiber ist, wird diese Variante als Grundlage der gewählten Prüfung verwendet.

Kundeneigene Prüfvarianten

Je nach Release, den Qualitätsrichtlinien Ihres SAP-Systems und der Strategie bei der SAP-S/4HANA-Migration kann es sinnvoll sein, eigene Prüfvarianten zu erstellen, die z. B. auf den für die Migration auf die SAP-HANA-Datenbank relevanten Prüfungen der Variante `FUNCTIONAL_DB` und kundeneigenen Namenskonventionen basieren. Diese können Sie in die entsprechenden Prozesse bei der Entwicklung, Prüfung und Transportfreigabe bereits (lange) vor der Migration nach SAP S/4HANA einbauen.

Gehen Sie dazu wie folgt vor:

1. Öffnen Sie den Code Inspector (Transaktion SCI), und legen Sie z. B. eine Kopie der Variante `DEFAULT` oder `FUNCTIONAL_DB` als kundeneigene Variante an. Geben Sie dazu im Feld **Prüfvariante • Name** die zu kopierende SAP-Variante ein, und wählen Sie den Button **Kopieren** (▢, siehe Abbildung 4.16). Dann vergeben Sie einen Namen, unter dem Sie die neue Variante speichern wollen.
2. Aktivieren Sie in der Hierarchie der Prüfungen die zusätzlich gewünschten Checks, bzw. wählen Sie nicht benötigte Prüfungen ab.
3. Achten Sie darauf, dass es sich bei Ihrer Prüfvariante um eine globale Prüfvariante handelt. Tragen Sie die neue Variante in der ATC-Administration (Transaktion ATC) unter **ATC-Administration • Setup • Basiseinstellungen** als globale Prüfvariante ein.
4. Obwohl das ATC auf den Prüfvarianten des Code Inspectors aufbaut, können beide Tools zumindest im SAP GUI bzw. der ABAP Workbench parallel als Testtreiber eingesetzt werden. Dies ist zwar unproblematisch, aber etwas verwirrend, da so dieselben Befunde an zwei verschiedenen Stellen auftauchen. Deshalb empfiehlt SAP, nur das ATC als Testtreiber einzusetzen und den Code Inspector in den Basiseinstellungen auf derselben Seite zu deaktivieren. Wählen Sie dazu im Feld **Verhalten b. Freigabe** die Option **Code Inspector als Testtreiber deaktivieren** (siehe Abbildung 4.17). In ABAP in Eclipse steht ohnehin nur das ATC zur Verfügung.

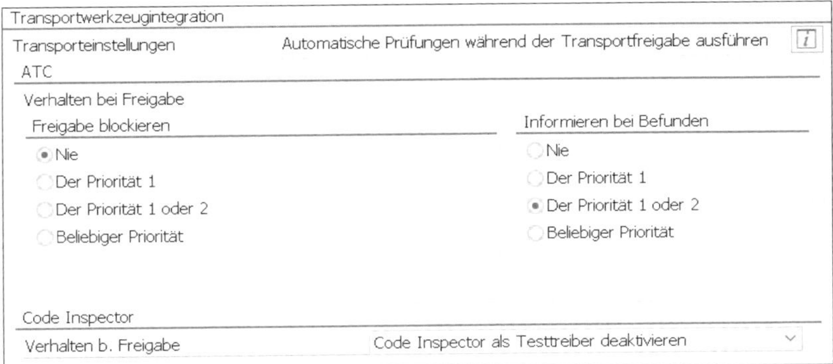

Abbildung 4.17 Transportwerkzeugintegration in der ATC-Administration

5. Des Weiteren sollten Sie das **Verhalten bei Freigabe** in der **Transportwerkzeugintegration** setzen. Die Empfehlung lautet hier, unter **Freigabe blockieren** die Einstellung **Nie** und unter **Informieren bei Befunden** die Option **Der Priorität 1 oder 2** zu wählen.

Prüfung bei Transportfreigabe

Aktivieren Sie nun Ihre Prüfvariante zur Prüfung bei Transportfreigabe in den *Transport Organizer Tools*:

1. Rufen Sie Transaktion SE03 auf.
2. Wählen Sie in der Baumdarstellung **Transport Organizer Tools • Administration • Globales Customizing Transport Organizer** aus.
3. Aktivieren Sie die Objektprüfungen bei Auftragsfreigabe mit der Einstellung **global eingeschaltet** und (mindestens) bei der Freigabe von Workbench-Aufträgen. Für letztere Einstellung markieren Sie das Ankreuzfeld **Workbench-Auftrag** (siehe Abbildung 4.18).

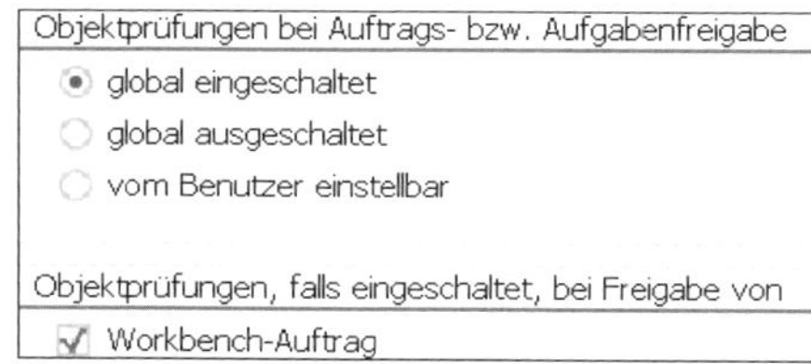

Abbildung 4.18 Schalter zur automatischen Prüfung von Objekten bei der Transportfreigabe

4. Sichern Sie Ihre Einstellungen.

Vor der Freigabe von Workbench-Aufträgen wird nun Ihre neue Prüfvariante durchlaufen, um die zu transportierenden Änderungen zu prüfen.

Eigene Prüfvariante im Code Inspector

Möchten Sie bei der Transportfreigabe den Code Inspector als Testtreibertool beibehalten, muss Ihre neue eigene Prüfvariante in der Tabelle SCICHKV_ALTER im Feld CHECKVNAME_NEW eingetragen werden. Diese Tabelle kann nur mit der Transaktion SE16N gepflegt werden.

4.4 Prüfung fremder Namensräume

Add-ons von Drittanbietern

Die Bezeichnung *fremde Namensräume* steht hier für Softwarekomponenten, die weder von SAP noch von Ihrer eigenen Entwicklungsabteilung erstellt wurden. Es handelt sich stattdessen um Add-ons von Drittanbietern, die gegebenenfalls schon vor längerer Zeit eingespielt wurden. Im Kontext solcher Add-ons sollten Sie sich folgende grundsätzliche Fragen stellen:

- Wird das Add-on aus fachlicher Sicht überhaupt noch benötigt?
- Gibt es in SAP S/4HANA eine Standardkomponente, die stattdessen eingesetzt werden könnte?

- Ist der Eigentümer bzw. Hersteller der Komponente noch existent und in der Lage, eine mit SAP S/4HANA kompatible Version bereitzustellen?

Hersteller von Add-ons kontaktieren

Je nach System kann es Dutzende solcher Drittanbieternamensräume in einem zu migrierenden System geben. Solche Add-ons können sogar eines der größten Problemfelder bei der SAP-S/4HANA-Migration werden. Deshalb ist eine Bestandsaufnahme der fremden Namensräume möglichst frühzeitig in Angriff zu nehmen. Dabei können einige typische Konstellationen auftreten, aus denen sich die Notwendigkeit weiterer Prüfungen ergibt (siehe Tabelle 4.2).

Konstellation	Prüfung durchführen
Add-on kann ersetzt werden/ist nicht mehr notwendig.	nein
Add-on muss in SAP S/4HANA beibehalten werden. Hersteller kann neue Version liefern.	Nein, Verantwortung liegt bei Hersteller.
Add-on muss in SAP S/4HANA beibehalten werden. Hersteller kann keine neue Version liefern.	ja
Add-on wurde nach Lieferung modifiziert/angepasst; gegebenenfalls gibt es eine kundeneigene Zusatzentwicklung.	ja

Tabelle 4.2 Mögliche Konstellationen im Umfeld von Drittanbieter-Add-ons

In den Fällen, in denen eine Prüfung erfolgen sollte, muss man sich darüber im Klaren sein, was die Resultate bedeuten: Werden Add-ons individuell angepasst, verliert man in der Regel den Wartungs- bzw. Supportanspruch. Eine neue Version vom Hersteller kann nur eingespielt werden, wenn die individuellen Erweiterungen überschrieben werden. Wenn es aber gravierende Probleme gibt oder man die Anpassung nicht durchführen kann oder will, muss man nach Ersatz für das betreffende Add-on suchen.

Einbinden in das ATC

Im Standardfall prüfen das ATC und damit auch die App *Custom Code Migration* lediglich die Standardkundennamensräume Y* und Z* sowie die definierten Namensräume, für die das System die Rolle des sogenannten *Produzenten* innehat. Im Fall von Drittanbieter-Add-ons, die nach SAP S/4HANA mitgenommen werden sollen und in Ihrer Verantwortung liegen, müssen Sie die Prüfungen auf die fremden Namensräume ausweiten:

1. Die Namensräume von Softwarekomponenten können Sie sich in der Transaktion SE03 anzeigen lassen. Rufen Sie diese Transaktion auf, und wählen Sie den Menüpfad **Transport Organizer Tools • Administration • Namensräume anzeigen/ändern**.

2. In der Detailsicht für einen Namensraum, die Sie per Doppelklick erreichen, sehen Sie das Kennzeichen **P** für Produzent bei der Namensraumrolle. Alternativ können Sie die Übersicht der Namensräume in der Tabelle `TRNSPACET` über die Transaktion SE16N aufrufen. Hier erkennen Sie das Kennzeichen an dem Wert **P** im Feld `ROLE`.
3. Die Prüfungen der fremden Namensräume konfigurieren Sie über den Report `SATC_AC_INIT_NAMESPACE_REG`, den Sie über die Transaktion SA38 starten.
4. Klicken Sie hier auf den Button **Consumer-Namensräume ein-/ausschließen** (siehe Abbildung 4.19).

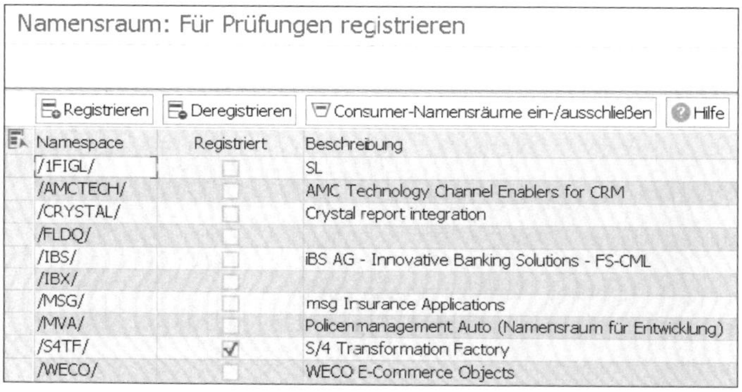

Namensraum: Für Prüfungen registrieren

Registrieren | Deregistrieren | Consumer-Namensräume ein-/ausschließen | Hilfe

Namespace	Registriert	Beschreibung
/1FIGL/	☐	SL
/AMCTECH/	☐	AMC Technology Channel Enablers for CRM
/CRYSTAL/	☐	Crystal report integration
/FLDQ/	☐	
/IBS/	☐	iBS AG - Innovative Banking Solutions - FS-CML
/IBX/	☐	
/MSG/	☐	msg Insurance Applications
/MVA/	☐	Policenmanagement Auto (Namensraum für Entwicklung)
/S4TF/	✓	S/4 Transformation Factory
/WECO/	☐	WECO E-Commerce Objects

Abbildung 4.19 Fremde Namensräume in die Prüfungen aufnehmen

5. Sie sehen nun alle zusätzlich für die Checks registrierbaren Namensräume. Diese können Sie in die Prüfungen aufnehmen bzw. wieder entfernen, indem Sie die jeweilige Zeile markieren und auf den Button **Registrieren** bzw. **Deregistrieren** klicken. Im Beispiel wurde der fremde Namensraum `/S4TF/` in die Prüfungen des ATC aufgenommen.

Auf Basis dieser Konfiguration können die Objekte der aktivierten Namensräume ebenfalls im ATC geprüft werden. Hierfür planen Sie einen neuen Lauf ein, der alle Objekte mit dem Präfix der registrierten Namensräume berücksichtigt.

4.5 Prüfungen von SAP-Fiori-Apps aus SAP ERP

Viele SAP-Kunden haben bereits vor der Migration nach SAP S/4HANA eigene SAP-Fiori-Apps entwickelt, z. B. für mobile Anwendungen oder für HR-Prozesse. Wenn es für diese Anwendungen kein Pendant in SAP S/4HANA gibt, stellt sich die Frage, wie im Rahmen einer Migration mit diesen Anwendungen umzugehen ist.

Struktur einer SAP-Fiori-App

In Abbildung 4.20 ist die grundlegende Struktur einer SAP-Fiori-App vom Frontend bis zum Backend dargestellt. In einer typischen SAP-Fiori-App hat man Frontend-, Gateway- und Backend-Komponenten. Das Frontend wird hauptsächlich mit HTML-, JavaScript- und XML-Dateien entwickelt. Diese werden als Business Server Pages (BSP) auf dem SAP-Gateway-System gespeichert. SAP Gateway verwendet das OData-Protokoll und kann die Serviceaufrufe aus dem Frontend an das Backend weiterleiten. Alle drei Hauptkomponenten einer SAP-Fiori-App spielen bei der Custom-Code-Anpassung im Zuge einer SAP-S/4HANA-Migration eine Rolle.

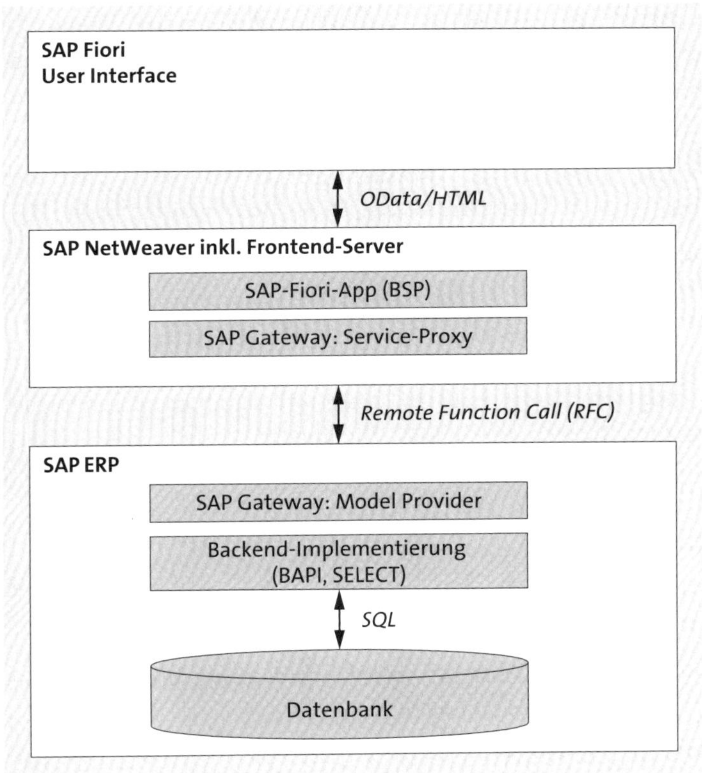

Abbildung 4.20 Architektur einer SAP-Fiori-App

Migrationstool für SAP-Fiori-Apps

Das Frontend der App läuft in einem Webbrowser oder im *SAP Fiori Client*. Es wird üblicherweise über die auf der SAP Cloud Platform zur Verfügung gestellte *SAP Web IDE* entwickelt. Hier kann Anpassungsbedarf entstehen, wenn der Umstieg auf eine höhere Version der SAP-Fiori-APIs, also der von SAP ausgelieferten Programmierschnittstellen zu den Frontend-Elementen, erfolgt. Dies ist kein spezifisches Thema im Kontext der Custom-Code-Migration, aber wahrscheinlich führt die Migration auf SAP S/4HANA auch zu einer neueren Frontend-Version. SAP bietet daher ein Migrationstool an, das in folgendem Blogbeitrag der SAP Community genauer beschrieben ist: *http://s-prs.de/v763205*

Eine Liste der obsoleten (deprecated) APIs finden Sie unter folgender URL: *http://s-prs.de/v763206*. Der Aufwand für die Migration eigener SAP-Fiori-Apps mithilfe dieser Tools ist, zumindest was die Frontend-Seite betrifft, vergleichsweise gering.

Datenstrukturen

In SAP Gateway werden die Gateway-Service-Aufrufe zur Datenbeschaffung empfangen und an das Backend-System weitergeleitet. In Abbildung 4.20 ist SAP Gateway als ein eigenes System (*stand-alone*) dargestellt. Die Lösung kann auch *embedded* auf dem Backend-System laufen. Die Datenstrukturen und Services werden in SAP Gateway modelliert und dann implementiert.

SAP Gateway nutzt dazu die in der Transaktion SEGW definierten oder über CDS als Metadaten generierten Strukturen. Dies sind folgende Objekte:

- **Datenmodell**
  Hier werden die genutzten Strukturen und deren Abhängigkeiten untereinander definiert.
- **Serviceimplementierung**
  Die Serviceimplementierung enthält Zusatzinformationen zu den folgenden standardmäßig bereitgestellten Vorgängen: Aktualisieren (`Update`), Anlegen (`Create`), Lesen (`GetEntity`), Query (`GetEntitySet`), Löschen (`Delete`).
- **Laufzeitartefakte**
  Die Laufzeitartefakte umfassen die generierten Klassen zu Data- und Model-Providern und -Services (Modell und Daten).

Bei den Providern sind zwei ABAP-Klassen von Bedeutung, in denen der Zugriff auf die Backend-Funktionalität stattfindet:

- die Data-Provider-Erweiterungsklasse
  (endet üblicherweise auf `_DPC_EXT`)
- die Model-Provider-Erweiterungsklasse
  (endet üblicherweise auf `_MPC_EXT`)

Wenn diese beiden Klassen nach dem Umstieg auf SAP S/4HANA in nicht mehr kompatibler Weise, z. B. über ein in SAP S/4HANA verändertes BAPI, auf das Backend zugreifen, werden diese Klassen durch die Prüfungen des ATC gefunden, und es wird ein entsprechender Befund erzeugt. Aus Sicht des ATC spielt es also keine Rolle, dass es sich um Implementierungsklassen für SAP Gateway handelt.

[«]

Aufwärtskompatibilität von SAP Gateway

SAP Gateway selbst ist Bestandteil von SAP NetWeaver und aufwärtskompatibel. Eigene Modelle und SAP-Gateway-Services sind deshalb von einer Migration nach SAP S/4HANA nicht betroffen und werden in der Regel weiterhin funktionieren.

Die automatische Prüfung Ihrer kundeneigenen Entwicklungsobjekte kann aus technischen Gründen nur indirekt durch die beiden generierten Erweiterungsklassen erfolgen. Enthalten diese Strukturen zum Datenmodell obsolete Objektzugriffe, findet der ATC-Check diese Verwendungen. Zu korrigieren ist in diesem Fall aber nicht die generierte ABAP-Klasse, sondern das ursprüngliche Datenmodell.

Modelldefinitionen manuell prüfen

Wenn sogenannte *Gateway-Entitätstypen* aus obsoleten Objekten, z. B. Suchhilfen, Strukturen oder RFC-Bausteinen, erzeugt wurden, wird dies ebenfalls nicht automatisch gefunden. Eine Objektprüfung ist nur möglich, wenn die referenzierten Datenelemente dieser Objekte ebenfalls obsolet sind und in den generierten Klassen genutzt werden. Bei solchen Zugriffen kann es deshalb zu Problemen zur Laufzeit kommen. Beim nächsten Anpassen der Modelle bekommt man eine Fehlermeldung und muss das Problem manuell lösen. Die Empfehlung lautet daher, die Servicedefinitionen und Modelle aus SAP Gateway manuell zu prüfen, um die obsoleten Zugriffe umzustellen.

4.6 Prüfungen mit der App »Custom Code Migration«

In Abschnitt 3.4 haben Sie die App *Custom Code Migration* (CCM) bereits kennengelernt und erste Prüfungen zur Umfangsbestimmung der Custom-Code-Migration damit durchgeführt. In diesem Rahmen haben Sie auch die beiden Bereitstellungsvarianten der App (über die SAP Cloud Platform oder über SAP S/4HANA ab Release 1809) kennengelernt. Der Vorteil der Bereitstellung über die SAP Cloud Platform besteht darin, dass man (noch) kein eigenes ATC-Prüfsystem oder ein dafür geeignetes SAP-S/4HANA-Sandbox-System auf entsprechendem Releasestand benötigt.

Cloud- oder On-Premise-Bereitstellung

Die kostenpflichtige Cloud-Version der App und der ATC-Check laufen in der Cloud-Foundry- und der Neo-Umgebung der SAP Cloud Platform und benötigen Zugriff auf die ebenfalls kostenpflichtige *SAP Cloud Platform, ABAP Environment*. Die Nutzung dieser Variante für die ATC-Prüfungen ist daher insbesondere dann sinnvoll, wenn langfristig der Umzug der ABAP-

Entwicklungsumgebung in die Cloud geplant ist. Ist das nicht der Fall, kann auf dem ATC-Prüfsystem die mit SAP S/4HANA bereitgestellte Variante der App verwendet werden, deren Aktivierung und Anwendung für die Codeanalyse wir im Folgenden zeigen.

4.6.1 Aktivieren der App in SAP S/4HANA on premise

Die CCM-App wird im SAP Fiori Launchpad im Katalog `SAP_BASIS_TCR_T` und in der Gruppe `SAP_BASIS_BCG_CCM` ausgeliefert. Am einfachsten ordnen Sie diesen Katalog und die Gruppe einer Rolle auf dem ATC-Prüfsystem zu und weisen diese Rolle den Benutzern zu, die die ATC-Checks ausführen sollen. Für die Zuweisung der Rolle nutzen Sie die Rollenpflege (Transaktion PFCG), für die des Benutzers die Benutzerpflege (Transaktion SU01).

Enthaltene SAP-Fiori-Apps

Streng genommen handelt es sich bei CCM technisch um vier SAP-Fiori-Apps, die einzeln aktiviert werden müssen (siehe Tabelle 4.3).

SAP-Fiori-App	SAP-Fiori-Katalog-ID	Gateway-Service	Bezeichnung in SAP Fiori Apps Reference Library
Custom Code Migration – Einstieg	F3191	`SYCM_APS_C_PROJECT_CDS`	SYCM-App – Projekt-App mit CRUD
Analyse und Resultate	F4198	`SYCM_APS_C_ATC_FIND_ALP_CDS`	analytische Listenseite für ATC-Befunde
Scoping auf Paketen	F4199	`SYCM_APS_C_SCP_BY_PK_CDS`	Objekte im Scoping anzeigen
Scoping auf Verwendungsdaten	F4200	`SYCM_APS_C_SCP_BY_EP_CDS`	Scope für verwendete Objekte

Tabelle 4.3 SAP-Fiori-(Teil-)Apps für das CCM

In der SAP Fiori Apps Reference Library unter der URL *https://fioriapps-library.hana.ondemand.com/* finden Sie mehr Informationen zu den einzelnen SAP-Fiori-Apps.

Vorbereitungen

Zur Vorbereitung müssen in der Transaktion /IWFND/MAINT_SERVICE die in Tabelle 4.3 genannten Gateway-Services aktiviert bzw. hinzugefügt werden. Außerdem müssen die dazugehörigen ICF-Knoten in derselben Transaktion über den Button **ICF-Knoten • Aktivieren** aktiviert werden. Nach diesen Vorbereitungen sollten die Apps im SAP Fiori Launchpad des Benutzers auswählbar sein.

4.6.2 Migrationsprojekt einrichten

Nachdem Sie die CCM-App in Ihrem lokalen System oder in der Cloud aktiviert haben, können Sie die erforderlichen Einstellungen für den ATC-Check vornehmen.

Migrationsprojekt anlegen

Als Erstes erstellen Sie in der App ein sogenanntes *Migrationsprojekt*. In diesem Projekt legen Sie das **Ziel-Release** (z. B. SAP S/4HANA 1909), eine RFC-Verbindung zum zu migrierenden System für die spätere Prüfung (**Destination**) und einige grundlegende Eigenschaften Ihrer geplanten Migration fest. Diese Informationen pflegen Sie auf der Registerkarte **Kopfdaten** (siehe Abbildung 4.21).

Abbildung 4.21 Die App »Custom Code Migration« – Anlage eines Migrationsprojekts

Verbindungsinformationen

Die unter **Verbindungsinformationen** angegebene RFC-Verbindung stammt nicht direkt aus der Transaktion SM59. Es handelt sich vielmehr um einen Objekt-Provider des ATC bzw. um dessen RFC-Destination (siehe auch Abschnitt 4.2.1, »Vorbereitungen zur Nutzung des ABAP Test Cockpits«).

Prüfungsinformationen

Die unter **Prüfungsinformationen** weiterhin zu definierenden Eigenschaften sind:

- **Materialnummernlänge**: In SAP S/4HANA kann eingestellt werden, ob die neue 40-stellige Materialnummer (Datentyp `CHAR40`) genutzt werden soll oder ob Materialnummern wie im SAP-ERP-System weiterhin als Felder vom Typ `CHAR18` behandelt werden sollen. In letzterem Fall entfallen gegebenenfalls viele Befunde.

- **Erweiterte Betragslänge**: In SAP S/4HANA gibt es einen Schalter, der größere Währungsbeträge zulässt. Währungsbetragsfelder mit einer Feldlänge zwischen 9 und 22 mit zwei Dezimalstellen wurden auf 23 Zeichen mit zwei Dezimalstellen erweitert, z. B. beim zentralen Datenelement `DMBTR`.
- **Erweiterte Bestands-/Bedarfsegmentlänge**: Hier können Sie angeben, ob die erweiterte Bedarfs-/Bestandssegmentlänge genutzt werden soll.
- **Erweiterte Saison/Thema/Kollektionslänge**: Hier können Sie angeben, ob die erweiterte Saison-/Thema-/Kollektionslänge (`CHAR10`) genutzt werden soll (verfügbar ab SAP S/4HANA 1809).

Die Eigenschaften, die Sie hier auswählen, werden bei den durchzuführenden SAP-S/4HANA-Prüfungen als Parameter gesetzt (siehe Abschnitt 4.3.2).

Nach der Pflege der Kopfdaten folgt die Einbindung der zu nutzenden Verwendungsstatistiken zu den Kundenentwicklungen auf der Registerkarte **Verwendungsdaten**. Wie in Abschnitt 3.4.2, »Verwendungsprotokollierung auswerten«, beschrieben, stammen diese aus dem ABAP Call Monitor (Transaktion SCMON) oder dem SAP Solution Manager, der die Daten des ABAP Call Monitors oder des Usage and Procedure Loggings (UPL) des zu analysierenden Systems gesammelt hat. Falls keine Verwendungsstatistiken verfügbar sind bzw. ausgewählt werden, werden alle kundeneigenen Objekte selektiert. Die Auswertung der Verwendungsdaten haben wir ebenfalls in Abschnitt 3.4.2 erläutert.

4.6.3 Analyse und Darstellung der Befunde

Nachdem das Projekt gesichert wurde, erfolgt die Berechnung der zu berücksichtigenden Objekte (Scoping), und der ATC-Check dieser Objekte beginnt automatisch. Dieser Schritt kann je nach System und Objektmengen einen etwas längeren Zeitraum (einige Stunden) in Anspruch nehmen. Sobald der Status des Projekts auf **Bereit für Scoping** gewechselt ist, können Sie das Scoping vornehmen bzw. anpassen. Für den ATC-Check werden pro Projekt Prüfvarianten der Form `CCM_GENERATED_<Zeitstempel>` generiert. Diese sollten nicht manuell verändert werden, können aber, wenn das Projekt nicht mehr benötigt wird, gelöscht werden.

Analyseergebnisse anzeigen

Die Stärke der CCM-App gegenüber dem ATC ist nicht nur das Einbinden des Scopings, das heißt die Reduzierung der Prüfungen auf die wirklich genutzten Objekte, sondern auch der grafische Überblick über die Ergebnisse der Analyse. Um diesen anzuzeigen, wählen Sie **Analyse • Analyse der Befunde**. In der Übersicht der Befunde (siehe Abbildung 4.22) sehen Sie die Anzahl der Befunde gruppiert nach Prüftiteln. Damit werden die Befunde nicht einzeln aufgelistet, sondern thematisch gruppiert. Sie können sich hier zunächst einen Eindruck verschaffen, zu welchen Prüftiteln die meisten Befunde ausgegeben wurden.

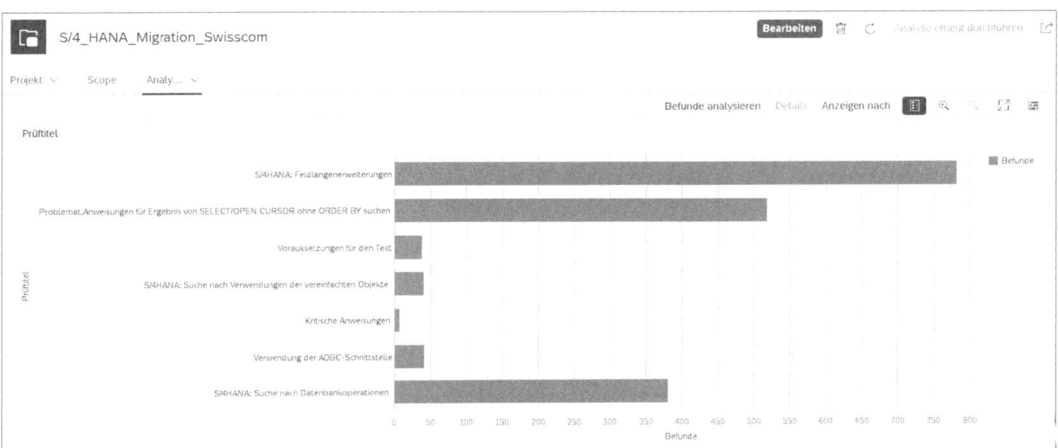

Abbildung 4.22 Grafische Analyseübersicht der Befunde nach Prüftiteln in der CCM-App

Präsentation der Befunde

Übersichtlicher insbesondere für die Gesamtplanung der Anpassungen und auch als Grundlage für eine Präsentation gegenüber dem Management ist die Darstellung, die Sie über die Funktion **Befunde analysieren** aus der Analysesicht heraus aufrufen (siehe Abbildung 4.23).

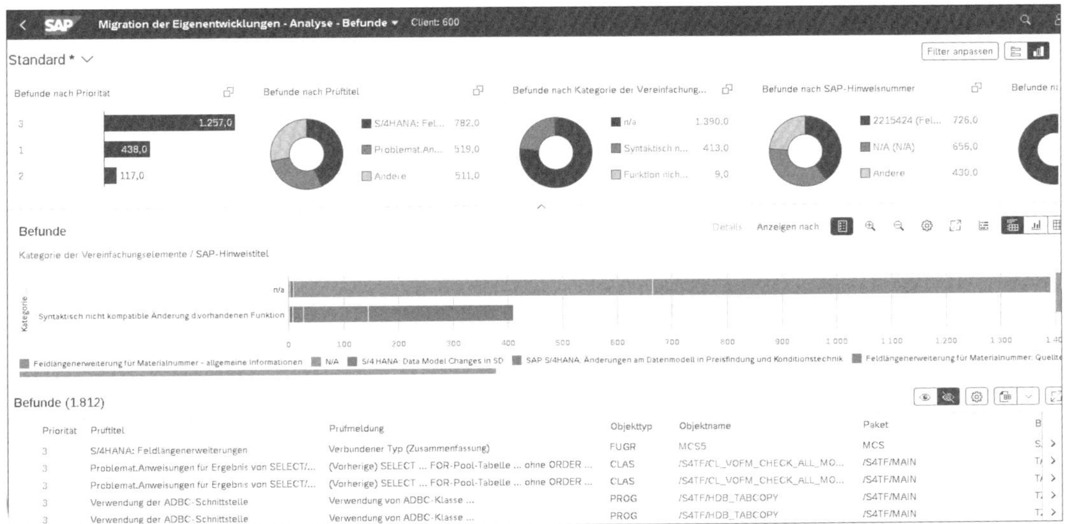

Abbildung 4.23 Detaillierte Analysesicht in der CCM-App

Diese Analysesicht besteht aus drei Teilen:

- Im oberen Bereich sehen Sie eine grafische Filterleiste (siehe Abbildung 4.24), in der die Befunde nach den folgenden Kriterien kompakt und KPI-basiert aufbereitet werden:
  - Priorität
  - Prüftitel
  - Kategorie der Vereinfachungselemente
  - SAP-Hinweisnummer
  - Scope-Informationen
  - Verwendungsinformationen
  - Paket
  - Quick-Fix-Verfügbarkeit
  - referenzierter Objekttyp
  - referenzierter Objektname

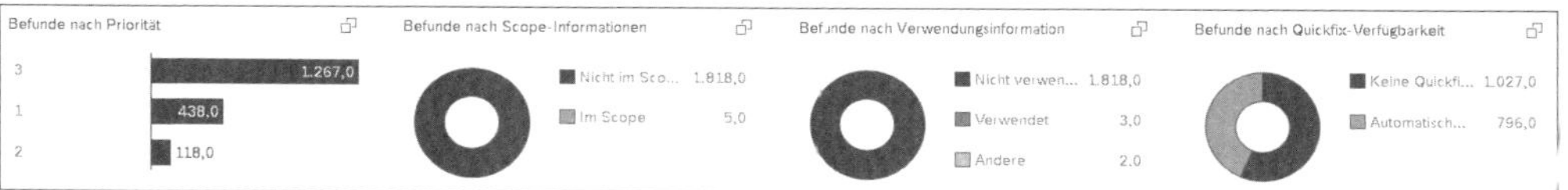

Abbildung 4.24 Grafische Filterleiste in der CCM-App

- Einen weiteren grafischen Detailfilter (siehe Abbildung 4.25) der Befunde finden Sie im mittleren Bereich der Analysesicht. Hier können Sie den Typ des Diagramms anpassen und z. B. von dem in Abbildung 4.23 erkennbaren Kreisdiagramm auf das in Abbildung 4.25 gezeigte Balkendiagramm umschalten.

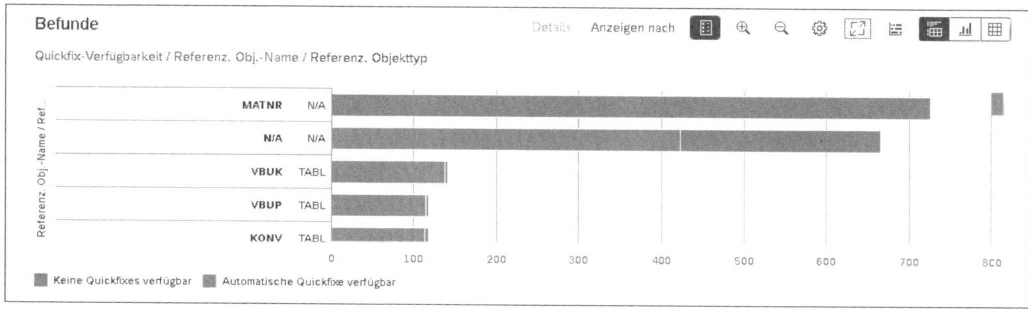

Abbildung 4.25 Detailfilter in der CCM-App

- Darunter finden Sie eine Liste der einzelnen Befunde. Die Objektnamen in der Liste verlinken jeweils auf den Quellcode der Objekte, der sich so im Browser anzeigen lässt. Über den Pfeil [>] ganz rechts in einer Zeile springen Sie zu der Detailsicht zu einem Befund.

Jede Auswahl in den beiden Filterbereichen oben beeinflusst die Liste im untersten Bereich. Die grafischen Filter können auch als Kompaktfilter dargestellt werden, um Platz zu sparen. Die Kriterien, die zur Ermittlung und Auswertung der Befunde herangezogen werden, basieren auf dem ATC-Check. Dazu kommen die Anzeige der Verfügbarkeit von Quick Fixes (siehe auch Kapitel 7) und die Scoping-Informationen.

Vordefinierte Sichten

Um die Darstellungsmöglichkeiten der App auf die präferierten Varianten einzuschränken, liefert SAP einige nützliche vordefinierte Sichten aus. Diese können Sie durch einen Klick auf die Schaltfläche **Standard** * oben links auswählen. Von besonderer Bedeutung sind hier die in Tabelle 4.4 aufgeführten Sichten.

Sicht	Auswahl im mittleren Filterbereich
Befunde in Vereinfachungselementen	Anzahl der Befunde nach der SAP-Hinweisnummer und Quick-Fix-Verfügbarkeit des Simplification Items
Befunde nach Paket	Anzahl der Befunde nach Paket
Befunde nach Prüfungen	Anzahl der Befunde nach Prüftiteln gruppiert
Befunde nach referenzierten Objekten	Anzahl der Befunde nach dem referenzierten (auslösenden) Objekt, z. B. `MATNR`, und der Verfügbarkeit eines Quick Fixes
Befunde nach Vereinfachungselementkategorien	Anzahl der Befunde nach der Kategorie der Simplification Items und dem SAP-Hinweis

Tabelle 4.4 Sichten zur Befundanalyse in der CCM-App

Sie können über die Auswahlfunktion auch eigene Sichten hinzufügen oder bestimmte Sichten als Favoriten markieren.

Korrektur der Befunde

Die SAP-S/4HANA-Befunde können in vielen Fällen erst bei Vorliegen eines SAP-S/4HANA-Entwicklungssystems angegangen werden. Für die Korrektur der Befunde werden in der Regel der ATC-Ergebnis-Browser oder Eclipse verwendet. Die Vorgehensweise im ATC-Ergebnis-Browser wurde in Abschnitt 4.2.3, »Prüfläufe einplanen«, bereits beschrieben. Zusätzlich kann in Eclipse mit Angabe der entsprechenden Prüfvariante das gewünschte Objekt geprüft und dann direkt bearbeitet werden.

Prüfläufe in Eclipse anzeigen

ATC-Läufe können Sie in Eclipse über die Sicht **ATC Result Browser** anzeigen (siehe Abbildung 4.26). Wählen Sie dazu den Menüpfad **Window • Show View • Other ...** in Eclipse und dann **ATC Result Browser** aus der Vorschlagsliste aus. Danach können Sie aus den Resultaten der Läufe auswählen und bis auf die Details bzw. einzelne Entwicklungsobjekte verzweigen.

```
LOOP AT lt_vbak INTO DATA(ls_vbak).

  READ TABLE lt_vbuk WITH KEY vbeln = ls_vbak-vbeln BINARY SEARCH TRANSPORTING NO FIELDS.

  IF sy-subrc <> 0.

    DELETE lt_vbak.

  ENDIF.
```

Abbildung 4.26 ATC-Ergebnis-Browser in Eclipse

4.6.4 Transportauftrag erstellen

Löschtransport erstellen

Als weiteren Schritt können Sie einen Löschtransport der nicht zu transferierenden Objekte erstellen. Dazu wählen Sie in der Projektsicht der CCM-App den Button **Scope als Transportauftrag sichern**. Je nach Bildschirmgröße ist diese Funktion etwas versteckt hinter den drei Punkten ganz rechts im Menü zu finden (siehe Abbildung 4.27).

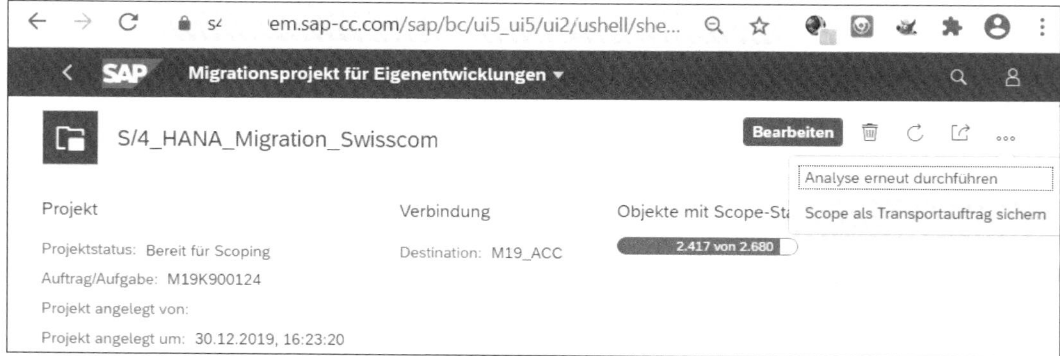

Abbildung 4.27 Erstellung eines Transports aus der CCM-App

Der Löschauftrag wird beispielsweise im Release SAP S/4HANA 1909 *CCM-Scope: Löschtransport v. nicht verwendeter Eigenentwickl.* genannt. Sie können ihn später im SUM als Liste der zu löschenden Objekte nutzen oder über die Transaktion STMS an die Importqueue hängen und anschließend importieren.

Positivliste

Im SAP-Hinweis 2817795 wird beschrieben, wie anstelle dieses Löschtransports eine Positivliste über die Funktion **Scope als Transportauftrag sichern** erstellt wird. In diesem Fall werden alle zu übernehmenden Objekte in einem Transportauftrag zusammengestellt. Dies kann sinnvoll sein, wenn man die Transformation auf Basis eines leeren SAP-S/4HANA-Systems beginnt, also dem Ansatz der Neuimplementierung folgt, und dann die relevanten Eigenentwicklungen einspielen möchte. Auch wenn Sie bei der SAP-S/4HANA-Transformation einen Ansatz der Landschaftstransformation wählen, sollen gegebenenfalls nur einzelne Entwicklungen nach SAP S/4HANA migriert werden. Hierfür kann ebenfalls die CCM-App verwendet werden, um nur die notwendigen Entwicklungen ins Zielsystem zu übernehmen.

Sinnvoll ist die Erstellung einer Kopie der gelöschten bzw. nicht für die Migration berücksichtigten Objekte, z. B. in einem GitHub. Best Practices hierzu finden Sie in Abschnitt 3.5.3, »Archivierung einer Kopie der zu löschenden Objekte«.

4.6.5 Ausblick: Geplante Neuerungen

Szenarioauswahl

In der CCM-App wird es zukünftig die Möglichkeit geben, ein sogenanntes *Szenario* für die Transformation, das heißt Systemkonvertierung oder Neuimplementierung, auszuwählen. In der bisherigen Version wurde nur die Systemkonvertierung unterstützt, das heißt, die App geht davon aus, aus einem SAP-ERP-System alle noch benötigten Kundenentwicklungen zu migrieren und danach anzupassen. Die nicht mehr benötigten Entwicklungen werden gelöscht (aufgrund der Ergebnisse des Scopings bzw. der Verwendungsanalyse).

Zukünftig kann man nun auch eine Neuimplementierung (mit Migration einzelner Entwicklungen) als Szenario wählen (siehe Abbildung 4.28). Dabei werden bestimmte Entwicklungen ausgewählt, z. B. eine bestimmte Schnittstelle oder eine eigene Applikation. Diese wird dann als Transportauftrag exportiert und im SAP-S/4HANA-System wieder importiert.

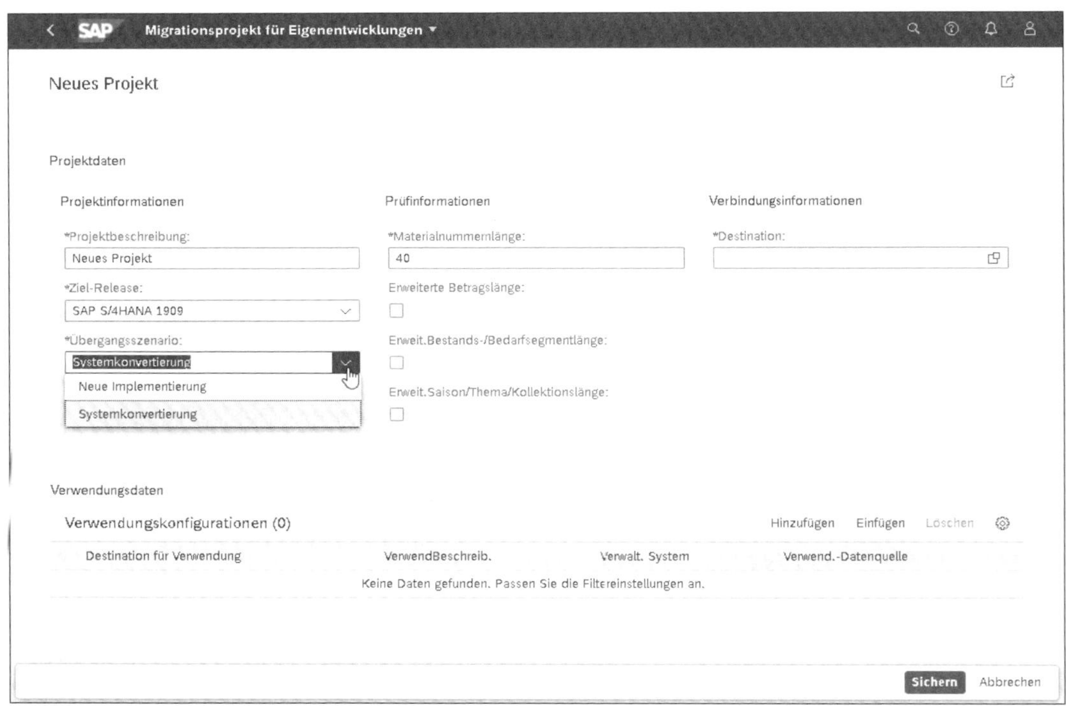

Abbildung 4.28 Erweiterung nach Szenario in der CCM-App

4.7 Dateibasierte Werkzeuge

Neben den in den vorangegangenen Abschnitten vorgestellten Werkzeugen, dem ATC und der CCM-App, gibt es auch die Möglichkeit, die zu prüfenden Objekte mit dateibasierten, zum Teil älteren Werkzeugen aus dem SAP-ERP-System zu extrahieren, in ein ZIP-Archiv zu schreiben und dieses dann im Prüfsystem hochzuladen und zu analysieren. Wenn man sich erstmalig mit dem Thema SAP S/4HANA beschäftigt, kommt man recht schnell zu der Frage nach dem passenden Transformationsszenario und den damit verbundenen Kosten. Oft ist zu diesem Zeitpunkt noch kein SAP-S/4HANA-Sandbox-System vorhanden, um eine High-Level-Analyse durchzuführen zu können. Wenn zudem in der SAP-Landschaft auch kein SAP-NetWeaver-System mit Release 7.51 oder höher verfügbar ist, kann eine Analyse der erforderlichen Anpassungen entweder über die (kostenpflichtige) Cloud-Variante der CCM-App durchgeführt werden oder über den angesprochenen Export der Eigenentwicklungen. In diesem Fall kann man die Analyse z. B. auf einem ATC-Prüfsystem eines Beratungshauses durchführen.

4.7.1 Custom Code Migration Worklist

Obsoletes Werkzeug

Eine erste Variante einer solchen externen Analyse ist der Migrationsarbeitsvorrat für Eigenentwicklungen (*Custom Code Migration Worklist*). Diese Worklist wurde allerdings von SAP zum Release SAP S/4HANA 1610 für obsolet erklärt, weshalb ihre Verwendung nicht mehr empfohlen wird. Technisch funktioniert das Werkzeug allerdings weiterhin. Es ist aber damit zu rechnen, dass neue Prüfungen nicht mehr enthalten sein werden.

Historisch war die Worklist das erste Werkzeug zur Analyse der Anpassungen an den eigenen Kundenobjekten im Zuge einer SAP-S/4HANA-Migration. Sie ist heute nicht mehr ganz vollständig und eignet sich daher nicht für eine Detailanalyse der SAP-S/4HANA-Anpassungen. Sie stellt aber weiterhin eine sehr einfache und schnelle Möglichkeit dar, sich einen Überblick über die Größenordnung, über Problembereiche und Pakete der anzupassenden Kundenobjekte zu verschaffen, ohne z. B. ein eigenes ATC-Prüfsystem auf einem entsprechend hohen Releasestand zur Verfügung haben zu müssen.

Reports für die Analyse

Die Worklist arbeitet mit den folgenden Reports:

1. Die Kundenobjekte werden zunächst mit dem Report `SYCM_DOWNLOAD_REPOSITORY_INFO` als ZIP-Dateien aus dem zu analysierenden System exportiert.
2. Mithilfe der exportierten ZIP-Dateien werden die Informationen zu den Kundenobjekten mit dem Report `SYCM_UPLOAD_SIMPLIFIC_INFO` in das System mit der aktuellen Simplification List importiert, in dem später die SAP-S/4HANA-Prüfungen durchgeführt werden.
3. Optional können die Nutzungsdaten des UPL im Report `SYCM_DISPLAY_SIMPLIFICATIONS` ebenfalls hochgeladen werden. Im Startbild des Reports wählen Sie dazu im Menü **Custom Management • UPL Daten importieren**, um die Nutzungsdaten des Systems über den SAP Solution Manager zu lesen.
4. Die Analyseergebnisse können über den Report `SYCM_DISPLAY_SIMPLIFICATIONS` angezeigt werden. Man hat die Wahl zwischen einer Übersichtsliste nach der Anzahl der Befunde pro Vereinfachungskategorie und SAP-Hinweis (siehe Abbildung 4.29) und einer Detailliste (siehe Abbildung 4.30). Hierbei werden wie im ATC oder in der CCM-App die betroffenen Kundenobjekte mit der Art ihrer Abhängigkeit, dem referenzierten SAP-Objekt, der Vereinfachungskategorie und dem SAP-Hinweis dargestellt. Falls UPL-Daten hochgeladen wurden, wird zusätzlich die Nutzung angezeigt.

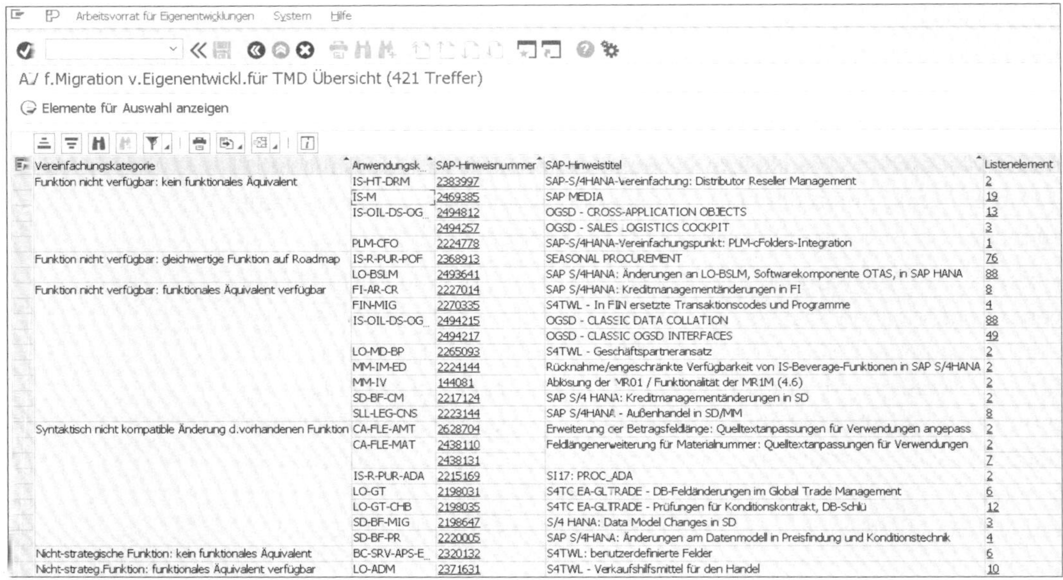

Abbildung 4.29 Beispiel einer Übersicht eines Migrationsarbeitsvorrats für Eigenentwicklungen

Abbildung 4.30 Beispiel eines Migrationsarbeitsvorrats für Eigenentwicklungen (Detail)

4.7.2 Extraktbasierte Prüfungen im Code Inspector

Objektkollektoren

Die zweite Variante der dateibasierten Analyse nutzt den Code Inspector und eine entsprechende Prüfvariante. Der Code Inspector kann im Gegensatz zum ATC mit sogenannten *Objektkollektoren* arbeiten, die unter anderem auch Extrakte aus anderen Systemen analysieren können (siehe Abbildung 4.31). Ein Objektkollektor ist ein spezielles Extraktionsprogramm, das die Objekte für die Analyse bereitstellt. Dieser Ansatz ist nicht obsolet, funktioniert aber nur für den Teil der SAP-S/4HANA-Prüfungen, die extraktbasiert durchgeführt werden können. Insbesondere die Feldlängenerweiterungen oder die Verwendung der vereinfachten Objekte können damit nicht geprüft werden.

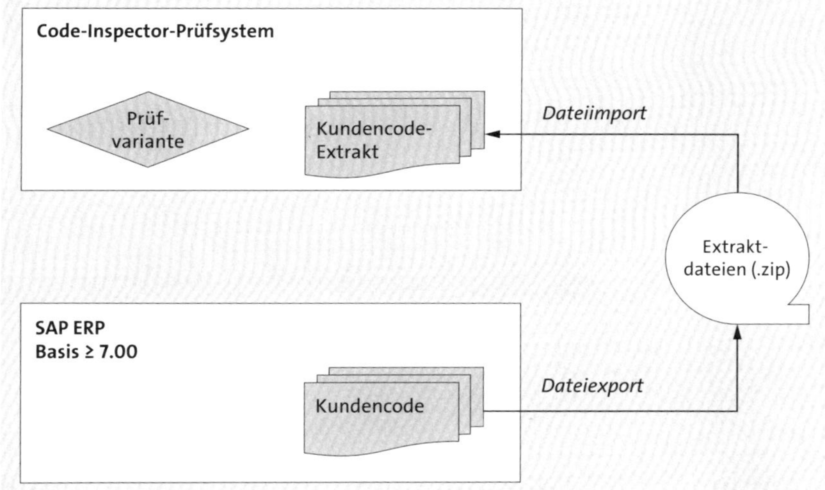

Abbildung 4.31 Code-Inspector-Prüfung eines anderen Systems mit Dateiexport der Entwicklungsobjekte

Vorgehen bei der Analyse

Für eine solche dateibasierte Analyse gehen Sie wie folgt vor:

1. Der Code Inspector benötigt für das Extrakt Tabellen, die einmalig generiert werden müssen. Deren Generierung erfolgt über den Report `RS_ABAP_INIT_ANALYSIS`. Wenn Sie den Report ausführen und nach den Tabellennamen gefragt werden, belassen Sie es bei den vorgeschlagenen Namen, und generieren Sie die Tabellen durch einen Klick auf **Ausführen**.
2. Starten Sie den Code Inspector im Quellsystem über die Transaktion SCI, und definieren Sie eine Objektmenge. Diese enthält Ihre Kundenpakete `Y*` und `Z*` und eventuell weitere eigene Namensräume.
3. Legen Sie eine spezielle Export-Prüfvariante an. Wählen Sie dazu unter **Auszuführende Prüfungen** die Option **Lokal verfügbare Prüfungen** und

dann den Knoten im Baum **Syntaxprüfung/Generierung • Export der Programminformationen** aus (siehe Abbildung 4.32).

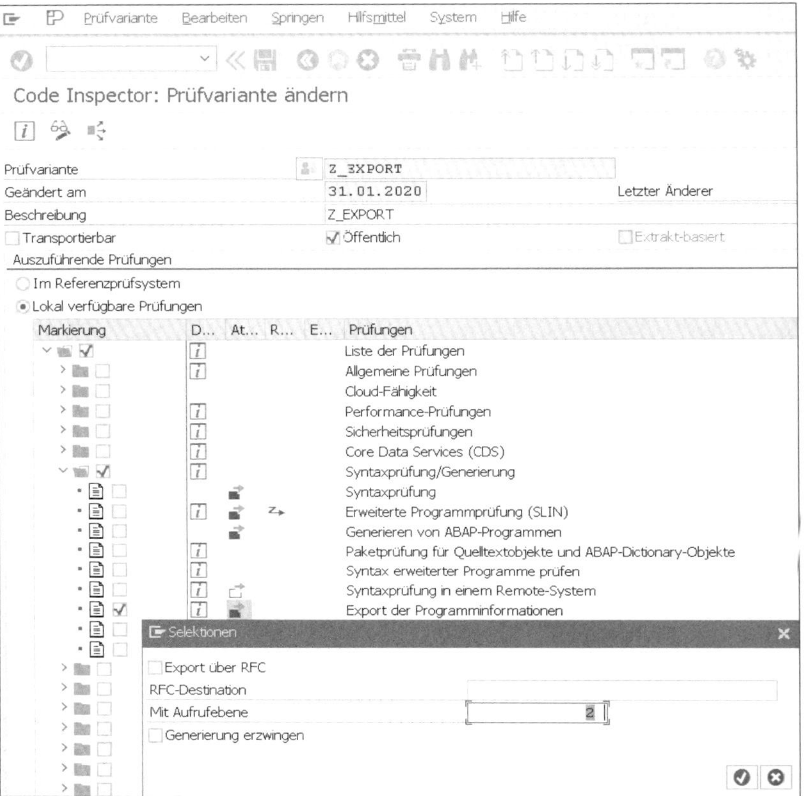

Abbildung 4.32 Definition der Prüfvariante für den Export der Kundenobjekte des Quellsystems

4. Im folgenden Pop-up-Fenster müssen Sie den Parameter **Mit Aufrufebene** setzen, über den referenzierte und in den Export einzuschließende Objekte definiert werden. Hier ist der Wert 2, maximal 3 empfehlenswert. Über diesen Wert wird die Suchtiefe beim Export gesteuert. Bei einem zu hohen Wert wird potenziell zu viel Coding exportiert bzw. steigt die Laufzeit exponentiell an.
5. Starten Sie nun eine Inspektion mit Ihrer Objektmenge und der angelegten Export-Prüfvariante. Das Resultat wird zunächst nur in den Resultattabellen des Code Inspectors gespeichert.
6. Exportieren Sie das Resultat Ihrer Inspektion in Dateien. Starten Sie dazu den Report `RS_ABAP_DOWNLOAD_ANALYSIS`, selektieren Sie Ihre Inspektion (hier **Prüfung** genannt), und erstellen Sie lokale ZIP-Dateien.

7. Importieren Sie die Dateien im Analysesystem. Starten Sie dazu den Report RS_ABAP_UPLOAD_ANALYSIS, und wählen Sie Ihre erstellten ZIP-Dateien per Mehrfachselektion aus.
8. Nun muss noch eine auf den importierten Dateien basierende Objektmenge erstellt werden. Dazu wechseln Sie in der Objektmengenpflege des Code Inspectors im Analysesystem auf die Registerkarte **ObjKollektoren**. Wählen Sie über die Wertehilfe zum Feld **Objektkollektor** die Option **Remote-Objekte** aus (siehe Abbildung 4.33), und bestätigen Sie die Auswahl mit dem grünen Häkchen.

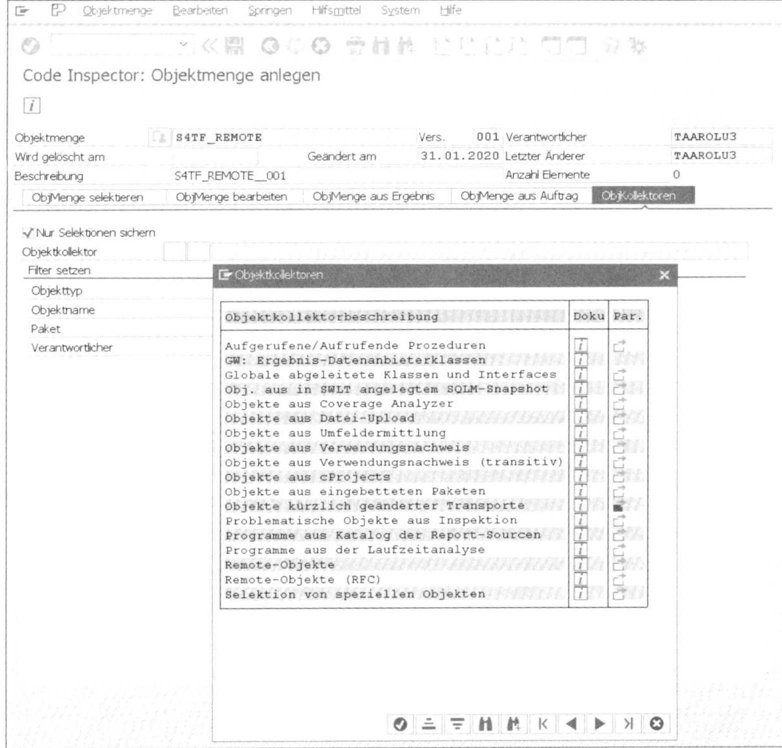

Abbildung 4.33 Objektmenge im Code Inspector aus Remote-Objekten

9. Im folgenden Pop-up-Fenster selektieren Sie Ihre gerade importierten Inspektionsdaten.
10. Im letzten Schritt wird dann die eigentliche Prüfung angelegt: Erstellen Sie eine Inspektion unter Nutzung der angelegten Remote-Objektmenge und einer Prüfvariante.

Nach erfolgter Ausführung der Inspektion erhalten Sie als Ergebnis die Befunde der extraktbasierten Prüfungen.

4.8 Weitere Prüfungen und Aktivitäten im Rahmen der Systemkonvertierung

Häufig sind kundenindividuelle Erweiterungen und Modifikationen ein wichtiger Bestandteil der aktuellen Systemlandschaft und müssen bei einem Umstieg auf SAP S/4HANA beibehalten werden. Implementierungen klassischer *User Exits* oder *Business Add-ins* (BAdIs) sind auf ihre Notwendigkeit hin zu prüfen und gegebenenfalls im Zuge des Umstiegs auf SAP S/4HANA anzupassen. Kritischer sind *Modifikationen*, die in den SAP-Standardcode eingreifen. Hier war bereits in der Vergangenheit bei jedem Releasewechsel eine Nachbearbeitung in der Transaktion SPAU erforderlich. Für Modifikationen gilt auch im Zuge der SAP-S/4HANA-Migration, dass sie möglichst zu vermeiden sind bzw. zurückgebaut werden sollten.

Transaktion CCAPPS

Sie können Modifikationen in der Transaktion CCAPPS (Analyse des kundeneigenen Codes) analysieren. Wählen Sie hier den Button **SAP Modification Overview** (siehe Abbildung 4.34).

Implizite Erweiterungen

Mindestens genau so problematisch wie Modifikationen sind *implizite Erweiterungen* (also Code-Plug-ins), die in nicht freigegebene Objekte des SAP-Standards eingebaut wurden. Diese Erweiterungen werden zwar in der Transaktion SPAU_ENH angezeigt, sie sind aber – außer bei Syntaxfehlern – direkt nach einem Upgrade wieder aktiv. Dies verleitet manchmal dazu, sie als weniger kritisch als die Modifikationen einzustufen. Dies trifft aber nicht zu, da die Semantik der erweiterten Standardobjekte mit SAP S/4HANA nicht stabil bleiben muss. Im Kontext einer SAP-S/4HANA-Migration können sich solche Erweiterungen als Zeitbomben erweisen, da viele Vereinfachungen erst in zukünftigen Releases ausgeführt werden.

Kopien des SAP-Standards

Ebenfalls sehr kritisch sind Kopien von SAP-Standardobjekten, die gegebenenfalls noch aus einem mehrere Jahre alten SAP-ERP-Release stammen. Diese Kopien greifen auf die SAP-Standardtabellen zu, haben aber seit dem Zeitpunkt der Kopie in der Regel keine Anpassungen oder Korrekturen mehr erfahren, funktionieren also gegebenenfalls nicht mehr korrekt. Vor dem Umstieg auf SAP S/4HANA sollten Sie diese Objekte daher prüfen und bestenfalls eliminieren. Auch dazu gibt es in der Transaktion CCAPPS eine Analyse, die Sie über den Button **SAP Clone Finder** aufrufen können. Der SAP Clone Finder sucht nach Code, der den SAP-Standardobjekten sehr ähnlich ist. Vor der Auswertung können Sie nach bestimmten Paketen oder Objekttypen filtern, z. B. nur nach Reports suchen. Abbildung 4.35 zeigt das Ergebnis einer solchen Auswertung.

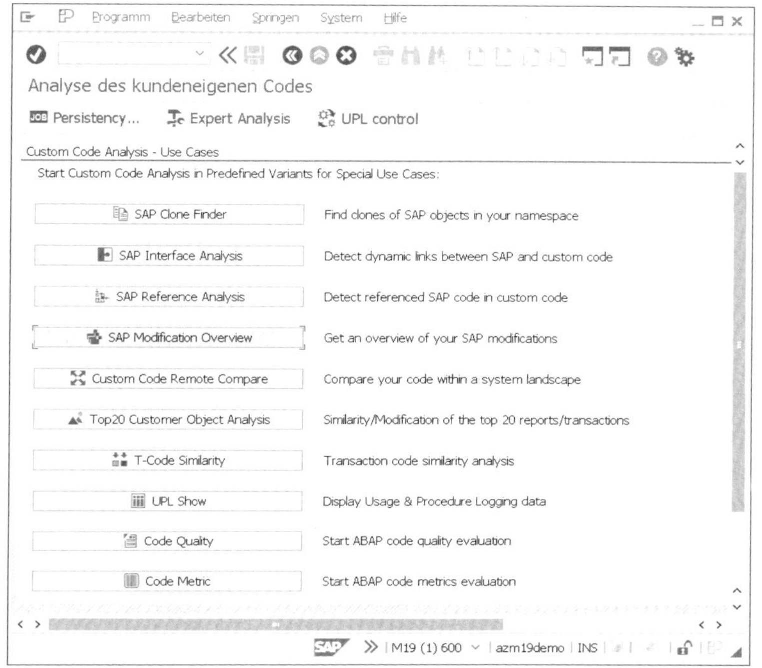

Abbildung 4.34 Startbild der Transaktion CCAPPS

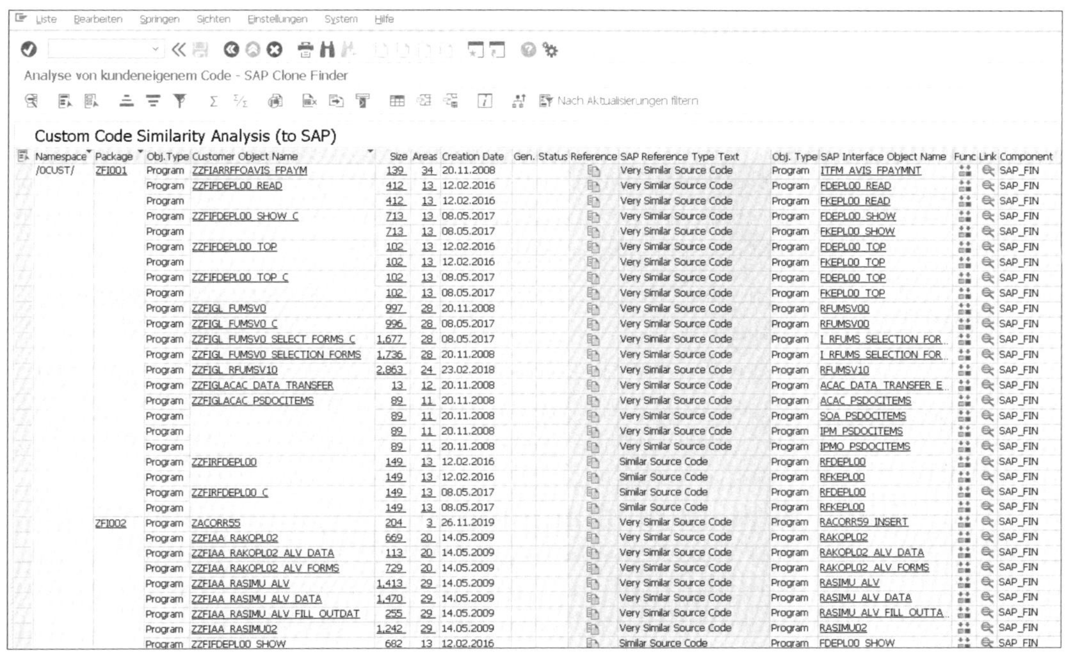

Custom Code Similarity Analysis (to SAP)

Namespace	Package	Obj.Type	Customer Object Name	Size	Areas	Creation Date	Gen.	Status	Reference	SAP Reference Type Text	Obj. Type	SAP Interface Object Name	Func	Link	Component
/0CUST/	ZFI001	Program	ZZFIARRFFOAVIS_FPAYM	139	34	20.11.2008				Very Similar Source Code	Program	ITFM_AVIS_FPAYMNT			SAP_FIN
		Program	ZZFIFDEPL00_READ	412	13	12.02.2016				Very Similar Source Code	Program	FDEPL00_READ			SAP_FIN
		Program		412	13	12.02.2016				Very Similar Source Code	Program	FKEPL00_READ			SAP_FIN
		Program	ZZFIFDEPL00_SHOW_C	713	13	08.05.2017				Very Similar Source Code	Program	FDEPL00_SHOW			SAP_FIN
		Program		713	13	08.05.2017				Very Similar Source Code	Program	FKEPL00_SHOW			SAP_FIN
		Program	ZZFIFDEPL00_TOP	102	13	12.02.2016				Very Similar Source Code	Program	FDEPL00_TOP			SAP_FIN
		Program		102	13	12.02.2016				Very Similar Source Code	Program	FKEPL00_TOP			SAP_FIN
		Program	ZZFIFDEPL00_TOP_C	102	13	08.05.2017				Very Similar Source Code	Program	FDEPL00_TOP			SAP_FIN
		Program		102	13	08.05.2017				Very Similar Source Code	Program	FKEPL00_TOP			SAP_FIN
		Program	ZZFIGL_FUMSV0	997	28	20.11.2008				Very Similar Source Code	Program	RFUMSV00			SAP_FIN
		Program	ZZFIGL_FUMSV0_C	996	28	08.05.2017				Very Similar Source Code	Program	RFUMSV00			SAP_FIN
		Program	ZZFIGL_FUMSV0_SELECT_FORMS_C	1,677	28	08.05.2017				Very Similar Source Code	Program	I_RFUMS_SELECTION_FOR…			SAP_FIN
		Program	ZZFIGL_FUMSV0_SELECTION_FORMS	1,736	28	20.11.2008				Very Similar Source Code	Program	I_RFUMS_SELECTION_FOR…			SAP_FIN
		Program	ZZFIGL_RFUMSV10	2,863	24	23.02.2018				Very Similar Source Code	Program	RFUMSV10			SAP_FIN
		Program	ZZFIGLACAC_DATA_TRANSFER	13	12	20.11.2008				Very Similar Source Code	Program	ACAC_DATA_TRANSFER_E…			SAP_FIN
		Program	ZZFIGLACAC_PSDOCITEMS	89	11	20.11.2008				Very Similar Source Code	Program	ACAC_PSDOCITEMS			SAP_FIN
		Program		89	11	20.11.2008				Very Similar Source Code	Program	SOA_PSDOCITEMS			SAP_FIN
		Program		89	11	20.11.2008				Very Similar Source Code	Program	IPM_PSDOCITEMS			SAP_FIN
		Program		89	11	20.11.2008				Very Similar Source Code	Program	IPMO_PSDOCITEMS			SAP_FIN
		Program	ZZFIRFDEPL00	149	13	12.02.2016				Similar Source Code	Program	RFDEPL00			SAP_FIN
		Program		149	13	12.02.2016				Similar Source Code	Program	RFKEPL00			SAP_FIN
		Program	ZZFIRFDEPL00_C	149	13	08.05.2017				Similar Source Code	Program	RFDEPL00			SAP_FIN
		Program		149	13	08.05.2017				Similar Source Code	Program	RFKEPL00			SAP_FIN
	ZFI002	Program	ZACORR55	204	3	26.11.2019				Very Similar Source Code	Program	RACORR59_INSERT			SAP_FIN
		Program	ZZFIAA_RAKOPL02	669	20	14.05.2009				Very Similar Source Code	Program	RAKOPL02			SAP_FIN
		Program	ZZFIAA_RAKOPL02_ALV_DATA	113	20	14.05.2009				Very Similar Source Code	Program	RAKOPL02_ALV_DATA			SAP_FIN
		Program	ZZFIAA_RAKOPL02_ALV_FORMS	729	20	14.05.2009				Very Similar Source Code	Program	RAKOPL02_ALV_FORMS			SAP_FIN
		Program	ZZFIAA_RASIMU_ALV	1,413	29	14.05.2009				Very Similar Source Code	Program	RASIMU_ALV			SAP_FIN
		Program	ZZFIAA_RASIMU_ALV_DATA	1,470	29	14.05.2009				Very Similar Source Code	Program	RASIMU_ALV_DATA			SAP_FIN
		Program	ZZFIAA_RASIMU_ALV_FILL_OUTDAT	255	29	14.05.2009				Very Similar Source Code	Program	RASIMU_ALV_FILL_OUTTA…			SAP_FIN
		Program	ZZFIAA_RASIMU02	1,242	29	14.05.2009				Very Similar Source Code	Program	RASIMU02			SAP_FIN
		Program	ZZFIFDEPL00_SHOW	682	13	12.02.2016				Similar Source Code	Program	FDEPL00_SHOW			SAP_FIN

Abbildung 4.35 Resultat einer Analyse mit dem SAP Clone Finder

Nach den Prüfungen und Bereinigungen der Kundenentwicklungen sind weitere Werkzeuge und Schritte zu empfehlen.

Transaktion STDR

Als zusätzliche technische Prüfung empfiehlt sich die Nutzung der Transaktion STDR, die den *Objektkatalog* (Tabelle `TADIR`) auf Konsistenz, das heißt auf Vollständigkeit aller tatsächlich im System vorhandenen Entwicklungsobjekte, prüft. Dies ist eine sehr wichtige Prüfung vor der Systemkonvertierung, weil die Tabelle `TADIR` indirekt steuert, welche Objekte zum Kundennamensraum gehören und transportierbar sind. Bei falschen oder vor allem fehlenden Einträgen besteht das Risiko, dass Objekte durch die Systemkonvertierung verloren gehen.

Konkret führt die Transaktion STDR die folgenden Prüfungen durch:

- **Objekte ohne Objektkatalogeintrag**
  Diese Objekte würden bei der Systemkonvertierung verloren gehen.
- **Objektkatalogeinträge ohne Objekt**
  Diese Objekte wurden in vielen Fällen gelöscht, der Auftrag aber nicht freigegeben.
- **Ungültige Pakete**
  Objekte in ungültigen Paketen könnten auch verloren gehen; die Paketdefinition fehlt meistens.
- **$-Objekte im Nichtoriginalsystem**
  Dies kann durch Systemkopien passiert sein. Mit *$-Objekten* sind temporäre, lokale, normalerweise nicht transportierbare Objekte gemeint.

Nach den Prüfungen wählen Sie den Button **Ergebnisse anzeigen**. In der ausgegebenen Liste können Sie die Einträge markieren und dann die Funktion **Selektierte Katalogeinträge bereinigen** () wählen (siehe Abbildung 4.36). Fehlende oder ungültige Pakete müssen Sie manuell (wieder) anlegen, ebenso fehlende Objektkatalogeinträge.

SPDD, SPAU und SPAU_ENH

Während der Systemkonvertierung mit dem SUM ist als Standardschritt der Abgleich mit den Transaktionen SPDD, SPAU und SPAU_ENH durchzuführen. Bei allen drei Transaktionen sollte die Strategie sein, wie in den vorangegangenen Abschnitten ausgeführt, möglichst viele Erweiterungen und Modifikationen zurückzubauen bzw. möglichst nah an den SAP-Standard zurückzukehren:

- Die Transaktion SPDD stellt modifizierte und erweiterte SAP-Standardobjekte aus dem ABAP Dictionary (DDIC) dar. Kundenindividuelle Erweiterungen an durch SAP S/4HANA inkompatibel geänderten Objekten werden in der Liste der zu bearbeitenden Objekte aufgeführt.

- Die Transaktion SPAU listet die weiteren modifizierten Objekte, insbesondere das Coding, auf. Selbst wenn eine Modifikation syntaktisch wieder einbaubar ist, besteht bei einem Upgrade auf eine neue SAP-ERP-Version eine größere Wahrscheinlichkeit als in der Vergangenheit, dass die Funktionalität in SAP S/4HANA geändert wurde und nicht mehr so läuft wie früher.
- Die Transaktion SPAU_ENH schließlich listet die impliziten und expliziten Erweiterungen (Code-Plug-ins) auf. Diese könnten, selbst wenn sie syntaktisch noch lauffähig sind, nicht mehr korrekt funktionieren. Sie sollen daher, wenn sie nicht rückbaubar sind, extensiv getestet und korrigiert werden.

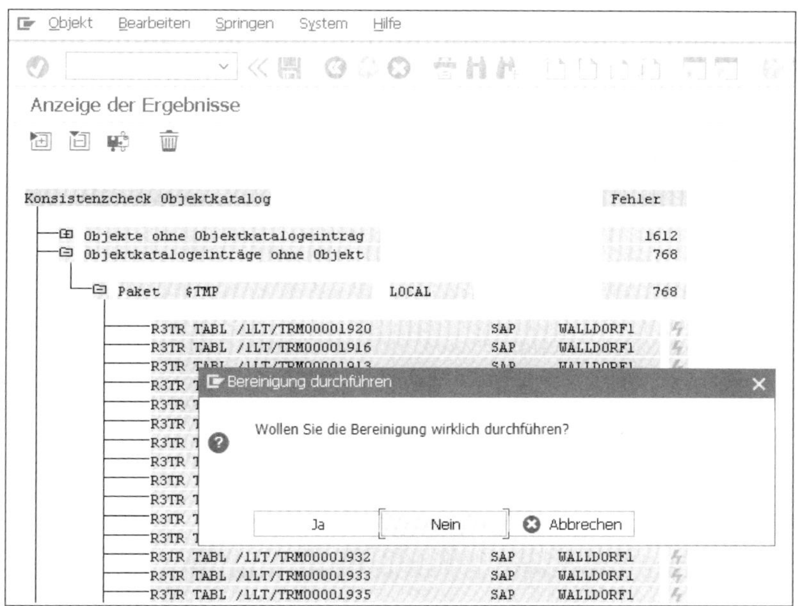

Abbildung 4.36 Bereinigung durch die Transaktion STDR

Nach der Systemkonvertierung können weitere Nacharbeiten bei generierten Objekten des SAP-Standards erforderlich sein. Hier sind insbesondere die Queries und die FI/CO-Regeln als kritische Objekte zu nennen.

SAP Queries nachgenerieren

SAP Queries sind von vielen SAP-Kunden gern genutzte Auswertungen auf Basis sogenannter *InfoSets*. Solche InfoSets werden meist als Join- oder Select-Anfragen auf Datenbanktabellen modelliert. Die Queries werden in Form eines generierten Reports bereitgestellt. Diese Reports können nach einem Releasewechsel oder der Systemkonvertierung nach SAP S/4HANA

Probleme verursachen, die durch eine Nachgenerierung normalerweise behoben werden können.

Sie können Queries wie folgt zur Nachgenerierung markieren:

1. Gehen Sie in Transaktion SQ02, und wählen Sie **Springen • Queryverzeichnis**.
2. Im folgenden Selektionsbild können Sie per Radiobutton Queries selektieren. Klicken Sie dann auf **Ausführen**.
3. In der Ergebnisliste markieren Sie alle Einträge und wählen den Button **Mark. Queries** ( ). Damit werden nicht sofort alle Queries nachgeneriert, sondern erst bei ihrem nächsten Aufruf (siehe auch SAP-Hinweis 2170580).

Regeln nachgenerieren

Falls Sie Regelwerke in Finanzwesen und Controlling (FI/CO) nutzen, führen Sie nach der Systemkonvertierung den Report RGXGBR01 aus. Dieser generiert die Rahmenprogramme zu den Regeln. Danach können die Validierungen, Substitutionen und Regeln mit dem Report RGUGBR00 erneut generiert werden. Wählen Sie dabei die folgenden Parameter durch Ankreuzen im Selektionsbild aus:

- Regeln generieren
- Validierungen generieren
- Substitutionen generieren
- Sets generieren
- Regelverwendung generieren
- Validierungsverwendung generieren
- Substitutionsverwendung generieren

Mit dem Report RV12D001 werden die Zugriffsfolgen generiert.

SAP-Fiori-Apps aktivieren

Zur Aktivierung der SAP-Fiori-Apps in SAP S/4HANA kann im Aufgabenmanager für die technische Konfiguration (Transaktion STC01) die Aufgabe SAP_FIORI_FOUNDATION_S4 ausgeführt werden. Diese beinhaltet unter anderem die folgenden Schritte:

- HTTP-Services für SAP Web GUI aktivieren
- HTTP-Services für SAP Fiori (sonstige) aktivieren
- Systemalias dem SAP-S/4HANA-Systemalias zuordnen
- Backend-Katalog für Systemaliasse replizieren
- Cache für SAP-Menü aufbauen
- Gateway-Services-Foundation aktivieren
- SAP-Fiori-Foundation-Rollen generieren

4.9 Zusammenfassung

Zusammenfassend stellen wir hier die Schritte der Analyse und der Vorbereitungen der Custom-Code-Anpassungen für SAP S/4HANA noch einmal dar. Im SAP-ERP-System werden folgende Analysen und Vorbereitungen empfohlen:

1. Ungenutzter Code sollte konsequent gelöscht bzw. archiviert werden (siehe Kapitel 3, »Umfang der Custom-Code-Migration bestimmen«). Dazu sind die Verwendungsstatistiken frühzeitig zu aktivieren.
2. Die Custom-Code-Analysen sowohl für die SAP-HANA-Datenbank als auch die SAP-S/4HANA-Prüfungen sollten vollständig und idealerweise mit dem ATC oder der CCM-App durchgeführt werden.
3. Die Befunde der SAP-HANA-Datenbank-Prüfungen und die bereits lösbaren Befunde der SAP-S/4HANA-Prüfungen sollten bereits vor dem Upgrade bereinigt werden.
4. Die SAP-HANA-Datenbank-Prüfungen sollten schon im SAP-ERP-System Bestandteil des Entwicklungsalltags werden, um dieses System sauber zu halten.
5. Entwickler sollten sich bereits an neue Tools, wie Eclipse, und neue Objekte, wie CDS Views, gewöhnen und diese aktiv nutzen.

Kapitel 5
Custom-Code-Anpassung für SAP HANA

Bei der ABAP-Entwicklung auf SAP HANA sind spezielle Punkte zu beachten. Zu den Anpassungen, die erforderlich sind, um die Kompatibilität mit SAP HANA sicherzustellen, erläutern wir in diesem Kapitel einige Grundlagen und zeigen Ihnen Codebeispiele für alle gängigen Prüftitel.

Die Analyse und Umstellung der Eigenentwicklungen für SAP HANA kann zum größten Teil bereits *vor* der technischen Migration der SAP Business Suite auf die SAP-HANA-Datenbank durchgeführt werden. In vielen Fällen können Eigenentwicklungen datenbankunabhängig erweitert werden, sodass sie sowohl auf SAP HANA als auch auf jeder anderen Datenbank lauffähig bleiben. Da es sich bei solchen Umstellungen um technische Erweiterungen handelt, ist hierzu in der Regel kein tiefgehendes fachliches Anwendungswissen erforderlich.

Auch wenn die Migration auf eine neue Datenbank primär ein technischer Umstieg ist, kann es ohne jegliche Überprüfung und Anpassung der Eigenentwicklungen zu ungewünschten Seiteneffekten nach dem Umstieg kommen. Aus diesem Grund empfehlen wir Ihnen, frühzeitig eine umfassende Analyse der Eigenentwicklungen zu beginnen, um die Umstellung besser planen zu können.

Bereiche der Anpassungen für SAP HANA

Die Umstellung der Eigenentwicklungen auf SAP HANA wird grundsätzlich in zwei Bereiche unterteilt:

- **Funktionale Anpassungen**
  Bei der *funktionalen Anpassung* werden Zeilen im ABAP-Code identifiziert, die sich beispielsweise auf spezifische Eigenschaften der Vorgängerdatenbank verlassen und unter SAP HANA anders ausgeführt werden müssen.
- **SQL-Performanceoptimierung**
  Auch wenn mit SAP HANA die Daten im Arbeitsspeicher vorgehalten werden und ein Zugriff auf diesen Arbeitsspeicher erfolgt, müssen bestimmte SQL-Anweisungen in SAP ERP oder SAP S/4HANA nicht zwangsläufig schneller sein. In Ausnahmefällen kann es bei unperformanten Zugriffen sogar zu einer Erhöhung der Laufzeit kommen. SAP stellt Tools

zur Verfügung, um eine *Performanceoptimierung* effektiv umsetzen zu können.

Funktionale Anpassungen

In diesem Kapitel fokussieren wir uns auf die notwendigen Änderungen funktionaler Anpassungen für SAP HANA. Sie bilden die Grundlage, um die Eigenentwicklungen sowohl auf SAP HANA als auch auf einem anderen Datenbankmanagementsystem ausführen zu können. Grundsätzlich empfehlen wir, die Performanceoptimierung bei der Codeüberprüfung und -anpassung ebenfalls zu berücksichtigen. Verschiedene Möglichkeiten zur SQL-Performanceoptimierung stellen wir in Abschnitt 8.2, »Optimierung der Datenbankzugriffe«, vor.

Im Folgenden beschreiben wir in Abschnitt 5.1 zunächst die einzelnen Kategorien funktionaler Anpassungen näher. Deren Kenntnis bilden die Grundlage für die Bearbeitung der Befunde der SAP-HANA-Prüfungen. Das Vorgehen zur Bearbeitung dieser Befunde zeigen wir in Abschnitt 5.2 bis Abschnitt 5.8 anhand konkreter Codebeispiele.

5.1 Technische Grundlagen zur Custom-Code-Anpassung für SAP HANA

Wir empfehlen Ihnen bei einer Umstellung auf SAP HANA in jedem Fall den Einsatz der Prüfvariante `FUNCTIONAL_DB` (siehe Abschnitt 4.3.1, »SAP-HANA-Datenbank-Prüfungen«), da diese die wichtigsten Inkompatibilitäten aufzeigt. Die Prüfvariante `FUNCTIONAL_DB_ADDITION` ist zwar auch hilfreich, um die Qualität der Eigenentwicklungen zu verbessern, doch die hohe Rate an *False-Positives* macht eine Umstellung mit dieser Prüfvariante sehr aufwendig. Bei einem False-Positive wird ein Befund fälschlicherweise als solcher erkannt. Bei der E-Mail-Kommunikation kann ein False-Positive beispielsweise eine legitime Nachricht sein, die ungewollt vom Spam-Filter erfasst wurde. Die automatischen Regeln zur Spam-Verwaltung können den kausalen Kontext einer Nachricht nicht immer zu 100 % ermitteln, weswegen es zu falschen Spam-Zuordnungen kommen kann.

SELECT-Anweisungen ohne WHERE-Bedingung

Ein Beispiel für solche False-Positives bei der Prüfvariante `FUNCTIONAL_DB_ADDITION` sind SQL-Anweisungen ohne `WHERE`-Bedingung. Häufig werden diese SQL-Anweisungen bewusst ohne Einschränkung verwendet, da aus fachlicher Sicht alle Zeilen der Datenbank relevant sind. Diese SQL-Anweisungen funktionieren mit SAP HANA selbstverständlich auch ohne `WHERE`-Bedingung. Aus Performancesicht ist das Lesen aller Zeilen aus einer spaltenorientierten Datenbank jedoch aufwendiger als bei einer zeilenorientierten Datenbank. Wenn für den Programmablauf alle Datenbankzeilen relevant sind, kann dieser nicht sinnvoll über eine `WHERE`-Bedingung eingeschränkt werden. In den meisten solcher False-Positives-Fälle funktioniert das Coding auch unter SAP HANA, wenngleich unter Umständen nicht immer optimal oder gleich performant.

5

Aus diesem Grund fokussieren wir uns in diesem Kapitel ausschließlich auf die Befunde zur Prüfvariante `FUNCTIONAL_DB`. Über diese Prüfvariante werden die wichtigsten Prüfungen durchgeführt, um eine datenbankunabhängige Entwicklung sicherzustellen.

[«]

SAP-S/4HANA-Prüfvariante

Alternativ wäre auch die Verwendung einer der SAP-S/4HANA-Prüfvarianten möglich, da diese ebenfalls die `FUNCTIONAL_DB`-Prüfungen beinhalten. Die zusätzlichen Prüfungen dieser Prüfvarianten werden in Kapitel 6, »Custom-Code-Anpassung für SAP S/4HANA«, explizit vorgestellt.

Fehler infolge funktionaler Anpassungen

Die am häufigsten auftretenden Fehler infolge der funktionalen Anpassungen für SAP HANA lassen sich in folgende Kategorien unterteilen:

- **Fehler aufgrund impliziter Sortierung**
  Wenn Daten aus SAP HANA selektiert werden, erfolgt keine automatische Sortierung nach dem Primärschlüssel, wie das bei anderen Datenbankmanagementsystemen gegebenenfalls der Fall ist. Wenn im Code von einer impliziten Sortierung ausgegangen wird, kann es deshalb zu ungewünschte Effekten zur Programmlaufzeit kommen.
- **Fehler aufgrund von nativem SQL**
  SAP HANA unterstützt selbstverständlich auch die gängigen SQL-Anweisungen. Da es jedoch auch datenbankspezifische *native SQL-Anweisungen* gibt, muss immer fallabhängig entschieden werden, ob eine Anpassung notwendig ist.
- **Fehler aufgrund von Datenbankhinweisen**
  Da SAP HANA eine spaltenorientierte Datenbank ist, sind die meisten Sekundärindizes nicht mehr notwendig. Bei ungültigen Datenbankhinweisen (sogenannten *Hints*) kann es zu einem Laufzeitfehler kommen, sodass diese Zugriffe in jedem Fall überprüft und auch hinsichtlich ihrer Performance analysiert werden sollten.

- **Fehler aufgrund von Pool-/Cluster-Tabellen**
  Mit SAP HANA werden die meisten Pool- und Cluster-Datenbanktabellen in transparente Tabellen umgewandelt. Abhängig von der aktuellen Implementierung einer Eigenentwicklung ist deshalb unter Umständen eine Codeanpassung auf die neuen transparenten Tabellen notwendig.
- **Syntax-/Prüffehler**
  Zur Durchführung des Custom Code Checks muss das Prüfungsobjekt syntaktisch frei von Fehlern sein. Erst wenn alle Syntaxfehler behoben wurden, kann der Custom Code Check die SAP-HANA-spezifischen Befunde, z. B. zur impliziten Sortierung, nativen SQL-Anweisungen, Datenbank-Hints usw. ermitteln. Die gleichen Voraussetzungen gelten selbstverständlich auch für die SAP-S/4HANA-Prüfungen.

In diesem Abschnitt vermitteln wir Ihnen das benötigte Grundlagenwissen zu den unterschiedlichen Kategorien der funktionalen Anpassungen. Mit diesem Wissen können Sie die Beispiele zur Bearbeitung der einzelnen Befunde in den folgenden Abschnitten problemlos nachvollziehen.

5.1.1 Implizite Sortierung

Manche Datenbankmanagementsysteme können eine automatische Sortierung der selektierten Datenmenge durchführen. Beispielsweise sortiert die Oracle-Datenbank die Ergebnismenge automatisch aufsteigend nach dem Primärschlüssel, wenn der Zugriff auch über den Primärschlüssel erfolgt. Dieser Zugriff und die damit verbundene automatische Sortierung ist jedoch nicht immer garantiert. Selbst wenn in der `WHERE`-Anweisung der Primärschlüssel angegeben ist, kann unter bestimmten Umständen die Ergebnismenge dennoch unsortiert zurückgegeben werden. Da der *Cost Based Optimizer* einer Oracle-Datenbank auf Grundlage der existierenden Datenbankstatistiken dynamisch den optimalen Zugriffspfad berechnet, sind neben dem Primärschlüssel auch andere Zugriffe auf die Datenbank technisch möglich.

Implizite Sortierung vermeiden

Wird innerhalb einer Eigenentwicklung implizit davon ausgegangen, dass die Datenbank die selektierte Ergebnismenge sortiert zurückgibt, kann es zu Problemen bei der Ausführung kommen. Spätestens bei der Migration auf eine andere Datenbank, wie beispielsweise SAP HANA, die die selektierte Ergebnismenge von transparenten Tabellen *nicht* automatisch sortiert zurückgibt, kann es zu Seiteneffekten bei der Ausführung der Eigenentwicklung kommen. Auf der sicheren Seite sind Sie in einem solchen Fall, wenn Sie eine explizite Sortierung entweder über den Zusatz `ORDER BY` bei der `SELECT`-Anweisung oder separat über die `SORT`-Anweisung ergänzen.

Verwendung der Anweisung SORT

Bei der Verwendung der Anweisung `SORT` sollten Sie aus Gründen der besseren Lesbarkeit und Nachvollziehbarkeit immer die Felder angeben, nach denen sortiert werden soll.

Komplexe Aufrufhierarchien

Das bedeutet aber nicht, dass Sie eine fehlende Sortierung *immer* ergänzen müssen, um entsprechende Befunde zu beheben. In manchen Fällen erkennt die SAP-HANA-Prüfvariante beispielsweise nicht, dass die interne Tabelle bereits durch den vorangegangenen Programmablauf korrekt sortiert wurde. Dieses Phänomen tritt bei komplexen Aufrufhierarchien oder dynamischen Entwicklungen auf. Falls Sie bei der Analyse einer Entwicklung feststellen, dass an der bemängelten Stelle bereits eine sortierte Tabelle vorliegt, empfehlen wir die Verwendung von Pseudokommentaren, anstatt eine erneute Sortierung der Tabelle durchzuführen.

Zugriffe auf große Datenmengen

Ähnlich verhält es sich bei Zugriffen auf sehr große Datenmengen, bei denen eine zusätzliche Sortierung erhebliche Performanceeinbußen zur Folge hätte. In manchen dieser Fälle ist es für den Algorithmus irrelevant, ob die aktuelle Datenmenge sortiert oder unsortiert vorliegt. Dann ist die Verwendung von Pseudokommentaren ebenfalls die bessere Variante.

Ob eine Sortierung ergänzt oder über Pseudokommentare lediglich der Befund zukünftig unterdrückt werden soll, lässt sich pauschal nicht beantworten und muss deshalb von Fall zu Fall entschieden werden.

5.1.2 Natives SQL

Mit den in den ABAP-Sprachumfang integrierten *Open-SQL-Anweisungen* (häufig auch *ABAP SQL* genannt) können einheitliche Datenbankzugriffe unabhängig von der aktuell verwendeten Datenbank durchgeführt werden. Der Applikationsserver ist für die Interpretation und Optimierung der Open-SQL-Anweisungen in datenbankspezifische Anweisungen verantwortlich. Darüber hinaus ist es auch möglich, datenbankspezifische Anweisungen als native SQL-Anweisungen auszuführen. Selbstverständlich wird auch von einer SAP-HANA-Datenbank die Ausführung nativer SQL-Anweisungen unterstützt. Sie sollten jedoch nur dann verwendet werden, wenn die Verwendung von Open SQL aus technischen Gründen nicht möglich ist.

Ausgabe aller nativen Anweisungen

Aus diesem Grund werden *alle* nativen SQL-Anweisungen bei den Custom Code Checks als Befunde gemeldet. Es wird davon ausgegangen, dass die jeweilige Anweisung datenbankspezifisch ist und deshalb auf SAP HANA womöglich nicht lauffähig sein könnte. Dabei ist es irrelevant, ob SAP

HANA die komplette SQL-Anweisung nicht unterstützt oder lediglich eine andere Syntax für die Anweisung kennt. In beiden Fällen muss die native SQL-Anweisung umgestellt werden. Häufig kommt es hier zu False-Positives, insbesondere wenn aufgrund des stetig wachsenden Funktionsumfangs von Open SQL der Einsatz von nativem SQL zwischenzeitlich nicht mehr vonnöten ist.

[»]

Von SAP HANA unterstützte native SQL-Anweisungen

Auf der Seite *http://s-prs.de/v763215* des SAP Help Portals ist eine detaillierte Beschreibung der von SAP HANA unterstützen SQL-Anweisungen aufgeführt.

Umsetzbarkeit in Open SQL

Bei der Umstellung Ihrer Eigenentwicklungen sollten Sie deshalb zuerst prüfen, ob die Anweisung auch in Open SQL geschrieben werden kann. Erst wenn eine Umstellung auf Open SQL nicht möglich ist, empfehlen wir eine fallabhängige Betrachtung, ob und wie die aktuell verwendete Anweisung von SAP HANA verarbeitet werden kann. Eine trockene Analyse des Quellcodes ist jedoch erstens mühselig und zweitens fehleranfällig. Falls Sie Zugriff auf ein SAP-S/4HANA-System haben oder das aktuelle SAP-Business-Suite-System bereits auf SAP HANA läuft, hilft es bereits, den Code dort auszuführen und zu testen.

In der Regel stellen Befunde zur Verwendung von nativen SQL-Anweisungen beim Custom Code Check nur eine Minderheit dar. Sofern Sie kein System für vorherige Tests nutzen möchten bzw. können, ist eine detaillierte Analyse und Umstellung dieser Befunde erst nach der Datenbankmigration des Entwicklungssystems auf SAP HANA oder der Umstellung auf SAP S/4HANA empfehlenswert.

5.1.3 Datenbank-Hints

Datenbankspezifische Hinweise

Über Datenbank-Hints können dem Datenbank-Optimizer oder der Datenbankschnittstelle datenbankspezifische Hinweise mitgegeben werden, um eine Open-SQL-Anweisung möglichst effizient zu verarbeiten. Mit dem Zusatz `%_HINTS` kann bei der Datenselektion mit Open SQL beispielsweise ein fester Datenbankindex für eine spezifische Datenbank vorgegeben werden. Dabei werden etwaige Optimierungsroutinen übergangen, die auf Basis von vergangenen Statistiken den optimalen Zugriff auf die Datenbanktabelle ermitteln.

Anweisung zur Performanceoptimierung

In der Regel findet die Datenbank automatisch den optimalen Zugriff auf die Datenbanktabelle. In seltenen Fällen funktioniert die Ermittlung nicht wie benötigt, weshalb über den Zusatz `%_HINTS` explizit der zu verwendende

Index mitgegeben wird. Die daraus resultierende Ergebnismenge ist unabhängig von der Art des Zugriffs. Die Angabe von %_HINTS hat ausschließlich Auswirkungen auf die Performance. Da mit SAP HANA die meisten Sekundärindizes nicht mehr notwendig und teilweise auch nicht mehr vorhanden sind, können solche Datenbank-Hints entfernt werden.

Abhängig von der zugrunde liegenden Datenbank kann sich das System bei ungültige bzw. nicht mehr vorhandenen Datenbank-Hints unterschiedlich verhalten.

Beispiele

Zur Veranschaulichung dieses Verhaltens gehen wir im folgenden Beispiel davon aus, dass der Sekundärindex ZA auf der Datenbanktabelle MSEG nicht existiert:

```
%_HINTS HDB 'INDEX(MSEG "MSEG-ZA")'
```

Der %_HINTS-Zusatz wird deshalb beispielsweise von einer Oracle-Datenbank ignoriert, kann jedoch bei einer SAP-HANA-Datenbank zu dem Laufzeitfehler DBSQL_SQL_ERROR führen. SAP HANA ist an dieser Stelle restriktiver als andere Datenbanksysteme. Wird für SAP HANA ein expliziter Index vorgegeben, wird dieser auch alternativlos verwendet. Der Verweis auf SAP-HANA-spezifische Indizes sollte deshalb innerhalb von Eigenentwicklungen in jedem Fall überprüft und das Coding gegebenenfalls angepasst werden.

Anders verhält es sich mit dem folgenden Zusatz, der sowohl von der Oracle-Datenbank als auch von SAP HANA ignoriert werden würde.

```
%_HINTS ORACLE 'INDEX(MSEG "MSEG-ZA")'
```

SAP HANA ignoriert grundsätzlich alle %_HINTS-Zusätze ohne die Angabe von HDB. Da spätestens mit der Umstellung auf SAP S/4HANA die fixe Vorgabe des Indexzugriffs in den meisten Fällen irrelevant werden, empfehlen wir in einem solchen Fall das Löschen des %_HINTS-Zusatzes nach der Umstellung.

Angaben der Datenbank im %_HINTS-Zusatz

In Tabelle 5.1 werden die möglichen Angaben der Datenbank im %_HINTS-Zusatz mit den korrespondierenden Datenbankmanagementsystemen aufgeführt.

Datenbankangabe im %_HINTS-Zusatz	Datenbanksystem
ADABAS	SAP MaxDB
AS400	IBM System i (AS/400)
DB2	IBM DB2

Tabelle 5.1 Angaben der Datenbanksysteme im %_HINTS-Zusatz

Datenbankangabe im %_HINTS-Zusatz	Datenbanksystem
DB6	IBM DB2 UDB
HDB	SAP HANA
MSSQLNT	Microsoft SQL Server
ORACLE	Oracle DB
SYBASE	Sybase ASE

Tabelle 5.1 Angaben der Datenbanksysteme im %_HINTS-Zusatz (Forts.)

Die Befunde zu Datenbank-Hints werden immer mit der Priorität 2 ermittelt. Ob sie einfach ignoriert werden können oder möglicherweise zu einem Laufzeitfehler oder Performanceproblem führen, kann erst nach einer fallabhängigen Betrachtung beurteilt werden. Unabhängig davon empfehlen wir Ihnen, für jeden Datenbank-Hint-Befund einen Performancetest nach der Umstellung auf SAP HANA bzw. SAP S/4HANA durchzuführen. Erst dadurch erhalten Sie die Gewissheit, ob die Performance der Anweisung ausreichend ist.

5.1.4 Pool- und Cluster-Tabellen

Pool- und Cluster-Tabellen sind neben transparenten Tabellen Tabellentypen im ABAP Dictionary, um Daten im Datenbankmanagementsystem abzulegen. Im Gegensatz zu transparenten Tabellen sind Pool- und Cluster-Tabellen nicht direkt als Tabellen auf der Datenbank ausgeprägt. Die Inhalte von Pool- und Cluster-Tabellen werden stattdessen in Tabellen-Pools bzw. Tabellen-Clustern abgelegt.

Tabellen-Pools

Die Definition eines *Tabellen-Pools* besteht im Wesentlichen aus zwei Schlüsselfeldern (TABNAME und VARKEY) und einem langen Datenfeld für den Satz aus der Pool-Tabelle (VARDATA). Wird ein Satz einer Pool-Tabelle gespeichert, wird dieser im zugeordneten Tabellen-Pool abgelegt. Mit einem Zugriff auf den Tabellen-Pool können damit Daten aus mehreren Pool-Tabellen performant ausgewertet werden.

Tabellen-Cluster

Im Gegensatz zum Tabellen-Pool muss die Struktur bei einem *Tabellen-Cluster* nicht immer gleich sein. Der Schlüssel eines Tabellen-Clusters besteht aus einer Reihe von frei definierbaren Feldern und einem Feld (PAGENO) zur Unterscheidung von Folgesätzen. Darüber hinaus enthält ein Tabellen-Cluster ein langes Feld (VARDATA), das die Inhalte der Datenfelder der Cluster-Tabellen zum selben Schlüssel beinhaltet. Ein Hauptvorteil bei der Verwendung von Cluster-Tabellen ist die automatische Speicherung komprimierter Daten. Dadurch werden der benötigte Speicherplatz und die Netzwerkbelastung zum Abrufen von Informationen aus diesen Tabellen reduziert.

Zugriff mit Open SQL

Wenn mit Open SQL auf Pool- oder Cluster-Tabellen zugegriffen wird, übersetzt die Datenbankschnittstelle automatisch den Zugriff auf den Tabellen-Pool bzw. das Tabellen-Cluster. Aus diesem Grund ist ein direkter Zugriff mit nativem SQL auf Pool- oder Cluster-Tabellen nicht möglich. Beim Open-SQL-Zugriff gibt es darüber hinaus diverse Einschränkungen, wie beispielsweise folgende:

- Die Ergebnismenge einer SELECT-Anweisung kann mit dem Zusatz ORDER BY nicht nach einzelnen Spalten sortiert werden.
- Die Zusätze GROUP BY und HAVING der SELECT-Anweisung werden bei Pool- oder Cluster-Tabellen nicht unterstützt.
- Außer COUNT(*) können in einer SELECT-Anweisung keine Aggregatausdrücke gebildet werden. COUNT(*) wird zulasten der Performance lediglich über die Datenbankschnittstelle emuliert.
- Es dürfen keine Subqueries verwendet werden, weder als WHERE-Bedingung noch als Datenquelle bei der Anweisung INSERT.
- Bei Vergleichen in einer WHERE-Bedingung können beim Zugriff auf Pool- oder Cluster-Tabellen auf der rechten Seite keine Spalten der Datenquelle angegeben werden.

Umwandlung in transparente Tabellen

Bereits in SAP ERP wurde die Neuanlage von Pool- und Cluster-Tabellen nicht mehr empfohlen. In der Vergangenheit wurden Tabellen-Pools und Tabellen-Cluster von SAP häufig für die Ablage interner Steuerungsinformationen (z. B. Programmparameter, temporäre Daten, Statistikinformationen usw.) verwendet. Bereits mit SAP NetWeaver 7.50 wurde eine Vielzahl von Pool- und Cluster-Tabellen »entpoolt« (im Englischen *depooled*) bzw. »entclustert« (im Englischen *declustered*) und damit in transparente Tabellen umgewandelt. Das Entpoolen und Entclustern ist ein Teil der Migrationsstrategie auf SAP-HANA-basierten Produkten, um das optimale Format für SAP HANA zu gewährleisten.

Mit SAP S/4HANA 1809 werden Pool- und Cluster-Tabellen nicht mehr unterstützt. Bei einem Upgrade auf SAP S/4HANA 1809 oder höher werden ausnahmslos alle Pool- und Cluster-Tabellen in transparente Tabellen umgewandelt.

Auflistung der aktuellen Pool- und Cluster-Tabellen

Die transparente Tabelle DD06L enthält in SAP ERP und bis SAP S/4HANA 1709 alle Pool- und Cluster-Tabellen. Mit SAP S/4HANA 1809 wurde diese Tabelle (neben diversen anderen Tabellen, wie z. B. DD06T, DD16S oder DD06T) aus dem System entfernt. Da Pool- und Cluster-Tabellen ab SAP S/4HANA 1809 nicht mehr unterstützt werden, sind auch die zugehörigen Systemtabellen oder Strukturen nicht mehr notwendig. Sofern auf bestimmte Objekte, die ab SAP S/4HANA 1809 entfernt wurden, innerhalb einer Eigenentwicklung zugegriffen wird, werden diese beim Custom Code Check über die Code-Inspector-Variante **Suchfunktionen • In Programmen verwendete Pool-/Cluster-Typen** identifiziert. In SAP-Hinweis 2577406 sind detailliertere Informationen zu den Hintergründen und zum Vorgehen zu finden.

Befunde zu Pool- oder Cluster-Tabellen

Die meisten Befunde mit Bezug auf Pool- oder Cluster-Tabellen bemängeln eine fehlende Sortierung. Die Datenbankschnittstelle führt automatisch eine implizite Sortierung bei Pool- und Cluster-Tabellen durch. Auch aus diesem Grund wird die ORDER BY-Anweisungen bei Pool- und Cluster-Tabellen nicht unterstützt. Diese automatische Sortierung ist nach dem Entpoolen oder Entclustern in eine transparente Tabelle nicht mehr vorhanden.

In der Regel kommt es aufgrund einer fehlenden Sortierung in Zugriffen auf ehemalige Pool- oder Cluster-Tabellen zu keinem schwerwiegenden Fehler, weswegen diese Befunde mit der Priorität 3 ermittelt werden. Anders hingegen ist es bei Objekten, die aufgrund des Entpoolens, Entclusterns oder ab SAP S/4HANA 1809 gelöscht bzw. verändert wurden. Hier ist die Umstellung der Eigenentwicklung notwendig, da es andernfalls infolge von Syntaxfehlern zu einem Laufzeitfehler bei der Ausführung kommt. Diese Befunde werden mit der Priorität 1 ermittelt.

5.1.5 Prüffehler

Beim Ausführen des Custom Code Checks kann es zu sogenannten *Prüffehlern* kommen. Prüffehler geben Auskunft darüber, dass bestimmte Objekte nicht erfolgreich über die Prüfungsvariante analysiert werden konnten. Auch wenn ein Prüflauf erfolgreich abgeschlossen wurde, kann es zu Prüffehlern kommen. Wenige Prüffehler beim Custom Code Check sind nicht ungewöhnlich. Treten dagegen verhältnismäßig viele Prüffehler zu einem Prüflauf auf, kann das ein Indikator für eine fehlende Konfiguration oder Komponente sein. Auch sind *keine* Befunde und *ein* Prüffehler bei einer Massenanalyse ein Indiz für eine problematische Systemeinstellung. Diese muss zunächst korrigiert werden, bevor der Custom Code Check korrekt ausgeführt werden kann.

Prüffehler im ABAP Test Cockpit

Die Prüffehler können Sie zum aktuellen Lauf über die Transaktion ATC unter **Ergebnisse verwalten** in der Spalte Prüffehler einsehen. Wenn Sie auf die Anzahl der Prüffehler klicken, erscheint das in Abbildung 5.1 gezeigte Pop-up-Fenster mit einer detaillierteren Fehlerbeschreibung.

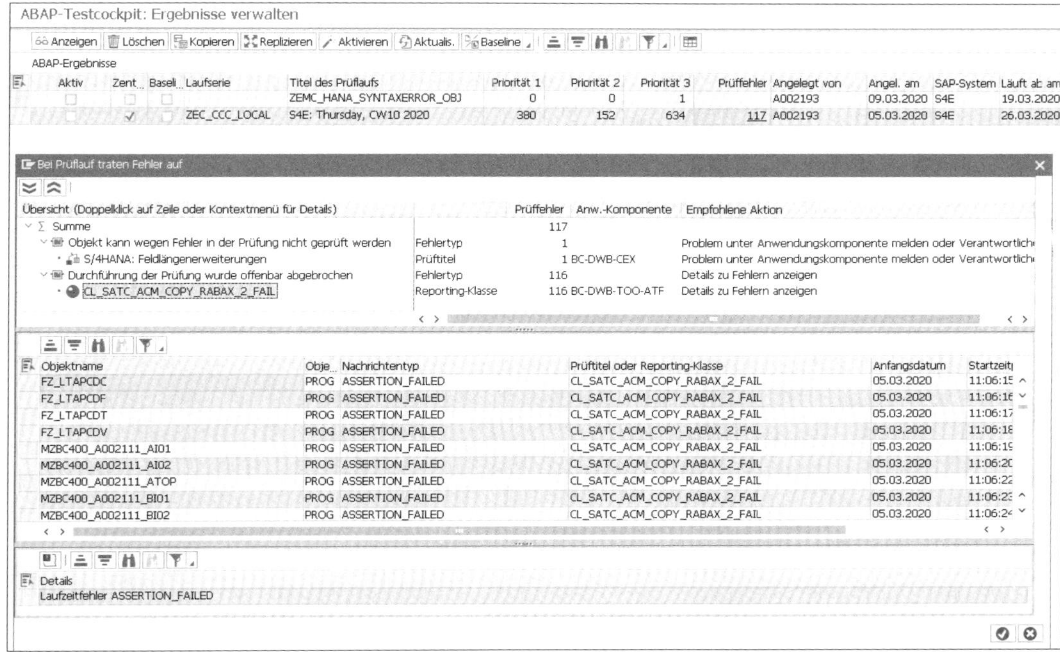

Abbildung 5.1 Prüffehler in der Übersicht des ABAP Test Cockpits anzeigen

Alternativ können Sie die Prüffehler auch im **ATC-Ergebnis-Browser** über den Button **Fehler** (Quickinfo **Prüffehler anzeigen**) sichtbar machen (siehe Abbildung 5.2).

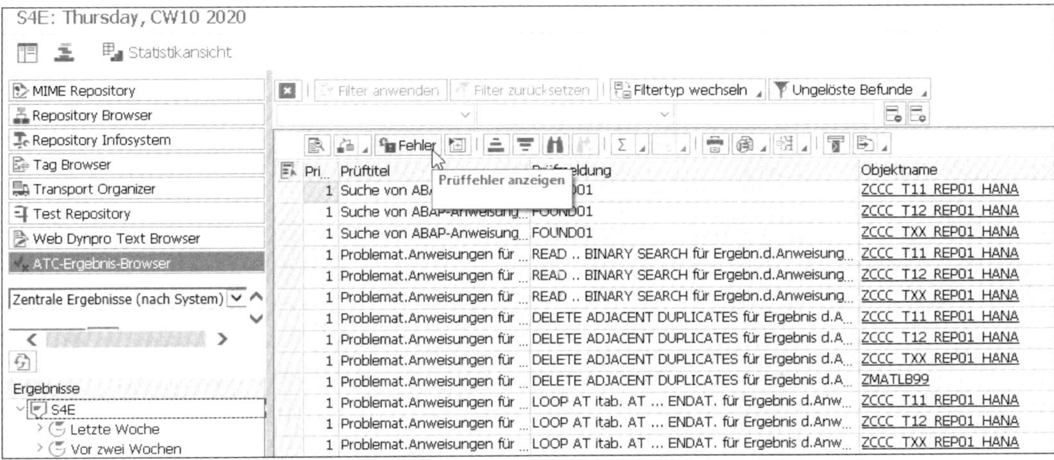

Abbildung 5.2 Prüffehler im ATC-Ergebnis-Browser anzeigen

Problemarten der Prüffehler

In Tabelle 5.2 werden die unterschiedlichen Problemarten aufgeführt und wie diese zu beheben sind.

Art des Problems	Erklärung
Untersuchung ist nicht möglich.	Der angezeigte Prüfbaustein konnte das Objekt wegen eines Fehlers nicht prüfen. Um das Objekt auf Fehler zu analysieren, können Sie die erweiterte Syntaxprüfung in Transaktion SE80 verwenden.
Voraussetzung ist nicht erfüllt.	Eine der Voraussetzungen des Prüfbausteins ist nicht erfüllt, weswegen der anzeigte Prüfbaustein die Objekte nicht prüfen kann. Mögliche Probleme sind gegebenenfalls das Nichtvorhandensein eines Objekts, fehlende Includes usw.
Ausnahme oder Laufzeitfehler ist aufgetreten.	Beim Ausführen der Prüfung wurde eine Ausnahme/ein Laufzeitfehler erzeugt. Der Prüfbaustein konnte die gewünschte Prüfung nicht ausführen und ist möglicherweise selbst fehlerhaft. Bei einem Laufzeitfehler kann über Transaktion ST22 eine Problemanalyse durchgeführt werden.

Tabelle 5.2 Problemarten der Prüffehler

5.2 Beispiele für Prüffehler

Prüffehler sind ein Indikator dafür, dass bestimmte Objekte nicht korrekt geprüft werden konnten oder gar der gesamte Prüflauf nicht ausgeführt werden konnte. In diesem Abschnitt stellen wir zwei Beispiele für solche Prüffehler vor. Da die Prüfungsroutinen stetig besser werden, empfehlen wir Ihnen, bei nicht analysierbaren Fehlern die aktuellen Hinweise für die ATC-Analyse in der SAP-Hinweis-Datenbank zu überprüfen und gegebenenfalls aktuellere SAP-Hinweise nachzuinstallieren.

5.2.1 Prüfung kann wegen fehlender Voraussetzungen nicht durchgeführt werden

Fehler bei Remote-Prüfung

Im hier beschriebenen Szenario wird der Custom Code Check von einem zentralen Prüfsystem aus ausgeführt, um die Eigenentwicklungen im Entwicklungssystem zu prüfen. In Abschnitt 4.7.2, »Extraktbasierte Prüfungen im Code Inspector«, haben wir die notwendigen Konfigurationen zur Einrichtung der extraktbasierten Prüfung vorgestellt, die die korrekte Ausführung des Reports `RS_ABAP_INIT_ANALYSIS` ebenfalls voraussetzt. Wenn der Report `RS_ABAP_INIT_ANALYSIS` nicht korrekt im Entwicklungssystem ausgeführt wurde, wird der Prüffehler **ATC-Prüflauf wurde wegen fehlender Vo-**

raussetzungen abgebrochen ausgegeben, wie in Abbildung 5.3 dargestellt. Erst wenn dieser Fehler behoben wurde, können die Entwicklungen im Entwicklungssystem über die Remote-Prüfung aus dem zentralen Prüfsystem heraus geprüft werden.

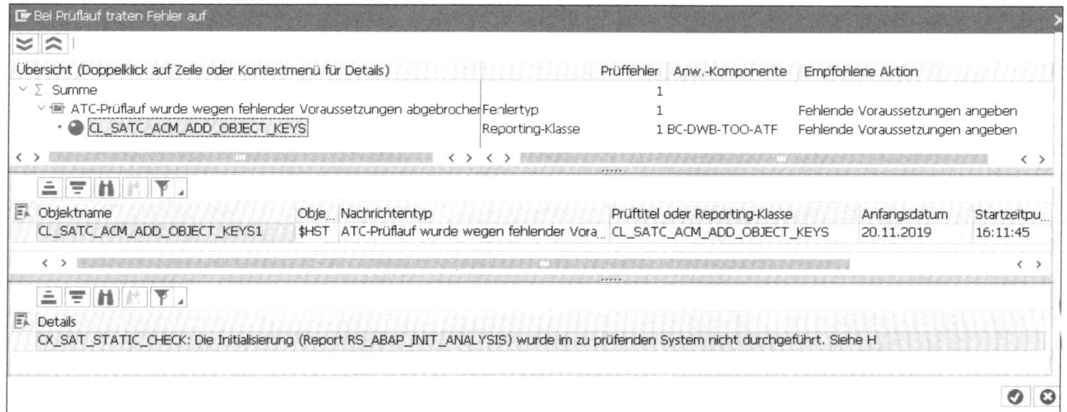

Abbildung 5.3 Prüffehler: fehlende Voraussetzungen

Report RS_ABAP_ INIT_ANALYSIS

Beachten Sie bei der Ausführung des Reports `RS_ABAP_INIT_ANALYSIS` folgende Voraussetzungen:

- Sie benötigen für die Ausführung einen Entwicklerschlüssel und Entwicklerberechtigungen.
- Die über den Report generierten Tabellen sind dem Paket `$TMP` zugeordnet und dürfen nicht in ein anderes Paket gehängt werden.
- Die Systemrolle muss änderbar sein.

Nach der korrekten Ausführung des Reports `RS_ABAP_INIT_ANALYSIS` wird dieser Prüffehler nicht mehr angezeigt.

5.2.2 Sonstige Prüffehler

Syntaxfehler

In bestimmten Fällen werden Syntaxfehler auch als Prüffehler angezeigt. In Abbildung 5.4 werden diese Syntaxfehler dem Fehlertyp **Sonstige** zugeordnet.

Zur Lösung dieses Prüffehlers gehen Sie vor wie bei der Behebung von Syntaxfehlern (siehe Abschnitt 5.3.2). In erster Linie sollte geprüft werden, ob die betroffene Entwicklung produktiv benötigt wird. In vielen Fällen reduziert die Stilllegung zukünftige Wartungsaufwände und ist deshalb der Bereinigung des Syntaxfehlers vorzuziehen.

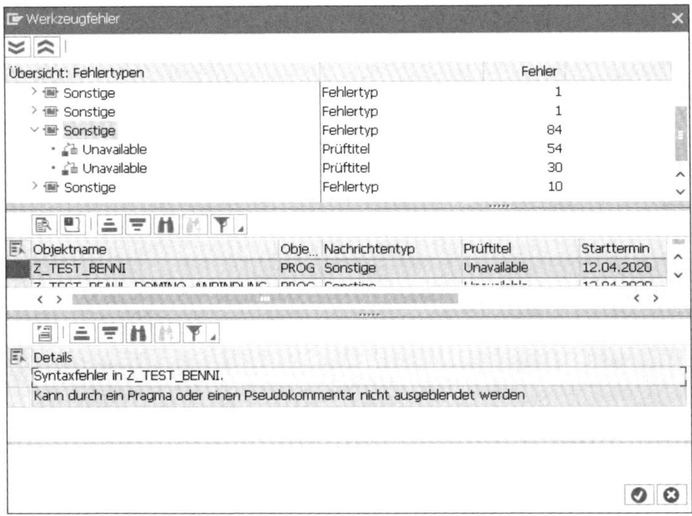

Abbildung 5.4 Sonstiger Prüffehler

Beispiel: Testreport

In unserem Beispiel ist aufgrund des Reportnamens `Z_TEST_BENNI` der in Abbildung 5.5 dargestellten Entwicklung anzunehmen, dass es sich um einen Report handelt, der für einen temporären Test entwickelt wurde und nicht mehr produktiv benötigt wird. Er kann deshalb stillgelegt werden.

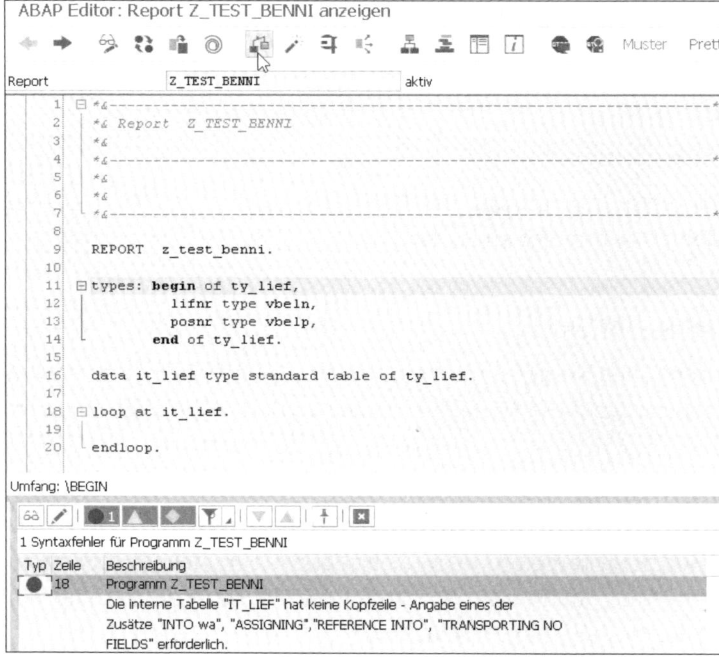

Abbildung 5.5 Syntaxprüfung für einen Report im ABAP Editor

5.3 Beispiele für den Prüftitel »Voraussetzungen für den Test«

Bei Befunden mit dem Prüftitel »Voraussetzungen für den Test« wurden die grundlegenden Voraussetzungen für den Custom Code Check nicht erfüllt. Hierbei ist es irrelevant, ob SAP-HANA- oder SAP-S/4HANA-Prüfungen durchgeführt werden sollen.

Zunächst müssen die Ursache für den Befund ermittelt und die fehlende Voraussetzung geschaffen werden. Anschließend kann das Objekt erneut geprüft werden. In diesem Abschnitt stellen wir Ihnen Beispiele für häufig auftretende Befunde mit fehlenden Voraussetzungen vor.

5.3.1 Verwendetes Objekt existiert nicht

Wenn innerhalb der Eigenentwicklung auf ein nicht existierendes Objekt referenziert wird, kann es zu einem Laufzeitfehler bei der Programmausführung kommen. In der Regel ist ein solcher Befund unabhängig von der Datenbank oder dem SAP-ERP-Release. Häufig tritt diese Prüfmeldung bei Testentwicklungen oder historisch gewachsenen Eigenentwicklungen auf, bei denen das referenzierte Objekt geändert oder gelöscht wurde, ohne die Aufrufstelle anzupassen. In beiden Fällen sollte zunächst die aktuelle Relevanz der Eigenentwicklung im produktiven SAP-ERP-System geklärt und eine etwaige Stilllegung geprüft werden, bevor eine Codekorrektur erfolgt.

Einzelfall prüfen

Auch wenn ein entsprechender Befund beim Custom Code Check mit der Priorität 3 eingestuft wird, empfehlen wir eine dedizierte Prüfung je Prüfmeldung, ob eine Stilllegung oder Korrektur erfolgen sollte.

Beispiel: fehlendes Dynpro

Folgende Anweisung erzeugt den in Abbildung 5.6 dargestellten Befund:

```
CALL SCREEN 0140 STARTING AT 10 10.
```

Mit dieser Anweisung wird das Dynpro 0140 aufgerufen, das in einem modalen Dialog angezeigt werden soll. Über den Zusatz `STARTING AT col1 line1` kann darüber hinaus noch die Position des Dialogs bestimmt werden. Da dem Programm jedoch kein Dynpro 0140 zugeordnet wurde, wird es bei der Programmausführung zu dem Laufzeitfehler `DYNPRO_NOT_FOUND` kommen. Die einfache Syntaxprüfung zeigt hier keine Meldung an.

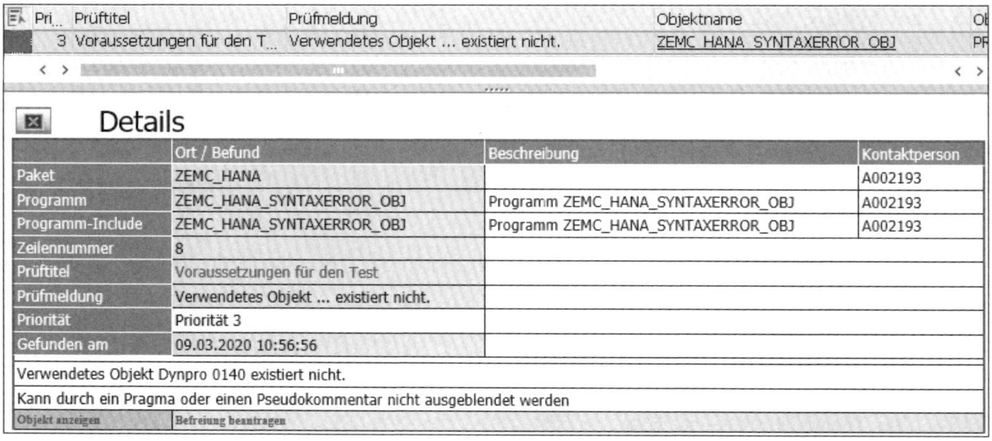

Pri...	Prüftitel	Prüfmeldung	Objektname	Ol
3	Voraussetzungen für den T...	Verwendetes Objekt ... existiert nicht.	ZEMC_HANA_SYNTAXERROR_OBJ	PR

Details

	Ort / Befund	Beschreibung	Kontaktperson
Paket	ZEMC_HANA		A002193
Programm	ZEMC_HANA_SYNTAXERROR_OBJ	Programm ZEMC_HANA_SYNTAXERROR_OBJ	A002193
Programm-Include	ZEMC_HANA_SYNTAXERROR_OBJ	Programm ZEMC_HANA_SYNTAXERROR_OBJ	A002193
Zeilennummer	8		
Prüftitel	Voraussetzungen für den Test		
Prüfmeldung	Verwendetes Objekt ... existiert nicht.		
Priorität	Priorität 3		
Gefunden am	09.03.2020 10:56:56		

Verwendetes Objekt Dynpro 0140 existiert nicht.

Kann durch ein Pragma oder einen Pseudokommentar nicht ausgeblendet werden

Objekt anzeigen | Befreiung beantragen

Abbildung 5.6 Voraussetzung für den Test – verwendetes Objekt existiert nicht

Eine pauschale Lösung ist bei diesem Befund nicht möglich. Wir empfehlen im Zweifel, die Änderungen an der Applikation über die Versionsverwaltung nachzuvollziehen, sofern das Objekt oder Teile davon nicht stillgelegt werden sollen. Falls das Dynpro fälschlicherweise gelöscht wurde, kann es neu angelegt und die letzte, über einen Transportauftrag freigegebene Version über die Versionsverwaltung zurückgeholt werden.

5.3.2 Syntaxfehler

Wenn Objekte Syntaxfehler enthalten, kann der Custom Code Check keine Befunde zu den SAP-HANA- oder SAP-S/4HANA-Prüfungen ermitteln. Hier muss zunächst der Syntaxfehler bereinigt und anschließend ein erneuter Custom Code Check ausgeführt werden.

Beispiel: nicht existente Anweisung

Syntaxfehler werden mit der Priorität 1 oder der Priorität 3 ausgewiesen. Durch die folgende Anweisung wird ein Syntaxfehler mit der Priorität 1 erzeugt (siehe Abbildung 5.7):

```
DATAT lv_foo TYPE int8 VALUE 2.
```

Navigieren Sie über den Link des Objektnamens in der ATC-Ergebnis-Browser-Spalte **Objektname** in den ABAP Editor, und führen Sie dort die Syntaxprüfung aus, erscheint die Meldung, dass die Anweisung `DATAT` nicht vorgesehen ist (siehe Abbildung 5.8). Aus dem Entwicklungskontext ist zu schließen, dass der Entwickler das ABAP-Schlüsselwort `DATA` verwenden wollte. Die Anweisung `DATAT` ist deshalb entsprechend zu ändern.

Pri...	Prüftitel	Prüfmeldung	Objektname	Ob
1	Voraussetzungen für den T...	Syntaxfehler in	ZEMC_HANA_SYNTAXERROR	PR

Details

	Ort / Befund	Beschreibung	Kontaktperson
Paket	ZEMC_HANA		A002193
Programm	ZEMC_HANA_SYNTAXERROR	Programm ZEMC_HANA_SYNTAXERROR	A002193
Programm-Include	ZEMC_HANA_SYNTAXERROR	Programm ZEMC_HANA_SYNTAXERROR	A002193
Zeilennummer	0		
Prüftitel	Voraussetzungen für den Test		
Prüfmeldung	Syntaxfehler in		
Priorität	Priorität 1		
Gefunden am	16.02.2020 12:37:04		

Syntaxfehler in ZEMC_HANA_SYNTAXERROR.

Kann durch ein Pragma oder einen Pseudokommentar nicht ausgeblendet werden

Objekt anzeigen | Befreiung beantragen

Abbildung 5.7 Voraussetzung für den Test – Syntaxfehler mit Priorität 1

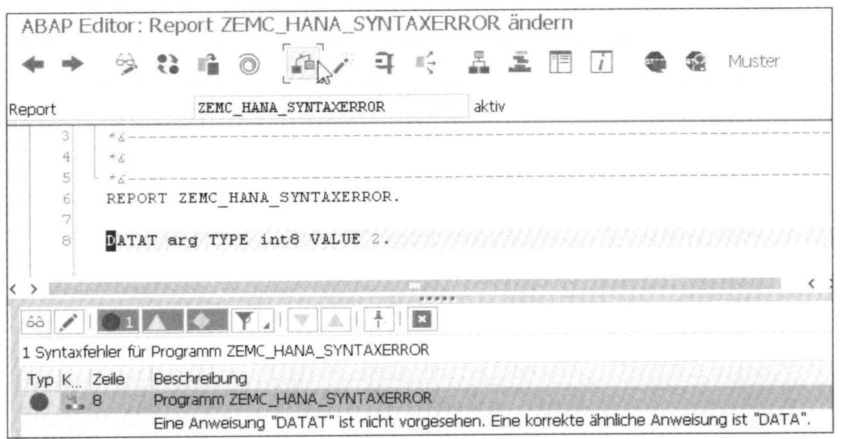

Abbildung 5.8 Syntaxprüfung ausführen

Erst wenn alle Syntaxfehler bereinigt sind, kann ein erneuter Custom Code Check durchgeführt werden.

[«]

Verwendung des betroffenen Objekts prüfen

Es ist nicht unüblich, dass beim Custom Code Check vermehrt Objekte mit Syntaxfehlern ermittelt werden. Insbesondere bei historisch gewachsenen Systemen werden für Programme, die nicht Unicode-fähig sind, Syntaxfehler angezeigt. Über die Programmeigenschaften kann zwar grundsätzlich die Unicodeprüfungseinstellung gesetzt werden. Bevor eine Korrektur dieser Programme durchgeführt wird, empfehlen wir, die Versionsverwaltung und den aktuellen Status der jeweiligen Entwicklung im produktiven SAP-ERP-System zu prüfen. Wenn das Objekt im produktiven SAP-ERP-System bereits länger einen Syntaxfehler aufweist, kann das ein Indikator dafür sein, dass das Objekt nicht mehr benötigt wird. In diesem Fall empfehlen wir die Stilllegung des Objekts anstelle der Bereinigung des Syntaxfehlers.

5.4 Beispiele für den Prüftitel »Kritische Anweisungen«

Befunde mit dem Prüftitel »Kritische Anweisung« beziehen sich auf native SQL-Zugriffe und Datenbank-Hints. In diesem Abschnitt stellen wir Ihnen zwei Beispiele zu diesen Befunden vor.

5.4.1 Verwendung von nativen SQL-Anweisungen

Mit nativem SQL können datenbankspezifische SQL-Anweisungen an die Datenbank gesendet werden. In Abbildung 5.9 wird ein Befund für eine native SQL-Anweisung angezeigt. Diese Art von Befunden wird mit der Priorität 2 ermittelt.

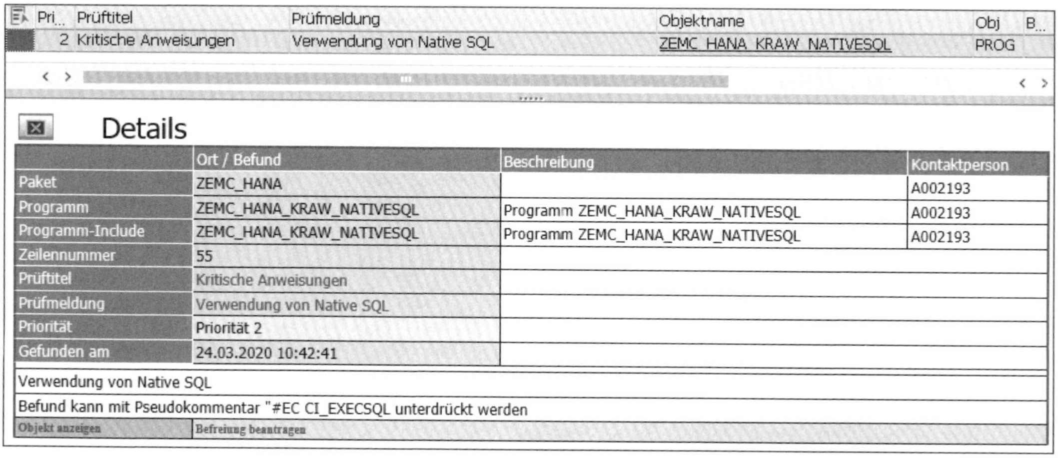

Pri...	Prüftitel	Prüfmeldung	Objektname	Obj	B...
2	Kritische Anweisungen	Verwendung von Native SQL	ZEMC_HANA_KRAW_NATIVESQL	PROG	

Details

	Ort / Befund	Beschreibung	Kontaktperson
Paket	ZEMC_HANA		A002193
Programm	ZEMC_HANA_KRAW_NATIVESQL	Programm ZEMC_HANA_KRAW_NATIVESQL	A002193
Programm-Include	ZEMC_HANA_KRAW_NATIVESQL	Programm ZEMC_HANA_KRAW_NATIVESQL	A002193
Zeilennummer	55		
Prüftitel	Kritische Anweisungen		
Prüfmeldung	Verwendung von Native SQL		
Priorität	Priorität 2		
Gefunden am	24.03.2020 10:42:41		

Verwendung von Native SQL

Befund kann mit Pseudokommentar "#EC CI_EXECSQL unterdrückt werden

Objekt anzeigen | Befreiung beantragen

Abbildung 5.9 Kritische Anweisung – natives SQL

Beispiel: schreibgeschützte Systemtabelle

Native SQL-Anweisungen beginnen immer mit `EXEC SQL` und enden mit einer `ENDEXEC`-Anweisung. Im folgenden Beispiel werden alle Einträge aus der Tabelle `REPOLOAD` gelöscht, auf die die `WHERE`-Bedingung zutrifft.

```
EXEC SQL.
  DELETE FROM repoload WHERE mach = :p_mach
ENDEXEC.
```

Die Tabelle REPOLOAD existiert zwar im ABAP Dictionary, jedoch handelt es sich um eine von SAP schreibgeschützte Systemtabelle. Die folgende Umstellung der Anweisung von nativem SQL auf Open SQL führt deshalb zu dem Syntaxfehler »Der Datenbank-View 'REPOLOAD' ist schreibgeschützt und kann deshalb nicht verändert werden.«

```
DELETE FROM repoload WHERE mach = p_mach.
```


Im Beispielfall sollte der Hintergrund der Entwicklungsanforderung kritisch hinterfragt werden. Modifizierende Änderungen an SAP-Systemtabellen können dramatische Seiteneffekte haben und sind daher grundsätzlich zu unterlassen.

[«]

Alternative Zugiffsmöglichkeiten

Am Beispiel des Zugriffs auf die Tabelle REPOLOAD beschreiben die SAP-Hinweise 2193457 und 2324429 alternative Möglichkeiten zum Bereinigen dieser Datenbanktabelle. Im konkreten Beispielfall ist deshalb eher die Stilllegung der Eigenentwicklung zu prüfen, anstatt die Anweisung auf Open SQL umzustellen.

Änderung nach der Datenbankmigration

Nicht immer ist eine Umstellung von nativem SQL auf Open SQL möglich. Ein theoretischer Abgleich mit der SAP HANA SQL Reference (*http://s-prs.de/v763226*) im Vorfeld ist zwar möglich, um die aktuelle Kompatibilität der nativen SQL-Anweisung mit SAP HANA zu ermitteln, eine wirkliche Sicherheit hat man jedoch erst dann, wenn das geänderte Coding unter SAP HANA erfolgreich getestet wurde.

Im Allgemeinen empfehlen wir deshalb die Bearbeitung von nativen SQL-Anweisungen erst *nach* der Umstellung auf SAP HANA, sofern diese nicht bereits vor der Umstellung in Open-SQL-Anweisungen umgeändert werden können. Manchmal gibt es gute Gründe für die Verwendung von nativem SQL, weswegen das aktuelle Coding noch bis zur tatsächlichen SAP-HANA-Datenbankmigration lauffähig bleiben muss.

Funktionsumfang der Datenbank abfragen

Wenn die Eigenentwicklung vor der tatsächlichen Migration auf SAP HANA umgestellt werden soll, können Sie die Klassen CL_DB_SYS oder CL_ABAP_DBFEATURES verwenden. Diese Klassen liefern Informationen über die aktuell verwendete Datenbank sowie einen Überblick ihres Funktionsumfangs. Über eine IF-Bedingung kann die aktuell verwendete Datenbank abgefragt und anschließend die datenbankspezifische Anweisung ausgeführt werden. So eine Änderung könnte dann bereits vor der SAP-HANA-Umstellung in die produktive Umgebung übernommen werden.

Pseudokommentar bei nativem SQL

Wenn sichergestellt ist, dass die native SQL-Anweisung auch auf SAP HANA lauffähig ist, kann der Befund über den Pseudokommentar `"#EC CI_EXECSQL` zukünftig ignoriert werden. Beachten Sie beim Ergänzen von Pseudokommentaren, dass alle Anweisungen innerhalb des `EXEC SQL`- und `ENDEXEC`-Blocks nativen SQL-Code enthalten müssen. Das Einfügen von Pseudokommentaren nach `EXEC SQL` führt deshalb zu einem Syntaxfehler. Damit der Befund über einen Pseudokommentar unterdrückt werden kann, ist wie im folgenden Beispiel die Splittung der `EXEC SQL`-Anweisung in zwei Zeilen nötig (siehe Listing 5.1).

```
EXEC "#EC CI_EXECSQL
SQL.
  [...]
ENDEXEC.
```

Listing 5.1 Splitting der EXEC-SQL-Anweisung

5.4.2 Verwendung eines Datenbank-Hints

Über Datenbank-Hints kann ein fester Index vorgegeben werden, der beim Zugriff auf die Datenbank verwendet werden soll. In Abbildung 5.10 wird ein Beispiel für einen Befund mit dieser Prüfmeldung gezeigt. Bei dieser Prüfmeldung werden die Befunde immer mit der Priorität 2 ausgewiesen.

Pri...	Prüftitel	Prüfmeldung	Objektname	Obj	B.
2	Kritische Anweisungen	Verwendung eines DB-Hints: ...	ZEMC_HANA_KRAW_DB_HINT	PROG	

Details

	Ort / Befund	Beschreibung	Kontaktperson
Paket	ZEMC_HANA		A002193
Programm	ZEMC_HANA_KRAW_DB_HINT	Programm ZEMC_HANA_KRAW_NATIVESQL	A002193
Programm-Include	ZEMC_HANA_KRAW_DB_HINT	Programm ZEMC_HANA_KRAW_NATIVESQL	A002193
Zeilennummer	14		
Prüftitel	Kritische Anweisungen		
Prüfmeldung	Verwendung eines DB-Hints: ...		
Priorität	Priorität 2		
Gefunden am	14.04.2020 15:44:40		

Verwendung eines DB-Hints: %_HINTS ORACLE 'INDEX("KNA1"
"KNA1~A")'

Befund kann mit Pseudokommentar "#EC CI_HINTS unterdrückt werden

Objekt anzeigen | Befreiung beantragen

Abbildung 5.10 Kritische Anweisung – Datenbank-Hints

In SAP HANA überflüssiger Hint

In Listing 5.2 werden Kundenstammdaten aus der Tabelle `KNA1` über das Sortierfeld (`SORTL`) ermittelt. Wie mit dem Zusatz `%_HINTS` angegeben, soll bei einer Oracle-Datenbank immer der Index KNA1~A für diesen Zugriff verwendet werden.

```
SELECT *
  FROM kna1
  INTO TABLE @DATA(lt_kna1)
  WHERE sortl = @lv_customer_name
  %_HINTS ORACLE 'INDEX("KNA1" "KNA1~A")'.
```

Listing 5.2 Kritische Anweisung mit Datenbank-Hint

Wird das Coding in Listing 5.2 auf einer SAP-HANA-Datenbank ausgeführt, wird der %_HINTS-Zusatz vollständig ignoriert. Da sich der Zusatz lediglich auf Oracle-Datenbanken bezieht, ist es für SAP HANA irrelevant, ob der Index auf der Datenbank existiert oder nicht.

Aufgrund der spaltenorientierten Verarbeitung von Daten in SAP HANA ist bei einem Zugriff auf das Sortierfeld SORTL selbst bei umfangreichen Datenmengen kein Sekundärindex notwendig. Aus diesem Grund kann ein solcher Befund über einen Pseudokommentar auch zukünftig ignoriert werden. In Listing 5.3 wurde deshalb der Pseudokommentar "#EC CI_HINTS ergänzt.

```
SELECT *
  FROM kna1
  INTO TABLE @DATA(lt_kna1)
  WHERE sortl = @lv_customer_name
  %_HINTS ORACLE 'INDEX("KNA1" "KNA1~A")'. "#EC CI_HINTS
```

Listing 5.3 Anweisung mit Datenbank-Hint und Pseudokommentar

Sofern Ihr System bereits auf SAP HANA umgestellt ist, können Sie alternativ auch den %_HINTS-Zusatz entfernen.

5.5 Beispiele für den Prüftitel »Problematische Anweisungen«

Der Prüftitel für problematische Anweisungen ist im Vergleich zu den anderen in diesem Kapitel behandelten Prüftiteln der mit Abstand umfangreichste. Die meisten Befunde werden aufgrund einer impliziten Sortierung oder aufgrund von Performanceaspekten gemeldet. In diesem Abschnitt stellen wir einige Beispiele zur Umstellung von Eigenentwicklungen aufgrund von häufig auftretenden problematischen Anweisungen vor.

5.5.1 SELECT ... FOR-Cluster-Tabelle ohne ORDER BY

Selektierende Zugriffe auf ehemalige Cluster-Tabellen ohne explizite Sortierung werden bei den SAP-HANA-Prüfungen als Befunde mit der Priorität 3 ausgewiesen.

Zugriff auf Cluster-Tabelle

Folgender ABAP-Code erzeugt den in Abbildung 5.11 dargestellten Befund:

```
SELECT * INTO TABLE @DATA(lt_bseg) FROM bseg
         WHERE bukrs = @lv_bukrs
         AND   gjahr = @lv_gjahr.
```

Hier werden Belegsegmentdaten aus der Tabelle BSEG in eine interne Tabelle selektiert.

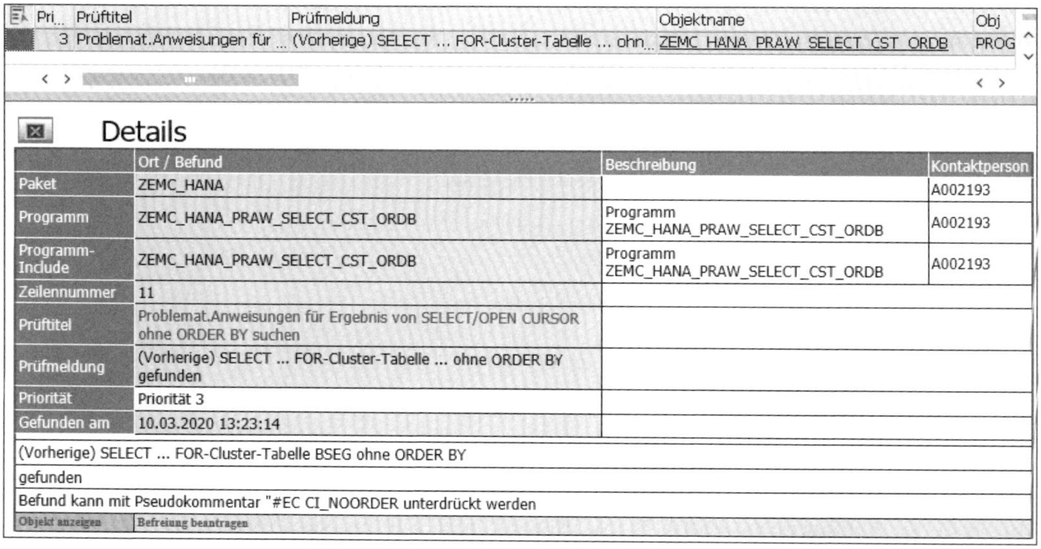

Pri...	Prüftitel	Prüfmeldung	Objektname	Obj
3	Problemat.Anweisungen für ...	(Vorherige) SELECT ... FOR-Cluster-Tabelle ... ohn...	ZEMC_HANA_PRAW_SELECT_CST_ORDB	PROG

Details

	Ort / Befund	Beschreibung	Kontaktperson
Paket	ZEMC_HANA		A002193
Programm	ZEMC_HANA_PRAW_SELECT_CST_ORDB	Programm ZEMC_HANA_PRAW_SELECT_CST_ORDB	A002193
Programm-Include	ZEMC_HANA_PRAW_SELECT_CST_ORDB	Programm ZEMC_HANA_PRAW_SELECT_CST_ORDB	A002193
Zeilennummer	11		
Prüftitel	Problemat.Anweisungen für Ergebnis von SELECT/OPEN CURSOR ohne ORDER BY suchen		
Prüfmeldung	(Vorherige) SELECT ... FOR-Cluster-Tabelle ... ohne ORDER BY gefunden		
Priorität	Priorität 3		
Gefunden am	10.03.2020 13:23:14		

(Vorherige) SELECT ... FOR-Cluster-Tabelle BSEG ohne ORDER BY
gefunden
Befund kann mit Pseudokommentar "#EC CI_NOORDER unterdrückt werden
Objekt anzeigen | Befreiung beantragen

Abbildung 5.11 Problematische Anweisung – SELECT ... FOR-Cluster-Tabelle ohne ORDER BY

Unter SAP ERP auf einer beliebigen Datenbank ist die Tabelle BSEG noch eine Cluster-Tabelle, wie in Abbildung 5.12 zu erkennen. Erst mit der Umstellung auf die SAP-HANA-Datenbank wird im Zuge des Entclusterns eine Umwandlung in eine transparente Tabelle durchgeführt. Die Regeln für den Zugriff und die Verwendung einer solchen Tabelle sind die gleichen wie bei jeder anderen transparenten Datenbanktabelle unter SAP HANA. Zur Behebung des Befundes sollte zunächst geprüft werden, ob eine fehlende Sortierung Probleme im Programmablauf verursacht. Ist eine Sortierung der selektierten Daten irrelevant, kann der Befund über einen Pseudokommentar ignoriert werden.

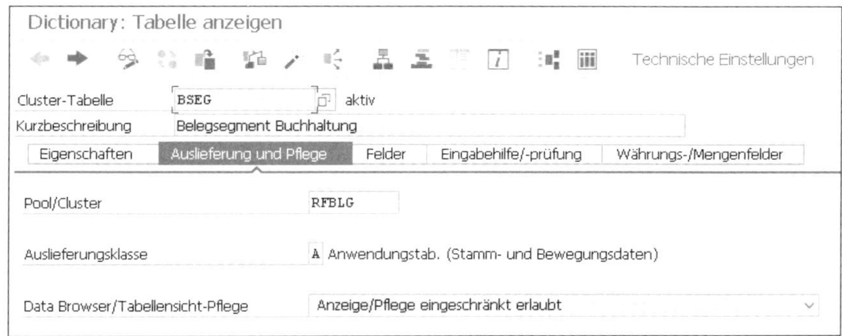

Abbildung 5.12 Cluster-Tabelle BSEG zum Tabellen-Cluster RFBLG

Sortierung hinzufügen

Verursacht eine fehlende Sortierung ein ungewünschtes Programmverhalten, können Sie die Sortierung entweder in der SELECT-Anweisung über ORDER BY ergänzen oder nach der SELECT-Anweisung über den SORT-Befehl hinzufügen, wie im folgenden Beispiel gezeigt:

```
SELECT * INTO TABLE @DATA(lt_bseg) FROM bseg
         WHERE bukrs = @lv_bukrs
         AND   gjahr = @lv_gjahr ORDER BY PRIMARY KEY.
```

Wurde eine explizite Sortierung hinzugefügt oder der korrekte Pseudokommentar angewendet, taucht der genannte Befund bei einer wiederholten Ausführung des Prüflaufs nicht mehr auf.

5.5.2 DELETE ADJACENT DUPLICATES

Die Anweisung DELETE ADJACENT DUPLICATES löscht Duplikate aus einer internen Tabelle. Für eine korrekte Ermittlung und das Löschen der Duplikate muss der Inhalt der internen Tabelle sortiert sein. Da SAP HANA die Ergebnismenge bei einer vorherigen Selektion nicht automatisch sortiert zurückgibt, kann sich eine Eigenentwicklung unter SAP HANA anders verhalten als bei einer anderen Datenbank.

Priorität 1

In Abbildung 5.13 wird ein entsprechender Befund beispielhaft dargestellt. Befunde mit dieser Prüfmeldung werden immer mit der Priorität 1 ausgewiesen und sollten überprüft werden.

In Listing 5.4 werden 200 Datensätze aus der Tabelle SFLIGHT ermittelt und anschließend alle Duplikate auf Basis des Flugdatums (FLDATE) gelöscht.

```
SELECT * INTO TABLE @DATA(lt_temp)
         FROM sflight
```

```
         UP TO 200 ROWS.
DELETE ADJACENT DUPLICATES FROM lt_temp COMPARING fldate.
```

Listing 5.4 Problematische Anweisung DELETE ADJACENT DUPLICATES

Pri...	Prüftitel	Prüfmeldung	Objektname
1	Problemat.Anweisungen für ...	DELETE ADJACENT DUPLICATES für Ergebnis d.A...	ZEMC_CCC_TEST

Details

	Ort / Befund	Beschreibung	Kontaktperson
Paket	$TMP		
Programm	ZEMC_CCC_TEST	Programm ZEMC_CCC_TEST	A002193
Programm-Include	ZEMC_CCC_TEST	Programm ZEMC_CCC_TEST	A002193
Zeilennummer	33		
Prüftitel	Problemat.Anweisungen für Ergebnis von SELECT/OPEN CURSOR ohne ORDER BY suchen		
Prüfmeldung	DELETE ADJACENT DUPLICATES für Ergebnis d.Anweisung in ... Zeile ...		
Priorität	Priorität 1		
Zuerst gefunden am	19.02.2020 16:03:00		
Gefunden am	19.02.2020 16:12:35		

DELETE ADJACENT DUPLICATES für Ergebnis d.Anweisung in Include ZEMC_CCC_TEST Zeile 29
SELECT/FETCH-Befüllen intern.Tab./Arbeitsberei.
delete adjacent duplicates from LT_TEMP
Befund kann mit Pseudokommentar "#EC CI_SORTED unterdrückt werden

Objekt anzeigen	Befreiung beantragen

Abbildung 5.13 Problematische Anweisung – DELETE ADJACENT DUPLICATES

Bei diesem Code ist nicht sichergestellt, dass die interne Tabelle mit den SFLIGHT-Daten sortiert ist, weswegen das Löschen der Duplikate abhängig von der Datenbank zu unterschiedlichen Ergebnissen führt. Wie in Listing 5.5 dargestellt, erweitern wir zur Korrektur dieses Befundes die SELECT-Anweisung um den ORDER BY-Zusatz.

```
SELECT * INTO TABLE @DATA(lt_temp)
         FROM sflight
         UP TO 200 ROWS
         ORDER BY PRIMARY KEY.
DELETE ADJACENT DUPLICATES FROM lt_temp COMPARING fldate.
```

Listing 5.5 Problematische Anweisung DELETE ADJACENT DUPLICATES mit ORDER BY

Durch diese Änderung wird die Eigenentwicklung unter SAP HANA zum gleichen Ergebnis führen wie mit jeder anderen Datenbank.

5.5.3 LOOP AT itab AT ... ENDAT

Über den Zusatz AT kann innerhalb einer LOOP-Schleifenverarbeitung eine Gruppenstufenverarbeitung durchgeführt werden. Hierbei werden Anweisungsblöcke festgelegt, die nur bei Gruppenstufenwechseln verarbeitet werden. Die Anweisungen AT und ENDAT umschließen einen Anweisungsblock. Der Zusatz der Anweisung AT definiert das Kriterium, wann genau ein Gruppenstufenwechsel erfolgt. Gültige Zusätze für die Anweisung AT sind FIRST, NEW/END und LAST.

Priorität 1

In Abbildung 5.14 wird ein Befund mit dieser Prüfmeldung angezeigt. Diese Befunde werden mit der Priorität 1 eingestuft und sollten bei der Umstellung auf die SAP-HANA-Datenbank im Detail betrachtet und gegebenenfalls korrigiert werden.

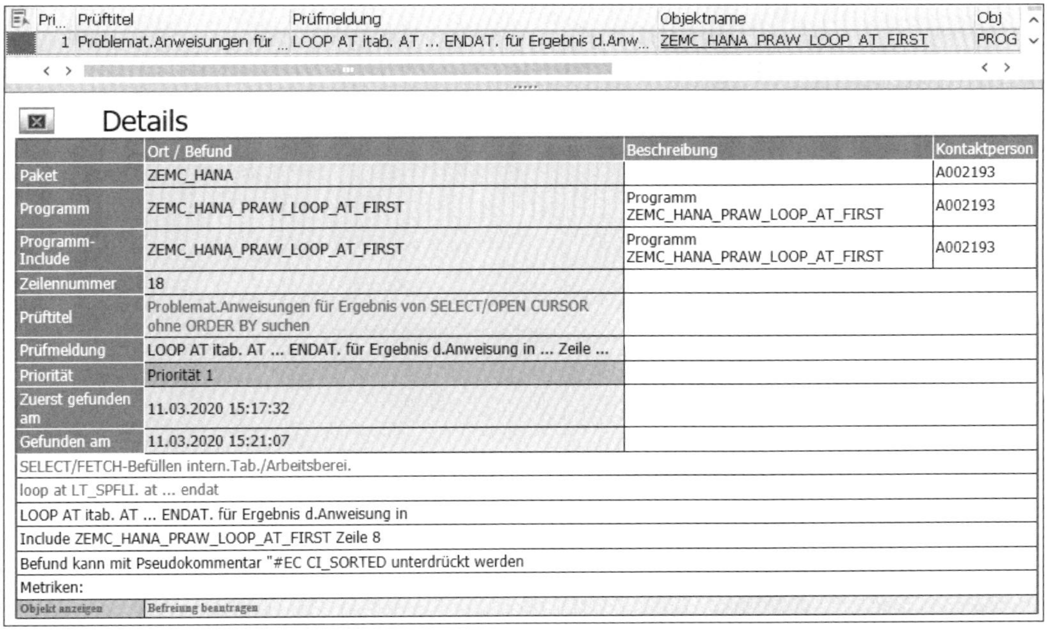

Pri...	Prüftitel	Prüfmeldung	Objektname	Obj
1	Problemat.Anweisungen für ...	LOOP AT itab. AT ... ENDAT. für Ergebnis d.Anw...	ZEMC_HANA_PRAW_LOOP_AT_FIRST	PROG

Details

	Ort / Befund	Beschreibung	Kontaktperson
Paket	ZEMC_HANA		A002193
Programm	ZEMC_HANA_PRAW_LOOP_AT_FIRST	Programm ZEMC_HANA_PRAW_LOOP_AT_FIRST	A002193
Programm-Include	ZEMC_HANA_PRAW_LOOP_AT_FIRST	Programm ZEMC_HANA_PRAW_LOOP_AT_FIRST	A002193
Zeilennummer	18		
Prüftitel	Problemat.Anweisungen für Ergebnis von SELECT/OPEN CURSOR ohne ORDER BY suchen		
Prüfmeldung	LOOP AT itab. AT ... ENDAT. für Ergebnis d.Anweisung in ... Zeile ...		
Priorität	Priorität 1		
Zuerst gefunden am	11.03.2020 15:17:32		
Gefunden am	11.03.2020 15:21:07		

SELECT/FETCH-Befüllen intern.Tab./Arbeitsberei.
loop at LT_SPFLI. at ... endat
LOOP AT itab. AT ... ENDAT. für Ergebnis d.Anweisung in
Include ZEMC_HANA_PRAW_LOOP_AT_FIRST Zeile 8
Befund kann mit Pseudokommentar "#EC CI_SORTED unterdrückt werden
Metriken:

Objekt anzeigen | Befreiung beantragen

Abbildung 5.14 Problematische Anweisung – LOOP AT itab mit AT/ENDAT

Listing 5.6 illustriert ein ABAP-Beispiel zu dem Befund aus Abbildung 5.14. Die Flugbahndaten mit dem Zielflughafen Frankfurt (FRA) werden aus der Tabelle SPFLI gelesen. Anschließend werden alle Fluggesellschaften über die LOOP-Schleife ausgegeben. Die Besonderheit ist hier, dass jede neue Fluggesellschaft über den Zusatz AT NEW identifiziert wird und einmalig ausgegeben werden soll.

```
SELECT *
  FROM spfli
  INTO TABLE @DATA(lt_spfli)
  WHERE airpto = 'FRA'.

LOOP AT lt_spfli INTO DATA(ls_spfli).
  AT NEW carrid.
    WRITE: /, 'New carrier id:', ls_spfli-carrid.
  ENDAT.
ENDLOOP.
```

Listing 5.6 Problematische Anweisung LOOP AT mit AT NEW-Zusatz

Da die aus der Tabelle SPFLI selektierte Menge unsortiert zurückgegeben wird, ist bei der darauffolgenden LOOP-Verarbeitung nicht sichergestellt, dass AT NEW carrid bei jeder neuen Fluggesellschaft korrekt durchlaufen wird. Aufgrund der fehlenden Sortierung können damit bestimmte Fluggesellschaften doppelt ausgegeben werden.

Zur Korrektur haben wir in Listing 5.7 den Zusatz ORDER BY PRIMARY KEY bei der Datenselektion ergänzt.

```
SELECT *
  FROM spfli
  INTO TABLE @DATA(lt_spfli)
  WHERE airpto = 'FRA' ORDER BY PRIMARY KEY.

LOOP AT lt_spfli INTO DATA(ls_spfli).
  AT NEW carrid.
    WRITE: /, 'New carrier id:', ls_spfli-carrid.
  ENDAT.
ENDLOOP.
```

Listing 5.7 Problematische Anweisung LOOP AT mit ORDER BY PRIMARY KEY

Mit dieser Änderung ist sichergestellt, dass das Programmverhalten unter SAP HANA analog zu dem auf anderen Datenbanken ist.

5.5.4 Leere SELECT ... ENDSELECT-Anweisung

Mit der Anweisung SELECT ... ENDSELECT kann eine SELECT-Anweisung direkt mit einer Schleifenverarbeitung kombiniert werden. Man sieht diese Anweisung noch häufiger in älteren Entwicklungen in Kombination mit Tabellen mit Kopfzeilen. Hier wurden in einer leeren SELECT ... ENDSELECT-Anweisung für die weitere Verarbeitung Daten in die Kopfzeile selektiert.

Priorität 3

In Abbildung 5.15 sehen Sie ein Beispiel für einen solchen Befund. Diese Befunde werden immer mit der Priorität 3 ermittelt. In der Regel können sie zunächst vernachlässigt werden, da die Implementierung auch unter SAP HANA analog funktionieren wird. Zur Bearbeitung dieses Befundes wird die Implementierung auf eine zeitgemäße und performantere Variante umgestellt, ohne jedoch das Programmverhalten zu verändern.

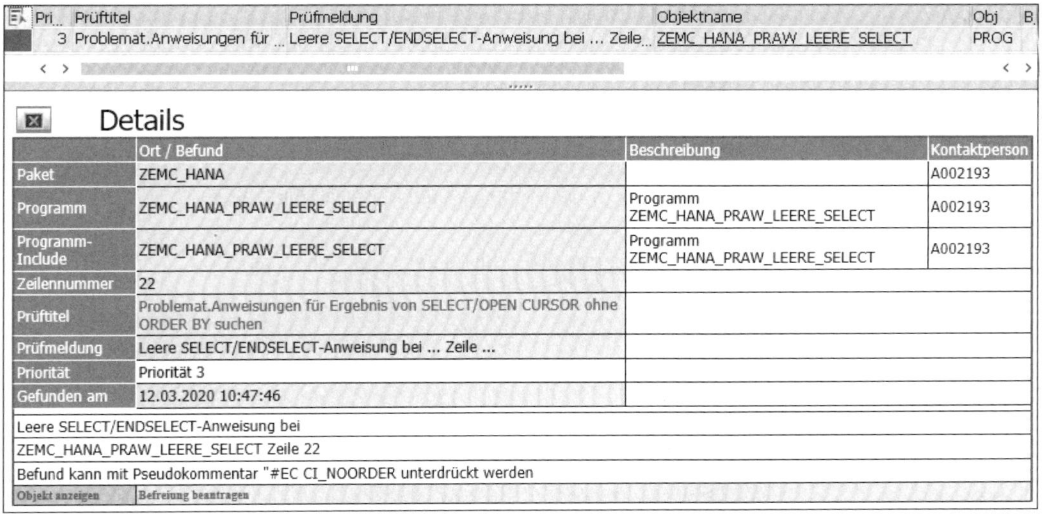

Pri...	Prüftitel	Prüfmeldung	Objektname	Obj	B
3	Problemat.Anweisungen für ...	Leere SELECT/ENDSELECT-Anweisung bei ... Zeile...	ZEMC_HANA_PRAW_LEERE_SELECT	PROG	

Details

	Ort / Befund	Beschreibung	Kontaktperson
Paket	ZEMC_HANA		A002193
Programm	ZEMC_HANA_PRAW_LEERE_SELECT	Programm ZEMC_HANA_PRAW_LEERE_SELECT	A002193
Programm-Include	ZEMC_HANA_PRAW_LEERE_SELECT	Programm ZEMC_HANA_PRAW_LEERE_SELECT	A002193
Zeilennummer	22		
Prüftitel	Problemat.Anweisungen für Ergebnis von SELECT/OPEN CURSOR ohne ORDER BY suchen		
Prüfmeldung	Leere SELECT/ENDSELECT-Anweisung bei ... Zeile ...		
Priorität	Priorität 3		
Gefunden am	12.03.2020 10:47:46		

Leere SELECT/ENDSELECT-Anweisung bei
ZEMC_HANA_PRAW_LEERE_SELECT Zeile 22
Befund kann mit Pseudokommentar "#EC CI_NOORDER unterdrückt werden

Objekt anzeigen | Befreiung beantragen

Abbildung 5.15 Problematische Anweisung – leere SELECT/ENDSELECT-Anweisung

Zugriff über zusammengesetzten Schlüssel

In Listing 5.8 sehen Sie ein ABAP-Codebeispiel zu dem Befund aus Abbildung 5.15. In der Tabelle `MAPL` sind die Pläne zu Materialien hinterlegt. Die Tabelle `MAPL` besitzt einen zusammengesetzten Schlüssel aus Materialnummer (`MATNR`), Werk (`WERKS`), Plantyp (`PLNTY`), Schlüssel der Plangruppe (`PLNNR`), Plangruppenzähler (`PLNAL`), Zusatzkriterienzähler (`ZKRIZ`) und einem internen Zähler (`ZAEHL`). Über die Materialnummer, den Plantyp und das Gültigkeitsdatum werden die relevanten Pläne aus der Tabelle selektiert. Da nicht über den Primärschlüssel auf die Tabelle zugegriffen wird, können mehrere Einträge relevant sein. Unabhängig von der Sortierung der selektierten Menge wird abschließend geprüft, ob der Schlüssel der Plangruppe beim letzten Schleifendurchlauf gesetzt wird. Falls nicht, wird die Ausnahme `NO_ROUTING` ausgelöst.

```
SELECT  *  FROM mapl INTO ls_mapl
    WHERE matnr = lv_matnr
      AND plnty = 'N'
      AND datuv LE ls_mapl-datuv.
```

```
ENDSELECT.
IF ls_mapl-plnnr IS INITIAL.
  RAISE no_routing.
ENDIF.
```

Listing 5.8 Leere SELECT...ENDSELECT-Anweisung – vorher

In Listing 5.9 haben wir die Programmlogik um eine Selektion auf eine interne Tabelle und einen darauffolgenden Schleifendurchlauf angepasst.

```
SELECT  *  FROM mapl INTO TABLE @DATA(lt_mapl_tmp)
  WHERE matnr = @lv_matnr
    AND plnty = 'N'
    AND datuv LE @ls_mapl-datuv ORDER BY PRIMARY KEY.

READ TABLE lt_mapl_tmp INTO DATA(ls_mapl_tmp) INDEX 1.

IF ls_mapl_tmp-plnnr IS INITIAL.
  RAISE no_routing.
ENDIF.
```

Listing 5.9 Leere SELECT...ENDSELECT-Anweisung – nachher

Anpassung der Programmlogik

In Listing 5.9 wurde die Programmlogik angepasst. Unabhängig der zugrunde liegenden Datenbank führt Listing 5.9 immer zum gleichen deterministischen Ergebnis. Allerdings ist an dieser Stelle eine fachliche Prüfung notwendig, ob davon ausgegangen werden kann, dass der Schlüssel der Plangruppe (PLNNR) immer Bestandteil des ersten Eintrags der über den sortierten Primärschlüssel selektierten Daten ist. Abhängig von den im System gepflegten Plandaten zu Materialien kann diese Logik kundenindividuell variieren und sollte deshalb fachlich noch einmal gegengeprüft werden.

5.5.5 READ ... BINARY SEARCH

Binäre Suche

Wenn beim Lesen von Tabellenzeilen ein anderer Schlüssel als der Standardschlüssel verwendet wird, kann die Suche statt linear auch binär durchgeführt werden. Hierfür wird der Zusatz BINARY SEARCH der READ-Anweisung verwendet. Bei großen Datenmengen ist eine binäre Suche in der Regel wesentlich performanter als eine lineare Suche. Bei der binären Suche wird der Suchbereich in zwei Bereiche aufgeteilt. Wenn der Suchwert kleiner als der mittlere Wert ist, wird die Suche im ersten, kleineren Bereich ausgeführt. Dieser Vorgang wird so lange wiederholt, bis der Suchwert gefunden wurde. Damit eine interne Tabelle korrekt durchsucht werden kann, muss diese bereits nach dem angegebenen Suchschlüssel sortiert sein. Ist die Tabelle nicht sortiert, kann der Suchschlüssel nicht korrekt ermittelt werden.

Priorität 1

In Abbildung 5.16 wird ein Befund für eine `READ ... BINARY SEARCH`-Anweisung gezeigt. Bei dieser Prüfmeldung werden die Befunde immer mit der Priorität 1 ausgewiesen.

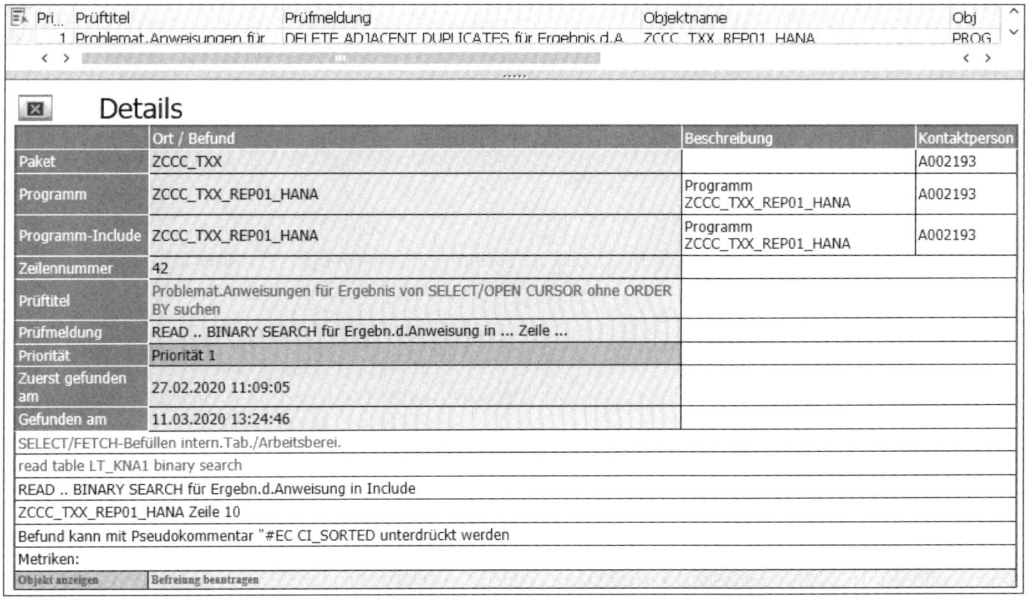

Pri...	Prüftitel	Prüfmeldung	Objektname	Obj
1	Problemat.Anweisungen für	DELETE ADJACENT DUPLICATES für Ergebnis d.A	ZCCC_TXX_REP01_HANA	PROG

Details

	Ort / Befund	Beschreibung	Kontaktperson
Paket	ZCCC_TXX		A002193
Programm	ZCCC_TXX_REP01_HANA	Programm ZCCC_TXX_REP01_HANA	A002193
Programm-Include	ZCCC_TXX_REP01_HANA	Programm ZCCC_TXX_REP01_HANA	A002193
Zeilennummer	42		
Prüftitel	Problemat.Anweisungen für Ergebnis von SELECT/OPEN CURSOR ohne ORDER BY suchen		
Prüfmeldung	READ .. BINARY SEARCH für Ergebn.d.Anweisung in ... Zeile ...		
Priorität	Priorität 1		
Zuerst gefunden am	27.02.2020 11:09:05		
Gefunden am	11.03.2020 13:24:46		

SELECT/FETCH-Befüllen intern.Tab./Arbeitsberei.
read table LT_KNA1 binary search
READ .. BINARY SEARCH für Ergebn.d.Anweisung in Include
ZCCC_TXX_REP01_HANA Zeile 10
Befund kann mit Pseudokommentar "#EC CI_SORTED unterdrückt werden
Metriken:
Objekt anzeigen | Befreiung beantragen

Abbildung 5.16 Problematische Anweisung – READ BINARY SEARCH

Ein Beispiel für ABAP-Code, der diesen Befund erzeugt, sehen Sie in Listing 5.10. Hier wird eine interne Tabelle (`LT_KNA1`) über die Kundennummer (`LV_KUNNR`) durchsucht. Konnte die gesuchte Kundennummer gefunden werden, wird die lokale Struktur `LS_KNA1` mit den Zeileninformationen aus `LT_KNA1` zur gesuchten Kundennummer versorgt.

```
READ TABLE lt_kna1
     INTO DATA(ls_kna1)
     WITH KEY kunnr = lv_kunnr
     BINARY SEARCH.
IF sy-subrc <> 0.
  PERFORM do_something.
ENDIF.
```

Listing 5.10 Problematische Anweisung READ BINARY SEARCH

Explizite Sortierung

Die Lösung dieser Prüfmeldung ist häufig trivial, da in der Regel nur eine explizite Sortierung ergänzt werden muss, damit sichergestellt ist, dass

READ BINARY auch unter SAP HANA wie gewünscht funktioniert. In Listing 5.11 sehen Sie die korrigierte Version des in Listing 5.10 gezeigten Beispiels. Hier wurde die interne Tabelle nach der Kundennummer sortiert, bevor mit READ ... BINARY SEARCH darauf zugegriffen wird.

```
SORT lt_kna1 BY kunnr.
READ TABLE lt_kna1
     INTO DATA(ls_kna1)
     WITH KEY kunnr = lv_kunnr
     BINARY SEARCH.
IF sy-subrc <> 0.
  PERFORM do_something.
ENDIF.
```

Listing 5.11 Problematische Anweisung READ BINARY SEARCH mit Sortierung

READ ... BINARY SEARCH wird häufig im Umfeld von großen Datenmengen benötigt, bei denen eine zusätzliche Sortierung möglicherweise weitere Performanceeinbußen der Programmlaufzeit mit sich bringen würde. Die Durchführung von Performancetests bei solchen Massendatenzugriffen stellt sicher, dass eine zusätzliche Sortierung keinen negativen Einfluss auf die Programmausführung hat.

Lineare Suche

In der Praxis sehen wir hin und wieder die Verwendung von READ ... BINARY SEARCH ohne die direkte Verwendung von Massendaten. Besitzt die interne Tabelle nur wenige Einträge, bietet READ ... BINARY SEARCH keinen nennenswerten Performancevorteil. Eine lineare Suche ist in diesem Fall ebenfalls zielführend und zu bevorzugen. Aus diesem Grund empfehlen wir in einem solchen Fall den Zugriff von binär auf linear umzustellen. READ ... BINARY SEARCH sollte ausschließlich bei Massendaten verwendet werden, wo der veränderte Suchalgorithmus seine Performancestärken ausspielen kann.

[!]

ORDER BY bevorzugen

Zur einfacheren Veranschaulichung wurde in Listing 5.11 eine einfache Sortierung über die SORT-Anweisung ergänzt. Aus Performancegründen sollte jedoch grundsätzlich eine Sortierung über die Datenbank, beispielsweise durch Ergänzung des Zusatzes ORDER BY bei einer SELECT-Anweisung, gegenüber einer SORT-Anweisung bevorzugt werden. Jedoch hat ein Entwickler nicht immer Einfluss auf die Sortierung einer internen Tabelle. Wenn beispielsweise eine interne Tabelle bereits von einem SAP-Standard-Funktionsbaustein unsortiert zurückgegeben wird, ist eine nachträgliche SORT-Anweisung das probate Mittel.

5.5.6 READ TABLE ... INDEX 1

Ersten Eintrag lesen

Die Anweisung `READ TABLE ... INDEX 1` liest den ersten Eintrag einer internen Tabelle. Dabei ist es für diese Anweisung selbst irrelevant, ob die Daten in der internen Tabelle sortiert sind oder nicht. Allein aus dem Programmkontext ergibt sich, weshalb die erste Zeile der internen Tabelle relevant ist.

Priorität 3

In Abbildung 5.17 ist ein solcher Befund exemplarisch dargestellt. Bei dieser Prüfmeldung werden die Befunde immer mit der Priorität 3 ausgewiesen.

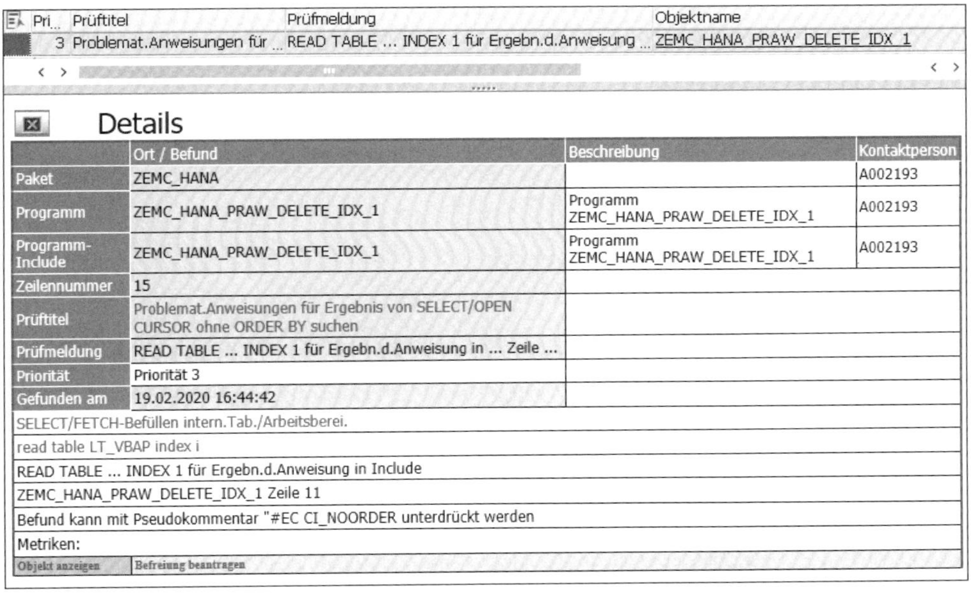

Pri...	Prüftitel	Prüfmeldung	Objektname
3	Problemat.Anweisungen für ...	READ TABLE ... INDEX 1 für Ergebn.d.Anweisung ...	ZEMC_HANA_PRAW_DELETE_IDX_1

Details

	Ort / Befund	Beschreibung	Kontaktperson
Paket	ZEMC_HANA		A002193
Programm	ZEMC_HANA_PRAW_DELETE_IDX_1	Programm ZEMC_HANA_PRAW_DELETE_IDX_1	A002193
Programm-Include	ZEMC_HANA_PRAW_DELETE_IDX_1	Programm ZEMC_HANA_PRAW_DELETE_IDX_1	A002193
Zeilennummer	15		
Prüftitel	Problemat.Anweisungen für Ergebnis von SELECT/OPEN CURSOR ohne ORDER BY suchen		
Prüfmeldung	READ TABLE ... INDEX 1 für Ergebn.d.Anweisung in ... Zeile ...		
Priorität	Priorität 3		
Gefunden am	19.02.2020 16:44:42		

SELECT/FETCH-Befüllen intern.Tab./Arbeitsberei.
read table LT_VBAP index i
READ TABLE ... INDEX 1 für Ergebn.d.Anweisung in Include
ZEMC_HANA_PRAW_DELETE_IDX_1 Zeile 11
Befund kann mit Pseudokommentar "#EC CI_NOORDER unterdrückt werden
Metriken:
Objekt anzeigen | Befreiung beantragen

Abbildung 5.17 Problematische Anweisung – READ TABLE INDEX 1

Listing 5.12 zeigt ein Beispielcoding für einen solchen Befund. Hier werden die Vertriebsbelegpositionen zu einer Vertriebsbelegnummer (`LV_VBELN`) aus der Tabelle `VBAP` ermittelt.

```
SELECT * FROM vbap
         INTO TABLE @data(lt_vbap)
         WHERE vbeln EQ @lv_vbeln.
READ TABLE lt_vbap INTO ls_vbap INDEX 1.
```

Listing 5.12 Problematische Anweisung READ TABLE ... INDEX 1

Relevanz der Sortierung prüfen

Aus dem in Listing 5.12 gezeigten Ausschnitt erschließt sich nicht der Programmkontext, *warum* die erste Zeile aus der Tabelle `VBAP` relevant ist. Häufig wird die Anweisung `READ TABLE ... INDEX 1` verwendet, wenn in bestimmten Spalten der internen Tabelle die Daten redundant vorliegen und die letztendlich über die READ-Anweisung ermittelte Zeile irrelevant ist. In diesem Fall verhält sich die Eigenentwicklung unter SAP HANA wie bei jeder anderen Datenbank.

Wenn in Listing 5.12 jedoch implizit davon ausgegangen wird, dass in der ersten Zeile der internen Tabelle immer die *erste* Vertriebsbelegposition steht und die erste Position für den nachfolgenden Programmablauf relevant ist, sollte diese Entwicklung angepasst werden. Unter SAP HANA ist nicht sichergestellt, dass die Ergebnismenge sortiert zurückgegeben wird.

In Listing 5.13 wird deshalb über die ORDER BY-Anweisung sichergestellt, dass die Anweisung READ TABLE ... INDEX 1 bei jeder Ausführung immer die erste Position mit der kleinsten Positionsnummer ermittelt.

```
SELECT * FROM vbap
         INTO TABLE @data(lt_vbap)
         WHERE vbeln EQ @lv_vbeln
         ORDER BY PRIMARY KEY.
READ TABLE lt_vbap INTO ls_vbap INDEX 1.
```

Listing 5.13 Problematische Anweisung READ TABLE ... INDEX 1 mit ORDER BY PRIMARY KEY

Durch diese Änderung verhält sich die Implementierung unabhängig von der zugrunde liegenden Datenbank immer gleich.

5.5.7 SELECT SINGLE möglicherweise nicht eindeutig

Uneindeutiger Zugriff

Mit der Anweisung SELECT SINGLE kann genau ein Datensatz einer Datenbanktabelle gelesen werden. Wenn in der WHERE-Bedingung nicht der vollständige Primärschlüssel angegeben ist, können theoretisch mehrere Datensätze die WHERE-Bedingung erfüllen. In diesem Fall ist die SELECT SINGLE-Anweisung nicht eindeutig, und die Datenbank entscheidet, welcher Datensatz ermittelt wird.

Priorität 3

In Abbildung 5.18 wird ein solcher Befund angezeigt. Diese Prüfmeldung wird immer mit der Priorität 3 ausgewiesen. In den meisten Fällen kann dieser Befund ignoriert werden. Die SELECT SINGLE-Anweisung ist unter einer SAP-HANA-Datenbank genauso uneindeutig wie bei jeder anderen Datenbank. Der einzige große Unterschied ist der, dass manche andere Datenbanken bei einem nicht eindeutigen Zugriff automatisch eine implizite Sortierung nach dem Primärschlüssel vornehmen. Wird im Quellcode implizit von dieser Sortierung ausgegangen, wird sich der Algorithmus unter SAP HANA anders verhalten und muss deshalb angepasst werden.

Häufig ist es aber aufgrund der vorliegenden Datenkonstellation irrelevant, welcher Datensatz von der Datenbank ermittelt wird. In einem solchen Fall ist keine Umstellung der Entwicklung notwendig.

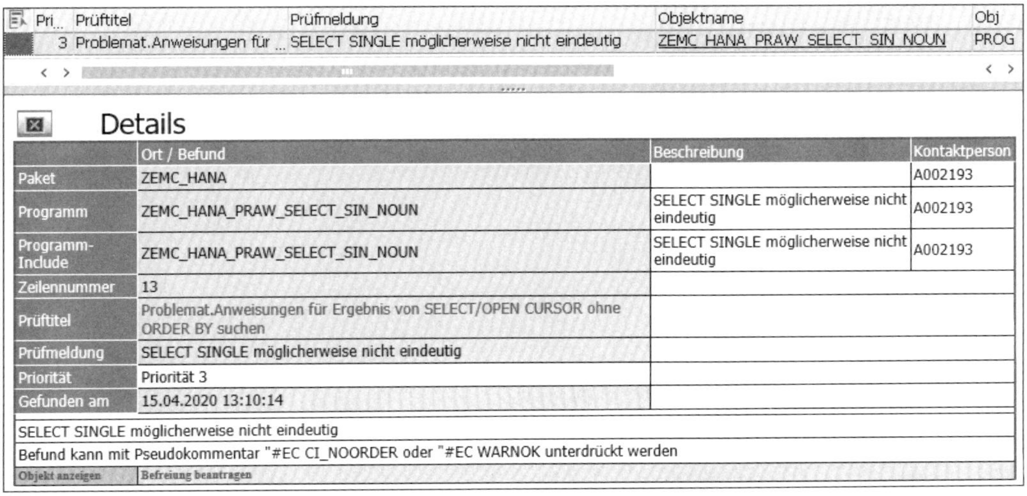

Pri...	Prüftitel	Prüfmeldung	Objektname	Obj
3	Problemat.Anweisungen für ...	SELECT SINGLE möglicherweise nicht eindeutig	ZEMC_HANA_PRAW_SELECT_SIN_NOUN	PROG

Details

	Ort / Befund	Beschreibung	Kontaktperson
Paket	ZEMC_HANA		A002193
Programm	ZEMC_HANA_PRAW_SELECT_SIN_NOUN	SELECT SINGLE möglicherweise nicht eindeutig	A002193
Programm-Include	ZEMC_HANA_PRAW_SELECT_SIN_NOUN	SELECT SINGLE möglicherweise nicht eindeutig	A002193
Zeilennummer	13		
Prüftitel	Problemat.Anweisungen für Ergebnis von SELECT/OPEN CURSOR ohne ORDER BY suchen		
Prüfmeldung	SELECT SINGLE möglicherweise nicht eindeutig		
Priorität	Priorität 3		
Gefunden am	15.04.2020 13:10:14		

SELECT SINGLE möglicherweise nicht eindeutig
Befund kann mit Pseudokommentar "#EC CI_NOORDER oder "#EC WARNOK unterdrückt werden

Objekt anzeigen | Befreiung beantragen

Abbildung 5.18 Problematische Anweisung – SELECT SINGLE möglicherweise nicht eindeutig

Listing 5.14 veranschaulicht ein Beispiel zum Befund aus Abbildung 5.18. Die `SELECT SINGLE`-Anweisung liest aus der Auftragspositionstabelle `AFPO` zur Auftragsnummer (`LV_AUFNR`) einen Datensatz in die interne Struktur `LS_AFPOW`. Anschließend wird die Seriennummer aus der Struktur (`LS_AFPOW-SERNR`) in die interne Variable `LV_SERNR` gespeichert.

```
DATA: ls_afpow TYPE afpo,
      lv_aufnr TYPE aufnr,
      lv_sernr TYPE sernr.

SELECT SINGLE * FROM afpo INTO ls_afpow
       WHERE aufnr EQ lv_aufnr.

lv_sernr = ls_afpow-sernr.
```

Listing 5.14 Problematische Anweisung SELECT SINGLE

Der Primärschlüssel der Datenbanktabelle `AFPO` besteht aus der Auftragsnummer (`AUFNR`) und der Positionsnummer (`POSNR`). Da in der `SELECT SINGLE`-Anweisung lediglich auf die Auftragsnummer eingeschränkt wird, ist das Ergebnis abhängig von der Datenbank nicht deterministisch.

Berücksichtigung der Datenkonstellation

Zur Analyse dieses Befundes muss die Datenkonstellation berücksichtigt werden. In Listing 5.15 führen wir deshalb drei mögliche Beispiele auf, um den Befund zu beheben, die jedoch jeweils auf unterschiedlichen Annahmen basieren.

```
*> Beispiel Nr. 1 - Annahme: dynamische Positionsermittlung
SELECT SINGLE * FROM afpo INTO ls_afpow
       WHERE aufnr EQ lv_aufnr
         AND posnr EQ lv_posnr.

*> Beispiel Nr. 2 - Annahme: feste Positionsermittlung
SELECT * UP TO 1 ROWS
      INTO TABLE @DATA(lt_afpow)
      FROM afpo
      WHERE aufnr EQ @lv_aufnr
      ORDER BY PRIMARY KEY.
READ TABLE lt_afpow INTO ls_afpow INDEX 1.

*> Beispiel Nr. 3 - Annahme: Reihenfolge irrelevant
SELECT SINGLE * FROM afpo INTO ls_afpow
       WHERE aufnr EQ lv_aufnr. "#EC CI_NOORDER
```

Listing 5.15 Drei Möglichkeiten zur Behandlung der problematischen Anweisung SELECT SINGLE

Positionsermittlung über vorhergehenden Algorithmus

Bei dem ersten Beispiel gehen wir davon aus, dass eine Positionsermittlung über einen vorhergehenden Algorithmus möglich ist. Dieser Algorithmus ermittelt die korrekte Positionsnummer zur Auftragsnummer, bei der der gesuchte Seriennummerdatensatz verwendet werden soll. In diesem Fall wird lediglich die Positionsnummer in der `WHERE`-Bedingung zur `SELECT SINGLE`-Anweisung ergänzt. Da damit der Primärschlüssel vollständig ausgeprägt wurde, ist der `SELECT SINGLE`-Zugriff eindeutig.

Implizite Sortierung

Sofern im Programmablauf von einer impliziten Sortierung ausgegangen wird, kann alternativ, wie im zweiten Beispiel gezeigt, die `SELECT SINGLE`-Anweisung in eine `SELECT`-Anweisung mit dem Zusatz `ORDER BY PRIMARY KEY` umgestellt werden. Die darauffolgende Anweisung `READ TABLE ... INDEX 1` liest unabhängig von der zugrunde liegenden Datenbank immer den ersten Eintrag aus der sortierten internen Tabelle.

Befund unterdrücken

Im dritten Beispiel wird der Befund über einen Pseudokommentar unterdrückt. Ein Pseudokommentar sollte in diesem Fall nur dann verwendet werden, wenn die benötigte Seriennummer bei allen Positionsnummern in der Datenbank hinterlegt ist. Dann ist es irrelevant, welcher Datensatz von der Datenbank geliefert wird.

In der Praxis kann häufig der Primärschlüssel nicht vollständig sinnvoll ausgeprägt werden. Wenn Sie unsicher sind, ob der aktuelle Algorithmus von einer impliziten Sortierung ausgeht oder nicht, empfehlen wir Ihnen die Umstellung der Entwicklung wie in Beispiel Nr. 2. Selbst wenn die Reihenfolge wie in Beispiel Nr. 3 keine Rolle spielt, werden mit dem Code aus Beispiel Nr. 2 immer dieselben Daten unabhängig von der aktuellen Datenbank für die Seriennummer gelesen.

5.6 Beispiele für den Prüftitel »DB-Operationen in Pool-/Cluster-Tabellen suchen«

Ein Tabellen-Cluster kann aus mehreren Cluster-Tabellen bestehen. Analog gilt das auch für Tabellen-Pools, die wiederum aus mehreren Pool-Tabellen bestehen können. Problematische Zugriffe auf Tabellen-Cluster und Tabellen-Pools werden in dem Prüftitel »DB-Operation in Pool-/Cluster-Tabellen suchen« aufgeführt.

Umstellung des Datenzugriffs

In Abschnitt 5.1.4, »Pool- und Cluster-Tabellen«, haben wir erklärt, was bei einem Umstieg auf SAP HANA im Zusammenhang mit Pool- und Cluster-Tabellen beachtet werden muss. Nach dem Entpoolen bzw. Entclustern von Cluster-/Pool-Tabellen in transparente Tabellen ist eine Anpassung der Zugriffe auf das jeweiligen Tabellen-Cluster oder den Tabellen-Pool notwendig. Die Tabellen-Cluster oder Tabellen-Pools sind zwar bis SAP S/4HANA 1709 technisch noch vorhanden, aber leer. Da Tabellen-Pools und Tabellen-Cluster ab SAP S/4HANA 1809 nicht mehr existieren, führt ein Open-SQL-Zugriff zu einem Laufzeitfehler. Alle SQL-Zugriffe auf Tabellen-Cluster oder Tabellen-Pools sollten deshalb eliminiert werden. Aus diesem Grund werden auch alle Befunde zu diesem Prüftitel mit der Priorität 1 ausgewiesen.

In diesem Abschnitt stellen wir Ihnen zwei Beispiele zu Tabellen-Clustern und Tabellen-Pools vor.

5.6.1 Datenbankoperation SELECT für Tabellen-Cluster RFBLG

Tabellen-Cluster RFBLG

Das Tabellen-Cluster RFBLG für FI-Buchhaltungsbelege enthält die folgenden Cluster-Tabellen:

- BSEC: Belegsegment CPD-Daten
- BSED: Belegsegment Wechselfelder
- BSEG: Belegsegment Buchhaltung

- BSES: Beleg Steuerdaten
- BSET: Belegsegment Steuerdaten
- BSSEG: Belegsegment Buchhaltung

In Abbildung 5.19 wird ein Befund zu diesem Tabellen-Cluster gezeigt.

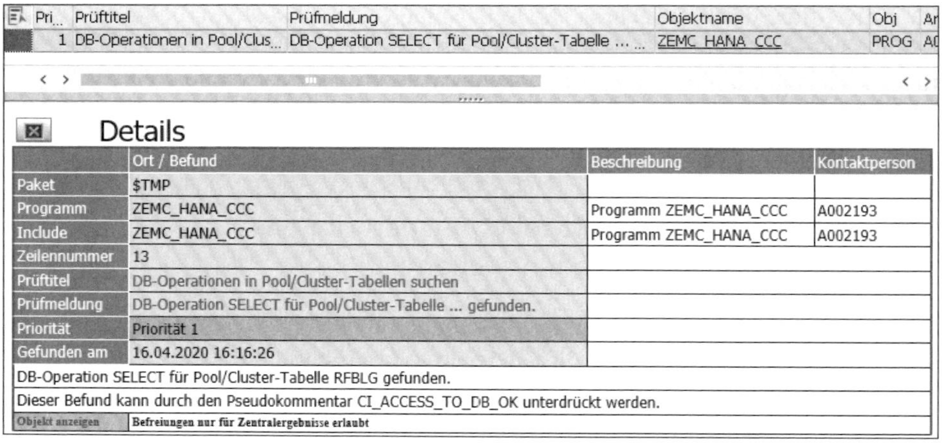

Pri...	Prüftitel	Prüfmeldung	Objektname	Obj	Ar
1	DB-Operationen in Pool/Clus...	DB-Operation SELECT für Pool/Cluster-Tabelle	ZEMC_HANA_CCC	PROG	A(

Details

	Ort / Befund	Beschreibung	Kontaktperson
Paket	$TMP		
Programm	ZEMC_HANA_CCC	Programm ZEMC_HANA_CCC	A002193
Include	ZEMC_HANA_CCC	Programm ZEMC_HANA_CCC	A002193
Zeilennummer	13		
Prüftitel	DB-Operationen in Pool/Cluster-Tabellen suchen		
Prüfmeldung	DB-Operation SELECT für Pool/Cluster-Tabelle ... gefunden.		
Priorität	Priorität 1		
Gefunden am	16.04.2020 16:16:26		

DB-Operation SELECT für Pool/Cluster-Tabelle RFBLG gefunden.

Dieser Befund kann durch den Pseudokommentar CI_ACCESS_TO_DB_OK unterdrückt werden.

Objekt anzeigen | Befreiungen nur für Zentralergebnisse erlaubt

Abbildung 5.19 DB-Operation SELECT für Tabellen-Cluster RFBLG

Listing 5.16 veranschaulicht ein Beispiel zu dem Befund aus Abbildung 5.19. Die SELECT-Anweisung liest eine beliebige Belegnummer aus dem Tabellen-Cluster RFBLG in die Variable LV_BELNR zum aktuellen Geschäftsjahr (GJAHR).

```
SELECT SINGLE BELNR
  FROM RFBLG
  INTO lv_belnr
  WHERE GJAHR eq Sy-datum+0(4).
```

Listing 5.16 Datenbankoperation SELECT für Tabellen-Cluster RFBLG

Struktur des Tabellen-Clusters RFBLG

Das Tabellen-Cluster RFBLG verwendet als Schlüssel Mandant (MANDT), Buchungskreis (BUKRS), Belegnummer (BELNR), Geschäftsjahr (GJAHR) und die Nummer des Fortsetzungssatzes (PAGENO). Die Struktur des Tabellen-Clusters ist in Abbildung 5.20 dargestellt. Sie können diese über die Transaktion SE11 anzeigen lassen.

Dictionary: Cluster anzeigen

Tabellencluster	RFBLG				
Kurzbeschreibung	Cluster für Buchhaltungsbeleg				
Letzte Änderung	SAP	14.02.2005	Originalsprache	DE	
Status	aktiv		Paket	FBAS	

Feldname	Key	DTyp	Länge
MANDT	✓	CLNT	3
BUKRS	✓	CHAR	4
BELNR	✓	CHAR	10
GJAHR	✓	NUMC	4
PAGENO	✓	INT2	5
TIMESTMP		CHAR	46
PAGELG		INT2	5
VARDATA		RAW	3800

Abbildung 5.20 Tabelle-Cluster RFBLG – Strukturübersicht

Über den Button **Verwendungsnachweis** ( ) oder die Tastenkombination Strg + ⇧ + F3 können Sie die Cluster-Tabellen zum ausgewählten Tabellen-Cluster anzeigen. Als Ergebnis erhalten Sie eine Auflistung der sechs Cluster-Tabellen wie in Abbildung 5.21.

Verwendung Pool/Cluster-Tabelle RFBLG in DB-Tabellen (6 Treffer)

Gesamtliste

DB-Tabelle	Kurzbeschreibung
BSEC	Belegsegment CPD-Daten
BSED	Belegsegment Wechselfelder
BSEG	Belegsegment Buchhaltung
BSES	Beleg Steuerdaten (obsolet don't use)
BSET	Belegsegment Steuerdaten
BSSEG	Belegsegment Buchhaltung

Abbildung 5.21 Cluster-Tabellen des Tabellen-Clusters anzeigen

Falls bei Ihnen, wie in Abbildung 5.22, die Meldung »Pool-/Cluster-Tabelle RFBLG wurde nicht in DB-Tabellen gefunden« angezeigt wird, wurden die Cluster-Tabellen bereits in transparente Tabellen umgewandelt. Der Zugriff auf die Inhalte der Cluster-Tabellen über das Tabellen-Cluster funktioniert somit nicht mehr.

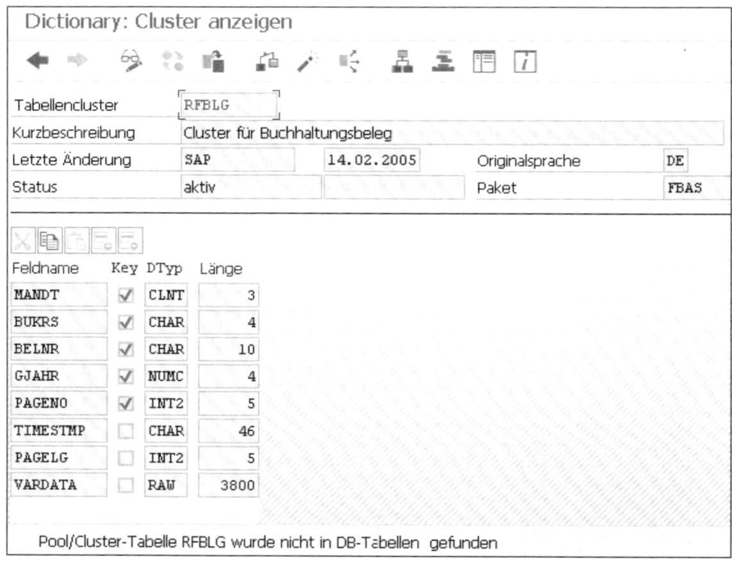

Abbildung 5.22 Tabellen-Cluster RFBLG in SAP S/4HANA 1709

Umstellung auf transparente Tabelle

Da für den Algorithmus in unserem Beispiel einfach nur eine beliebige FI-Belegnummer relevant ist, wurde sie in Listing 5.17 auf die transparente Tabelle BSEG umgestellt.

```
SELECT SINGLE BELNR
  FROM bseg
  INTO lv_belnr
  WHERE gjahr EQ sy-datum+0(4).
```

Listing 5.17 Umstellung der Datenbankoperation SELECT –auf die Tabelle BSEG

Da die SELECT-Anweisung nicht mehr auf ein Tabellen-Cluster, sondern direkt auf die transparente Tabelle verweist, ist der Befund mit dieser Änderung behoben.

5.6.2 Datenbankoperation SELECT für Tabellen-Pool UTAB

Tabellen-Pool UTAB

Der Tabellen-Pool UTAB für Berechtigungsdaten und den Benutzerstamm enthält die folgenden Pool-Tabellen:

- T449U: Einstellungen für Dispositionslistensammelanzeige
- UMD01: Vorschlagswerte für die Bedarfsplanung
- USRMM: Benutzereinstellungen Materialstamm

In Abbildung 5.23 wird ein Befund zu diesem Tabellen-Pool gezeigt.

Pri...	Prüftitel	Prüfmeldung	Objektname	Obj	Ans
1	DB-Operationen in Pool/Clus...	DB-Operation SELECT für Pool/Cluster-Tabelle	ZEMC_HANA_CCC	PROG	A00

Details

	Ort / Befund	Beschreibung	Kontaktperson
Paket	$TMP		
Programm	ZEMC_HANA_CCC	Programm ZEMC_HANA_CCC	A002193
Include	ZEMC_HANA_CCC	Programm ZEMC_HANA_CCC	A002193
Zeilennummer	21		
Prüftitel	DB-Operationen in Pool/Cluster-Tabellen suchen		
Prüfmeldung	DB-Operation SELECT für Pool/Cluster-Tabelle ... gefunden.		
Priorität	Priorität 1		
Gefunden am	16.04.2020 16:59:57		

DB-Operation SELECT für Pool/Cluster-Tabelle UTAB gefunden.

Dieser Befund kann durch den Pseudokommentar CI_ACCESS_TO_DB_OK unterdrückt werden.

Objekt anzeigen | Befreiungen nur für Zentralergebnisse erlaubt

Abbildung 5.23 DB-Operation SELECT für Tabellen-Pool UTAB

Listing 5.18 veranschaulicht ein Beispiel zu dem Befund aus Abbildung 5.23. Die SELECT-Anweisung liest Benutzerstammdaten aus dem Tabellen-Pool UTAB in die Variable LT_UNAME zum Tabellennamen (TABNAME) USRMM.

```
SELECT DISTINCT *
  FROM utab
  INTO TABLE lt_uname
  WHERE tabname EQ 'USRMM'
  ORDER BY PRIMARY KEY.
```

Listing 5.18 Datenbankoperation SELECT für Tabellen-Pool UTAB

Struktur des Tabellen-Pools UTAB

Der Tabellen-Pool UTAB verwendet als Schlüssel den Tabellennamen (TABNAME) und einen variablen Schlüssel (VAKEY). Die Struktur des Tabellen-Pools ist in Abbildung 5.24 dargestellt. Sie können sie über die Transaktion SE11 anzeigen lassen.

Dictionary: Pool anzeigen

Tabellenpool	UTAB		
Kurzbeschreibung	Berechtigungsdaten/Benutzerstamm		
Letzte Änderung	SAP	15.09.2013	Originalsprache: DE
Status	aktiv		Paket: SUSR

Feldname	Key	DTyp	Länge
TABNAME	✓	CHAR	10
VARKEY	✓	CHAR	50
DATALN		INT2	5
VARDATA		RAW	3800

Abbildung 5.24 Tabellen-Pool UTAB – Strukturübersicht

Bei Tabellen-Clustern können Sie auch hier über den Button **Verwendungsnachweis** () oder die Tastenkombination [Strg]+[⇧]+[F3] die Pool-Tabellen zum Tabellen-Pool anzeigen lassen. In Abbildung 5.25 werden die drei Pool-Tabellen T449U, UMD01 und USRMM zum Tabellen-Pool UTAB dargestellt.

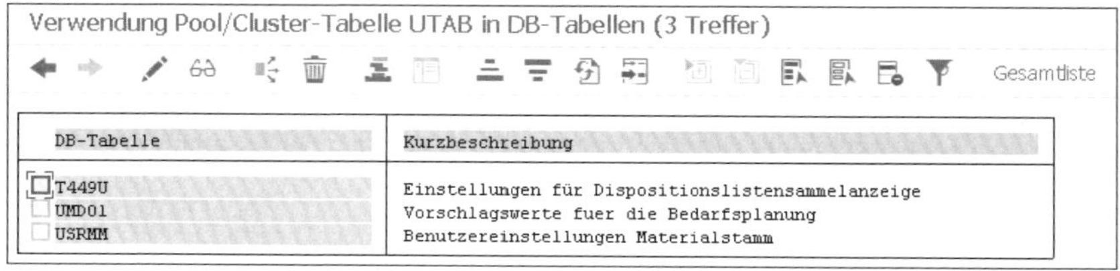
Verwendung Pool/Cluster-Tabelle UTAB in DB-Tabellen (3 Treffer)

DB-Tabelle	Kurzbeschreibung
T449U	Einstellungen für Dispositionslistensammelanzeige
UMD01	Vorschlagswerte fuer die Bedarfsplanung
USRMM	Benutzereinstellungen Materialstamm

Abbildung 5.25 Pool-Tabellen zum Tabellen-Pool UTAB anzeigen

Da der Tabellen-Pool UTAB ab SAP S/4HANA 1809 nicht mehr existiert, wird der Syntaxfehler »›UTAB‹ ist im ABAP-Dictionary nicht als Tabelle, Projektions- oder Datenbank-View deklariert worden oder nicht aktiv vorhanden« angezeigt, wie in Abbildung 5.26 dargestellt.

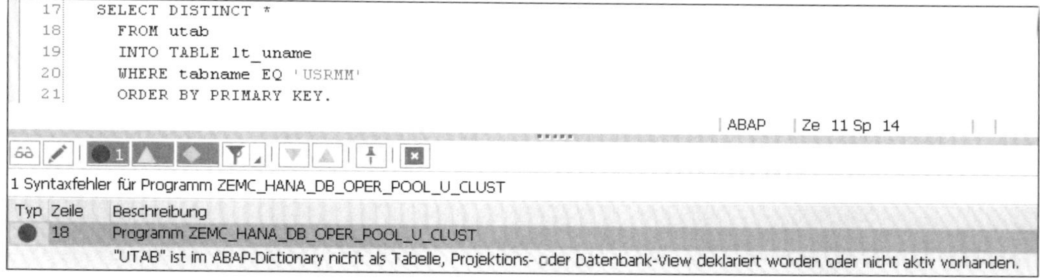

Abbildung 5.26 Tabellen-Pool UTAB in SAP S/4HANA 1809

Umstellung auf Tabelle USRMM

Da für das aktuelle Beispiel die Daten aus der Tabelle USRMM relevant sind, wurde lediglich die Entwicklung auf diese Tabelle in Listing 5.19 umgestellt.

```
SELECT DISTINCT *
  FROM usrmm
  INTO TABLE lt_usrmm
  ORDER BY PRIMARY KEY.
```

Listing 5.19 Umstellung der Datenbankoperation SELECT für Tabellen-Pool UTAB auf Tabelle USRMM

Da die SELECT-Anweisung so nicht mehr auf einen Tabellen-Pool, sondern direkt auf eine transparente Tabelle verweist, ist der Befund mit dieser Änderung behoben.

5.7 Beispiele für den Prüftitel »Verwendung der ADBC-Schnittstelle«

API für native SQL-Anweisungen

ABAP Database Connectivity (ADBC) ist eine objektorientierte API, mit der native SQL-Anweisungen an die Datenbankschnittstelle übergeben werden können. Die Namen der ADBC-Klassen beginnen mit dem Präfix `CL_SQL_` oder `CX_SQL_`. Die wichtigsten ADBC-Klassen sind:

- `CL_SQL_STATEMENT` zur Ausführung von SQL-Anweisungen
- `CL_SQL_PREPARED_STATEMENT` zur Vorbereitung von SQL-Anweisungen
- `CL_SQL_CONNECTION` zur Verwaltung von Datenbankverbindungen
- `CX_SQL_EXCEPTION` für die Ausnahmeklasse

Jede Verwendung von ADBC-Klassen führt bei der SAP-HANA- oder SAP-S/4HANA-Prüfung zu einem Befund. Der Grund ist derselbe wie bei den nativen SQL-Anweisungen, die wir in Abschnitt 5.1.2 thematisiert haben: Auch mit ADBC können datenbankspezifische Anweisungen an die Datenbankschnittstelle gesendet werden. Aus diesem Grund könnte eine Entwicklung unter SAP HANA zu einem anderen Ergebnis führen als bei einer anderen Datenbank. Wie bei nativen SQL-Anweisungen gibt es auch bei der Verwendung von ADBC keine kausale Prüfung der verwendeten Anweisungen. Der Custom Code Check unterscheidet weder, welche Datenbank angesprochen wird, noch, welche Anweisungen an die Datenbank gesendet werden.

Externe Datenbanken

In der Praxis werden mit ADBC häufig externe Datenbanken angebunden. Der lokale Umstieg auf SAP HANA hat keinen Einfluss auf die Auswirkung nativer SQL-Anweisungen auf der externen Datenbank. Die Rate der False-Positives ist bei diesem Prüftitel daher häufig recht hoch. ADBC-Befunde werden deshalb mit der Priorität 3 ausgewiesen.

Häufig ist die Anzahl der Befunde aber verhältnismäßig gering, da Entwickler für lokale Datenbankzugriffe in der Regel Open SQL und nur in Ausnahmefällen natives SQL verwenden. Auch wenn die False-Positive-Rate recht hoch ist, empfehlen wir, die ADBC-Befunde einzeln zu prüfen. Analog zu dem Vorgehen bei nativen SQL-Anweisungen ist die Umstellung auf Open SQL, wenn möglich, bei lokalen Datenbankzugriffen immer vorzuziehen.

5.7.1 Verwendung der ADBC-Klasse CL_SQL_STATEMENT

In Abbildung 5.27 wird ein ADBC-Befund dargestellt. Aus den Details zum Befund wird ersichtlich, dass die ADBC-Klasse `CL_SQL_STATEMENT` verwendet wird.

Pri...	Prüftitel	Prüfmeldung	Objektname	Obj
3	Verwendung der ADBC-Sch...	Verwendung von ADBC-Klasse ...	ZEMC_HANA_ADBC	PRO

Details

	Ort / Befund	Beschreibung	Kontaktperson
Paket	ZEMC_HANA		A002193
Programm	ZEMC_HANA_ADBC	Programm ZEMC_HANA_PRAW_DELETE_IDX_1	A002193
Programm-Include	ZEMC_HANA_ADBC	Programm ZEMC_HANA_PRAW_DELETE_IDX_1	A002193
Zeilennummer	16		
Prüftitel	Verwendung der ADBC-Schnittstelle		
Prüfmeldung	Verwendung von ADBC-Klasse ...		
Priorität	Priorität 3		
Gefunden am	15.04.2020 17:48:36		

Verwendung von ADBC-Klasse CL_SQL_STATEMENT

Befund kann mit Pseudokommentar "#EC CI_ADBC_US unterdrückt werden

Objekt anzeigen | Befreiung beantragen

Abbildung 5.27 Verwendung der ADBC-Klasse CL_SQL_STATEMENT

Zugriff über ADBC-Methoden

In Listing 5.20 zeigt eine einfache ADBC-Anweisung zum Befund aus Abbildung 5.27. Durch die Verkettung der Methoden wird eine Selektionsanweisung auf die SAP-Demotabelle für Flugdaten (SFLIGHT) ausgeführt, eingeschränkt auf eine spezifische Fluggesellschafts-ID (CARRID). Das Ergebnis wird in der Variablen RESULT gespeichert.

```
DATA(result) = NEW cl_sql_statement( )->execute_query(
  `SELECT carrid, connid, fldate ` &&
  `FROM sflight ` &&
  `WHERE mandt  = ` && `'` && sy-mandt && `' AND ` &&
        `carrid = ` && `'` && carrid && `'` ).
```

Listing 5.20 Verwendung der ADBC-Klasse CL_SQL_STATEMENT

Bei der aktuellen Selektion werden die Daten aus der lokalen Datenbank SFLIGHT selektiert. Die Verwendung von ADBC ist zwar technisch möglich, jedoch ist Open SQL in diesem Fall zu bevorzugen. Aus diesem Grund wurde das Coding, wie in Listing 5.21 dargestellt, angepasst.

```
SELECT carrid, connid, fldate
  INTO TABLE @DATA(lt_result)
  FROM sflight
  WHERE carrid EQ @carrid ORDER BY PRIMARY KEY.
```

Listing 5.21 Zugriff über Open-SQL-Anweisung

Mit der Umstellung der Entwicklung von ADBC auf Open SQL wurde dieser Befund behoben.

5.7.2 Verwendung der ADBC-Klasse CL_SQL_CONNECTION

In Abbildung 5.28 wird ein weiterer ADBC-Befund dargestellt. In den Details zum Befund ist ersichtlich, dass die ADBC-Klasse CL_SQL_CONNECTION verwendet wird.

Pri...	Prüftitel	Prüfmeldung	Objektname	Obj
3	Verwendung der ADBC-Sch...	Verwendung von ADBC-Klasse ...	ZEMC_HANA_ADBC	PROG

Details

	Ort / Befund	Beschreibung	Kontaktperson
Paket	ZEMC_HANA		A002193
Programm	ZEMC_HANA_ADBC	Programm ZEMC_HANA_PRAW_DELETE_IDX_1	A002193
Programm-Include	ZEMC_HANA_ADBC	Programm ZEMC_HANA_PRAW_DELETE_IDX_1	A002193
Zeilennummer	38		
Prüftitel	Verwendung der ADBC-Schnittstelle		
Prüfmeldung	Verwendung von ADBC-Klasse ...		
Priorität	Priorität 3		
Zuerst gefunden am	16.04.2020 14:47:10		
Gefunden am	16.04.2020 14:53:27		

Verwendung von ADBC-Klasse CL_SQL_CONNECTION

Befund kann mit Pseudokommentar "#EC CI_ADBC_US unterdrückt werden

Objekt anzeigen | Befreiung beantragen

Abbildung 5.28 Verwendung der ADBC-Klasse CL_SQL_CONNECTION

Aufbau einer Datenbankverbindung

Bei dem Befund aus Abbildung 5.28 wird eine Datenbankverbindung mit dem statischen Verbindungsnamen MMD_ESH aufgebaut (siehe Listing 5.22). Der Verbindungsaufbau bildet die Grundlage, um anschließend native SQL-Anweisungen an die Datenbankschnittstelle zu senden und abschließend die Datenbankverbindung wieder zu schließen. Um das Vorgehen zur Bearbeitung dieses Befundes zu erläutern, konzentrieren wir uns lediglich auf den Verbindungsaufbau.

```
CONSTANTS: lv_con_name TYPE dbcon-con_name VALUE 'MMD_ESH'.
DATA(lr_con_ref) = cl_sql_connection=>get_connection( lv_con_name ).
```

Listing 5.22 Verwendung der ADBC-Klasse CL_SQL_CONNECTION

Der Verbindungsname wird über die Transaktion DBCO gepflegt. Im Beispiel verweist die Datenbankverbindung MMD_ESH auf eine SAP-HANA-Datenbank im lokalen Netz der All for One Group SE (siehe Abbildung 5.29).

Sicht "Beschreibung von Datenbank-Verbindungen" anzeigen: Detail

DB-Verbindung	MMD_ESH
DBMS	HDB
Benutzername	SAPMMP
DB-Passwort	/
Verb.Info	all-for-one.net
Permanent	☐
Verbindungslimit	0
Verbindungsoptimum	0

Abbildung 5.29 Anzeige einer Datenbankverbindung in Transaktion DBCO

[+]

Datenbankverbindung testen

Mit dem Report `ADBC_TEST_CONNECTION` können Sie eine in der Transaktion DBCO definierte Datenbankverbindung testen (siehe Abbildung 5.30). Dieser Report verwendet die gleiche ADBC-Klasse wie Listing 5.22.

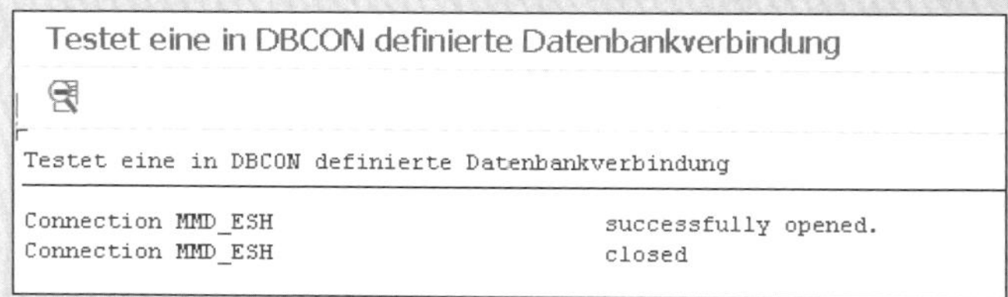

Abbildung 5.30 Testen einer in der Transaktion DBCO definierten Datenbankverbindung

Der Verbindungsaufbau zu dieser externen SAP-HANA-Datenbank ist unabhängig von der aktuell lokal verwendeten Datenbank. Die Verbindung wird unter einer lokalen SAP-HANA-Datenbank genauso gut oder schlecht funktionieren wie mit einer lokalen Oracle- oder SAP-ASE-Datenbank. Aus diesem Grund haben wir in Listing 5.23 den Pseudokommentar `"#EC CI_ADBC_US` ergänzt.

```
CONSTANTS: lv_con_name TYPE dbcon-con_name VALUE 'MMD_ESH'.
DATA(lr_con_ref) = cl_sql_connection=>get_connection( lv_con_name ).
"#EC CI_ADBC_US
```

Listing 5.23 Verwendung der ADBC Klasse CL_SQL_CONNECTION mit Pseudokommentar

Lokaler Wechsel

Falls die externe Datenbank ausgetauscht wird, muss selbstverständlich die aktuelle Schnittstellenimplementierung ebenfalls überprüft werden. Im Beispiel gehen wir davon aus, dass die externe Datenbank unverändert bleibt. Die Verwendung von Pseudokommentaren ist daher ausreichend, da davon auszugehen ist, dass der Verbindungsaufbau zur externen Datenbank unabhängig von der aktuell zugrunde liegenden Datenbank funktioniert.

5.8 Suche von ABAP-Anweisungsmustern

Die Prüfklasse zur Suche von ABAP-Anweisungsmustern ist generisch und kann die Eigenentwicklung nach einem vorgegebenen Anweisungsmuster durchsuchen. SAP verwendet diese Klasse bei SAP-HANA-Datenbankprüfungen, um gezielt Anweisungsmuster innerhalb von Eigenentwicklungen zu ermitteln, die unter SAP HANA nicht mehr benötigt werden.

Anweisungsmuster definieren

In Abbildung 5.31 wird gezeigt, wie Sie ein Anweisungsmuster zu dieser Prüfung in der Prüfvariante `FUNCTIONAL_DB` über die Transaktion SCI definieren, die in Abschnitt 4.3 näher beschrieben wurde. Die Prüfklasse zur Suche von ABAP-Anweisungsmustern ist dem Ordner **Suchfunktionen** zugeordnet.

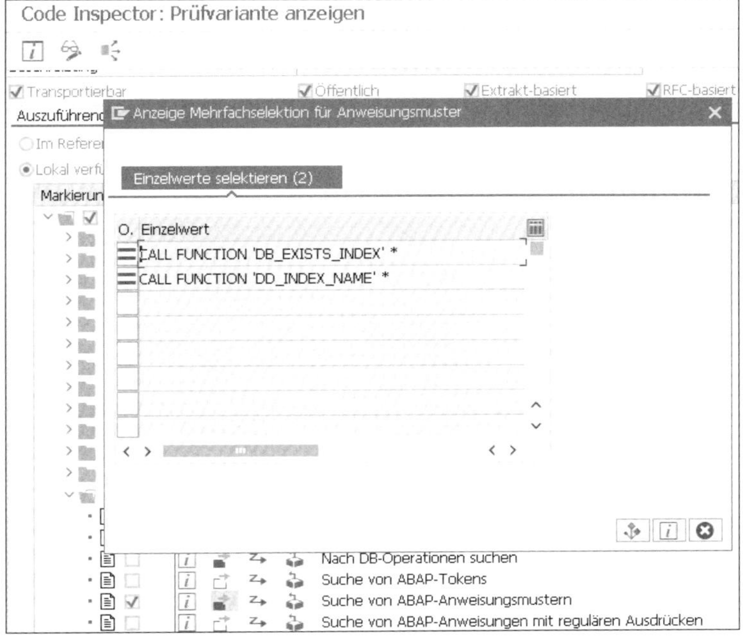

Abbildung 5.31 Suche von ABAP-Anweisungsmustern in der Prüfvariante FUNCTIONAL_DB

Jeder Funktionsaufruf über `CALL FUNCTION 'DB_EXISTS_INDEX'` oder `CALL FUNCTION 'DD_INDEX_NAME'` führt in der Folge zu einem Befund mit dem Prüftitel »Suche von ABAP-Anweisungsmustern«. Unter SAP HANA werden die meisten Indizes nicht mehr benötigt und existieren deshalb auch nicht mehr auf der Datenbank. Aus diesem Grund ist der Einsatz der hier angegebenen Funktionsaufrufe in der Regel nicht mehr notwendig, und sie sollten deshalb entfernt werden.

In diesem Abschnitt stellen wir Ihnen jeweils ein Beispiel zu diesen beiden gesuchten Anweisungsmustern vor.

5.8.1 Aufruf des Funktionsbausteins DB_EXISTS_INDEX

Jeder Aufruf des Funktionsbausteins `DB_EXISTS_INDEX` führt zu einem Befund mit der Prüfmeldung `FOUND01`. Der Funktionsbaustein `DB_EXISTS_INDEX` prüft, ob der angegebene Index in der Datenbank existiert. In Abbildung 5.32 wird ein Beispiel für einen Befund mit dieser Prüfmeldung gezeigt. Bei dieser Prüfmeldung werden die Befunde immer mit der Priorität 1 ausgewiesen.

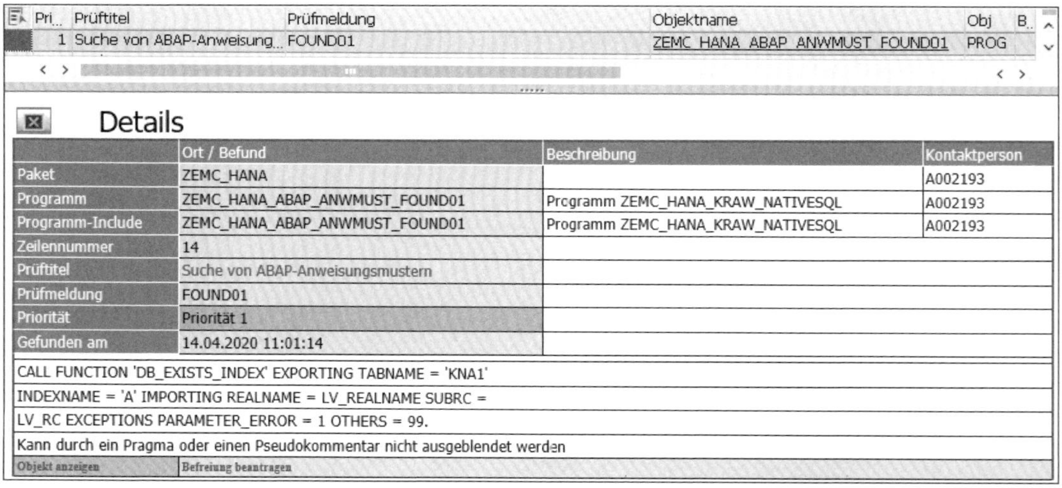

Pri...	Prüftitel	Prüfmeldung	Objektname	Obj	B..
1	Suche von ABAP-Anweisung...	FOUND01	ZEMC_HANA_ABAP_ANWMUST_FOUND01	PROG	

Details

	Ort / Befund	Beschreibung	Kontaktperson
Paket	ZEMC_HANA		A002193
Programm	ZEMC_HANA_ABAP_ANWMUST_FOUND01	Programm ZEMC_HANA_KRAW_NATIVESQL	A002193
Programm-Include	ZEMC_HANA_ABAP_ANWMUST_FOUND01	Programm ZEMC_HANA_KRAW_NATIVESQL	A002193
Zeilennummer	14		
Prüftitel	Suche von ABAP-Anweisungsmustern		
Prüfmeldung	FOUND01		
Priorität	Priorität 1		
Gefunden am	14.04.2020 11:01:14		

CALL FUNCTION 'DB_EXISTS_INDEX' EXPORTING TABNAME = 'KNA1'
INDEXNAME = 'A' IMPORTING REALNAME = LV_REALNAME SUBRC =
LV_RC EXCEPTIONS PARAMETER_ERROR = 1 OTHERS = 99.
Kann durch ein Pragma oder einen Pseudokommentar nicht ausgeblendet werden
Objekt anzeigen | Befreiung beantragen

Abbildung 5.32 Befund zum Funktionsbaustein DB_EXISTS_INDEX

Selektion abhängig von Funktionsbausteinaufruf

In Listing 5.24 liefert der Funktionsbaustein `DB_EXISTS_INDEX` zum Index `A` zur Kundenstammtabelle `KNA1` über die Variable `LV_REALNAME` den technischen Namen des Index und über das Systemfeld `SY_SUBRC` den Return-Wert zur Ermittlung zurück. Abhängig vom Ergebnis dieses Funktionsbausteinaufrufes erfolgt anschließend die Selektion aus der Kundenstammtabelle `KNA1` entweder über das Sortierfeld (`SORTL`) oder über den Kundennamen (`NAME1`).

```
DATA: lv_realname LIKE  dd12l-dbindex,
      lv_rc       LIKE  sy-subrc.

CALL FUNCTION 'DB_EXISTS_INDEX'
  EXPORTING
    tabname         = 'KNA1'
    indexname       = 'A'
  IMPORTING
    realname        = lv_realname
    subrc           = lv_rc
  EXCEPTIONS
    parameter_error = 1
    OTHERS          = 99.

IF sy-subrc = 0 AND lv_rc = 0.
* Datenbankindex ist aktiv
  SELECT * FROM KNA1 INTO TABLE lt_kna1
           WHERE SORTL LIKE lv_customer_name.
ELSE.
* Datenbankindex ist nicht aktiv
  SELECT * FROM KNA1 INTO TABLE lt_kna1
           WHERE NAME1 LIKE lv_customer_name.
ENDIF.
```

Listing 5.24 Funktionsbausteinaufruf DB_EXISTS_INDEX

In der Praxis wird dieser Funktionsbaustein DB_EXISTS_INDEX häufig vor der Datenselektion von großen Datenmengen verwendet. Bei der Ausführung des Codeausschnitts aus Listing 5.24 unter SAP HANA wird die Variable LV_RC vom Funktionsbaustein DB_EXISTS_INDEX auf den Wert 4 gesetzt, da dieser Index für das aktuelle Beispiel auf der Datenbank nicht existiert.

Indexkonfiguration nachsehen

Über die Transaktion SE11 können Sie die aktuellen Indexkonfigurationen zur ausgewählten Datenbanktabelle nachvollziehen. Zeigen Sie über die Transaktion SE11 eine Datenbanktabelle an, und klicken Sie anschließend auf **Indizes**, um eine Liste der aktuellen Indizes zu erhalten. Mit einem Doppelklick auf einen Index gelangen Sie zu der Detailansicht der Indexdefinition, wie sie in Abbildung 5.33 dargestellt ist.

Unterhalb des Status können Sie nachvollziehen, ob der Index auf der Datenbank existiert. Im Beispiel handelt es sich um einen Standardindex von SAP, der nicht auf der Datenbank existiert. Wenn Sie auf das Selektions-

Icon ( ) klicken, erscheint die Definition der Auswahl- oder Ausschlussliste. Da SAP HANA auf der Ausschlussliste steht, wird der Index unter SAP HANA auch nicht automatisch angelegt. Bei den meisten Sekundärindizes ist diese Einstellung hinterlegt, da diese durch die spaltenorientierte Verarbeitung von SAP HANA in der Regel nicht mehr notwendig ist.

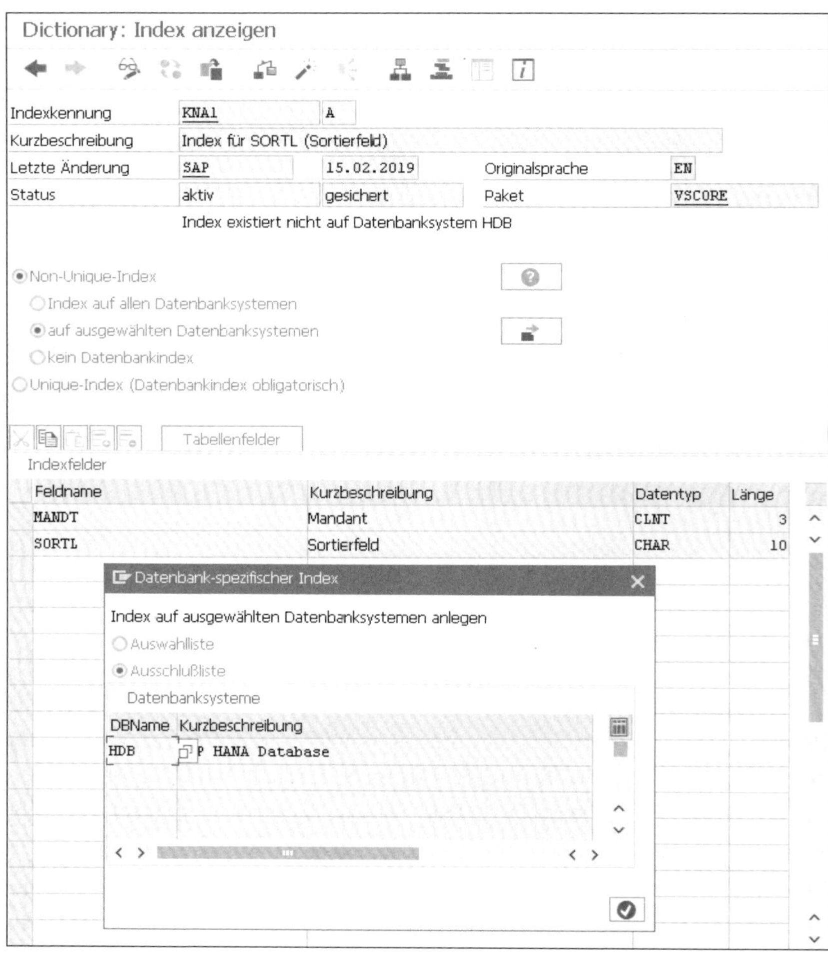

Abbildung 5.33 Suche von ABAP-Anweisungsmustern – Datenbankindex-Einstellungen

Funktionsbausteinaufruf ersetzen

In Bezug auf das in Listing 5.24 vorgestellte Beispiel ist es für SAP HANA aus Performancesicht absolut irrelevant, ob der Datenzugriff über das Sortierfeld oder den Kundennamen erfolgt. Bei der Umstellung der Eigenentwicklung sollte stattdessen die Datenqualität in den Spalten berücksichtigt werden, auf die zugegriffen wird.

Gehen wir beim aktuellen Beispiel davon aus, dass der Kundenname automatisch immer in Großbuchstaben im Sortierfeld repliziert wird. Bei der Datenselektion ist man bei einem Zugriff über das Sortierfeld auf der sichereren Seite. Aus diesen Überlegungen resultiert das geänderte Coding aus Listing 5.25.

```
*DATA: lv_realname LIKE  dd12l-dbindex,
*      lv_rc       LIKE  sy-subrc,
*DATA: lt_kna1     TYPE TABLE OF kna1.

*CALL FUNCTION 'DB_EXISTS_INDEX'
*  EXPORTING
*    tabname         = 'KNA1'
*    indexname       = 'A'
*  IMPORTING
*    realname        = lv_realname
*    subrc           = lv_rc
*  EXCEPTIONS
*    parameter_error = 1
*    OTHERS          = 99.

*IF sy-subrc = 0 AND lv_rc = 0.
* Datenbankindex ist aktiv
  SELECT * FROM kna1 INTO TABLE @DATA(lt_kna1)
           WHERE sortl LIKE @lv_customer_name.
*ELSE.
* Datenbankindex ist nicht aktiv
*  SELECT * FROM KNA1 INTO TABLE lt_kna1
*        WHERE NAME1 like lv_customer_name.
*ENDIF.
```

Listing 5.25 Zugriff über das Sortierfeld SORT1

Bis auf eine SELECT-Anweisung wurde das gesamte Coding auskommentiert. Alternativ können Sie auch die obsoleten Codezeilen löschen. Lediglich wegen der besseren Nachvollziehbarkeit der Änderungen haben wir uns in diesem Beispiel für das Auskommentieren entschieden. Über die Versionsverwaltung kann in der Regel die alte Version des Codings bei Bedarf eingesehen bzw. wiederhergestellt werden, weswegen ein Auskommentieren nicht zwangsläufig notwendig ist. Wenn Sie den Funktionsbaustein DB_EXISTS_INDEX auskommentieren, wird dieser bei zukünftigen SAP-HANA-Prüfungen nicht mehr als Befund gemeldet.

Schritte im Überblick

Die Schritte zur Bearbeitung der Befunde zur Indexprüfung lassen sich im Allgemeinen wie folgt zusammenfassen:

1. Prüfen Sie zunächst den Status des Index in SAP HANA oder SAP S/4HANA. In der Regel werden Sie feststellen, dass der zusätzliche Datenbankindex unter SAP HANA nicht existiert oder nicht aktiv ist.
2. Anschließend prüfen Sie, ob und welche Codeabschnitte von der Existenzprüfung des Index betroffen sind.
3. Diese Codeabschnitte sollten umgestellt werden. Häufig kann hier das Coding übernommen werden, das auf der Annahme eines aktiven Index basiert.

Die explizite Indexprüfung über den Funktionsbaustein `DB_EXISTS_INDEX` ergibt unter SAP HANA in der Regel keinen Sinn mehr und sollte deshalb entfernt werden.

5.8.2 Aufruf des Funktionsbausteins DD_INDEX_NAME

Jeder Aufruf des Funktionsbausteins `DD_INDEX_NAME` führt zu einem Befund mit der Prüfmeldung `FOUND02`. Der Funktionsbaustein `DD_INDEX_NAME` ermittelt den technischen Namen eines Datenbankindex. In Abbildung 5.34 wird ein Beispiel für einen Befund mit der Prüfmeldung `FOUND02` gezeigt.

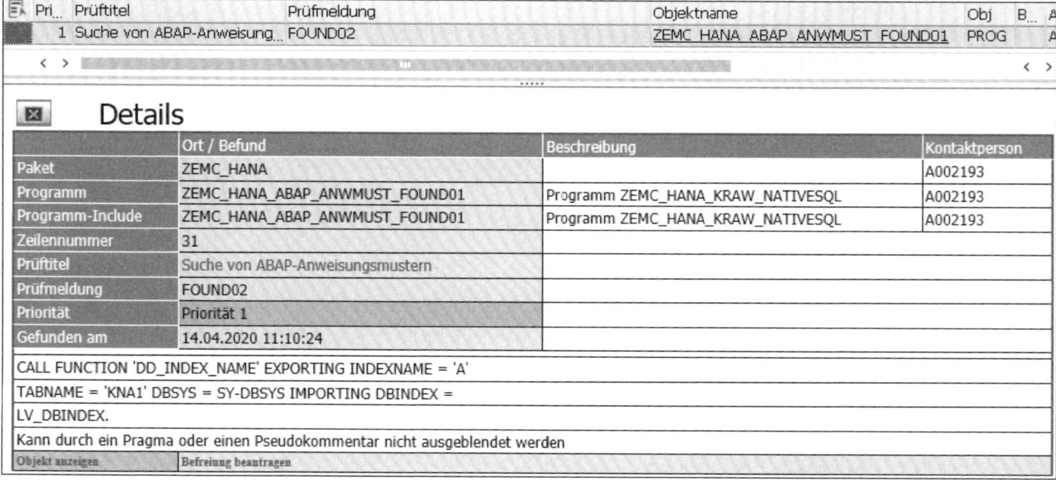

Abbildung 5.34 Suche von ABAP-Anweisungsmustern – Befund zum Funktionsbaustein DD_INDEX_NAME

Funktionsbaustein DD_INDEX_NAME

Listing 5.26 veranschaulicht ein Beispiel zum Befund aus Abbildung 5.34. Der Funktionsbaustein `DD_INDEX_NAME` prüft dabei weder die Existenz des

Index noch ob dieser aktiv auf der Datenbank angelegt wurde. Er generiert lediglich den technischen Namen zum übergegebenen Tabellen- und Indexnamen auf Basis eines vorgegebenen Musters. Der technische Name des Datenbankindex wird über die Variable LV_DBINDEX zurückgegeben. Anschließend erfolgt über den zurückgegebenen Index LV_DBINDEX der Zugriff auf die Kundenstammtabelle KNA1.

```
DATA: lv_dbindex LIKE dd12l-dbindex.

CALL FUNCTION 'DD_INDEX_NAME'
  EXPORTING
    indexname         = 'A'
    tabname           = 'KNA1'
    dbsys             = sy-dbsys
 IMPORTING
    dbindex           = lv_dbindex.

SELECT *
  FROM kna1 INTO TABLE lt_kna1
  WHERE sortl = lv_customer_name
  %_HINTS HDB lv_dbindex.
```

Listing 5.26 Funktionsbausteinaufruf DD_INDEX_NAME

In Abschnitt 5.8.1 haben wir bereits beschrieben, wie Sie über die Transaktion SE11 nachvollziehen können, dass der Index A auf der Datenbank KNA1 nicht existiert. Dennoch enthält die Variable LV_DBINDEX nach Aufruf des Funktionsbausteins DD_INDEX_NAME den Wert KNA1~A. Da der Index nicht existiert, führt die SELECT-Anweisung zu einem Laufzeitfehler DBSQL_SQL_ERROR. Warum es zu diesem Laufzeitfehler kommt, haben wir in Abschnitt 5.1.3, »Datenbank-Hints«, erklärt.

Funktionsbausteinaufruf ersetzen

Zur Behebung des Befundes wird das Coding nach der in Abschnitt 5.8.1 beschriebenen Vorgehensweise und aufgrund derselben Annahmen wie in Listing 5.27 angepasst.

```
*CALL FUNCTION 'DD_INDEX_NAME'
*  EXPORTING
*    indexname         = 'A'
*    tabname           = 'KNA1'
*    dbsys             = sy-dbsys
* IMPORTING
*    dbindex           = lv_dbindex.
```

```
SELECT *
  FROM kna1 INTO TABLE lt_kna1
  WHERE sortl = lv_customer_name.
```

Listing 5.27 Zugriff über das Sortierfeld SORT1

Da der Datenbankindex unter SAP HANA nicht mehr benötigt wird, haben wir den Funktionsbaustein auskommentiert und den %_HINTS-Zusatz in der SELECT-Anweisung entfernt.

Das allgemeine Vorgehen zur Behebung von FOUND02-Prüfmeldungen ist das gleiche wie bei FOUND01-Befunden. In der Regel werden alle Aufrufe des Funktionsbausteins DD_INDEX_NAME aus dem Quellcode entfernt.

5.9 Zusammenfassung

Bei datenbankspezifischen Entwicklungen sind häufig funktionale Anpassungen notwendig, damit diese unter der SAP Business Suite auf SAP HANA oder mit SAP S/4HANA ebenfalls lauffähig sind. In vielen Fällen kann die Entwicklung datenbankunabhängig angepasst werden, um ein deterministisches Ergebnis unabhängig von der zugrunde liegenden Datenbank zu erhalten. Bei Entwicklungen, die von einer impliziten Sortierung durch die Datenbank ausgehen, genügt in den meisten Fällen die Ergänzung der expliziten Sortierung (mit ORDER BY oder SORT), um das Ergebnis datenbankunabhängig zu machen.

Falls natives SQL oder ADBC-Klassen verwendet werden, ist hingegen eine detailliertere Analyse notwendig. Hier ist eine fallabhängige Entscheidung gefragt, ob die aktuelle Anweisung bereits in der SAP Business Suite auf SAP HANA lauffähig ist und/oder ob vielleicht die gesamte Anweisung in eine Open-SQL-Anweisung umgebaut werden kann.

Im Zuge der Umstellung auf SAP HANA bis zur Einführung von SAP S/4HANA 1809 wurden alle Tabellen-Cluster und Tabellen-Pools aus dem System entfernt. Die abhängigen Cluster- und Pool-Tabellen wurden in transparente Tabellen umgewandelt. Aus diesen Änderungen ergibt sich die Notwendigkeit, die Eigenentwicklungen entsprechend umzustellen.

Der Custom Code Check mit der Prüfvariante FUNCTIONAL_DB analysiert Ihre Eigenentwicklungen auf potenzielle Probleme in der SAP Business Suite auf SAP HANA. Auf dieser Basis können bereits vor der Datenbankmigration nach SAP HANA oder der Umstellung auf SAP S/4HANA viele Befunde bearbeitet werden. Dadurch kann auch die Codequalität verbessert werden.

Kapitel 6
Custom-Code-Anpassung für SAP S/4HANA

Über die in diesem Kapitel vorgestellten SAP-S/4HANA-Prüfvarianten können Sie Ihre Eigenentwicklung auf ihre Kompatibilität mit SAP S/4HANA hin prüfen. Wir erläutern die erforderlichen Anpassungen mit Codebeispielen zu allen gängigen Prüftiteln.

Mit SAP S/4HANA hält nicht nur neue Funktionalität in großem Umfang Einzug in die neue SAP Business Suite, sondern es wurden auch viele bestehende Prozesse und technische Strukturen im Vergleich zu SAP ERP geändert. In Abschnitt 4.3.2, »SAP-S/4HANA-Prüfungen«, wurde ein erster Überblick zum Prüfungsumfang der SAP-S/4HANA-Prüfvariante gegeben. In diesem Kapitel gehen wir detaillierter und anhand konkreter Beispiele auf die gängigen SAP-S/4HANA-Befunde ein.

Aufbau des Kapitels

In Abschnitt 6.1 geben wir Ihnen zunächst einen Überblick über die unterschiedlichen Kategorien funktionaler Anpassungen in SAP S/4HANA und vermitteln einige Grundlagen zur Codeumstellung für SAP S/4HANA. Anschließend stellen wir in Abschnitt 6.2 die unterschiedlichen Versionen der SAP-S/4HANA-Prüfvarianten vor. Abschnitt 6.3 bis Abschnitt 6.8 enthalten konkrete Beispiele zur Bearbeitung von SAP-S/4HANA-Befunden.

Hinweise zu den Codebeispielen

Wir haben zu bestimmten, häufig auftretenden Befunden jeweils ein einfaches Codebeispiel zusammengestellt. Auf dieser Basis erläutern wir das methodische Vorgehen zur Behebung der SAP-S/4HANA-Befunde. Die Zusammenstellung dieser fiktiven Codebeispiele basiert auf produktiv verwendeten Entwicklungen aus unterschiedlichen Systemen. Wundern Sie sich nicht, wenn Sie in den Beispielen für den Ausgangscode teilweise obsolete Anweisungen oder Funktionsbausteine finden. In der Praxis werden solche obsoleten Zugriffe sehr häufig bei der Ausführung der Custom Code Checks im Zuge der SAP-S/4HANA-Umstellung gefunden. Aus diesem Grund haben wir bewusst solche Beispiele aufgenommen. Neben der SAP-S/4HANA-kompatiblen Korrektur der Codestellen zeigen wir Ihnen auch alternative Lösungswege auf, mit denen Sie obsolete Zugriffe vermeiden können.

Entwicklungskontext

Häufig wird nur ein Auszug der relevanten Codepassagen gezeigt, um das methodische Vorgehen zu erläutern. Nicht selten ist bei der Custom-Code-Migration nach SAP S/4HANA jedoch auch der Entwicklungskontext wichtig. Beispielsweise muss kundenindividuell entschieden werden, welche Relevanz und Auswirkung eine fachliche Vereinfachung auf eine Eigenentwicklung hat. Die in den Codebeispielen aufgeführten Lösungen zeigen Ihnen deshalb häufig nur eine von mehreren möglichen Lösungsvarianten auf. Je nach Anwendungsfall und Ihrem speziellen Entwicklungskontext kann die von Ihnen gewählte Lösung von der hier vorgestellten abweichen.

Da unser Fokus auf der Erläuterung des methodischen Vorgehens liegt, haben wir ebenfalls bewusst auf zusätzliches Coding verzichtet, das für die Custom-Code-Migration nicht relevant ist, wie beispielsweise die Ausnahmebehandlung, Geschäftslogik zur Datenermittlung und weiteren Verarbeitung usw.

6.1 Technische Grundlagen zur Custom-Code-Anpassung für SAP S/4HANA

Fehler infolge funktionaler Anpassungen

Die am häufigsten auftretenden Fehler aufgrund funktionaler Anpassungen in SAP S/4HANA lassen sich in folgende Kategorien unterteilen:

- **Fehler aufgrund von Feldlängenerweiterungen**
  SAP hat die Länge bestimmter Domänen und Datenelemente verändert. Diese Längenerweiterungen können Auswirkungen auf Eigenentwicklungen haben. In den meisten Fällen ist die Umstellung der Entwicklungen auf die erweiterten Feldlängen trivial und daher schnell umgesetzt.
- **Fehler aufgrund von Änderungen des technischen Datenmodells**
  In manchen Fällen wurden lediglich technische Strukturen verändert, um die Performance von SAP HANA optimal zu unterstützen. Sind einem Entwickler die neuen Datenstrukturen des Datenmodells bekannt, kann er häufig ohne größeren Aufwand eine Anpassung der Eigenentwicklungen durchführen, um die Kompatibilität mit SAP S/4HANA sicherzustellen.
- **Fehler aufgrund fachlicher Vereinfachungen**
  Als *fachliche Vereinfachung* bezeichnen wir Prozesse und Abläufe, die in SAP S/4HANA anders als in SAP ERP abgebildet oder nicht mehr direkt unterstützt werden. Die Analyse und die Bearbeitung dieser Prozesse können abhängig vom Grad der Vereinfachung unter Umständen sehr aufwendig werden.

Da SAP S/4HANA ausschließlich mit der SAP-HANA-Datenbank betrieben werden kann, werden bei der Codeüberprüfung auch automatisch die Prüfungsroutinen für die SAP-HANA-Checks durchlaufen. Die Bearbeitung dieser SAP-HANA-Prüfungen haben wir bereits detailliert im vorangegangenen Kapitel 5, »Custom-Code-Anpassung für SAP HANA«, vorgestellt. Aus diesem Grund fokussieren wir uns in diesem Kapitel ausschließlich auf die SAP-S/4HANA-spezifischen funktionalen Anpassungen basierend auf den umfangreichen Änderungen der Simplifizierungsdatenbank.

Im Vergleich zu den SAP-HANA-Datenbankprüfungen ist die Varianz der unterschiedlichen Prüfmeldungen für SAP S/4HANA wesentlich größer. Wir können daher nicht für alle möglichen SAP-S/4HANA-Befunde Beispiele zeigen. Auf Basis der in diesem Abschnitt vermittelten Grundlagen werden Sie aber auch mit den im weiteren Verlauf nicht explizit thematisierten Befunden umgehen können.

6.1.1 Direkte Tabellenzugriffe

Dass direkte Tabellenzugriffe über SQL-Anweisungen in SAP-Business-Suite-Systemen vermieden werden sollen, ist weitestgehend bekannt. Datenselektionen (SELECT) sind hier unkritischer als Datenänderungen (MODIFY, UPDATE, DELETE). In beiden Fällen sollten Sie jedoch auf den direkten Tabellenzugriff verzichten, da andernfalls beispielsweise spezielle Berechtigungsprüfungen oder Puffermechanismen für eine performante Ausführung nicht berücksichtigt würden. In vielen Fällen bietet SAP spezielle APIs in Form von Business Application Programming Interfaces (BAPIs), Klassen oder einfachen Funktionsbausteinen für den Tabellenzugriff an, die gegenüber dem direkten Zugriff zu bevorzugen sind.

Problem des direkten Zugriffs

In manchen Fällen können diesbezügliche Befunde in SAP S/4HANA durch einfache Änderungen des simplifizierten Objekts angepasst werden. In SAP S/4HANA wurde beispielsweise die Tabelle KONV durch die Tabelle PRCD_ELEMENTS ersetzt. Die Tabelle KONV existiert zwar in SAP S/4HANA noch als transparente Tabelle, wird jedoch nicht mehr fortgeschrieben. Alle direkten Zugriffe auf die Tabelle KONV müssen deshalb auf die Tabelle PRCD_ELEMENTS umgestellt werden.

BAPIs, Klassen oder Funktionsbausteine

Bevor in einem solchen Fall innerhalb der SQL-Anweisung einfach das alte Objekt durch das neue ersetzt wird, empfehlen wir Ihnen, zu prüfen, ob Sie den Zugriff nicht auf die Verwendung entsprechender APIs umstellen können. Einige dieser APIs stehen Ihnen bereits in SAP ERP zur Verfügung. In manchen Fällen können Sie das Coding deshalb bereits in SAP ERP erweitern. Durch die automatische API-Umstellung ist es dann in SAP ERP *und* in SAP S/4HANA funktionsfähig.

[zB]

Klasse CL_PRC_RESULT_ADAPTER

Die Tabellenstruktur von PRCD_ELEMENTS ähnelt der Tabelle KONV. In vielen Fällen kann ein Befund daher durch einfaches Ersetzen des Tabellennamens behoben werden. Dennoch empfehlen wir, die von SAP bereitgestellte Klasse CL_PRC_RESULT_ADAPTER zu verwenden. Diese Klasse steht bereits ab SAP ERP EHP 8 zur Verfügung. Sie greift in SAP ERP auf die Tabelle KONV zu und stellt in SAP S/4HANA den Zugriff auf die Tabelle PRCD_ELEMENTS sicher.

6.1.2 Literale im Code

Feste Zeichen oder Zeichenketten direkt im Code können nicht nur die Wartung einer Entwicklung erschweren oder den Aufwand bei Änderungen erhöhen, sondern die Entwicklung auch fehleranfälliger machen. Insbesondere bei Feldlängenerweiterungen kann es Probleme mit festen Literalen im Code geben.

Beispiel: Abfrage des Vertriebsbelegtyps

In der Praxis sehen wir bei SAP-S/4HANA-Prüfungen immer wieder, dass Literale direkt im Code verwendet werden. Ein prominenter Befund identifiziert die Abfrage des Vertriebsbelegtyps über Literale, wie in Listing 6.1 gezeigt.

```
DATA: lv_vbtyp TYPE vbtyp.
[...]
IF lv_vbtyp EQ 'A'.
[...]
ENDIF.
```

Listing 6.1 Zugriff auf Vertriebsbelegtypen über Literale

Die SAP-S/4HANA-Prüfung meldet in diesem Fall einen Befund aufgrund der Feldlängenerweiterung des Vertriebsbelegtyps in SAP S/4HANA. Das zuvor einstellige Feld wurde in SAP S/4HANA in ein vierstelliges erweitert. Der Befund kann durch das einfache Ersetzen des Datenelements VBTYP (einstellig in SAP S/4HANA) durch das Datenelement VBTYPL (vierstellig in SAP S/4HANA) behoben werden. Aber ist dann die IF-Bedingung mit einem einstelligen Zeichen noch korrekt?

Gegenprüfung mit Variablen

Um die Problematik besser zu veranschaulichen, haben wir in Listing 6.2 vier Variablen für den Vertriebsbelegtyp deklariert. Die Variable LV_VBTYP1 verwendet noch den einstelligen Vertriebsbelegtyp aus SAP ERP. Die Variablen LV_VBTYP2, LV_VBTYP3 und LV_VBTYP4 verwenden hingegen den vierstelligen Vertriebsbelegtyp in SAP S/4HANA. Allen vier Variablen wurde das

Literal »A« zugewiesen. Das Interface IF_SD_DOC_CATEGORY stellt gängige Konstanten für die Vertriebsbelegtypen bereit und kann in diesem Beispiel auch repräsentativ für den Vergleich von Vertriebsbelegtypen direkt aus der Datenbank verwendet werden.


```
DATA: lv_vbtyp1 TYPE vbtyp  VALUE 'A'.      "CHAR(1)
DATA: lv_vbtyp2 TYPE vbtypl VALUE '   A'.   "CHAR(4)
DATA: lv_vbtyp3 TYPE vbtypl VALUE 'A'.      "CHAR(4)
DATA: lv_vbtyp4 TYPE vbtypl VALUE 'A   '.   "CHAR(4)

WRITE: /, 'IF_SD_DOC_CATEGORY=>INQUIRY: ', if_sd_doc_category
=>inquiry.
IF if_sd_doc_category=>inquiry EQ lv_vbtyp1.
  WRITE: /, 'IF_SD_DOC_CATEGORY=>INQUIRY ist gleich lv_vbtyp1 ("A").'.
ENDIF.
IF if_sd_doc_category=>inquiry EQ lv_vbtyp2.
  WRITE: /, 'IF_SD_DOC_CATEGORY=>INQUIRY ist gleich lv_vbtyp2 ("   A").'.
ENDIF.
IF if_sd_doc_category=>inquiry EQ lv_vbtyp3.
  WRITE: /, 'IF_SD_DOC_CATEGORY=>INQUIRY ist gleich lv_vbtyp3 ("A").'.
ENDIF.
IF if_sd_doc_category=>inquiry EQ lv_vbtyp4.
  WRITE: /, 'IF_SD_DOC_CATEGORY=>INQUIRY ist gleich lv_vbtyp4 ("A   ").'.
ENDIF.
```

Listing 6.2 Prüfung der Auswirkung der Literale

Können Sie mit 100%iger Sicherheit sagen, dass Sie oder Ihre Entwicklungskollegen wissen, welche Bedingung erfüllt ist und welche WRITE-Ausgabe in diesem Fall erfolgt? Zur Kontrolle: Der Report aus Listing 6.2 erzeugt die Ausgabe in Abbildung 6.1.

```
Programm ZEMC_LITERALE

IF_SD_DOC_CATEGORY=>INQUIRY:  A
IF_SD_DOC_CATEGORY=>INQUIRY ist gleich lv_vbtyp1 ("A").
IF_SD_DOC_CATEGORY=>INQUIRY ist gleich lv_vbtyp3 ("A").
IF_SD_DOC_CATEGORY=>INQUIRY ist gleich lv_vbtyp4 ("A   ").
```

Abbildung 6.1 WRITE-Ausgabe des Reports aus Listing 6.2

Wenn Sie ohnehin schon Änderungen an einem Report durchführen, um einen SAP-S/4HANA-Befund zu beseitigen, ersetzen Sie daher am besten auch Literale im Code. Auch wenn diese Änderung nicht direkt zu einer Reduzierung der Befunde führt oder den Wartungsaufwand für Ihre Anwendungen spürbar verringert, zeugt sie dennoch von einem guten Stil. Programmieren Sie auch bei der Custom-Code-Migration immer so, als wäre der Typ, der den Code nach Ihnen warten muss, ein gewaltbereiter Psychopath, der weiß, wo Sie wohnen.

Standardklassen, Interfaces usw. nutzen

SAP stellt eine Vielzahl von Standardklassen/-Interfaces, Type-Pools und Includes zur Verfügung, die gängige Literale im Code ohne wesentlichen Mehraufwand ersetzen können. Daneben empfehlen wir Ihnen, kundeneigene Literale durch zentral definierte typisierte Konstanten zu ersetzen.

6.1.3 ABAP-Dictionary-Objekte zu abgekündigten Lösungen

Obsolete oder gelöschte Objekte

Die SAP-S/4HANA-Prüfungen prüfen auf Basis der Vereinfachungsdatenbank, ob auf ABAP-Dictionary-Objekte zugegriffen wird, die in SAP S/4HANA obsolet sind. Es gibt viele solcher Objekte, wie beispielsweise Datenelemente, Domänen oder Strukturen, die für eine spezielle Lösung der SAP Business Suite entwickelt wurden, jedoch in SAP S/4HANA nicht mehr unterstützt werden. Teilweise existieren diese technischen Objekte noch physisch in SAP S/4HANA, einige wurden jedoch gänzlich gelöscht.

Die SAP-S/4HANA-Prüfungen testen keine Datenbankinhalte und berücksichtigen auch nicht die Verwendungsprotokollierung. Die Ergebnisliste der SAP-S/4HANA-Prüfungen basiert auf den Einträgen der Vereinfachungsdatenbank. Wird auf Objekte dieser Datenbank zugegriffen, kann über die SAP-S/4HANA-Prüfvariante ein entsprechender Befund ermittelt werden. Bei jedem dieser Befunde ist eine kritische Überprüfung der funktionalen Abhängigkeiten des Simplification Items notwendig. In der Regel beschreibt der im Befund referenzierte SAP-Hinweis, wie in SAP S/4HANA mit der abgekündigten Lösung umgegangen wird. Falls sie im alten System funktional verwendet wurde, ist in SAP S/4HANA zunächst ein Re-Design des Prozesses notwendig. Erst wenn der neue SAP-S/4HANA-Prozess bekannt ist, kann eine etwaige Migration und Anpassung des kundeneigenen Codes erfolgen.

Häufig verwenden Entwickler SAP-Objekte ohne Rücksicht auf das zugeordnete Entwicklungspaket und die zugehörige SAP-ERP-Lösung. Außerdem ist nicht vorhersehbar, welche ABAP-Objekte oder Lösungen in ein paar Jahren aus SAP S/4HANA entfernt werden. Es wird deshalb immer wieder zu der Situation kommen, dass innerhalb einer Eigenentwicklung auf solche Objekte zugegriffen wird.

Informationen zum Befund

Nicht immer erhalten Sie im referenzierten SAP-Hinweis eine detaillierte Information, welche ABAP-Dictionary-Objekte der abgekündigten Lösung in SAP S/4HANA noch zur Verfügung stehen oder welches Ersatzobjekt alternativ verwendet werden kann. Auch der Befund selbst führt diese Information nicht immer detailliert auf. Die SAP-S/4HANA-Prüfung informiert Sie lediglich darüber, dass Sie auf ein abgekündigtes Objekt zugreifen. Gewissheit über die technische Verfügbarkeit in SAP S/4HANA haben Sie erst dann, wenn Sie das betreffende Objekt in einem SAP-S/4HANA-System prüfen.

Umstellung auf Ersatzobjekt

Auch wenn die ABAP-Dictionary-Objekte zur abgekündigten Lösung in SAP S/4HANA noch zur Verfügung stehen, empfehlen wir Ihnen die Umstellung auf ein gleichwertiges Ersatzobjekt. Das kann ein SAP-Objekt sein, das in der Vereinfachungsdatenbank nicht aufgeführt wird, oder ein kundeneigenes Entwicklungsobjekt.

SAP-Standardobjekte vorziehen

Die Verwendung von SAP-Standardobjekten ist grundsätzlich gegenüber einer kundeneigenen Entwicklung vorzuziehen, auch wenn dadurch weiterhin das Risiko besteht, bei zukünftigen Simplifizierungen erneute Codeanpassungen durchführen zu müssen. SAP-Objekte berücksichtigen häufig bereits Übersetzungen, Suchhilfen, Dokumentation oder Ähnliches. Dieses sind daher nicht neu anzulegen, wodurch der Wartungsaufwand reduziert werden kann. Letztendlich ist und bleibt es eine subjektive Entscheidung und erfordert eine fallabhängige Betrachtung, ob im konkreten Fall ein SAP-Standardobjekt oder eine kundeneigene Entwicklung zu bevorzugen ist.

[+]

Verwendung abgekündigter Objekte vermeiden

Vermeiden Sie die Verwendung von abgekündigten ABAP-Dictionary-Objekten, auch wenn diese in SAP S/4HANA technisch noch existieren. Suchen Sie bevorzugt nach gleichwertigen Ersatzobjekten oder kopieren Sie alternativ das Objekt in Ihren kundeneigenen Namensraum.

6.1.4 Zeitpunkt der Codeanpassungen

Im Zuge des Custom Code Checks für SAP S/4HANA sind vier- oder fünfstellige Anzahlen an Befunden bei mittelständischen Unternehmen die Regel. Die Produktivsetzung einer Vielzahl von notwendigen Codeanpassungen zum gleichen Zeitpunkt kann den Supportaufwand eines SAP-S/4HANA-Go-live wesentlich erhöhen. Aus diesem Grund empfehlen wir Ihnen, unkritische technische Änderungen an operativ benötigten Entwicklungen bereits vor der SAP-S/4HANA-Umstellung in gut kontrollierbaren Wellen ins produktive SAP-ERP-System zu übernehmen.

Behebung bereits in SAP ERP

Viele Befunde können produktunabhängig bereits in SAP ERP behoben werden. Der geänderte Code ist sowohl in SAP ERP als auch in SAP S/4HANA lauffähig. Die SAP-S/4HANA-Prüfungen liefern allerdings keinen direkten Indikator dafür, ob ein Befund bereits in SAP ERP oder erst in SAP S/4HANA behoben werden kann. Im Allgemeinen hilft es, die Ergebnisliste der SAP-S/4HANA-Prüfungen nach Objekten zu filtern, die sich auf kundeneigene Tabellen, Strukturen oder Datenelemente beziehen. Bei einer rein technischen Verwendung von Simplification Items ist eine Umstellung auf ein Ersatzobjekt möglich, das sowohl in SAP ERP als auch in SAP S/4HANA existiert bzw. in den kundeneigenen Namensraum übernommen werden kann (siehe auch Abschnitt 6.1.3, »ABAP-Dictionary-Objekte zu abgekündigten Lösungen«). Darüber hinaus können viele Befunde zu Feldlängenerweiterungen bereits im SAP-ERP-System behandelt werden. Die frühzeitige Übernahme dieser Änderungen hilft, die Risiken von Codeanpassungen im Zuge des SAP-S/4HANA-Go-live zu minimieren.

Quick Fixes

Darüber hinaus stellt SAP verschiedene *Quick Fixes* zur Verfügung. Mithilfe von Quick Fixes können Sie über die ABAP Development Tools (ADT) in Eclipse automatische Codekorrekturen für SAP S/4HANA ausführen lassen. Eine objektübergreifende Massenanpassung für bestimmte SAP-S/4HANA-Befunde ist über diese Quick Fixes ebenfalls möglich. Quick Fixes können allerdings erst ab SAP S/4HANA 1809 verwendet werden. Wir stellen sie detailliert in Kapitel 7 vor.

Die SAP-Fiori-App *Custom Code Migration* liefert Ihnen einen Überblick, welche Befunde über Quick Fixes gelöst werden können. Bei solchen Befunden empfehlen wir, die Custom-Code-Anpassung erst im SAP-S/4HANA-System mithilfe der Quick Fixes umzusetzen.

Custom-Code-Anpassungen in zwei Schritten vornehmen

Beginnen Sie bereits in SAP ERP mit der technischen Anpassung von Entwicklungen. Nach der SAP-S/4HANA-Umstellung können Sie mit Quick Fixes spezielle Befunde im Rahmen einer Massenbearbeitung effizient beheben. Diese Maßnahme reduziert wesentlich die Umstellungsaufwände für Ihre Eigenentwicklungen.

6.1.5 Intention und Ziel von Eigenentwicklungen

Viele SAP-ERP-Systeme beim Kunden sind historisch gewachsen, und es etablierten sich eigene Prozesse und Funktionen. Nicht selten erhält man die Antwort »Das war schon immer so und läuft auch gut!«, wenn man Eigenentwicklungen kritisch hinterfragt. Je komplexer die Entwicklungen jedoch werden, desto fehleranfälliger werden sie und desto größer wird auch der Wartungsaufwand.

Faktor Mensch

Der Faktor Mensch wird bei der Betrachtung von Eigenentwicklungen teilweise vernachlässigt. In manchen Fällen bauen Entwickler und Anwender eine Art emotionale Bindung zu speziellen Eigenentwicklungen auf, die eine Überprüfung und etwaige Stilllegung zusätzlich erschwert. Dies ist absolut nachvollziehbar, denn das Wegschmeißen des Ergebnisses jahrelanger Arbeit fällt den meisten von uns schwer.

Teilweise finden wir auch die Mentalität »Haben ist besser als brauchen« vor. Eine Entwicklung wird zwar scheinbar nicht mehr benötigt, aber sicherheitshalber dennoch mit nach SAP S/4HANA genommen, denn »man weiß ja nie«. Die subjektiven Gründe für die Existenzberechtigung von Eigenentwicklungen können sehr vielfältig sein.

Neue SAP-S/4HANA-Funktionen

Mit SAP S/4HANA steht eine Vielzahl neuer Funktionen und Prozesse direkt im SAP-Standard zur Verfügung. Vor der Umstellung Ihrer Eigenentwicklungen ist es daher ratsam, jedes Mal kritisch zu prüfen, ob diese nicht inzwischen über eine Standardfunktionalität von SAP S/4HANA abgedeckt wird. In der Praxis ertappen wir uns selbst immer wieder dabei, gewisse Entwicklungen »mal eben schnell« an SAP S/4HANA anzupassen, ohne uns im Vorfeld kritisch mit dem neuen Funktionsumfang von SAP S/4HANA auseinanderzusetzen. Das ist ein großer Fehler! In der Regel zahlt sich eine Rückkehr zum SAP-Standard längerfristig aus.

Eigenentwicklungen kritisch hinterfragen

Insbesondere bei komplexen Eigenentwicklungen sollten Sie die Intention und das Ziel der Entwicklung hinterfragen, bevor Sie die Anwendung für SAP S/4HANA adaptieren.

6.1.6 Testen von APIs

Bereits in SAP ERP (insbesondere seit EHP 8) hat SAP viele APIs im Kontext der Feldlängenerweiterungen angepasst. Beispielsweise führt SAP-Hinweis 2489676 einige BAPIs im Kontext der Materialnummer-Feldlängenerweiterung auf, die bereits in SAP ERP die Übergabe der 40-stelligen Materialnummer durch einen neuen Parameter `MATERIAL_LONG` oder `MATNR_LONG` unterstützen.

Beispiel: Strukturerweiterung eines BAPIs

Schauen Sie sich als weiteres Beispiel die Strukturerweiterung `API2017_GM_ITEM_CREATE` an, die im BAPI `BAPI_GOODSMVT_CREATE` (Materialbeleg zur Warenbewegung anlegen) verwendet wird. Die Struktur besitzt als erste Komponente das Feld `MATERIAL` mit der Typisierung `MATNR18`, die auch in SAP S/4HANA weiterhin als 18-stellige Zeichenkette definiert ist. Die Struktur BAPI2017_GM_ITEM_CREATE wurde um das Feld MATERIAL_LONG erweitert (siehe Abbildung 6.2).

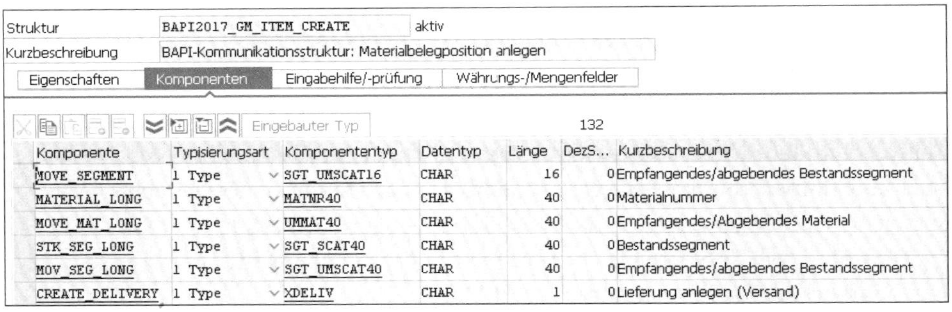

Struktur BAPI2017_GM_ITEM_CREATE aktiv
Kurzbeschreibung BAPI-Kommunikationsstruktur: Materialbelegposition anlegen
Eigenschaften | Komponenten | Eingabehilfe/-prüfung | Währungs-/Mengenfelder
Eingebauter Typ 132

Komponente	Typisierungsart	Komponententyp	Datentyp	Länge	DezS...	Kurzbeschreibung
MOVE_SEGMENT	1 Type	SGT_UMSCAT16	CHAR	16	0	Empfangendes/abgebendes Bestandssegment
MATERIAL_LONG	1 Type	MATNR40	CHAR	40	0	Materialnummer
MOVE_MAT_LONG	1 Type	UMMAT40	CHAR	40	0	Empfangendes/Abgebendes Material
STK_SEG_LONG	1 Type	SGT_SCAT40	CHAR	40	0	Bestandssegment
MOV_SEG_LONG	1 Type	SGT_UMSCAT40	CHAR	40	0	Empfangendes/abgebendes Bestandssegment
CREATE_DELIVERY	1 Type	XDELIV	CHAR	1	0	Lieferung anlegen (Versand)

Abbildung 6.2 Struktur BAPI2017_GM_ITEM_CREATE mit der Komponente MATERIAL_LONG

Der Funktionsbaustein BAPI_GOODSMVT_CREATE unterstützt bei externen Aufrufen weiterhin die Verwendung des Feldes MATERIAL, um die Abwärtskompatibilität sicherzustellen. Nur für die interne Verwendung und für Systeme, die die 40-stellige Materialnummer unterstützen, ist die MATERIAL_LONG-Komponente vorgesehen. Es ist deshalb nicht *zwingend* notwendig, alle lokalen BAPI-Aufrufe auf das neue *LONG-Feld umzustellen, das in ähnlicher Form auch anderen BAPI-Strukturen hinzugefügt wurde. Dennoch wird diese Umstellung von SAP empfohlen, falls zu einem späteren Zeitpunkt die erweiterte Materialnummer im Customizing aktiviert werden soll.

Informationen zur Verfügbarkeit

Die Anlage in SAP-Hinweis 2438131 gibt für die Materialnummer-Feldlängenerweiterung eine sehr gute Übersicht, welche Parameter in welchen Funktionsbausteinen erweitert wurden. Die PDF-basierte Liste zur Version 2 dieses SAP-Hinweises umfasst insgesamt 20 Seiten. Das bedeutet jedoch nicht, dass alle diese Erweiterungen bereits in SAP ERP verfügbar sind. Auch sind wir in der Praxis auf Fälle gestoßen, in denen die erweiterten Parameter in der Signatur des betreffenden Funktionsbausteins in SAP ERP zwar technisch verfügbar waren, jedoch von der API ignoriert wurden. Teilweise stellt SAP Hinweise bereit, um die Unterstützung der erweiterten Felder in SAP ERP »nachzurüsten«.

Eine vollumfängliche Liste, bei welcher Funktion welcher Parameter bereits in SAP ERP unterstützt wird, existiert leider nicht. Wenn Sie bereits in SAP ERP mit der Custom-Code-Anpassung beginnen möchten, testen Sie bei API-Änderungen sicherheitshalber nicht nur den Aufruf in SAP ERP, sondern auch in SAP S/4HANA. Nur durch diese Maßnahme stellen Sie bei einer Vorab-Produktivnahme in SAP ERP sicher, dass Sie produktunabhängig das gewünschte Ergebnis erhalten und dass es nach der SAP-S/4HANA-Transformation nicht zu Komplikationen kommt.

Tests in SAP S/4HANA durchführen

Testen Sie Parameteränderungen von BAPIs nicht nur in SAP ERP, sondern auch in SAP S/4HANA, wenn Sie planen, bereits in SAP ERP mit der Custom-Code-Anpassung zu beginnen.

6.2 Versionen der SAP-S/4HANA-Prüfvarianten

Releasespezifische Prüfvarianten

Zur Durchführung des Custom Code Checks für SAP S/4HANA stellt SAP folgende Prüfvarianten zur Verfügung (siehe auch Abschnitt 4.3.2):

- S4HANA_READINESS_1511
- S4HANA_READINESS_1610
- S4HANA_READINESS_1709
- S4HANA_READINESS_1809
- S4HANA_READINESS_1909
- S4HANA_READINESS_2020
- S4HANA_READINESS
- S4HANA_READINESS_REMOTE

Die Prüfvarianten mit einer vierstelligen Nummer als Suffix, die jeweils für ein Major-Release von SAP S/4HANA steht, ermitteln alle Befunde, die für das ausgewählte Zielrelease relevant sind. Beispielsweise ermittelt die Prüfvariante S4HANA_READINESS_1809 alle Simplification Items, die für SAP S/4HANA 1809 relevant sind. Die Prüfvarianten S4HANA_READINESS_<REALEASE> sind RFC-fähig (Remote Function Call) und können auch auf externen Systemen ausgeführt werden.

Prüfvariante S4HANA_ READINESS

Die Prüfvariante S4HANA_READINESS ermittelt alle Befunde zum *aktuellen* SAP-S/4HANA-Release. Beispielsweise werden bei dieser Prüfvariante in SAP S/4HANA 1809 alle Befunde zum Release 1809, in SAP S/4HANA 1909 alle Befunde zum Release 1909 ermittelt usw. Die Prüfvariante S4HANA_READINESS kann nur lokal im aktuellen System ausgeführt werden. Im Gegensatz dazu berücksichtigt die Prüfvariante S4HANA_READINESS_REMOTE alle Simplification Items aus der Vereinfachungsdatenbank ohne Berücksichtigung des Zielreleases und kann auch auf externen Systemen ausgeführt werden.

Prüfung von SAP Queries und InfoSets

Zusätzlich können Sie über die Prüfvariante S4HANA_READINESS_SAPQUERY gezielt SAP Queries und InfoSets auf ihre SAP-S/4HANA-Kompatibilität hin prüfen. Voraussichtlich mit dem Release SAP S/4HANA 2020 wird dieser Prüfungsumfang den zuvor genannten Prüfvarianten hinzugefügt werden. Die Prüfung von SAP Queries und InfoSets wird dann automatisch mit den S4HANA_READINESS*-Prüfvarianten ausgeführt. Die Prüfvariante S4HANA_READINESS_SAPQUERY wird damit obsolet.

Feldlängenprüfung

Speziell für die Feldlängenprüfung werden folgende Prüfvarianten von SAP ausgeliefert:

- S4HANA_READINESS_NO_FLE
- S4HANA_READINESS_1909_NO_FLE
- S4HANA_READINESS_2020_NO_FLE

Der Prüfungsumfang dieser Varianten entspricht dem der S4HANA_READINESS*-Prüfvarianten. Im Gegensatz zu den S4HANA_READINESS*-Prüfvarianten wird bei den *NO_FLE-Varianten jedoch davon ausgegangen, dass die Feldlängenerweiterung über das Customizing nicht aktiviert wird. Diese Varianten reduzieren so die Anzahl der irrelevanten Befunde im Zuge einer SAP-S/4HANA-Transformation, wenn die Feldlängenerweiterung nicht benötigt wird.

Die Prüfvariante S4HANA_READINESS_NO_FLE ist ausschließlich für eine lokale Verwendung vorgesehen. Zur Prüfung über externe Systeme (Remote-Einsatz) können abhängig vom Zielrelease die Prüfvarianten S4HANA_READINESS_1909_NO_FLE oder S4HANA_READINESS_2020_NO_FLE verwendet werden.

Nachinstallation über SAP-Hinweise

Falls die genannten Prüfvarianten in Ihrem System nicht existieren, prüfen Sie die Version Ihrer SAP_BASIS-Softwarekomponente. Abhängig davon ist gegebenenfalls eine Nachinstallation über das Einspielen eines der folgenden SAP-Hinweise oder eines Support Packages möglich:

- SAP-Hinweis 2485726 für S4HANA_READINESS_1511 und S4HANA_READINESS_1610
- SAP-Hinweis 2659194 für S4HANA_READINESS_1809
- SAP-Hinweis 2812556 für S4HANA_READINESS_1909
- SAP-Hinweis 2857006 für S4HANA_READINESS_SAPQUERY
- SAP-Hinweis 2925563 für S4HANA_READINESS_NO_FLE und S4HANA_READINESS_1909_NO_FLE

Für die Beispiele in den folgenden Abschnitten verwenden wir ausschließlich die Prüfvariante S4HANA_READINESS_1909.

6.3 Beispiele für den Prüftitel »S/4HANA: Feldlängenerweiterungen«

In diesem Abschnitt erläutern wir die Umstellung von Eigenentwicklung aufgrund von Befunden des Custom Code Checks, die durch Feldlängenerweiterungen in SAP S/4HANA verursacht werden.

6.3.1 Vergleich-Längenkonflikt (Domäne MATNR)

Informationen im SAP-Hinweis

Sobald ein Feld in SAP S/4HANA erweitert wurde und es daher zu Komplikationen bei der Ausführung von ABAP-Code kommen könnte, wird ein Befund mit der Prüfmeldung *Vergleich-Längenkonflikt* erzeugt. In der Regel liefert der im Befund referenzierte SAP-Hinweis weiterführende Informationen zur betreffenden Felderweiterung. Zu dem in diesem Abschnitt exemplarisch behandelten Vergleich-Längenkonflikt der Domäne `MATNR` wird auf den SAP-Hinweis 2215424 verwiesen, der allgemeine Informationen zu der Materialnummer-Feldlängenerweiterung enthält. Wenn innerhalb einer Eigenentwicklung ein Vergleich der alten Materialnummer mit einer Länge von 18 Stellen mit der neuen Materialnummer mit 40 Stellen erfolgt, kommt es zu diesem Befund. In Abbildung 6.3 wird beispielhaft ein solcher Vergleich-Längenkonflikt-Befund dargestellt.

Pri...	Prüftitel	Prüfmeldung	Objektname	Obj
1	S/4HANA: Feldlängenerweit...	Vergleich-Längenkonflikt	ZEMC_S4HANA_MISC	PRC

Details

	Ort / Befund	Beschreibung	Kontaktperson
Paket	ZEMC_S4HANA		A002193
Programm	ZEMC_S4HANA_MISC	Programm ZEMC_S4HANA_MISC	A002193
Programm-Include	ZEMC_S4HANA_MISC	Programm ZEMC_S4HANA_MISC	A002193
Zeilennummer	91		
Prüftitel	S/4HANA: Feldlängenerweiterungen		
Prüfmeldung	Vergleich-Längenkonflikt		
Priorität	Priorität 1		
Zuerst gefunden am	03.05.2020 12:39:34		
Gefunden am	03.05.2020 12:43:02		
SAP-Hinweisnummer	2215424	Feldlängenerweiterung für Materialnummer - allgemeine Informationen	
Komponentenkürzel	CA-FLE-MAT		
Referenzobjekt	MATNR		
Referenzierter Objekttyp	DOMA		
Kategorie der Vereinfachungselemente	I	Syntaktisch nicht kompatible Änderung d.vorhandenen Funktion	

Vergleich-Längenkonflikt (DOMA MATNR, Note: 0002215424) 40
<-> 18
Befund kann mit Pseudokommentar "#EC CI_FLDEXT_OK[2215424] unterdrückt werden
Metriken:
RefrnzObj.: MATNR (DOMA)
Hinweis: 0002215424
Warengrp.: Syntaktisch nicht kompatible Änderung d.vorhandenen Funktion
Objekt anzeigen | Befreiung beantragen

Abbildung 6.3 Befund zum Prüftitel »S/4HANA: Feldlängenerweiterungen« – Vergleich-Längenkonflikt

Unterdrückung mit Pseudokommentar

Dieser Befund kann über den Pseudokommentar `"#EC CI_FLDEXT_OK[2215424]` unterdrückt werden. Es muss bei diesem Befund nicht immer zu einer falschen Ausführung in SAP S/4HANA kommen. Listing 6.3 zeigt ein Beispiel für Code, der auch in SAP S/4HANA korrekt ausgeführt wird. Der Einfachheit halber gehen wird bei diesem Beispiel davon aus, dass im Materialstamm-IDoc eine feste Materialnummer im Feld MATNR namens LS_E1MARAM hinterlegt ist. Alternativ könnte die Materialnummer auch als Bestandteil des ausgelesenen IDocs generisch ermittelt werden. Über die Anweisung SELECT SINGLE werden alle Spalten zur vorgegebenen Materialnummer aus der Materialstammtabelle MARA ausgelesen und in die interne Struktur LS_MARA geschrieben.

```
DATA: ls_e1maram TYPE e1maram,
      ls_mara    TYPE mara.

ls_e1maram-matnr = 'BS0010107'.
[...]
SELECT SINGLE * FROM mara INTO ls_mara
                WHERE matnr = ls_e1maram-matnr.
```

Listing 6.3 Auslesen der Materialnummer LS_E1MARAM aus der Tabelle MARA

Auch in SAP S/4HANA ist die Materialnummer in der Struktur E1MARAM aus Gründen der Abwärtskompatibilität für die Übertragung der Materialstammdaten per IDoc immer noch 18 Stellen lang. In Abbildung 6.4 werden die ersten drei Felder der Struktur E1MARAM angezeigt. Unabhängig von der SAP-Produktversion ist das Feld MATNR in der zweiten Zeile der Struktur E1MARAM mit dem Datentyp CHAR der Länge 18 definiert.

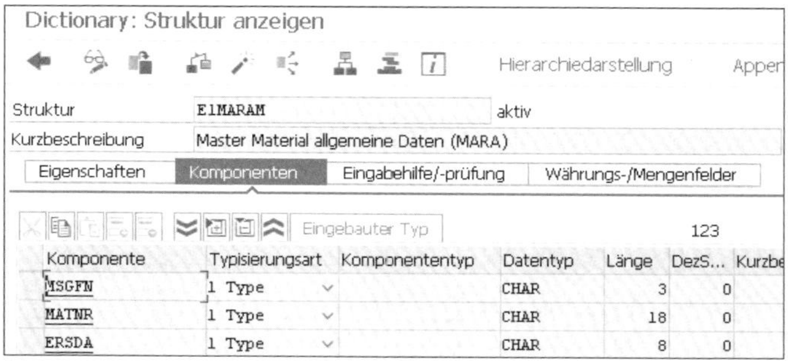

Abbildung 6.4 Struktur E1MARAM mit der Komponente MATNR

Da ohne Datenumsetzung bei einer SAP-S/4HANA-Konvertierung die Materialnummer analog zur bisherigen Speicherung linksbündig in der Datenbank hinterlegt ist, kann der Vergleich der 18-stelligen Materialnummer mit der 40-stelligen (`matnr = ls_e1maram-matnr`) in der SELECT-Anweisung auch in SAP S/4HANA korrekt ausgeführt werden.

Eigenentwicklung trotzdem umstellen

Doch auch wenn die erweiterte Materialnummer nicht aktiviert wird und die Entwicklung unter bestimmten Umständen auch in SAP S/4HANA noch funktioniert, empfiehlt SAP, eine solche Eigenentwicklung auf die neue 40-stellige Materialnummer umzustellen. Falls zu einem späteren Zeitpunkt die 40-stellige Materialnummer aktiviert werden soll, ist eine erneute Überprüfung und Anpassung der Eigenentwicklung dann nicht mehr nötig.

In Listing 6.3 haben wir das Beispiel aus Listing 6.4 auf die Verwendung der 40-stelligen Materialnummer angepasst.


```
DATA: ls_e1maram TYPE e1maram,
      ls_mara    TYPE mara.

ls_e1maram-matnr_long = 'BS0010107'.
[...]
SELECT SINGLE * FROM mara INTO ls_mara
                WHERE matnr = ls_e1maram-matnr_long.
```

Listing 6.4 Umstellung des Codings auf die 40-stellige Materialnummer

Verwendung des Feldes MATNR_LONG

Wie in Abbildung 6.5 dargestellt, wurde dazu die Struktur E1MARAM um das neue 40-stellige Feld MATNR_LONG erweitert. Innerhalb der lokalen Eigenentwicklung wird deshalb nur noch das 40-stellige Feld MATNR_LONG verwendet.

Abbildung 6.5 Struktur E1MARAM mit neuem Feld MATNR_LONG

Da der Custom Code Check nach dieser Änderung erkennt, dass in der SELECT-Anweisung eine 40-stellige Materialnummer (MARA-MATNR) mit einer 40-stelligen Materialnummer (LS_E1MARAM-MATNR_LONG) verglichen wird, wird kein Befund mehr ausgegeben.

[«]

Feld MATNR_LONG

Ab SAP ERP EHP 8 wurde die Struktur E1MARAM um das Feld MATNR_LONG erweitert. Die Anpassung der Eigenentwicklung kann in diesem Fall deshalb häufig bereits in SAP ERP ab EHP 8 durchgeführt werden. Dennoch ist jeder Einzelfall separat zu prüfen und zu bewerten.

Wenn Sie beispielsweise die Struktur `E1MARAM` für die eingehende IDoc-Verarbeitung verwenden, sollten Sie nicht implizit davon ausgehen, dass das Feld `LS_E1MARAM-MATNR_LONG` auch gefüllt ist. In diesem Fall empfehlen wir Ihnen, eine zusätzliche `IF`-Bedingung zu implementieren, die das Feld `LS_E1MARAM-MATNR_LONG` auf seinen Inhalt prüft. Ist das Feld `LS_E1MARAM-MATNR_LONG` initial bzw. leer, kann die Materialnummer aus dem Feld `LS_E1MARAM-MATNR` in das Feld `LS_E1MARAM-MATNR_LONG` übernommen werden. Im weiteren Programmablauf sollte dann durchgehend nur noch das Feld `LS_E1MARAM-MATNR_LONG` verwendet werden.

6.3.2 Strukturkomponenten-Typkonflikt (Domäne MATNR)

Ein *Strukturkomponenten-Typkonflikt* kann immer dann auftreten, wenn die Feldlänge einer Komponente innerhalb einer Struktur nicht der Länge eines Datenelements entspricht, das im Zuge der Vereinfachungen für SAP S/4HANA verändert wurde. In Abbildung 6.6 wird ein Befund zu dieser Prüfmeldung gezeigt. Der Befund meldet einen Typkonflikt CHAR(45) <-> CHAR(40) im Kontext der Materialnummer-Feldlängenerweiterung.

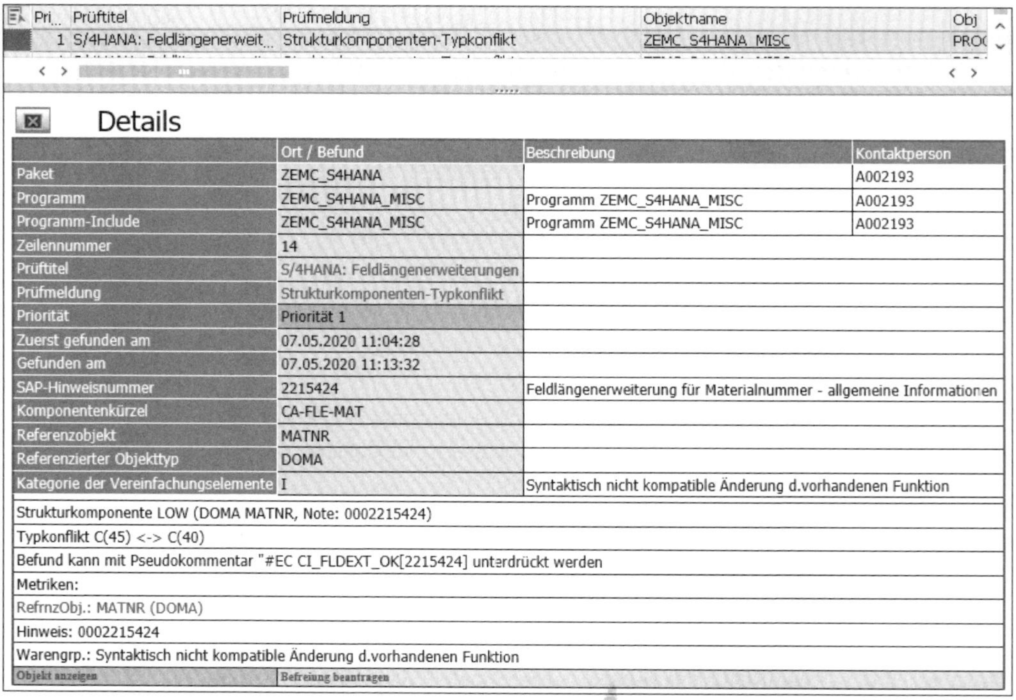

Pri...	Prüftitel	Prüfmeldung	Objektname	Obj
1	S/4HANA: Feldlängenerweit...	Strukturkomponenten-Typkonflikt	ZEMC_S4HANA_MISC	PROC

Details

	Ort / Befund	Beschreibung	Kontaktperson
Paket	ZEMC_S4HANA		A002193
Programm	ZEMC_S4HANA_MISC	Programm ZEMC_S4HANA_MISC	A002193
Programm-Include	ZEMC_S4HANA_MISC	Programm ZEMC_S4HANA_MISC	A002193
Zeilennummer	14		
Prüftitel	S/4HANA: Feldlängenerweiterungen		
Prüfmeldung	Strukturkomponenten-Typkonflikt		
Priorität	Priorität 1		
Zuerst gefunden am	07.05.2020 11:04:28		
Gefunden am	07.05.2020 11:13:32		
SAP-Hinweisnummer	2215424	Feldlängenerweiterung für Materialnummer - allgemeine Informationen	
Komponentenkürzel	CA-FLE-MAT		
Referenzobjekt	MATNR		
Referenzierter Objekttyp	DOMA		
Kategorie der Vereinfachungselemente	I	Syntaktisch nicht kompatible Änderung d.vorhandenen Funktion	

Strukturkomponente LOW (DOMA MATNR, Note: 0002215424)
Typkonflikt C(45) <-> C(40)
Befund kann mit Pseudokommentar "#EC CI_FLDEXT_OK[2215424] unterdrückt werden
Metriken:
RefrnzObj.: MATNR (DOMA)
Hinweis: 0002215424
Warengrp.: Syntaktisch nicht kompatible Änderung d.vorhandenen Funktion

Objekt anzeigen | Befreiung beantragen

Abbildung 6.6 Befund zum Prüftitel »S/4HANA: Feldlängenerweiterungen« – Strukturkomponenten-Typkonflikt

SELECT-OPTIONS-Struktur

In Listing 6.5 wird der Befund aus Abbildung 6.6 nach Durchlaufen der LOOP AT-Zeile gemeldet. Bei diesem Beispiel werden die Inhalte der SELECT-OPTIONS-Struktur SO_KMATN in die interne Tabelle LT_KMATN übernommen. Diese interne Tabelle wird in den nachfolgenden, hier nicht mehr aufgeführten Codezeilen weiterverarbeitet.

```
DATA: gv_kmatn TYPE equi-kmatn.
DATA: ls_kmatn TYPE rsdsselopt.
DATA: lt_kmatn TYPE TABLE OF rsdsselopt.

SELECT-OPTIONS so_kmatn FOR gv_kmatn.

LOOP AT so_kmatn INTO ls_kmatn.
  IF NOT so_kmatn-low IS INITIAL.
    MOVE so_kmatn-low TO ls_kmatn-low.
  ENDIF.
  IF NOT so_kmatn-high IS INITIAL.
    MOVE so_kmatn-high TO ls_kmatn-high.
  ENDIF.
  APPEND ls_kmatn TO lt_kmatn.
ENDLOOP.
```

Listing 6.5 Übernahme von Selektionsoptionen in eine interne Tabelle

Die Struktur RSDSSELOPT wird häufig im Kontext der SELECT-OPTIONS-Verarbeitung verwendet (siehe Abbildung 6.7). Die interne Tabelle LT_KMATN ähnelt der SELECT-OPTIONS-Struktur SO_KMATN, allerdings sind dort die Komponenten für LOW und HIGH mit dem Typ CHAR(45) definiert.

Struktur RSDSSELOPT aktiv
Kurzbeschreibung Struktur der generischen SELECT-OPTION dynam. Selektionen
Eigenschaften | Komponenten | Eingabehilfe/-prüfung | Währungs-/Mengenfelder

Eingebauter Typ 1 / 4

Komponente	Typisierungsart	Komponententyp	Datentyp	Länge	DezS...	Kurzbeschreibung
SIGN	1 Type	TVARV_SIGN	CHAR	1	0	ABAP: Kennzeichen: I/E (Werte ein/ausschließen)
OPTION	1 Type	TVARV_OPTI	CHAR	2	0	ABAP: Selektionsoption (EQ/BT/CP/...)
LOW	1 Type	RSDSSELOP_	CHAR	45	0	'Generische' SELECT-OPTION für dynamische Selektionen
HIGH	1 Type	RSDSSELOP_	CHAR	45	0	'Generische' SELECT-OPTION für dynamische Selektionen

Abbildung 6.7 Struktur RSDSSELOPT

Kein Längenvergleichskonflikt

Aufgrund der Definition FOR gv_kmatn besitzt die SELECT-OPTIONS-Struktur SO_KMATN in SAP S/4HANA 40 Stellen (CHAR(40)) für die Komponenten LOW und HIGH. Da die 40-stellige Materialnummer in das 45-stellige »generische« Feld RSDSSELOPT-LOW und RSDSSELOPT-HIGH ohne Datenverlust übernommen werden kann, verhält sich die Implementierung in SAP ERP analog zu der in

SAP S/4HANA. Die Eigenentwicklung müsste nur dann angepasst werden, wenn das Zielfeld kleiner als das Quellfeld wäre. Eine Anpassung der Entwicklung nur aufgrund der Verlängerung der Materialnummer ist nicht zwingend notwendig. Der Befund kann über einen Pseudokommentar ausgeblendet werden:

```
[...]
LOOP AT so_kmatn INTO ls_kmatn. "#EC CI_FLDEXT_OK[2215424]
[...]
```

Feldtypisierung anpassen

In Listing 6.6 haben wir einen alternativen Ansatz verfolgt. Im Programmablauf wird die interne Tabelle LT_KMATN ausschließlich für die Speicherung der SELECT-OPTIONS-Struktur für das Feld KMATN verwendet. Aus diesem Grund wurde die TYPE-Definition der internen Tabelle LT_KMATN so angepasst, dass die Komponenten LOW und HIGH ebenfalls mit CHAR(40) festgelegt sind.

```
TYPES: lra_kmatn TYPE RANGE OF equi-kmatn.
DATA:  lt_kmatn  TYPE lra_kmatn.
DATA:  lv_kmatn  TYPE equi-kmatn.

SELECT-OPTIONS so_kmatn FOR lv_kmatn.

APPEND LINES OF so_kmatn TO lt_kmatn.
```

Listing 6.6 Anpassung des Typs der internen Tabelle LT_KMATN

Durch diese Änderung der Typisierung wird der Befund ebenfalls behoben. Allerdings sollte bei einer Veränderung der Typisierung von Variablen darauf geachtet werden, dass abhängige FORM-, FUNCTION-, CALL METHOD-Anweisungen usw. ebenfalls angepasst werden müssen.

Abhängige Änderungen prüfen

Die Entscheidung, ob ein Pseudokommentar oder die Anpassung der Typisierung im konkreten Fall zu präferieren ist, sollte im Kontext aller notwendigen Änderungen getroffen werden. Ist die Summe an notwendigen Änderungen gering und ist es ausgeschlossen, dass negative Seiteneffekte auftreten, ist die Anpassung der Typisierung zu bevorzugen.

6.3.3 Alter Konkatenieren-Längenkonflikt (Domäne MATNR)

Mittels der Anweisung CONCATENATE werden Zeichenketten in einer Zielvariablen zusammengefügt (*konkateniert*). Durch die Feldlängenerweiterung in SAP S/4HANA kann es zu Konflikten kommen, wenn die Zielvariable dann nicht mehr ausreichend groß ist.

In Abbildung 6.8 wird ein solcher Befund mit der Prüfmeldung »Alter Konkatenieren-Längenkonflikt« angezeigt. In der Detailbeschreibung zum Befund ist nachvollziehbar, dass aufgrund der Materialnummer-Feldlängenerweiterung ein Längenkonflikt entsteht, weil eine 88-stelligen Zeichenkette in eine 60-stellige Zeichenkette übertragen wird.

Pri...	Prüftitel	Prüfmeldung	Objektname	Obj
2	S/4HANA: Feldlängenerweit...	Alter Konkatenieren-Längenkonflikt	ZEMC_S4HANA_MISC	PROG

Details

	Ort / Befund	Beschreibung	Kontaktperson
Paket	ZEMC_S4HANA		A002193
Programm	ZEMC_S4HANA_MISC	Programm ZEMC_S4HANA_MISC	A002193
Programm-Include	ZEMC_S4HANA_MISC	Programm ZEMC_S4HANA_MISC	A002193
Zeilennummer	20		
Prüftitel	S/4HANA: Feldlängenerweiterungen		
Prüfmeldung	Alter Konkatenieren-Längenkonflikt		
Priorität	Priorität 2		
Gefunden am	07.05.2020 15:06:23		
SAP-Hinweisnummer	2215424	Feldlängenerweiterung für Materialnummer - allgemeine Informationen	
Komponentenkürzel	CA-FLE-MAT		
Referenzobjekt	MATNR		
Referenzierter Objekttyp	DOMA		
Kategorie der Vereinfachungselemente	I	Syntaktisch nicht kompatible Änderung d.vorhandenen Funktion	

Alter Konkatenieren (DOMA MATNR, Note:
0002215424)-Längenkonflikt 88 -> 60
Befund kann mit Pseudokommentar "#EC CI_FLDEXT_OK[2215424] unterdrückt werden
Metriken:
RefrnzObj.: MATNR (DOMA)
Hinweis: 0002215424
Warengrp.: Syntaktisch nicht kompatible Änderung d.vorhandenen Funktion

Objekt anzeigen | Befreiung beantragen

Abbildung 6.8 Befund zum Prüftitel »S/4HANA: Feldlängenerweiterungen« – alter Konkatenieren-Längenkonflikt

Der Befund aus Abbildung 6.8 wird bei der CONCATENATE-Anweisung in Listing 6.7 ermittelt. In SAP ERP ist die Materialnummer 18-stellig. Die CONCATENATE-Anweisung ergänzt mit dem Zusatz SEPARATED BY SPACE zusätzliche Leerzeichen zwischen den konkatenierten Variablen. In SAP ERP wird dabei für die Variable LV_MEMID maximal eine technische Länge von 63 Zeichen benötigt.

```
DATA: lv_matnr TYPE matnr,    "Materialnummer
      lv_werks TYPE werks_d, "Werk
      lv_stlan TYPE stlan,    "Stücklistenverwendung
      lv_memid TYPE text60.  "Textfeld der Länge 60

lv_matnr = '0000123456'.
lv_werks = '1000'.
```

```
lv_stlan = '1'.

CONCATENATE sy-repid        "CHAR(40)
            lv_matnr        "CHAR(18)/CHAR(40)
            lv_werks        "CHAR(4)
            lv_stlan        "CHAR(1)
            INTO lv_memid   "CHAR(60)
            SEPARATED BY SPACE
```

Listing 6.7 Konkatenieren von Zeichenketten in eine Variable vom Typ TEXT60

Ignorieren zusätzlicher Leerzeichen

In der Annahme im aktuellen Entwicklungskontext, dass die Materialnummer maximal zehn Stellen verwendet, wird die Entwicklung aus Listing 6.7 in SAP ERP und SAP S/4HANA gleichermaßen funktionieren. Auch wenn die technische Länge der Variablen LV_MATNR in SAP S/4HANA 40-stellig ist, ändert dieser Sachverhalt nichts an der Funktionsweise der CONCATENATE-Anweisung. Die Materialnummer wird in SAP S/4HANA linksbündig gespeichert, und die restlichen nicht benötigten Zeichen werden mit Leerzeichen aufgefüllt. Die CONCATENATE-Anweisung ignoriert diese aufgefüllten Leerzeichen. In SAP ERP und SAP S/4HANA hat die Variable LV_MEMID den Wert »ZEMC_S4HANA_MISC 0000123456 1000 1«.

Konflikt nur bei Feldlängenerweiterung

Sofern im aktuellen Fall die Materialnummer-Feldlängenerweiterung nicht im Customizing aktiviert wird und maximal zwölf Stellen für die Materialnummer verwendet werden, ist keine Anpassung der Entwicklung erforderlich. Aus diesem Grund könnte der Pseudokommentar "#EC CI_FLDEXT_OK[2215424] verwendet werden, um diesen Befund zu unterdrücken.

Typisierung anpassen

Auch wenn es in der aktuellen Situation nicht geplant ist, Materialnummern mit mehr als zwölf Stellen für die betreffende Implementierung zu verwenden, sollte man dennoch nicht fest davon ausgehen, dass dies nie der Fall sein wird. Aus diesem Grund haben wir in Listing 6.8 die Typisierung der Variablen LV_MEMID auf ein Textfeld mit der Länge 88 angepasst. Das Coding kann aus Listing 6.7 unverändert übernommen werden.

```
DATA: lv_matnr TYPE matnr,        "Materialnummer
      lv_werks TYPE werks_d,      "Werk
      lv_stlan TYPE stlan,        "Stücklistenverwendung
      lv_memid TYPE cbo_text88.   "Textfeld der Länge 88
```

Listing 6.8 Angepasste Typisierung der Variablen LV_MEMID

Mit dieser Änderung wird nicht nur der Befund behoben, sondern die Eigenentwicklung unterstützt nun auch Materialnummern mit maximal 40 Stellen.

6.3.4 CALL FUNCTION: Generischer Parameter (Domäne MATNR)

In speziellen Fällen kann es beim Aufruf von Funktionen mit generischen Parametern zu Komplikationen aufgrund der Feldlängenerweiterung in SAP S/4HANA kommen. Die meisten dieser »CALL FUNCTION: Generischer Parameter«- Befunde sind allerdings unkritisch und können über einen Pseudokommentar unterdrückt werden. Das Beispiel in Abbildung 6.9 bezieht sich auf die Materialnummerndomäne `MATNR` und kann aufgrund der Feldlängenerweiterung zu einer falschen Verarbeitung führen.

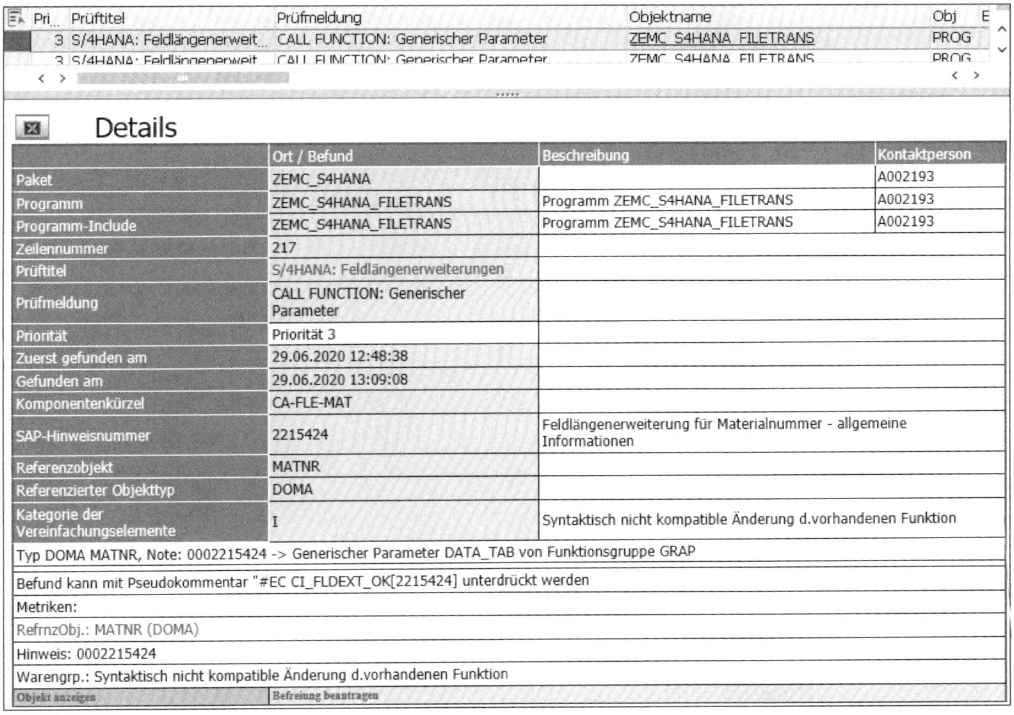

Pri...	Prüftitel	Prüfmeldung	Objektname	Obj	E
3	S/4HANA: Feldlängenerweit...	CALL FUNCTION: Generischer Parameter	ZEMC_S4HANA_FILETRANS	PROG	
3	S/4HANA: Feldlängenerweit...	CALL FUNCTION: Generischer Parameter	ZEMC_S4HANA_FILETRANS	PROG	

Details

	Ort / Befund	Beschreibung	Kontaktperson
Paket	ZEMC_S4HANA		A002193
Programm	ZEMC_S4HANA_FILETRANS	Programm ZEMC_S4HANA_FILETRANS	A002193
Programm-Include	ZEMC_S4HANA_FILETRANS	Programm ZEMC_S4HANA_FILETRANS	A002193
Zeilennummer	217		
Prüftitel	S/4HANA: Feldlängenerweiterungen		
Prüfmeldung	CALL FUNCTION: Generischer Parameter		
Priorität	Priorität 3		
Zuerst gefunden am	29.06.2020 12:48:38		
Gefunden am	29.06.2020 13:09:08		
Komponentenkürzel	CA-FLE-MAT		
SAP-Hinweisnummer	2215424	Feldlängenerweiterung für Materialnummer - allgemeine Informationen	
Referenzobjekt	MATNR		
Referenzierter Objekttyp	DOMA		
Kategorie der Vereinfachungselemente	I	Syntaktisch nicht kompatible Änderung d.vorhandenen Funktion	

Typ DOMA MATNR, Note: 0002215424 -> Generischer Parameter DATA_TAB von Funktionsgruppe GRAP

Befund kann mit Pseudokommentar "#EC CI_FLDEXT_OK[2215424] unterdrückt werden

Metriken:

RefrnzObj.: MATNR (DOMA)

Hinweis: 0002215424

Warengrp.: Syntaktisch nicht kompatible Änderung d.vorhandenen Funktion

Objekt anzeigen | Befreiung beantragen

Abbildung 6.9 Befund zum Prüftitel »S/4HANA: Feldlängenerweiterungen« – CALL FUNCTION: Generischer Parameter

Die Befunde mit dieser Prüfmeldung werden standardmäßig mit der Priorität 3 ermittelt. Sofern innerhalb einer Eigenentwicklung bei generischen Parametern implizit noch von der alten Länge ausgegangen wird, ist eine Anpassung der Eigenentwicklung erforderlich.

Befüllen einer internen Tabelle aus Datei

In Listing 6.9 wird ein Codeauszug zum Befund aus Abbildung 6.9 dargestellt. Der Funktionsbaustein `WS_UPLOAD` wird verwendet, um eine lokale Datei von einem PC, dem sogenannten *Frontend-Server*, hochzuladen und den Inhalt in der internen Tabelle `LT_ITAB` bereitzustellen. Der Parameter

DATA_TAB zum Befüllen der Tabelle LT_ITAB ist generisch und kann auf einer kundenindividuellen Struktur basieren.

[+]

Funktionsbaustein-Dokumentation

Falls Ihnen der Funktionsbaustein WS_UPLOAD nicht bekannt ist, erhalten Sie über die Funktionsbaustein-Dokumentationen (zugänglich auch über die Transaktion SE37) einen guten Einblick in den Funktionsumfang und darin, wie dieser Funktionsbaustein zu verwenden ist.

Im hier aufgeführten Beispiel basiert die interne kundenindividuelle Struktur auf einer Tabelle mit Kopfzeile mit Spalten für die Materialnummer (LT_ITAB-MATNR), das Erstellungsdatum (LT_ITAB-ERSDA) und den Ersteller (LT_ITAB-ERNAM). Beim Aufruf des Funktionsbausteins WS_UPLOAD wird die Textdatei aus dem in der Variable LV_FILE hinterlegten Pfad in die interne Tabelle LT_ITAB geschrieben.

```
DATA: BEGIN OF lt_itab OCCURS 0,
        matnr TYPE matnr,
        ersda TYPE ersda,
        ernam TYPE ernam,
      END OF lt_itab.
*[...]
CALL FUNCTION 'WS_UPLOAD'
  EXPORTING
    filename                = lv_file
    filetype                = 'ASC'
  TABLES
    data_tab                = lt_itab.
```

Listing 6.9 Einlesen einer Textdatei über den Funktionsbaustein WS_UPLOAD in eine interne Tabelle

Unveränderliche Materialnummernlänge

Das in Listing 6.9 aufgeführte Beispiel kann bei einer Datenbasis mit 18-stelliger Materialnummer zu Problemen führen. Im aktuellen Beispiel gehen wir von dem Entwicklungskontext aus, dass die Datei von einem Drittanbieter generiert wird und die von diesem vorgegebene Satzstruktur nicht verändert werden kann. Die Materialnummer ist in dieser Satzstruktur immer 18-stellig und wird gegebenenfalls mit Leerzeichen aufgefüllt:

```
FG326             20200401S4ADMIN
SWNIPD002         20200401S4ADMIN
FGIPD001          20200401S4ADMIN
RMIPD001          20200401S4ADMIN
```

Ermittlung falscher Spalten

Wird diese Satzstruktur auf Basis der Entwicklung aus Listing 6.9 hochgeladen, kommt es zur Ermittlung falscher Spalten. Da in SAP S/4HANA die Materialnummer 40-stellig ist, werden das Erstellungsdatum und der Ersteller in die Spalte MATNR übernommen. Die Spalten ERSDA und ERNAM bleiben immer leer. In Abbildung 6.10 sehen Sie die interne Tabelle im Debugger nach dem Aufruf des Funktionsbausteins WS_UPLOAD auf Basis der zuvor genannten Beispieldaten aus der Datei des Drittanbieters.

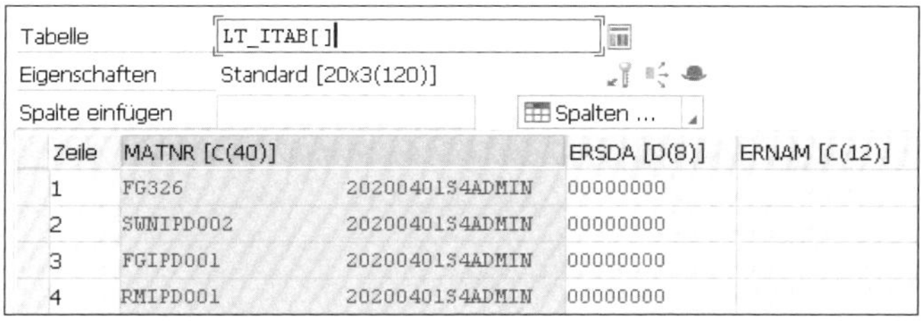

Tabelle: LT_ITAB[]
Eigenschaften: Standard [20x3(120)]
Spalte einfügen | Spalten ...

Zeile	MATNR [C(40)]	ERSDA [D(8)]	ERNAM [C(12)]
1	FG326 20200401S4ADMIN	00000000	
2	SWNIPD002 20200401S4ADMIN	00000000	
3	FGIPD001 20200401S4ADMIN	00000000	
4	RMIPD001 20200401S4ADMIN	00000000	

Abbildung 6.10 Falsche Spaltenermittlung beim Aufruf des Funktionsbausteins WS_UPLOAD

Datenbasis erweitern

Um dieses Problem zu beheben, gibt es grundsätzlich zwei Lösungsansätze. Die erste und empfohlene Variante ist es, die Datenbasis auf die 40-stellige Materialnummer zu erweitern. In diesem Fall wäre keine Änderung der Eigenentwicklung aus Listing 6.9 notwendig. Bei einer Datei mit einer 40-stelligen Materialnummer wird Listing 6.9 die Datei korrekt verarbeiten.

Anpassung der Eigenentwicklung

Falls die Datenbasis nicht geändert werden kann, ist als zweite Lösungsvariante die Anpassung der Eigenentwicklung möglich. Da im Beispiel davon ausgegangen wird, dass die Satzstruktur der vom Drittanbieter bereitgestellten Datei nicht geändert werden kann, würde die Änderung, wie in Listing 6.10 dargestellt, vorgenommen. Hier wird die 18-stellige Materialnummer über das Datenelement MATNR18 bei der Definition der Struktur LT_ITAB verwendet. Für die Strukturdefinition wird die Anweisung TYPES verwendet, da die DATA-Anweisung mit dem OCCURS-Zusatz obsolet ist.

Umstellung auf Methodenaufruf

Da der Funktionsbaustein WS_UPLOAD ebenfalls obsolet ist, wird im Zuge der Codeumstellung auch der Datei-Upload auf den zeitgemäßen Aufruf der Methode GUI_UPLOAD der Klasse CL_GUI_FRONTEND_SERVICES umgestellt.

```
TYPES: BEGIN OF ls_itab,
         matnr TYPE matnr18,
         ersda TYPE ersda,
         ernam TYPE ernam,
       END OF ls_itab.
DATA: lt_itab TYPE TABLE OF ls_itab.
*[...]
CALL METHOD cl_gui_frontend_services=>gui_upload
```

```
EXPORTING
    filename                = conv #( lv_file )
    filetype                = 'ASC'
CHANGING
   data_tab                 = lt_itab
```

Listing 6.10 Umstellung der Eigenentwicklung auf Datenelement MATNR18 und Methodenaufruf

Durch die in Listing 6.10 vorgestellten Änderungen ist die korrekte Verarbeitung einer 18-stelligen Materialnummer in der hochgeladenen Textdatei in SAP S/4HANA wieder möglich.

6.3.5 Typkonflikt (Datenelement FWSTEV)

Erweiterte Parameter

Beim Custom Code Check für SAP S/4HANA können immer dann Typkonflikte auftreten, wenn bei einem Funktions- oder Methodenaufruf ein Parameter verwendet wird, der in SAP S/4HANA erweitert wurde. Jeder einzelne Befund mit der Prüfmeldung »Typkonflikt« sollte überprüft werden, da es sonst in SAP S/4HANA zu einem Laufzeitfehler bei der Ausführung kommen kann.

Ein Beispiel für solch einen Befund sehen Sie in Abbildung 6.11. Der Befund meldet einen Typkonflikt bei dem Datenelement FWSTE (Steuerbetrag in Belegwährung).

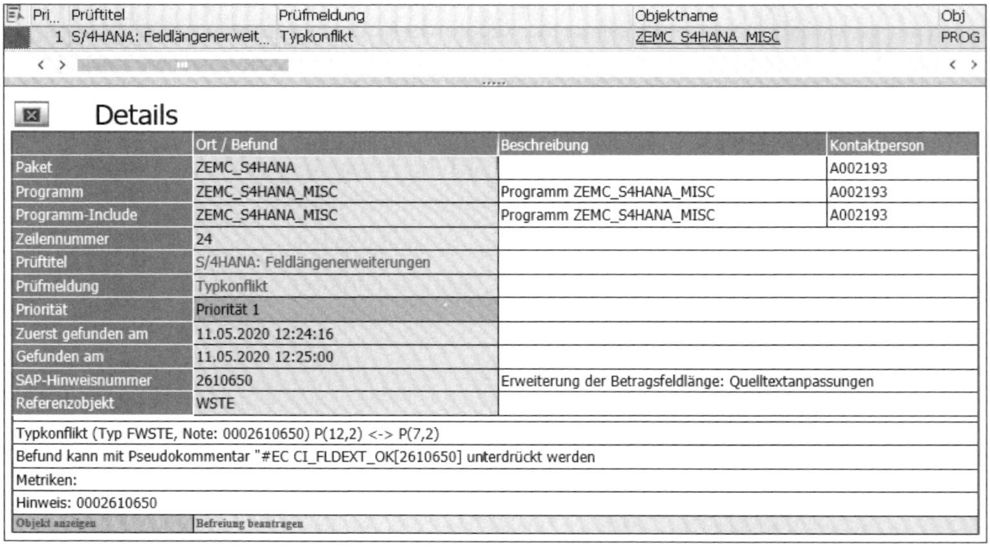

Pri...	Prüftitel	Prüfmeldung	Objektname	Obj
1	S/4HANA: Feldlängenerweit...	Typkonflikt	ZEMC_S4HANA_MISC	PROG

Details

	Ort / Befund	Beschreibung	Kontaktperson
Paket	ZEMC_S4HANA		A002193
Programm	ZEMC_S4HANA_MISC	Programm ZEMC_S4HANA_MISC	A002193
Programm-Include	ZEMC_S4HANA_MISC	Programm ZEMC_S4HANA_MISC	A002193
Zeilennummer	24		
Prüftitel	S/4HANA: Feldlängenerweiterungen		
Prüfmeldung	Typkonflikt		
Priorität	Priorität 1		
Zuerst gefunden am	11.05.2020 12:24:16		
Gefunden am	11.05.2020 12:25:00		
SAP-Hinweisnummer	2610650	Erweiterung der Betragsfeldlänge: Quelltextanpassungen	
Referenzobjekt	WSTE		

Typkonflikt (Typ FWSTE, Note: 0002610650) P(12,2) <-> P(7,2)
Befund kann mit Pseudokommentar "#EC CI_FLDEXT_OK[2610650] unterdrückt werden
Metriken:
Hinweis: 0002610650
Objekt anzeigen | Befreiung beantragen

Abbildung 6.11 Befund zum Prüftitel »S/4HANA: Feldlängenerweiterungen« – Typkonflikt

In Listing 6.11 wird ein Auszug der Entwicklung gezeigt, der den Befund aus Abbildung 6.11 auslöst. Der Funktionsbaustein CALCULATE_TAX_FROM_NET_AMOUNT ermittelt die Umsatzsteuer zu einem Nettobetrag. Die ermittelte Steuer wird über den IMPORTING-Parameter E_FWSTE in die Variable LV_ZMWST1 zurückgeschrieben.

```
DATA: t_mwdat LIKE rtax1u15 OCCURS 10 WITH HEADER LINE.
DATA: lv_bukrs   TYPE bukrs.
DATA: lv_mwskz   TYPE mwskz.
DATA: lv_bwaer   TYPE waers.
DATA: lv_zrbtr   TYPE wrbtr.
DATA: lv_zmwst1  TYPE fwstev.
* [...]
CALL FUNCTION 'CALCULATE_TAX_FROM_NET_AMOUNT'
  EXPORTING
    i_bukrs           = lv_bukrs
    i_mwskz           = lv_mwskz
    i_waers           = lv_bwaer
    i_wrbtr           = lv_zrbtr
  IMPORTING
    e_fwste           = lv_zmwst1
  TABLES
    t_mwdat           = t_mwdat
  EXCEPTIONS
    bukrs_not_found   = 1
    country_not_found = 2
    mwskz_not_defined = 3
    mwskz_not_valid   = 4
    OTHERS            = 5.
```

Listing 6.11 Aufruf des Funktionsbausteins ALCULATE_TAX_FROM_NET_AMOUNT

[«]

Funktionsbaustein CALCULATE_TAX_FROM_NET_AMOUNT

Auch wenn der Funktionsbaustein CALCULATE_TAX_FROM_NET_AMOUNT nicht von SAP freigegeben wurde, wird er in der Praxis häufiger verwendet. Beispielsweise erwartet der Funktionsbaustein BAPI_ACC_DOCUMENT_POST bereits die kalkulierte Umsatzsteuer zur Buchung eines FI-Belegs, da er diese nicht selbst ermitteln kann. Durch den vorherigen Aufruf des Funktionsbausteins CALCULATE_TAX_FROM_NET_AMOUNT kann die korrekte Umsatzsteuer ermittelt werden.

Datenelement FWSTE

Der EXPORT-Parameter E_FWSTE des Funktionsbausteins CALCULATE_TAX_FROM_NET_AMOUNT ist wie folgt in SAP ERP und in SAP S/4HANA definiert:

```
e_fwste LIKE bset-fwste
```

Die Definition des Datenelements zum Parameter BSET-FWSTE unterscheidet sich allerdings in SAP ERP von der in SAP S/4HANA. In SAP ERP ist das Datenelement FWSTE als 13-stelliges Währungsbetragsfeld mit zwei Nachkommastellen festgelegt, wie in Abbildung 6.12 dargestellt ist.

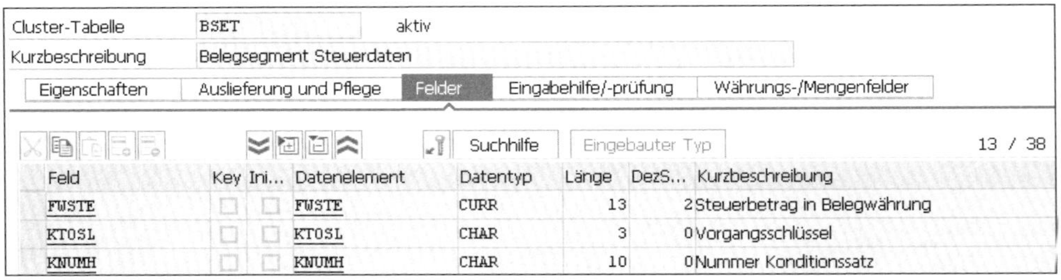

Cluster-Tabelle BSET aktiv
Kurzbeschreibung Belegsegment Steuerdaten
Eigenschaften | Auslieferung und Pflege | Felder | Eingabehilfe/-prüfung | Währungs-/Mengenfelder

Suchhilfe | Eingebauter Typ | 13 / 38

Feld	Key	Ini...	Datenelement	Datentyp	Länge	DezS...	Kurzbeschreibung
FWSTE			FWSTE	CURR	13	2	Steuerbetrag in Belegwährung
KTOSL			KTOSL	CHAR	3	0	Vorgangsschlüssel
KNUMH			KNUMH	CHAR	10	0	Nummer Konditionssatz

Abbildung 6.12 Datenelement FWSTE in Tabelle BSET in SAP ERP

Durch die Betragsfeldlängenerweiterung in SAP S/4HANA ist das Datenelement FWSTE auf ein 23-stelliges Währungsbetragsfeld mit zwei Nachkommastellen erweitert worden (siehe Abbildung 6.13).

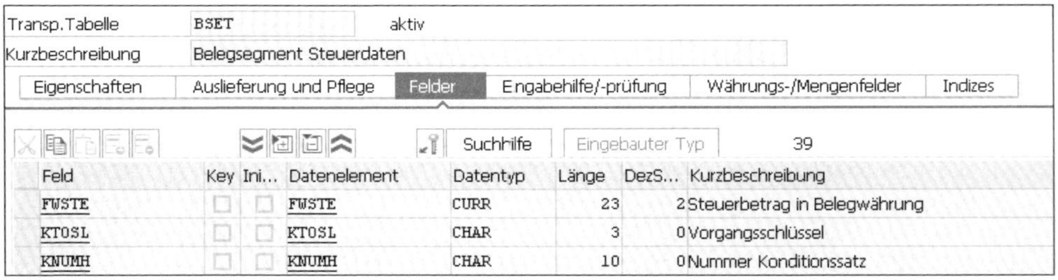

Transp.Tabelle BSET aktiv
Kurzbeschreibung Belegsegment Steuerdaten
Eigenschaften | Auslieferung und Pflege | Felder | Eingabehilfe/-prüfung | Währungs-/Mengenfelder | Indizes

Suchhilfe | Eingebauter Typ | 39

Feld	Key	Ini...	Datenelement	Datentyp	Länge	DezS...	Kurzbeschreibung
FWSTE			FWSTE	CURR	23	2	Steuerbetrag in Belegwährung
KTOSL			KTOSL	CHAR	3	0	Vorgangsschlüssel
KNUMH			KNUMH	CHAR	10	0	Nummer Konditionssatz

Abbildung 6.13 Datenelement FWSTE in Tabelle BSET in SAP S/4HANA

Im Beispiel aus Listing 6.11 wird der EXPORTING-Parameter E_FWSTE in die Variable LV_ZMWST1 vom Typ FWSTEV geschrieben. Dieses Datenelement ist in SAP ERP und in SAP S/4HANA als 13-stelliges Währungsbetragsfeld mit zwei Nachkommastellen definiert (siehe Abbildung 6.14).

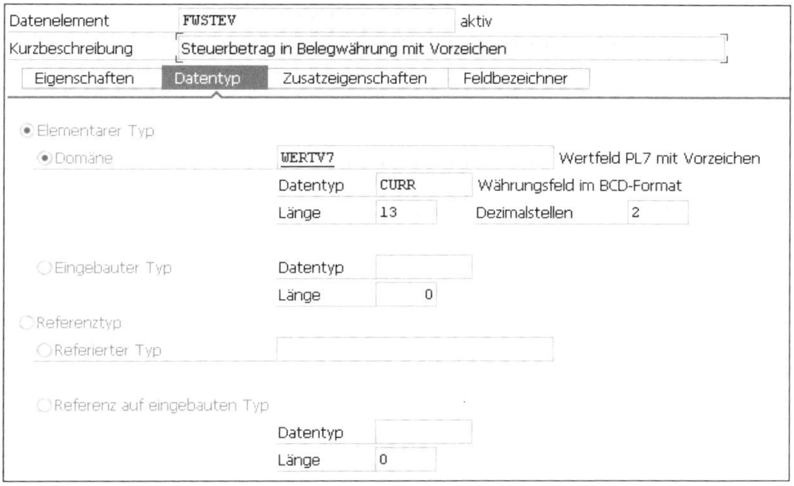

Datenelement FWSTEV aktiv
Kurzbeschreibung Steuerbetrag in Belegwährung mit Vorzeichen
Eigenschaften | Datentyp | Zusatzeigenschaften | Feldbezeichner

Elementarer Typ
Domäne WERTV7 Wertfeld PL7 mit Vorzeichen
Datentyp CURR Währungsfeld im BCD-Format
Länge 13 Dezimalstellen 2
Eingebauter Typ Datentyp
Länge 0
Referenztyp
Referierter Typ
Referenz auf eingebauten Typ
Datentyp
Länge 0

Abbildung 6.14 Datenelement FWSTEV in SAP S/4HANA

Datentypisierung anpassen

Beim Aufruf des Funktionsbausteins `CALCULATE_TAX_FROM_NET_AMOUNT` wird es in SAP S/4HANA zu einem Laufzeitfehler `CX_SY_DYN_CALL_ILLEGAL_TYPE` kommen. Der Datentyp von `FWSTEV` hat eine andere Feldlänge als der Datentyp `FWSTE`. In Listing 6.12 haben wir deshalb die Datentyptypisierung der Variablen `LV_ZMWST1` auf `BSET-FWSTE` angepasst.

```
DATA: lv_bwaer    TYPE waers.
DATA: lv_zrbtr    TYPE wrbtr.
DATA: lv_zmwst1   LIKE  bset-fwste.
* [...]
```

Listing 6.12 Anpassung des Datentyps der Variablen LV_MWST1

Mit dieser Änderung wird der Funktionsbaustein in SAP ERP und in SAP S/4HANA technisch korrekt aufgerufen.

Methode FI_TAX_SERVICES=>CALCULATE

Mit SAP-Hinweis 1873588 wird die Methode `FI_TAX_SERVICES=>CALCULATE` zur Ableitung der Steuerdaten für BAPIs zur Verfügung gestellt. Diese Methode sollten Sie bevorzugt anstelle des nicht freigegebenen Funktionsbausteins `CALCULATE_TAX_FROM_NET_AMOUNT` verwenden.

6.4 Beispiele für den Prüftitel »S/4HANA: Nach ABAP-Dictionary-Erweiterungen suchen«

Der Custom Code Check für SAP S/4HANA sucht nach folgenden kundeneigenen ABAP-Dictionary-Erweiterungen:

- Append-Strukturen
- Append-Views
- Customizing-Includes

Die Basis für die Suche nach diesen Erweiterungen sind alle Strukturen, Datenbanktabellen und Views, die in der Vereinfachungsdatenbank aufgeführt sind. Wenn aus den Informationen der Vereinfachungsdatenbank hervorgeht, dass die erweiterte Tabelle oder der View ein Proxy-Objekt hat, dann wird ein Befund mit dem Prüftitel »S/4HANA: Nach ABAP-Dictionary-Erweiterungen suchen« ermittelt.

In diesem Abschnitt stellen wir in diesem Zusammenhang zwei häufig auftretende Befunde vor.

6.4.1 Append erweitert ein vereinfachtes Artefakt (Tabelle MARC)

Während der technischen Systemkonvertierung durch den Software Update Manager (SUM) können bestimmte Erweiterungen an SAP-Standardtabellen zu Inkonsistenzen im ABAP Dictionary führen. Werden diese Fehler ignoriert, kann das in SAP S/4HANA weitreichende negative Auswirkungen haben.

Laufzeitfehler DBSQL_REDIRECT_INCONSISTENCY

In Abbildung 6.15 sehen Sie einen Laufzeitfehler `DBSQL_REDIRECT_INCONSISTENCY`, der beim Aufruf der Transaktion MM02 (Materialstamm anzeigen) auftritt. Er meldet eine Inkonsistenz zwischen der Tabelle `MARC` (Materialstamm-Werksdaten) und dem CDS View `NSDM_V_MARC`.

Fehler bei weiteren Tabellen

In diesem Abschnitt erläutern wir das Vorgehen zur Behebung des Fehlers am Beispiel einer Erweiterung der Tabelle `MARC`. Dieser Fehler kann jedoch auch bei anderen Tabellen, wie beispielsweise `MKPF`, `MSEG`, `MARD`, `MCHB`, `MSSQ`, `MSSL`, `MSSA`, `MSPR`, `MSLB`, `MSKU`, `MSKA` oder `MKOL` auftreten. Die Fehlerbehebung kann bei diesen Tabellen auf die gleiche Weise erfolgen, wie in diesem Beispiel gezeigt. Dennoch empfehlen wir, im Einzelfall die relevanten SAP-Hinweise zu prüfen, da in manchen Fällen spezielle Reports zur Fehlerbehebung bereitgestellt werden.

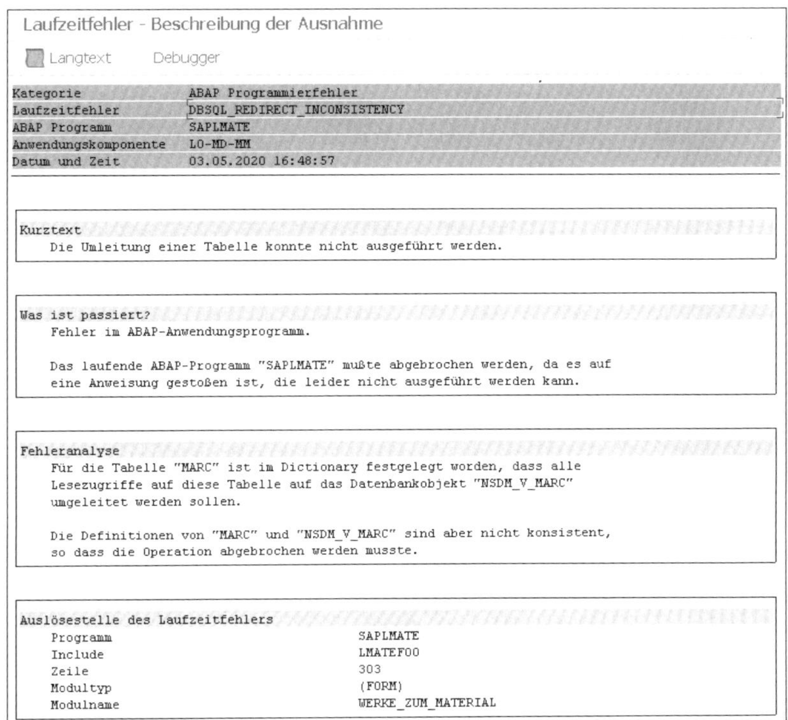

Abbildung 6.15 Laufzeitfehler bei der Ausführung der Transaktion MM02

Abweichende Spaltenanzahl

Beim Ausführen der Syntaxprüfung zur ausgewählten Tabelle MARC über die Transaktion SE11 erscheint die Meldung, dass sich die Tabelle MARC und der CDS View NSDM_V_MARC in der Anzahl der Spalten unterscheiden. In Abbildung 6.16 ist dieser Fehler dargestellt.

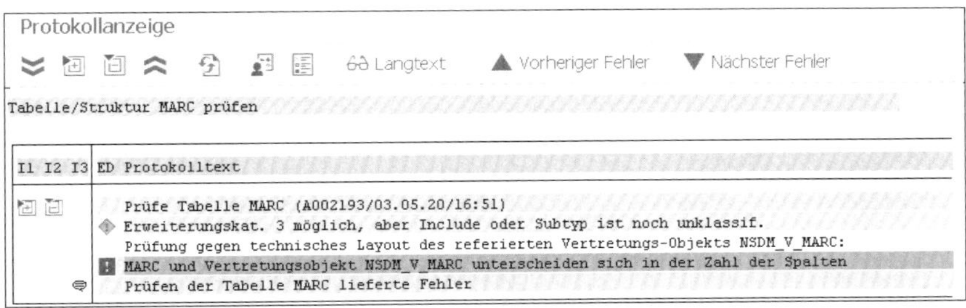

Abbildung 6.16 Ergebnis der Syntaxprüfung für die Tabelle MARC

Die SAP-S/4HANA-Prüfung liefert hierzu den in Abbildung 6.17 gezeigten Befund. Solche Append-Erweiterungen werden immer mit der Priorität 1 ausgewiesen und sollten auf keinen Fall ignoriert werden. Die Behebung dieses Befundes ist allerdings nur in SAP S/4HANA möglich, da erst mit SAP S/4HANA die neuen Datenstrukturen zur Verfügung stehen.

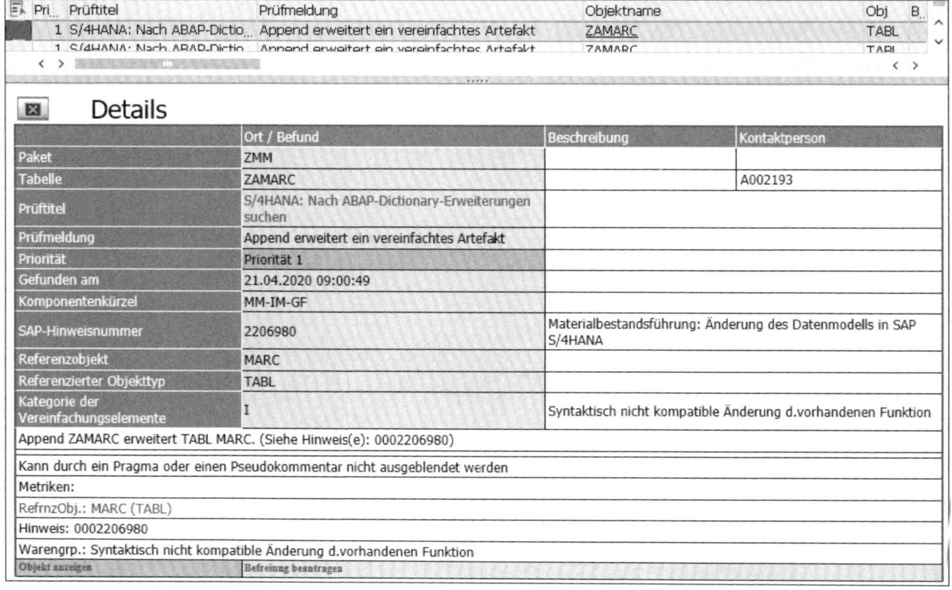

Pri...	Prüftitel	Prüfmeldung	Objektname	Obj
1	S/4HANA: Nach ABAP-Dictio...	Append erweitert ein vereinfachtes Artefakt	ZAMARC	TABL

Details

	Ort / Befund	Beschreibung	Kontaktperson
Paket	ZMM		
Tabelle	ZAMARC		A002193
Prüftitel	S/4HANA: Nach ABAP-Dictionary-Erweiterungen suchen		
Prüfmeldung	Append erweitert ein vereinfachtes Artefakt		
Priorität	Priorität 1		
Gefunden am	21.04.2020 09:00:49		
Komponentenkürzel	MM-IM-GF		
SAP-Hinweisnummer	2206980	Materialbestandsführung: Änderung des Datenmodells in SAP S/4HANA	
Referenzobjekt	MARC		
Referenzierter Objekttyp	TABL		
Kategorie der Vereinfachungselemente	I	Syntaktisch nicht kompatible Änderung d.vorhandenen Funktion	

Append ZAMARC erweitert TABL MARC. (Siehe Hinweis(e): 0002206980)

Kann durch ein Pragma oder einen Pseudokommentar nicht ausgeblendet werden

Metriken:

RefrnzObj.: MARC (TABL)

Hinweis: 0002206980

Warengrp.: Syntaktisch nicht kompatible Änderung d.vorhandenen Funktion

Objekt anzeigen | Befreiung beantragen

Abbildung 6.17 Befund zum Prüftitel »S/4HANA: Nach ABAP-Dictionary-Erweiterungen suchen« – Append erweitert ein vereinfachtes Artefakt

Append-Erweiterung

Im aktuellen Fall wurde die Append-Erweiterung `ZAMARC` zur Tabelle `MARC` erstellt (siehe Abbildung 6.18).

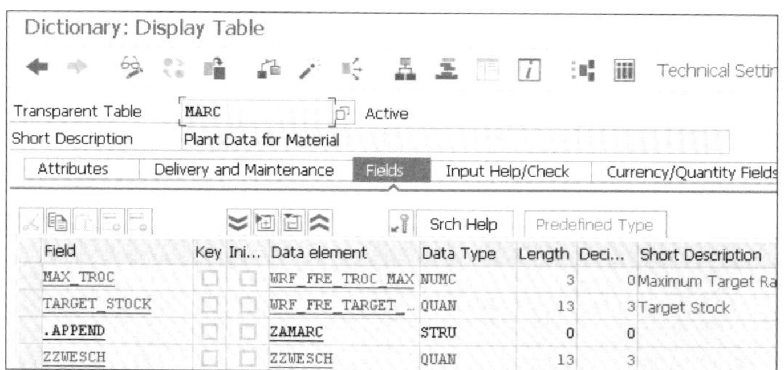

Abbildung 6.18 Transparente Tabelle MARC mit Append-Erweiterung ZAMARC

Unbekanntes Z-Feld

Aufgrund der in SAP-Hinweis 2206980 beschriebenen Datenmodelländerungen wird in SAP S/4HANA beim Zugriff auf die Tabelle `MARC` ein automatischer Redirect auf Ebene der Datenbankschnittstelle zum CDS View `NSDM_V_MARC` durchgeführt. Der CDS View `NSDM_V_MARC` kennt das kundeneigene Feld `ZZWESCH` nicht, weswegen es zu den gemeldeten Inkonsistenzen kommt.

[«]

Transparente Tabelle zur Append-Struktur ermitteln

Über die Ergebnisliste des ABAP Test Cockpits (ATC) können Sie direkt zur betroffenen Append-Struktur navigieren. Der Verwendungsnachweis kann bei Append-Strukturen die zugehörige transparente Tabelle nicht ermitteln. Wenn Sie die zugehörige transparente Tabelle anzeigen möchten, wechseln Sie in der Transaktion SE11 auf die Registerkarte **Eigenschaften** zur ausgewählten Append-Struktur. Hintergründe und Details zum Vorgehen können Sie SAP-Hinweis 1025219 entnehmen.

Um diese Inkonsistenz aufzulösen, muss dem CDS View NSDM_V_MARC das Feld ZZWESCH »bekannt gemacht« werden. SAP hat für CDS Views ein spezielles Erweiterungskonzept vorgesehen. Wie bei der Entwicklung von CDS Views ist auch bei Erweiterungen die Verwendung der ABAP Development Tools (ADT) in Eclipse notwendig.

CDS View erweitern

Um den CDS View NSDM_V_MARC um das Z-Feld ZZWESCH zu erweitern, können Sie über die ADT ein neues ABAP-Repository-Objekt vom Typ *Data Definition* anlegen (siehe Abbildung 6.19). Anschließend weisen Sie dem Objekt ein Entwicklungspaket, einen Namen und eine Beschreibung zu und nehmen Einstellungen zum Transportauftrag vor.

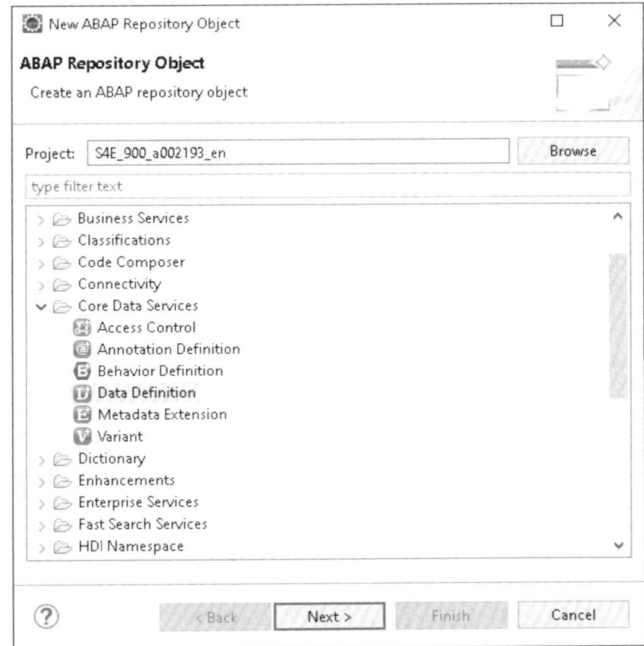

Abbildung 6.19 Anlage einer neuen Datendefinition in den ABAP Development Tools

Template-Generierung

Über den Anlage-Assistenten wählen Sie im nächsten Schritt das Template **Extend View** aus (siehe Abbildung 6.20). Nach Auswahl dieses Templates steht Ihnen bereits das vollständige Grundgerüst für eine CDS-View-Erweiterung zur Verfügung, das Sie nur noch geringfügig erweitern müssen.

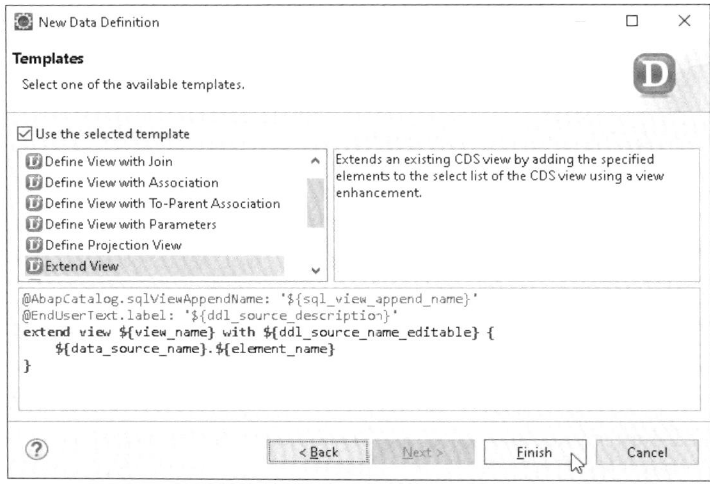

Abbildung 6.20 Auswahl des Templates »Extend View«

Die fett markierten Ergänzungen in Listing 6.13 haben wir dem Coding des Extend-View-Templates hinzugefügt. Über die Anweisung `extend view` wird das in den geschweiften Klammern aufgeführte Feld `ZZWESCH` dem CDS View `NSDM_V_MARC` angehängt.

```
@AbapCatalog.sqlViewAppendName:'ZAMARC_V'
@EndUserText.label:'Extension view for Append ZAMARC'
@AccessControl.authorizationCheck: #NOT_REQUIRED

extend view nsdm_e_marc with ZAMARC_E
{
    zzwesch
}
```

Listing 6.13 CDS-View-Erweiterung

Aktivierung der Erweiterung

Die abschließend notwendige Aktivierung der CDS-Erweiterung kann ein paar Minuten in Anspruch nehmen. Nach erfolgreicher Aktivierung stimmt die Spaltenanzahl der Tabelle `MARC` mit der des CDS Views `NSDM_V_MARC` wieder überein und die Inkonsistenz ist damit behoben.

Weitere Informationen zu CDS Views erhalten Sie in Abschnitt 8.2.2, »Core Data Services«.

[+]

Felderweiterungen in SAP S/4HANA

Das Fallbeispiel dieses Abschnitts beschreibt die Vorgehensweise infolge einer Fehlermeldung bei der technischen Systemkonvertierung über den SUM. Die beschriebene CDS-View-Erweiterung ist jedoch nicht spezifisch für SAP-S/4HANA-Konvertierungsprojekte. Sobald Sie in SAP S/4HANA eine neue Append-Struktur für die Tabelle MARC erstellen, gilt die gleiche Logik. Ohne manuelle Erweiterung des zugehörigen Views kommt es hier ebenfalls zu den ungewollten Laufzeitfehlern und Inkonsistenzen.

Vermeiden Sie daher in SAP S/4HANA Erweiterungen an SAP-Standardtabellen über Append-Strukturen innerhalb der Transaktion SE11. Wenn möglich, verwenden Sie in SAP S/4HANA für zukünftige Datenbankerweiterungen die SAP-Fiori-App *Benutzerdefinierte Felder und Logik* (siehe auch Abschnitt 8.5.2, »In-App-Erweiterbarkeit«). Notwendige Erweiterungen an CDS Views werden über diese App automatisch ausgeführt. Darüber hinaus können die so angelegten neuen Felder mit nur wenigen Konfigurationen in bestehende SAP-Standardapplikationen eingebunden werden. Selbst die Implementierung von (eingeschränkten) kundeneigenen Prüfungen ist über diese SAP-Fiori-App möglich.

6.4.2 Append erweitert ein vereinfachtes Artefakt (Tabelle COEP)

Das zweite Beispiel bezieht sich auf die Tabelle COEP (CO-Objekt: periodenbezogene Einzelposten). Der Befund in Abbildung 6.21 meldet eine Append-Erweiterung ZACOEP an dieser Tabelle.

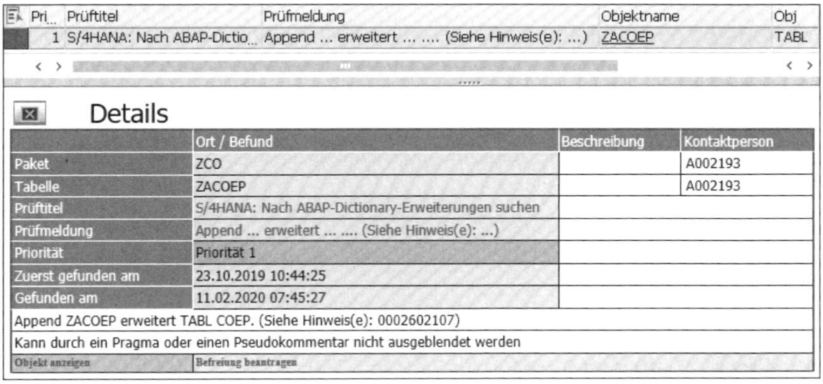

Pri...	Prüftitel	Prüfmeldung	Objektname	Obj
1	S/4HANA: Nach ABAP-Dictio...	Append ... erweitert ... . (Siehe Hinweis(e): ...)	ZACOEP	TABL

Details

	Ort / Befund	Beschreibung	Kontaktperson
Paket	ZCO		A002193
Tabelle	ZACOEP		A002193
Prüftitel	S/4HANA: Nach ABAP-Dictionary-Erweiterungen suchen		
Prüfmeldung	Append ... erweitert ... . (Siehe Hinweis(e): ...)		
Priorität	Priorität 1		
Zuerst gefunden am	23.10.2019 10:44:25		
Gefunden am	11.02.2020 07:45:27		
Append ZACOEP erweitert TABL COEP. (Siehe Hinweis(e): 0002602107)			
Kann durch ein Pragma oder einen Pseudokommentar nicht ausgeblendet werden			
Objekt anzeigen	Befreiung beantragen		

Abbildung 6.21 Befund zum Prüftitel »S/4HANA: Nach ABAP-Dictionary-Erweiterungen suchen« – Append erweitert

Abbruch der Systemkonvertierung

Bei einer Systemkonvertierung wird während der letzten Phasen der Downtime aufgrund dieses Appends das in Abbildung 6.22 (verkürzt) dargestellte

Fehlerprotokoll vom SUM ausgegeben. Aufgrund dieses Fehlers stoppt der SUM die Fortführung der Systemkonvertierung.

```
~~~~~~~~~~~~~~~~~~~~~~~~~~~~~~~~~~~~~~~~~~~~~~~~~~~~~~~~~~~~~~~~~~~~~~~~~~~~~~~~
Phase: XPRAS_AIMMRG
XPRA ERRORS
Find the detailed log in SAPR753XPRA90000XXX.XXX
~~~~~~~~~~~~~~~~~~~~~~~~~~~~~~~~~~~~~~~~~~~~~~~~~~~~~~~~~~~~~~~~~~~~~~~~~~~~~~~~
A4 EFINS_UTIL 024 *** Generation of CO: Date "XX.XX.XXXX", Time "XX:XX:XX"
A4 EFINS_UTIL 020 ------------------------------------------------------
A4 EFINS_UTIL 001 Start of Generation "V_COEP_*": Date "XX.XX.XXXX", Time "XX:XX:XX"
A4 EFINS_UTIL 008 Display log "DDL_MASS_ACTIVATION_CO20191213085548" with report RADPROTA
A4 EFINS_UTIL 020 ------------------------------------------------------
A4EEFINS_UTIL 047 Generation of View "V_COEP_ACDOCA_DDL" was failed
A4 EFINS_UTIL 020 ------------------------------------------------------
A4EEFINS_UTIL 047 Generation of View "V_COEP_V2_1B" was failed
A4 EFINS_UTIL 020 ------------------------------------------------------
A4EEFINS_UTIL 047 Generation of View "V_COEP_V2_2B" was failed
A4 EFINS_UTIL 020 ------------------------------------------------------
A4EEFINS_UTIL 047 Generation of View "V_COEP_V2_3B" was failed
A4 EFINS_UTIL 020 ------------------------------------------------------
A4EEFINS_UTIL 047 Generation of View "V_COEP_V2_4" was failed
A4 EFINS_UTIL 020 ------------------------------------------------------
A4EEFINS_UTIL 047 Generation of View "V_COEP_V2_5" was failed
A4 EFINS_UTIL 020 ------------------------------------------------------
A4EEFINS_UTIL 047 Generation of View "V_COEP_ACDOCA_R1" was failed
A4 EFINS_UTIL 020 ------------------------------------------------------
A4EEFINS_UTIL 047 Generation of View "V_COEP_ACDOCA_R2" was failed
A4 EFINS_UTIL 020 ------------------------------------------------------
A4EEFINS_UTIL 047 Generation of View "V_COEP_ACDOCA_R3" was failed
A4 EFINS_UTIL 020 ------------------------------------------------------
A4EEFINS_UTIL 047 Generation of View "V_COEP_ACDOCA_R" was failed
A4 EFINS_UTIL 020 ------------------------------------------------------
A4EEFINS_UTIL 047 Generation of View "V_COEP_R1" was failed
A4 EFINS_UTIL 020 ------------------------------------------------------
A4EEFINS_UTIL 047 Generation of View "V_COEP_R2" was failed
A4 EFINS_UTIL 020 ------------------------------------------------------
A4EEFINS_UTIL 047 Generation of View "V_COEP_R3" was failed
A4 EFINS_UTIL 020 ------------------------------------------------------
A4EEFINS_UTIL 047 Generation of View "V_COEP" was failed
A4 EFINS_UTIL 020 ------------------------------------------------------
A4EESDDL_PARSER_MSG 140 The column "zzspflag" is unknown
A4 EFINS_UTIL 020 ------------------------------------------------------
A4EEFINS_UTIL 043 Mass-Activation was failed
```

Abbildung 6.22 Verkürztes Fehlerprotokoll im SUM

Die Tabelle COEP wurde hier um eine Append-Struktur erweitert. Diese Append-Struktur enthält die kundeneigene Komponente ZZSPFLAG (siehe Abbildung 6.23).

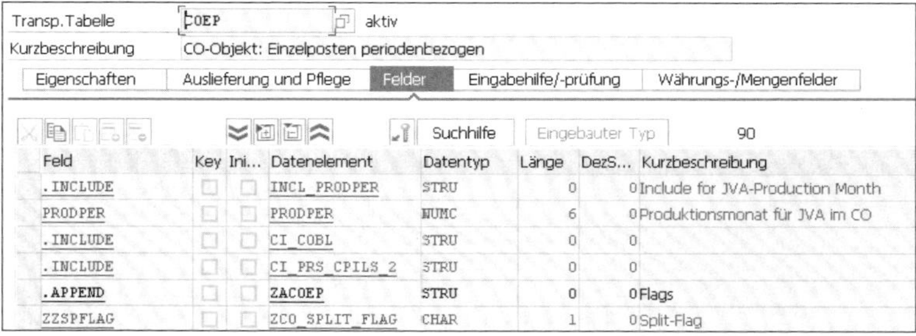

Transp.Tabelle COEP aktiv
Kurzbeschreibung CO-Objekt: Einzelposten periodenbezogen
Eigenschaften | Auslieferung und Pflege | Felder | Eingabehilfe/-prüfung | Währungs-/Mengenfelder
Suchhilfe | Eingebauter Typ | 90

Feld	Key	Ini...	Datenelement	Datentyp	Länge	DezS...	Kurzbeschreibung
.INCLUDE			INCL_PRODPER	STRU	0	0	Include for JVA-Production Month
PRODPER			PRODPER	NUMC	6	0	Produktionsmonat für JVA im CO
.INCLUDE			CI_COBL	STRU	0	0	
.INCLUDE			CI_PRS_CPILS_2	STRU	0	0	
.APPEND			ZACOEP	STRU	0	0	Flags
ZZSPFLAG			ZCO_SPLIT_FLAG	CHAR	1	0	Split-Flag

Abbildung 6.23 Append-Struktur zur Tabelle COEP

Erweiterungskonzept zur Tabelle COEP

Das Erweiterungskonzept zur Tabelle COEP sieht vor, kundeneigene Felder über die Transaktion OXK3 an das Include CI_COBL zu hängen. Infolgedessen wird der CDS View V_COEP im Zuge der Systemkonvertierung automatisch um die Kundenfelder erweitert.

[«]

Generierungsfehler

Falls der SUM trotz der Verwendung der Include-Struktur CI_COBL einen Generierungsfehler meldet, beachten Sie den SAP-Hinweis 2384731.

Rückbau der Append-Struktur

Eine mögliche Variante zur Fehlerkorrektur besteht deshalb im Rückbau der Append-Struktur und einer Massenmigration des ZZSPFLAG-Feldes in die neu erweiterte CI_COBL-Include-Struktur. Hierfür gibt es jedoch keine Standardreports. Die technische Korrektur der Erweiterung ist eine manuelle Entwicklungstätigkeit. In der Praxis ist dieser Rückbau häufig zu aufwendig.

Struktur INCL_EEW_ACDOC

Alternativ kann ein gleichnamiges Feld in einem Append der Struktur INCL_EEW_ACDOC angehängt werden, das zur Generierung der SAP-S/4HANA-Tabelle ACDOCA benutzt wird, aus der der CDS View V_COEP seine Daten bezieht. Unter Umständen muss danach noch zusätzlich das Generierungsprogramm FINS_MIG_UJ_MAPPING_GENERATE gestartet werden (siehe auch SAP-Hinweis 2160045). Sofern die Tabelle COEP und der CDS View V_COEP weiterhin Unterschiede aufweisen, können sie über den Report FCO_CDS_VIEW_GENERATE regeneriert und damit korrigiert werden (siehe auch SAP-Hinweis 2384731).

6.5 Beispiele für den Prüftitel »S/4HANA: Nach Basistabellen der ABAP-Dictionary-Views suchen«

Betroffene View-Typen

Die SAP-S/4HANA-Prüfungen suchen nach vereinfachten Datenbanktabellen, die als Basistabellen in kundeneigenen ABAP-Dictionary-Views verwendet werden. Bestandteil des Prüfungsumfangs sind die folgenden ABAP-Dictionary-View-Typen:

- Datenbank-Views
- Projektions-Views
- Pflege-Views
- Help-Views

Wenn es für eine Basistabelle einen Eintrag in der Vereinfachungsdatenbank gibt, werden die folgenden Kriterien für die Ermittlung des Befundes berücksichtigt:

- Ansichtsart
- Zugriffsart (nur lesend oder ändernd)
- Vereinfachungskategorie der Basistabelle

In der Regel können diese Befunde erst bearbeitet werden, wenn die SAP-S/4HANA-Strukturen und -Datenbanktabellen zur Verfügung stehen.

Verwendungsnachweis ausführen

Unabhängig von der Prüfmeldung empfehlen wir Ihnen, für jeden anzupassenden View einen Verwendungsnachweis zum aktuellen Befundobjekt auszuführen. Dadurch erhalten Sie einen detaillierten Einblick, in welchem Kontext der View benötigt wird. Wird zum aktuellen Verwendungsnachweis kein Objekt gefunden, ist das ein Indikator dafür, dass der View nur direkt, beispielsweise über die Transaktion SM30, aufgerufen wird. In diesem Fall sollte die produktive Relevanz des Views in SAP S/4HANA kritisch hinterfragt werden. In vielen Fällen gibt es für SAP-Standardtabellen bereits CDS Views, sodass die Neuanlage eines kundeneigenen Datenbank-Views für den ausschließlichen Lesezugriff eventuell nicht mehr notwendig ist.

In diesem Abschnitt stellen wir Ihnen zwei Beispiele zu diesem Prüftitel vor.

6.5.1 View, basierend auf einem ersetzten Artefakt (Tabelle KONV)

Sobald ein View eine Datenbanktabelle verwendet, die im Zuge der Datenmodelländerungen in SAP S/4HANA durch ein neues Objekt ersetzt wurde, wird ein Befund mit der Prüfmeldung »View, basierend auf einem ersetzten Artefakt« ermittelt. Das Beispiel in Abbildung 6.24 zeigt einen Befund zum Datenbank-View `ZCCC_LXX_V_KONV`.

Pri...	Prüftitel	Prüfmeldung	Objektname
1	S/4HANA: Nach Basistabellen der ABAP-Dic	View, basierend auf einem ersetzten Artefakt	ZCCC TXX V KONV

Details

	Ort / Befund	Beschreibung	Kontaktperson
Paket	ZCCC_TXX		A002193
View	ZCCC_TXX_V_KONV		A002193
Prüftitel	S/4HANA: Nach Basistabellen der ABAP-Dictionary-Views suchen		
Prüfmeldung	View, basierend auf einem ersetzten Artefakt		
Priorität	Priorität 1		
Zuerst gefunden am	27.02.2020 11:10:45		
Gefunden am	04.05.2020 15:32:30		
SAP-Hinweisnummer	2220005	SAP S/4HANA: Änderungen am Datenmodell in Preisfindung und Konditionstechnik	
Komponentenkürzel	SD-BF-PR		
Referenzobjekt	KONV		
Referenzierter Objekttyp	TABL		
Kategorie der Vereinfachungselemente	I	Syntaktisch nicht kompatible Änderung d.vorhandenen Funktion	

View ZCCC_TXX_V_KONV hat TABL KONV als Basistabelle. TABL
KONV wurde ersetzt (Siehe Hinweis(e): 0002220005)
Kann durch ein Pragma oder einen Pseudokommentar nicht ausgeblendet werden
Metriken:
RefrnzObj.: KONV (TABL)
Hinweis: 0002220005
Warengrp.: Syntaktisch nicht kompatible Änderung d.vorhandenen Funktion

Objekt anzeigen | Befreiung beantragen

Abbildung 6.24 Befund zum Prüftitel »S/4HANA: Nach Basistabellen der ABAP-Dictionary-Views suchen« – View, basierend auf einem ersetzten Artefakt

Priorität 1

Die Befunde zu dieser Prüfmeldung werden im SAP-Standard immer mit der Priorität 1 ausgewiesen. In der Regel sollten diese Meldungen bearbeitet werden, da andernfalls aufgrund der Datenmodelländerung keine oder falsche Daten aus dem Datenbank-View ermittelt werden.

Der Datenbank-View ZCCC_LXX_V_KONV liest sechs Spalten aus der Datenbanktabelle KONV (Konditionen – Vorgangsdaten, siehe Abbildung 6.25).

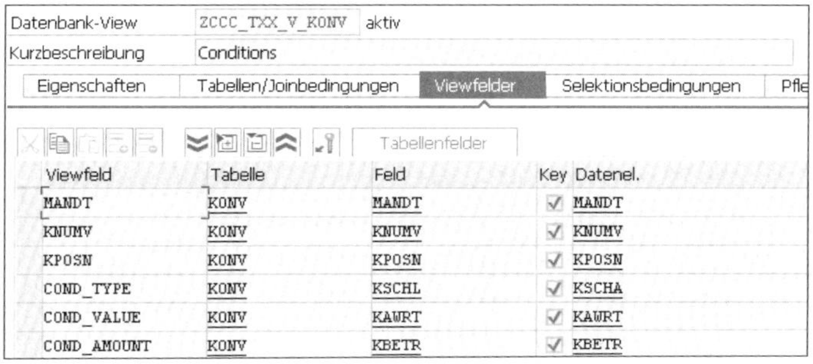

Datenbank-View: ZCCC_TXX_V_KONV aktiv
Kurzbeschreibung: Conditions
Eigenschaften | Tabellen/Joinbedingungen | Viewfelder | Selektionsbedingungen | Pfle
Tabellenfelder

Viewfeld	Tabelle	Feld	Key	Datenel.
MANDT	KONV	MANDT	✓	MANDT
KNUMV	KONV	KNUMV	✓	KNUMV
KPOSN	KONV	KPOSN	✓	KPOSN
COND_TYPE	KONV	KSCHL	✓	KSCHA
COND_VALUE	KONV	KAWRT	✓	KAWRT
COND_AMOUNT	KONV	KBETR	✓	KBETR

Abbildung 6.25 Datenbank-View ZCCC_TXX_V_KONV

Umstellung auf Tabelle PRCD_ELEMENTS

SAP-Hinweis 2220005 beschreibt, dass in SAP S/4HANA alle KONV-Tabellenzugriffe auf die neue Tabelle PRCD_ELEMENTS umgestellt werden. Zur Behebung dieses Befundes haben wir daher einen neuen Datenbank-View mit analogem Zugriff auf die Tabelle PRCD_ELEMENTS erstellt (siehe Abbildung 6.26).

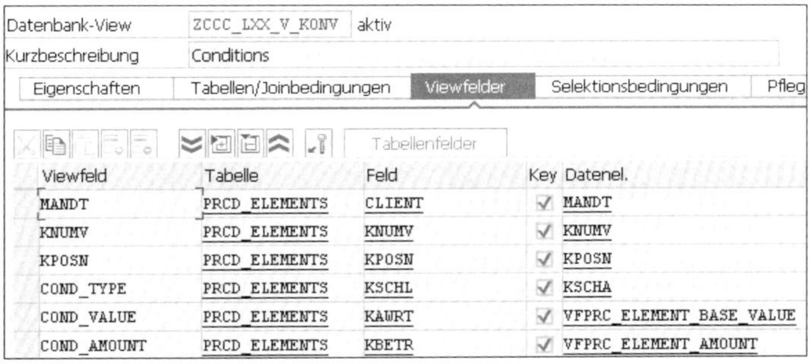

Datenbank-View: ZCCC_LXX_V_KONV aktiv
Kurzbeschreibung: Conditions
Eigenschaften | Tabellen/Joinbedingungen | Viewfelder | Selektionsbedingungen | Pfleg
Tabellenfelder

Viewfeld	Tabelle	Feld	Key	Datenel.
MANDT	PRCD_ELEMENTS	CLIENT	✓	MANDT
KNUMV	PRCD_ELEMENTS	KNUMV	✓	KNUMV
KPOSN	PRCD_ELEMENTS	KPOSN	✓	KPOSN
COND_TYPE	PRCD_ELEMENTS	KSCHL	✓	KSCHA
COND_VALUE	PRCD_ELEMENTS	KAWRT	✓	VFPRC_ELEMENT_BASE_VALUE
COND_AMOUNT	PRCD_ELEMENTS	KBETR	✓	VFPRC_ELEMENT_AMOUNT

Abbildung 6.26 Datenbank-View ZCCC_LXX_V_KONV

Nach einem erfolgreichen Integrationstest und nach Sicherstellung, dass der alte Datenbank-View ZCCC_TXX_V_KONV nicht mehr benötigt wird, kann er in SAP S/4HANA abschließend gelöscht werden.

Alternative Vorgehensweisen

In diesem Beispiel haben wir einen neuen Datenbank-View angelegt. Denkbar wäre auch die Neuanlage eines entsprechenden CDS Views, da im aktuellen Beispiel der Datenzugriff nur lesend erfolgt. Die Neuanlage eines Views empfehlen wir bei komplexen Datenbank-View-Definitionen, um zu einem späteren Zeitpunkt bei Bedarf noch die alte Definition ohne Versionswiederherstellung einsehen zu können. Alternativ können Sie die SAP-S/4HANA-spezifischen Anpassungen auch direkt im alten Datenbank-View durchführen. Sie sollten in beiden Fällen über den Verwendungsnachweis sicherstellen, dass in SAP S/4HANA korrekt auf das neue/geänderte View-Objekt zugegriffen wird.

SAP-Fiori-App »View-Browser«

Bevor Sie einen neuen View erstellen, lohnt sich ein Blick in die SAP-Fiori-App *View-Browser* (siehe Abbildung 6.27). Hier werden alle CDS Views aufgelistet, die in SAP S/4HANA zur Verfügung stehen. Der Zugriff auf einen CDS View in ABAP geschieht auf die gleiche Weise wie auf einen Datenbank-View. Sofern die CDS-View-Definition analog zu der des obsoleten Datenbank-Views ist, benötigen Sie daher keinen kundeneigenen SAP-S/4HANA-View mehr für die Datenselektion.

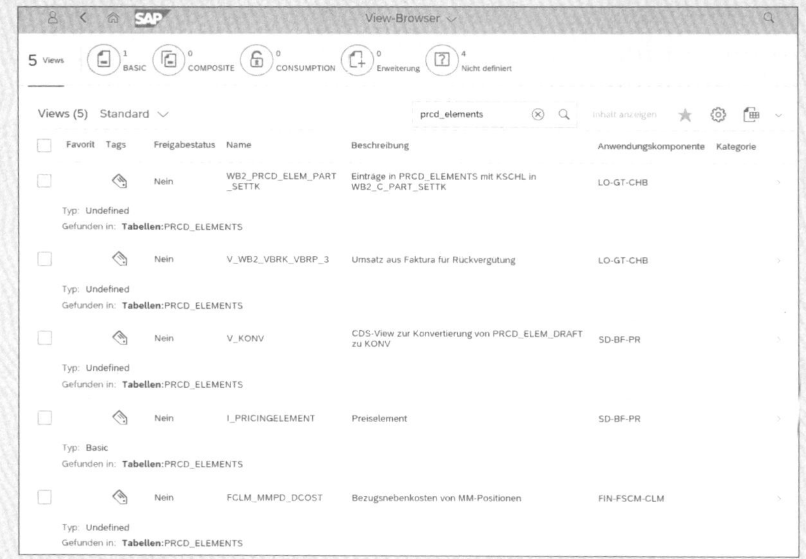

Abbildung 6.27 SAP-Fiori App »View-Browser«

6.5.2 View, basierend auf einem Artefakt mit einem Ersetzungsobjekt (Tabelle MKPF)

Befund wegen Ersetzungsobjekt

In SAP S/4HANA wurde aufgrund der Datenmodelländerung der Zugriff auf bestimmte transparente Tabellen durch einen automatischen Aufruf eines CDS Views (das sogenannte *Ersetzungsobjekt*) ersetzt. Im Beispiel in Abbildung 6.28 wird ein Befund zu dem Datenbank-View `ZEMC_S4_MATBEL` (siehe Abbildung 6.29) mit einem Join der Tabellen `MKPF` (Materialbelegkopf) und

MSEG (Materialbelegposition) angezeigt. Da sowohl die Tabelle MKPF als auch die Tabelle MSEG durch Kompatibilitäts-Views ersetzt wurden, werden zu dem Datenbank-View ZEMC_S4_MATBEL zwei Befunde zum jeweiligen Ersetzungsobjekt angezeigt.

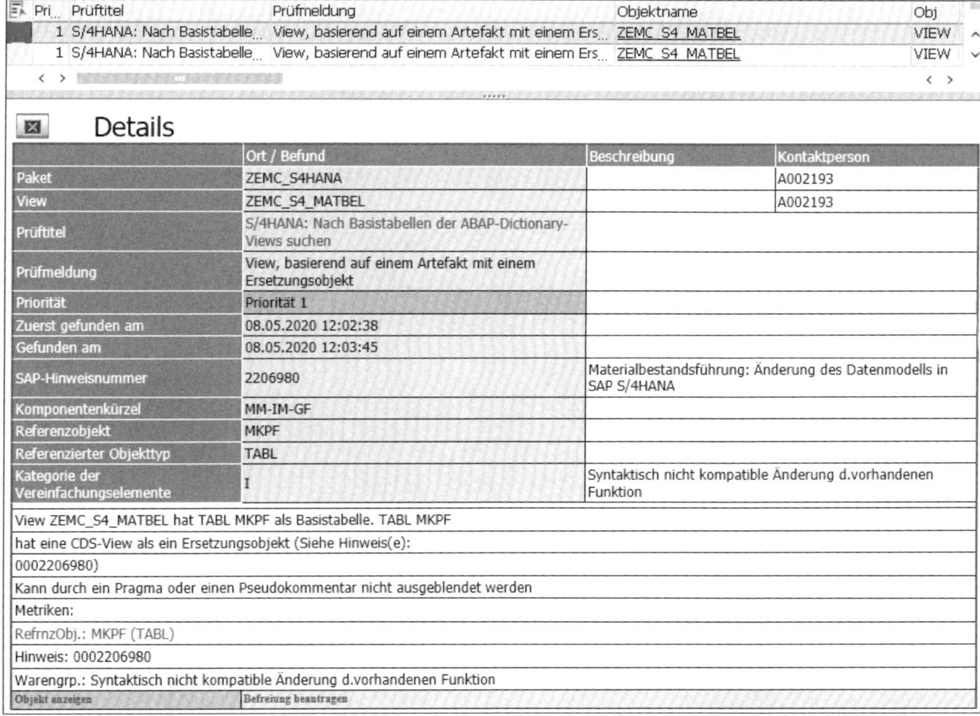

Pri...	Prüftitel	Prüfmeldung	Objektname	Obj
1	S/4HANA: Nach Basistabelle...	View, basierend auf einem Artefakt mit einem Ers...	ZEMC_S4_MATBEL	VIEW
1	S/4HANA: Nach Basistabelle...	View, basierend auf einem Artefakt mit einem Ers...	ZEMC_S4_MATBEL	VIEW

Details

	Ort / Befund	Beschreibung	Kontaktperson
Paket	ZEMC_S4HANA		A002193
View	ZEMC_S4_MATBEL		A002193
Prüftitel	S/4HANA: Nach Basistabellen der ABAP-Dictionary-Views suchen		
Prüfmeldung	View, basierend auf einem Artefakt mit einem Ersetzungsobjekt		
Priorität	Priorität 1		
Zuerst gefunden am	08.05.2020 12:02:38		
Gefunden am	08.05.2020 12:03:45		
SAP-Hinweisnummer	2206980	Materialbestandsführung: Änderung des Datenmodells in SAP S/4HANA	
Komponentenkürzel	MM-IM-GF		
Referenzobjekt	MKPF		
Referenzierter Objekttyp	TABL		
Kategorie der Vereinfachungselemente	I	Syntaktisch nicht kompatible Änderung d.vorhandenen Funktion	

View ZEMC_S4_MATBEL hat TABL MKPF als Basistabelle. TABL MKPF
hat eine CDS-View als ein Ersetzungsobjekt (Siehe Hinweis(e):
0002206980)
Kann durch ein Pragma oder einen Pseudokommentar nicht ausgeblendet werden
Metriken:
RefrnzObj.: MKPF (TABL)
Hinweis: 0002206980
Warengrp.: Syntaktisch nicht kompatible Änderung d.vorhandenen Funktion
Objekt anzeigen | Befreiung beantragen

Abbildung 6.28 Befund zum Prüftitel »S/4HANA: Nach Basistabellen der ABAP-Dictionary-Views suchen« – View, basierend auf einem Artefakt mit einem Ersetzungsobjekt

Datenbank-View ZEMC_S4_MATBEL aktiv
Kurzbeschreibung Materialbeleginformationen
Eigenschaften | Tabellen/Joinbedingungen | Viewfelder | Selektionsbedingungen | Pflegestatus
Tabellenfelder

Viewfeld	Tabelle	Feld	Key	Datenel.	M...	DTyp	Länge	Kurzbeschreibung
MANDT	MSEG	MANDT	✓	MANDT		CLNT	3	Mandant
MBLNR	MSEG	MBLNR	✓	MBLNR		CHAR	10	Nummer des Materialbelegs
MJAHR	MSEG	MJAHR	✓	MJAHR		NUMC	4	Materialbelegjahr
ZEILE	MSEG	ZEILE	✓	MBLPO		NUMC	4	Position im Materialbeleg
WERKS	MSEG	WERKS	✓	WERKS_D		CHAR	4	Werk
VGART	MKPF	VGART	✓	VGART		CHAR	2	Vorgangsart
BUDAT	MKPF	BUDAT	✓	BUDAT		DATS	8	Buchungsdatum im Beleg
BKTXT	MKPF	BKTXT	✓	BKTXT		CHAR	25	Belegkopftext

Abbildung 6.29 Datenbank-View ZEMC_S4_MATBEL

Umstellung auf Tabelle MATDOC

Da die transparenten Tabellen MKPF und MSEG in SAP S/4HANA keine Daten mehr enthalten (Ausnahme: migrierte Altdaten), liefern kundenspezifische Views auf diese Tabellen keine Datensätze mehr. Diese kundenspezifischen Views müssen entweder den Zugriff auf die Tabelle MATDOC umstellen oder können durch einen (eigenen) CDS View oder Open-SQL-Lesebaustein ersetzt werden. Bei letzterem Ansatz müssen alle Verwendungen des alten Datenbank-Views durch das neue Objekt ersetzt werden.

Suche nach Standard-CDS-View

Bevor ein eigener CDS View angelegt wird, empfehlen wir die Prüfung, ob ein SAP-Standard-CDS-View die Anforderung bereits abdeckt. Über die SAP-Fiori-App *View-Browser* können Sie über Stichwörter nach CDS Views suchen. In unserem Fall enthält beispielsweise der CDS View I_MATERIALDOCUMENTHEADER bereits einen Join der CDS Views für die Tabellen MKPF und MSEG sowie alle notwendigen Felder des kundeneigenen Datenbank-Views. Der CDS View I_MATERIALDOCUMENTHEADER ist von SAP freigegeben und kann in kundeneigenen Entwicklungen verwendet werden (siehe Abbildung 6.30).

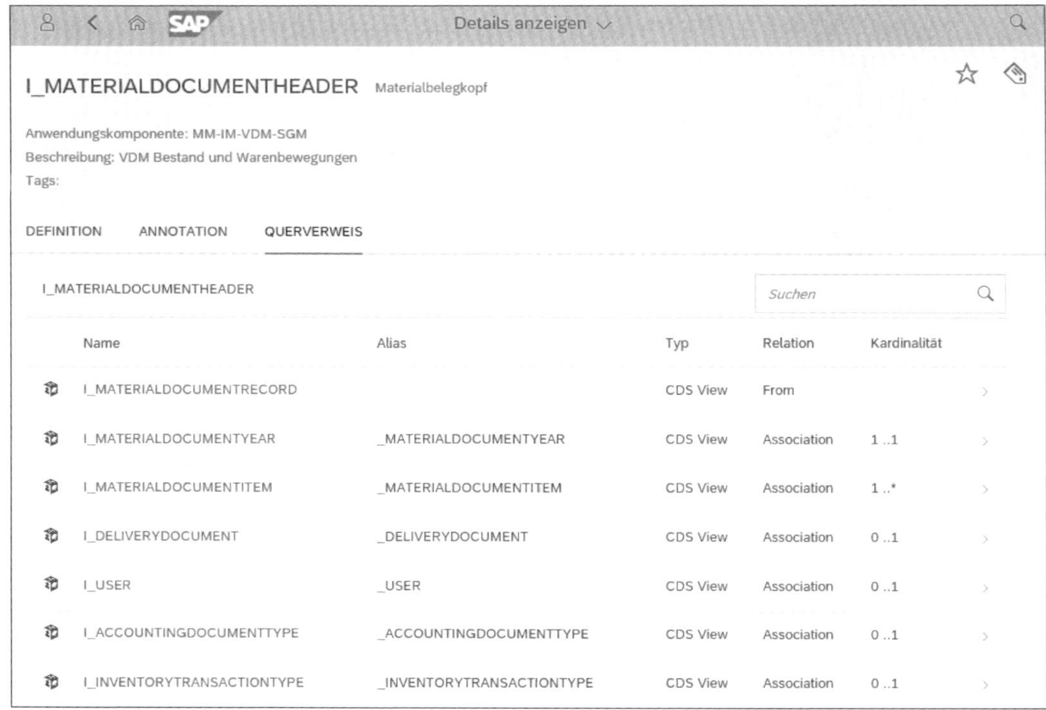

Abbildung 6.30 CDS View I_MATERIALDOCUMENTHEADER

In unserem Beispielfall wird der in SAP S/4HANA nicht mehr funktionsfähige Datenbank-View ZEMC_S4_MATBEL nur an einer Stelle verwendet. In Listing 6.14 ist diese Stelle auszugsweise dargestellt. Über die SELECT-Anweisung werden alle Spalten der zugrunde liegenden Tabellen gelesen und in die interne Tabelle LT_MATBEL geschrieben.

```
DATA: lt_matbel TYPE TABLE OF zemc_s4_matbel.

SELECT * FROM zemc_s4_matbel
  INTO TABLE lt_matbel.
```

Listing 6.14 Zugriff über den Datenbank-View ZEMC_S4_MATBEL

Umstellung auf CDS View

In Listing 6.15 haben wir die SELECT-Anweisung auf den CDS View I_MATERIALDOCUMENTHEADER umgestellt. Mit dem Zusatz AS werden die alten Spaltennamen aus den Tabellen MKPF und MSEG verwendet, um die nachfolgenden Zeilen der Eigenentwicklung nicht anpassen zu müssen. Auf die MSEG-Daten kann über eine Assoziation, die über das /-Zeichen beschrieben wird, zugegriffen werden.

```
SELECT
  materialdocument                          AS mblnr,
  materialdocumentyear                      AS mjahr,
  \_materialdocumentitem-materialdocumentitem AS zeile,
  \_materialdocumentitem-plant              AS werks,
  inventorytransactiontype                  AS vgart,
  postingdate                               AS budat,
  materialdocumentheadertext                AS bktxt
  FROM i_materialdocumentheader
  INTO TABLE @DATA(lt_matbel).
```

Listing 6.15 Umstellung der SELECT-Anweisung auf den CDS View I_MATERIALDOCUMENTHEADER

Durch die Änderung der SQL-Anweisung wird in SAP S/4HANA unter der Berücksichtigung der Datenmodelländerung das gleiche Ergebnis wie in SAP ERP erzielt. Durch diese Änderung wird der alte Datenbank-View ZEMC_S4_MATBEL nicht mehr benötigt und kann deshalb gelöscht werden.

Standard-Datenbank-Views in SAP S/4HANA

SAP stellt eine Vielzahl von Datenbank-Views bereit, die das veränderte Datenmodell in SAP S/4HANA berücksichtigen. Ein Blick in das *Repository-Infosystem* ist daher sinnvoll, bevor ein kundeneigener View angelegt wird. In unserem Beispiel liefert der Datenbank-View V_MKPF exakt die gleichen Felder wie der Datenbank-View ZEMC_S4_MATBEL (siehe Abbildung 6.30). Das Vertreterobjekt NSDM_E_V_MKPF zum Datenbank-View V_MKPF stellt sicher, dass die Daten aus dem neuen Datenmodell ermittelt werden.

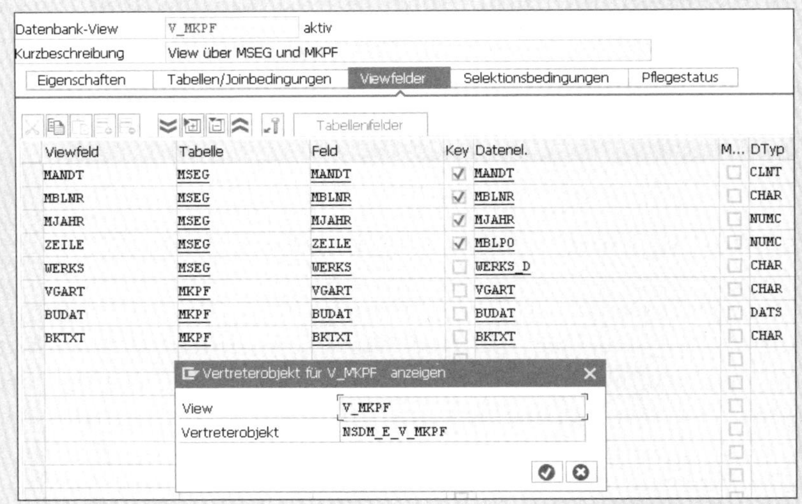

Abbildung 6.31 Datenbank-View V_MKPF

Der Datenbank-View V_MKPF existiert bereits in SAP ERP. Es ist deshalb möglich, den Datenbank-View ZEMC_S4_MATBEL aus Listing 6.14 bereits in SAP ERP durch den View V_MKPF zu ersetzen. In SAP S/4HANA stellt SAP sicher, dass der Datenbank-View V_MKPF die MATDOC-Datenmodelländerung berücksichtigt.

6.6 Beispiele für den Prüftitel »S/4HANA: Suche nach Datenbankoperationen«

Unerlaubte Datenbankanweisungen

Bei dieser SAP-S/4HANA-Prüfung wird nach nicht erlaubten Datenbankanweisungen gesucht. Im Fokus stehen dabei SQL-Anweisungen wie SELECT, INSERT, MODIFY oder DELETE, die auf Datenbanktabellen zugreifen, die im Zuge der Simplifizierung des Datenmodells in SAP S/4HANA verändert oder ersetzt wurden.

In diesem Abschnitt erläutern wir die Umstellung von Eigenentwicklungen infolge häufig auftretender Befunde zu diesem Prüftitel anhand von Beispielen.

6.6.1 DB-Operation UPDATE wurde gefunden (Tabelle LFA1)

Harte Updates vermeiden

Die Verwendung von UPDATE-Anweisungen auf SAP-Standardtabellen sollte grundsätzlich vermieden werden. Bei solchen sogenannten *harten Updates* ist nicht sichergestellt, dass etwaige Änderungsbelege korrekt fortgeschrieben, Berechtigungsprüfungen durchlaufen und die Daten in allen betroffenen Datenbanktabellen konsistent fortgeschrieben werden. Dennoch kann es in der Praxis zu Konstellationen kommen, in denen man zu diesem Mittel greifen muss.

Priorität 1

Bei einer UPDATE-Anweisung auf eine simplifizierte Datenbanktabelle wird ein Befund mit der Prüfmeldung »DB-Operation UPDATE wurde gefunden« erzeugt. Im Beispiel in Abbildung 6.32 wird ein Befund zu einem Update der Lieferantentabelle LFA1 gezeigt. Dieser Befund wird von der SAP-S/4HANA-Standardprüfvariante mit der Priorität 1 bewertet. Wir empfehlen, diese Befunde detailliert zu analysieren, da es andernfalls zu ungewollten Datenschiefständen oder Laufzeitfehlern bei der Ausführung kommen kann.

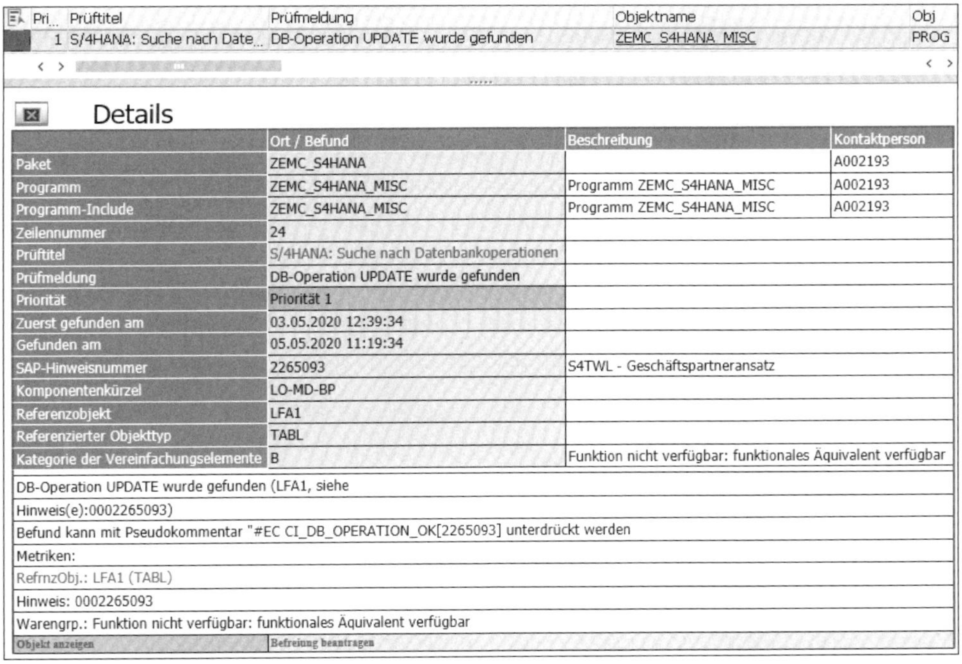

Pri...	Prüftitel	Prüfmeldung	Objektname	Obj
1	S/4HANA: Suche nach Date...	DB-Operation UPDATE wurde gefunden	ZEMC_S4HANA_MISC	PROG

Details

	Ort / Befund	Beschreibung	Kontaktperson
Paket	ZEMC_S4HANA		A002193
Programm	ZEMC_S4HANA_MISC	Programm ZEMC_S4HANA_MISC	A002193
Programm-Include	ZEMC_S4HANA_MISC	Programm ZEMC_S4HANA_MISC	A002193
Zeilennummer	24		
Prüftitel	S/4HANA: Suche nach Datenbankoperationen		
Prüfmeldung	DB-Operation UPDATE wurde gefunden		
Priorität	Priorität 1		
Zuerst gefunden am	03.05.2020 12:39:34		
Gefunden am	05.05.2020 11:19:34		
SAP-Hinweisnummer	2265093	S4TWL - Geschäftspartneransatz	
Komponentenkürzel	LO-MD-BP		
Referenzobjekt	LFA1		
Referenzierter Objekttyp	TABL		
Kategorie der Vereinfachungselemente	B	Funktion nicht verfügbar: funktionales Äquivalent verfügbar	

DB-Operation UPDATE wurde gefunden (LFA1, siehe
Hinweis(e):0002265093)
Befund kann mit Pseudokommentar "#EC CI_DB_OPERATION_OK[2265093] unterdrückt werden
Metriken:
RefrnzObj.: LFA1 (TABL)
Hinweis: 0002265093
Warengrp.: Funktion nicht verfügbar: funktionales Äquivalent verfügbar

Objekt anzeigen | Befreiung beantragen

Abbildung 6.32 Befund zum Prüftitel »S/4HANA: Suche nach Datenbankoperationen« – DB-Operation UPDATE wurde gefunden

In dem Code aus Listing 6.16 zu dem Befund aus Abbildung 6.32 wird das Feld NAME2 des Lieferantenstammsatzes durch den festen Wert »Test-Name 2« ersetzt. Zur einfacheren Veranschaulichung geben wir in diesem Beispiel die Lieferantennummer und den Wert von NAME2 über fixe Literale vor.

```
DATA: lv_lifnr        TYPE lfa1-lifnr,
      ls_lfa1         TYPE lfa1.
```

```
ls_lfa1-name2 = 'Test-Name 2'.

UPDATE lfa1 SET   name2 = ls_lfa1-name2
            WHERE lifnr = '0010300001'.
```

Listing 6.16 Vergabe eines festen Wertes für das Feld NAME2 per UPDATE-Anweisung

Der im Befund referenzierte SAP-Hinweis 2265093 beschreibt die Datenmodelländerung in SAP S/4HANA zum Lieferantenstammsatz. In SAP S/4HANA ist der Geschäftspartner das neue führende Objekt. Die Customer-Vendor-Integration (CVI) stellt sicher, dass die Geschäftspartnerstammdaten korrekt mit den Lieferantenstammdaten synchronisiert werden. Die alten Datenbanktabellen für den Lieferantenstamm bleiben bestehen. Diese Synchronisierung erfolgt in SAP S/4HANA allerdings nur in eine Richtung, das heißt, die Lieferantenstammdaten werden aus den Geschäftspartnerstammdaten aktualisiert.

BAPI_BUPA_CENTRAL_CHANGE

Falls die Eigenentwicklung in Listing 6.16 nicht umgestellt wird, werden unter Umständen Änderungen am Lieferantenstamm durch eine Änderung am zugehörigen Geschäftspartner über die CVI überschrieben. Damit die Namensänderung konsistent sowohl im Geschäftspartner als auch beim zugehörigen Lieferantenstamm hinterlegt ist, wird in Listing 6.17 das BAPI für die Geschäftspartneränderung verwendet.

```
DATA: lv_lifnr          TYPE lfa1-lifnr,
      ls_lfa1           TYPE lfa1,
      l_central_organ   TYPE bapibus1006_central_organ,
      l_central_organ_x TYPE bapibus1006_central_organ_x,
      lt_return         TYPE TABLE OF bapiret2.

lv_lifnr = '0010300002'.
l_central_organ-name2 = 'Test-Name 2'.
l_central_organ_x-name2 = 'X'.

CALL FUNCTION 'BAPI_BUPA_CENTRAL_CHANGE'
  EXPORTING
    businesspartner             = lv_lifnr
    centraldataorganization     = l_central_organ
    centraldataorganization_x   = l_central_organ_x
  TABLES
    return                      = lt_return.
```

Listing 6.17 Aufruf des BAPIs BAPI_BUPA_CENTRAL_CHANGE

Durch die Verwendung des BAPIs BAPI_BUPA_CENTRAL_CHANGE wird nicht nur der Befund behoben, sondern wir stellen zeitgleich auch eine Berechtigungsprüfung, das Schreiben von Änderungsbelegen usw. sicher.

6.6.2 DB-Operation SELECT wurde gefunden (Tabelle KONV)

Wenn Daten über eine SELECT-Anweisung aus einer in SAP S/4HANA angepassten Datenbanktabelle gelesen werden, wird ein Befund mit der Prüfmeldung »DB-Operation SELECT wurde gefunden« ermittelt. In Abbildung 6.33 wird ein solcher Befund gezeigt. Hier wurden Daten aus der Tabelle KONV (Konditionen – Vorgangsdaten) selektiert.

Priorität 1

Dieser Befund wird mit der Priorität 1 ermittelt. Eine Umstellung der Entwicklung ist notwendig, da die Tabelle KONV aufgrund der Datenmodelländerungen in SAP S/4HANA nicht mehr fortgeschrieben wird.

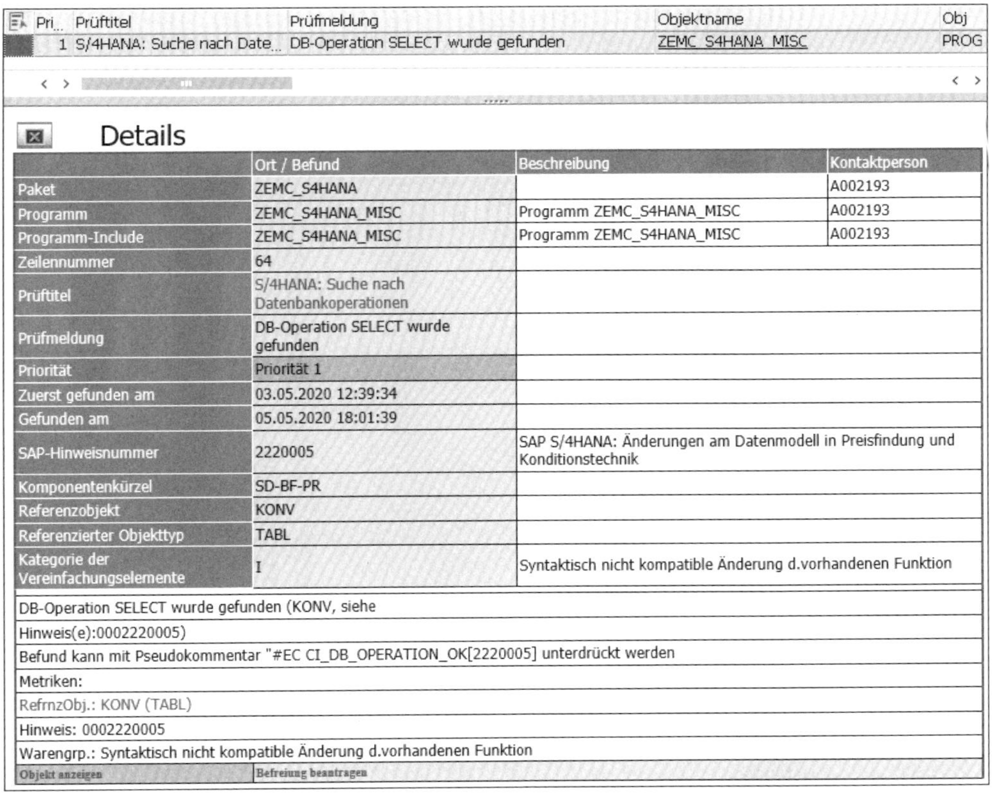

Pri...	Prüftitel	Prüfmeldung	Objektname	Obj
1	S/4HANA: Suche nach Date...	DB-Operation SELECT wurde gefunden	ZEMC_S4HANA_MISC	PROG

Details

	Ort / Befund	Beschreibung	Kontaktperson
Paket	ZEMC_S4HANA		A002193
Programm	ZEMC_S4HANA_MISC	Programm ZEMC_S4HANA_MISC	A002193
Programm-Include	ZEMC_S4HANA_MISC	Programm ZEMC_S4HANA_MISC	A002193
Zeilennummer	64		
Prüftitel	S/4HANA: Suche nach Datenbankoperationen		
Prüfmeldung	DB-Operation SELECT wurde gefunden		
Priorität	Priorität 1		
Zuerst gefunden am	03.05.2020 12:39:34		
Gefunden am	05.05.2020 18:01:39		
SAP-Hinweisnummer	2220005	SAP S/4HANA: Änderungen am Datenmodell in Preisfindung und Konditionstechnik	
Komponentenkürzel	SD-BF-PR		
Referenzobjekt	KONV		
Referenzierter Objekttyp	TABL		
Kategorie der Vereinfachungselemente	I	Syntaktisch nicht kompatible Änderung d.vorhandenen Funktion	

DB-Operation SELECT wurde gefunden (KONV, siehe
Hinweis(e):0002220005)
Befund kann mit Pseudokommentar "#EC CI_DB_OPERATION_OK[2220005] unterdrückt werden
Metriken:
RefrnzObj.: KONV (TABL)
Hinweis: 0002220005
Warengrp.: Syntaktisch nicht kompatible Änderung d.vorhandenen Funktion

Objekt anzeigen | Befreiung beantragen

Abbildung 6.33 Befund zum Prüftitel »S/4HANA: Suche nach Datenbankoperationen« – DB-Operation SELECT wurde gefunden

Selektion aus der Tabelle KONV

Im Codebeispiel aus Listing 6.18 wird über den Primärschlüssel eine Zeile aus der Datenbanktabelle KONV in die interne Tabelle LT_KONV geschrieben.

```
SELECT * INTO TABLE @DATA(lt_konv)
         FROM konv
         WHERE knumv = @l_knumv
           AND kposn = @l_kposn
           AND stunr = @l_stunr
           AND zaehk = @l_zaehk.
```

Listing 6.18 Selektion aus der Tabelle KONV in die interne Tabelle LT_KONV

Klassen für den Datenzugriff

Im neuen SAP-S/4HANA-Datenmodell wurde die Tabelle KONV durch die Tabelle PCRD_ELEMENTS ersetzt. Für lesende und schreibende Zugriffe auf die Tabelle PRCD_ELEMENTS können beispielsweise die Klassen CL_PRC_RESULT_FACTORY oder CL_PRC_RESULT_ADAPTER verwendet werden. In SAP ERP 6.0 EHP 8 stehen diese Klassen bereits zur Verfügung. Dort ist der Funktionsumfang noch auf den Zugriff der Tabelle KONV beschränkt. Mit SAP S/4HANA wird der Funktionsumfang dieser Klassen um den Zugriff auf die Tabelle PRCD_ELEMENTS erweitert.

In Listing 6.19 verwenden wir die Klasse CL_PRC_RESULT_FACTORY, um über die Methode GET_PRICE_ELEMENT_DB_BY_KEY zur ermittelten Instanz einen Datensatz aus der Tabelle PRCD_ELEMENTS über den Primärschlüssel in die interne Tabelle LT_KONV zu schreiben.

```
TRY.
    cl_prc_result_factory=>get_instance( )->get_prc_result( )->
    get_price_element_db_by_key(
      EXPORTING
        iv_knumv = l_knumv
        iv_kposn = l_kposn
        iv_stunr = l_stunr
        iv_zaehk = l_zaehk
      IMPORTING
        et_prc_element = DATA(lt_konv) ).
  CATCH cx_prc_result ##NO_HANDLER.
ENDTRY.
```

Listing 6.19 Datenzugriff über die Methode der Klasse CL_PRC_RESULT_FACTORY

Durch die Verwendung der Klassen CL_PRC_RESULT_FACTORY oder CL_PRC_RESULT_ADAPTER kann bereits in SAP ERP und ebenso in SAP S/4HANA ein korrekter Zugriff auf die Konditionenvorgangsdaten sichergestellt werden.

6.7 Beispiele für den Prüftitel »S/4HANA: Suche nach Verwendungen der vereinfachten Objekte«

Diese SAP-S/4HANA-Prüfung sucht nach Objekten, die Bestandteil der Vereinfachungsdatenbank sind, da sie in SAP S/4HANA verändert oder gelöscht wurden. In diesem Abschnitt stellen wir Ihnen mehrere Beispiele zu solchen Objektvereinfachungen vor.

6

6.7.1 Syntaktisch nicht kompatible Änderung der vorhandenen Funktion (Datenelement VBTYP)

Syntaktische Änderungen

Der Begriff *Syntax* kommt ursprünglich aus der Sprachwissenschaft und steht für die Lehre von der Wortbildung und dem Satzbau sowie der Verbindung von Wörtern zu Wortgruppen, Phrasen und Sätzen. Bei syntaktischen Änderungen der vorhandenen Funktionen werden Befunde ermittelt, aufgrund derer die Syntax von Eigenentwicklungen umgestellt werden muss. Das bedeutet nicht, dass es eine komplett neue Syntax in ABAP gibt. Häufig werden mit dieser Prüfmeldung verwendete Objekte identifiziert, die in SAP S/4HANA obsolet geworden sind. In Abbildung 6.34 wird ein Befund mit Referenz zu dem Datenelement VBYTP (Vertriebsbelegtyp) dargestellt.

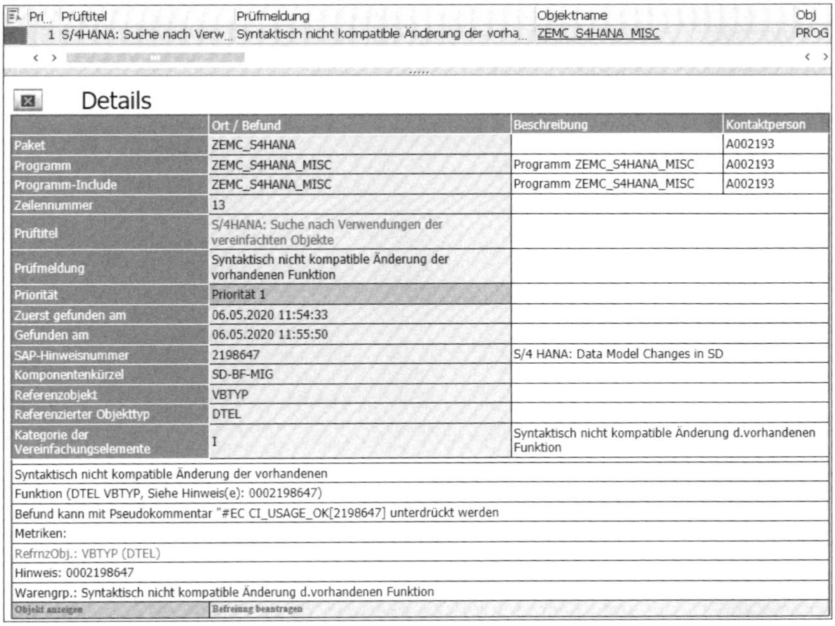

Pri...	Prüftitel	Prüfmeldung	Objektname	Obj
1	S/4HANA: Suche nach Verw...	Syntaktisch nicht kompatible Änderung der vorha...	ZEMC_S4HANA_MISC	PROG

Details

	Ort / Befund	Beschreibung	Kontaktperson
Paket	ZEMC_S4HANA		A002193
Programm	ZEMC_S4HANA_MISC	Programm ZEMC_S4HANA_MISC	A002193
Programm-Include	ZEMC_S4HANA_MISC	Programm ZEMC_S4HANA_MISC	A002193
Zeilennummer	13		
Prüftitel	S/4HANA: Suche nach Verwendungen der vereinfachten Objekte		
Prüfmeldung	Syntaktisch nicht kompatible Änderung der vorhandenen Funktion		
Priorität	Priorität 1		
Zuerst gefunden am	06.05.2020 11:54:33		
Gefunden am	06.05.2020 11:55:50		
SAP-Hinweisnummer	2198647	S/4 HANA: Data Model Changes in SD	
Komponentenkürzel	SD-BF-MIG		
Referenzobjekt	VBTYP		
Referenzierter Objekttyp	DTEL		
Kategorie der Vereinfachungselemente	I	Syntaktisch nicht kompatible Änderung d.vorhandenen Funktion	

Syntaktisch nicht kompatible Änderung der vorhandenen
Funktion (DTEL VBTYP, Siehe Hinweis(e): 0002198647)
Befund kann mit Pseudokommentar "#EC CI_USAGE_OK[2198647] unterdrückt werden
Metriken:
RefrnzObj.: VBTYP (DTEL)
Hinweis: 0002198647
Warengrp.: Syntaktisch nicht kompatible Änderung d.vorhandenen Funktion
Objekt anzeigen | Befreiung beantragen

Abbildung 6.34 Befund zum Prüftitel »S/4HANA: Suche nach Verwendungen der vereinfachten Objekte« – Syntaktisch nicht kompatible Änderung der vorhandenen Funktion

Zugriff auf erweitertes Datenelement

Zu dem Code aus Listing 6.20 wird der Befund aus Abbildung 6.34 ermittelt. In der TYPE-Definition wird hier eine Struktur deklariert, die die Datenelemente Vertriebsbelegnummer (Datenelement VBELN), Positionsnummer (Datenelement POSNR) und den Vertriebsbelegtyp (Datenelement VBTYP) verwendet.

```
TYPES:
  BEGIN OF type_key,
    vbeln TYPE vbeln,
    posnr TYPE posnr,
    vbtyp TYPE vbtyp,
  END OF type_key.
```

Listing 6.20 Deklaration einer Typstruktur auf Basis der Datenelemente VBELN, POSNR und VBTYP

In SAP S/4HANA wurde aus dem einstelligen Vertriebsbelegtyp ein vierstelliger Vertriebsbelegtyp. Diese Änderung spiegelt sich auch in den betroffenen SAP-Standardtabellen wider. In Abbildung 6.35 sehen Sie beispielsweise die Belegflusstabelle VBFA. Der Belegtyp des Nachfolge-Vertriebsbelegs (Spalte VBTYP_N) und der Belegtyp des Vorgänger-Vertriebsbeleg (Spalte VBTYP_V) sind in SAP S/4HANA mit CHAR(4) festgelegt.

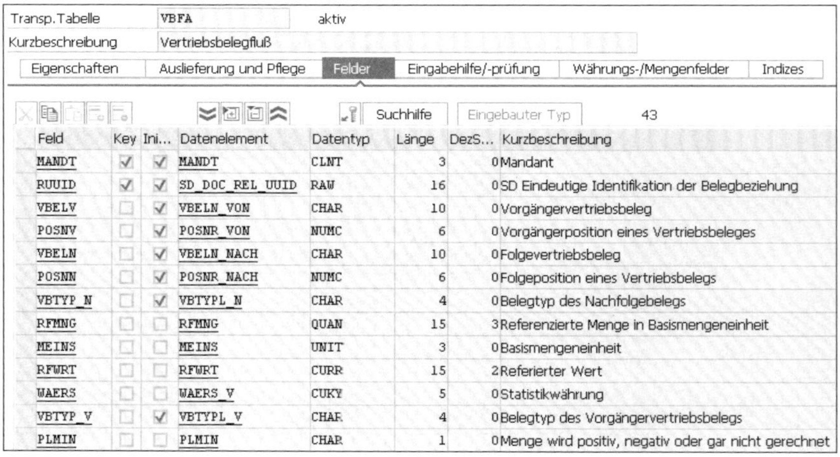

Transp.Tabelle VBFA aktiv
Kurzbeschreibung Vertriebsbelegfluß
Eigenschaften | Auslieferung und Pflege | Felder | Eingabehilfe/-prüfung | Währungs-/Mengenfelder | Indizes
Suchhilfe | Eingebauter Typ | 43

Feld	Key	Ini...	Datenelement	Datentyp	Länge	DezS...	Kurzbeschreibung
MANDT	✓	✓	MANDT	CLNT	3	0	Mandant
RUUID	✓	✓	SD_DOC_REL_UUID	RAW	16	0	SD Eindeutige Identifikation der Belegbeziehung
VBELV		✓	VBELN_VON	CHAR	10	0	Vorgängervertriebsbeleg
POSNV		✓	POSNR_VON	NUMC	6	0	Vorgängerposition eines Vertriebsbeleges
VBELN		✓	VBELN_NACH	CHAR	10	0	Folgevertriebsbeleg
POSNN		✓	POSNR_NACH	NUMC	6	0	Folgeposition eines Vertriebsbelegs
VBTYP_N		✓	VBTYPL_N	CHAR	4	0	Belegtyp des Nachfolgebelegs
RFMNG			RFMNG	QUAN	15	3	Referenzierte Menge in Basismengeneinheit
MEINS			MEINS	UNIT	3	0	Basismengeneinheit
RFWRT			RFWRT	CURR	15	2	Referierter Wert
WAERS			WAERS_V	CUKY	5	0	Statistikwährung
VBTYP_V		✓	VBTYPL_V	CHAR	4	0	Belegtyp des Vorgängervertriebsbelegs
PLMIN			PLMIN	CHAR	1	0	Menge wird positiv, negativ oder gar nicht gerechnet

Abbildung 6.35 Änderungen am Vertriebsbelegtyp am Beispiel der Tabelle VBFA

Umstellung auf vierstelligen Vertriebsbelegtyp

In Listing 6.21 wurde deshalb die TYPE-Definition des Vertriebsbelegtyps von VBTYP auf VBTYPL angepasst. Das Datenelement VBTYPL kann für den vierstelligen Vertriebsbelegtyp verwendet werden.

```
TYPES:
  BEGIN OF type_key,
    vbeln TYPE vbeln,
    posnr TYPE posnr,
    vbtyp TYPE vbtypl,
  END OF type_key.
```

Listing 6.21 Umstellung des Vertriebsbelegtyps auf das Datenelement VBTYPL

Auch wenn es sich hierbei um eine triviale Anpassung handelt, sollte jede Verwendung des Attributs VBTYP im Coding sorgfältig überprüft werden. Falls im Coding implizit noch von einem einstelligen Vertriebsbelegtyp ausgegangen wird, sind diese Stellen ebenfalls anzupassen. Wir empfehlen deshalb sicherheitshalber einen Verwendungsnachweis zum geänderten Attribut durchzuführen, um etwaige negative Seiteneffekte einfacher aufzudecken.

6.7.2 Semantisch nicht kompatible Änderung der vorhandenen Funktion (Transaktion XD02)

Semantische Änderungen

Die *Semantik* ist ebenfalls ein Teilgebiet der Sprachwissenschaft und befasst sich mit der Bedeutung von Zeichen und Zeichenfolgen. Die Zeichen können Bestandteil von beliebigen Symbolen, Abkürzungen, Wörtern, Wortteilen, Sätzen oder Satzteilen sein. Ein ABAP-Report kann syntaktisch korrekt sein, aber dennoch semantische Fehler aufweisen durch die Verwendung von fachlich falschen Objekten. Über die SAP-S/4HANA-Prüfungen werden auch semantische Änderungen auf Basis der Vereinfachungsdatenbank identifiziert und bei ihrer Verwendung als Befund mit der Prüfmeldung »Semantisch nicht kompatible Änderung der vorhandenen Funktion« ausgegeben.

Kundenstamm ändern

In Abbildung 6.36 wird ein solcher Befund zur Transaktion XD02 (Kundenstamm ändern) angezeigt.

In Listing 6.22 zu dem Befund aus Abbildung 6.36 wird die Variable P_KUNNR mit einer Kundennummer gefüllt. Anschließend wird der Parameter KUN im Speicher gesetzt und die Transaktion XD02 für die Kundenstammänderung aufgerufen. Das erste Dynpro zur Selektion wird beim Aufruf der Transaktion XD02 über den Befehl SKIP FIRST SCREEN übersprungen.

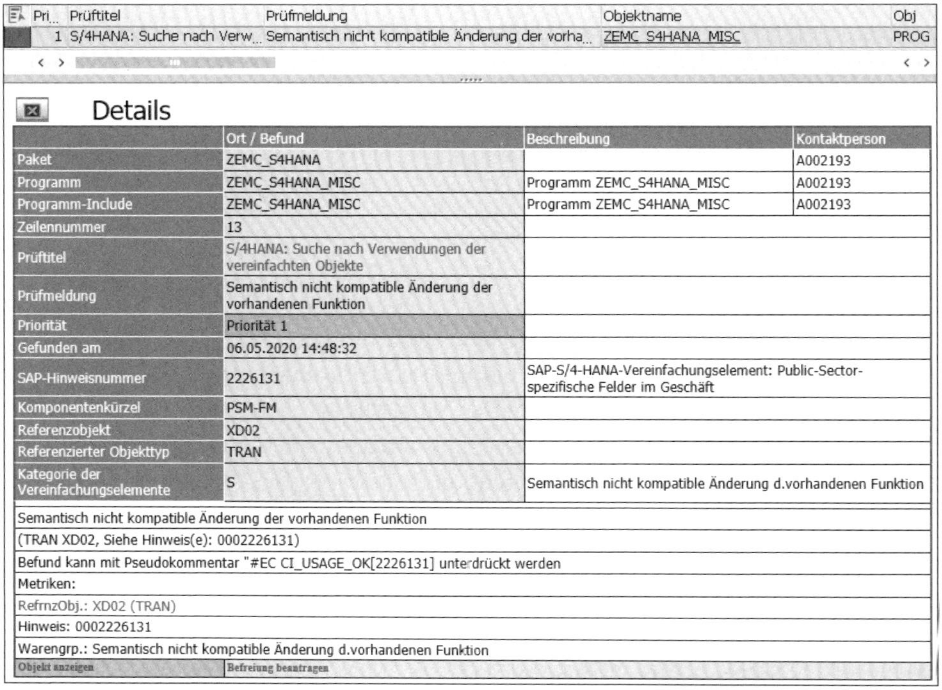

Pri...	Prüftitel	Prüfmeldung	Objektname	Obj
1	S/4HANA: Suche nach Verw...	Semantisch nicht kompatible Änderung der vorha...	ZEMC_S4HANA_MISC	PROG

Details

	Ort / Befund	Beschreibung	Kontaktperson
Paket	ZEMC_S4HANA		A002193
Programm	ZEMC_S4HANA_MISC	Programm ZEMC_S4HANA_MISC	A002193
Programm-Include	ZEMC_S4HANA_MISC	Programm ZEMC_S4HANA_MISC	A002193
Zeilennummer	13		
Prüftitel	S/4HANA: Suche nach Verwendungen der vereinfachten Objekte		
Prüfmeldung	Semantisch nicht kompatible Änderung der vorhandenen Funktion		
Priorität	Priorität 1		
Gefunden am	06.05.2020 14:48:32		
SAP-Hinweisnummer	2226131	SAP-S/4-HANA-Vereinfachungselement: Public-Sector-spezifische Felder im Geschäft	
Komponentenkürzel	PSM-FM		
Referenzobjekt	XD02		
Referenzierter Objekttyp	TRAN		
Kategorie der Vereinfachungselemente	S	Semantisch nicht kompatible Änderung d.vorhandenen Funktion	

Semantisch nicht kompatible Änderung der vorhandenen Funktion
(TRAN XD02, Siehe Hinweis(e): 0002226131)
Befund kann mit Pseudokommentar "#EC CI_USAGE_OK[2226131] unterdrückt werden
Metriken:
RefrnzObj.: XD02 (TRAN)
Hinweis: 0002226131
Warengrp.: Semantisch nicht kompatible Änderung d.vorhandenen Funktion

Objekt anzeigen | Befreiung beantragen

Abbildung 6.36 Befund zum Prüftitel »S/4HANA: Suche nach Verwendungen der vereinfachten Objekte« – Semantisch nicht kompatible Änderung der vorhandenen Funktion

```
PARAMETERS: p_kunnr TYPE kunrr.

SET PARAMETER ID 'KUN' FIELD p_kunnr.
CALL TRANSACTION 'XD02' AND SKIP FIRST SCREEN.
```

Listing 6.22 Aufruf der Transaktion XD02 mit Parameter und Überspringen des Selektionsbildschirms

Weiterleitung zur Transaktion BP

In SAP S/4HANA existiert zwar der Transaktionscode XD02-Transaktion technisch noch, jedoch wird bei dessen Aufruf eine automatische Weiterleitung zur Geschäftspartnertransaktion BP ausgeführt. Die altbekannte Pflege des Kundenstamms über Transaktion XD02 steht in SAP S/4HANA nicht mehr zur Verfügung. Damit ist die Anweisung `CALL TRANSACTION` unter SAP S/4HANA zwar syntaktisch noch korrekt, jedoch hat sich der Transaktionsaufruf semantisch geändert.

Über das Customizing kann die Nummernkreisfindung für den Geschäftspartner und für den Kundenstamm konfiguriert werden. Im aktuellen Beispiel gehen wir von folgenden Annahmen aus:

- Der Geschäftspartner hat nicht die gleiche Nummer wie der Kunde.
- Die Kundennummer soll als Übergabeparameter (P_KUNNR) bestehen bleiben und nicht durch die Geschäftspartnernummer ersetzt werden.

Geschäftspartnernummer zur Kundennummer ermitteln

Auf Basis dieser Annahmen haben wir das Coding in Listing 6.23 aus dem Beispiel aus Listing 6.22 adaptiert. Die erste PARAMETERS-Zeile bleibt unverändert. Zusätzlich verwenden wir die Klasse CL_ERP_CUSTOMER, um den zugehörigen Geschäftspartner zur Kundennummer zu ermitteln. Unabhängig von der Nummernkreisfindung wird beim Abruf der Methode GET_BUSINESS_PARTNER immer die Geschäftspartnernummer zur Kundennummer ermittelt. Abschließend wird die ermittelte Geschäftspartnernummer in die Speichervariable BPA geschrieben und die Transaktion BP aufgerufen. Der Zusatz SKIP FIRST SCREEN ist bei der Transaktion BP nicht notwendig, da keine Selektionsmaske übersprungen werden muss.

```
PARAMETERS: p_kunnr TYPE kunnr.

DATA: ls_cust_cont  TYPE cl_erp_customer=>ts_erp_cust_cont,
      ls_bp         TYPE cl_erp_customer=>ts_business_partner.

ls_cust_cont-customer = p_kunnr.

CALL METHOD cl_erp_customer=>get_business_partner
  EXPORTING
    is_cust_cont        = ls_cust_cont
  IMPORTING
    es_business_partner = ls_bp.

SET PARAMETER ID 'BPA' FIELD ls_bp-partner_id.
CALL TRANSACTION 'BP'.
```

Listing 6.23 Angepasster Aufruf mit der Klasse CL_ERP_CUSTOMER

Durch die Anpassung des Aufrufes auf die Transaktion BP wurde der Befund behoben.

6.7.3 Verwendung eines nicht mehr verfügbaren Entwicklungsobjekts (Funktionsbaustein GET_WEEK_INFO_BASED_ON_DATE)

Sobald bestimmte Entwicklungsobjekte in SAP S/4HANA nicht mehr zur Verfügung stehen, werden diese beim Custom Code Check für SAP S/4HANA mit der Prüfmeldung »Verwendung eines nicht mehr verfügbaren Entwicklungsobjekts« aufgeführt. Abbildung 6.37 zeigt einen solchen Befund.

Priorität 1

Bei diesem Befund der Priorität 1 wird der Zugriff auf den Funktionsbaustein GET_WEEK_INFO_BASED_ON_DATE bemängelt. Der Funktionsbaustein GET_WEEK_INFO_BASED_ON_DATE liefert das Datum für den Montag und den Sonntag einer Woche, ausgehend von einem Tag dieser Woche.

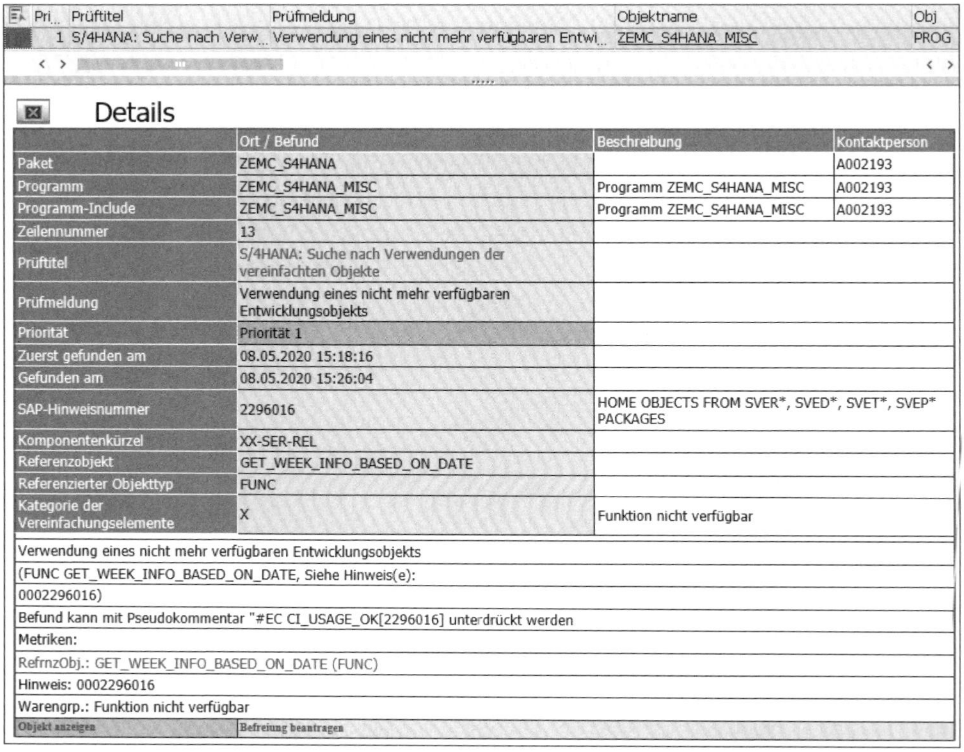

Pri...	Prüftitel	Prüfmeldung	Objektname	Obj
1	S/4HANA: Suche nach Verw...	Verwendung eines nicht mehr verfügbaren Entwi...	ZEMC_S4HANA_MISC	PROG

Details

	Ort / Befund	Beschreibung	Kontaktperson
Paket	ZEMC_S4HANA		A002193
Programm	ZEMC_S4HANA_MISC	Programm ZEMC_S4HANA_MISC	A002193
Programm-Include	ZEMC_S4HANA_MISC	Programm ZEMC_S4HANA_MISC	A002193
Zeilennummer	13		
Prüftitel	S/4HANA: Suche nach Verwendungen der vereinfachten Objekte		
Prüfmeldung	Verwendung eines nicht mehr verfügbaren Entwicklungsobjekts		
Priorität	Priorität 1		
Zuerst gefunden am	08.05.2020 15:18:16		
Gefunden am	08.05.2020 15:26:04		
SAP-Hinweisnummer	2296016	HOME OBJECTS FROM SVER*, SVED*, SVET*, SVEP* PACKAGES	
Komponentenkürzel	XX-SER-REL		
Referenzobjekt	GET_WEEK_INFO_BASED_ON_DATE		
Referenzierter Objekttyp	FUNC		
Kategorie der Vereinfachungselemente	X	Funktion nicht verfügbar	

Verwendung eines nicht mehr verfügbaren Entwicklungsobjekts
(FUNC GET_WEEK_INFO_BASED_ON_DATE, Siehe Hinweis(e):
0002296016)
Befund kann mit Pseudokommentar "#EC CI_USAGE_OK[2296016] unterdrückt werden
Metriken:
RefrnzObj.: GET_WEEK_INFO_BASED_ON_DATE (FUNC)
Hinweis: 0002296016
Warengrp.: Funktion nicht verfügbar
Objekt anzeigen | Befreiung beantragen

Abbildung 6.37 Befund zum Prüftitel »S/4HANA: Suche nach Verwendungen der vereinfachten Objekte« – Verwendung eines nicht mehr verfügbaren Entwicklungsobjekts

Ermittlung eines Datums

Wenn dem Funktionsbaustein GET_WEEK_INFO_BASED_ON_DATE beispielsweise der EXPORTING-Parameter DATE mit dem Datum 08.05.2020 (ein Freitag) übergeben wird, werden die IMPORTING-Parameter für MONDAY auf den 04.05.2020 und für SUNDAY auf den 10.05.2020 gesetzt.

Beispiel: Ermittlung abhängig vom Ausführungsdatum

Im Beispiel in Listing 6.24 wird dem Funktionsbaustein als EXPORTING-Parameter das aktuelle Ausführungsdatum (SY-DATUM) übergeben. Damit werden zur aktuellen Woche immer der zugehörige Montag und Sonntag in die Variablen LV_START_DATE und LV_END_DATE geschrieben.

```
DATA: lv_start_date LIKE sy-datum,
      lv_end_date   LIKE sy-datum.

CALL FUNCTION 'GET_WEEK_INFO_BASED_ON_DATE'
 EXPORTING
   date          = sy-datum
 IMPORTING
   monday        = lv_start_date
   sunday        = lv_end_date.
```


Listing 6.24 Beispiel für die Verwendung des Funktionsbausteins GET_WEEK_INFO_BASED_ON_DATE

Zum Zeitpunkt der Erstellung dieses Buches ist im aktuellsten SAP-S/4HANA-Release der Funktionsbaustein GET_WEEK_INFO_BASED_ON_DATE technisch noch vorhanden. Die Ausführung des Funktionsbausteins ist deshalb in SAP S/4HANA weiterhin möglich, trotz des Befundes. Der Funktionsbaustein ist aber Bestandteil der Vereinfachungsdatenbank. Auch wenn die Beispielentwicklung unter SAP S/4HANA noch funktionsfähig ist, sollten daher Alternativen geprüft werden, um den Zugriff zu ersetzen.

Alternativer Funktionsbaustein

Der zugeordnete SAP-Hinweis 2296016 beschreibt lediglich das allgemeine Vorgehen zur Behebung dieses Befundes. Im SAP-Standard existiert eine Vielzahl von alternativen Funktionsbausteinen für die Tagesdatumermittlung. In Listing 6.25 haben wir eine von mehreren möglichen Varianten zur Lösung dieses Befundes ausgeführt.

```
CALL FUNCTION 'BWSO_DATE_GET_FIRST_WEEKDAY'
    EXPORTING
      date_in        = sy-datum
  IMPORTING
      date_out       = lv_start_date.

  CALL FUNCTION 'FIAPPL_ADD_DAYS_TO_DATE'
  EXPORTING
    i_date           = lv_start_date
    i_days           = 6
    signum           = '+'
  IMPORTING
    e_calc_date      = lv_end_date.
```

Listing 6.25 Verwendung alternativer Funktionsbausteine zur Datumsermittlung

Das Ergebnis von Listing 6.24 und Listing 6.25 in den Variablen LV_START_DATE und LV_END_DATE ist das gleiche. Jedoch greifen wir in Listing 6.25 nicht mehr auf einen Funktionsbaustein zu, der explizit in der Vereinfachungsdatenbank als »abgekündigt« aufgeführt ist. Durch den veränderten Funktionsbausteinzugriff wird der Befund behoben.

6.7.4 Funktion nicht verfügbar: funktionales Äquivalent verfügbar (Datenelement /BEV3/CHOBJBEZ)

Branchenspezifische Funktionalität

Bestimmte Funktionalitäten für spezielle Branchen (Industry Solutions, kurz IS) wurden aus dem digitalen Kern von SAP S/4HANA entfernt. Für manche dieser Funktionen steht ein funktionales Äquivalent zur Verfügung. Beispielsweise wird die in SAP ERP im /BEV*-Namensraum verfügbare Lösung für Brauereien und Sektkeltereien in SAP S/4HANA nicht mehr unterstützt. Für die IS-Brauerei-Funktion »Rückware« steht als Nachfolgefunktion die erweiterte Retourenabwicklung in SAP S/4HANA zur Verfügung. Viele andere IS-Brauerei-Funktionen befinden sich jedoch auf der Sperrliste. Für sie wird aktuell keine Nachfolgefunktion angeboten.

[»]

Verwendung von /BEV*-Objekten

Auch wenn diese Simplifizierung die Prozesse verhältnismäßig weniger SAP-Kunden betrifft, entdecken wir unabhängig von der Branche beim Custom Code Check für SAP S/4HANA immer wieder Befunde aufgrund der Verwendung von /BEV*-Objekten. Oftmals stehen die Verwendungen dieser Objekte in keinem kausalen Zusammenhang zu den IS-Brauerei-Funktionen. Entsprechende Befunde treten auch bei Kunden auf, die das Add-on gar nicht verwenden.

Anzeige von /BEV*-Objekten

Die Objekte im Repository-Infosystem werden immer aufsteigend alphanumerisch sortiert angezeigt. Wenn ein Entwickler ein geeignetes Datenelement für eine Eigenentwicklung sucht, dann erscheinen etwaige /BEV*-Objekte in SAP ERP aufgrund dieser Sortierung immer relativ weit oben. Da die meisten /BEV*-Objekte in SAP S/4HANA nicht mehr existieren, sollten Entwicklungen, die diese Objekte verwenden, vor der Übernahme in SAP S/4HANA angepasst werden, da es sonst zu Laufzeitfehlern kommen kann. Falls Sie IS-Brauerei-Funktionen verwenden, wird ein entsprechender Befund beim Simplification Item Check (SI-Check) angezeigt.

Die Analyse, wie diese Prozesse zukünftig in SAP S/4HANA abgewickelt werden, und die anschließende Umsetzung sind weitaus komplexer. Diese Analyse ist so kundenindividuell, dass sie den Rahmen dieses Abschnitts sprengen würde. Aus diesem Grund fokussieren wir uns hier auf dem branchenübergreifend am häufigsten auftretenden Fall: die rein technische Verwendung der /BEV*-Objekte.

[+]

Verwendung von /BEV*-Objekten vermeiden

Sofern es aus Prozesssicht sinnvoll möglich ist, vermeiden Sie bereits in SAP ERP die technische Verwendung von /BEV*-Objekten innerhalb Ihrer eigenen Entwicklungen.

Kundeneigene transparente Tabelle

In Abbildung 6.38 wird ein Befund zur transparenten Tabelle ZEMC_S4HANA_MISC angezeigt. Das referenzierte Objekt zu diesem Befund ist das Datenelement /BEV3/CHOBJBEZ. Der Pseudokommentar zu diesem Befund kann ignoriert werden, da Pseudokommentare bei Datenbanktabellen oder Datenelementen nicht verwendet werden können.

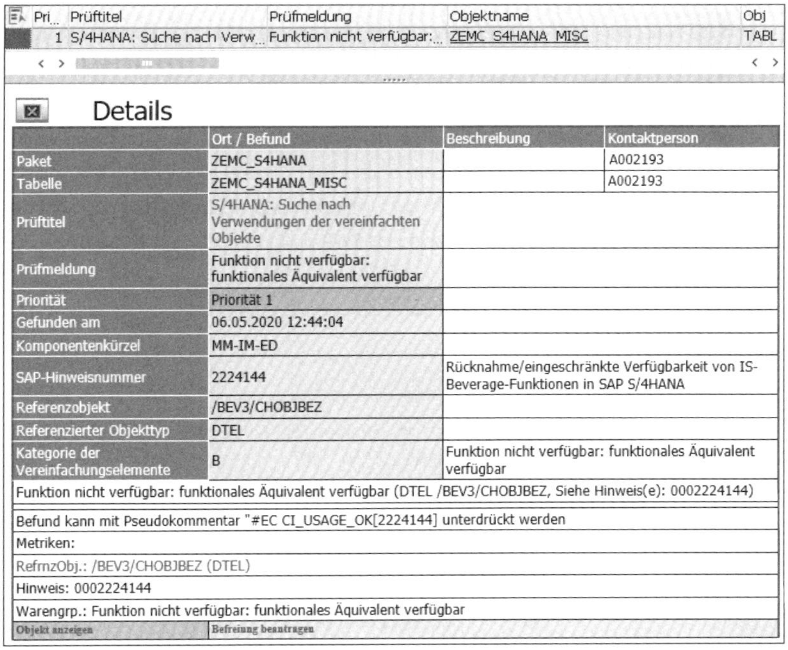

Pri...	Prüftitel	Prüfmeldung	Objektname	Obj
1	S/4HANA: Suche nach Verw...	Funktion nicht verfügbar:...	ZEMC_S4HANA_MISC	TABL

Details

	Ort / Befund	Beschreibung	Kontaktperson
Paket	ZEMC_S4HANA		A002193
Tabelle	ZEMC_S4HANA_MISC		A002193
Prüftitel	S/4HANA: Suche nach Verwendungen der vereinfachten Objekte		
Prüfmeldung	Funktion nicht verfügbar: funktionales Äquivalent verfügbar		
Priorität	Priorität 1		
Gefunden am	06.05.2020 12:44:04		
Komponentenkürzel	MM-IM-ED		
SAP-Hinweisnummer	2224144	Rücknahme/eingeschränkte Verfügbarkeit von IS-Beverage-Funktionen in SAP S/4HANA	
Referenzobjekt	/BEV3/CHOBJBEZ		
Referenzierter Objekttyp	DTEL		
Kategorie der Vereinfachungselemente	B	Funktion nicht verfügbar: funktionales Äquivalent verfügbar	

Funktion nicht verfügbar: funktionales Äquivalent verfügbar (DTEL /BEV3/CHOBJBEZ, Siehe Hinweis(e): 0002224144)

Befund kann mit Pseudokommentar "#EC CI_USAGE_OK[2224144] unterdrückt werden

Metriken:

RefrnzObj.: /BEV3/CHOBJBEZ (DTEL)

Hinweis: 0002224144

Warengrp.: Funktion nicht verfügbar: funktionales Äquivalent verfügbar

Objekt anzeigen | Befreiung beantragen

Abbildung 6.38 Befund zum Prüftitel »S/4HANA: Suche nach Verwendungen der vereinfachten Objekte« – Funktion nicht verfügbar: funktionales Äquivalent verfügbar

Datenelement /BEV3/CHOBJBEZ

Das Datenelement /BEV3/CHOBJBEZ wird für die Spalte BEN in der Tabelle ZEMC_S4HANA_MISC verwendet (siehe Abbildung 6.39). Die Länge des Datenelements ist auf 50 Zeichen festgelegt. Die diesem Datenelement zugeordnete Domäne /BEV3/CHCHAR50 erlaubt darüber hinaus auch Kleinbuchstaben. Weitere Zusatzeigenschaften zum Datenelement und zur Domäne sind nicht hinterlegt.

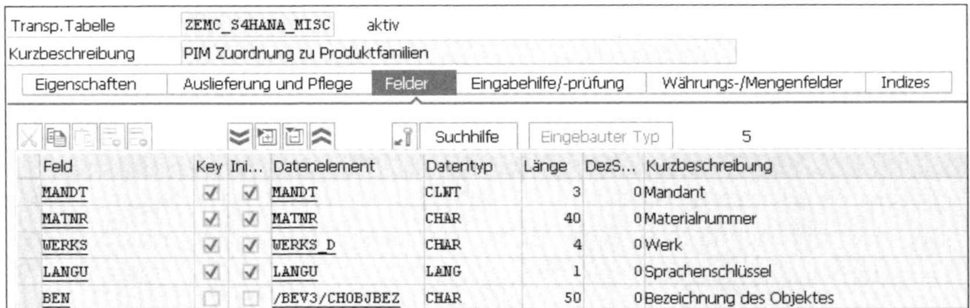

Feld	Key	Ini...	Datenelement	Datentyp	Länge	DezS...	Kurzbeschreibung
MANDT	✓	✓	MANDT	CLNT	3	0	Mandant
MATNR	✓	✓	MATNR	CHAR	40	0	Materialnummer
WERKS	✓	✓	WERKS_D	CHAR	4	0	Werk
LANGU	✓	✓	LANGU	LANG	1	0	Sprachenschlüssel
BEN			/BEV3/CHOBJBEZ	CHAR	50	0	Bezeichnung des Objektes

Abbildung 6.39 Transparente Tabelle ZEMC_S4HANA_MISC

Bei einer Übernahme dieser Tabelle in SAP S/4HANA wird es zu einem Syntaxfehler kommen. Die Tabelle ZEMC_S4HANA_MISC kann nicht aktiviert werden, da das Datenelement /BEV3/CHOBJBEZ und die Domäne /BEV3/CHCHAR50 in SAP S/4HANA nicht existieren.

Suche nach ähnlichen Datenelementen

Über die Transaktion SE84 (Repository-Infosystem) ist eine einfache Suche nach ähnlichen Datenelementen möglich. Im aktuellen Beispiel haben wir uns für das Datenelement SLTXT_KK entschieden, das bis auf die Beschreibung im ABAP Dictionary die gleiche technische Definition wie das Datenelement /BEV3/CHOBJBEZ hat (siehe Abbildung 6.40). Das Datenelement SLTXT_KK existiert bereits in SAP ERP, weswegen eine technische Anpassung der kundeneigenen Tabelle schon vor der SAP-S/4HANA-Umstellung möglich wäre.

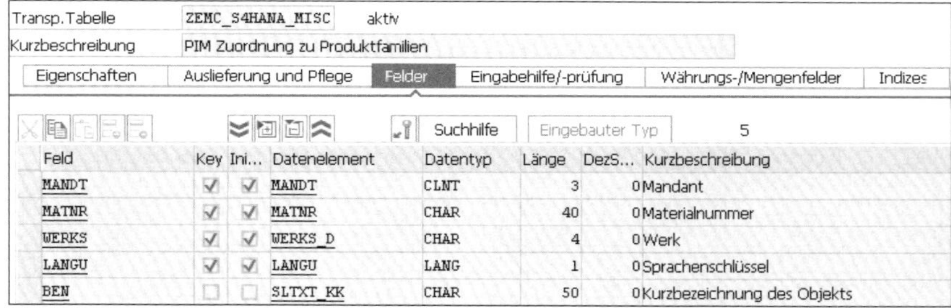

Feld	Key	Ini...	Datenelement	Datentyp	Länge	DezS...	Kurzbeschreibung
MANDT	✓	✓	MANDT	CLNT	3	0	Mandant
MATNR	✓	✓	MATNR	CHAR	40	0	Materialnummer
WERKS	✓	✓	WERKS_D	CHAR	4	0	Werk
LANGU	✓	✓	LANGU	LANG	1	0	Sprachenschlüssel
BEN			SLTXT_KK	CHAR	50	0	Kurzbezeichnung des Objekts

Abbildung 6.40 Ersatz-Datenelement SLTXT_KK

Durch das Ersetzen des Datenelements /BEV3/CHOBJBEZ durch SLTXT_KK ist der Befund behoben.

6.7.5 Funktion nicht verfügbar: gleichwertige Funktion auf Roadmap (Datenelement CHAR02)

Beim Custom Code Check für SAP S/4HANA können Befunde zu Objekten hochkommen, die abgekündigten Funktionalitäten zugeordnet sind und zu denen SAP laut Roadmap zukünftig gleichwertige Funktionen anbieten möchte.

SAP Roadmaps

Die Roadmaps zu den verschiedenen SAP-Lösungen können Sie online unter *https://roadmaps.sap.com/welcome#/* einsehen.

In Abbildung 6.41 wird ein Befund zum Datenelement CHAR02 angezeigt. Dieses Datenelement ist der Krankenhaus-Branchenlösung *SAP Patient Management* zugeordnet. Für SAP Patient Management wurden Anfang 2019 mit *SAP Patient Accounting* und *SAP Patient Administration* neue Lösungen für Gesundheitsdienstleister veröffentlicht. Die Übernahme der in SAP ERP verfügbaren SAP-Patient-Management-Lösung in SAP S/4HANA ist nicht geplant. In dem im Befund referenzierten SAP-Hinweis 2689873 ist abschließend beschrieben, dass keines der abhängigen Entwicklungsobjekte mehr im Software Stack zur Verfügung steht.

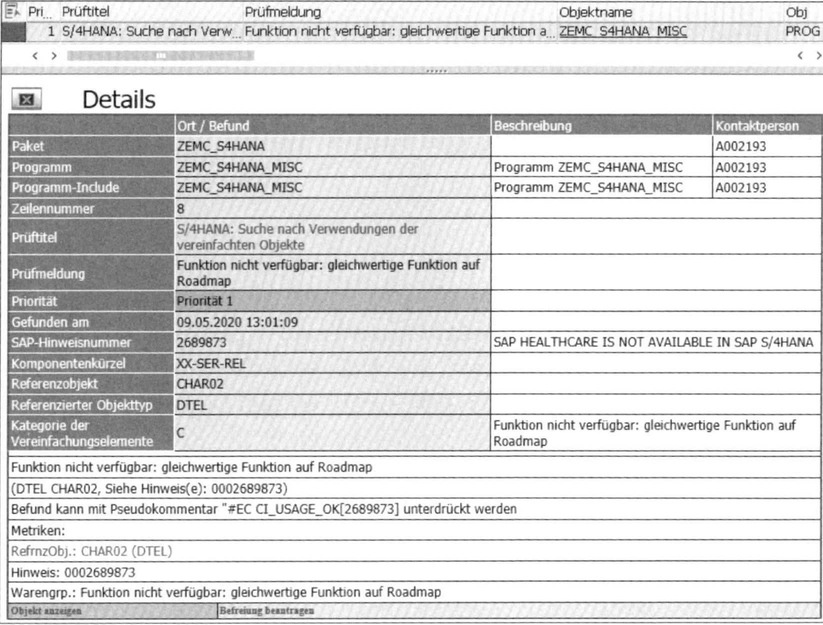

Pri...	Prüftitel	Prüfmeldung	Objektname	Obj
1	S/4HANA: Suche nach Verw...	Funktion nicht verfügbar: gleichwertige Funktion a...	ZEMC_S4HANA_MISC	PROG

Details

	Ort / Befund	Beschreibung	Kontaktperson
Paket	ZEMC_S4HANA		A002193
Programm	ZEMC_S4HANA_MISC	Programm ZEMC_S4HANA_MISC	A002193
Programm-Include	ZEMC_S4HANA_MISC	Programm ZEMC_S4HANA_MISC	A002193
Zeilennummer	8		
Prüftitel	S/4HANA: Suche nach Verwendungen der vereinfachten Objekte		
Prüfmeldung	Funktion nicht verfügbar: gleichwertige Funktion auf Roadmap		
Priorität	Priorität 1		
Gefunden am	09.05.2020 13:01:09		
SAP-Hinweisnummer	2689873	SAP HEALTHCARE IS NOT AVAILABLE IN SAP S/4HANA	
Komponentenkürzel	XX-SER-REL		
Referenzobjekt	CHAR02		
Referenzierter Objekttyp	DTEL		
Kategorie der Vereinfachungselemente	C	Funktion nicht verfügbar: gleichwertige Funktion auf Roadmap	

Funktion nicht verfügbar: gleichwertige Funktion auf Roadmap
(DTEL CHAR02, Siehe Hinweis(e): 0002689873)
Befund kann mit Pseudokommentar "#EC CI_USAGE_OK[2689873] unterdrückt werden
Metriken:
RefrnzObj.: CHAR02 (DTEL)
Hinweis: 0002689873
Warengrp.: Funktion nicht verfügbar: gleichwertige Funktion auf Roadmap
Objekt anzeigen | Befreiung beantragen

Abbildung 6.41 Befund zum Prüftitel »S/4HANA: Suche nach Verwendungen der vereinfachten Objekte« – Funktion nicht verfügbar: gleichwertige Funktion auf Roadmap

Im folgenden ABAP-Code wird dieses Datenelement lediglich für die technische Typisierung verwendet. Die Eigenentwicklung steht damit in keinem funktionalen Zusammenhang zur abgekündigten SAP-Patient-Management-Lösung in SAP ERP:

```
DATA: gv_subdir TYPE char02.
```

Dem Programmkontext zu diesem Beispiel können wir entnehmen, dass für die Festlegung der Typisierung lediglich die technische Datenelementdefinition relevant ist. Das Datenelement CHAR02 verwendet die Domäne CHAR2 (siehe Abbildung 6.42).

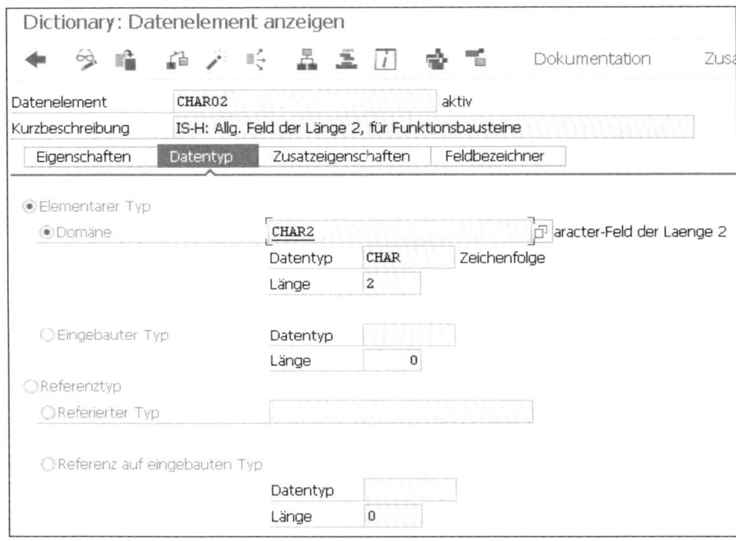

Abbildung 6.42 Datenelement CHAR02

Verwendungshäufigkeit

Die Domäne CHAR2 ist dem Entwicklungspaket SZS zugeordnet (siehe Abbildung 6.43). Dieses Entwicklungspaket enthält zentrale Objekte in SAP ERP. Aktuell gehen wir davon aus, dass Objekte aus diesem Paket aufgrund ihres hohen Verwendungsgrades weitestgehend auch in SAP S/4HANA zur Verfügung stehen werden.

Abbildung 6.43 Domäne CHAR2

Das Datenelement CHAR02 und die Domäne CHAR2 existieren technisch noch in SAP S/4HANA. Da das Datenelement CHAR02 jedoch einer abgekündigten Funktion zugeordnet ist, empfehlen wir Ihnen die Umstellung auf ein analoges Ersatzobjekt.

Suche nach alternativen Datenelementen

Die Suche im Repository-Infosystem nach Datenelementen, die die Domäne CHAR2 verwenden, ergibt ca. 4.000 Ergebnisse. Für unser Beispiel haben wir uns für das Datenelement VARI2 entschieden:


```
DATA: gv_subdir TYPE vari2.
```

Jedes andere Datenelement mit der gleichen technischen Ausprägung, das nicht Bestandteil der Vereinfachungsdatenbank ist, wäre allerdings ebenso gut geeignet, da für die Eigenentwicklung in diesem Beispiel lediglich die technischen Eigenschaften relevant sind.

Da die Variable GV_SUBDIR nur für den internen Programmablauf verwendet und auf keinem Dynpro angezeigt wird, ist alternativ auch die Typisierung mit einem nativen Datentyp möglich, um den Befund zu beheben:

```
DATA: gv_subdir(2) TYPE c.
```

Letztere Variante sollte aus Wartungs- bzw. Erweiterungsgründen grundsätzlich vermieden werden. Die Verwendung von Datenelementen ist gegenüber einer nativen Typisierung grundsätzlich zu bevorzugen.

Falls im SAP-Standard kein gleichwertiges Ersetzungsobjekt existiert, kann alternativ auch eine Kopie von CHAR2 als kundeneigenes Datenelement angelegt werden. Durch das Ersetzen des Datenelements CHAR2 durch ein gleichwertiges Ersetzungsobjekt wird der Befund behoben.

6.8 Beispiele für den Prüftitel »S/4HANA: Readiness Check für SAP Queries«

SAP Queries ermöglichen es auf einfache Weise, Datenbankauswertungen zu erstellen. Diese Datenbankauswertungen basieren auf InfoSets. Über InfoSets werden die zu selektierenden Daten auf Datenbanktabellenebene festgelegt. Eine SAP Query verwendet ein InfoSet, um die Daten im aktuellen unternehmensspezifischen Kontext aufzubereiten. Die Anlage, Änderung oder Löschung von SAP Queries ist über die Transaktion SQ01 möglich. Für die Pflege von InfoSets steht Ihnen die Transaktion SQ02 zur Verfügung.

Aufgrund der Datenmodelländerungen in SAP S/4HANA müssen bestimmte Datenbankzugriffe umgestellt werden. Die Prüfvariante S4HANA_READINESS_

SAPQUERY unterstützt Sie dabei, problematische SAP Queries automatisch zu ermitteln. In diesem Abschnitt stellen wir Ihnen zwei Beispiele zu dieser Prüfvariante zu unterschiedlichen Prüfmeldungen vor.

6.8.1 InfoSet verwendet simplifizierte Tabellen (Tabelle KONV)

Wenn ein InfoSet auf eine Tabelle zugreift, an der im Rahmen von SAP S/4HANA Änderungen vorgenommen wurden, wird ein Befund mit der Prüfmeldung »InfoSet ... uses simplified table ... (see Note: ...)« erzeugt. In Abbildung 6.44 wird ein Beispiel gezeigt, bei dem auf die in SAP S/4HANA obsolete Tabelle KONV (Konditionen – Vorgangsdaten) zugegriffen wird.

Pri...	Prüftitel	Prüfmeldung	Objektname	Obj
1	S/4HANA: Readiness Check ...	Infoset ... uses simplified table .... (see Note: ...)	ZAFO_KONV_01	AQS(
1	S/4HANA: Readiness Check	Infoset ... inconsistent. Please check in transactio	ZAFO_KONV_01	AQS(

Details

	Ort / Befund	Beschreibung	Kontaktperson
Paket	Z001		
ABAP Query: Sachgebiet	ZAFO_KONV_01		A002193
Prüftitel	S/4HANA: Readiness Check for SAP Queries		
Prüfmeldung	Infoset ... uses simplified table .... (see Note: ...)		
Priorität	Priorität 1		
Gefunden am	04.05.2020 10:57:39		

Infoset ZAFO_KONV_01 uses simplified table KONV. (see Note: 0002220005)

Kann durch ein Pragma oder einen Pseudokommentar nicht ausgeblendet werden

Objekt anzeigen | Befreiung beantragen

Abbildung 6.44 Befund zum Prüftitel »S/4HANA Readiness Check für SAP Queries« – InfoSet verwendet simplifizierte Tabellen

Zugriff im InfoSet umstellen

Diese Prüfmeldung wird im SAP-Standard immer mit der Priorität 1 ermittelt. In unserem Beispielfall sollte der Zugriff innerhalb des InfoSets umgestellt werden, da die Tabelle KONV in SAP S/4HANA zwar technisch noch existiert, aber keine Daten mehr darin fortgeschrieben werden. Über die Transaktion SQ02 können Sie die alte Definition des InfoSets einsehen. Im Beispiel verwendet das InfoSet ausschließlich die Tabelle KONV (siehe Abbildung 6.45). Da die Tabelle KONV die erste und einzige Tabelle im InfoSet ist, erlaubt die Transaktion SQ02 weder das Löschen noch das Ersetzen dieser Tabelle.

Zur Behebung des aktuellen Befundes muss deshalb ein neues InfoSet erstellt werden, das die gewünschten Daten aus der Tabelle PRCD_ELEMENTS selektiert (siehe Abbildung 6.46). Anschließend können Sie zu dem neuen InfoSet die benötigten SAP Queries anlegen. Das alte InfoSet und die zugehörigen SAP Queries können anschließend gelöscht werden.

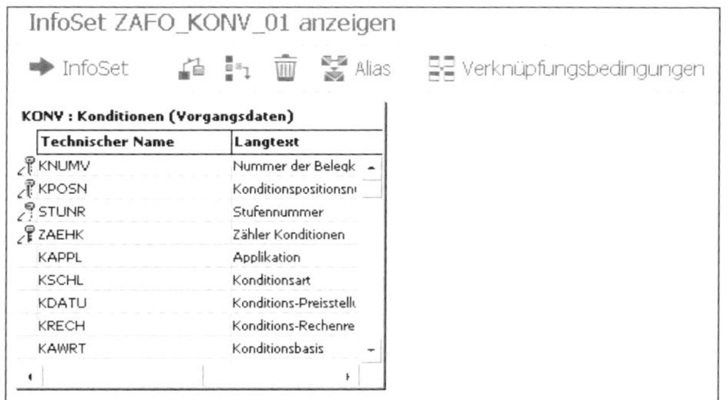

Abbildung 6.45 Tabellendefinition im InfoSet in Transaktion SQ02

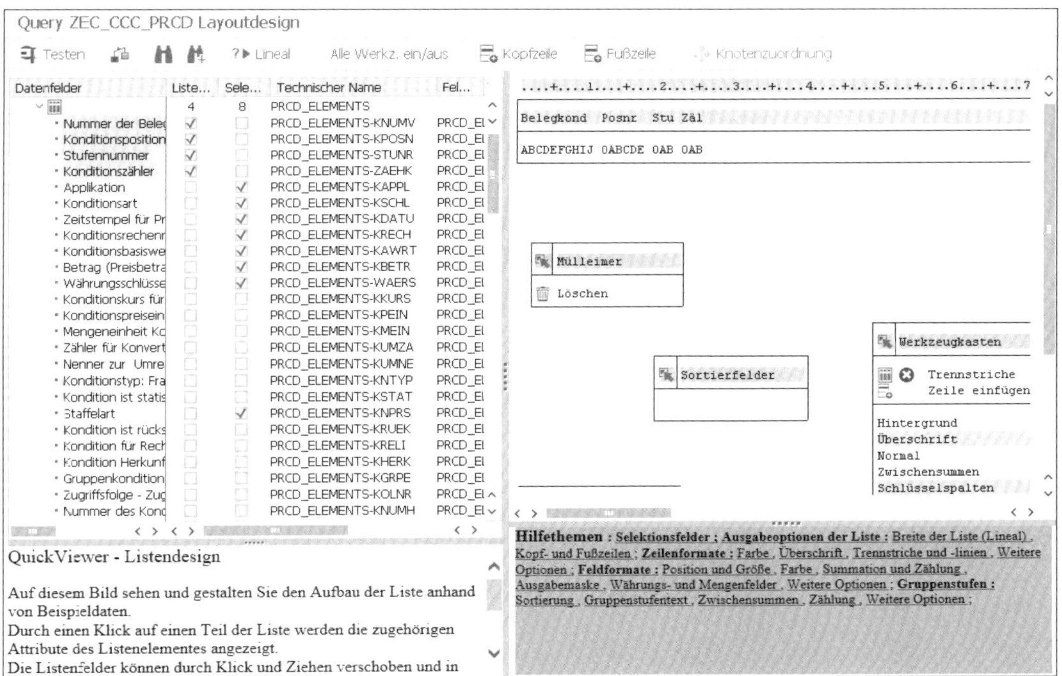

Abbildung 6.46 Layoutdesigner für SAP Queries, basierend auf dem InfoSet zur Tabelle PRCD_ELEMENTS

[«]

Weiterführende Informationen zu SAP Queries

Für weiterführende Informationen zu der SAP-Query-Implementierung empfehlen wir Ihnen das Buch »Praxishandbuch SAP Query-Reporting« von Stephan Kaleske, Karin Bädekerl und Heinz Forsthuber (2. Auflage, SAP PRESS 2013).

6.8.2 InfoSet inkonsistent

Fehler oder bestimmte Warnungen können Inkonsistenzen in InfoSets erzeugen. In Abbildung 6.47 wird ein Beispiel für die entsprechende Prüfmeldung »InfoSet ... inconsistent« gezeigt.

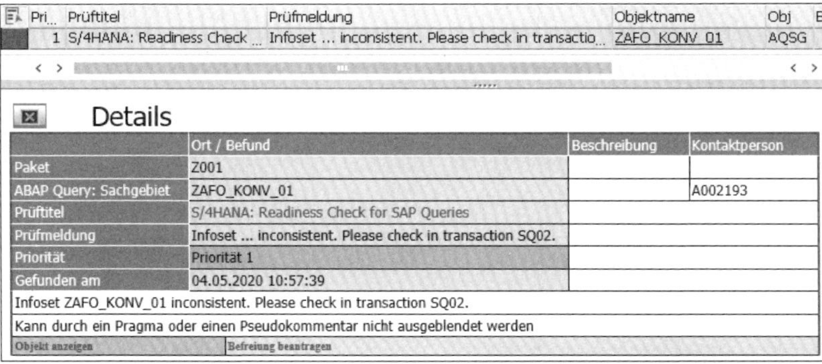

Abbildung 6.47 Befund zum Prüftitel »S/4HANA Readiness Check für SAP Queries« – InfoSet inkonsistent

Syntaxprüfung

Über die Transaktion SQ02 kann eine Syntaxprüfung und eine Regenerierung des betroffenen InfoSets erfolgen. In unserem Beispielfall liefert die Syntaxprüfung zwar keinen Fehler, jedoch erscheinen bei der Regenerierung diverse Warnungen (siehe Abbildung 6.48).

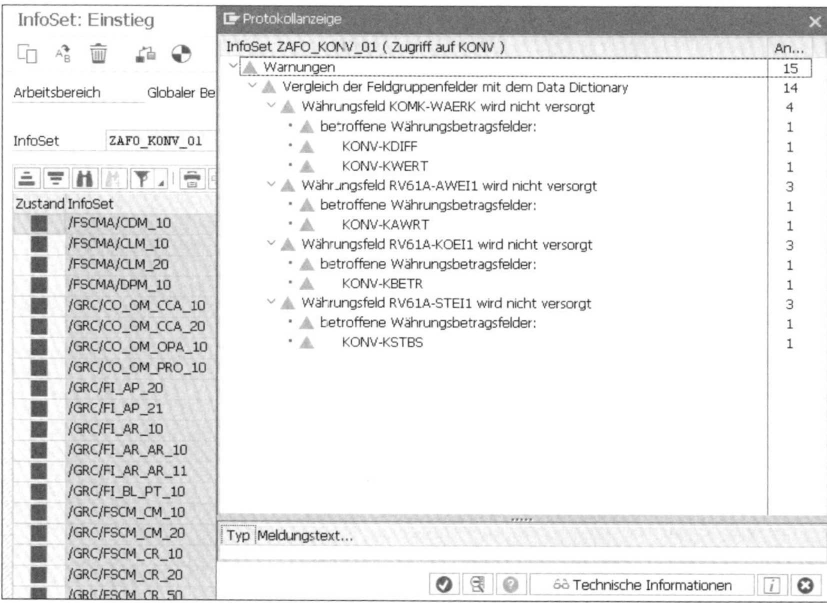

Abbildung 6.48 Meldungen bei der Regenerierung eines InfoSets

Im Beispiel kann für bestimmte Währungsfelder (Datentyp CUKY) keine eindeutige Zuordnung zum Währungsbetragsfeld (Datentyp CURR) ermittelt werden. Diese Zuordnung ist jedoch erforderlich, damit die Währungsbeträge abhängig von der Währung korrekt dargestellt werden können. Zur Korrektur dieser Warnung muss das InfoSet um eine eindeutige Zuordnung von Währungsbetragsfeld und Währungsfeld erweitert werden.

[«]

Weitere Informationen zur Erweiterung einer SAP Query

Der SAP-Hinweis 41655 beschreibt ausführlich die hier dargestellte Problematik und einen Lösungsweg über die Implementierung einer Ermittlungslogik innerhalb der Satzverarbeitung.

Sind alle Warnungen und Fehler behoben, werden auch keine Befunde mehr mit dieser Prüfmeldung ermittelt.

6.9 Zusammenfassung

Von einfachen Feldlängenerweiterungen über technische Datenmodelländerungen bis hin zu fachlichen Vereinfachungen umfasst SAP S/4HANA eine sehr umfangreiche Anzahl unterschiedlichster Änderungen im Vergleich zu SAP ERP. Werden die Befunde der SAP-S/4HANA-Prüfvarianten ignoriert, kann es im schlimmsten Fall zu Laufzeitfehlern bei der Ausführung, Dateninkonsistenzen oder Datenverlust kommen.

In manchen Fällen können einfache Änderungen im Code einen SAP-S/4HANA-Befund bereits lösen. Die Custom-Code-Migration kann aber auch als Chance wahrgenommen werden, die Codequalität zu verbessern, indem beispielsweise direkte Tabellenzugriffe auf API-Zugriffe umgestellt oder Literale im Coding vermieden werden. Diese Maßnahmen verringern zukünftig den Wartungsaufwand Ihrer Entwicklungen.

Bevor umfangreiche Entwicklungen umgestellt werden, sollte geprüft werden, ob die betreffende Erweiterung in SAP S/4HANA noch benötigt wird. Mit SAP S/4HANA wandern viele neue Funktionen in den digitalen Kern, was bestimmte Zusatzentwicklungen entweder obsolet macht oder deren Re-Design erfordert. Unabhängig davon sollten funktionale Änderungen mindestens einen erfolgreichen Funktionstest durchlaufen. Wenn produktunabhängige funktionale Änderungen bereits in SAP ERP produktiv genommen werden, wird ein Funktionstest auch in SAP S/4HANA empfohlen.

In diesem Kapitel haben wir vereinfachte Codebeispiele zu gängigen SAP-S/4HANA-Prüfmeldungen vorgestellt, die auf produktiv verwendeten ABAP-

Entwicklungen basieren. Aufgrund der vielen unterschiedlichen Befunde auf Basis der Vereinfachungsdatenbank ist eine vollumfängliche Behandlung aller Befunde mit Beispielen nicht möglich. Die Beispiele dieses Kapitels sollen Sie dabei unterstützen, das grundsätzliche Vorgehen zur Lösung eines bestimmten Befundes zu erlernen. Letztendlich ist und bleibt die Custom-Code-Migration nach SAP S/4HANA reine Fleißarbeit. Eine individuelle Prüfung der Befunde mit Unterstützung durch die referenzierten SAP-Hinweise ist in vielen Fällen notwendig, um die Codeanpassungen erfolgreich durchführen zu können.

Kapitel 7
Quick Fixes

Quick Fixes unterstützen eine halbautomatische Custom-Code-Migration für die SAP-HANA- und SAP-S/4HANA-Befunde. Es können Korrekturvorschläge für einzelne Codeabschnitte generiert werden. Eine Massenbearbeitung von Befunden ist ebenfalls möglich. So kann eine Vielzahl von SAP-HANA- und SAP-S/4HANA-Befunden in kürzester Zeit behoben werden.

Quick Fixes können über die ABAP Development Tools (ADT) in Eclipse schon seit Längerem angewendet werden, um Korrekturvorschläge für Eigenentwicklungen in unterschiedlichen Bereichen auszuführen. Diese Technik wurde erweitert, um eine halbautomatische Codekorrektur für SAP-HANA- und SAP-S/4HANA-Befunde zu ermöglichen.

Wachsender Funktionsumfang

Die Anzahl der von Quick Fixes unterstützten Anwendungsfälle wächst stetig. Sie reichen von einfachen SAP-HANA-Befunden bis hin zu fachlich komplexeren SAP-S/4HANA-Befunden. Laut einer inoffiziellen Veröffentlichung konnten Mitte 2019 bereits ca. 60 % der SAP-S/4HANA-Befunde für Eigenentwicklungen über Quick Fixes gelöst werden (Quelle: *http://s-prs.de/v763216*). Für Spezialfälle können darüber hinaus auch eigene Quick Fixes entwickelt werden.

Aufbau des Kapitels

In diesem Kapitel erhalten Sie einen Überblick zu den Quick Fixes im Kontext der Custom-Code-Migration nach SAP HANA bzw. SAP S/4HANA. In Abschnitt 7.1 werden die Systemvoraussetzungen für Quick Fixes beschrieben. Anschließend erläutern wir in Abschnitt 7.2 den aktuellen Funktionsumfang. Die Installation der ADT sowie die Objektprüfung und die Anwendung der Quick Fixes sind Bestandteil von Abschnitt 7.3. In Abschnitt 7.4 erhalten Sie eine Einführung in die Entwicklung eigener Quick Fixes.

7.1 Systemvoraussetzungen

Für die Verwendung von Quick Fixes im Kontext der Custom-Code-Migration nach SAP S/4HANA wird mindestens SAP S/4HANA 1809 (SAP_BASIS 7.53 mit Support Package 0) benötigt. Je aktueller Ihr SAP-S/4HANA-System ist, desto größer ist der im Standard verfügbare Funktionsumfang der Quick Fixes. Neue Quick Fixes oder Fehlerkorrekturen können Sie über die Installation von SAP-Hinweisen ab SAP S/4HANA 1809 ebenfalls verwenden.

Relevante SAP-Hinweise

Beachten Sie abhängig vom Release Ihrer SAP_BASIS-Komponente die SAP-Hinweise aus Tabelle 7.1.

Hinweisnummer	Titel	SAP_BASIS-Release
2664461	Quick Fix: Verbesserte Behandlung der funktionalen Methodenaufrufe (z. B. in LOOP-Anweisungen)	7.50 bis 7.53
2695592	Aktivieren der Funktion für mehrere Quick Fixes für ATC-Probleme in ADT	7.53
2712310	Quick Fix für mehrdeutiges SELECT SINGLE	7.53
2726190	Korrekturen für empfohlene ABAP-Test-Cockpit-Quick-Fixes	7.53
2730910	ATC: Neue Quick-Fix-Kategorie für Pseudokommentare/Pragmas	7.53
2738251	Quick Fixes für Kundencodeprüfungen in SAP S/4HANA	7.53
2738503	Downport der Quick-Fix-Infrastruktur	7.53
2738746	ATC-Checks an die neue Quick-Fix-Infrastruktur anpassen	7.53
2762478	Doppelte Quick-Fix-Vorschläge im CVA	7.53
2763301	ATC-Prüfungen von SAP-S/4HANA-Kundencode: CX_SY_MOVE_CAST_ERROR in CL_S4H_QUICK FIX_PROVIDER	7.53
2791259	Aktivierung von Quick Fixes mit moderner SQL-Syntax für SAP S/4HANA	7.53
2833230	Quick Fix: Hinzufügen nicht implementierter Methode in bereits implementierter (neu definierter) Methode	7.50 bis 7.53
2833814	Korrektur des Testens von Quick Fixes	7.54

Tabelle 7.1 SAP-Hinweise zu Systemvoraussetzungen für Quick Fixes, abhängig vom SAP_BASIS-Release

Hinweisnummer	Titel	SAP_BASIS-Release
2841686	Die Syntaxprüfung für Quick Fixes schlägt in Einzelfällen fehl, wenn FORMs in Makros definiert werden	7.54
2902053	Downport Quick-Fix-Kommentare	7.54
2904824	ATC: Empfohlene Quick Fixes können nicht zurückgenommen werden	7.54
2911030	Quick Fix für Syntaxfehler bezüglich ehemaliger Konstanten aus dem Include RVVBTYP	7.54
2918443	ADT: Änderungen in Funktionsbausteinen können nicht gespeichert werden	7.53 bis 7.54
2923410	Syntaxwarnungen nach Quick Fix wegen Feld MANDT in einem JOIN	7.53 bis 7.54

Tabelle 7.1 SAP-Hinweise zu Systemvoraussetzungen für Quick Fixes, abhängig vom SAP_BASIS-Release (Forts.)

Da der Quick-Fix-Funktionsumfang kontinuierlich wächst, empfehlen wir eine regelmäßige Überprüfung der aktuellen SAP-Hinweise. In Sammelhinweis 2436688 werden darüber hinaus SAP-Hinweise für die Verwendung der SAP-S/4HANA-Prüfungen im ABAP Test Cockpit (ATC) zusammengefasst.

Keine Quick Fixes bei Remote-Prüfungen

Eine Verwendung der Quick Fixes ist nur möglich, wenn die anzupassende Eigenentwicklung Bestandteil des SAP-S/4HANA-Systems ist, in dem der Custom Code Check für SAP S/4HANA ausgeführt wird. Falls Sie ein zentrales SAP-S/4HANA-Prüfsystem für die Remote-Prüfung Ihres SAP-ERP-Entwicklungssystems verwenden, ist die Verwendung der SAP-S/4HANA-Quick-Fixes nicht möglich.

Eclipse- und ADT-Version

Zusätzlich ist die Installation der ADT in Version 2.96 oder höher notwendig. Wir empfehlen Ihnen, die jeweils aktuellste Version von Eclipse zu installieren und darauf basierend die aktuellste Version der ADT zu verwenden.

7.2 Funktionsumfang der SAP-S/4HANA-Quick-Fixes

Die Quick Fixes für die Custom-Code-Migration nach SAP S/4HANA werden immer für spezifische Anwendungsfälle angeboten. In diesem Abschnitt geben wir Ihnen einen generellen Überblick über die aktuell verfügbaren Quick Fixes. Die SAP-Fiori-App *Custom Code Migration* bietet Ihnen auf

Basis eines SAP-S/4HANA-Prüflaufs im ATC ebenfalls eine Übersicht der verfügbaren Quick Fixes zu spezifischen Befunden. Wir zeigen Ihnen, wie Sie diese Informationen abrufen. Abschließend werden kundenindividuelle Konfigurationen im Kontext der SAP-S/4HANA-Quick-Fixes erläutert.

7.2.1 Quick Fixes für verschiedene Anwendungsfälle

Unterstützung abhängig von Codekonstellation

Die von SAP angebotenen Quick Fixes fokussieren sich auf die Behebung häufig auftretender Befunde und damit auf bestimmte Anwendungsfälle. Allerdings wird nicht zu jedem Befund ein Quick Fix angeboten. Ob die Verwendung von Quick Fixes möglich ist, ist abhängig von der spezifischen Codekonstellation in Ihrer Eigenentwicklung.

Anwendungsfälle im Überblick

Eine aktuelle Übersicht der durch Quick Fixes unterstützten Anwendungsfälle erhalten Sie über den Sammelhinweis 2866977.

Anwendungsfälle

Folgende Anwendungsfälle werden zum Zeitpunkt der Drucklegung dieses Buches unterschieden:

- **Feldlängenerweiterung für Materialnummer (SAP-Hinweis 2215424)**
  Für die Materialnummer-Feldlängenerweiterung werden Quick Fixes für den Prüftitel »S/4HANA: Feldlängenerweiterungen« für Typkonflikte sowie Probleme mit den Anweisungen `WRITE`, `IMPORT`, `EXPORT`, `TRANSFER`, `READ DATASET` und `REPLACE` angeboten. Die Materialnummer-Feldlängenerweiterung im Customizing darf für die Verwendung dieses Quick Fixes nicht aktiviert sein.
- **Feldlängenerweiterung für Betragsfeld (SAP-Hinweis 2610650)**
  Quick Fixes für die Betragsfeldlängenerweiterung werden für den Prüftitel »S/4HANA: Feldlängenerweiterungen« für Typkonflikte sowie Probleme mit den Anweisungen `WRITE`, `IMPORT` , `EXPORT`, `TRANSFER`, `READ DATASET` und `REPLACE` angeboten. Im Customizing darf für die Verwendung dieses Quick Fixes die Betragsfeldlängenerweiterung nicht aktiviert sein.
- **Änderungen am Datenmodell in SD (SAP-Hinweis 2198647)**
  Bestimmte Datenbankzugriffe auf die Datenbanktabellen `VBFA`, `VBUK` und `VBUP` können über Quick Fixes umgestellt werden. Zusätzlich wird die Anpassung der Vertriebsbelegtypen im Quelltext über Quick Fixes unterstützt.
- **Entwurf für SD-Faktura (SAP-Hinweis 2768887)**
  Die Prüfung stellt eine Korrektur für Datenbankzugriffe auf die Datenbanktabellen `VBRK` und `VBRP` ohne Angabe der Felder `VBELN` oder `DRAFT` in der `WHERE`-Bedingung zur Verfügung.

- **Änderungen am Datenmodell in der Preisfindung und Konditionstechnik (SAP-Hinweis 2220005)**
  Bestimmte Datenbankzugriffe auf die Datenbanktabelle `KONV` können über Quick Fixes umgestellt werden.
- **Hauptbuch: inkompatible Änderungen im Vergleich zu klassischen ERP-Releases (SAP-Hinweis 2431747)**
  Bestimmte Datenbankzugriffe auf die Datenbanktabelle `BSEG` werden von Quick Fixes unterstützt.
- **Custom-Code-Migration nach SAP HANA (SAP-Hinweis 1912445)**
  Für die Prüfung »Problemat. Anweisungen für Ergebnis von SELECT/OPEN CURSOR ohne ORDER BY« werden Quick Fixes für alle Prüftitel bereitgestellt.

7.2.2 Übersicht in der App »Custom Code Migration«

Befunde mit Quick-Fix-Verfügbarkeit

Über die App *Custom Code Migration* (CCM) können ATC-Läufe eingeplant und die ermittelten Befunde angezeigt werden (siehe Abschnitt 4.6, »Prüfungen mit der App ›Custom Code Migration‹«). In der Detailansicht **Befunde analysieren** können Sie über das bereits im Standard verfügbare Diagramm **Befunde nach Quickfix-Verfügbarkeit** gezielt nach bestimmten Befunden filtern, die (k)eine Quick-Fix-Unterstützung anbieten (siehe Abbildung 7.1).

Abbildung 7.1 Überblick der ATC-Befunde in der CCM-App

In der Spalte **Quickfix-Verfügbarkeit** wird zu jedem Befund angezeigt, ob dieser über einen Quick Fix behoben werden kann oder nicht. Über den Objektnamen können Sie im Browser direkt zu der betreffenden Codezeile in den ADT navigieren. Die Anwendung der Quick Fixes ist nur über die ADT in Eclipse möglich.

7.2.3 Automatische Generierung von Kommentaren

Aktivierung von Kommentaren

Insbesondere bei einer Massenbearbeitung von Befunden durch Quick Fixes sind Kommentare im Code hilfreich, um die Codeänderungen durch die Quick Fixes später besser nachvollziehen zu können. Über den Report `SATC_AC_QFIX_COMMENTS_ENABLED` können Sie solche zusätzlichen Kommentare aktivieren, die dann automatisch hinterlegt werden. Die generierten Kommentare im Code enthalten die folgenden Informationen:

- textuelle Beschreibung des verwendeten Quick Fixes
- auskommentierter Originalquellcode
- zugeordnete Transportauftragsnummer und Transportauftragstext

Das Aktivieren von Quick-Fix-Kommentaren ist eine optionale Funktion. Sie sollte nur dann aktiviert werden, wenn Sie die alten Quellcodebestandteile in der aktiven Objektversion beibehalten wollen.

Report SATC_AC_QFIX_COMMENTS_ENABLED

Falls der Report `SATC_AC_QFIX_COMMENTS_ENABLED` in Ihrem System nicht existiert, prüfen Sie SAP-Hinweis 2902053.

7.3 Quick Fixes in den ABAP Development Tools verwenden

In diesem Abschnitt zeigen wir Ihnen, wie Sie Eclipse und die ABAP Development Tools (ADT) für die Verwendung der Quick Fixes einrichten und optional die automatische Generierung von Kommentaren aktivieren. Die Objektprüfung in Eclipse bildet die Basis, um Befunde zu identifizieren, die über einen Quick Fix behoben werden können. Wir zeigen Ihnen zwei unterschiedliche Wege zur Anwendung der Quick Fixes.

7.3.1 Installation und Konfiguration der ABAP Development Tools

Installation

Zum Zeitpunkt der Erstellung dieses Buches wird die aktuellste Version der ADT von SAP für Eclipse 2020-06 (4.16) angeboten. Aktuelle Informationen zu den benötigten Versionen von Eclipse und der ADT finden Sie online unter *http://s-prs.de/v763217*. Die empfohlene Variante *Eclipse IDE for Java Developers* können Sie für Eclipse 2020-06 unter der URL *http://s-prs.de/v763218* herunterladen. Nach der Installation von Eclipse laden Sie innerhalb der Entwicklungsumgebung über den Menüpfad **Help • Install New Software** die aktuellste Version der ADT herunter. Geben Sie dabei die URL *https://tools.hana.ondemand.com/latest/* an (siehe Abbildung 7.2).

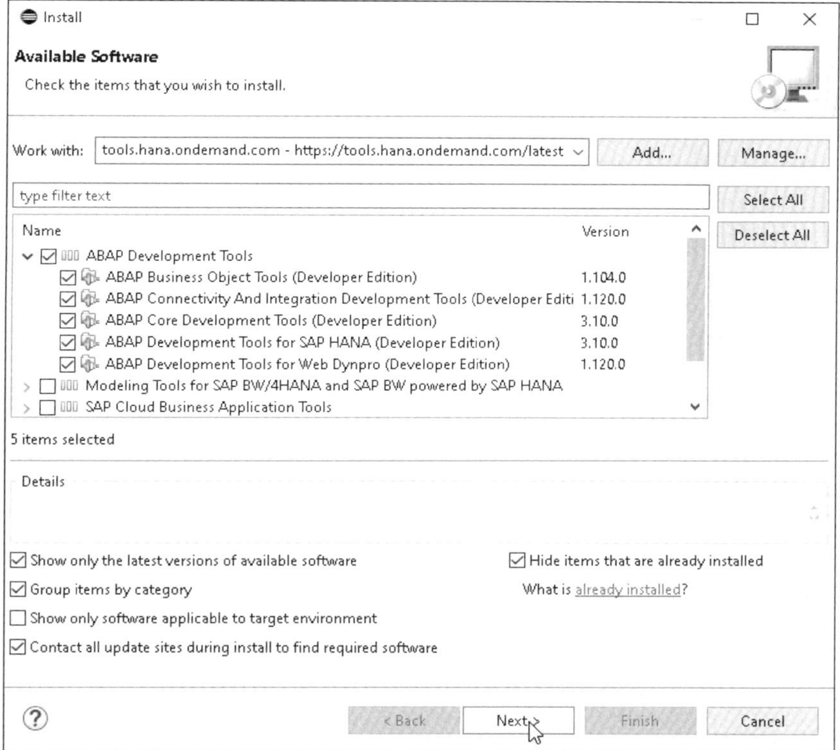

Abbildung 7.2 Installation der ABAP Development Tools in Eclipse

[+]

Installationsanleitung

Eine ausführliche Beschreibung der Installation der ADT bietet SAP im Leitfaden »Installing ABAP Development Tools« an (*http://s-prs.de/v763220*).

Anzeige der ATC-Views

Nach der Installation der ADT können Sie über den Menüpfad **Window • Perspective • Open Perspective • Other...** die Perspektive **ABAP** in Eclipse öffnen. Zusätzlich ist die Anzeige der Views **ATC Problems** und **ATC Result Browser** über **Window • Show View** sinnvoll. In den Views **ATC Problems** und **ATC Result Browser** werden die Befunde zu ATC-Läufen angezeigt. Der View **ATC Prob-**

lems ist für die Anzeige von lokal durchgeführten ATC-Läufen, was in der Regel nur ein einzelnes oder wenige Objekte betrifft. Im **ATC Result Browser** können die Befunde aus zentralen, beispielsweise über die Transaktion ATC eingeplanten ATC-Läufen für eine Massenobjektprüfung bearbeitet werden. Die so im Hintergrund eingeplanten ATC-Läufe sind nur im **ATC Result Browser** sichtbar. Wie im **ATC Result Browser** im SAP GUI wird über diesen View auch die Anzeige von lokalen ATC-Läufen unterstützt.

ABAP-Projekt anlegen

Über den Menüpfad **File • New • ABAP Project** können Sie nach Auswahl der Systemverbindung ein neues ABAP-Projekt in Eclipse anlegen. Über dieses ABAP-Projekt haben Sie auch Zugriff auf bestehende Entwicklungen im verbundenen System.

Zugriff auf das SAP-Backend-System

Damit Eclipse auf den ABAP-Stack Ihres SAP-Systems zugeifen kann, sind bestimmte Systemvoraussetzungen notwendig. In der SAP Community stellt SAP hierzu einen ausführlichen Konfigurationsleitfaden zur Verfügung (*http://s-prs.de/v763221*).

Selbstverständlich sind weitere Konfigurationen in Eclipse für die ABAP-Entwicklung möglich. Wir fokussieren uns in diesem Abschnitt auf die grundlegenden Einstellungen, die für die Verwendung der Quick Fixes erforderlich sind.

7.3.2 Objektprüfung durchführen

Die ADT unterstützen zwei unterschiedliche Varianten der Objektprüfung für den Custom Code Check für SAP S/4HANA:

- Die erste Variante entspricht der Durchführung einer einzelnen ATC-Prüfung im SAP GUI.
- Alternativ können Sie über die zweite Variante einen neuen (Massen-) Lauf einplanen.

Einzelprüfung

Mit einem Rechtsklick auf das zu prüfende Objekt und die Auswahl **Run as • ABAP Test Cockpit** können Sie den Custom Code Check für SAP S/4HANA für ein einzelnes Objekt ausführen (siehe Abbildung 7.3).

Wie auch innerhalb des ATC im SAP GUI wird bei der Auswahl **ABAP Test Cockpit** die in den ATC-Einstellungen hinterlegte Default-Prüfvariante verwendet. Wenn Sie eine andere Prüfvariante verwenden möchten, wählen Sie die Option **ABAP Test Cockpit With...** Daraufhin erscheint ein Pop-up-Fenster, das Sie zur Eingabe der gewünschten Prüfvariante auffordert.

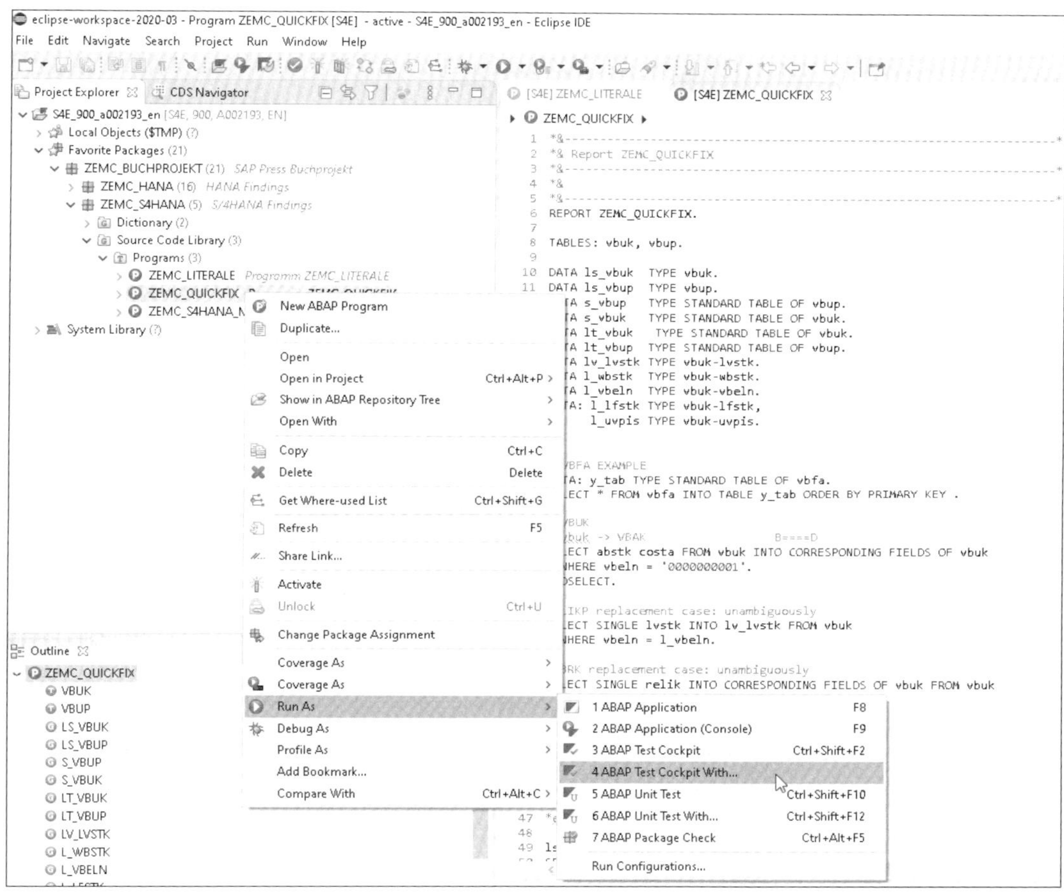

Abbildung 7.3 ATC-Prüfung für ein Objekt ausführen

Die Ergebnisse der Prüfung werden im View **ATC Problems** dargestellt. Dort werden die Quick Fixes auch angewendet, wie im folgenden Abschnitt erläutert. Der Zugriff auf die SAP-S/4HANA-Befunde zu lokalen oder zentralen ATC-Läufen ist über den View **ATC Result Browser** möglich.

Erneute (Massen-)prüfung

Alternativ können Sie über die zweite Variante einen erneuten (Massen-)Prüflauf ausführen. Dazu klicken Sie im View **ATC Result Browser** mit der rechten Maustaste auf einen vorhandenen Lauf und wählen **Recheck** im Kontextmenü (siehe Abbildung 7.4). Damit werden alle Objekte, die im vorhandenen Lauf ermittelt wurden, erneut geprüft.

Mit einem Doppelklick auf einen lokalen Lauf werden die Befunde dieses Laufs aufgelistet. Über diese Ansicht ist auch die Massenausführung der empfohlenen Quick Fixes möglich, die im folgenden Abschnitt näher beschrieben wird.

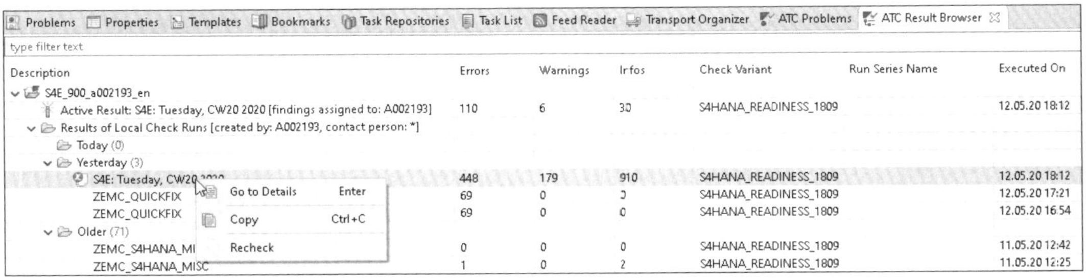

Abbildung 7.4 Erneute Prüfung in den ADT anstoßen

7.3.3 Quick Fixes anwenden

Befunde, für die ein Quick Fix angeboten wird, werden in der Ergebnisübersicht in den ADT mit dem Glühbirnensymbol () gekennzeichnet.

Quick Fix auswählen

Bei der Anwendung von Quick Fixes wird zwischen der Auswahl **Recommended Quick Fixes** (im Deutschen »empfohlene Quick Fixes«) und **Quick Fix** unterschieden:

- Wählen Sie die Option **Recommended Quick Fixes**, wird der von SAP empfohlene Vorschlag zur Behebung des Befundes übernommen. Diesen Quick Fix können Sie gleichzeitig auf unterschiedliche Befunde anwenden.
- Bei der Auswahl **Quick Fix** werden Ihnen alle vorhandenen Varianten zur Behebung eines Befundes in einer Auswahlliste angezeigt.

In diesem Abschnitt stellen wir Ihnen beide Varianten anhand von Beispielen vor.

[+]

Quick Fix rückgängig machen

Wenn Sie mit dem angewendeten Quick Fix nicht zufrieden sind, können Sie über die Tastenkombination Strg+Z die Ursprungsversion Ihres Codes wiederherstellen.

Quick Fix im View »ATC Problems« anwenden

Im folgenden Beispiel soll ein Quick Fix für die ABAP-Anweisung aus Listing 7.1 ausgeführt werden.

```
SELECT SINGLE lvstk
     INTO lv_lvstk
     FROM vbuk
    WHERE vbeln = ls_vbuk-vbeln.
```

Listing 7.1 Ausgangsanweisung vor Anwendung des Quick Fixes

Mit einem Doppelklick auf den entsprechenden Eintrag im View **ATC Problems** springen Sie direkt zum Quellcode des Befundes ab. Einen einzelnen Quick Fix können Sie entweder über den Eintrag **Quick Fix...** im Kontextmenü (siehe Abbildung 7.5) oder über die Tastenkombination Strg+1 ausführen.

Absprung zum Quellcode

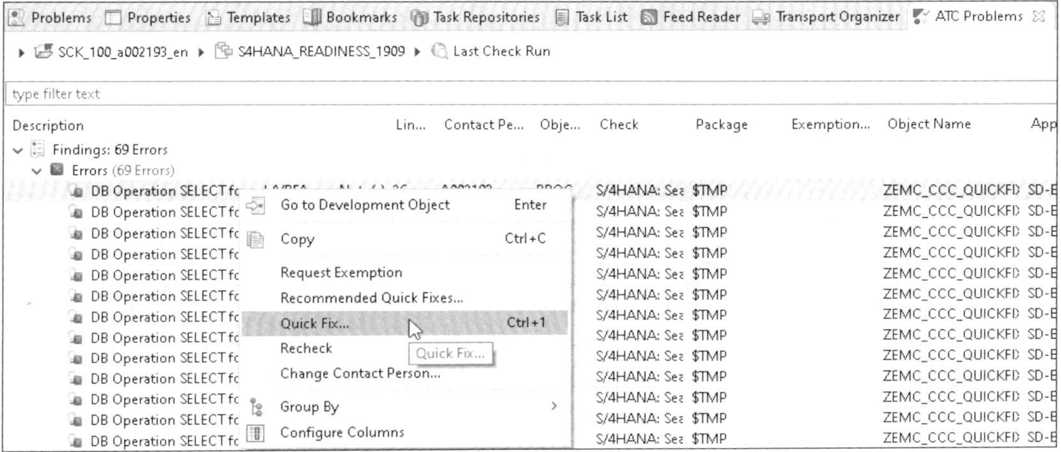

Abbildung 7.5 Quick-Fix-Auswahl über das Kontextmenü

Im darauffolgenden Pop-up-Fenster werden Ihnen die auswählbaren Quick Fixes angezeigt. Markieren Sie den Quick Fix, den Sie ausführen möchten. Im Abschnitt **Problems** werden die betroffenen Objekte aufgeführt. In Abbildung 7.6 wurde für den Report `ZEMC_CCC_QUICKFIX` der Quick Fix zum Ersetzen der Tabelle `VBUK` durch die Tabelle `LIKP` ausgewählt.

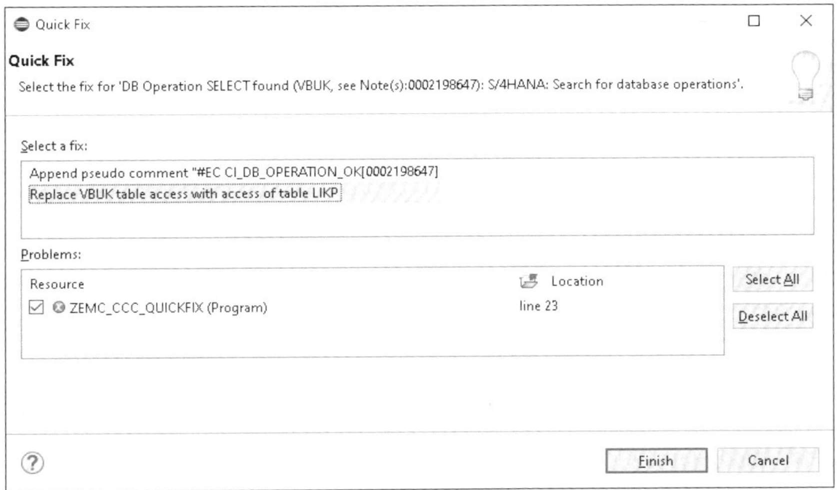

Abbildung 7.6 Quick Fix auswählen

Anwenden des Quick Fixes

Klicken Sie nach der Auswahl auf **Finish**. Daraufhin wird der Quick Fix auf den Code angewendet. Das Beispiel aus Listing 7.1 wird nach der Anwendung des Quick Fixes auf den korrekten Tabellenzugriff abgeändert (siehe Listing 7.2).

```
SELECT SINGLE lvstk
     INTO lv_lvstk
     FROM likp
    WHERE vbeln = ls_vbuk-vbeln.
```

Listing 7.2 Beispielcode nach Anwendung des Quick Fixes

Objekt erneut prüfen

Das Quick-Fix-Icon () verschwindet erst dann aus der Übersicht im View **ATC Problems**, wenn Sie das geänderte Objekt aktivieren ([Strg]+[F3]) und eine erneute Prüfung durchführen.

Quick Fix im ABAP Editor anwenden

Direkte Auswahl im Code

Sie können die Anwendung eines einzelnen Quick Fixes auch direkt ausgehend vom Code anstoßen. Das Vorgehen dabei ist analog zur Auswahl eines Quick Fixes im View **ATC Problems**. Im ABAP Editor der ADT werden Ihnen verfügbare Quick Fixes für Befunde über das Quick-Fix-Icon links neben der Zeilennummer angezeigt (siehe Abbildung 7.7). Im View **Quick Assist** werden alle auswählbaren Quick Fixes angezeigt.

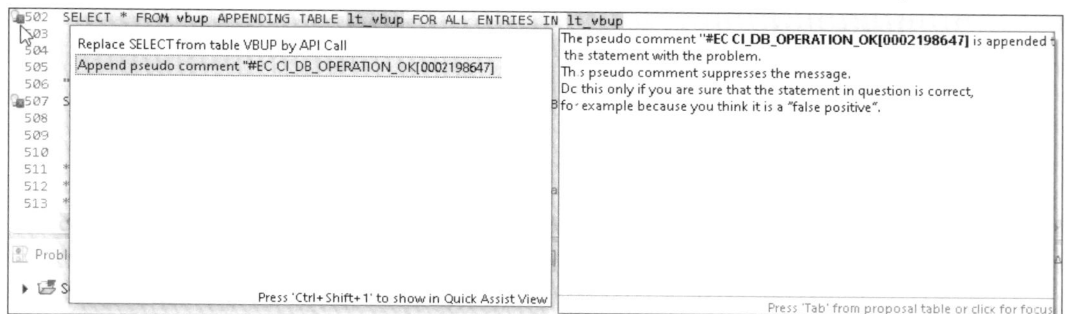

Abbildung 7.7 Quick-Fix-Auswahl über den Editor

Wenn Sie einen Quick Fix im View **Quick Assist** mit einem Doppelklick auswählen, wird dieser direkt im Code angewendet. Alternativ können Sie auch die Codezeile auswählen, für die der Quick Fix angeboten wird, und im Kontextmenü die Option **Quick Fix** wählen oder die Tastenkombination [Strg]+[1] verwenden.

Wie auch bei der Ausführung des Quick Fixes über den View **ATC Problems** wird das Quick-Fix-Icon nach der Anwendung des Quick Fixes zunächst weiterhin angezeigt. Nach einer Objektaktivierung und einer erneuten Prüfung sollte das Icon verschwunden sein.

Massenausführung von Quick Fixes

Quick Fix für mehrere Objekte ausführen

Die ADT unterstützen auch eine Massenausführung von Quick Fixes. Im View **ATC Problems** können Sie dazu mit der Taste [⇧] bestimmte Befunde oder mit der Tastenkombination [Strg]+[A] alle Befunde markieren und dann im Kontextmenü **Recommended Quick Fixes...** auswählen. Wie in Abbildung 7.8 dargestellt, werden die Befunde mit einer Vorauswahl der empfohlenen Quick Fixes aufgelistet. In dieser Ansicht können Sie neben dem jeweils empfohlenen Quick Fix auch weitere verfügbare Quick Fixes auswählen. Zusätzlich können Sie in dieser Ansicht bestimmte Quick Fixes von der Bearbeitung über den Quick-Fix-Assistenten ausschließen, indem Sie das entsprechende Häkchen in der Auswahl entfernen.

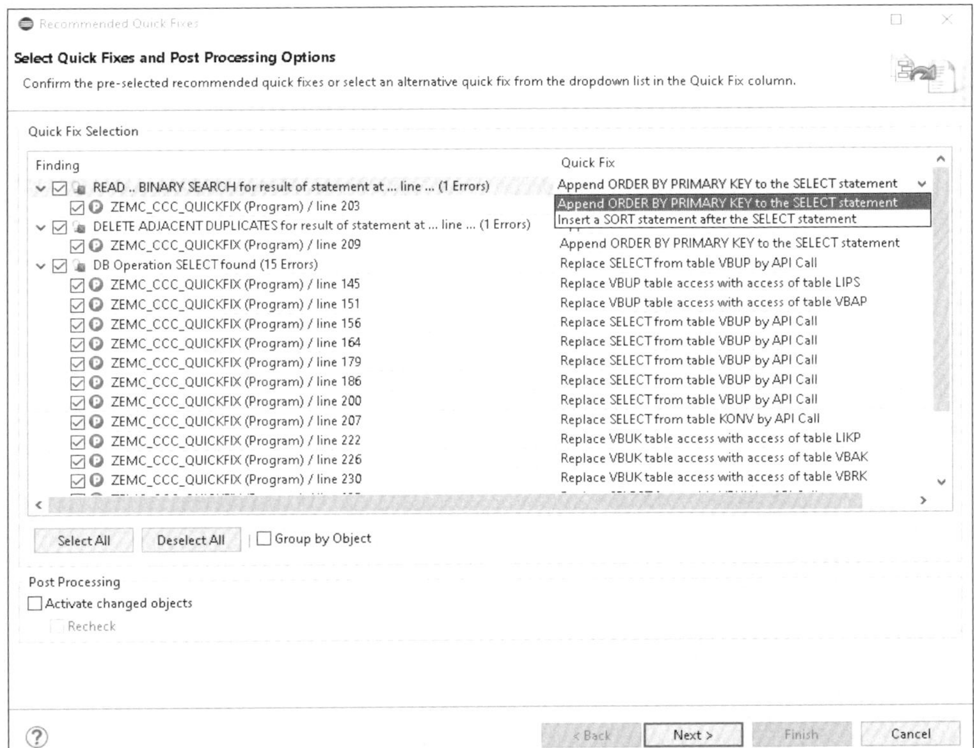

Abbildung 7.8 Quick-Fix-Auswahl zur Massenausführung

Einstellungen nach Anwendung der Quick Fixes

Über die Einstellungen im Abschnitt **Post Processing** können Sie eine automatische Objektaktivierung und erneute Prüfung nach der Übernahme der

Quick Fixes einstellen. Wählen Sie dazu die Optionen **Activate changed objects** und **Recheck**.

Vorschau Mit einem Klick auf den Button **Next** wird Ihnen eine Übersicht der von den ausgewählten Quick Fixes betroffenen Objekte angezeigt. Wahlweise können Sie hier einen Transportauftrag für die Änderungen festlegen. Wenn Sie die Bearbeitung mit **Next** fortsetzen, werden Ihnen in einem aufgeteilten Bildschirm (*Split-Screen Editor*) der aktuelle Quellcode (links) und der Quellcode nach Anwendung der Quick Fixes (rechts) als Vorschau angezeigt (siehe Abbildung 7.9).

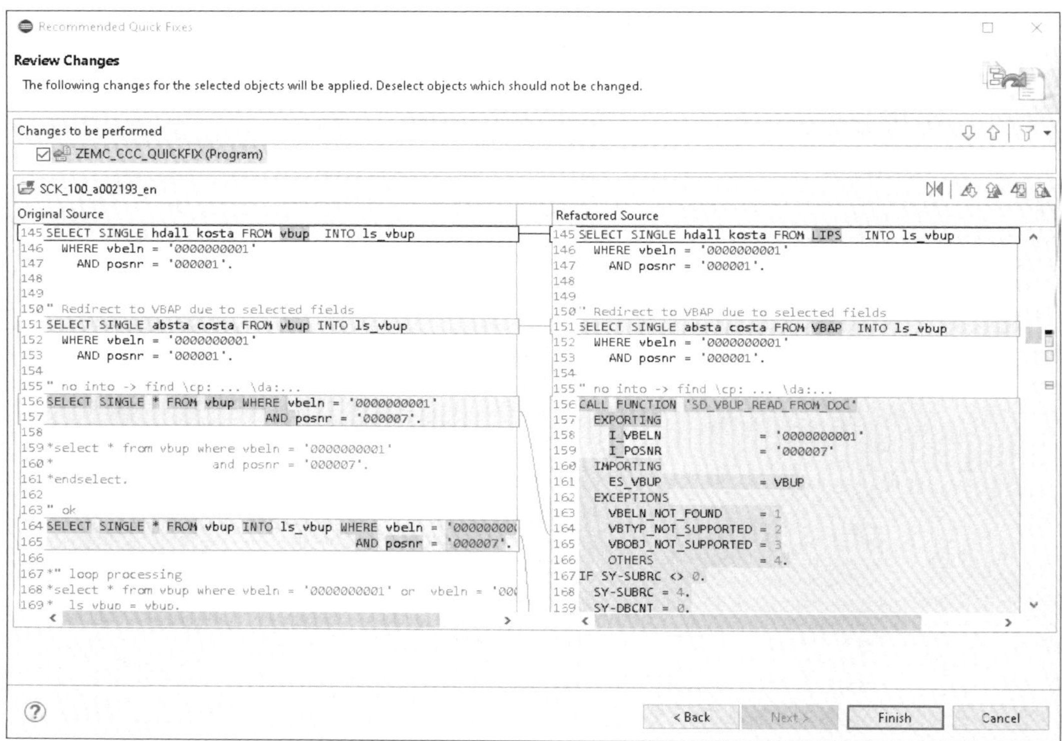

Abbildung 7.9 Quick Fix im Split-Screen Editor überprüfen

Nach dem Klick auf **Finish** werden die ausgewählten Quick Fixes im Quellcode angewendet.

Einsatz der Quick Fixes In Transformationsprojekten, in denen eine Vielzahl von Codestellen umgestellt werden muss, haben sich die Quick Fixes in der Massenausführung bewährt. Da die Quick-Fix-Vorschläge im Split-Screen-Editor noch einmal individuell geprüft und angepasst werden können, ermöglichen sie eine effektive Umstellung der Eigenentwicklungen auf die neuen SAP-S/4HANA-Datenmodelle und -Strukturen. Die Einzelobjektprüfung hingegen ist besonders hilfreich bei Neuimplementierungen von SAP S/4HANA. Bei der Implementierung von obsoleten Zugriffen geben Quick Fixes sinnvolle Korrekturvorschläge und können direkt übernommen werden.

7.4 Eigene Quick Fixes anlegen

Kundenindividuelle Prüfungen

Die von SAP bereitgestellten Quick Fixes konzentrieren sich auf häufig auftretende Befunde. Darüber hinaus ermöglicht SAP es auch, eigene ATC-Prüfungen mit individuellen Quick Fixes zu entwickeln. Diese Erweiterungen bieten Ihnen eine flexible Möglichkeit, um häufig auftretende Befunde über Quick Fixes halbautomatisch zu korrigieren.

[!]

Erweiterung von SAP-Prüfklassen

Zum Zeitpunkt der Erstellung dieses Buches unterstützt SAP nicht die Erweiterung vorhandener SAP-Prüfungen mit zusätzliche Quick Fixes. Es können zwar *neue* ATC-Prüfungen entwickelt werden, jedoch keine *bestehenden* Prüfungen von SAP erweitert werden. Die SAP-Prüfklassen unterstützen aktuell kein Erweiterungskonzept wie BAdIs oder Ähnliches.

Eine Möglichkeit, um neue Quick Fixes in eine bestehende SAP-Prüfung aufzunehmen, wäre es, eine eigene Prüfklasse anzulegen, die von einer SAP-Prüfklasse erbt, und diese dann nach Wunsch zu erweitern. Allerdings ist bei diesem Ansatz das Kopieren von SAP-Code notwendig, der dann bei nachfolgenden Updates nicht mehr mit Aktualisierungen versorgt wird.

Entwicklung eigener Prüfungen

Um eine eigene Prüfung auf Basis einer ABAP-Klasse zu entwickeln, sind mindestens folgende Schritte notwendig:

1. Anlage einer neuen ABAP-Objects-Klasse, die von einer Klasse erbt, die wiederum auf der Klasse `CL_CI_TEST_ROOT` basiert, damit das Framework die Prüfklasse korrekt verarbeiten kann.
2. Im Klassenkonstruktor werden die wichtigsten Attribute für die neue ATC-Prüfung gesetzt, wie beispielsweise der Name, die Kategorie, die Version usw.
3. Die Objekttypen, die für die neue ATC-Prüfung relevant sind, werden über die Methode `ADD_OBJ_TYPE` überprüft.
4. Die Definition der Prüfungslogik erfolgt über die Methoden `RUN` und `ANALYZE_PROC`.
5. Die neue ATC-Prüfung wird über die Transaktion SCI aktiviert. Dazu wird der Menüpfad **Code Inspector • Verwaltung von • Prüfungen** gewählt.

Anwendungsfall: Ersetze CHAR02 mit STRING

Um das Vorgehen zur Entwicklung einer eigenen ATC-Prüfung besser veranschaulichen zu können, gehen wir im folgenden vereinfachten Anwendungsbeispiel davon aus, dass der zu implementierende Quick Fix ein spezielles obsoletes Datenelement, wie beispielsweise `CHAR02`, durch einen String ersetzen soll. Im Klassenkonstruktor der Prüfklasse prägen wir bestimmte Attribute, wie beispielsweise die Beschreibung der Prüfung über die Member-Variable `description` oder die Kategorie über die Member-Variable `category`, für diesen Anwendungsfall individuell aus. Abschließend wird über die Tabelle `SCIMESSAGES` die Ausgabe definiert, wenn ein Befund ermittelt wurde. In Listing 7.3 wird ein Ausschnitt eines Codebeispiels zu einem Klassenkonstruktor gezeigt.

```
METHOD constructor.
    super->constructor( ).
    description = 'Example: Find orphaned objects'(des).
    category = 'CL_CI_CATEGORY_UNIVERSAL'.
[...]
    INSERT LINES OF VALUE scimessages(
        ( test = my_name code = finding_codes-orph_obj kind =
        c_note text = 'A41G: Usage of orphaned object found'(mov) )
    ) INTO TABLE scimessages.
ENDMETHOD.
```

Listing 7.3 Beispiel eines Klassenkonstruktors einer eigenen Prüfklasse

Das Ermitteln von Befunden und potenziellen Quick Fixes wird im darauffolgenden zweiten Schritt ausprogrammiert. Beim Ausführen der Prüfung zerlegt das Framework beim Aufruf der Methode `ANALYZE_PROC` das zu prüfende Objekt in Anweisungen und Tokens.

Anweisungstabelle

Der von unserer kundeneigenen Prüfung zur prüfende ABAP-Report im aktuellen Anwendungsbeispiel besteht aus insgesamt sieben Anweisungen. Jede Anweisung wird als eine Zeile in der *Anweisungs-* oder *Statement-Tabelle* (`P_PROC-STMTS`) aufgeführt. Den aktuellen Inhalt der Anweisungstabelle können Sie über den Debugger während der Ausführung der Prüfung im zu prüfenden Coding nachvollziehen. In Abbildung 7.10 sehen Sie die Tabellenausgabe zur Anweisungstabelle im Debugger mit der Auflistung der zuvor genannten sieben Anweisungen.

Tokens-Tabelle

Die *Tokens-Tabelle* (`P_PROC-STMTS[2]-TOKENS`) wiederum enthält die einzelnen Elemente, aus denen eine Anweisung zusammengesetzt wird. In Abbildung 7.11 enthält die Tokens-Tabelle vier Zeilen für die zweite Anweisung `DATA` aus Abbildung 7.10.

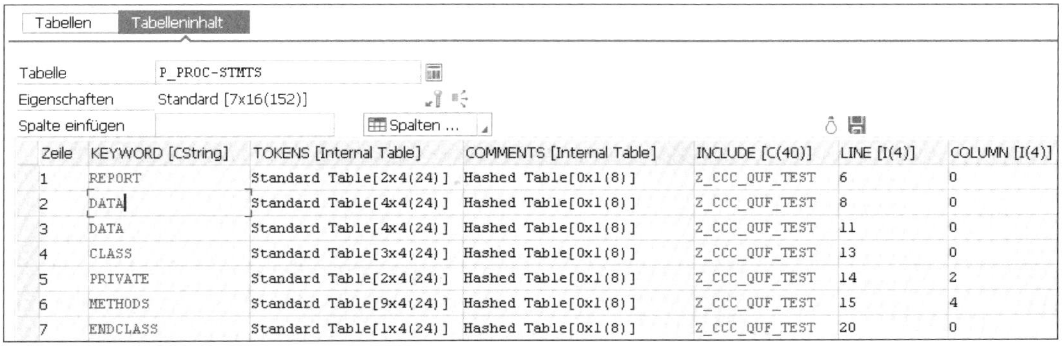

Tabellen | Tabelleninhalt

Tabelle: P_PROC-STMTS
Eigenschaften: Standard [7x16(152)]
Spalte einfügen: Spalten ...

Zeile	KEYWORD [CString]	TOKENS [Internal Table]	COMMENTS [Internal Table]	INCLUDE [C(40)]	LINE [I(4)]	COLUMN [I(4)]
1	REPORT	Standard Table[2x4(24)]	Hashed Table[0x1(8)]	Z_CCC_QUF_TEST	6	0
2	DATA	Standard Table[4x4(24)]	Hashed Table[0x1(8)]	Z_CCC_QUF_TEST	8	0
3	DATA	Standard Table[4x4(24)]	Hashed Table[0x1(8)]	Z_CCC_QUF_TEST	11	0
4	CLASS	Standard Table[3x4(24)]	Hashed Table[0x1(8)]	Z_CCC_QUF_TEST	13	0
5	PRIVATE	Standard Table[2x4(24)]	Hashed Table[0x1(8)]	Z_CCC_QUF_TEST	14	2
6	METHODS	Standard Table[9x4(24)]	Hashed Table[0x1(8)]	Z_CCC_QUF_TEST	15	4
7	ENDCLASS	Standard Table[1x4(24)]	Hashed Table[0x1(8)]	Z_CCC_QUF_TEST	20	0

Abbildung 7.10 Debugging-Details zur Anweisung

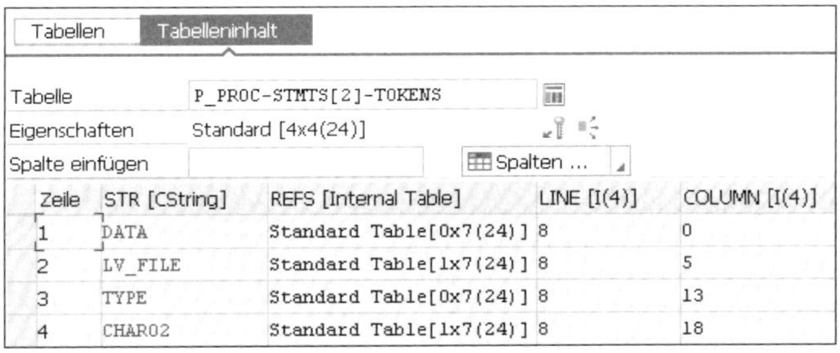

Tabellen | Tabelleninhalt

Tabelle: P_PROC-STMTS[2]-TOKENS
Eigenschaften: Standard [4x4(24)]
Spalte einfügen: Spalten ...

Zeile	STR [CString]	REFS [Internal Table]	LINE [I(4)]	COLUMN [I(4)]
1	DATA	Standard Table[0x7(24)]	8	0
2	LV_FILE	Standard Table[1x7(24)]	8	5
3	TYPE	Standard Table[0x7(24)]	8	13
4	CHAR02	Standard Table[1x7(24)]	8	18

Abbildung 7.11 Debugging-Details zum Token

Diese Tokens-Tabelle wird auf Basis der folgenden ABAP-Zeile im aktuellen Anwendungsbeispiel automatisch vom Framework generiert:

```
DATA: lv_file TYPE char02.
```

Pseudocode für Codeinterpretation

Zur Festlegung einer individuellen Prüflogik ist die Auswertung der Anweisungen und Tokens notwendig. Für den genannten Anwendungsfall könnte ein möglicher Pseudocode wie folgt lauten:

```
WENN
    Token 1 == DATA && Token 4 == verwaistes Objekt
DANN
    Melde_Finding()
```

Die Festlegung, welches Objekt über einen Quick Fix ersetzt wird, kann über die Methode ADD_REPLACE_OBJ_FIX gesteuert werden (siehe Listing 7.4).

```
fix->replace_by(
        p_new_code = obj_info-replacement
        p_context = cl_ci_quickfix_abap_context=>create_from_comp_
        procs_tokens(
```

```
            p_action_stmt = statement
            p_proc_def = procedure
            p_proc_defs = proc_defs
            p_from_token = obj_index
        )
```

Listing 7.4 Ersetzen des alten Wertes über einen Quick Fix

Der Parameter P_NEW_CODE definiert das neue Objekt. Für das aktuelle Anwendungsbeispiel wird der Wert »string« als neues Objekt über die Variable obj_info-replacement gesetzt. Neben der Anweisung wird beim Aufruf der Methode REPLACE_BY über den Parameter P_FROM_TOKEN auch der Token-Index mitgegeben, der ersetzt werden soll. Im aktuellen Beispiel ist der Token-Index 4, da sich dieser auf das verwaiste Objekt bezieht.

Aktivierung der Prüfung

Nach Abschluss der Entwicklung der neuen Prüfklasse kann diese über die Transaktion SCI aktiviert werden und abschließend in eine neue oder vorhandene Prüfvariante eingebunden werden. Nach der Ausführung des Quick Fixes wird die ABAP-Zeile DATA: lv_file TYPE char02. wie folgt geändert:

```
DATA: lv_file TYPE string.
```

Unterschiedliche Codekonstellationen

Die große Herausforderung bei der Entwicklung einer eigenen Prüfklasse und der Festlegung der Quick Fixes ist die Berücksichtigung der unterschiedlichsten Codekonstellationen. Das Ersetzen eines obsoleten Datenelements in einer DATA-Anweisung ist nur einer von vielen möglichen Anwendungsfällen. Das obsolete Datenelement kann in internen Strukturdefinitionen, Formroutinen, Klassen und vielem mehr verwendet werden. Diese Zugriffe zu identifizieren und bei der Quick-Fix-Ausführung zu berücksichtigen kann unter Umständen sehr aufwendig werden.

Debuggen

Die Logik der Prüfklassen können Sie auch zur Laufzeit im Debugger nachvollziehen. Für das Debugging kann die Prüfung klassisch über das SAP GUI oder über Eclipse angestoßen werden. Externe Breakpoints können dann entweder im SAP GUI oder in einer separaten Eclipse-Instanz gesetzt werden.

Weiterführende Informationen zur Entwicklung eigener Prüfklassen

Das Framework zur Entwicklung eigener Prüfklassen und Quick Fixes umfasst einen wesentlich größeren Funktionsumfang, als in diesem Abschnitt skizziert. Eine detaillierte Anleitung zur Quick-Fix-Entwicklung würde jedoch den Rahmen dieses Abschnitts sprengen. Wenn Sie eigene Quick Fixes entwickeln möchten, bietet das Dokument »How to write an ATC Check« einen detaillierten Einblick in die Vorgehensweise. Es enthält auch Codebeispiele (*http://s-prs.de/v763222*).

7.5 Zusammenfassung

Mithilfe von Quick Fixes können ab SAP S/4HANA 1809 halbautomatische Codekorrekturen durchgeführt werden. Die Anwendung von Quick Fixes ist über die ABAP Development Tools (ADT) in Eclipse möglich. Über den View **ATC Problems** oder direkt über die jeweilige Codestelle im Editor können Sie die verfügbaren Quick Fixes zu den ATC-Befunden anwenden. Darüber hinaus ist auch eine Massenausführung von Quick Fixes zu unterschiedlichen Befunden möglich. Ein Split-Screen-Editor unterstützt Sie bei der Auswahl der empfohlenen Quick Fixes, indem Sie vor der tatsächlichen Codeänderung einen Vorher-Nachher-Vergleich durchführen können.

Für individuelle Anwendungsfälle unterstützt das Framework selbst entwickelte Prüfvarianten mit neuen Quick Fixes. Der Hauptaufwand bei der Entwicklung neuer Quick Fixes liegt in der Identifikation der unterschiedlichen Codekonstellationen sowie in der Ausprogrammierung der Prüfung und der Quick-Fix-Umsetzung.

Kapitel 8
Custom-Code-Optimierung nach der Migration

Nach erfolgreicher Migration des SAP-ERP-Systems nach SAP S/4HANA und der Behebung der Fehler in den migrierten Entwicklungsobjekten sollten Sie die Optimierung der Eigenentwicklungen angehen. Durch die Einführung der SAP-HANA-Datenbank, Erweiterungen in der ABAP-Sprache und neue Frameworks bzw. Erweiterungskonzepte stehen in SAP S/4HANA umfangreiche neue Mittel zur Verfügung, deren Nutzung die Fähigkeiten des Systems erst richtig zur Entfaltung bringen und Performanceprobleme lösen können.

Die Optimierung von Eigenentwicklungen bedeutet, diese für SAP S/4HANA fit zu machen. Dabei empfiehlt es sich, zunächst ein paar grundsätzliche Überlegungen anzustellen, um anschließend den richtigen Weg zur Optimierung einzuschlagen.

Kurzfristige Optimierungen

Kurzfristig wird man sicher das bestehende Coding analysieren und zunächst Probleme in der Performance und Nutzung beheben wollen. Um herauszufinden, welches Coding überhaupt Probleme macht, stellt SAP Werkzeuge wie den *SQL-Monitor* oder den *Performancearbeitsvorrat* bereit bzw. definiert spezielle ATC-Prüfvarianten (siehe Abschnitt 8.1, »Optimierungswerkzeuge«). Um die gefundenen Probleme dann zu beheben bzw. bei Neuentwicklungen gleich von Anfang an auf passende Weise zu programmieren, muss man die neuen Entwicklungsobjekte wie Core Data Services Views (CDS Views) oder ABAP Managed Database Procedures (AMDP) kennen. Weiterhin zu beachten sind die goldenen Regeln für den Datenbankzugriff auf SAP HANA und das Code-Pushdown-Prinzip als neues Modell der Programmierung (siehe Abschnitt 8.2, »Optimierung der Datenbankzugriffe«, und Abschnitt 8.3, »Neue Sprachelemente und Programmierobjekte«).

Mittelfristige Optimierungen

Mittelfristig muss man sich überlegen, wie man die neuen Anwendungen in SAP S/4HANA am besten nutzt. Das beginnt mit dem Umbau der eigenen Entwicklungen auf neue Application Programming Interfaces (APIs) und Datenbankobjekte anstelle der Kompatibilitäts-Views (siehe Abschnitt 8.4,

»Umbau des Custom Codes auf neue Objekte«). Aber auch die Art, wie neue Anwendungen gebaut werden, wird sich mit SAP S/4HANA ändern. Durch die Nutzung von SAP Fiori wird man keine neuen Dynpro-basierten Anwendungen mehr bauen. Dafür stehen mit *SAP Fiori Elements* und dem transaktionalen *ABAP-Restful-Programmiermodell* nun neue Vorgehensweisen zur Verfügung (siehe Abschnitt 8.3.4).

Langfristige Optimierungen

Langfristig spielt die Frage nach der Zukunft der unternehmenseigenen SAP-Landschaft eine Rolle: Möchte man SAP S/4HANA auf Dauer lieber als Cloud-Lösung betreiben? Möchte man gegebenenfalls Teile der Anwendungen in die Cloud verschieben? Falls das eine Option ist, sollten die Anwendungen heute schon nach dem *Clean-Core-Prinzip* erstellt werden. Das bedeutet, dass die in ABAP nutzbaren Anweisungen und APIs weiter eingeschränkt werden, um einen Umstieg auf die Cloud zu vereinfachen und zu diesem Zeitpunkt nicht nochmals ein großes Umbauprojekt für den kundeneigenen Code starten zu müssen (siehe Abschnitt 8.5.4, »Clean Core und SAP S/4HANA Cloud«).

ABAP-Programmierung für SAP S/4HANA

Die Einführung von SAP S/4HANA bringt auch für erfahrenen ABAP-Entwickler einige Veränderungen und damit etwas Lernbedarf mit sich, wie Sie in diesem Abschnitt sehen werden. Die gute Nachricht ist aber, dass es sich bei SAP S/4HANA nicht um ein völlig neues System basierend auf einer neuen Programmiersprache handelt. Die bewährte ABAP-Sprache und die Technologie des SAP-NetWeaver-Basissystems bilden weiterhin das Herzstück des SAP-S/4HANA-Systems.

Technische Neuerungen

In Tabelle 8.1 finden Sie eine Übersicht wichtiger technischer Neuerungen in SAP S/4HANA sowie der Abschnitte, in denen wir die jeweilige Neuerung behandeln.

Thema	Was ist neu?	Was bleibt?
ABAP-Sprache	neue Sprach- und Programmierelemente (siehe Abschnitt 8.3)	Syntax, Sprachelemente vor ABAP 7.40 gibt es weiterhin (aber einige sind auch obsolet).
Datenbank	Umstellung von einer beliebigen Datenbank (AnyDB) auf SAP HANA	Integration der Datenbankzugriffe in ABAP, relationale Datenbank

Tabelle 8.1 Überblick über die technischen Neuerungen aus Entwicklungssicht in SAP S/4HANA

Thema	Was ist neu?	Was bleibt?
Datenbankzugriff	Core Data Services (CDS, siehe Abschnitt 8.2.2), ABAP Managed Database Procedures (AMDP, siehe Abschnitt 8.2.3)	klassisches SQL
Programmier-modell für die In-Memory-Datenbank	Code-Pushdown-Prinzip (siehe Abschnitt 8.2.1)	–
Systemarchitektur/ SAP Fiori	CDS-basierte SAPUI5-Frontends, Metadaten und Annotationen (siehe Abschnitt 8.3.3), transaktionales, auf CDS basierendes Objektmodell (siehe Abschnitt 8.3.4)	SAP GUI kann noch immer verwendet werden, herkömmliche Programme sind weiterhin grundsätzlich lauffähig.
SAP-S/4HANA-Anwendungen	neue Anwendungsobjekte	Viele Anwendungsobjekte bleiben unverändert, Kompatibilitäts-Views werden für den Zugriff bereitgestellt (siehe Abschnitt 8.4).
Erweiterungs-konzept	In-App-Erweiterbarkeit (siehe Abschnitt 8.5.2), Side-by-Side-Erweiterbarkeit (siehe Abschnitt 8.5.3)	klassische Erweiterbarkeit (siehe Abschnitt 8.5.1)

Tabelle 8.1 Überblick über die technischen Neuerungen aus Entwicklungssicht in SAP S/4HANA (Forts.)

8.1 Optimierungswerkzeuge

SAP bietet diverse Werkzeuge zur Optimierung der Laufzeit von Datenbankzugriffen an. Diese Werkzeuge, die unabhängig vom Umstieg auf SAP S/4HANA angeboten werden, stellen wir im Folgenden vor. Vorausgeschickt werden sollte, dass die Resultate der einzelnen Werkzeuge immer einer Interpretation bedürfen sowie der Abwägung von Aufwand und Nutzen einer möglichen Korrektur.

8.1.1 SQL-Monitor

Teure Datenbankzugriffe

Der SQL-Monitor (Transaktion SQLM) wurde bereits in Abschnitt 3.2.3 als ein Tool zur Identifikation von weiterhin genutzten Kundenentwicklungen vorgestellt. An dieser Stelle soll seine eigentliche Funktion dargestellt werden: die Analyse und das Auffinden von teuren Datenbankzugriffen. Wie andere Protokollierungswerkzeuge auch sollte der SQL-Monitor eine gewisse Zeit laufen, um die häufig genutzten und teuren Datenbankzugriffe zu identifizieren. Die Empfehlung lautet hier mindestens eine Laufzeit von einem Monat, besser von drei Monaten.

Die aus der Analyse erzeugten Hitlisten sind nach der Häufigkeit und Dauer eines Zugriffs sortiert. Die aufgeführten Zugriffe sind die Kandidaten für die Codeoptimierung. Diese Optimierung ist kein spezielles Thema im Umfeld von SAP S/4HANA, sondern gehört bereits in SAP ERP zu dem Standardvorgehen, um die Gesamtperformance eines Systems zu verbessern.

SQL-Monitor aktivieren

Um den SQL-Monitor zu starten, gehen Sie in die Transaktion SQLM und gelangen zum Einstiegsbild (siehe Abbildung 8.1). Beim ersten Aufruf müssen Sie die Protokollierung aktivieren. Sie können das auch nur für einzelne Server tun.

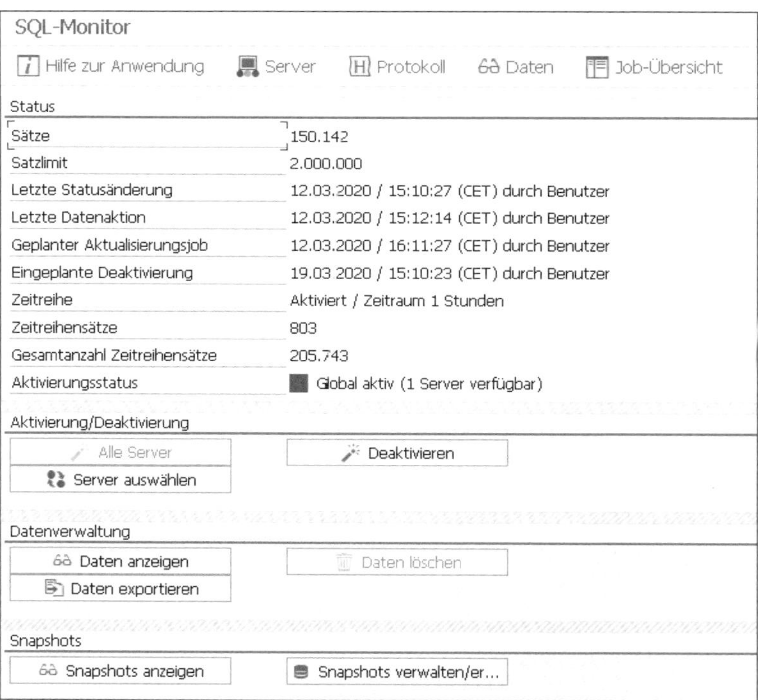

Abbildung 8.1 Einstiegsbild des SQL-Monitors

Konfiguration der Ergebnisliste

Dann werden alle Datenbankzugriffe protokolliert. Das Ergebnis rufen Sie über den Button **Daten anzeigen** im Bereich **Datenverwaltung** auf. Es wird in Listenform dargestellt. Die Liste kann vor der Anzeige eingeschränkt werden (siehe Abbildung 8.2). Von Bedeutung ist hier neben dem Zeitintervall das **Paket**, das Sie auf Ihre Kundenpakete einschränken sollten.

SQL-Monitor: Daten anzeigen

Ergebnisse
Aktuell
Nach Zeitintervall von 12.03.2020 15:00:00 bis 19.03.2020 09:12:20 (CET) Zeitreihe auswählen

Objekte
Paket bis
Objekttyp bis
Objektname bis

Anfragen
Anfragetyp bis
Anfrageeinstiegspkt. bis

Tabellen
Standard
Erweitert
Tabellenname bis

Aggregation
Keine
Nach Quelltextposition
Nach Anfrage

Anordnen nach
Gesamtanzahl DB-Ausführungen
Gesamte DB-Ausführungszeit
Gesamtzahl DB-Sätze
Maximale Anzahl der Sätze 200

Optionen
Technische Datensätze anzeigen

M19 (2) 600 | s41909em | INS

Abbildung 8.2 Selektionsbild für die Ergebnisliste des SQL-Monitors

Weitere interessante Selektionsoptionen betreffen den Tabellen- (und View-) Namen, den Anfragetyp und die verschiedenen Aggregationsmöglichkeiten. Über eine Einschränkung des Tabellennamens könnten Sie auch herausfinden, welches Coding noch auf in SAP S/4HANA ersetzte Tabellen, z. B. auf die Tabelle `KNA1` (ERP-Kundenstamm) statt auf die Tabelle `BUT000` (Geschäftspartner), zugreift.

Über den **Anfragetyp** können Sie die Anzeige der Ergebnisse auf OData-Zugriffe einschränken und sich damit auf die Optimierung von SAP-Fiori-Apps konzentrieren, die ja per OData über Gateway-Services auf das Backend zugreifen.

Auswertung der Ergebnisliste

Ein Beispiel für eine Ergebnisliste aus dem SQL-Monitor sehen Sie in Abbildung 8.3.

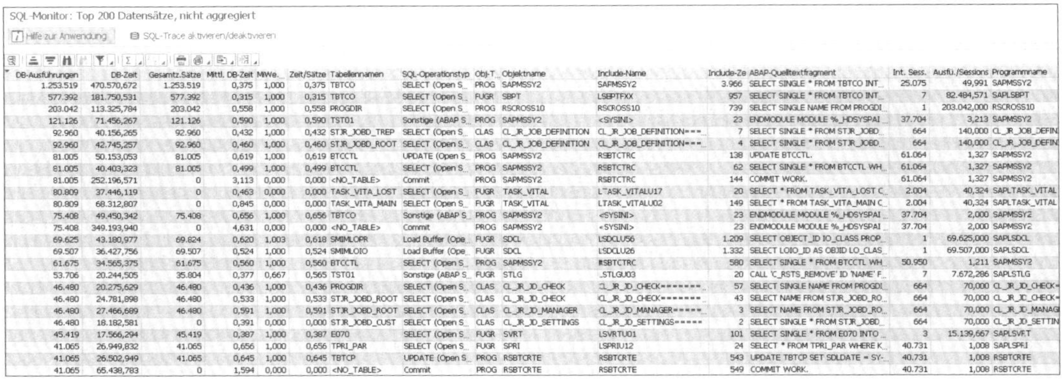

SQL-Monitor: Top 200 Datensätze, nicht aggregiert

Hilfe zur Anwendung   SQL-Trace aktivieren/deaktivieren

DB-Ausführungen	DB-Zeit	Gesamtz.Sätze	Mittl. DB-Zeit	MiWe...	Zeit/Sätze	Tabellennamen	SQL-Operationstyp	Obj-T...	Objektname	Include-Name	Include-Ze	ABAP-Quelltextfragment	Int. Sess.	Ausfü./Sessions	Programmname
1.253.519	470.570,672	1.253.519	0,375	1,000	0,375	TBTCO	SELECT (Open S...	PROG	SAPMSSY2	SAPMSSY2	3.966	SELECT SINGLE * FROM TBTCO INT...	25.075	49,991	SAPMSSY2
577.392	181.750,531	577.392	0,315	1,000	0,315	TBTCO	SELECT (Open S...	FUGR	SBPT	LSBPTFXX	957	SELECT SINGLE * FROM TBTCO INT...	7	82.484,571	SAPLSBPT
203.042	113.325,784	203.042	0,558	1,000	0,558	PROGDIR	SELECT (Open S...	PROG	RSCROSS10	RSCROSS10	739	SELECT SINGLE NAME FROM PROGDI...	1	203.042,000	RSCROSS10
121.126	71.456,267	121.126	0,590	1,000	0,590	TST01	Sonstige (ABAP S...	PROG	SAPMSSY2	<SYSINI>	23	ENDMODULE MODULE %_HDSYSPAI ...	37.704	3,213	SAPMSSY2
92.960	40.156,265	92.960	0,432	1,000	0,432	STJR_JOBD_TREP	SELECT (Open S...	CLAS	CL_JR_JOB_DEFINITION	CL_JR_JOB_DEFINITION===...	7	SELECT SINGLE * FROM STJR_JOBD...	664	140,000	CL_JR_JOB_DEFIN
92.960	42.745,257	92.960	0,460	1,000	0,460	STJR_JOBD_ROOT	SELECT (Open S...	CLAS	CL_JR_JOB_DEFINITION	CL_JR_JOB_DEFINITION===...	4	SELECT SINGLE * FROM STJR_JOBD...	664	140,000	CL_JR_JOB_DEFIN
81.005	50.153,053	81.005	0,619	1,000	0,619	BTCCTL	UPDATE (Open S...	PROG	SAPMSSY2	RSBTCTRC	138	UPDATE BTCCTL.	61.064	1,327	SAPMSSY2
81.005	40.403,323	81.005	0,499	1,000	0,499	BTCCTL	SELECT (Open S...	PROG	SAPMSSY2	RSBTCTRC	62	SELECT SINGLE * FROM BTCCTL WH...	61.064	1,327	SAPMSSY2
81.005	252.196,571	0	3,113	0,000	0,000	<NO_TABLE>	Commit	PROG	SAPMSSY2	RSBTCTRC	144	COMMIT WORK.	61.064	1,327	SAPMSSY2
80.809	37.446,119	0	0,463	0,000	0,000	TASK_VITA_LOST	SELECT (Open S...	FUGR	TASK_VITAL	LTASK_VITALU17	20	SELECT * FROM TASK_VITA_LOST C...	2.004	40,324	SAPLTASK_VITAL
80.809	68.312,807	0	0,845	0,000	0,000	TASK_VITA_MAIN	SELECT (Open S...	FUGR	TASK_VITAL	LTASK_VITALU02	149	SELECT * FROM TASK_VITA_MAIN C...	2.004	40,324	SAPLTASK_VITAL
75.408	49.450,342	75.408	0,656	1,000	0,656	TBTCO	Sonstige (ABAP S...	PROG	SAPMSSY2	<SYSINI>	23	ENDMODULE MODULE %_HDSYSPAI ...	37.704	2,000	SAPMSSY2
75.408	349.193,940	0	4,631	0,000	0,000	<NO_TABLE>	Commit	PROG	SAPMSSY2	<SYSINI>	23	ENDMODULE MODULE %_HDSYSPAI ...	37.704	2,000	SAPMSSY2
69.625	43.180,977	69.824	0,620	1,003	0,618	SMIMLOPR	Load Buffer (Ope...	FUGR	SDCL	LSDCLU56	1.209	SELECT OBJECT_ID IO_CLASS PROP...	1	69.625,000	SAPLSDCL
69.507	36.427,756	69.507	0,524	1,000	0,524	SMIMLOIO	Load Buffer (Ope...	FUGR	SDCL	LSDCLU26	1.332	SELECT LOIO_ID AS OBJID LO_CLAS...	1	69.507,000	SAPLSDCL
61.675	34.565,375	61.675	0,560	1,000	0,560	BTCCTL	SELECT (Open S...	PROG	SAPMSSY2	RSBTCTRC	580	SELECT SINGLE * FROM BTCCTL WH...	50.950	1,211	SAPMSSY2
53.706	20.244,505	35.804	0,377	0,667	0,565	TST01	Sonstige (ABAP S...	FUGR	STLG	LSTLGU03	20	CALL 'C_RSTS_REMOVE' ID 'NAME' F...	7	7.672,286	SAPLSTLG
46.480	20.275,629	46.480	0,436	1,000	0,436	PROGDIR	SELECT (Open S...	CLAS	CL_JR_JD_CHECK	CL_JR_JD_CHECK=======...	57	SELECT SINGLE NAME FROM PROGDI...	664	70,000	CL_JR_JD_CHECK=
46.480	24.781,898	46.480	0,533	1,000	0,533	STJR_JOBD_ROOT	SELECT (Open S...	CLAS	CL_JR_JD_CHECK	CL_JR_JD_CHECK=======...	43	SELECT NAME FROM STJR_JOBD_RO...	664	70,000	CL_JR_JD_CHECK=
46.480	27.466,689	46.480	0,591	1,000	0,591	STJR_JOBD_ROOT	SELECT (Open S...	CLAS	CL_JR_JD_MANAGER	CL_JR_JD_MANAGER=====...	3	SELECT NAME FROM STJR_JOBD_RO...	664	70,000	CL_JR_JD_MANAG
46.480	18.182,581	0	0,391	0,000	0,000	STJR_JOBD_CUST	SELECT (Open S...	CLAS	CL_JR_JD_SETTINGS	CL_JR_JD_SETTINGS=====	2	SELECT SINGLE * FROM STJR_JOBD...	664	70,000	CL_JR_JD_SETTIN
45.419	17.566,294	45.419	0,387	1,000	0,387	E070	SELECT (Open S...	FUGR	SVRT	LSVRTU01	101	SELECT SINGLE * FROM E070 INTO ...	3	15.139,667	SAPLSVRT
41.065	26.949,832	41.065	0,656	1,000	0,656	TPRI_PAR	SELECT (Open S...	FUGR	SPRI	LSPRIU12	24	SELECT * FROM TPRI_PAR WHERE K...	40.731	1,008	SAPLSPRI
41.065	26.502,949	41.065	0,645	1,000	0,645	TBTCP	UPDATE (Open S...	PROG	RSBTCRTE	RSBTCRTE	543	UPDATE TBTCP SET SDLDATE = SY-...	40.731	1,008	RSBTCRTE
41.065	65.438,783	0	1,594	0,000	0,000	<NO_TABLE>	Commit	PROG	RSBTCRTE	RSBTCRTE	549	COMMIT WORK.	40.731	1,008	RSBTCRTE

Abbildung 8.3 Ergebnisliste des SQL-Monitors

In der Anzeige der Ergebnisse sind die in Tabelle 8.2 aufgeführten Spalten von Bedeutung.

Feld	Erklärung	Bedeutung für die Analyse bzw. den potenziellen Umbau des Codings
DB-Zeit	Dies ist die insgesamt verbrauchte Zeit bei allen Zugriffen an dieser Codingstelle.	Dies ist das wichtigste Kriterium zur Auswahl bzw. Priorisierung des zu optimierenden Kundencodes.
DB-Ausführungen	Die Zahl gibt an, wie oft die Datenbankoperation durchgeführt wurde.	Die Häufigkeit der Operation ist einerseits ein Maß für die Wichtigkeit des betreffenden Kundencodings im System. Andererseits kann eine große Zahl Datenbankausführungen auf einen Kandidaten für eine Optimierung mittels Massenzugriff bzw. Caching hindeuten, vor allem wenn es sich um Einzelzugriffe handelt (`SELECT SINGLE`, siehe Spalte **Gesamtz. Sätze**).
Gesamtz. Sätze	Anzahl der Datenbanksätze/Tabellen- bzw. View-Zeilen, auf die bei der Datenbankoperation insgesamt zugegriffen wurde	

Tabelle 8.2 Felder im SQL-Monitor und deren Bedeutung

Feld	Erklärung	Bedeutung für die Analyse bzw. den potenziellen Umbau des Codings
Tabellennamen	betroffene Tabelle oder Datenbank-View	
SQL-Operationstyp	`SELECT`, `INSERT`, `MODIFY`, `UPDATE`, `DELETE` oder `COMMIT`	Bemerkung zur Anweisung `COMMIT WORK`: Häufige Commits sind nicht nur performancerelevant, sondern können auch einen Fehler bzw. ein nicht gut durchdachtes LUW-(Logical-Unit-of-Work-)Design bedeuten. Sie sollten nur logisch zusammengehörige DB-Operationen insgesamt (oder gar nicht) committen.
Objekttyp, Objektname, Include-Name, Include-Zeile, ABAP-Quelltext-fragment, Paket	Diese Spalten identifizieren die betreffende Codingstelle, das Programm und das Entwicklungspaket.	Im Fokus der Optimierung stehen natürlich nur Eigenentwicklungen (Z*, Y* und gegebenenfalls weitere eigene Namensräume).

Tabelle 8.2 Felder im SQL-Monitor und deren Bedeutung (Forts.)

Vorgehen bei der Analyse

Der SQL-Monitor identifiziert die teuersten Zugriffe auf die Datenbank. Aktivieren Sie den SQL-Monitor, und lassen Sie ihn mindestens einen Monat, besser drei, im Produktivsystem laufen. Je nach Budget sollten Sie die Hitliste der Zugriffe nach Gesamtausführungszeit und nach Anzahl der Zugriffe analysieren. Schauen Sie, ob es eine Umbaumöglichkeit gibt (z. B. durch Massen- statt Einzelzugriffe oder durch einen Cache). Und nutzen Sie gleich die neuen Möglichkeiten in Open SQL bzw. den Code Pushdown durch CDS Views (siehe Abschnitt 8.2, »Optimierung der Datenbankzugriffe«).

8.1.2 Arbeitsvorrat für die SQL-Performanceoptimierung

Mit dem *Arbeitsvorrat für die SQL-Performanceoptimierung* (SQL Performance Tuning Worklist, Transaktion SWLT) stellt SAP ein Werkzeug bereit, das statische Prüfungen aus dem ABAP Test Cocktpit (ATC) bzw. dem Code

Inspector mit Laufzeitdaten des SQL-Monitors kombiniert. Falls der SQL-Monitor nicht aktiv ist, kann auch der Coverage Analyzer Laufzeitdaten liefern.

Vorbereitungen

Als Vorbereitung aktivieren Sie daher den SQL-Monitor (siehe Abschnitt 8.1.1). Des Weiteren muss vor der Ausführung der Transaktion SWLT ein ATC-Check mit der Prüfvariante PERFORMANCE_DB (oder einer Variante, die mindestens deren Prüfungen enthält) für das zu evaluierende Coding durchgeführt werden (siehe Abschnitt 4.2, »ABAP Test Cockpit«).

Performance- und statische Prüfungen

Anschließend können Sie die Transaktion SWLT starten. Auf dem Einstiegsbild sehen Sie vier Registerkarten:

- **Allgemein**
  Auf der Registerkarte **Allgemein** können Sie die Auswertung z. B. nach Paket oder Objekttyp einschränken. Außerdem können Sie hier einstellen, ob die Schnittmenge aus statischen und dynamischen Prüfungen gewählt werden soll, also nur Objekte, die in beiden Auswertungen vorhanden sind (siehe Abbildung 8.4).

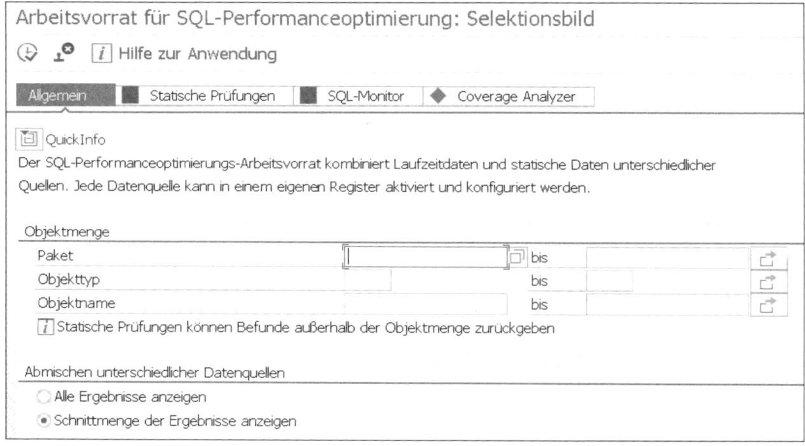

Abbildung 8.4 Registerkarte »Allgemein«

- **Statische Prüfungen**
  Auf der Registerkarte **Statische Prüfungen** wählen Sie den ATC-Lauf aus, der die Objekte hinsichtlich ihrer Performance statisch geprüft hat (siehe Abbildung 8.5 und Abschnitt 8.1.3, »ATC-Checks zur Performanceoptimierung für SAP HANA«).
- **SQL-Monitor**
  Wählen Sie auf der Registerkarte **SQL-Monitor** den zu nutzenden SQL-Monitor-Snapshot aus. Gegebenenfalls muss dieser noch über den Button **Snapsh. verwalten/erstellen** angelegt werden (siehe Abbildung 8.6).

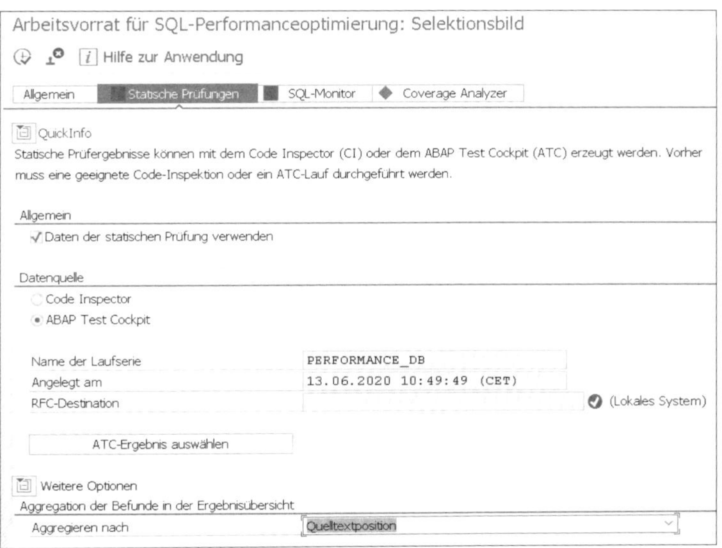

Abbildung 8.5 Registerkarte »Statische Prüfungen«

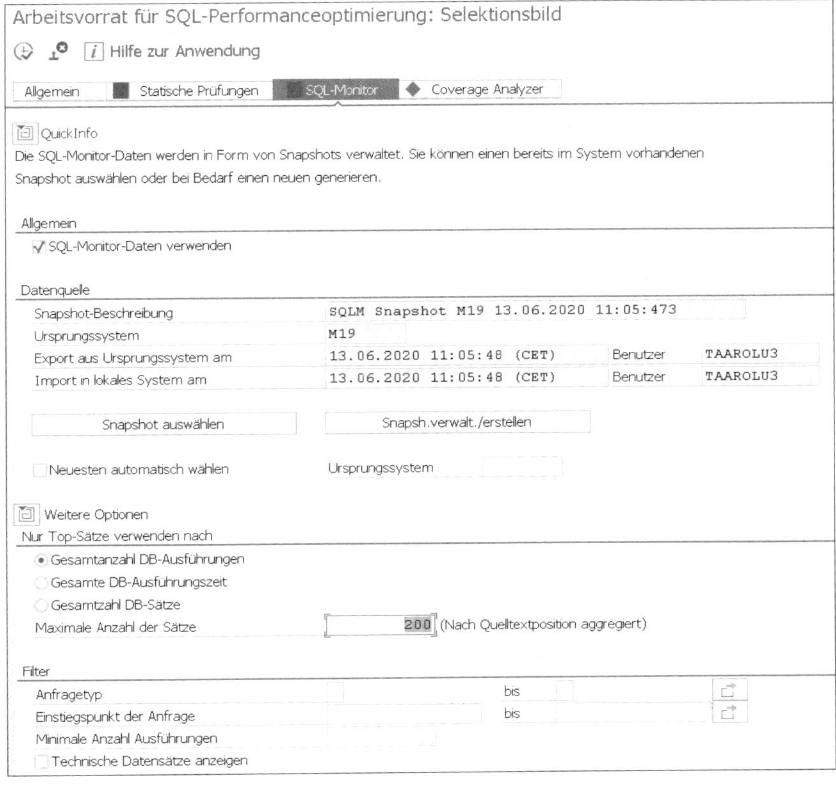

Abbildung 8.6 Registerkarte »SQL-Monitor«

- **Coverage Analyzer**
  Die Registerkarte **Coverage Analyzer** benötigen Sie nur, wenn der SQL-Monitor nicht aktiv ist. Dann können Sie hier als Alternative die Verwendung der Coverage-Analyzer-Daten aktivieren.

Ergebnisliste

Nachdem Sie Ihre Auswahl getroffen haben, wählen Sie **Ausführen** und erhalten die Ergebnisliste (siehe Abbildung 8.7). Diese besteht aus drei Bereichen:

1. **Ergebnisübersicht mit den Befunden (oben)**
   Hier werden alle Fundstellen mit ihren Datenbankzugriffen dargestellt. Dazu kommen die aus dem SQL-Monitor bekannten Attribute, wie DB-Zeit, Anzahl Zugriffe, Anzahl Sätze usw., kombiniert mit der Zeile und den Objektinformationen des Quellcodes.
2. **SQL-Monitor-Ergebnisse für die Auswahl**
   Bei einem Doppelklick in der Ergebnisübersicht werden in diesem Bereich die SQL-Monitor-Daten für das ausgewählte Objekt gelistet.
3. **Befunde der statischen Prüfung für die Auswahl**
   Bei einem Doppelklick in die Ergebnisübersicht werden hier die Befunde des ATC für das ausgewählte Objekt gelistet.

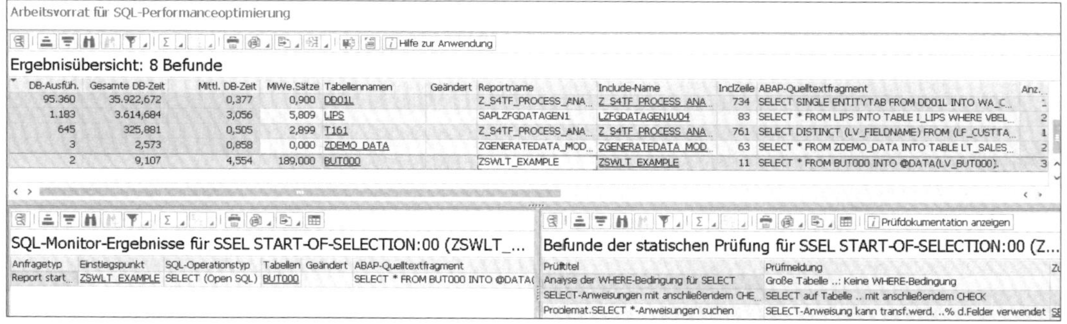

Abbildung 8.7 Beispiel für eine Ergebnisliste des Arbeitsvorrats für die SQL-Performanceoptimierung

Ergebnisse auswerten

Um möglichst großen Nutzen aus der Analyse zu ziehen, wählen Sie die teuersten Datenbankzugriffe aus der Ergebnisübersicht aus. Falls für dieselben Objekte gleichzeitig Befunde der statischen Prüfung vorliegen, sind diese Objekte gute Kandidaten für eine Anpassung. Je nach Inhalt der statischen Befundmeldung wird auch ein Weg zur Anpassung des Codes vorgeschlagen.

Für den Datenbankzugriff in Listing 8.1 wurden beispielsweise drei ATC-Meldungen gefunden.

```
DATA lt_bus000 TYPE TABLE OF addrs_person_name.
SELECT * FROM but000 INTO @DATA(lv_but000).
  CHECK lv_but000-type = '1'.
  APPEND INITIAL LINE TO lt_bus000 ASSIGNING FIELD-SYMBOL(<f>).
  MOVE-CORRESPONDING lv_but000 TO <f>.
ENDSELECT.
```

Listing 8.1 Beispiel für einen Datenbankzugriff, zu dem ATC-Befunde ausgegeben werden

Die Meldungen zu den Befunden lauten:

- »Analyse der WHERE-Bedingung für SELECT: Große Tabelle ..: Keine WHERE-Bedingung«
- »SELECT-Anweisungen mit anschließendem CHECK«
- »Problemat. SELECT *-Anweisungen suchen. SELECT-Anweisung kann transf. werd. ..% d. Felder verwendet«

Daraus ergibt sich der folgende Lösungsansatz: Stellen Sie die SELECT ... CHECK-Anweisung auf eine SELECT ... WHERE-Anweisung mit Array-Zugriff um. Kombinieren Sie diese mit dem Zusatz INTO CORRESPONDING FIELDS, sodass die Feldliste implizit in eine Liste der wirklich benötigten Spalten umgewandelt wird:

```
SELECT * FROM but000 INTO CORRESPONDING FIELDS OF TABLE @lt_bus000
WHERE  type = '1'.
```

Wahrscheinlich wird es – beispielsweise aus Zeitgründen – nicht möglich sein, die gesamte Liste des Arbeitsvorrats für die SQL-Performanceoptimierung abzuarbeiten. In vielen Fällen erreicht man aber schon mit einer Bearbeitung der Top 5 oder Top 10 der Befunde der Ergebnisliste recht schnell eine Verbesserung nach der SAP-S/4HANA-Migration.

8.1.3 ATC-Checks zur Performanceoptimierung für SAP HANA

Zur Performanceoptimierung im SAP-HANA-Umfeld liefert SAP bereits Code-Inspector-Varianten aus, die z. B. für den Prüflauf im Arbeitsvorrat für die SQL-Performanceoptimierung (siehe Abschnitt 8.1.2) verwendet werden können. Sie können aber auch eigenständig eingesetzt werden, um Performanceaspekte der SAP-HANA-Datenbank und die Beachtung der in Abschnitt 8.2.4 vorgestellten goldenen Regeln zu analysieren.

PERFORMANCE_DB

Die geeignete Prüfvariante ist die Variante PERFORMANCE_DB mit folgenden wichtigen Prüfungen:

1. **Analyse der WHERE-Bedingung für SELECT, UPDATE und DELETE**
   Zugriffe ohne `WHERE` könnten auf zu große Datenmengen hindeuten, die man vielleicht gar nicht benötigt. In manchen Fällen ist die Tabellengrößenkategorie in den technischen Einstellungen falsch, diese Meldung kommt insbesondere bei großen Tabellen.
2. **Problematische SELECT*-Anweisungen suchen**
   Dies ist eine der wichtigsten Prüfungen im SAP-HANA-Umfeld. Durch die neue Art der Speicherung und des Zugriffs der SAP-HANA-Datenbank wird insbesondere bei Tabellen mit sehr vielen Feldern der Performancegewinn gegenüber herkömmlichen Datenbanken zunichtegemacht, wenn zu viele Felder gelesen werden, die man gar nicht benötigt.
3. **DB-Operationen in Schleifen über Modularisierungseinheiten suchen**
   Das alte Programmiermuster `LOOP ... ENDLOOP` mit eingebetteten unabhängigen `SELECT`-Anweisungen sollte zugunsten einzelner Zugriffe mit Joins, Berechnungen usw. umgestellt werden. Diese Einzelprüfung bringt erfahrungsgemäß sehr viele Befunde im SAP-ERP-Coding, obwohl die Kritikalität nicht in jedem Fall gegeben ist.
4. **'EXIT' oder keine Anweisung in SELECT ... ENDSELECT-Schleife**
   Leere `SELECT ... ENDSELECT`-Schleifen sollten durch eine Aggregatfunktion (z. B. `COUNT(*)`) oder die Anweisung `SELECT SINGLE` ersetzt werden.
5. **SELECT-Anweisungen mit anschließendem CHECK**
   Der Inhalt der `CHECK`-Anweisung sollte solchen `SELECT`-Anweisungen als `WHERE`-Bedingung hinzugefügt werden.
6. **Unsichere Verwendung von FOR ALL ENTRIES**
   Es sollte eine Prüfung auf eine leere interne Tabelle vor der Anweisung `FOR ALL ENTRIES` eingebaut werden.

Bauen Sie die Prüfungen 2, 4, 5 und 6 aus der Prüfvariante `PERFORMANCE_DB` am besten in Ihre Standardprüfvariante ein. Damit stellen Sie sicher, dass neu entstehendes Coding gleich von Anfang an den wichtigen Performanceregeln entspricht, ohne unkritischere Punkte bearbeiten zu müssen, die die Prüfvariante `PERFORMAMCE_DB` ebenfalls abdeckt. Wie Sie eine eigene Prüfvariante erstellen, erfahren Sie in Abschnitt 4.3.3, »Default-Prüfvarianten«.

8.1.4 Laufzeitprüfungsmonitor

Der Laufzeitprüfungsmonitor (*Runtime Check Monitor*) erlaubt Prüfungen bzw. die Protokollierung kritischer Anweisungen zur Laufzeit. Die Aktivierung des Monitors erfolgt pro Test und – wenn gewünscht – pro Applikationsserver in der Transaktion SRTCM. Klicken Sie hier auf den Button **Global aktivieren** (links in Abbildung 8.8).

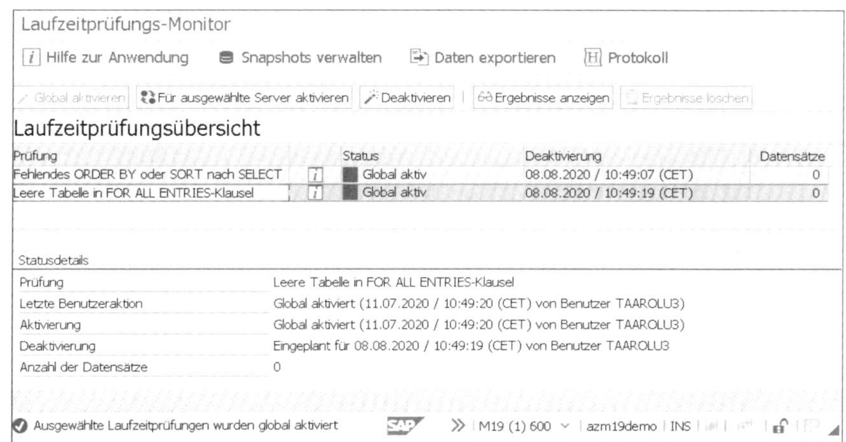

Abbildung 8.8 Einstiegsbild des Laufzeitprüfungsmonitors

Die Resultate der Protokollierung können Sie über den Button **Ergebnisse anzeigen** darstellen. Die Daten werden allerdings über einen periodischen Job, der standardmäßig nur stündlich eingeplant ist, zunächst gesammelt, weshalb sie erst mit etwas Verzögerung zur Verfügung stehen.

Prüfungen

Derzeit stehen die folgenden zwei Checks im Laufzeitprüfungsmonitor zur Verfügung:

1. **Fehlendes ORDER BY oder SORT nach SELECT**
   Ein fehlender `ORDER BY`- oder `SORT`-Zusatz nach einer `SELECT`-Anweisung ist der häufigste Fehler nach der Migration auf die SAP-HANA-Datenbank. Gelesene Datenbanksätze werden hier nicht mehr per Default sortiert (siehe Abschnitt 4.3.1, »SAP-HANA-Datenbank-Prüfungen«). Der entsprechende ATC-Check findet dieses Problem normalerweise bereits durch die statische Prüfung des Codes. Es kann aber Programme geben, bei denen eine dynamische SQL-Abfrage mit diesem Problem erzeugt wird, dann ist diese Prüfung durch den Laufzeitprüfungsmonitor sinnvoll.
2. **Leere Tabelle in FOR ALL ENTRIES-Klausel**
   Auch für dieses Problem gibt es einen statischen ATC-Check in der Prüfvariante zur SAP-HANA-Datenbank. Allerdings ist das Problem der leeren Tabelle in einer `FOR ALL ENTRIES`-Klausel nicht SAP-HANA-spezifisch. Da der statische Check durch das ATC aber unter Umständen bestimmte Konstellationen nicht finden kann, wird durch die Protokollierung zur Laufzeit ermittelt, ob das Problem in der Realität auftritt.

Falls die Tests Probleme erkennen, werden die Resultate nach Objekt und Anweisung geordnet in einer Ergebnisliste dargestellt (siehe Abbildung 8.9).

Abbildung 8.9 Liste der Resultate des Laufzeitprüfungsmonitors

8.2 Optimierung der Datenbankzugriffe

Großes Potenzial zur Optimierung bieten die Zugriffe auf die SAP-HANA-Datenbank. Neben neuen technischen Entwicklungsobjekten wie Core Data Services (CDS) oder ABAP Managed Database Procedures (AMDP) ist es für SAP-Entwickler wichtig zu verstehen, was sich am Programmiermodell beim Datenbankzugriff verändert hat.

8.2.1 Code-Pushdown-Prinzip

Verarbeitung in der Datenbank

Eine der größten Veränderungen, die das Programmiermodell für SAP S/4HANA betreffen, ist das *Code-Pushdown-Prinzip*. Der Grundgedanke ist dabei, dass durch den In-Memory-Ansatz und die neuen Fähigkeiten von SAP HANA ein großer Teil der Verarbeitungen und Berechnungen direkt in der Datenbank stattfinden können. Es wird also nicht mehr empfohlen, Daten erst in eine interne Tabelle zu lesen und diese dann in `LOOP`-Schleifen, oft noch mit zusätzlichen `SELECT`-Anweisungen auf weitere Tabellen, zu verarbeiten. Stattdessen soll die Verarbeitung der Daten dies möglichst gleich in der Datenbank erledigen.

Die Datenbank stellt die Verarbeitungsresultate in Form von Core Data Services (CDS) und ABAP Managed Database Procedures (AMDP) bereit. Hier gibt es neben vielfältigen Möglichkeiten für Assoziationen und Joins viele eingebaute Funktionen, z. B. im Bereich von Zeichenketten oder mathematischen Berechnungen, die es ermöglichen, die Daten schon in der Datenbank so umzuformen, wie sie benötigt werden.

Beispielcode: klassisches ABAP

Die folgenden Codefragmente sollen diesen Übergang illustrieren. In Listing 8.2 – einem Beispiel für die klassische ABAP-Programmierweise – wird die Tabelle `CATSDB` (Zeiterfassungen eines Mitarbeiters) gelesen. Die zugehörigen Texte zu den Kontierungsobjekten werden je nach ihrer Art (z. B. Innenauftrag, Projektstrukturplan, Kundenauftrag usw.) ebenfalls gelesen, außerdem der Name des Mitarbeiters. Alle Ergebnisse werden zusammengesetzt und aufgelistet.

```
REPORT zcodepushdown.
* Liste von Arbeitszeitblatt-Einträgen zu einem Mitarbeiter
* mit Langtext der Kontierungsobjekte
PARAMETERS: p_pernr TYPE catsdb-pernr,
            p_datab TYPE catsdb-workdate,
            p_datbi TYPE catsdb-workdate.
DATA lv_txt TYPE char40.
* Arbeitszeitblatt lesen
SELECT * FROM catsdb INTO TABLE @DATA(lt_cats)
  WHERE pernr EQ @p_pernr AND
  workdate BETWEEN @p_datab AND @p_datbi.
* Personennamen lesen
SELECT SINGLE vorna, nachn FROM pa0002 INTO @DATA(lv_pa0002) WHERE
  pernr EQ @p_pernr AND
  begda <= @sy-datum AND endda >= @sy-datum.
CONDENSE lv_pa0002.
LOOP AT lt_cats ASSIGNING FIELD-SYMBOL(<f_cats>).
  WRITE: / <f_cats>-pernr, lv_pa0002,
  <f_cats>-workdate,
  <f_cats>-catshours.

* Fallunterscheidung nach Kontierungsobjekt
  IF NOT <f_cats>-rproj IS INITIAL.
    SELECT SINGLE post1 FROM prps INTO @lv_txt WHERE pspnr =
    @<f_cats>-rproj.
    WRITE: <f_cats>-rproj , lv_txt.
  ELSEIF NOT <f_cats>-raufnr IS INITIAL.
    SELECT SINGLE ktext FROM aufk INTO @lv_txt WHERE aufnr =
    @<f_cats>-raufnr.
    WRITE: <f_cats>-raufnr , lv_txt .
  ELSEIF NOT <f_cats>-rkdauf IS INITIAL.
    SELECT SINGLE ktext FROM vbak INTO @lv_txt WHERE vbeln =
    @<f_cats>-rkdauf.
    WRITE: <f_cats>-rkdauf, lv_txt.
  ELSE.
    WRITE 'nicht unterstützte Kontierung'.
  ENDIF.
ENDLOOP.
```

Listing 8.2 Report zum Ausgeben einer Liste von Arbeitszeitblatt-Einträgen für einen Mitarbeiter

Listing 8.3 zeigt den vereinfachten Report mit CDS-Zugriff.

```
SELECT * FROM zcodepushd_v INTO TABLE @DATA(lt_catsinf)
  WHERE pernr EQ @p_pernr AND
  workdate BETWEEN @p_datab AND @p_datbi.

LOOP AT lt_catsinf ASSIGNING FIELD-SYMBOL(<f_catsi>).
  WRITE: / <f_catsi>-pernr,
<f_catsi>-name,
<f_catsi>-workdate,
<f_catsi>-catshours,
<f_catsi>-kontob,
<f_catsi>-longtext .
ENDLOOP.
```

Listing 8.3 Neue Reportversion zur Liste von Arbeitszeitblatt-Einträgen, basierend auf einem CDS View

Beispielcode: CDS View

Der nachfolgende CDS View in Listing 8.4 selektiert Daten von der Tabelle CATSDB und enthält vier Assoziationen, die als Outer Join abgebildet werden. Diese stellen die Daten der Tabellen PRPS, AUFK und VBAK (Kontierungsobjekte) und der Tabelle PA0002 (Mitarbeiternamen) bereit. Außerdem wird die eingebaute Funktion CONCAT_WITH_SPACE genutzt, um ein neues Feld für den zusammengesetzten Namen des Mitarbeiters (Vorname + ' ' + Nachname) zu erstellen. Dazu kommt eine CASE-Anweisung, um je nach Kontierungsobjekt den richtigen Text bzw. die richtige Kontierungsobjektnummer bereitzustellen.

```
//Auswertung CATSDB, Person und Kontierung
@AbapCatalog.sqlViewName: 'ZCODEPUSHD_V'
@AbapCatalog.compiler.compareFilter: true
@AbapCatalog.preserveKey: true
@AccessControl.authorizationCheck: #CHECK
@EndUserText.label: 'CATS'
define view zcodepushdown as select from catsdb
association to pa0002 on pa0002.pernr = catsdb.pernr
association to prps on prps.pspnr = catsdb.rproj
association to aufk on aufk.aufnr = catsdb.raufnr
association to vbak on vbak.vbeln = catsdb.rkdauf {
catsdb.pernr,
concat_with_space(pa0002.vorna, pa0002.nachn, 1) as name,
catsdb.workdate,
catsdb.catshours,
```

```
// Fallunterscheidung nach Kontierungsobjekt
  case
  when catsdb.raufnr <> '' then catsdb.raufnr
  when catsdb.rkdauf <> '' then catsdb.rkdauf
  when catsdb.rproj  <> '00000000' then catsdb.rproj
  else ''
  end as kontob,

  case
  when catsdb.raufnr <> '' then aufk.ktext
  when catsdb.rkdauf <> '' then vbak.ktext
  when catsdb.rproj  <> '00000000' then prps.post1
  else 'nicht unterstützte Kontierung'
  end as longtext

}
```

Listing 8.4 CDS View zur Selektion von CATSDB-Daten mit deren Kontierungsobjektbezeichnung

Das Vergleichsergebnis des Code Pushdowns sehen Sie in Abbildung 8.10.

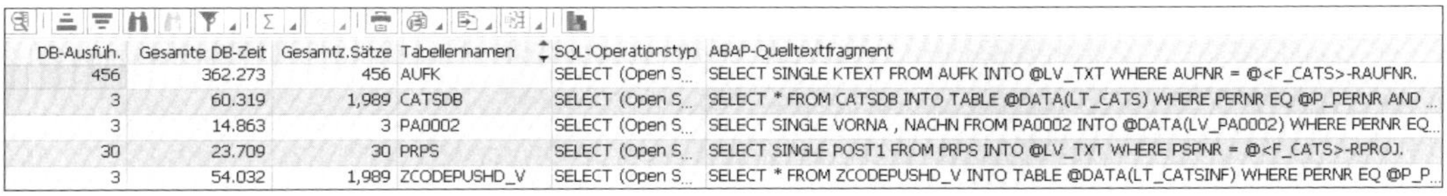

DB-Ausfüh.	Gesamte DB-Zeit	Gesamtz.Sätze	Tabellennamen	SQL-Operationstyp	ABAP-Quelltextfragment
456	362.273	456	AUFK	SELECT (Open S...	SELECT SINGLE KTEXT FROM AUFK INTO @LV_TXT WHERE AUFNR = @<F_CATS>-RAUFNR.
3	60.319	1,989	CATSDB	SELECT (Open S...	SELECT * FROM CATSDB INTO TABLE @DATA(LT_CATS) WHERE PERNR EQ @P_PERNR AND ...
3	14.863	3	PA0002	SELECT (Open S...	SELECT SINGLE VORNA , NACHN FROM PA0002 INTO @DATA(LV_PA0002) WHERE PERNR EQ...
30	23.709	30	PRPS	SELECT (Open S...	SELECT SINGLE POST1 FROM PRPS INTO @LV_TXT WHERE PSPNR = @<F_CATS>-RPROJ.
3	54.032	1,989	ZCODEPUSHD_V	SELECT (Open S...	SELECT * FROM ZCODEPUSHD_V INTO TABLE @DATA(LT_CATSINF) WHERE PERNR EQ @P_P...

Abbildung 8.10 Vergleichsergebnis des Code Pushdowns

Weitere Informationen zu CDS Views erhalten Sie im folgenden Abschnitt. Ein weiteres technisches Mittel zur Umsetzung des Code-Pushdown-Prinzips sind AMDP (siehe Abschnitt 8.2.3). Sie ermöglichen es, Scripting bzw. Prozeduren direkt auf der SAP-HANA-Datenbank auszuführen.

8.2.2 Core Data Services

CDS ist eine Infrastruktur zum Konsumieren von semantisch reichen, aber datenbanknahen Datenmodellen. In diesem Sinne sind CDS Views eines der technischen Mittel zur Umsetzung des Code-Pushdown-Prinzips und damit auch zur Optimierung von kundeneigenem Code nach der SAP-S/4HANA-Migration.

Definition eines CDS Views

Die Definition eines CDS Views erfolgt als Datendefinition mit der *Data Definition Language* (DDL) in den ABAP Development Tools (ADT) in Eclipse.

DDL ist ein SQL-Standard und wurde von SAP für die CDS Views erweitert. Die Datendefinition definiert eine Datenstruktur mit Bezug zu einem anderen CDS View oder einer Datenbanktabelle, ähnlich einem Datentyp. Sie kann auch komplexe berechnete Elemente beinhalten.

Datenbank-View

Aus technischer Sicht wird zu einem CDS View ein Datenbank-View generiert. Dies ist bereits – mit einigen funktionalen Einschränkungen – ab Release SAP NetWeaver 7.40 und auch mit einer anderen Datenbank als SAP HANA möglich.

Ein CDS View kann wie jeder andere View per Open SQL (auch ABAP SQL genannt) in einem ABAP-Programm lesend angesprochen werden. Daneben gibt es wichtige Möglichkeiten der Wiederverwendung von Views in Frameworks, die meistens per *Annotation* deklariert werden:

- Verwendung in einem Gateway-Service, z. B. für einen mit SAP Fiori Elements generierten List-View
- Verwendung als Basis eines transaktionalen, also lesenden und schreibenden, Objekts in einer SAP-Fiori-Oberfläche (siehe Abschnitt 8.3.3, »Metadaten und Annotationen«)
- Verwendung als Basis eines *A2X-Service*, einer synchronen Webserviceschnittstelle für Zugriffe von außen

Semantisches Modell

SAP schlägt ein Schichten- bzw. Abstraktionsmodell für CDS Views vor, um Redundanzen zu vermeiden und sowohl eine technische Ebene als auch eine Business-Sicht und eine Anwendungssicht bereitzustellen (siehe Abbildung 8.11):

1. Die semantisch tiefste Schicht eines CDS Views wird als *Basic Interface View* bezeichnet und greift direkt auf die Datenbanktabelle(n) zu. Dabei wird ein Objektzusammenhang hergestellt (z. B. zum Geschäftspartner).
2. Basic Interface Views dienen als Input für *Composite Views*, die eine geschäftsorientierte Sicht bereitstellen sollen (z. B. zur weiteren Kategorisierung eines Geschäftspartners als Kunden).
3. Die Views der obersten Schicht dieses Modells werden als *Consumption Views* bezeichnet. Sie bereiten Daten der Composite Views für eine konkrete Anwendung auf, z. B. eine analytische SAP-Fiori-Elements-App, bzw. reichern die Composite Views mit nötigen Annotationen an (z. B. der Information, dass ein View zur Erzeugung eines Reports zum Abruf einer Kundenliste mit Standardadressen dient).

Es wird empfohlen, diesem Ansatz auch bei Kundenentwicklungen zu folgen. Die Zuordnung zur jeweiligen Schicht kann über die Annotation

@VDM.viewType in der Datendefinition gepflegt werden: Zulässig sind hier die Annotationswerte #BASIC, #COMPOSITE oder #CONSUMPTION.

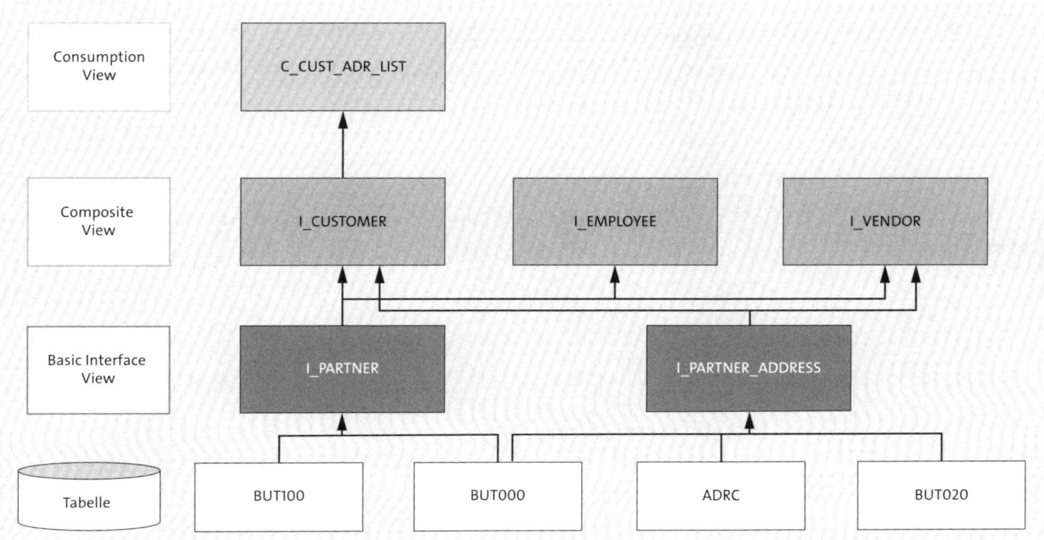

Abbildung 8.11 Schichtenmodell der CDS Views

Im Folgenden stellen wir Ihnen die wichtigsten Bausteine vor, die Sie in der Definition von CDS Views verwenden können.

Definition von CDS Views

Definition

Die Grundstruktur einer CDS-Datendefinition in DDL zeigt Listing 8.5.

```
[@annotations]
...
@AbapCatalog.sqlViewName: 'ZCDS_DB_V'
...
[define] view zcore_data_service
        [Feldliste]
        [Parameterliste]
         as Select_Anweisung
```

Listing 8.5 Grundstruktur einer Datendefinition

View- und SQL-View-Definition

In dieser View-Definition muss neben dem Namen des CDS-Objekts auch der technische Name des zugehörigen Datenbank-Views (SQL-View) über die Annotation @AbapCatalog.sqlViewName definiert werden. Es werden also technisch zwei Objekte angelegt.

In der Select-Anweisung müssen die Datenbankobjekte (entweder Tabellen oder andere [CDS] Views) stehen, deren Inhalte verwendet werden bzw. über die gegebenenfalls komplexe Joins erfolgen sollen. Der View muss außerdem eine Feldliste beinhalten. Die Felder können entweder berechnet werden oder direkt aus den Objekten aus der Select-Anweisung gelesen werden.

Parameter

Parameter zur Select-Anweisung

Ein CDS View kann Parameter haben, die z. B. in einer Select-Anweisung mitgegeben werden können. Listing 8.6 zeigt ein Beispiel, in dem alle angemeldeten Benutzer seit einem Stichtag gelesen werden.

```
define view zzexample1
  with parameters
    stichtag : date
  as select from usr02
{
  usr02.bname,
  usr02.trdat
}
where
  trdat >= $parameters.stichtag
```

Listing 8.6 CDS View mit Parameter »Stichtag«

Annotationen

Umfangreiche Annotationen, z. B. zur Datenübertragung mit OData oder zur Aufbereitung und Anzeige von Inhalten in SAPUI5, sind möglich. Im folgenden Beispiel wird für das Feld partner definiert, dass es für die Standardsuche in einer SAP-Fiori-Oberfläche verwendet werden soll:

```
  @Search.defaultSearchElement: true
  Key partner,
```

Joins und Assoziationen

Verknüpfung von Datenbankobjekten

In der Select-Anweisung können Joins bzw. Assoziationen zwischen mehreren Datenbankobjekten verwendet werden. Dazu muss über die on-Klausel die Verknüpfung zwischen den Objekten definiert werden. Es sind Inner Joins, Outer Joins und Cross Joins möglich, und es können auch Objekte geschachtelt werden.

In Listing 8.7 wird eine association definiert, die als Outer Join zwischen der Tabelle TADIR und dem View SUSG_V_ODATA umgesetzt wird. Dabei wird die Verknüpfung über die zwei Felder obj_name und obj_type hergestellt:

```
define view /S4TF/unused_obj_ddl
  as select from tadir
  association to susg_v_odata
on  tadir.obj_name = susg_v_odata.obj_name
and tadir.object   = susg_v_odata.obj_type
```

Listing 8.7 CDS View mit Assoziation zwischen der Tabelle TADIR und dem View SUSG_V_DATA

Berechnungen

Die Felder des Views können direkt aus den Datenbankobjekten der select-Klausel stammen oder indirekt über Berechnungen gebildet werden. Berechnungen sind eine große Stärke der CDS Views. Im Folgenden stellen wir die wichtigsten Möglichkeiten dazu vor.

Unions

In einem CDS View kann die Vereinigungsmenge mehrerer Datenquellen gebildet werden. Dabei müssen gleiche Feldnamen definiert werden. In dem Beispiel in Listing 8.8 werden alle Ortsnamen aus den beiden Tabellen T001 und T001W zusammengetragen.

```
@AbapCatalog.sqlViewName: 'Z_CDS_UNION_V'
@EndUserText.label: 'Union'
define view z_cds_union
  as select from t001
{
  ort01   as city,
  't001 ' as tabname
}
union select from t001w
{
  ort01   as city,
  't001w' as tabname
}
```

Listing 8.8 CDS View mit UNION des Feldes »ort01« aus den Tabellen T001 und T001W

Fallunterscheidungen

case-Anweisung

Ein Feld bzw. dessen Wert kann über eine Fallunterscheidung bestimmt werden. Es gibt dazu zwei Varianten: Im einfachen Fall werden Werte eines festen Operanden unterschieden. Im komplexen Fall kann man Bedingungen definieren und bei deren Eintreten einen Wert definieren.

Listing 8.9 zeigt ein Beispiel, bei dem abhängig von `type` ein Feld `Name_Bupa` aus unterschiedlichen Verkettungen anderer Felder berechnet wird.

```
case
when type = '1' then
concat_with_space(name_first, name_last, 1)
else concat_with_space(name_org1, name_org2, 1)
end as Name_BuPa,
```

Listing 8.9 CDS View mit Fallunterscheidung anhand des Feldes »type«

Aggregatfunktionen

max, min, avg, count oder sum

Die üblichen Aggregatfunktionen wie `max`, `min`, `avg`, `count` oder `sum` können in CDS Views auch als Feld eingefügt werden. Dazu muss eine entsprechende `group by`-Klausel angegeben werden (siehe Beispiel in Listing 8.10).

```
max(susg_v_odata.last_used) as last_used,
...
group by
  tadir.object,
  tadir.obj_name,
  tadir.srcsystem,
  tadir.author,
  tadir.devclass,
  tadir.created_on,
  susg_v_odata.usgid
```

Listing 8.10 CDS View mit Aggregatfunktion »max()« zum Feld »last_used«

Arithmetische Ausdrücke

Ein Feld kann direkt aus einer Formel berechnet werden, wie im folgenden Beispiel gezeigt:

```
gross_amount - tax_amount as pre_tax_amount,
```

Zeichenkettenfunktionen

Ein Feld kann mithilfe diverser Zeichenkettenfunktionen zusammengesetzt werden. Die wichtigsten Zeichenkettenfunktionen sind `concat`, `instr`, `left`, `length`, `replace`, `right` und `substring`. Im folgenden Beispiel wird die Funktion `concat_with_space` verwendet:

```
concat_with_space(name_org1, name_org2, 1) as Name_BuPa,
```

Numerische Funktionen

abs, div und mod

Neben den arithmetischen Ausdrücken gibt es numerische Funktionen wie `abs`, `div` oder `mod`, die zu den Berechnungen von Zahlenwerten herangezogen werden können. Das folgende Beispiel zeigt die Verwendung der Funktion `mod`:

```
mod( num1, num2 ) as r_mod,
```

[+]

> **CDS Views zur Optimierung des kundeneigenen Codes einsetzen**
>
> Machen Sie sich mit CDS und deren Funktionen zur Berechnung und Verlinkung von Tabellen und anderen Views vertraut. Versuchen Sie nicht performante Programme aus SAP ERP entweder durch einen Standard-CDS-View oder einen eigenen CDS View zu verbessern und das betreffende Programm zu modernisieren. Bei Anlage eigener Views sollte das semantische Modell aus Basic Interface View, Composite Interface View und Consumption View beherzigt werden.
>
> Einen Einstieg in CDS ermöglicht das Buch »Core Data Services für ABAP« von Renzo Colle, Ralf Dentzer und Jan Hrastnik (2. Auflage, SAP PRESS 2020).

8.2.3 ABAP Managed Database Procedures

AMDP erlauben native Zugriffe auf Datenbankprozeduren (*Stored Procedures*) und Datenbankfunktionen der SAP-HANA-Datenbank aus den ABAP-Programmen heraus. AMDPs sind nicht in jedem Fall performantere Alternativen zu Open SQL. Sie finden ihre sinnvolle Verwendung nur dann, wenn datenbankspezifische Funktionen verwendet werden sollen, die es in Open SQL nicht gibt. Hinzu kommen Abläufe, bei denen ansonsten große Transporte von Daten zwischen Datenbank- und Applikationsserver nötig wären, wie z. B. Migrationen oder der Materialbedarfsplanungslauf (MRP-Lauf). Ein Beispiel für eine Anwendungsmöglichkeit von AMDP ist die Anweisung `SELECT FOR ALL ENTRIES IN ITAB`, bei der eine interne Tabelle als performanter Join dargestellt wird. In Open SQL würde sie als expandierte, gegebenenfalls lange Liste von Werten dargestellt werden. In diesem Sinne sind AMDPs für die Optimierung nach dem Umstieg auf SAP S/4HANA nur in speziellen Situationen relevant. Open SQL bzw. die Verwendung von CDS Views werden in den meisten Fällen ausreichen.

Marker-Interface IF_AMDP_MARKER_HDB

AMDPs werden als spezielle ABAP-Klassen realisiert. Eine solche Klasse muss das Interface `IF_AMDP_MARKER_HDB` als sogenannten *Marker* beinhalten. In der Klasse können normale ABAP-Methoden und AMDP-Methoden auftreten. Eine *AMDP-Methode* ist durch entsprechende Marker gekennzeichnet und enthält im Methoden-Body SQLScript-Coding, also kein ABAP. *SQL-Script* ist eine Erweiterung zum klassischen SQL, bei der auch prozedurale und funktionale Elemente eingeführt wurden.

Die Daten werden über Parameter ausgetauscht, auf die in SQLScript als Hostvariablen zugegriffen werden kann. In SQLScript können die nativen Features der Datenbank (im Fall von SAP S/4HANA also von der SAP-HANA-Datenbank) vollständig genutzt werden. Bei den AMDP-Methoden wird zwischen *Datenbankprozeduren* und *Datenbankfunktionen* unterschieden. Letztere sind im Kontext von CDS Views relevant und können dort als mehrzeilige Datenquellen direkt eingebunden werden.

Neue Funktionsbereiche

Im ABAP-Kontext können durch die Datenbankprozeduren neue Funktionsbereiche, wie eine ungenaue Suche (*Fuzzy Search*), erschlossen werden, die mit Open SQL nicht oder nur eingeschränkt möglich sind. Sehen Sie sich dazu Listing 8.11 an. In der Methode `FUZZY` wird eine unscharfe Suche von Geschäftspartnern nach ihrem Namen (`name_org1`) mit Bewertung der Ähnlichkeit (`score`) umgesetzt.

```
CLASS zcl_fuzzy_amdp DEFINITION
  PUBLIC
  FINAL
  CREATE PUBLIC.

  PUBLIC SECTION.
    " AMDP-Klasse zum Selektieren von Geschäftspartnern mit
    " unscharfer Suche und Ergebnisbewertung
    TYPES: BEGIN OF lty_bupa,
             score TYPE mdc_fuzzy_fuzziness. "Dec 3
                                             "Precision 2
             INCLUDE TYPE but000.
    TYPES: END OF lty_bupa ,
    lty_bupa_list TYPE TABLE OF lty_bupa.

    INTERFACES if_amdp_marker_hdb.
    CLASS-METHODS fuzzy
      IMPORTING VALUE(iv_search_name) TYPE bu_name
                VALUE(iv_fuzzy)       TYPE mdc_fuzzy_fuzziness
DEFAULT '0.8'
      EXPORTING VALUE(et_bupa_list)   TYPE lty_bupa_list.
  PROTECTED SECTION.
  PRIVATE SECTION.
ENDCLASS.
```

```
CLASS zcl_fuzzy_amdp IMPLEMENTATION.
  METHOD fuzzy BY DATABASE PROCEDURE FOR HDB LANGUAGE SQLSCRIPT USING
but000.

    /* SQLScript startet hier */
      et_bupa_list = select score( ) AS score, * FROM but000
      WHERE client = session_context ( 'CLIENT' ) AND
      type = 2 AND
      CONTAINS(name_org1, :iv_search_name, FUZZY(:iv_fuzzy));

    /* SQLScript endet hier */
  ENDMETHOD.
ENDCLASS.
```

Listing 8.11 Definition einer AMDP-Klasse mit eingebettetem SQL-Script zur unscharfen Suche von Geschäftspartnern

In diesem Sinne kann die Nutzung und Einführung von AMDP bereits als erster Schritt zur Nutzung der speziellen SAP-S/4HANA-Fähigkeiten für eigene Entwicklungen nach der Transformation gesehen werden.

[+]

Weitere Informationen zu SQLScript

Eine Einführung in SQLScript bietet Ihnen das Buch »SQLScript für SAP HANA« von Jörg Brandeis (2. Auflage, SAP PRESS 2020).

8.2.4 Die 5 goldenen Regeln

Regeln für den Datenbankzugriff

Für den Zugriff auf Datenbanken und speziell für den Zugriff auf die SAP-HANA-Datenbank gelten die sogenannten *5 goldenen Regeln*:

1. **Halte die Ergebnismenge (Datensätze) klein**
   Jeder Zugriff sollte so wenig wie möglich Datensätze lesen, das heißt, die `WHERE`-Bedingung sollte so spezifisch wie möglich sein. Bei `SELECT ... ENDSELECT`-Schleifen sollten keine Sätze erst gelesen werden, um dann z. B. mit `EXIT` oder `CHECK` den Datensatz zu verwerfen.
2. **Minimiere die gelesene Datenmenge (Felder)**
   Die Anweisung `SELECT *` sollte nur genutzt werden, wenn tatsächlich alle Felder einer Tabelle benötigt werden. Sonst sollte eine Feldliste der zu lesenden Felder definiert werden. Diese Regel ist bei Nutzung der SAP-HANA-Datenbank noch wichtiger als bei herkömmlichen Datenbanken, da die Daten spaltenorientiert und nicht mehr zeilenorientiert gespeichert sind.

Aggregate sollten direkt auf der Datenbank berechnet werden, nicht im Applikationsserver. Geschachtelte SELECT-Anweisungen sollen in einer SQL-Anweisung und nicht, wie oft in der Vergangenheit, im ABAP-Coding mit eingebetteten Einzel-SQL-Anweisungen realisiert werden (siehe auch Abschnitt 8.2.1, »Code-Pushdown-Prinzip«).

3. **Minimiere die Menge an Zugriffsoperationen**
   Es sind möglichst mehrzeilige Zugriffsoperationen statt Sequenzen von Einzelzugriffen zu nutzen. Dies gilt für SELECT-Anweisungen, aber auch für Schreiboperationen. Bei komplexen Zugriffen verwenden Sie Joins oder CDS Views, um die Datenbank effektiv zu nutzen.
4. **Minimiere die Suchzeit/Verwende Zugriffsindizes**
   Normalerweise benötigt SAP HANA keine Sekundärindizes, da die Daten schon spaltenorientiert abgelegt sind. Es kann aber in Einzelfällen trotzdem sinnvoll sein, Zugriffsindizes anzulegen. Legen Sie neue Indizes aber nur dann an, wenn es notwendig ist und einen Performancenutzen bringt.
5. **Schone die Datenbank, verzichte auf redundante Zugriffe**
   Aufwendige Zugriffe und Berechnungen sollten in der SAP-HANA-Datenbank stattfinden (Code-Pushdown-Prinzip). Das bedeutet aber nicht, dass redundante Zugriffe oder doppelte Anweisungsausführungen durchgeführt werden sollen. Das Sortieren von Ergebnismengen sollte in der Datenbank stattfinden.

Um diese goldenen Regeln und insbesondere den Code-Pushdown-Ansatz einhalten zu können, hat SAP die meisten Elemente, die auch in CDS Views genutzt werden können, in ABAP SQL zur Verfügung gestellt. Dazu finden Sie im folgenden Abschnitt mehr Informationen.

8.3 Neue Sprachelemente und Programmierobjekte

SAP hat insbesondere seit dem Basisrelease 7.40 in mehreren Wellen sowohl die ABAP-Programmiersprache erheblich erweitert (und gewisse alte Konstrukte für obsolet erklärt) als auch neue Programmierobjekttypen geschaffen. Diese können in diesem Buch nicht in allen Einzelheiten vorgestellt werden, wir wollen jedoch die wichtigsten Anpassungen betrachten, die Sie bei den Optimierungen nach dem Umstieg auf SAP S/4HANA anwenden können.

Neuerungen seit ABAP 7.40

Die Anpassungen in ABAP machte SAP einerseits, um die Integration der SAP-HANA-Datenbank mit SAP S/4HANA und die Bereitstellung von ABAP in der Cloud vorzubereiten. Andererseits wurde die Sprache modernisiert, und Konzepte und Schreibweisen aus anderen modernen Programmiersprachen wurden übernommen.

8.3.1 Wichtige Neuerungen in Open SQL

Die bereits im Rahmen von CDS vorgestellten Möglichkeiten zum Verknüpfen von Datenquellen und Berechnen von Feldern können in vielen Fällen auch direkt in Open SQL genutzt werden.

Neue Joins

Inner/Outer Join

Bei den Joins sind die Anweisungen `INNER JOIN` und `LEFT/RIGHT OUTER JOIN` die wichtigsten und auch performancewirksamsten Optionen innerhalb der `SELECT`-Anweisung. Mittels der Funktion `COALESCE` kann beim Outer Join ein Nullwert (bei nicht vorhandenen Daten) durch einen anderen Inhalt ersetzt werden. Dies ist oft sehr nützlich in der weiteren Verarbeitung.

In Listing 8.12 sehen Sie ein Beispiel.

```
SELECT FROM mara LEFT OUTER JOIN makt
  ON mara~matnr EQ makt~matnr AND
     makt~spras EQ 'E'
  FIELDS
  mara~matnr,
  coalesce( makt~maktx, 'no english text' ) AS text
  INTO TABLE @DATA(lt_material) .
```

Listing 8.12 SELECT-Anweisung mit Outer Join zwischen den Tabellen MARA und MAKT

Fallunterscheidungen

CASE

Mit der Anweisung `CASE` können Fallunterscheidungen zur Berechnung von Zielfeldern gemacht werden. Listing 8.13 zeigt ein Beispiel.

```
SELECT FROM but000
  FIELDS
  partner,
...
  CASE
  WHEN but000~xsexf = 'X' THEN 'W'
  WHEN but000~xsexm = 'X' THEN 'M'
  ELSE  '?'
  END AS geschl
  INTO ... .
```

Listing 8.13 SELECT-Anweisung mit CASE-Unterscheidung zur Auswertung der Felder XSEXM und XSEXF

Aggregatfunktionen und arithmetische Ausdrücke

Die üblichen Aggregatfunktionen, wie z. B. SUM() oder MAX(), können wie in auch schon vor ABAP-Release 7.40 in der Feldberechnung einer SQL-Anweisung verwendet werden.

Arithmetische Ausdrücke mit den Operatoren +, -, *, / können zur Feldberechnung genutzt werden.

Zeichenkettenfunktionen

Es stehen umfangreiche Zeichenkettenfunktionen wie LENGTH(), REPLACE(), SUBSTRING() usw. zur Verfügung. Hinzu kommt der Verkettungsoperator &&. Listing 8.14 zeigt ein Beispiel für die Verwendung der Funktion REPLACE():

```
SELECT FROM adrc
  FIELDS
...,
  replace( street, 'ß', 'ss' ) AS stras_ch "ß durch ss ersetzt
...
  INTO ...    .
```

Listing 8.14 SELECT Anweisung mit REPLACE-Funktion zum Ersetzen von ß durch ss

Numerische Funktionen

Feldberechnung

Numerische Funktionen, wie z. B. DIV, MOD oder ABS, können zur Feldberechnung genutzt werden. In Listing 8.15 finden Sie ein längeres Beispiel zu den neuen Möglichkeiten von Open SQL.

```
SELECT FROM but000   AS bupa
  LEFT OUTER JOIN but021_fs AS link
  ON bupa~partner = link~partner
  LEFT OUTER JOIN adrc AS adresse
"Join BUT000->BUT021_FS->ADRC
  ON link~addrnumber = adresse~addrnumber AND
  adresse~city1 <> ''
"Adresse ohne Stadt -> NULL

  FIELDS
  bupa~partner AS partner,
  bupa~bu_sort1 AS bu_sort1,
  bupa~type AS type,
  CASE bupa~type "case 1=Person, 2=Organisation
    WHEN '2' THEN bupa~name_org1 "Namen übernehmen
```

```
    WHEN '1' THEN concat_with_space( "Namen zusammensetzen
                                     bupa~name_first ,
                                     bupa~name_last ,
                                     1 )
  END AS bupa_name , "neues berechnetes Namensfeld
  coalesce( adresse~city1, 'keine Adresse' ) AS city1
"leere Stadt oder keine Adresse -> Feldwert keine Adresse
  INTO TABLE @DATA(lt_result)  .
```

Listing 8.15 SELECT-Anweisung mit Outer Joins, CASE-Anweisung, der Zeichenkettenfunktion CONCAT_WITH_SPACE und der Funktion COALESCE

8

[+]

Performance von ABAP-Anwendungen steigern

Das Code-Pushdown-Prinzip bzw. die Verlagerung der Verarbeitung von ABAP in die Datenbank sind wichtige Optionen zur Steigerung der Performance. Sie können entweder mit CDS Views oder durch gleichwertige Open-SQL-Anweisungen direkt in ABAP umgesetzt werden. Dabei helfen neben den umfangreichen Join-Möglichkeiten die eingebauten Funktionen.

8.3.2 Wichtige Neuerungen in ABAP

Seit dem SAP-Basisrelease 7.40 sind umfangreiche Ergänzungen in der ABAP-Sprache erfolgt, die nicht nur die im vorigen Abschnitt vorgestellten Neuerungen in Open SQL betreffen. Die nicht datenbankspezifischen Anpassungen haben ABAP modernisiert, indem Konzepte anderer Programmiersprachen umgesetzt wurden. Das vereinfacht und verkürzt die Erstellung von Code und ermöglicht Laufzeitverbesserungen.

Inline-Deklarationen

DATA-Anweisungen einsparen

Variablen und Feldsymbole müssen nicht mehr wie früher vor ihrer Verwendung zuerst mit `DATA` oder `FIELD-SYMBOLS` deklariert werden, sondern können an der Stelle ihrer ersten Verwendung direkt durch `DATA( )` oder `FIELD-SYMBOL( )` deklariert werden. Listing 8.16 zeigt dies am Beispiel der Inline-Deklaration der internen Tabelle `LT_BUPA` als Resultat der Select-Anweisung und des Feldsymbols `<f_lt_bupa>` als Resultat einer leeren neuen Zeile in der internen Tabelle.

```
SELECT FROM but000
  FIELDS
  partner,
  type,
```

```
  bu_sort1
  INTO TABLE @DATA(lt_bupa) .
APPEND INITIAL LINE TO lt_bupa ASSIGNING FIELD-SYMBOL(<f_lt_bupa>) .
```

Listing 8.16 Beispiel für eine Inline-Deklaration

Instanziierungsoperator NEW

Mit `NEW type( )` können Datenobjekte und vor allem Klasseninstanzen erzeugt werden. Durch diese Schreibweise sind bei Klassen Verkettungen über den Objektkomponenten-Selektor `->` und Methodenverkettungen möglich. Listing 8.17 zeigt hierfür ein Beispiel. An der erzeugten Instanz wird die Methode `GET_NAME` gerufen und dabei inline eine Variable `LV_NAME` deklariert, die einen Parameter der Methode importiert.

```
NEW
cl_timecalendar_simple( 'test' )->if_timeset_item~get_
name( IMPORTING name = DATA(lv_name) ) .
```

Listing 8.17 Erzeugung einer Instanz der Klasse CL_TIMECALENDAR_SIMPLE mit Übergabe eines Parameterwertes 'test'

Wertoperator VALUE

Erzeugungsoperatoren NEW und VALUE

Mit dem Wertoperator `VALUE type( )` kann ein komplexes Datenobjekt, z. B. eine Struktur oder eine interne Tabelle, auf einen Schlag mit Werten versorgt werden. Listing 8.18 erzeugt als Beispiel eine interne Tabelle des Typs `TT_BAPIRET2` mit Initialbefüllung einer Zeile. In der zweiten Anweisung wird eine weitere Zeile per `VALUE`-Operator angehängt.

```
DATA(bapiret2tab) =
VALUE tt_bapiret2( (
type               = 'I'
id                 = 'B1'
number             = '999'
message_v1         = 'Viel Spass in der'
message_v2         = 'Schweiz' ) ).
bapiret2tab        = VALUE #(
BASE bapiret2tab (
type               = 'I'
id                 = 'B1'
number             = '999'
message_v1         = 'Viel Spass in'
message_v2         = 'Deutschland' ) ).
```

Listing 8.18 Erzeugung einer internen Tabelle mit Initialbefüllung einer Zeile

Dieses Feature dient vor allem der Verkürzung bzw. Lesbarkeit des Codes und spart Hilfsvariablen ein.

Typkonvertierung durch CONV und CAST

Datentypkonvertierung per Kopie oder Referenz

Durch die Anweisung `CONV type( )` wird ein neues Objekt des Datentyps `type` erzeugt. Per `CAST type( )` wird ebenfalls eine Typkonvertierung durchgeführt, das Resultat ist jedoch eine Referenzvariable des neuen Typs, der auf das übergebene Objekt zeigt. In dem Beispiel in Listing 8.19 erzeugt die erste Anweisung eine Zeichenkette der Länge 255, wobei nur acht Zeichen gefüllt sind. In der zweiten Zeile wird eine Referenzvariable des Typs `CX_TBA` (Klasse) erzeugt und in der letzten Zeile in den Typ `CX_STATIC_CHECK` gecastet.

```
DATA(lv) = CONV char255( '20201231' ) .
DATA(lv_msg) = NEW cx_tba( textid = VALUE scx_t100key( msgid =
'B1' msgno = '999' ) ).
DATA(lv_ref) = CAST cx_static_check( lv_msg ) .
```

Listing 8.19 Beispiel für Typkonvertierungen

Dieses Feature dient vor allem der Verkürzung bzw. Lesbarkeit des Codes (keine implizite Konvertierung) und spart Hilfsvariablen ein.

Konditionaloperatoren COND und SWITCH

Fallberechnung statt Fallunterscheidung

Durch die Anweisung `COND/ SWITCH type( operand WHEN log_exp1/const1 THEN result1 ... ELSE resultn )` wird ein Ergebniswert erzeugt, der direkt für Berechnungen oder Zuweisungen weiterverwendet werden kann. Während bei der Anweisung `SWITCH` ein Operand nach (konstanten) Inhalten unterschieden wird, werden bei `COND` logische Ausdrücke berechnet. Das Resultat der ersten `WHEN`-Klausel mit Übereinstimmung wird zurückgegeben. In dem Beispiel in Listing 8.20 wird die Variable `LV_HALBTAG` je nach Tageszeit mit einem unterschiedlichen Text gefüllt.

```
DATA(lv_halbtag) = COND #(
WHEN sy-uzeit < '120000' THEN 'vormittag'
WHEN sy-uzeit > '120000' THEN 'nachmittag'
ELSE 'genau Mittag' ).
```

Listing 8.20 Fallabhängige Füllung einer Variablen

Dieses Feature dient der Verkürzung bzw. Lesbarkeit des Codes.

Erweitertes MOVE-CORRESPONDING

Für komplexe Strukturen

Der schon seit den ersten Versionen von SAP R/3 existierende Ausdruck `MOVE-CORRESPONDING struc1 TO struc2` wurde für interne Tabellen und tiefe Strukturen erweitert. Das heißt, auch interne Tabellen im Inneren einer tiefen Strukturhierarchie können rekursiv aufgelöst und der Wert – bei Gleichheit des Komponentennamens – transferiert werden. Dabei können bei Inkompatibilität der Datentypen auch die entsprechenden Ausnahmen auftreten.

In dem Beispiel in Listing 8.21 wird die interne Tabelle `LT_SOURCE` in die interne Tabelle `LT_TARGET` kopiert, wobei nur die gleich benannten Felder berücksichtigt werden.

```
SELECT * FROM tbtcjoblog0 INTO TABLE @DATA(lt_source).
DATA: lt_target TYPE bal_t_msg.
MOVE-CORRESPONDING lt_source TO lt_target .
"interne Tabellenfelder MSGID, MSGNO, MSGV1, MSGV2, MSGV3, MSGV4
```

Listing 8.21 Beispiel einer MOVE-CORRESPONDING-Anweisung zwischen ungleichen Strukturen

Dieses Feature bringt neben der Verkürzung des Codes auch Laufzeitvorteile.

Zeichenkettenausdrücke und Funktionen

Zeichenkettenausdrücke

SAP hat die bereits bestehenden Möglichkeiten zum Zugriff auf Zeichenketten – wie `REPLACE` oder `CONCATENATE` – um viele nützliche Funktionen und die Möglichkeit erweitert, Ausdrücke zu bilden und auch zu verschachteln. Sehr praktisch ist der Verkettungsoperator `&&`, der die Zeichenkettenoperanden zusammenfügt.

Beschreibungsfunktionen

Bei den Funktionen muss unterschieden werden zwischen Beschreibungs- und Verarbeitungsfunktionen. Zu den Beschreibungsfunktionen zählen:

- Längenfunktionen wie `strlen()`
- Suchfunktionen wie `find()` und `count()`
- die Ähnlichkeitsfunktion `distance()`

Listing 8.22 zeigt ein Beispiel für umfangreiche Zeichenkettenausdrücke. Mit `COUNT_ANY_OF` wird die Anzahl des Buchstabens e im Eingabestring `LV_STR` gezählt und mit `find()` in der nächsten Zeile die Position des ein im Eingabestring.

```
DATA(lv_str) = CONV string( 'Heute ist ein schöner Tag' ).
"neuer String
DATA(lv_count_e) = count_any_of( val = lv_str sub = 'e' ) .
"finde Anzahl der 'e'
DATA(lv_find_ein) = find( val = lv_str sub = 'ein' ).
"finde Offset von 'ein'
```

Listing 8.22 Beispiele für Zeichenkettenausdrücke und Funktionen

Verarbeitungsfunktionen

Die Verarbeitungsfunktionen zu den Zeichenketten sind sehr umfangreich geworden. Sie beinhalten unter anderem:

- die Verkettungsfunktion `Concatenate_lines_of( itab )`
- die Einfügefunktion `insert( )`
- die Abgleichfunktion `match()`
- die Fluchtsymbolfunktion `escape()`
- die Ersetzungsfunktion `replace()`
- die Segmentfunktion `segment()`
- die Teilfeldfunktionen `substring()`, `substring_from()`, `substring_after()`, `substring_before()` und `substring_to()`

Im Beispiel in Listing 8.23 wird eine interne Tabelle in eine Zeichenkette transformiert und anschließend die Zeichenkette &DEFINITION& gesucht und ersetzt.

```
DATA: lt_docu TYPE TABLE OF tline,
      lt_text TYPE TABLE OF htmlline.
CALL FUNCTION 'DOCU_GET_FOR_F1HELP'
  EXPORTING
    id     = 'DE' "Datenelement
    langu  = sy-langu
    object = 'BUKRS'
  TABLES
    line   = lt_docu.
MOVE-CORRESPONDING lt_docu TO lt_text.
DATA(lv_res) =
replace(
val = concat_lines_of( table = lt_text sep = '/' )
sub = '&DEFINITION&'
with = '' occ = 0 ) .
```

Listing 8.23 Beispiel für eine Verkettungsfunktion der Zeilen einer internen Tabelle

Die meisten dieser Funktionen bringen neben der Verkürzung des Codes auch Laufzeitvorteile, da die Operationen nun im Kernel ablaufen. Das heißt, sie müssen nun nicht mehr in ABAP in möglicherweise mehreren Codezeilen implementiert werden.

Ausdrücke und Funktionen für interne Tabellen

Eleganteres Handhaben interner Tabellen

Auf Zeilen interner Tabellen kann direkt mit Ausdrücken in eckigen Klammern `itab[ ... ]` zugegriffen werden. Innerhalb der Klammern steht im einfachsten Fall der Index, im komplexeren Fall aber der Tabellenschlüssel, oder es erfolgt gar ein freier Zugriff über Werte der Komponenten. Danach kann der Strukturkomponentenselektor (-) angefügt werden, über den Sie durch verschachtelte Strukturen navigieren können.

Funktionen für interne Tabellen sind:

- `Lines( )`: Bestimmt die Anzahl von Zeilen in der internen Tabelle.
- `Line_index( )`: Gibt den gefundenen Tabellenindex zum Ausdruck in der Klammer zurück.

Listing 8.24 zeigt ein Beispiel, bei dem – wenn vorhanden – die vorletzte Zeile der internen Tabelle `LT_TEXT` gelesen wird.

```
DATA(lv_vorletzter) = SWITCH htmlline( lines( lt_text )
WHEN 0 THEN ''
WHEN 1 THEN ''
ELSE lt_text[ lines(  lt_text ) - 1 ] )  .
```

Listing 8.24 Beispiel für den Zugriff auf eine interne Tabelle

Methodenaufrufe

Kurze Methodenaufrufe

Methodenaufrufe müssen nicht mehr die klassische und schreibaufwendige Form `CALL METHOD oref->meth IMPORTING EXPORTING ...` nutzen, die von SAP auch für obsolet erklärt wurde. Stattdessen erfolgt ein Methodenaufruf in der Form `meth( .. )`, wobei es diese Varianten gibt:

- Einzelaufruf: `oref->meth( ... )`
- Funktionaler Aufruf: `var = oref->meth( ... )`

  Hier muss es einen `RETURNING`-Parameter geben.
- Verketteter Aufruf: `meth1( ... )->meth2( ... )->...->meth( ... )`

  Hier muss der `RETURNING`-Parameter eine entsprechende Objektreferenz für die danach aufzurufende Methode zurückgeben.

Diese Schreibweise ist kürzer und moderner als die klassische `CALL METHOD`-Variante und spart Hilfsvariablen ein.

8.3.3 Metadaten und Annotationen

Mit den CDS hat SAP begonnen, Zusatzinformationen und Attribute zu Objekten in Form von Annotationen zu strukturieren. Eine Annotation ist in der einfachsten Form ein simples Attribut-Wert-Paar und wird durch das Zeichen @ eingeleitet. Annotationen können hierarchisch aufgebaut werden und dabei innere Attribut-Wert-Paare bzw. Arrays beinhalten. Sie werden in sogenannten *Vokabularen* gruppiert, die die zulässigen Attribute definieren.

Einsatz von Annotationen

In CDS Views können Annotationen z. B. zur Steuerung der SAP-Fiori-Oberflächen, des Objektverhaltens, der Semantik, des Suchverhaltens usw. genutzt werden. Weitere Informationen dazu finden Sie im SAP Help Portal unter *http://s-prs.de/v763223*.

Neben den CDS Views unterstützen noch weitere Objekte das Konzept der Annotationen, z. B. die Behavior Definitions zu einem CDS View oder die – neue – Schreibweise einer Datenbanktabellendefinition. In Listing 8.25 werden die als technische Tabelleneigenschaften bekannten Attribute nun durch Annotationen der Form `@AbapCatalog. ...` beschrieben. Die Fremdschlüsselbeziehung zur Tabelle `TCURC` ist ebenfalls durch eine solche Annotation realisiert.

```
@EndUserText.label : 'Clients'
@AbapCatalog.enhancementCategory : #NOT_EXTENSIBLE
@AbapCatalog.tableCategory : #TRANSPARENT
@AbapCatalog.deliveryClass : #C
@AbapCatalog.dataMaintenance : #ALLOWED
define table t000 {
  key mandt  : mandt not null;
  mtext      : mtext_d not null;
  ort01      : ort01 not null;
  @AbapCatalog.foreignKey.keyType : #KEY
  @AbapCatalog.foreignKey.screenCheck : true
  mwaer      : mwaer not null
    with foreign key [1..*,1] tcurc
      where mandt = t000.mandt
        and waers = t000.mwaer;
  adrnr      : char10 not null;
```

Listing 8.25 Definition der SAP-Tabelle T000 mit mehreren Annotationen

Dieses Vorgehen, Metadaten und Attribute als Annotationen im Quelltext abzulegen, wird SAP in Zukunft weiterverfolgen.

8.3.4 ABAP-RESTful-Programmiermodell

Transaktionales, CDS-basiertes Objektmodell

Ab dem Release 1909 von SAP S/4HANA kann man ein auf CDS basierendes, transaktionales Objektmodell zur Entwicklung verwenden. Dieses Modell wird auch als *ABAP-RESTful-Programmiermodell* bezeichnet. Mit diesem Modell kann man z. B. eine SAP-Fiori-App des Typs List Report mit Editiermöglichkeiten erstellen. Die Erstellung der einzelnen Komponenten erfolgt komplett in den ABAP Development Tools (ADT) in Eclipse.

Im Kontext einer Optimierung des kundeneigenen Codes infolge einer SAP-S/4HANA-Migration sollte dieses Programmierkonzept in Betracht gezogen werden, wenn nicht nur bestehender Code angepasst werden soll, sondern eine neue Entwicklung angebracht ist, in deren Rahmen auch eine SAP-Fiori-Oberfläche erstellt werden soll.

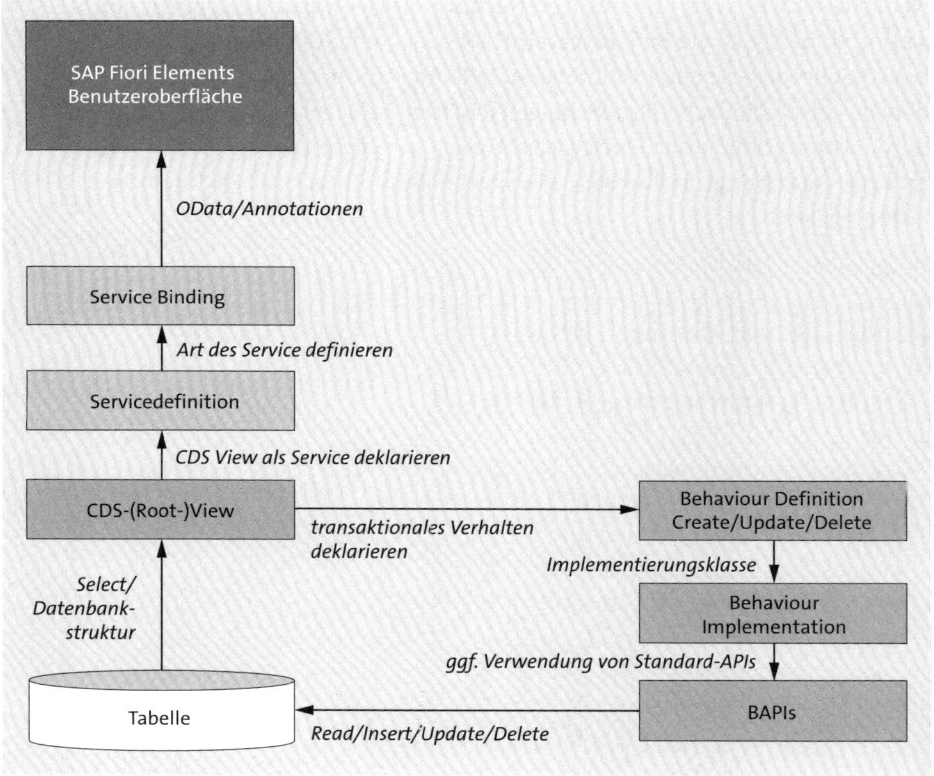

Abbildung 8.12 Entwicklungsobjekte des transaktionalen ABAP-RESTful-Programmiermodells

Eine Datenbanktabelle bildet die Basis eines CDS Views, der als sogenannter ROOT-View deklariert werden muss.

CDS View

Der CDS View wird um Metadaten zur UI-Steuerung erweitert. Deren Ablage kann per *Metadata Extension* oder direkt im CDS View geschehen. Dieses Objekt können auch mehrere verkettete Views nutzen, wie im Schichtenmodell in Abbildung 8.11 gezeigt. Das Codefragment des CDS Views in Listing 8.26 definiert ein Objekt `ZZ_I_WEBURL` und fügt bereits UI-Annotationen hinzu.

```
@AbapCatalog.sqlViewName: ' ZZ_WEBURL_V'
@EndUserText.label: 'Web URL Object'
@UI: {
  headerInfo: {
  typeName: 'URL',
...
  }
}
define root view ZZ_I_WEBURL
  as select from zzdvb_web

  @Search.defaultSearchElement: true
  key zzdvb_web.partner,
...
```

Listing 8.26 Core Data Service als Basis des transaktionalen Objekts

Servicedefinition

Der CDS View wird in einer *Servicedefinition* exponiert, das heißt für Services wie SAP Fiori oder A2X als nutzbar deklariert. In der Servicedefinition in Listing 8.27 wird der CDS als Service deklariert.

```
@EndUserText.label: 'zz_i_weburl_srv'
define service Zz_i_weburl_srv {
  expose ZZ_I_WEBURL;
}
```

Listing 8.27 Servicedefinition zum CDS

Die Servicedefinition wird in einem *Service Binding* für den jeweiligen Zweck, hier eine SAP-Fiori-Oberfläche, genutzt. Dadurch wird ein Gateway-Service erzeugt, der wiederum die SAP-Fiori-Oberfläche erzeugt.

Im Service Binding in Abbildung 8.13 wird der zuvor definierte Service dem Typ **ODATA V2 - UI** zugeordnet. Die dazu erzeugte **Service URL** wird dargestellt, und über den Button **Preview** kann ohne Verwendung weiterer Werkzeuge wie der SAP Web IDE direkt eine SAP-Fiori-Elements-App generiert werden. Weitere Information im Service Binding sind die Entity Sets und Assoziationen, die aus dem CDS View abgeleitet wurden.

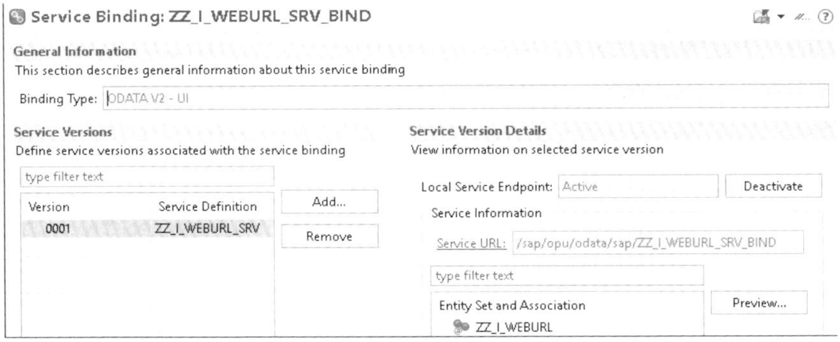

Abbildung 8.13 Service Binding

Behaviour Definition

Der CDS View definiert als solcher noch nicht die Art des Schreibzugriffs auf die Tabelle. Dazu muss eine *Behaviour Definition* angelegt werden, die im ersten Schritt die erlaubten Operationen (Create, Update, Delete) deklariert und weitere Informationen angibt, etwa zu Sperren, Berechtigungsprüfungen usw. Dazu können *Aktionen* definiert werden, die aus der Anwendungsoberfläche gerufen werden können.

In der Behavior Definition in Listing 8.28 wird festgelegt, welche Operationen (hier nur Update) und welche weiteren Aktionen und Dienste (hier Lock) zur Verfügung stehen sollen.

```
unmanaged implementation in class zbp_z_i_weburl unique;
define behavior for ZZ_I_WEBURL
lock master
{
  update;
}
```

Listing 8.28 Behavior Definition für den CDS View

Behaviour Implementation

Dazu wird dann eine *Behaviour Implementation*, das heißt eine Klasse, generiert, in der die Operationen konkret ausprogrammiert werden müssen. Die Klasse enthält in der Definition den Zusatz `FOR BEHAVIOR OF`. Die Implementierung findet im ABAP-Codeblock der lokalen Definitionen und Implementierungen statt. Abhängig von der Behavior Definition sind die zu implementierenden Methoden vorgegeben. In der Implementierung müssen dann das Pufferhandling, die Aktionen, die Sperrlogik und die Schreibzugriffe auf die Datenbank implementiert werden (siehe Listing 8.29).

```
CLASS lhc_zz_i_weburl DEFINITION INHERITING FROM cl_abap_behavior_
handler.
  PUBLIC SECTION.
```

```
    CLASS-DATA: lt_buffer TYPE TABLE OF zzdvb_web.
  PRIVATE SECTION.
    METHODS update FOR MODIFY
      IMPORTING entities FOR UPDATE zz_i_weburl.

    METHODS lock FOR BEHAVIOR
      IMPORTING keys FOR LOCK zz_i_weburl.
ENDCLASS.

CLASS lhc_zz_i_weburl IMPLEMENTATION.
  METHOD lock.
...
  ENDMETHOD.
  METHOD update.
    MOVE-CORRESPONDING entities TO lt_buffer .
  ENDMETHOD.
ENDCLASS.

CLASS lsc_zz_i_weburl DEFINITION INHERITING FROM cl_abap_behavior_
saver.
  PROTECTED SECTION.
    METHODS check_before_save REDEFINITION.
    METHODS finalize          REDEFINITION.
    METHODS save              REDEFINITION.
ENDCLASS.

CLASS lsc_ZZ_I_WEBURL IMPLEMENTATION.
  METHOD check_before_save.
  ENDMETHOD.

  METHOD finalize.
  ENDMETHOD.

  METHOD save.
    MODIFY zzdvb_web FROM TABLE @lhc_zz_i_weburl=>lt_buffer.
  ENDMETHOD.
ENDCLASS.
```

Listing 8.29 Behavior Implementation zum CDS

Die Implementierung kann natürlich auch auf bestehende Objekte wie BAPIs zurückgreifen.

Weiterführende Informationen zum ABAP-RESTful-Programmiermodell

Für weitergehende Informationen und gut nachvollziehbare Beispiele zum ABAP-RESTful-Programmiermodell empfiehlt sich das Tutorial von SAP unter *http://s-prs.de/v763224*.

8.3.5 SAP List Viewer mit integriertem Datenzugriff

Erweiterungen für SAP-GUI-Anwendungen

In den vorangegangenen Abschnitten haben wir Services und Objekte für SAP S/4HANA wie CDS, das ABAP-Restful-Programmiermodell oder die Annotationen beschrieben. Diese stehen im Kontext der Entwicklung von SAP-Fiori-Apps. Es gibt aber auch für die klassischen SAP-GUI-Anwendungen Erweiterungen, die insbesondere nach einer Migration nach SAP S/4HANA nützlich sein können. In SAP ERP hat sich der *SAP List Viewer* (ALV) als Werkzeug der Wahl zur Report- bzw. Listendarstellung bewährt. Er bietet vielfältige Möglichkeiten der Darstellung, Personalisierung, Sortierung und Integration von Microsoft Office.

Nachfolger des ALV

Durch die Nutzung der SAP-HANA-Datenbank kann auf viel größere Datenmengen schneller zugegriffen werden. Dies kann über Tabellen, aber auch über CDS Views geschehen. Um die Datenmengen auf eine für den Anwender gut verständliche Weise zu reduzieren bzw. sie zu aggregieren, wird dieser Funktionen wie Filtern, Sortieren und Aggregieren nutzen wollen, z. B. zur Summenbildung. Entsprechende Funktionen wurden in den Nachfolger des ALV, den SAP List Viewer mit integriertem Datenzugriff (ALV mit IDA) integriert. Der ALV mit IDA kann große Datenmengen effizient lesen, aggregieren und auch seitenweise bereitstellen (*Paging*). Er unterstützt die In-Memory-Technologie von SAP HANA optimal und setzt intern das Code-Pushdown-Prinzip um. Für den Anwender stehen die gewohnten Funktionen des ALV wie Filtern oder Microsoft-Office-Integration wie bisher zur Verfügung.

Datenbeschaffung

Für Ihre Eigenentwicklung bedeutet dies, dass anstelle vom »alten« ALV nun der ALV mit IDA genutzt werden sollte. Der größte konzeptuelle Unterschied ist der, dass die Datenbeschaffung nun auch von diesem Werkzeug übernommen wird. Deshalb besteht die Umstellung eines Reports aus SAP ERP, der den klassischen ALV nutzt, nicht nur darin, die Bausteine zur Anzeige auszutauschen. Idealerweise erstellen Sie zur Datenbeschaffung einen CDS View und übergeben diesen dem ALV mit IDA, wie in Listing 8.30 gezeigt.

```
REPORT zidaexamplecds.
DATA ls_user TYPE p_user_addr.
SELECT-OPTIONS s_bname FOR ls_user-bname.
START-OF-SELECTION.
  DATA(lo_alv_display) = cl_salv_gui_table_ida=>create_for_cds_view(
  iv_cds_view_name    = 'P_USER_ADDR' ).

  DATA(lo_collector) = NEW cl_salv_range_tab_collector( ).
"Range für BNAME
  lo_collector->add_ranges_for_name( iv_name = 'BNAME'
  it_ranges =   s_bname[] ).
  lo_collector->get_collected_ranges( IMPORTING et_named_ranges =
DATA(lt_name_range_pairs) ).
  lo_alv_display->set_select_options( it_ranges = lt_name_range_pairs ).

  lo_alv_display->display_options( )->set_title( 'Benutzeradressen' ).
"Listentitel
  lo_alv_display->display_options( )->set_empty_table_
text( 'keine Daten zur Selektion' ).  "Text, falls keine Daten

  lo_alv_display->fullscreen( )->display( ). "Start Selektion und Anzeige
```

Listing 8.30 Codebeispiel zur Erzeugung einer Liste mit dem ALV mit IDA

Hier wird mit der Anweisung SELECT-OPTION eine Selektionsoption für das Feld BNAME definiert. Danach wird der CDS View P_USER_ADDR zur Darstellung vorbereitet: die Selektionsoption wird übergeben und ein Listentitel definiert bzw. ein alternativ auszugebender Text, falls keine passenden Daten vorhanden sind. Weitere Codebeispiele zur Implementierung des ALV mit IDA finden Sie in dem Paket SALV_IDA_TEST.

8.4 Umbau des Custom Codes auf neue Objekte

SAP hat viele Tabellen aus SAP ERP durch neue, nicht strukturgleiche Tabellen in SAP S/4HANA ersetzt. Damit ging auch eine Reduktion der Tabellenanzahl einher, da bestimmte Zwischentabellen mit redundanten Daten, die man seinerzeit in SAP ERP aus Performancegründen eingefügt hatte, nun nicht mehr nötig sind.

Kompatibilitäts-Views

Um den Verwendern der obsoleten Tabellen keinen sofortigen Umstieg auf die neuen Objekte aufzuzwingen, wurde das Konstrukt der Kompatibilitäts-Views geschaffen, die wir bereits in Abschnitt 2.3.2 vorgestellt haben.

Für diese Views wurde seitens SAP jeweils ein CDS View entwickelt, der die gleiche Struktur wie die Datenbanktabelle aus SAP ERP hat, aber lesend auf die neue Tabelle in SAP S/4HANAzugreift. In der Variante V1 der Kompatibilitäts-Views lautet der Name des neuen View-Objekts genau gleich wie der alte Tabellenname. Die ehemalige Tabelle wird unter neuem Namen mit dem Zusatz `_BCK` als Backup gesichert. In der Variante V2 existiert zwar die alte Tabelle formal noch im ABAP Dictionary, jeder Zugriff wird aber intern auf den CDS View umgeleitet. Dadurch müssen Leseprogramme nicht (sofort) umgestellt werden.

Eigenentwicklungen auf neue Tabellen umstellen

Im Release SAP S/4HANA 1909 sind knapp 200 solcher Kompatibilitäts-Views ausgeliefert worden, unter anderem für häufig genutzte Tabellen wie `COEP`, `MARC`, `MARD` oder `QBEW`. Auf Dauer sollte man sich jedoch überlegen, ob Eigenentwicklungen – wenn ihre Funktionalität noch benötigt wird – nicht auf die neuen Tabellen umgestellt werden sollten. An zukünftigen Erweiterungen und Anpassungen wird man sonst unter Umständen nicht partizipieren können.

Vertreterobjekte finden

Um das Mapping zwischen Kompatibilitäts-View und neuer Tabelle bzw. neuem CDS View für Kompatibilitäts-Views der Variante V2 zu finden, können Sie in der Transaktion SE11 bei der Anzeige einer Tabelle im Menü die Funktion **Zusätze • Vertreterobjekt** auswählen. Für eine Massenauswertung lassen Sie sich die Tabelle `DD02L`, z. B. über die Transaktion SE16N, anzeigen. Geben Sie bei den Selektionskriterien `TABCLASS=TRANSP` und `VIEWREF ≠` (Space) ein, und selektieren Sie den Inhalt.

8.5 Erweiterungskonzepte und Clean Core

Auch in SAP S/4HANA wird es weiterhin Bedarf an Eigenentwicklungen geben. SAP hat dazu die Palette der Werkzeuge und Varianten für kundeneigene Erweiterungen erweitert. Bevor wir die neuen Möglichkeiten vorstellen, erläutern wir einige grundlegende Konzepte von SAP S/4HANA.

Digitaler Kern und Satellitenanwendungen

Der Ansatz von SAP ist, SAP S/4HANA als neuen, zentralen digitalen Kern (Digital Core) der Unternehmensanwendungen zu positionieren (siehe auch Kapitel 1, »Was kommt mit SAP S/4HANA auf Sie zu?«). Dieser Kern wird um Zusatzanwendungen ergänzt, die zumeist als Cloud-Lösungen implementiert sein werden. Die Funktionen der Anwendungen der SAP Business Suite wie SAP Customer Relationship Management (SAP CRM), SAP Supplier Relationship Management (SAP SRM) oder SAP Supply Chain Management (SAP SCM, siehe Abbildung 8.14) wurden daher folgerichtig auf den neuen SAP-S/4HANA-Kern und die Satellitenanwendungen in der Cloud aufgeteilt (siehe Abbildung 8.15).

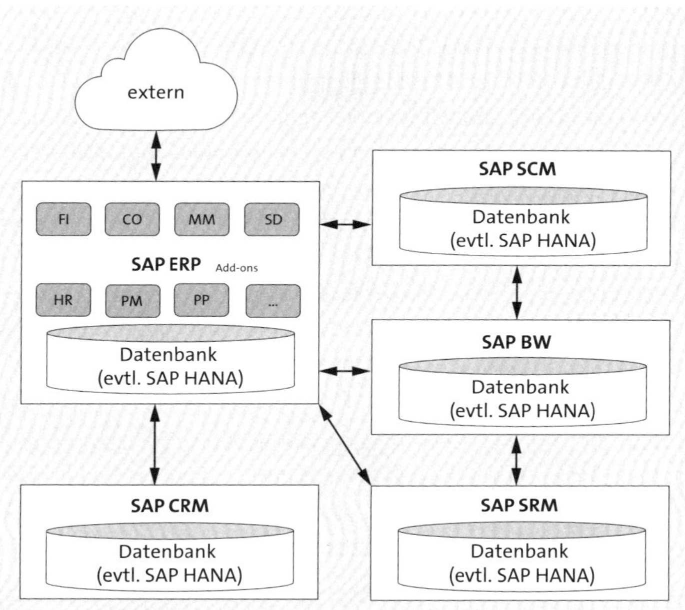

Abbildung 8.14 Komponenten der SAP Business Suite

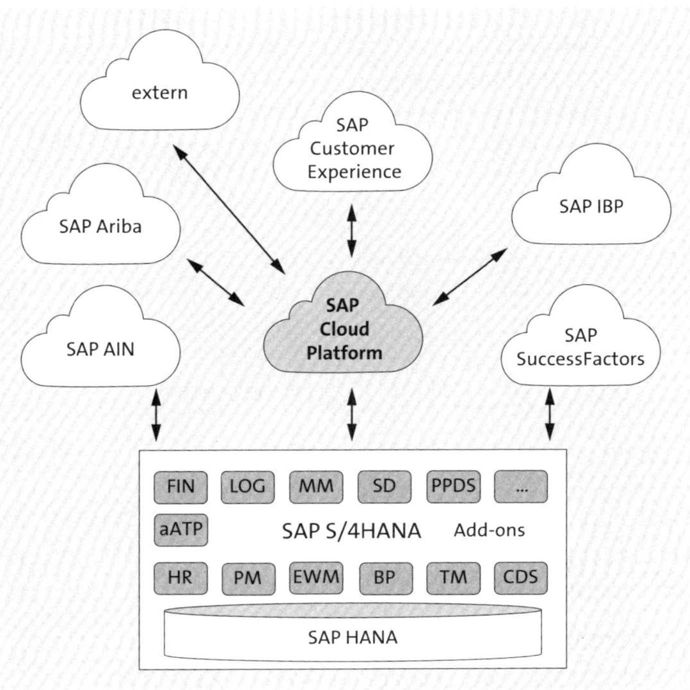

Abbildung 8.15 Komponenten der neuen SAP-S/4HANA-Welt

Stabilität des SAP-S/4HANA-Kerns

Damit kommt dem SAP-S/4HANA-Kern als dem zentralen System in der Unternehmenslandschaft eine hohe Bedeutung zu. Seine Stabilität, Upgrade-Fähigkeit und Verfügbarkeit muss sichergestellt sein (*Clean Core*). Durch die Simplifizierung sind einzelne Objekte weggefallen bzw. zusammengelegt worden. Unkontrollierte Erweiterungen können daher folgenschwerer sein, als das in der Vergangenheit der Fall war, wenn nur eine Komponente in einem SAP-Business-Suite-System betroffen war. Hinzu kommt, dass SAP die Möglichkeit anbietet, auch den SAP-S/4HANA-Kern als Cloud-Anwendung zu betreiben. Dadurch ergeben sich Restriktionen bezüglich der Erweiterungsmöglichkeiten, da Cloud-Anwendungen im Allgemeinen für mehrere Kundeninstallationen gleichzeitig entwickelt werden und entsprechend gewartet werden müssen.

Erweiterungsansätze

Um trotzdem eine Vielzahl von Erweiterungswünschen umsetzbar zu machen, hat SAP die Konzepte und Werkzeuge für kundeneigene Erweiterungen im Vergleich zu SAP ERP erweitert. Es gibt nun drei Ansätze der Erweiterung, die in Tabelle 8.3 gegenübergestellt werden.

Klassische Erweiterbarkeit	In-App-Erweiterbarkeit	Side-by-Side-Erweiterbarkeit
ABAP-Workbench-basierter Ansatz	Key User bzw. Benutzer mit profundem Wissen können bestehende Anwendungen direkt über eine SAP-Fiori-App erweitern.	Eine kundeneigene Anwendung wird in der SAP Cloud Platform erstellt. Dabei werden Services wie SAP HANA Web-based Development Workbench, SAP Web IDE und Cloud Connector verwendet.
Existiert schon in SAP ERP.	neu in SAP S/4HANA und SAP S/4HANA Cloud	Kann zur Erweiterung von SAP-S/4HANA-Systemen, aber auch für alte SAP-Business-Suite-Systeme angewendet werden.

Tabelle 8.3 Erweiterungskonzepte für SAP S/4HANA

Wahl des passenden Werkzeugs

Die Wahl des passenden Werkzeugs ist aber nicht nur von der Technik abhängig, sondern auch von der langfristigen Strategie für die SAP-Landschaft in einem Unternehmen:

- Ist geplant, Anwendungen in die Cloud zu verlagern?
- Soll SAP S/4HANA selbst später in der Cloud betrieben werden?

- Handelt es sich bei den Weiterentwicklungen um Erweiterungen nahe an der bestehenden SAP-Anwendung oder eher um locker gekoppelte Zusatzentwicklungen?
- Welche technischen und Entwicklungskenntnisse haben die für die IT-Systeme verantwortlichen Personen? Sind Nicht-ABAP-Kenntnisse verfügbar?

8.5.1 Klassische Erweiterbarkeit

Erweiterungsmöglichkeiten

Die klassische Erweiterbarkeit nutzt die bereits in SAP ERP bestehenden Werkzeuge im Umfeld der ABAP Workbench und des ABAP Dictionarys. Dies sind im Wesentlichen folgende Erweiterungsmöglichkeiten:

- Business Add-ins (BAdIs)
- Enhancement Points und Sections
- Customer bzw. User Exits
- anwendungsspezifische Erweiterungswerkzeuge
- Business Transaction Events (BTE)
- Appends zu ABAP-Dictionary-Objekten wie Tabellen oder Suchhilfen

Diese Möglichkeiten können auch in On-Premise-Installationen von SAP S/4HANA verwendet werden. Die Customer und User Exits aus SAP ERP funktionieren nach einer Custom-Code-Migration nach SAP S/4HANA in der Regel weiterhin, es sei denn die erweiterte Anwendung selbst wurde umgestellt. Eine solche Umstellung würde der Custom Code Check anhand der Simplification List finden (siehe Kapitel 4, »Analyse der erforderlichen Anpassungen«).

Neue BAdIs in SAP S/4HANA

Im Hinblick auf die Cloud-Fähigkeit von SAP S/4HANA hat SAP jedoch einige Anpassungen vorgenommen: Nur die BAdI-Technologie ermöglicht eine ausreichende semantische und syntaktische Stabilität von Erweiterungen, da sie auf objektorientierten Interfaces beruht. SAP hat für einige Objekte daher neue BAdIs erstellt, die neben inhaltlichen Erweiterungen vor allem eine technische Modernisierung ermöglichen. So kann man z. B. statt des in SAP ERP sehr oft genutzten User Exits `MV45AFZZ` für Vertriebsbelege (Transaktion VA01) die neuen BAdIs des Enhancement Spots `ES_SD_SLS_EXTEND` nutzen. Ein weiteres Beispiel ist die Ersetzung des klassischen BAdIs `ME_PROCESS_PO_CUST` durch die BAdIs im Enhancement Spot `ES_MMPUR_PROCESS_PO_CLOU` für Bestellanforderungen (Banfs).

Die klassischen Werkzeuge eignen sich – wie auch schon in SAP ERP – für Erweiterungen, die nahe am Standard und dem von SAP vorgesehenen Prozess bleiben, beispielsweise Zusatzfelder in der Banf oder das automatische

Abschließen eines Auftrags, wenn bestimmte Kriterien eingetreten sind. Wenn es neue Exits in SAP S/4HANA gibt, sollte man jedoch auf diese umsteigen.

Kritisch prüfen muss man Erweiterungen, wenn man später auf SAP S/4HANA Cloud umsteigen möchte. In diesem Fall darf man nur die neuen BAdIs für SAP S/4HANA zusammen mit freigegebenen APIs nutzen und darf bei der Implementierung dieser BAdIs nur auf cloudfähige ABAP-Anweisungen zurückgreifen (siehe dazu *http://s-prs.de/v763225*).

8.5.2 In-App-Erweiterbarkeit

Ziele der In-App-Erweiterbarkeit

Mit der In-App-Erweiterbarkeit verfolgt SAP zwei wesentliche Ziele:

- Bereitstellung eines Erweiterungswerkzeugsets, das den Aufwand zur Erstellung einer Erweiterung reduziert und es nicht nur Entwicklern, sondern auch versierten Benutzern (*Key Usern*) erlaubt, zumindest einfache Anpassungen, z. B. an der Anwendungsoberfläche, vorzunehmen
- Ermöglichung von Anpassungen auch in der SAP S/4HANA Cloud unter Berücksichtigung der Restriktionen (Verwendung eines reduzierten ABAP-Sprachumfangs und nur freigegebener APIs an vordefinierten Erweiterungspunkten)

Mögliche Erweiterungen

Die in Tabelle 8.4 aufgeführten Erweiterungen können mit der In-App-Erweiterbarkeit umgesetzt werden (siehe auch Abbildung 8.16).

Erweiterungstyp	Beschreibung
UI-Anpassungen	Umgestalten des Layouts, Ein-/Ausblenden von Feldern, neue Gruppen, neue Filter usw.
eigene Felder	Definition eigener Felder und deren konsistenter Einbau in Tabellen, CDS Views und Gateway-Services. Die Nutzung dieser Felder ist dann auf der Oberfläche UI möglich. Die Felder können Wertelisten haben.
eigene Geschäftslogik	Es ist möglich, mit dem webbasierten ABAP-Editor auf der SAP Cloud Platform an vordefinierten Erweiterungspunkten eigene Logik und eigenes Coding einzufügen. Dabei gilt die Regel des eingeschränkten Sprachumfangs (Cloud-Fähigkeit).
eigene Geschäftsobjekte	Es kann ein eigenes Objekt mit einer gegebenenfalls hierarchischen Struktur (Kopfposition) von der Datenbank über die Logik bis zur SAP-Fiori-Oberfläche definiert werden.

Tabelle 8.4 In-App-Erweiterungsmöglichkeiten

Erweiterungstyp	Beschreibung
analytische Erweiterungen	Es können eigene Kennzahlen (Key Performance Indicators, kurz KPIs), eigene CDS Views und eigene Auswertungen (Queries) erstellt werden. Diese können dem SAP Fiori Launchpad, z. B. in Form einer analytischen Kachel, hinzugefügt werden.
weitere Möglichkeiten	SAP erstellt weitere Werkzeuge, z. B. einen auf CDS basierenden E-Mail-Formular-Designer, um immer mehr ursprüngliche reine Entwicklungsaufgaben cloudfähig und durch Key User ausführbar zu machen.

Tabelle 8.4 In-App-Erweiterungsmöglichkeiten (Forts.)

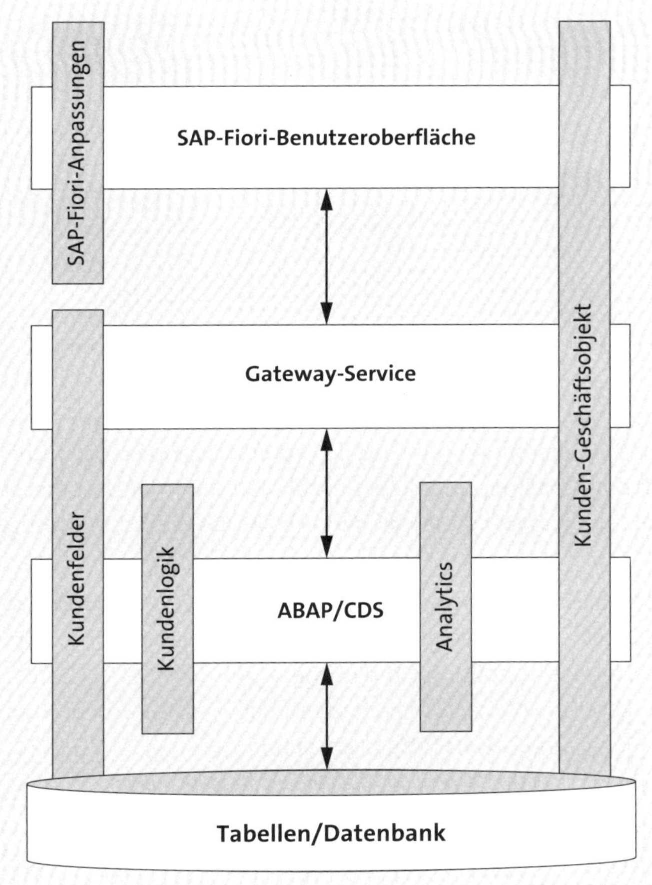

Abbildung 8.16 In-App-Erweiterungsoptionen

Beispiel: kundeneigenes Feld mit Werteliste

Im folgenden Beispiel definieren wir ein kundeneigenes Feld mit einer Werteliste und ordnen es dem Standardobjekt des Lieferanten zu. Danach wird das Feld auf der Benutzeroberfläche eingeblendet. Das Editieren der Benutzeroberfläche kann direkt aus dem SAP Fiori Launchpad erfolgen. Dazu wählen Sie im Benutzermenü die Schaltfläche **UI anpassen** (, siehe Abbildung 8.17). Danach können Sie bereits vordefinierte Kundenfelder direkt zum Standard-SAP-Fiori-UI hinzufügen.

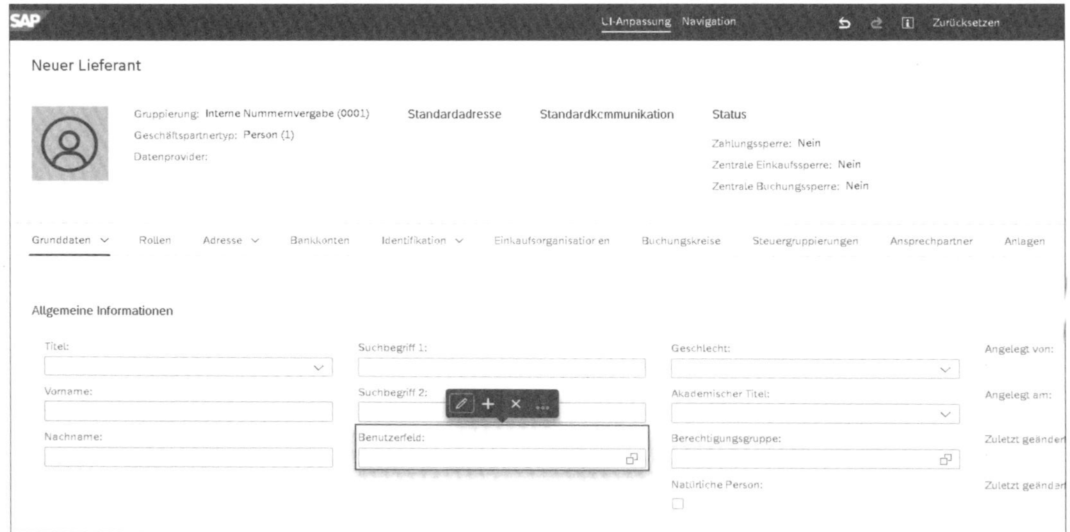

Abbildung 8.17 Hinzufügen eines Feldes zum Geschäftspartner (Lieferant)

Das Feld wird über die SAP-Fiori-App *Benutzerdefinierte Felder und Logik* (siehe Abbildung 8.18) erstellt. Dabei wird das zu erweiternde Objekt über das Feld **Geschäftskontext** angesprochen. Anschließend werden technische und semantische Feldeigenschaften wie Datentyp, Bezeichnung, Werteliste usw. definiert.

Empfohlenes Mittel in SAP S/4HANA

Die In-App-Erweiterbarkeit sollte im Umfeld von SAP S/4HANA das von SAP bevorzugte Mittel sein. Immer wenn es das zugrunde liegende Geschäftsobjekt im Standard erlaubt, sollte nach der Migration nach SAP S/4HANA auf diese Option gesetzt werden. SAP ist laufend dabei, immer mehr Standardobjekte für die In-App-Erweiterung vorzubereiten.

Bei der In-App-Erweiterung werden viele technische Objekte im Hintergrund automatisch angepasst oder generiert. Auch wenn SAP die Werkzeuge stark vereinfacht hat und sie für Key User vorsieht, ist z. B. bei Objekterweiterungen mit Tabellenanpassungen an zentralen Objekten wie dem Geschäftspartner weiterhin eine zentrale Governance durch IT-Experten nötig.

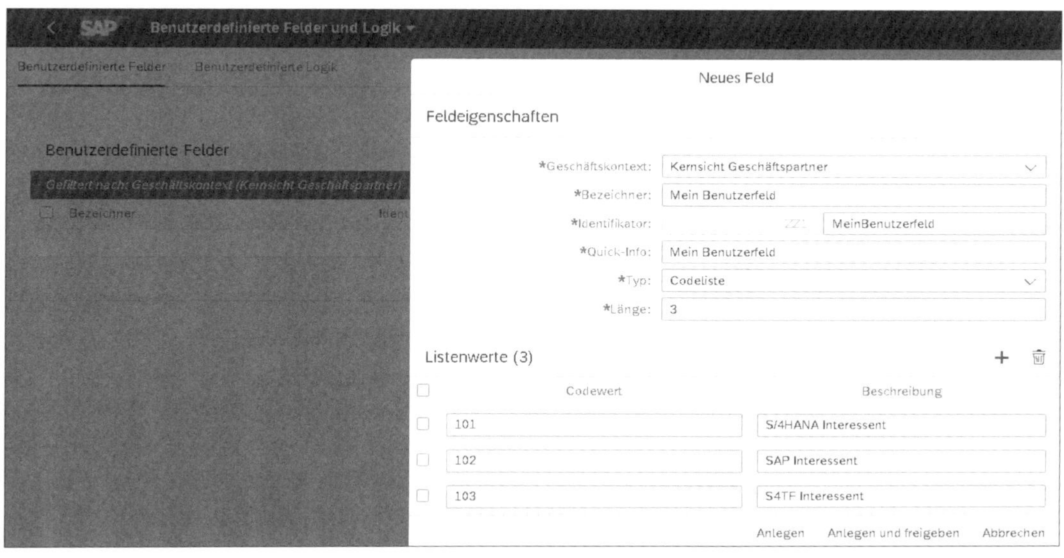

Abbildung 8.18 Definition eines Feldes mit Werteliste

8.5.3 Side-by-Side-Erweiterbarkeit

SAP Cloud Platform

Neben neuen cloudbasierten SAP-Anwendungen, wie z. B. SAP SuccessFactors oder SAP Marketing Cloud, stellt SAP für Eigenentwicklungen die SAP Cloud Platform als Platform as a Service (Paas) zur Verfügung. Die SAP Cloud Platform ist in zwei Versionen verfügbar, der Neo-Umgebung und der Cloud-Foundry-Umgebung. Sie stellt Infrastrukturdienste, Entwicklungsdienste, Datenbankdienste rund um die SAP-HANA-Datenbank sowie Applikationsdienste, z. B. im Umfeld von SAP Fiori oder Portalen, zur Verfügung. Diese Dienste können Sie nutzen, um webbasierte Applikationen zu bauen und auf der SAP Cloud Platform bereitzustellen.

Mit SAP S/4HANA integrierte Webanwendungen

Die Integration solcher Webanwendungen mit dem SAP-S/4HANA-Backend kann auf folgenden Ebenen stattfinden (siehe Abbildung 8.19):

- **Frontend**
  Die SAP Cloud Platform stellt mit der SAP Web IDE bzw. dem SAP Business Application Studio bereits zentrale Entwicklungswerkzeuge zum Erstellen von SAP-Fiori-Apps bereit. Diese Apps können im Backend oder in der Cloud laufen. In letzterem Fall erfolgt die Integration mit dem Backend über Gateway-Service-Aufrufe über den *Cloud Connector*.

  Neben der Umgebung zum Erstellen eigener Apps, die neben SAP Fiori auch auf anderen HTML-basierten Technologien beruhen können, bietet SAP auch Portaldienste wie das SAP Fiori Launchpad auf der SAP Cloud

Platform an. Dadurch können On-Premise- und Cloud-Anwendungen in einem Portal zusammengeführt werden. Weiterhin eignet sich dieser Ansatz für die Integration mobiler Anwendungen für Benutzergruppen, die nicht über interne Firmennetzwerke auf die Unternehmensanwendungen zugreifen sollen, z. B. Kunden oder Lieferanten.

- **Geschäftslogik**
  Über das Frontend hinaus kann auch die Geschäftslogik eigener Anwendungen entwickelt werden. Dazu steht neben einer Java- und Node.js- auch eine ABAP-Entwicklungsumgebung bereit. Letztere stellt bereits eine integrierte SAP-HANA-Datenbank zur Verfügung.

  Die Integration der Anwendungen mit einem Backend wird im Fall von Java- und Node.js-Anwendungen das *SAP Cloud Platform Software Development Kit* (SDK) besorgen. Dieses stellt Funktionalität und Gateway-Services zum Zugriff auf Objekte aus SAP S/4HANA oder aus Cloud-Anwendungen bereit.

  Für die Geschäftslogik können umfangreiche Services in der Cloud-Umgebung verwendet werden, die auch von anderen Herstellern als SAP stammen können.

- **Datenbank**
  Es ist möglich, auf Ebene der Datenbank eine Integration zu erstellen. Dazu gibt es Replikationswerkzeuge wie *SAP HANA Smart Data Integration*, bei denen Änderungen an Datenbanktabellen aus einem On-Premise-System in eine in der Cloud installierte SAP-HANA-Datenbank repliziert werden.

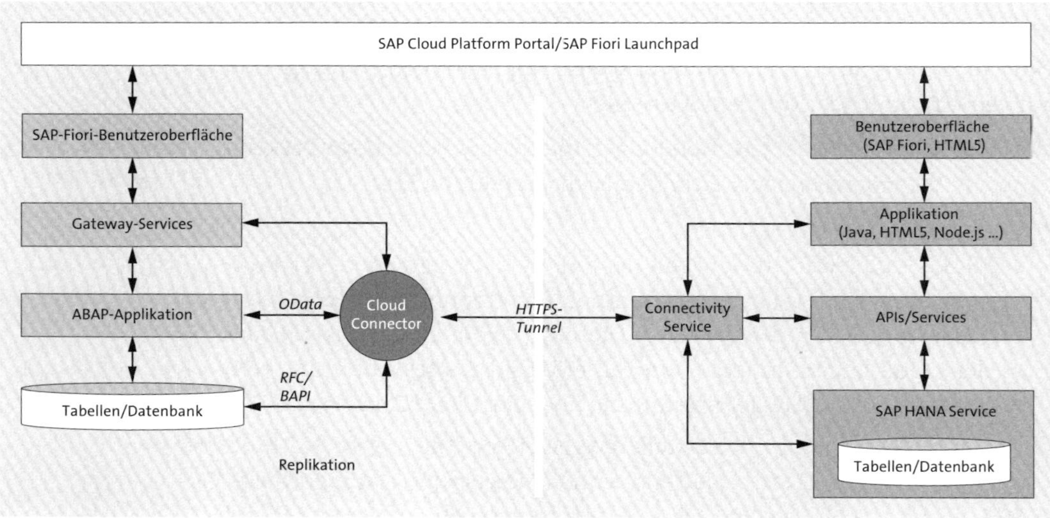

Abbildung 8.19 Architekturüberblick der Side-by-Side-Erweiterungsmöglichkeiten

Weitere Integrationsebenen betreffen die technische Ebene, z. B. das Identity Management und die Verbindungen zu On-Premise-Systemen über den Cloud Connector.

Die Side-by-Side-Erweiterbarkeit ist im Vergleich mit den Erweiterungsmöglichkeiten in SAP ERP ein völlig neuer Ansatz. Er eignet sich für lose gekoppelte Anwendungen, die neue Anwendungsdomänen oder Benutzergruppen erschließen sollen. Eine Felderweiterung zu einem SAP-S/4HANA-Objekt (on premise) wird man dagegen nicht unbedingt in einer Cloud-Anwendung umsetzen. Aber im Kontext von Standard-SAP-Cloud-Anwendungen, wie z. B. SAP SuccessFactors, oder analytischen Applikationen, die mehrere Datenquellen, vielleicht sogar aus dem Bereich Social Media, nutzen, kann es sinnvoll sein, Applikationen auf der SAP Cloud Platform zu erstellen.

8.5.4 Clean Core und SAP S/4HANA Cloud

Implizite Erweiterungen, Modifikationen und Kopien von Standardobjekten sind im Hinblick auf zukünftige Upgrades gefährlich und sollten daher möglichst unterbleiben. Technisch können sie in der On-Premise-Variante von SAP S/4HANA aber weiterhin verwendet werden. Falls es Ihre Unternehmensstrategie ist, zu einem späteren Zeitpunkt ABAP in der SAP S/4HANA Cloud zu betreiben, gelten aber erhebliche Einschränkungen.

Reduziertes ABAP

Um den Betrieb und die Stabilität einer Cloud-Umgebung mit ABAP-Komponenten garantieren zu können, lässt SAP nur einen verkleinerten Sprachumfang und vor allem nur den Zugriff auf freigegebene (*white listed*) APIs zu. In der Cloud-Umgebung sind z. B. Anweisungen zum Dateizugriff wie `OPEN DATASET`, die auf die Dateien des lokalen Applikationsservers beim Cloud-Anbieter zugreifen würden, nicht sinnvoll bzw. gefährlich.

Kein SAP GUI, nur freigegebene APIs

Der verkleinerte Sprachumfang erklärt sich nicht nur durch die benötigte Systemstabilität, sondern auch dadurch, dass keine SAP-GUI-Komponenten mehr verwendet werden können, also keine Dynpros und keine klassischen Listen aus Reports. Damit fallen die Anweisungen zur Beschreibung von Selektionsbildern oder Anweisungen wie `SUBMIT REPORT` weg. Der Zugriff auf die API des ALV ist ebenfalls nicht mehr möglich.

Schließlich hat SAP seit Jahren obsolete Anweisungen nun auch endgültig aus dem Sprachumfang der ABAP-Cloud-Umgebung entfernt. Eine in dieser Umgebung entwickelte ABAP-Anwendung ist also nur eine Komponente mit Anwendungslogik und Schnittstellen (z. B. OData-Schnittstellen sowohl in der Clientrolle, also z. B. zu einem SAP-S/4HANA-Backend-System, als auch in der Serverrolle für ein Frontend) und beinhaltet selbst keine

Frontend-Logik wie beim klassischen Dynpro mehr. Für diese wird eine SAP-Fiori-App entwickelt.

[»]

Freigabe weiterer Objekte möglich

SAP hat versprochen, die freigegebenen APIs im Laufe der Zeit zu erweitern bzw. zu prüfen, welche Objekte noch freigegeben werden können.

Prüfvariante für die Cloud-Fähigkeit

SAP stellt eine ATC-Prüfvariante bereit, mit der Sie auch in einem SAP-S/4HANA-On-Premise-System prüfen können, ob die erstellten kundeneigenen Objekte Cloud-konform sind. Mit der Prüfvariante `SAP_CP_READINESS` wird hauptsächlich die Einhaltung des eingeschränkten Sprachumfangs und die ausschließliche Verwendung freigegebener APIs geprüft. Sie finden diese Prüfungen in der Transaktion SCI unter **Cloud-Fähigkeit • Test auf eingeschränkten Sprachumfang (ABAP-Sprachversion)** bzw. **Whitelist Check**. Diese Prüfvariante kann auch eine erste Einschätzung ermöglichen, ob eine Migration des SAP-ERP-Systems nach SAP S/4HANA Cloud möglich ist bzw. mit welchem Umbauaufwand zu rechnen sein wird.

8.6 Zusammenfassung

In diesem Kapitel wurden die Methoden und Werkzeuge zur Optimierung des Custom Codes nach der SAP-S/4HANA-Migration vorgestellt. Außerdem wurden neue Möglichkeiten in ABAP und für den Zugriff auf die Datenbank sowie die Erweiterungskonzepte für SAP S/4HANA vorgestellt.

Zur Optimierung der Datenbankzugriffe stehen der SQL-Monitor und der Arbeitsvorrat für die SQL-Performanceoptimierung zur Verfügung. Letzterer kombiniert die Laufzeitdaten des SQL-Monitors mit statischen Prüfungen aus dem ATC. Zusätzliche Performanceoptimierungen der SAP-HANA-Datenbank ermöglichen ATC-Prüfvarianten wie `PERFORMANCE_DB`. Mit dem Laufzeitprüfungsmonitor können darüber hinaus kritische Anweisungen, die zur Laufzeit auftreten, analysiert werden.

Das Code-Pushdown-Prinzip und die CDS Views bieten neue Möglichkeiten, die In-Memory-Datenbank voll auszunutzen. Die 5 goldenen Regeln sind dabei wichtige Anhaltspunkte für guten und performanten Code.

Neue Sprachelemente und Programmieroptionen in Open SQL und ABAP erlauben einen präziseren Programmierstil, der nicht nur lesbarer, sondern auch weniger fehleranfällig ist. Weitere Erweiterungen des Sprachumfangs, wie Metadaten und Annotationen, sowie das neue ABAP-RESTful-Programmiermodell, bilden die Grundlage für die neuen SAP-S/4HANA-Anwendungen und decken den ganzen Stack der Anwendungsentwicklung von der Datenbank über die Applikationsebene bis zur SAP-Fiori-Benutzeroberfläche ab. Neue Erweiterungskonzepte und das Prinzip eines stabilen, zentralen Kernsystems gewährleisten ein langlebiges und kostengünstig wartbares System, das dennoch flexibel an neue Anforderungen eines Unternehmens angepasst werden kann.

Kapitel 9
Best Practices für Transformationsprojekte

Jedes Transformationsprojekt birgt eigene individuelle Herausforderungen. Best Practices und die Orientierung an den SAP-Standards unterstützen Sie bei der Planung und Durchführung des Umstiegs auf SAP S/4HANA. Das leistungsstarke Partnernetzwerk bietet darüber hinaus Tools und Services an.

9

Auch wenn jedes Transformationsprojekt anders abläuft, haben sich im Laufe der Zeit wiederkehrende Aufgaben und Probleme herauskristallisiert. In diesem Kapitel geben wir Ihnen einen Überblick der technischen und organisatorischen Herausforderungen und Fallstricke eines solchen Projekts sowie generelle Empfehlungen für dessen Planung und Durchführung. Abschließend stellen wir vier SAP-Partner vor, die ergänzend zu den in diesem Buch vorgestellten SAP-Werkzeugen eigene Tools und Services anbieten, um die Durchführung von Transformationsprojekten zu optimieren.

9.1 Typische Herausforderungen und Fallstricke

Allgemeine Empfehlungen

Die in diesem Abschnitt beschriebenen typischen Herausforderungen und Fallstricke sowie Empfehlungen basieren auf unseren Erfahrungen aus Transformationsprojekten. Abhängig vom individuellen Projekt kann das Vorgehen abweichen und können daher andere Empfehlungen gelten. Die in diesem Abschnitt aufgeführten allgemeinen Empfehlungen sollen Sie dabei unterstützen, Ihren individuellen Weg nach SAP S/4HANA besser planen und gehen zu können.

9.1.1 Organisatorische Herausforderungen und Fallstricke

Jedes Transformationsprojekt birgt organisatorische Herausforderungen in den unterschiedlichsten Ausprägungen. In diesem Abschnitt stellen wir Ihnen verschiedene Erfolgsfaktoren vor, die bei Ihrer Planung den entscheidenden Ausschlag geben können.

Projektumfang

Projektumfang planen

Die endgültige Systemlandschaft und der Projektumfang sollten bereits bei Projektstart feststehen. Werden gravierende Lücken in essenziellen Prozessen erst während des Transformationsprojekts identifiziert, kann das negative Auswirkungen auf den gesamten Projektverlauf haben. Die unvorhergesehene Integration von neuen Systemen und Lösungen mitten innerhalb eines Transformationsprojekts sprengt jeden guten Projektplan und macht eine Neuterminierung erforderlich. Der SAP Transformation Navigator kann Sie frühzeitig dabei unterstützen, Ihre neue SAP-S/4HANA-gestützte Systemlandschaft mit den neuesten SAP-Lösungen besser zu planen (siehe Abschnitt 2.4.6). Zusätzlich ermöglichen der SAP Readiness Check (siehe Abschnitt 2.4.1), die SAP Business Scenario Recommendations (siehe Abschnitt 2.4.2) und die SAP Fiori Apps Recommendations (siehe Abschnitt 2.4.3) einen Überblick zu den Simplifizierungen und den SAP-Empfehlungen für den Umstieg auf SAP S/4HANA. Berücksichtigen Sie die Empfehlungen dieser SAP-Tools bei Ihrer Planung des Projektumfangs und der Festlegung Ihrer zukünftigen Systemlandschaft.

Präferenzkalkulation in SAP GTS

Beispielsweise kann die *Präferenzkalkulation* aus SAP ERP nicht über die neue International-Trade-Komponente in SAP S/4HANA abgebildet werden. Für diese Aufgabe sieht SAP den Einsatz von SAP Global Trade Services (SAP GTS) vor. SAP GTS deckt die in SAP ERP vorhandenen Funktionen allerdings nicht 1 : 1 ab. Ein Umstieg auf SAP GTS muss deshalb frühzeitig geprüft und entsprechend geplant werden.

Technische Herkunft und Zielrelease

Zu Projektbeginn sollten die technische Herkunft und das Zielrelease von SAP S/4HANA bereits festgelegt sein. Daraus ergibt sich das *Zielsystem* und damit die technische und funktionale Basis, die für jedes Projektmitglied bindend ist.

In Systemkonvertierungsprojekten ist die *technische Herkunft* in der Regel eine Kopie eines produktiven SAP-ERP-Systems. Insbesondere bei Landschaftstransformationen oder bei Neuimplementierungen kann eine sorgfältige Auswahl der technischen Herkunft wesentliche positive Effekte auf den Projektverlauf haben. Wird beispielsweise bei einer Neuimplementierung bereits auf ein vorkonfiguriertes System aufgesetzt, das weitestgehend alle betriebswirtschaftlichen Prozessanforderungen auf Basis von Best Practices abdeckt, kann der Umstieg auf SAP S/4HANA damit wesentlich beschleunigt werden.

Vorkonfigurierte Branchenlösung

Mittlerweile haben sich unterschiedliche Anbieter auf dem Markt etabliert, die spezielle Branchenlösungen als Ausgangssystem anbieten, um den Umstieg auf SAP S/4HANA zu beschleunigen. SAP selbst bietet über die *SAP Model Company* eine vorkonfigurierte Lösung an, die sich mittlerweile als Marktstandard für unterschiedliche Branchen etabliert hat. Diese vorkonfigurierten Systeme beinhalten Best Practices, die als solide Grundlage für eine individuelle Ausprägung dienen können. Zusammen mit den in der SAP Model Company enthaltenen Testdaten können Sie die bereitgestellten End-to-End-Prozesse ohne größeren zusätzlichen Aufwand direkt in SAP S/4HANA oder anderen vorkonfigurierten Satellitensystemen ausführen. Insbesondere für Kunden, die sich für eine SAP-S/4HANA-Neuimplementierung entscheiden und deren Prozesse nahe am SAP-Standard sind, können die vorkonfigurierten Prozesse ein wesentlicher Beschleuniger für den Umstieg auf SAP S/4HANA sein.

[«]

SAP Model Company

Ein Überblick zur SAP Model Company und den angebotenen Servicebausteinen sowie den unterstützten Branchen und Funktionsbereichen ist unter *www.sap.com/modelcompany* verfügbar.

Sorgfältige Planung von Updates/Upgrades

Bei der Festlegung des Zielreleases sollten zusätzliche Updates und Upgrades zu Projektbeginn sorgfältig geplant werden. Obwohl ein Support Package 0 (der sogenannte *Initial Stack*) einer SAP-S/4HANA-Produktversion als Zielrelease offiziell von SAP unterstützt wird, sollte es als Zielrelease dennoch vermieden werden. Häufig sind beim Initial Stack zusätzliche Aufwände für die Analyse und Behebung von Fehlern notwendig, die beim direkten Umstieg auf Support Package 1 oder Support Package 2 reduziert werden können.

Moving Target vermeiden

Jedes neue Major Release von SAP S/4HANA bringt umfangreiche neue Funktionalitäten und Änderungen mit. Mit jedem zusätzlichen Update oder Upgrade kann sich der Projektumfang deshalb verändern. Ist das Zielrelease nicht genau festgelegt, spricht man auch von einem *Moving Target* (dt. bewegtes Ziel). Über ein neues Major Release können beispielsweise neue Simplifikationen, aber auch neue Prozesse und Funktionen in den digitalen Kern aufgenommen werden. Letztendlich muss immer fallabhängig entschieden werden, ob die Vor- oder die Nachteile der Umstellung auf ein neueres Zielrelease überwiegen. Wenn die obligatorischen betriebswirtschaftlichen Prozesse mit dem aktuellen Releasestand abgebildet werden können, sollte auf ungeplante Updates oder Upgrades während des Transformationsprojekts verzichtet werden.

User-Interface-Strategie

Neben der Festlegung der im Fokus stehenden End-to-End-Prozesse sollte auch die *User-Interface-Strategie* zu Projektbeginn bereits definiert sein. Welche Benutzeroberflächen zum Einsatz kommen sollen, hat Auswirkungen auf das Testmanagement und den Schulungsbedarf der betroffenen Mitarbeiter. Beim Umstieg vom SAP GUI auf SAP Fiori sollten zusätzlich die Aufwände für die Einrichtung und Erweiterung des Rollen- und Berechtigungskonzepts im Projektplan berücksichtigt werden, das für den Einsatz von SAP-Fiori-Apps notwendig ist. Power User tendieren häufig dazu, weiterhin mit den klassischen SAP-GUI-Transaktionen arbeiten zu wollen. Auch für Entwickler ist der Umstieg auf neue Technologien und Frameworks nicht immer ganz einfach. Hier ist auf Ebene der Projektleitung häufig Überzeugungsarbeit zu leisten, um eine durchgängige Strategie durchzusetzen.

Konzentrieren Sie sich darauf, zuerst die technische Migration abzuschließen, bevor umfangreiche Prozessverbesserungen erfolgen. Sorgfältig vorbereitete End-to-End-Prozessdefinitionen unterstützen Sie dabei, die obligatorischen Prozesse von optionalen Features zu trennen.

Kernteam

Agiles und stabiles Projektteam

Das Kernteam ist der wichtigste Erfolgsfaktor in einem Transformationsprojekt. Die Mitglieder dieses Teams müssen die neuen SAP-S/4HANA-Stammdatenmodelle und -Funktionen verstehen und diese auf die bestehende Organisation abbilden können. Das Engagement eines stabil zusammengesetzten und harmonischen Kernteams ist wichtiger als die Feinabstimmung der Methodik oder die detaillierte Erstellung von Dokumentationen. Das Mindset jedes Mitarbeiters spielt dabei eine wichtige Rolle. Offenheit für Neues und der Ehrgeiz, auch bislang unbekannte Probleme lösen zu wollen, sind wichtige Anforderungen an die Mitglieder des Kernteams. Beispielsweise lernt das Projektteam mit jeder Systemkonvertierung dazu und wird routinierter und besser. Werden einzelne Mitglieder aus dem Kernteam ausgetauscht, sind in der Regel zusätzliche Zeit und zusätzlicher Aufwand für die Einarbeitung einzuplanen.

Ausbildung einplanen

Die Ausbildung von Anwendern und Projektmitgliedern ist ein zentraler Bestandteil jedes Transformationsprojekts. Gut geschulte Mitarbeiter können dazu beitragen, Zeit und Aufwände einzusparen sowie vermeidbare Risiken im Transformationsprojekt zu reduzieren. Durch die kostenlose Lernplattform *openSAP* (*https://open.sap.com/*), das umfangreiche Schulungsangebot von *SAP Education* oder das leistungsfähige SAP-Partnernetzwerk können Entwickler, Berater und Anwender gezielt geschult werden. Beispielsweise ist zu Beginn des Projekts eine Schulung zur SAP-S/4HANA-Entwicklung, ähnlich dem SAP-Kurs »HA400: ABAP Programming for SAP HANA«, vorteilhaft, um bei der Custom-Code-Migration bereits neue Technologien und Frameworks berücksichtigen zu können.

Cut-over-Plan

Im *Cut-over-Plan* werden alle Vor- und Nacharbeiten für das Go-live aufgeführt. Ein frühzeitig etablierter und sorgfältig gepflegter Cut-over-Plan ist ein wichtiger Erfolgsfaktor für jedes Transformationsprojekt. Bereits während der ersten Sandbox-Systemkonvertierung ist die Erfassung von manuellen Tätigkeiten inklusive ihrer Dauer in einem zentralen Cut-over-Plan sinnvoll. Aus diesem Cut-over-Plan lässt sich die spätere Go-live-Planung ableiten.

Sorgfältige Pflege

Eine regelmäßige kritische Überprüfung des Cut-over-Plans ist sinnvoll. Nicht selten werden in einem solchen Plan noch Punkte aufgeführt, die bereits lange vor dem Go-live von SAP S/4HANA schon im aktuellen SAP-ERP-System abgeschlossen werden können. Die Reduzierung der notwendigen Änderungen zum Go-live auf ein sinnvolles Maß verringert auch potenzielle Risiken und Probleme.

Testmanagement

Eine vollständige End-to-End-Prozessübersicht unterstützt bei der Erstellung und Durchführung des Testplans. Key User und Anwender können in die Tests eingebunden und parallel geschult werden. Eine frühzeitige Einbindung der Anwender in die Tests kann zu einer wesentlich besseren Benutzerakzeptanz nach dem Go-live führen.

Testautomatisierung

Eine Testautomatisierung kann dabei unterstützen, die Testzyklen zu verkürzen. Mit SAP S/4HANA wird eine Vielzahl neuer Inhalte für das *Extended Computer Aided Test Tool* (eCATT) ausgeliefert, die bei der Automatisierung von Tests unterstützen.

Der Aufbau einer neuen Testautomatisierung ist in der Regel sehr zeitaufwendig und sollte im Vorfeld gut geplant werden. Insbesondere im Rahmen der ersten Systemkonvertierung sollte während der Testphase genug Puffer eingeplant werden, um ungeplante Probleme zu analysieren und zu beheben. Zusätzlich sollten Last- und Performancetests durchgeführt werden.

Testmanagement im SAP Solution Manager

Das Testmanagement im *SAP Solution Manager* bietet integrierte Funktionalitäten, um Testpläne zu erstellen, abzuarbeiten und zu überwachen. Dabei werden manuelle und automatisierte Tests unterstützt. Die Testergebnisse können während und auch nach dem Test im SAP Solution Manager dokumentiert werden, um sie später besser nachvollziehen zu können. Über das integrierte *Incident Management* des SAP Solution Managers können während der Tests Fehler gemeldet und bearbeitet werden. Zusätzlich erhalten Sie über analytische Apps jederzeit einen aktuellen Überblick über den Stand der Testaktivitäten.

Wir empfehlen Ihnen, bereits in einem frühen Projektstadium mit der Erstellung der Testpläne zu beginnen und im Zuge der ersten Sandbox-Systemkonvertierung die einzelnen Testaktivitäten so weit wie möglich aufzubereiten. Die Person in der Rolle des *Testmanagers* überwacht und steuert die notwendigen Testaktivitäten. Bereits in der ersten Sandbox-Konvertierungsphase sollten umfangreiche Tests eingeplant und die Fehler dokumentiert werden. Überspringen und verkürzen Sie keine Aktivitäten, um sicherzustellen, dass Sie sich ein vollständiges Bild der erforderlichen Aufgaben machen. Damit verbessern und verfeinern Sie die Testaktivitäten bei jeder Iteration und behalten einen Überblick über die noch offenen Punkte.

Sandbox-Systemkonvertierungen

Ob und wie viele Sandbox-Systemkonvertierungen in einem Transformationsprojekt angemessen sind, ist immer kunden- bzw. systemabhängig zu entscheiden. Grundsätzlich empfehlen wir, bei jedem Transformationsprojekt mindestens eine Sandbox-Konvertierung zu berücksichtigen. Jede Sandbox-Konvertierung optimiert die letztliche Konvertierung des Produktivsystems:

- besserer Überblick der notwendigen Tätigkeiten und Aufwände für den Konvertierungsprozess
- Optimierung der Downtime
- Sammeln von praktischen Erfahrungen zum SAP-S/4HANA-Funktionsumfang und zur Abbildung der betriebswirtschaftlichen Prozesse
- Analyse von Datenqualitätsproblemen und deren Behebung
- Validierung des obligatorischen Projektumfangs vor dem System-Freeze der SAP ERP-Landschaft über einen Integrationstest

Individuelle Planung

In der Praxis werden bei mittelständischen Kunden häufig zwei bis drei Sandbox-Systemkonvertierungen im Projektplan berücksichtigt. Bei jeder neuen Sandbox-Konvertierung wird das Projektteam routinierter, da wiederkehrende Tätigkeiten und Problemlösungen bereits bekannt sind. Auf Basis der letzten Sandbox-Konvertierung kann eine fundierte Entscheidung getroffen werden, ob das System, das Team und die Planung für die Konvertierung der produktiven ERP-Systemlandschaft ausreichend vorbereitet sind.

SAP-Support

SAP S/4HANA Customer Care

Nicht immer verläuft das Transformationsprojekt reibungslos. Es kann sein, dass der Software Update Manager (SUM) bei einem nicht näher analysierbaren Fehler stoppt, dass eine wichtige Transaktion einen Laufzeitfehler erzeugt oder dass intern keine Einigkeit über die Abnahme des neuen Stammdatenmodells erzielt wird. Das Programm *SAP S/4HANA Customer Care* unterstützt Sie bei Transformationsprojekten. Jedem Transformationsprojekt wird ein *Projekt-Coach* zugeteilt, der mit Best Practices unterstützt und Feedback aus dem Projekt sammelt. Ein Team von *Development Angels*, das Kontakt zur Entwicklungsorganisation für SAP S/4HANA bei SAP hat, unterstützt bei technischen Fragen. Zusätzlich vertritt ein *Entwicklungssponsor* Ihr Projekt innerhalb von SAP.

[+]

Erfolgsfaktor Customer Care

In SAP-S/4HANA-Transformationsprojekten kann das Customer-Care-Programm ein wichtiger Erfolgsfaktor sein. SAP-Experten sozusagen als Backup an der Seite zu haben kann wesentlich dazu beitragen, kritische Probleme auf dem kurzen Dienstweg zu lösen.

Die Unterstützung durch das Programm beginnt mit dem Start des SAP-S/4HANA-Transformationsprojekts und endet in der Regel einen Monat nach dem ersten Go-live, spätestens nach zwölf Monaten. Hauptzielgruppe dieses Programms sind bestehende SAP-ERP-Kunden, die auf SAP S/4HANA umsteigen möchten und bereit sind, als SAP-Referenzkunden genannt zu werden. Das Angebot ist kostenlos, und die Anzahl der Plätze ist begrenzt. Über die E-Mail-Adresse *S4H_Customer_Care@SAP.com* können Sie sich für das Programm anmelden.

9.1.2 Technische Herausforderungen und Fallstricke

In diesem Abschnitt weisen wir Sie auf bestimmte technische Herausforderungen und Fallstricke im Zuge des Transformationsprojekts hin. Wir fokussieren uns dabei auf Empfehlungen im Bereich der Systemkopien, der Reduzierung des Datenvolumens und der Verbesserung der Datenqualität, der Optimierung der technischen Konvertierung und der Reduzierung der Downtime, dem methodischen Vorgehen bei der Custom-Code-Migration und der frühzeitigen Berücksichtigung aller Schnittstellen.

Systemkopien und Snapshots

Insbesondere bei historisch gewachsenen Systemen kann es bei einer mehrstufigen Systemlandschaft zu größeren Abweichungen hinsichtlich der Eigenentwicklungen, der Datenqualität oder spezieller Komponenten kommen. Im Zuge eines Konvertierungsprojekts wird üblicherweise der gesamte Ablauf auf Basis eines Sandbox-Systems, das als Kopie des produktiven SAP-ERP-Systems aufgebaut wurde, durchexerziert. Bei einer späteren Konvertierung des Qualitätssicherungs- oder Entwicklungssystems kann es aufgrund der Systemabweichungen zu anderen Fehlern kommen, die jedoch für die produktive Konvertierung meist unerheblich sind.

Einplanung von Systemkopien

Falls kritische Abweichungen zwischen dem Produktivsystem, dem Qualitätssicherungssystem und dem Entwicklungssystem bekannt sind, wird eine Abbildung des Produktivsystems auf das Qualitätssicherungssystem und das Entwicklungssystem per Systemkopie vor der Konvertierung der Systemlandschaft empfohlen. In der Praxis ist eine aktuelle Systemkopie zur Abbildung auf das Qualitätssicherungssystem vor dessen Konvertierung ausreichend. Diese Maßnahme reduziert Analyse- und Korrekturaufwände, die aufgrund von Testdaten entstehen, die im produktiven System ohnehin nicht relevant sind. Die Konvertierung des Qualitätssicherungssystems ist durch diese Maßnahmen repräsentativ für die spätere Konvertierung des Produktivsystems.

System-Snapshot

Zusätzlich sollte idealerweise vor und nach jeder technischen Konvertierung ein System-Snapshot erstellt werden. Bei schwerwiegenden Fehlern können die Systeme auf Basis dieses Snapshots wiederhergestellt werden.

Datenvolumen und Datenqualität

Datenarchivierung

Die Einplanung von Zeit und Ressourcen zur Sicherstellung der Datenqualität reduziert die Anzahl an Migrationsfehlern signifikant. Eine vorherige Archivierung von nicht mehr operativ benötigten Daten kann Sie nicht nur dabei unterstützen, die Anzahl der Fehler zu reduzieren, sondern beschleunigt auch die technische Konvertierung und die Datenumsetzung.

Migrationsfehler im Finanzwesen

Im FI-Bereich werden bei der Datenumsetzung häufig eine vier- oder fünfstellige Anzahl an Migrationsfehlern gemeldet. Das liegt daran, dass die in SAP ERP getrennten Finanz- und Controlling-Tabellen in SAP S/4HANA in einer neuen zentralen Tabelle zusammengefasst werden. Bei der Datenübernahme sind Diskrepanzen jedoch nicht zulässig. Der Aufwand zur Bereinigung dieser Inkonsistenzen wird häufig unterschätzt. Auch bei der Umstellung des Geschäftspartners können sehr viele Stammdatenfehler auftreten, die eine manuelle Bereinigung erforderlich machen.

Mandantenbereinigung

Das Löschen von nicht mehr benötigten Mandanten hilft dabei, das System von Altlasten zu befreien und die Aufwände zur Bereinigung von irrelevanten Fehlern zu reduzieren.

Verwendung von Check-Reports

Zur Sicherstellung der Datenqualität bietet SAP unterschiedliche Prüfreports an. Der zentrale Report `/SDF/RC_START_CHECK` für den Simplification Item Check (SI Check) sollte vor jeder technischen Konvertierung im Mandant 000 ausgeführt werden. Der SUM führt die Prüfungen dieses Reports vor der Systemkonvertierung ebenfalls automatisch aus. Werden über diesen Report Fehler vom SUM erkannt, wird die Systemkonvertierung abgebrochen, da zunächst die Fehler behoben werden müssen.

Zusätzlich unterstützen die Reports `RASFIN_MIGR_PRECHECKS` und `FINS_MIG_PRECHECK_CUST_SETTINGS` bei der Identifikation potenzieller Migrationsfehler. Die Überprüfung der Datenqualität vor und nach einer Systemkonvertierung ist idealerweise Bestandteil des Test- und Cut-over-Plans.

Technische Systemkonvertierung und Downtime

Einplanung der Ressourcen

Die technische Systemkonvertierung mittels des SUM wird federführend von einem SAP-Basis-Berater übernommen. Während der technischen Systemkonvertierung ist das Projektkernteam idealerweise in Rufbereitschaft. Für den SPDD- und SPAU-Abgleich ist während der technischen Systemkonvertierung in der Regel die Unterstützung eines Entwicklers notwendig.

[!]

Produktiver SPDD- und SPAU-Abgleich

Auch wenn der SPDD- und SPAU-Abgleich bereits auf einem Sandbox-System durchgeführt wurde, empfehlen wir eine erneute Durchführung im Entwicklungssystem, da es möglicherweise Systemabweichungen gibt. Die direkte Übernahme von Transportaufträgen aus dem Sandbox-System ins Entwicklungssystem kann zu Inkonsistenzen in SAP-Standardobjekten führen oder zwischenzeitlich durchgeführte Delta-Änderungen überschreiben.

Downtime-Optimierung

Die tatsächliche Downtime ist von unterschiedlichen Faktoren abhängig und kann erst nach der ersten Sandbox-Konvertierung abgeschätzt werden. Eine Reduzierung der Downtime ist beispielsweise über eine temporäre Aufstockung der Hardware (CPU und RAM) möglich. Zusätzlich bietet SAP verschiedene Verfahren an, wie die *Downtime-optimierte Konvertierung nach SAP HANA* (siehe SAP-Hinweis 2293733), die *Zero-Downtime-Option* (siehe SAP-Hinweis 2163060) oder die *Near-Zero-Downtime-Wartung* (siehe SAP-Hinweis 1678565), um die Downtime auf ein Minimum zu reduzieren. Da diese Reduzierung sehr aufwendig werden kann, ist der

Einsatz eines dieser Verfahren nur dann sinnvoll, wenn die Downtime aus betriebswirtschaftlichen Gründen sehr kurz gehalten werden muss.

Re-Kompilierung des Systems

Häufig wird nach der Systemkonvertierung über die Transaktion SGEN eine erneute Kompilierung von Objekten angestoßen. Diese Transaktion erzeugt während der Laufzeit eine zusätzliche hohe Last auf dem System, jedoch ist dann eine ständige Kompilierung bei jedem neuen Objektzugriff nicht mehr notwendig.

Custom-Code-Migration

Custom-Code-Migration als Vorprojekt

Die Phase der Custom-Code-Migration kann bereits sehr früh im SAP-ERP-System begonnen werden. Alle Entwicklungen, die produktunabhängig umgestellt und frühzeitig ins produktive SAP ERP übernommen werden können, verringern die Umstellungs- und Übernahmeaufwände je Sandbox-System. Darüber hinaus ist die Übernahme der Änderungen ins produktive SAP-ERP-System in mehreren Wellen für den Support in der Regel besser zu handhaben als ein großer Big Bang mit allen Änderungen auf einen Schlag.

Aufgaben des CCM-Koordinators

In Transformationsprojekten mit umfangreichen Entwicklungen hat sich die neue Rolle des *Custom-Code-Migration-Koordinators* (CCM-Koordinators) als sinnvoll erwiesen. Die Person in dieser Rolle ist für die sukzessive und standardisierte Bearbeitung der Befunde verantwortlich. Hierfür plant sie regelmäßige ATC-Läufe mit dem ABAP Test Cockpit ein, legt die Arbeitspakete und die Zuständigkeiten fest und überwacht den Bearbeitungsgrad und die Einhaltung der festgelegten Termine. Ist über einen bestimmten Zeitraum kein positiver Verlauf erkennbar, hakt der CCM-Koordinator gezielt bei den zuständigen Entwicklern nach. Zusätzlich legt er verbindliche Regeln für die Bearbeitung der Befunde fest. Den aktuellen Status der Bearbeitung meldet der CCM-Koordinator an die Projektleitung.

In den folgenden Abschnitten behandeln wir einige spezifische Best Practices für die Custom-Code-Migration.

Prioritäten

Prioritäten 1 und 2

Als pragmatischer Ansatz hat sich die fokussierte Bearbeitung der Befunde mit der Priorität 1 und 2 als sinnvoll erwiesen. In den meisten Fällen sind Befunde mit der Priorität 3 zwar auch in SAP S/4HANA technisch lauffähig, jedoch nicht immer optimal. Aus diesem Grund empfehlen wir bei allen Objekten, für die Befunde mit Priorität 1 und Priorität 2 ausgegeben wurden, zusätzlich auch die Befunde der Priorität 3 zu bearbeiten. In der Regel sollte nach einer Änderung das gesamte Objekt getestet werden, sodass bei der Bearbeitung der Befunde mit Priorität 3 keine zusätzlichen Testaufwände entstehen.

Priorität-3-Befunde

Die Anzahl der Befunde mit Priorität 3 im Vergleich mit anderen Objekten ist meist hoch und der damit verbundene Umstellungsaufwand groß, daher können diese Befunde bewusst zurückgestellt werden. Bei einer Massenprüfung ist eine Durchsicht der Objekte mit ausschließlich Priorität-3-Befunden in der Regel ausreichend. Neuralgische Codestellen sollten ohnehin im Zuge des Integrationstests getestet werden. In wenigen Fällen verursachen Priorität-3-Befunde Probleme, die dann im Zuge des Integrationstests gezielt behoben werden können. Die Bearbeitung aller Priorität-3-Befunde hat sich in der Praxis hinsichtlich ihres Kosten-Nutzen-Verhältnisses nicht bewährt, da hier die False-Positives-Rate sehr hoch ist.

Test- und Löschliste

Neuralgische Änderungen identifizieren

In vielen Fällen handelt es sich bei den Custom-Code-Anpassungen um technische Umstellungen, die in der Regel unkritisch sind. Wenn beispielsweise Pseudokommentare im Code ergänzt werden, haben diese Änderungen erst einmal keine funktionalen Auswirkungen. Kritischer hingegen sind umfangreiche Änderungen im Code infolge von Datenmodelländerungen, wie beispielsweise das Ersetzen von Funktionsbausteinen oder Klassen. Diese Änderungen sollten intensiv getestet werden. Eine *Testliste* unterstützt Sie dabei, einen Überblick über die umfangreichen Codeänderungen im Projekt zu behalten, die im Zuge des Integrationstests intensiv getestet werden sollten. Über die Testliste werden solche Änderungen zu spezifischen Objekten vom Entwickler dokumentiert.

Aufräumen vor Umstellen

Die *Löschliste* gibt einen Überblick darüber, wann bestimmte Objekte gelöscht werden können, und informiert über etwaige davon abhängige Freigabeprüfungen. Beispielsweise sind bestimmte Entwicklungen nur in SAP ERP relevant und können mit SAP S/4HANA gelöscht werden. Die Abarbeitung der Löschliste kann Bestandteil des Cut-over-Plans sein, um im Zuge der SAP-S/4HANA-Transformationen Altlasten aus dem System zu entfernen.

Eigene Prüfvariante

Anpassung des Prüfungsumfangs

Eigene Prüfvarianten können Sie dabei unterstützen, sich auf die wesentlichen Befunde zu konzentrieren, individuelle Quick Fixes auszuprägen oder Entwicklungskonventionen einzuhalten. Welche Prüfungen zu Einhaltung von Namenskonventionen, Berechtigungsprüfungen, ermittelten Prioritäten usw. relevant sind, ist kundenindividuell zu identifizieren. Eine kritische Überprüfung des vorgegebenen Funktionsumfangs und eine individuelle Erweiterung der Standardprüfvarianten können dabei helfen, die Codequalität dauerhaft zu verbessern und die relevanten Befunde einfacher zu identifizieren und umzusetzen.

Codekommentare

Nachvollziehbarkeit von Änderungen

Im ABAP Editor können individuelle Muster für Kommentarblöcke hinterlegt werden. Wir empfehlen Ihnen die zentrale Pflege eines Kommentarmusters, das jeder Entwickler im Zuge der Custom-Code-Migration anwendet. Diese Maßnahme stellt sicher, dass zu einem späteren Zeitpunkt einfach nachvollziehbar ist, warum eine bestimmte Codeänderung durchgeführt wurde. In Abbildung 9.1 ist ein Beispiel für ein Kommentarmuster aufgeführt.

```
***------------------------------------------------------------***
*** #A1141GS4MIG01_01 Kontext: <TT.MM.YY> - <Projektname>
*** Änderung von: <Vorname Nachname>
*** Beschreibung: <Textzeile 1>
***               <Textzeile 2>
***------------------------------------------------------------***
*** "BEGIN OF #A1141GS4MIG01_01
*** "END OF #A1141GS4MIG01_01
```

Abbildung 9.1 Beispiel für ein Kommentarmuster bei jeder Codeänderung

Zusätzlich können bei der Verwendung von Quick Fixes automatisch Codekommentare eingefügt werden. Die hierfür notwendige Konfiguration wurde in Abschnitt 7.2.3 beschrieben.

Ersetzungsliste der ABAP-Dictionary-Objekte

Reduzierung wiederkehrender Analyseaufwände

Bei der Custom-Code-Migration werden häufig vorhandene Objekte durch neue Objekte ersetzt. Beispielsweise weist die Simplification List darauf hin, dass der Funktionsbaustein `BAPI_PO_GETDETAIL` durch den Funktionsbaustein `BAPI_PO_GETDETAIL1` ersetzt werden sollte. In manchen Fällen sind Analyse und Ermittlung des neuen Objekts zeitaufwendig und nicht trivial. Eine zentralisierte Liste der zu ersetzenden ABAP-Dictionary-Objekte, die von allen Entwicklern eingesehen und gepflegt werden kann, unterstützt bei der Umstellung und reduziert die Aufwände für wiederkehrende Analysen.

Eine modulübergreifende Liste mit Ersetzungsobjekten wird von SAP nicht zur Verfügung gestellt. Aufgrund der hohen Varianz an Fällen werden die Details zur Umstellung jeweils in dem referenzierten SAP-Hinweis zum Befund aufgeführt.

Transportstrategie

Zentrale Transportstrategie

Vor Beginn der Custom-Code-Migration sollte die Transportstrategie festgelegt werden. Darin sind z. B. folgende Fragen zu klären:

- Sollen alle Entwicklungen einem Sammeltransport zugeordnet werden?
- Soll jeder Entwickler einen eigenen Transportauftrag erhalten?
- Soll zwischen funktionalen und technischen Änderungen unterschieden werden?
- Zu welchem Zeitpunkt sollen welche Änderungen getestet und produktiv genommen werden?
- Existieren abhängige Entwicklungsprojekte, die bei der Custom-Code-Migration berücksichtigt werden sollten?
- Wie sollen die Transportaufträge benannt werden?

Die Transportstrategie wird in der Regel kundenindividuell festgelegt. Die Festlegung zu Beginn der Custom-Code-Migration ist sinnvoll, damit die Entwicklungsänderungen einheitlich und besser steuerbar in das produktive System überführt werden können.

Automatische Transportauftrags-Überprüfung

ATC-Check bei Transportfreigabe

Über das Tool *Globales Customizing Transport Organizer* (Transaktion SE03) und das ABAP Test Cockpit (Transaktion ATC) können zusätzliche Einstellungen zur globalen Prüfvariante getätigt werden, die beispielsweise die Transportauftragsfreigabe bei kritischen Befunden verhindern. Alternativ kann bei Freigabe des Transportauftrags auch der Anwender über Befunde zur globalen Prüfvariante informiert werden.

Zur sukzessiven Bereinigung der Entwicklung ist die Überprüfung dieser Einstellungen hilfreich. Falls beispielsweise SAP HANA in einem Vorprojekt eingeführt werden soll, kann über die globale Prüfvariante `FUNCTIONAL_DB` und eine Auftragsfreigabesperre bei kritischen Befunden verhindert werden, dass bereits bei Neuentwicklungen datenbankspezifische Zugriffe verwendet werden.

Befreiungen und Pseudokommentare

In der Regel werden im Zuge der Custom-Code-Migration Pseudokommentare und Befreiungen angewendet, um nicht relevante Befunde zu unterdrücken. Beispielsweise wird bei jeder nativen SQL-Anweisung ein Befund erzeugt, unabhängig davon, ob dieser von SAP HANA unterstützt wird oder nicht. Sobald eine detaillierte Analyse ergeben hat, dass die native SQL-Anweisung auch mit SAP HANA lauffähig ist, kann der Befund über einen Pseudokommentar oder eine Befreiung unterdrückt werden. Damit erscheint der Befund beim nächsten Prüflauf nicht mehr in der ATC-Ergebnisliste. Die Unterdrückung von nicht relevanten Befunden wird empfohlen, um den Überblick über den noch offenen Arbeitsvorrat zu behalten.

Richtigen Einsatz schulen

Jeder Entwickler sollte genau wissen, wie und wann er Pseudokommentare oder Befreiungen anwendet. Beide Verfahren haben ihre Vor- und Nachteile. Bei der Anwendung von Pseudokommentaren ist üblicherweise die Zuordnung eines Transportauftrags notwendig. Die Befreiungen müssen nicht transportiert werden, jedoch ist eine Freigabe nach dem Vieraugenprinzip obligatorisch, bevor die Befreiungen beim nächsten Custom Code Check berücksichtigt werden. Für bestimmte Objekte, wie z. B. Views, Datenelemente, Strukturen usw., können ausschließlich Befreiungen angewendet werden. Pseudokommentare werden automatisch auch von externen Prüfungssystemen berücksichtigt, ohne diese vorab replizieren zu müssen.

Stilllegung von Objekten

Langfristige Aufwandsreduzierung

Die Stilllegung von nicht mehr benötigten Entwicklungen reduziert dauerhaft die Wartungsaufwände der Eigenentwicklungen. Der CCM-Koordinator unterstützt bei der Abstimmung, welche Entwicklungen nicht mehr benötigt werden, und bei der Rückführung zum SAP-Standard. Zusätzlich legt der CCM-Koordinator eine einheitliche Regelung fest, wie Entwicklungen stillgelegt werden sollen. Folgendes sind mögliche Varianten zur Stilllegung von Eigenentwicklungen:

- Verwendung der Löschtransporte der CCM-App in SAP S/4HANA oder der SAP Cloud Platform (siehe Abschnitt 3.4, »Die App ›Custom Code Migration‹«)
- Verwendung der Löschtransporte über den CCLM im SAP Solution Manager (siehe Abschnitt 3.3, »Custom Code Lifecycle Management im SAP Solution Manager«)
- manuelles Auskommentieren des Codings
- Sichern in Transportaufträgen und anschließende manuelle Löschung der Objekte
- ein abapGIT-Backup und die anschließende manuelle Löschung der Objekte

Das allgemeine Vorgehen zur Ermittlung des relevanten Migrationsumfangs und zur Stilllegung nicht mehr benötigter Entwicklungen wurde in Kapitel 3, »Umfang der Custom-Code-Migration bestimmen«, beschrieben.

Verwendungsprotokollierung

Repräsentativer Zeitraum

Für die Stilllegung der Objekte kann die Auswertung der Verwendungsprotokollierung hilfreich sein, die dazu über einen repräsentativen Zeitraum aktiv sein sollte. Der CCM-Koordinator sollte sicherstellen, dass die Verwendungsprotokollierung aktiv ist und idealerweise von jedem Entwickler zur Bewertung eingesehen werden kann. Die Ergebnisse dieser Bewertung können in die Löschliste einfließen und somit zu einer Stilllegung der betreffenden Entwicklungen führen. Unnötige Aufwände für die Custom-Code-Migration können damit vermieden werden. Die verschiedenen Möglichkeiten zur Aktivierung und Auswertung der Verwendungsprotokollierung sind in Kapitel 3, »Umfang der Custom-Code-Migration bestimmen«, beschrieben.

Schnittstellen

Frühzeitige Schnittstellenübersicht

Ein frühzeitiger Überblick aller existierenden Schnittstellen unterstützt Sie bei der Planung des Integrationstests. Da bei einer Systemkonvertierung für das erste Sandbox-System das produktive SAP-ERP-System kopiert wird, sollte frühzeitig vor den ersten Schnittstellentests sichergestellt werden, dass die Schnittstellenkonfigurationen keine ungewollten produktiven Daten oder Änderungen erzeugen.

Folgende Maßnahmen können Sie dabei unterstützen, einen aktuellen Überblick über die Schnittstellen und die verwendeten Technologien in SAP ERP zu bekommen oder zu validieren:

- **IDoc**
  Selektion der ausgehenden und eingehenden IDocs (z. B. über die Transaktionen WE02 oder BD87)
- **SOAP-Service**
  Selektion der ausgehenden und eingehenden SOAP-Service-Aufrufe (z. B. über die Transaktion SRT_MONI)
- **Enterprise Services**
  Kundeneigene Services können in der Transaktion SPROXY selektiert werden, aktive Services aus dem Kunden- und SAP-Namensraum über die Messages (z. B. in Transaktion SXMB_MONI).
- **RFC-Aufrufe und externe Systeme**
  Überprüfung der Destinationen und bedarfsweise Aktivierung eines Trace (z. B. über die Transaktion SM59)
- **Externe Datenbankzugriffe**
  Auswertung der logischen Datenbankverbindungen (Transaktion DBCO), auf die über Open SQL, natives SQL oder ABAP Database Connectivity (ADBC) zugegriffen werden kann
- **Dateisystem**
  Einsicht des Dateisystems des Applikationsservers (z. B. über die Transaktion AL11)
- **Archivsystem**
  Einsicht in das Content-Repository (Transaktion OAC0) und Auswertung der archivierten Verlinkungen (Tabellen TOA01, TOA02 und TOA03)

In SAP ERP wird darüber hinaus noch eine Vielzahl anderer Schnittstellentechnologien unterstützt, wie z. B. LDAP, TCP/IP usw. Eine regelmäßig aktualisierte Schnittstellenlandkarte unterstützt Sie bei der Vermeidung potenzieller Schnittstellenprobleme.

9.2 Spezielle Lösungsansätze und zusätzliche Tools

In den vorangegangenen Kapiteln haben wir Ihnen die SAP-Standardwerkzeuge vorgestellt, mit denen Sie den für die SAP-S/4HANA-Migration nicht relevanten Code ermitteln, die nötigen Anpassungen analysieren, und Quick Fixes zur Codekorrektur vornehmen können. Dazu kommen weitere Werkzeuge und Lösungsansätze, die von SAP oder SAP-Partnern bereitgestellt werden, die sich in bestimmten Projektsituationen ebenfalls als nützlich erweisen können. In diesem Abschnitt stellen wir zunächst zusätzliche Tools und Herangehensweisen für spezifische Aufgaben vor, bevor wir im folgenden Abschnitt auf Partnerwerkzeuge für das gesamte Transformationsprojekt eingehen.

9.2.1 Umgang mit gelöschten SAP-ERP-Datentypen

In SAP S/4HANA existieren viele Datentypen (Strukturen, Datenelemente, Tabellentypen usw.) nicht mehr oder sind als veraltet gekennzeichnet. Oft haben Entwickler in der Vergangenheit für Kundenprojekte Datentypen aus dem SAP-Standard verwendet, um einerseits den Aufwand für Eigenentwicklungen zu minimieren und andererseits z. B. von Übersetzungen oder Dokumentationen und Langtexten zu profitieren. Das Problem der Verwendung gelöschter Datentypen kann entweder dadurch gelöst werden, dass man einen neuen passenden SAP-S/4HANA-Datentyp sucht, oder dadurch, dass man einen eigenen mit den gleichen technischen Eigenschaften erstellt. Anschließend muss jede Verwendung des obsoleten Datentyps angepasst werden. Für diese Aufgaben gibt es verschiedene Vereinfachungsansätze, die wir Ihnen in den folgenden Abschnitten vorstellen.

Korrektur des SAP-ERP-Codings

Kopie von veralteten Datentypen in Includes

Sie können in einem bestehenden ABAP-Objekt, z. B. einem Report oder einer Funktionsgruppe, auch *lokale Typen* definieren. Dies sind Datentypen, die nur im bestehenden ABAP-Objekt bekannt sind und einen beliebigen Namen haben dürfen. Falls es einen gleichlautenden globalen Typ geben sollte, wird dieser *verschattet*, das heißt, die Definition des lokalen Typs hat Vorrang. Dadurch kann auch ein nicht mehr existierender SAP-Standarddatentyp lokal wieder unter dem gleichen Namen angelegt werden. Der Vorteil dieser Vorgehensweise ist, dass nicht alle Referenzen auf diesen Typ im bestehenden ABAP-Coding geändert werden müssen, sondern nur eine neue Typdefinition lokal hinzugefügt werden muss.

Typdefinition in Include auslagern

Noch einen Schritt weiter können Sie gehen, indem Sie diese Typdefinition in ein Include auslagern. Dieses kann dann in mehreren unabhängigen ABAP-Codings genutzt werden. In einem ABAP-Report oder auch in einem Modulpool kann die Einbindung eines Includes direkt unterhalb der `PROGRAM-/REPORT`-Anweisung geschehen. Bei Funktionsgruppen wird empfohlen, die Include-Anweisung im Top-Include (`LZ...TOP`) zu platzieren. Bei Klassen muss man sie in das sogenannte lokale Definitionen-/Implementierungen-Include einfügen. Die lokalen Definitionen finden Sie in den ABAP Development Tools (ADT) in Eclipse bei der Pflege einer Klasse in der Fußzeile (**Local Types**, siehe Abbildung 9.2).

ZCL_Z

```
*"* use this source file for the definition and implementation of
*"* local helper classes, interface definitions and type
*"* declarations
INCLUDE /s4tf/include_types.
```

Global Class | Class-relevant Local Types | Local Types | Test Classes (non existent) | Macros

Abbildung 9.2 Lokale Typen einer ABAP-Klasse (Registerkarte »Local Types« in Eclipse)

In Abbildung 9.3 wird diese Anpassung skizziert.

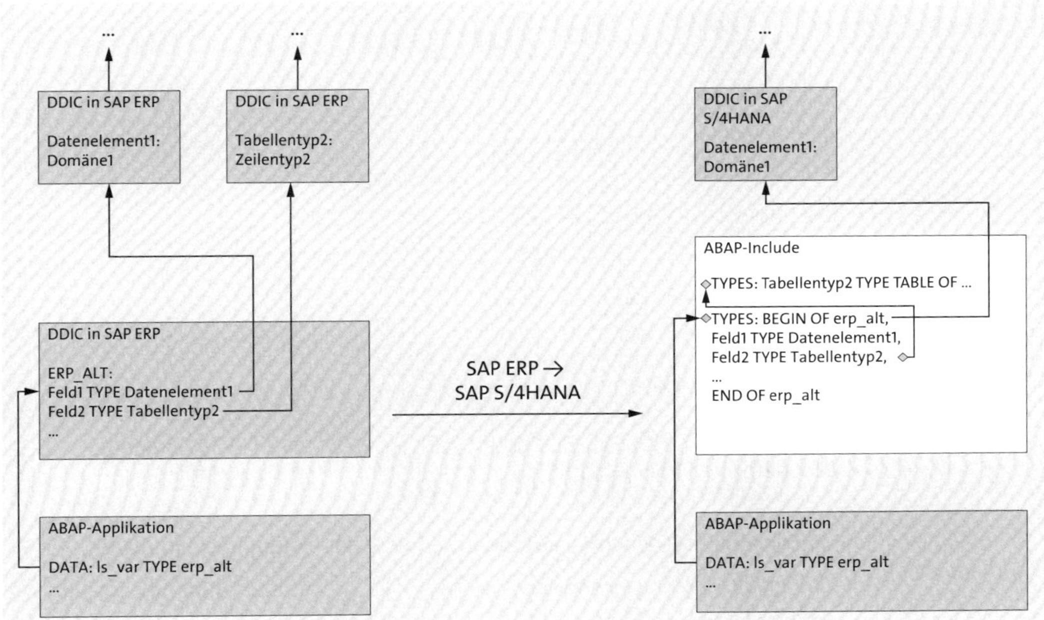

Abbildung 9.3 Schematische Codeanpassung von SAP ERP zu SAP S/4HANA

Das Include ZZ_TYPES definiert den Datentyp ALTER_ERP_TYP und wird im Report ZTEST und in der Klasse ZCL_TEST verwendet. Beide Verwender können den Datentyp ALTER_ERP_TYP dann nutzen (siehe Listing 9.1).

```
*&---------------------------------------------------------------------*
*&  Include           ZZ_TYPES
*&---------------------------------------------------------------------*
TYPES alter_erp_typ TYPE char20.
*&---------------------------------------------------------------------*
*&  Report           Z_TEST
*&---------------------------------------------------------------------*
REPORT ztest.
INCLUDE zz_types.
DATA lv  TYPE alter_erp_typ.
lv = 'S4TF Test Report' .
*&---------------------------------------------------------------------*
*&  Class           ZCL_TEST
*&---------------------------------------------------------------------*
CLASS zcl_test DEFINITION
  PUBLIC
  CREATE PUBLIC.

  PUBLIC SECTION.
    CLASS-METHODS test_1.
  PROTECTED SECTION.
  PRIVATE SECTION.
ENDCLASS.

CLASS zcl_test IMPLEMENTATION.
  METHOD test_1.
    DATA lv  TYPE alter_erp_typ .
    lv = 'S4TF Test Klasse' .
  ENDMETHOD.
ENDCLASS.

INCLUDE zz_types.
```

Listing 9.1 Auslagerung eines gelöschten SAP-ERP-Datentyps als lokale Neudefinition in einem Include

Automatisierte Nachgeneriererung von Datentypen lokal in ABAP

Die manuelle Erstellung des Datentyps ist bei einem einfachen Objekt, wie einem Datenelement oder auch einer flachen Struktur, mit wenigen Feldern, kein großer Aufwand. Bei komplexen, verschachtelten Strukturen ist dies jedoch anders. Hier lohnt sich der Einsatz eines Programms zur automatisierten Generierung des zu einem Typ im ABAP-Dictionary passenden Quelltextes. Das Generierungsprogramm analysiert rekursiv einen gegebenen Datentyp mit seinen inneren Komponenten und erzeugt daraus lokale Typdefinitionen in ABAP, die dann nach dem im vorangegangenen Abschnitt beschriebenen Schema in einem Include abgelegt werden können.

Komplexe Datentypen

Komplexe Datentypen bestehen in der Mehrheit hauptsächlich aus Strukturen, Tabellentypen, Datenelementen und elementaren Typen. Der Analysealgorithmus erzeugt dazu jeweils eine TYPES-Anweisung. Bei Strukturen wird die Feldliste, bei Tabellentypen wird der Zeilentyp und bei Datenelementen wird der elementare Typ in der TYPES-Anweisung genutzt, wie in Listing 9.2 exemplarisch gezeigt.

```
TYPES /bev1/emprtcol  TYPE n LENGTH 1. " /BEV1/EMPRTCOL
TYPES /bev1/emvalue   TYPE p LENGTH 10 DECIMALS 2. " WERTV10
TYPES /bev1/emquant   TYPE p LENGTH 8 DECIMALS 3.  " MENGV15_3
TYPES /bev1/emdrckflg TYPE n LENGTH 4. " NUM04
TYPES /bev1/embez30   TYPE c LENGTH 30.  " TEXT30
TYPES /bev1/emlggrp   TYPE c LENGTH 4.   " /BEV1/EMLGGRP
TYPES /bev1/emherk    TYPE c LENGTH 1. " CHAR1
**********
TYPES: BEGIN OF /bev1/emlgkto_s,
         vbeln    TYPE vbeln,
         matnr    TYPE matnr,
         kunag    TYPE kunag,
         kunre    TYPE kunre,
         kunrg    TYPE kunrg,
         herkunft TYPE /bev1/emherk,
      ...
         bezeich  TYPE /bev1/embez30,
         drckflg  TYPE /bev1/emdrckflg,
         pfprs    TYPE kbetr,
         q01      TYPE /bev1/emquant,
         v01      TYPE /bev1/emvalue,
         q02      TYPE /bev1/emquant,
         v02      TYPE /bev1/emvalue,
        ...
         waers    TYPE waers,
         meins    TYPE meins,
       END OF /bev1/emlgkto_s.
**********
```

```
TYPES: BEGIN OF /bev1/emlgspalte_s,
         lgspalte TYPE /bev1/emlgkto_s,
         prtcol   TYPE /bev1/emprtcol,
       END OF /bev1/emlgspalte_s.
**********
TYPES /bev1/emlgspalte TYPE TABLE OF /bev1/emlgspalte_s WITH
DEFAULT KEY.
```

Listing 9.2 Beispiel einer generierten Typdefinition für einen veralteten ABAP-Dictionary-Typ

In Listing 9.2 werden zunächst Typen zu Datenelementen definiert, z. B. /BEV1/EMVALUE. Diese finden Verwendung in der Struktur /BEV1/EMLGKTO_S, die ihrerseits in der übergeordneten Struktur /BEV1/EMLGSPALTE_S genutzt wird. Das Wurzelelement ist ein Tabellentyp (/BEV1/EMLGSPALTE).

[+]

/S4TF/-Toolbox der Swisscom SAP Services

Ein solcher Typgenerierungsreport wird als Bestandteil der *ISATF/-Toolbox* der Swisscom SAP Services im Rahmen eines SAP-S/4HANA-Transformationsprojekts eingesetzt (siehe Abschnitt 9.3.3, »Swisscom SAP Services«). In der erweiterten Ausbauvariante wird die Simplification List als Informationsquelle zu obsoleten, aber gegebenenfalls noch im System vorhandenen Datentypen genutzt. Außerdem können in SAP S/4HANA stabile Entsprechungen veralteter Typen verwendet werden, die ebenfalls aus einem entsprechenden Verzeichnis gelesen werden. Dadurch muss der rekursive Analysealgorithmus nicht bis zu einem eingebauten technischen Datentyp gehen.

Nachgenerierung per Remote Function Call

Objekte per RFC kopieren

Bei dem im vorangegangenen Abschnitt vorgestellten Ansatz wird ein gelöschter bzw. für obsolet erklärter Datentyp in Form eines lokalen ABAP-Datentyps neu erstellt.

Ein anderer Ansatz ist die Nachgenerierung bzw. Kopie von Objekten, die per Remote Function Call (RFC) durchgeführt wird. Dazu werden die zu kopierenden Objekte mit ihren Definitionen anhand einer Liste per RFC aus dem SAP-ERP-System gelesen und dann als globale Objekte im ABAP Dictionary des SAP-S/4HANA-Systems wieder angelegt, allerdings im Kundennamensraum. Es ist nicht möglich, Objekte im SAP-Namensraum wieder anzulegen, denn dies wäre eine Modifikation des Standards.

[+]

Funktionsbausteine zum Auslesen der Objekte

Für das Auslesen aus dem SAP-ERP-System stellt SAP bereits RFC-fähige Funktionsbausteine bereit, wie z. B. `DD_DTEL_GET` oder `DD_DOMA_GET`.

Der Vorteil dieses Ansatzes liegt darin, dass anschließend nicht nur der Datentyp wieder existiert, sondern weitere Eigenschaften übernommen werden, wie z. B. die Texte und deren Übersetzungen oder Fremdschlüsselbeziehungen und zugeordnete Suchhilfen. In Abbildung 9.4 wird dies am Beispiel des in SAP S/4HANA gelöschten und in SAP-ERP-Kundensystemen häufig verwendeten Datenelements `FILE` gezeigt. Der Nachteil besteht darin, dass die verwendenden Programme auf den neuen Namen des Datentyps angepasst werden müssen.

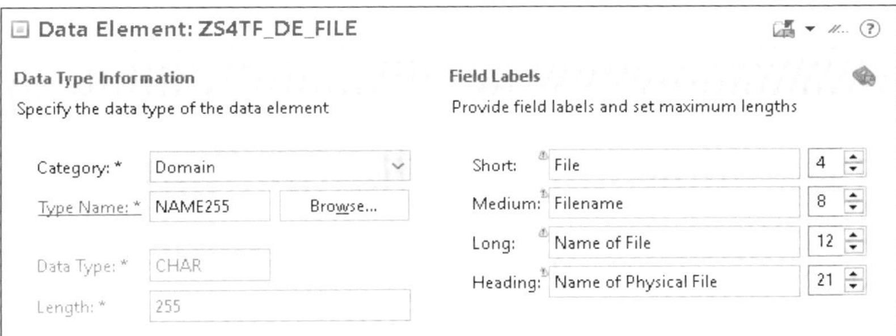

Abbildung 9.4 Kopiertes Datenelement FILE (Ansicht Eclipse)

Auch für diesen Ansatz wird ein entsprechender Report in der /S4TF/-Toolbox der Swisscom SAP Services im Rahmen von SAP-S/4HANA-Migrationsprojekten zur Verfügung gestellt.

9.2.2 Selektive Migration von Objekten

Bei einem Greenfield-nahen Ansatz bzw. der selektiven Migration wird man nur dediziert bestimmte Objekte in das neue SAP-S/4HANA-System übernehmen wollen. Es kann z. B. sein, dass ein eigener Report oder eine eigene Web-Dynpro-Anwendung erstellt wurde, die man weiterverwenden will und für die es kein Pendant in SAP S/4HANA gibt.

Rekursive Suche der Kundenobjekte

Die Frage, die sich in diesem Kontext stellt, ist, welche kundeneigenen Entwicklungsobjekte im neuen System benötigt werden. Würde man zur Beantwortung dieser Frage manuell vorgehen, müsste man zunächst alle verwendeten Kundenentwicklungsobjekte finden. Die Basis dazu ist die Umfeldermittlung, die in Abschnitt 3.5.2, »Bestimmung indirekter Verwendungen«, beschrieben wird. Zu analysieren sind hierbei nur die eigenen Entwicklungen, nicht die SAP-Objekte aus dem Standard, unter der Annahme, dass diese in SAP S/4HANA noch vorhanden sind. Nachdem relevante kundeneigene Objekte gefunden wurden, muss man die Suche nach weiteren indirekt verwendeten Kundenobjekten rekursiv fortsetzen. Dieser Prozess wird so lange fortgeführt, bis keine weiteren Kundenobjekte gefunden werden können.

Automatisierte Suche

Um diesen Vorgang zu automatisieren, können Sie auf Basis des Standardfunktionsbausteins `REPOSITORY_ENVIRONMENT_ALL` einen entsprechenden Report erstellen. Dieser Standardbaustein erstellt eine Liste der Verwender eines Objekts unter Nutzung der SAP-Tabellen des Verwendungsnachweises. Der Verwendungsnachweis muss also aktuell und die ihm zugrunde liegenden Indextabellen müssen korrekt gefüllt und generiert sein. Die Neugenerierung kann durch den Report `SAPRSEUJ` angestoßen werden.

Analysereport

Listing 9.3 zeigt das Coding für einen einfachen Analysereport. In dieser einfachsten Variante werden alle genutzten Objekte bis in n Ebenen Tiefe bestimmt und dann die Standardobjekte aus der Ergebnisliste entfernt.

```
REPORT /s4tf/usage_of_object.

DATA: lt_result TYPE    senvi_tab,
      lv_result TYPE LINE OF senvi_tab.

PARAMETERS: p_objtyp TYPE euobj-id OBLIGATORY DEFAULT 'PROG',
            p_objnam TYPE tadir-obj_name OBLIGATORY,
            p_deep   TYPE i DEFAULT 2.

SELECT-OPTIONS: s_patt FOR lv_result-devclass DEFAULT 'Z*' OPTION CP.

* Umfeldermittlung
CALL FUNCTION 'REPOSITORY_ENVIRONMENT_ALL'
  EXPORTING
    obj_type        = p_objtyp
    object_name     = p_objnam
    deep            = p_deep
  TABLES
    environment_tab = lt_result.

* Objekte löschen, die dem Muster nicht entsprechen
DELETE lt_result WHERE NOT object IN s_patt.
LOOP AT lt_result ASSIGNING FIELD-SYMBOL(<f_res>) .
```

```
  WRITE: /  <f_res>-type(10), <f_res>-object(30) .
ENDLOOP.
```

Listing 9.3 Umfeldermittlung für die selektive Migration von Kundenobjekten

Pruning

Ein performanterer Algorithmus (ein sogenanntes *Pruning*) entsteht, wenn die Nutzungsebenen einzeln berechnet und die Standardobjekte sofort aus dem Zwischenergebnis entfernt werden, bevor die Analyse rekursiv fortgesetzt wird. Eine solche Analyse wird als Bestandteil der /S4TF/-Toolbox der Swisscom SAP Services im Rahmen von SAP-S/4HANA-Projekten eingesetzt. Nach dieser Analyse kann man die Objekte in einen Transportauftrag kopieren und damit in das SAP-S/4HANA-System übernehmen.

9.2.3 Programmmengenverarbeitung mit Transaktion SAMT

Mit der Transaktion SAMT können massenweise Programme analysiert oder generiert werden. Dies ist insbesondere nach einem Aufbau eines neuen SAP-S/4HANA-Systems oder der Migration kundeneigener Objekte von Nutzen, da man technische Probleme so schnell analysieren und beheben kann. Es gibt eine gewisse Überschneidung dieser Transaktion mit Werkzeugen wie dem Code Inspector oder dem ATC (siehe Kapitel 4, »Analyse der erforderlichen Anpassungen«). Der Fokus der basisnahen Transaktion SAMT liegt nicht auf der Detailanalyse, sondern auf einer schnellen Syntaxprüfung oder Generierung der ABAP-Quelltexte.

Massenprüfung von Objekten

Folgende Massenverarbeitungen der Transaktion SAMT sind im Zuge der Custom-Code-Migration interessant:

- **Programmgenerierung**
  Die in der Selektion angegebenen Programme werden generiert.
- **Programmgenerierung, falls nötig**
  Die in der Selektion angegebenen Programme werden generiert, falls die kompilierte Version veraltet oder nicht vorhanden ist.
- **Syntaxprüfung**
  Die in der Selektion angegebenen Programme werden syntaktisch geprüft.

Prüfungen durchführen

Die Prüfungen können Sie direkt nach dem Start der Transaktion SAMT per Doppelklick aus einer Liste auswählen. Anschließend müssen Sie eine *Programmmenge* als Selektionskriterium der Massenverarbeitung erstellen. Zum Beispiel können Sie im Feld **Entwicklungsklasse (TADIR)** »Z*« oder »Y*« eingeben und damit den ganzen Standardkundennamensraum prüfen, wie in Abbildung 9.5.

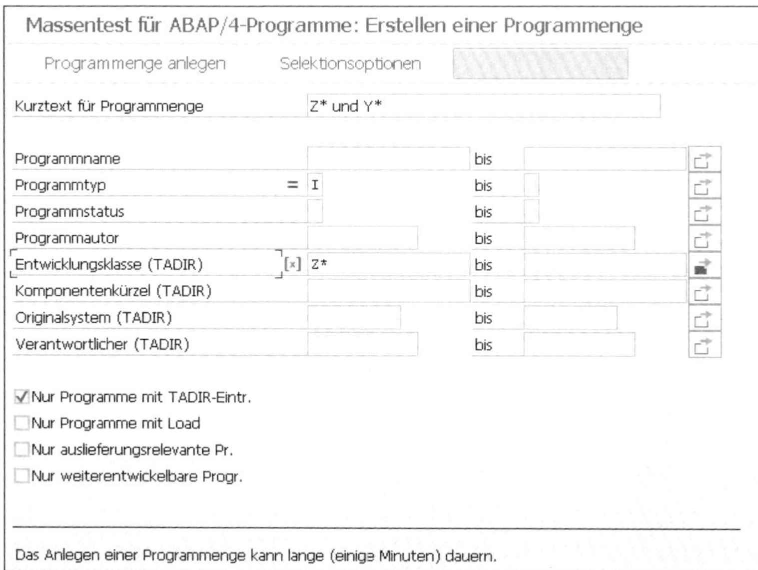

Abbildung 9.5 Definition einer Programmmenge in der Transaktion SAMT

Anschließend legen Sie die Programmmenge an. Nachdem die Programmmenge erstellt wurde, werden die zur Selektion passenden Objekte gesucht. Nun kann die eigentliche Verarbeitung (also die durchzuführende Aufgabe) gestartet werden. Im Menü (siehe Abbildung 9.6) wählen Sie dazu **Aufgabe • Ausführen • Im Hintergrund...** aus. Dann planen Sie die Aufgabe als Job ein.

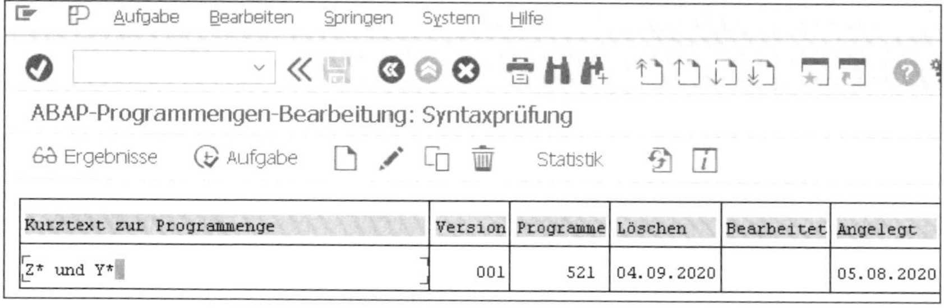

Abbildung 9.6 Programmmengen in der Transaktion SAMT

Ergebnisliste

Über den Button **Ergebnisse** können Sie sich die Resultate anschauen (siehe Abbildung 9.7). Praktisch ist auch der Button **Statistik** (siehe Abbildung 9.6), über den der Fortschritt der Bearbeitung angezeigt werden kann.

Die in der Transaktion SAMT angebotene Syntaxprüfung ist eine der schnellsten und auch in Produktivsystemen lauffähigen Möglichkeiten, um zu prüfen, ob das System zumindest syntaktisch korrekt ist und keine Dumps beim Generieren von Programmen produziert.

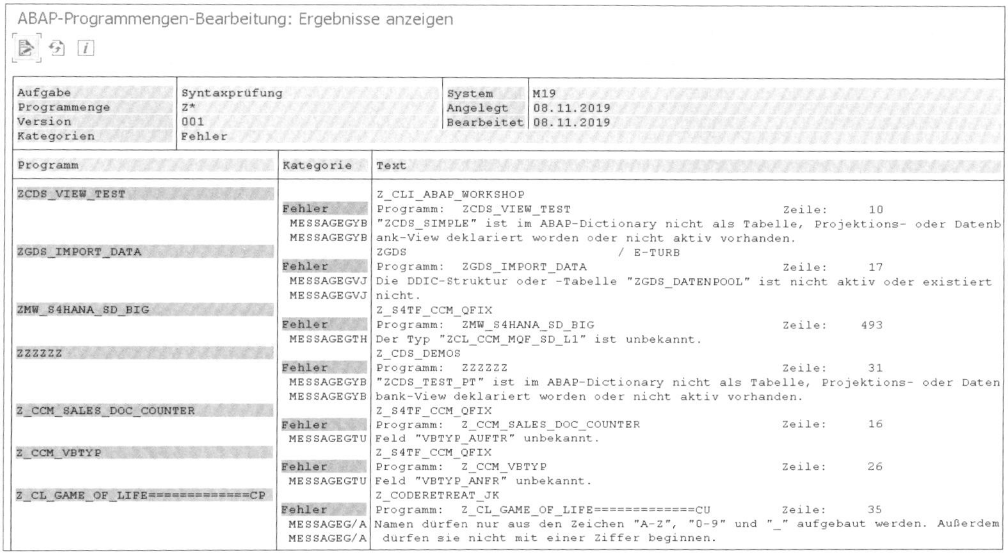

ABAP-Programmengen-Bearbeitung: Ergebnisse anzeigen

Aufgabe	Syntaxprüfung	System	M19
Programmenge	Z*	Angelegt	08.11.2019
Version	001	Bearbeitet	08.11.2019
Kategorien	Fehler		

Programm	Kategorie	Text
ZCDS_VIEW_TEST		Z_CLI_ABAP_WORKSHOP
	Fehler	Programm: ZCDS_VIEW_TEST Zeile: 10
	MESSAGEGYB	"ZCDS_SIMPLE" ist im ABAP-Dictionary nicht als Tabelle, Projektions- oder Datenb
	MESSAGEGYB	ank-View deklariert worden oder nicht aktiv vorhanden.
ZGDS_IMPORT_DATA		ZGDS / E-TURB
	Fehler	Programm: ZGDS_IMPORT_DATA Zeile: 17
	MESSAGEGVJ	Die DDIC-Struktur oder -Tabelle "ZGDS_DATENPOOL" ist nicht aktiv oder existiert
	MESSAGEGVJ	nicht.
ZMW_S4HANA_SD_BIG		Z_S4TF_CCM_QFIX
	Fehler	Programm: ZMW_S4HANA_SD_BIG Zeile: 493
	MESSAGEGTH	Der Typ "ZCL_CCM_MQF_SD_L1" ist unbekannt.
ZZZZZZ		Z_CDS_DEMOS
	Fehler	Programm: ZZZZZZ Zeile: 31
	MESSAGEGYB	"ZCDS_TEST_PT" ist im ABAP-Dictionary nicht als Tabelle, Projektions- oder Daten
	MESSAGEGYB	bank-View deklariert worden oder nicht aktiv vorhanden.
Z_CCM_SALES_DOC_COUNTER		Z_S4TF_CCM_QFIX
	Fehler	Programm: Z_CCM_SALES_DOC_COUNTER Zeile: 16
	MESSAGEGTU	Feld "VBTYP_AUFTR" unbekannt.
Z_CCM_VBTYP		Z_S4TF_CCM_QFIX
	Fehler	Programm: Z_CCM_VBTYP Zeile: 26
	MESSAGEGTU	Feld "VBTYP_ANFR" unbekannt.
Z_CL_GAME_OF_LIFE=============CP		Z_CODERETREAT_JK
	Fehler	Programm: Z_CL_GAME_OF_LIFE=============CU Zeile: 35
	MESSAGEG/A	Namen dürfen nur aus den Zeichen "A-Z", "0-9" und "_" aufgebaut werden. Außerdem
	MESSAGEG/A	dürfen sie nicht mit einer Ziffer beginnen.

Abbildung 9.7 Beispiel für eine Ergebnisliste der Syntaxprüfung mit der Transaktion SAMT

9.2.4 Prüfung von Bedingungen und Formeln in SD

Transaktion VOFM

In der Komponente SD für den Vertrieb mit SAP können über die Transaktion VOFM Bedingungen und Formeln, z. B. für die Nachrichtensteuerung oder Kontenfindung im Rahmen diverser Applikationen für Verkauf, Versand usw., erstellt werden. Die Bedingungen und Formeln werden von SAP bereitgestellt, können aber kundenseitig angepasst werden. Hinter den Einträgen stehen technisch ABAP-Formroutinen. Nach einem Upgrade bzw. einer Migration nach SAP S/4HANA kann es hier zu Problemen kommen. Zum Beispiel können – je nach Coding im alten SAP-ERP-System – Dumps oder Syntaxfehler auftreten.

Probleme analysieren

Diese können Sie manuell wie folgt finden und prüfen:

1. In Tabelle `TFRM` werden die Bausteine zu den Bedingungen und Formeln logisch festgelegt. Alle aktiven Bausteine sind mit `AKTIV='X'` markiert.
2. Anschließend bestimmen Sie den Namen des zugehörigen Reports. Dies wird in der Routine `XD0200_INCLUDE_NAMEN_SETZEN` im Programm `SAPMV80H` erledigt (siehe Listing 9.4).

```
REPORT /s4tf/vofm_list.
DATA: report_name TYPE sy-repid.

SELECT * FROM tfrm INTO TABLE @DATA(tfrm) WHERE aktiv EQ @abap_true.

LOOP AT tfrm ASSIGNING FIELD-SYMBOL(<f_tfrmt>).
  PERFORM xd0200_include_namen_setzen IN PROGRAM sapmv80h
  USING <f_tfrmt>-grpno <f_tfrmt>-grpze report_name.
  WRITE: / <f_tfrmt>-grpze, <f_tfrmt>-grpno, <f_tfrmt>-kappl,
  report_name.
ENDLOOP.
```

Listing 9.4 Report zur Bestimmung der Ergebnisliste der zu prüfenden ABAP-Objekte

3. Die gefundenen Programme können nun manuell, mit der Transaktion SAMT oder durch einen eigenen Report, auf Syntaxfehler hin geprüft werden.

Ein Report nach dem in Listing 9.4 gezeigten Schema ist ebenfalls Bestandteil der /S4TF/-Toolbox. Er umfasst zusätzlich die Prüfung und Anzeige weiterer Informationen wie des Entwicklungspakets.

[»]

Keine SAP-S/4HANA-Prüfung für VOFM-Erweiterungen

Die Ausführung des Custom Code Checks für SAP S/4HANA mit kundeneigenen VOFM-Bedingungen und -Formeln ist zum Zeitpunkt der Drucklegung dieses Buches technisch nicht möglich. Zum aktuellen Zeitpunkt wird eine Erweiterung des Prüfumfangs für VOFM-Bedingungen und Formeln von SAP geprüft.

Um aktuell den Custom Code Check für SAP S/4HANA für VOFM-Bedingungen und Formeln ausführen zu können, ist eine Kapselung der VOFM-Erweiterungslogik in ein kundeneigenes Entwicklungsobjekt (wie z. B. eine Klasse oder einen Funktionsbaustein) notwendig. Die Hintergründe zu dieser Vorgehensweise sind in SAP-Hinweis 2501317 beschrieben.

9.2.5 Nutzung der Korrektur-Workbench

Halbautomatische Übernahme von Entwicklungen

Die *Korrektur-Workbench* (Transaktion SCWB) unterstützt Sie bei der Übertragung von systemübergreifenden Änderungen. Sie berücksichtigt dabei zwischenzeitlich durchgeführte Delta-Änderungen im Quellsystem.

Die Korrektur-Workbench verwendet für die Ermittlung der Entwicklungsänderungen eine Verbindung zum Zielsystem. Auf Basis eines Transportauftrags im Zielsystem können alle Änderungen im Quellsystem halbautomatisch abgeglichen werden. In Konvertierungsprojekten kann die Transaktion SCWB beispielsweise verwendet werden, um SAP-S/4HANA-spezifische Entwicklungen vom Sandbox-System in das frisch konvertierte Entwicklungssystem zu übertragen. In Abbildung 9.8 wird dieses Szenario mit dem Entwicklungssystem (DEV) und dem Sandboxsystem (SBX) veranschaulicht.

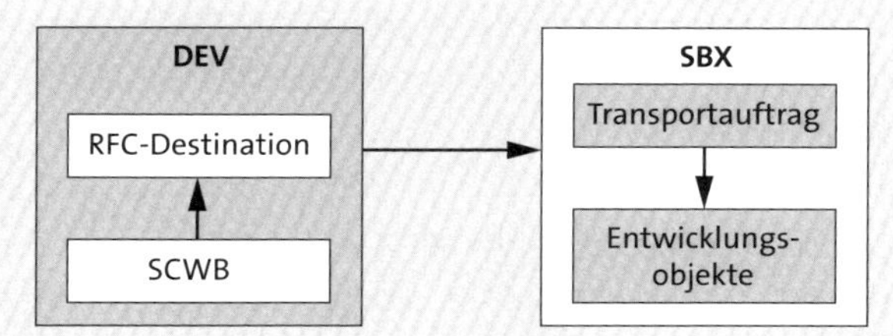

Abbildung 9.8 Transaktion SCWB – Überblick zur Konfiguration

[«]

Zeitkritische Anpassungen

Mit der Konvertierung des Entwicklungssystems beginnt üblicherweise ein System-Freeze bis zur abschließenden Konvertierung des Produktivsystems. Diese Phase ist in der Regel zeitkritisch und deshalb fest terminiert. Die manuelle Custom-Code-Migration im Entwicklungssystem sollte deshalb auf ein sinnvolles Maß reduziert werden. Zusätzlich können die letzten ausstehenden Anpassungen an den Eigenentwicklungen über den Einsatz von Quick Fixes bereinigt werden.

Einsatz bei mehreren Sandbox-Systemen

Falls im Rahmen des Transformationsprojekts ein zweites oder weitere Sandbox-Systeme aus einer Kopie des Produktivsystems aufgebaut werden, kann die Korrektur-Workbench auch dafür verwendet werden, die bislang getätigten Entwicklungsänderungen von einem Sandbox-System in das neue Sandbox-System zu übertragen. Ein Split-Screen-Editor unterstützt Sie beim Versionsabgleich umfangreicher Änderungen. Zusätzlich können Erweiterungen im Zielsystem auf Basis der aktuellen Version im Quellsystem automatisch übernommen werden.

Manuelle Übernahme als Alternative

Als Alternative zur Transaktion SCWB können SAP-S/4HANA-spezifische Entwicklungen auch manuell Objekt für Objekt ins Entwicklungssystem übernommen werden. Dieses Vorgehen ist jedoch sehr zeitintensiv und fehleranfällig, da vor jeder Übernahme ein Versionsabgleich durchgeführt werden sollte, um etwaige jüngste Änderungen im Entwicklungssystem nicht zu überschreiben.

Retrofit des SAP Solution Managers

Die *duale Landschaftssynchronisation* (Retrofit) des SAP Solution Managers verwendet unter anderem auch die SCWB-Funktionalitäten für die Übertragung und den Abgleich der Entwicklungsänderungen auf Basis eines Transportauftrags. Darüber hinaus wird auch der Abgleich von Customizing-Änderungen über Retrofit unterstützt. Bei komplexen Systemlandschaften oder umfangreichen Neuentwicklungen im Zuge der SAP-S/4HANA-Transformation kann Ihnen die Retrofit-Funktionalität im SAP Solution Manager dabei helfen, diese Änderungen systemlandschaftsübergreifend zu synchronisieren.

Wartung und Support

Die Transaktion SCWB ist ein Teil der SAP_BASIS-Komponente und kann von jedem SAP-ERP- oder SAP-S/4HANA-Kunden ohne Erwerb einer zusätzlichen Lizenz verwendet werden. Allerdings wurde die Transaktion ursprünglich für SAP-interne Zwecke entwickelt mit den folgenden Konsequenzen:

- SAP stellt keine offizielle Dokumentation zur Verfügung.
- Die Transaktion SCWB ist nicht Bestandteil der Lizenzvereinbarung.
- Das Service Level Agreement (SLA) ist für die Transaktion SCWB nicht gültig.
- SAP wird die Funktionalität der Transaktion SCWB nicht auf Kundennachfrage erweitern.
- SAP kann SCWB-Funktionalitäten ohne eine offizielle Mitteilung oder einen Hinweis an den Kunden beliebig ändern.
- Bestimmte Funktionen innerhalb der Transaktion SCWB sind für Kunden nicht nutzbar, da diese speziell für die SAP-internen Abläufe entwickelt wurden.

Konfiguration der Transaktion SCWB

Damit die Änderungen aus dem Zielsystem ermittelt werden können, ist die Anlage einer ABAP-Verbindung über die Transaktion SM59 notwendig. Diese ABAP-Verbindung muss folgendem Namensmuster entsprechen:

```
CWBADM_<SID>_<MANDT>
```

Die Platzhalter <SID> und <MANDT> sind durch die System-ID und den Mandanten im Zielsystem zu ersetzen. Zusätzlich müssen Sie auf der Registerkarte **Anmeldung & Sicherheit** die Logon-Daten eines Remote-Benutzers mit der Berechtigungsrolle `SAP_RFC_CORR_REQ` hinterlegen. Dieser Benutzer muss im Zielsystem angelegt sein. In Abbildung 9.9 wird eine beispielhafte SM59-Destination im Quellsystem gezeigt. Nachdem die SM59-Destination angelegt wurde, kann die Korrektur-Workbench über den Transaktionscode SCWB im Quellsystem gestartet werden.

RFC Destination CWBADM_MMA_000

Remote-Login Verbindungstest Unicode-Test Schnelle Serialisierung Test

RFC-Destination CWBADM_MMA_000

Verbindungstyp 3 ABAP-Verbindung Beschreibung

Beschreibung

Beschreibung 1 CWBADM_MMA_000

Beschreibung 2

Beschreibung 3

Verwaltungsinformationen | Technische Einstellungen | Anmeldung & Sicherheit | Unicode | Spezi...

Zielsystem-Einstellungen

Lastverteilungsstatus

Lastverteilung ja nein

Zielmaschine .sapprd.all-for-one.net Instanznummer 24

Speicherungsart in Datenbank

Speichern als Hostname IP-Adresse .sapprd.all-for-one.net

Abbildung 9.9 Konfiguration der SM59-Destination für die Korrektur-Workbench

Transportauftrag des Zielsystems angeben

Über den Button **Hinweis/Auftrag** (oder die Funktionstaste F7) können Sie unter **Quellauftrag** die Nummer des Transportauftrags des Zielsystems eingeben, der abgeglichen werden soll (siehe Abbildung 9.10).

Abbildung 9.10 Angabe des Transportauftrags für den halbautomatischen Abgleich

Die im Transportauftrag enthaltenen Änderungen werden in einem Pop-up-Fenster tabellarisch aufgelistet. Über die Markierung in der ersten Spalte können Sie bestimmte Änderungen explizit übernehmen oder aufheben (siehe Abbildung 9.11). Erst mit einem Klick auf das grüne Häkchen (✓), werden die Änderungen zu den markierten Objekten im Quellsystem übernommen.

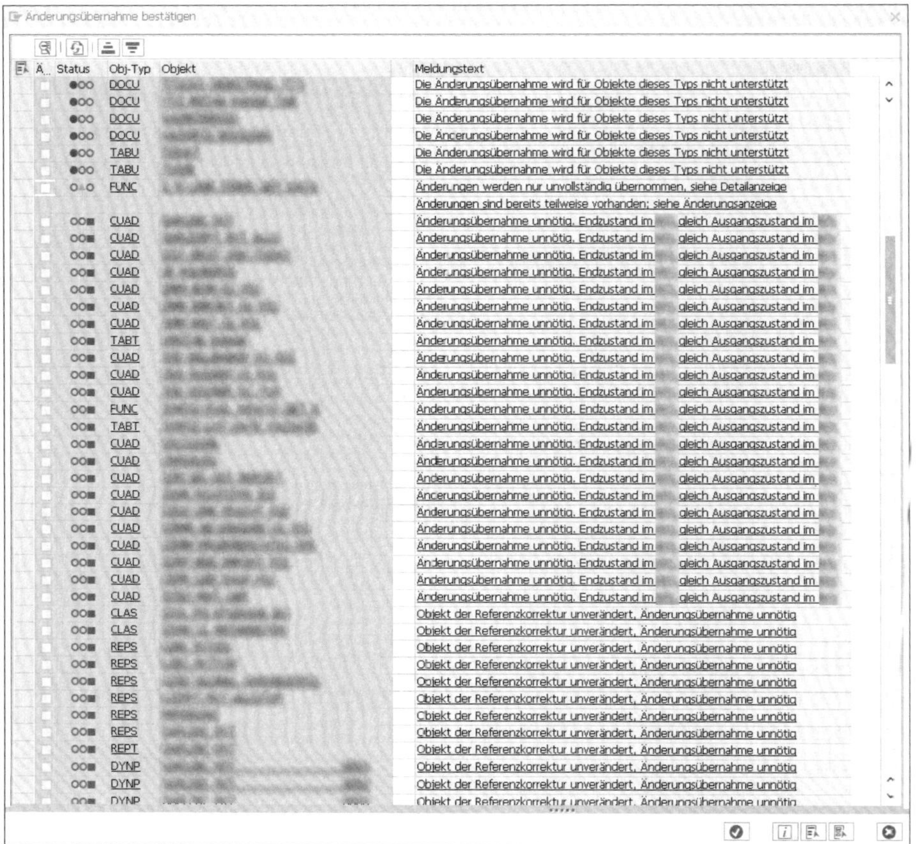

Abbildung 9.11 Überblick zum Objektabgleich in Transaktion SCWB

Bedeutung der Statusampel

Die Statusampel symbolisiert, ob die Änderungen aus dem Zielsystem übernommen werden können oder nicht:

- *Rot*: Die Objektänderung kann nicht implementiert werden, da beispielsweise der Objekttyp von der Transaktion SCWB nicht unterstützt wird oder das Objekt bereits in einem anderen Transportauftrag gesperrt ist.
- *Gelb*: Die Übernahme der Entwicklung ins Quellsystem ist nur mit Einschränkungen möglich. Der Split-Screen-Editor unterstützt Sie bei der Analyse und dem Abgleich der Entwicklung im Quellsystem.
- *Grün*: Die Änderungen aus dem Zielsystem können automatisch in das Quellsystem übernommen werden, oder eine Änderungen ist nicht mehr notwendig, da die Versionen bereits identisch sind.

Split-Screen-Editor

Bei abgleichbaren Änderungen navigieren Sie über den Objektnamen zum Split-Screen-Editor. In Abbildung 9.12 wird der Split-Screen-Editor für einen Teil der Implementierung eines Funktionsbausteins angezeigt. Auf der linken Seite des Editors sehen Sie den Vorschlag der Korrektur-Workbench und können Codeänderungen vornehmen. Die Hilfszeilen auf der rechten Editorseite werden aus dem Zielsystem ermittelt und unterstützen Sie bei dem manuellen Abgleich.

Abbildung 9.12 Split-Screen-Editor in Transaktion SCWB

Navigation innerhalb der Transaktion SCWB

Bei umfangreichen Entwicklungen sind die Funktionstasten ▲ bzw. F6 (**Zur vorherigen Änderung springen**) und ▼ bzw. F7 (**Zur nächsten Änderung springen**) hilfreich. Nach erfolgter Überprüfung der Änderungsübernahme kann diese mit dem Button **Übernehmen** (F8) akzeptiert werden.

Unterstützte Objekttypen

Die Transaktion SCWB unterstützt den Versionsabgleich für die in Tabelle 9.1 aufgeführten Objekttypen (ausgehend von Release SAP S/4HANA 1809).

Objekttypbezeichnung	Technischer Objekttyp
Reportsource	REPS
Reporttexte	REPT
Dynpro	DYNP
Funktionsbaustein	FUNC
Klasse (ABAP Objects)	CLAS, CLSD, CINC, CPRI, CPRO, CPUB
Interface (ABAP Objects)	INTF
Typgruppen-Source	TYPD

Tabelle 9.1 Von der Transaktion SCWB unterstützte Objekttypen

Objekttypbezeichnung	Technischer Objekttyp
Methode (ABAP Objects)	METH
Seite/Controller einer BSP-Applikation	WAPP
sprachunabhängige IAC-Objekte	IAMU, IATU, IASP, IARP
Infoobjekt aus dem MIME-Repository	MIME
ABAP-Dictionary-Objekte	DOMD, DTED, TABD, TABT, TTYD
Erweiterungsimplementierung	ENHO, ENHS, ENHC, ENSC
Web-Dynpro-Komponente	WDYN, WDYD, WDYC, WDYV
Switch-Framework-Objekte	SFSW, SFBF, SFBS
Web-Dynpro-Component-Konfiguration	WDCC
Enterprise Services	SPRX, WEBI
Business Object Processing Framework	BOPF, BOBF, BOBX
Visual Business Applications	VBAP
CUA-Definition	CUAD
Transformation	XSLT
Einzelobjekt (SAP HANA Transport for ABAP)	HOTO
Data Definition Language Source (CD Views)	DDLS
Funktionsgruppe	FUGR (creation only)

Tabelle 9.1 Von der Transaktion SCWB unterstützte Objekttypen (Forts.)

9.3 Partnertools und -services

Weltweit unterstützt eine Vielzahl von SAP-Partnerunternehmen jeder Größe SAP-Kunden bei der Planung und Durchführung von Transformationsprojekten. Um die steigende Nachfrage zu decken, haben SAP-Partner in unterschiedlichen Bereichen und Schwerpunkten *Conversion Factories* etabliert. Diese Kombinationen aus hochspezialisierten Beratern und speziellen Tools und Services sollen eine effiziente Transformation nach SAP S/4HANA ermöglichen.

Vorteile der Unterstützung

Der Einsatz externer Tools und Services kann wertvolle Ressourcen freigeben, die sonst für Transformationsprojekte eingesetzt werden müssen. Diese können stattdessen für strategische Innovationen eingeplant werden, die langfristig den *Return on Investment* (ROI) eines Transformationsprojekts steigern können. Die Best Practices, die SAP-Partner auf Basis von Erfahrungen aus vergangenen Transformationsprojekten gesammelt haben, können außerdem bei der effizienten Durchführung des eigenen Transformationsprojekts helfen.

In diesem Abschnitt stellen wir Ihnen deshalb vier etablierte SAP-Partner aus der DACH-Region vor, die spezielle Tools und Services für Transformationsprojekte anbieten. Neben neuen Transformationsszenarien, innovativen Abo-Modellen, einem hohen Grad an Automatisierung der Custom-Code-Migration oder eigenen Tools und weiteren Services für spezifische Anwendungsfälle bieten diese Unternehmen in den unterschiedlichsten Bereichen hilfreiche Lösungen an. Selbstverständlich gibt es darüber hinaus eine Vielzahl weiterer SAP-Partner am Markt, die Lösungen für Transformationsprojekte anbieten. Der Blick über den Tellerrand kann hierbei helfen, an den Best Practices aus vergangenen Transformationsprojekten zu partizipieren.

9.3.1 SNP

Das Software- und Beratungsunternehmen *Schneider-Neureither & Partner SE* (SNP) hat seinen Hauptsitz in Heidelberg und rund 1.400 Mitarbeiter an Standorten weltweit. Die Softwarelösungen und Services von SNP automatisieren die organisatorische und technische Transformation von Geschäftsanwendungen. Auf Basis seiner Erfahrungen aus Transformationsprojekten hat SNP die *BLUEFIELD-Methode* und die Datentransformationsplattform *CrystalBridge* entwickelt.

BLUEFIELD

BLUEFIELD unterstützt Unternehmen dabei, Daten und Funktionen in einem einzigen Go-live-Projekt zu migrieren und zu aktualisieren. Der Fokus liegt hier auf komplexen Transformationsprojekten wie dem Umstieg auf SAP S/4HANA. Beispielsweise können im Rahmen eines SAP-S/4HANA-Projekts die Geschäftspartnerumstellung, die Einführung des neuen Hauptbuches, das Zusammenführen von Systemen und das Herauslösen von nicht benötigten Buchungskreisen (Carve-out) in einem Schritt durchgeführt werden. Diese Parallelisierung reduziert die Projektlaufzeit und die damit verbundenen Aufwände und Kosten. Das Verfahren verringert durch einen hohen Automatisierungsgrad außerdem das Risiko von Fehlern und redundanten Arbeitsschritten.

Empty-Shell-Methode

Als technische Herkunft des Systems kann eine Kopie des Produktivsystems ohne Stamm- und Bewegungsdaten oder eine SAP-S/4HANA-

Neuinstallation als sogenannte *Empty Shell* dienen. Die Historiendaten, die bei einer SAP-S/4HANA-Neuinstallation üblicherweise verloren gehen, können mit der BLUEFIELD-Methode ebenfalls übernommen werden.

CrystalBridge

Die Softwarelösung CrystalBridge ist die digitale Kommandozentrale zur Überwachung und Steuerung des Transformationsprojekts und Kernstück für die digitale Datenmigration. Sie besitzt eine grafische, intuitiv bedienbare und interaktive Oberfläche. Über diese Oberfläche werden alle Schritte des Transformationsprojekts von der Systemanalyse über die Planung bis hin zur Durchführung der Transformation unterstützt.

9.3.2 All for One Group SE

Abo-Modell für SAP-S/4HANA-Transformation

Die *All for One Group SE* ist ein führender SAP-Partner in der DACH-Region mit 2.000 Mitarbeitern. In den letzten Jahren hat sie sich als Partner bei SAP-S/4HANA-Transformationsprojekten bewährt. Unter dem Namen *Conversion/4* bietet die All for One Group SE ein *Abo-Modell* für die SAP-S/4HANA-Transformation an. SAP-Anwenderunternehmen erhalten die mit der Transformation verbundenen Leistungen für die Dauer des Projekts zu einem monatlichen Festpreis. Die Leistungen umfassen die technische Systemkonvertierung nach SAP S/4HANA, die Transformation von Geschäftsprozessen auf Basis von SAP S/4HANA, die Cloud-Infrastruktur und den Betrieb sowie Release-Upgrades während der Abo-Laufzeit. Der Custom Code Check ist ebenfalls Bestandteil des Abo-Pakets. Dies gilt auch für weitere Services rund um SAP S/4HANA, wie etwa die Geschäftspartnerintegration oder die Einführung des neuen Hauptbuches.

Workshop-Serie

Daneben bietet die All for One Group SE eine umfangreiche Workshop-Serie zu SAP S/4HANA an. In den Workshops werden beispielsweise die kundenindividuellen Anforderungen für den Umstieg auf SAP S/4HANA analysiert und bewertet. Die Ergebnisse fließen dann in eine Transformations-Roadmap ein. Auch für den Custom Code Check bietet das Beratungshaus einen Workshop an. Er gibt einen Überblick zu den technischen Änderungen in SAP S/4HANA und erarbeitet detaillierte Empfehlungen zur Anpassung der Eigenentwicklungen anhand von Beispielen aus dem Kundensystem. Bei Bedarf werden die Mitarbeiter des Anwenderunternehmens in diesem Bereich weiter geschult.

Custom Code Check as a Service

Eine weitere Möglichkeit bietet der *Custom Code Check as a Service* (CCCaaS), der ebenfalls als Abonnement angeboten wird. Mit diesem Angebot können Unternehmen im Rahmen eines Vorprojekts bereits im SAP-ERP-System mit der Bearbeitung der SAP-S/4HANA-Befunde beginnen.

9.3.3 Swisscom SAP Services

Die *Swisscom AG* ist das führende Informations- und Kommunikationstechnikunternehmen in der Schweiz, das mit den *Swisscom SAP Services* auch Betriebs- und Projektleistungen im Bereich SAP anbietet. In diesem Bereich sind bei der Swisscom AG rund 400 Spezialisten und Berater tätig. Für die Beratung zur Migration nach SAP S/4HANA, die Durchführung entsprechender Projekte und die Bereitstellung passender Werkzeuge hat Swisscom SAP Services die sogenannte *SAP S/4HANA Transformation Factory* gegründet.

SAP S/4HANA Transformation Factory

Bei der Transformation werden die Kunden nach dem von SAP empfohlenen Phasenmodell *SAP Activate* beraten und betreut (siehe Abschnitt 2.4.5). Dabei werden die technische Transformation, die Anpassung der Geschäftsprozesse und die für den Kunden passende Serverinfrastruktur gemeinsam definiert.

/S4TF/-Toolbox

Sowohl für die Analyse der erforderlichen Änderungen am kundeneigenen Code als auch für die Implementierung der Custom-Code-Anpassungen wird eine im reservierten Namensraum /S4TF/ entwickelte eigene Toolbox verwendet. Die Anwendung der darin enthaltenen Reports und Werkzeuge verbessert die Qualität und Durchlaufzeit eines SAP-S/4HANA-Transformationsprojekts. Einige Werkzeuge dieser Toolbox, z. B. den Report zum Nachgenerieren gelöschter Datentypen, haben wir bereits in Abschnitt 9.2, »Spezielle Lösungsansätze und zusätzliche Tools«, vorgestellt.

9.3.4 smartShift

Das Unternehmen *smartShift Technologies* beschäftigt sich seit 2002 mit IT-Transformationen. Der Ansatz des Unternehmens ist es, Transformationsprozesse mit intelligenten, durch künstliche Intelligenz gestützten Automatisierungslösungen schneller, effizienter und kostengünstiger zu machen. SAP-S/4HANA-Projekte und Cloud-Migrationen sind ein Teil der Schwerpunkte dieses SAP-Partners.

Hoher Automatisierungsgrad

In diesem Rahmen bietet smartShift auch für die Custom-Code-Migration Werkzeuge und Methoden an, die die Systemtransformation zu mehr als 97 % automatisieren. Diese Werkzeuge werden als Service zu einem Festpreis angeboten. Neben der Custom-Code-Anpassung zur Gewährleistung der Kompatibilität mit SAP HANA und SAP S/4HANA umfassen die Automatisierungswerkzeuge auch die Bereiche Performanceoptimierung, Standardisierung, Sicherheit und Cloud-Readiness. In Absprache mit dem Kunden können sie Änderungen im Coding massenhaft umsetzen.

Stilllegung smartShift bietet darüber hinaus Werkzeuge zur *Stilllegung* von Eigenentwicklungen an. Auf Basis der Verwendungsprotokollierung im SAP-System können damit nicht mehr benötigte Entwicklungen automatisiert deaktiviert und archiviert werden.

Automatisierungsalgorithmen Kernbestandteil der intelligenten Automatisierungsplattform von smartShift sind eigene Sprachen-Parser, ein sprachenunabhängiges Metamodell und ein umfangreiches Set an Analyse- und Transformationsregeln für die automatisierte Umstellung der Kundeneigenentwicklungen. Der kundeneigene Code, Bildschirm- und Datenbankdefinitionen sowie Konfigurationen, Nutzungsstatistiken und andere Systemkomponenten werden für die Auswertungen auf die Plattform geladen und in einem Metamodell abgebildet. Datenfluss- und Abhängigkeitsanalysen reichern das Modell weiter an. Auch Ergebnisse von ATC-Checks und weiteren SAP-Werkzeugen können auf die Plattform geladen werden. Bei der automatisierten Anwendung der Transformationsregeln für den Custom Code gibt es minimale Fehlerraten, die Behebung dieser Fehler wird jedoch durch das Service Level Agreement (SLA) von smartShift abgedeckt. Das ganze Verfahren ist in den Standardtransportprozess der Kundenlandschaft integriert.

SAP Cloud Platform Readiness smartShift bietet eine solche Automatisierung auch an, um Kundencode zu identifizieren, der auf die SAP Cloud Platform migriert werden kann (*SAP Cloud Platform Readiness*). Die entsprechenden Algorithmen unterstützen Entwickler dabei, die enge Kopplung von Standardcode und kundeneigenen Programmen aufzulösen und den Code in das neue ABAP-RESTful-Programmiermodell zu überführen.

9.4 Zusammenfassung

Aufgrund der hohen Zahl und Varianz der Änderungen in SAP S/4HANA im Vergleich zu SAP ERP und den komplexen Erweiterungsmöglichkeiten ist jedes Transformationsprojekt einzigartig. Auch die zur Verfügung stehenden Ressourcen und die in der bestehenden Systemlandschaft operativ verwendeten Daten und Prozesse haben Einfluss auf die individuelle Planung und Durchführung. Essenziell für jedes Transformationsprojekt ist jedoch eine frühzeitige Festlegung des Projektumfangs. Erst darauf aufbauend ist eine Feinplanung der erforderlichen Arbeitspakete möglich. Der wichtigste Erfolgsfaktor jedes Transformationsprojekts ist ein zuverlässiges und beständiges Kernteam, das sich neuen Konzepten nicht verschließt und flexibel auf ungeplante Situationen oder unbekannte Probleme reagieren kann.

Eine sorgfältige Planung und Vorbereitung des Transformationsprojekts reduziert auch technische Risiken und Komplikationen. Beispielsweise kann durch die Durchführung einer Datenarchivierung das benötigte Datenvolumen verringert werden, was sich positiv auf die Transformationslaufzeit sowie die technische Downtime auswirken kann. Auch eine Überprüfung und gezielte Verbesserung der Datenqualität reduzieren die Anzahl von Migrationsfehlern, die häufig mit viel Aufwand analysiert und bereinigt werden müssen.

Viele Befunde aus dem Custom Code Check können bereits in SAP ERP behoben werden. Ebenso kann hier bereits ungenutztes Coding identifiziert und bereinigt werden. Die Rolle des CCM-Koordinators unterstützt bei der Steuerung und einheitlichen Abarbeitung von Befunden in größeren Entwicklungsteams. Die gezielte Verwendung von zusätzlichen Tools und Vorgehensmodellen kann Sie bei der Durchführung der Custom-Code-Migration unterstützen. Beispielsweise kann eine einheitliche Definition von lokalen Datentypen bei bestimmten, in SAP S/4HANA nicht mehr zur Verfügung stehenden Datenelementen verwendet werden, ohne die Implementierungslogik umfangreich verändern zu müssen. Auch ist der Einsatz der Korrektur-Workbench hilfreich, wenn Implementierungsänderungen auf Basis eines Transportauftrags in ein anderes System übernommen werden sollen, ohne dabei zwischenzeitlich durchgeführte Delta-Änderungen zu überschreiben.

Mittlerweile gibt es viele SAP-Partner mit eigenen Tools und Services im Kontext von Transformationsprojekten am Markt. An deren Erfahrungen zu partizipieren und die Synergien und Best Practices aus vergangenen Projekten zu nutzen, kann zusätzlich dazu beitragen, Ihr individuelles Transformationsprojekt erfolgreich abzuschließen.

Anhang

Anhang A
Wichtige Transaktionen

Transaktion	Beschreibung
AL11	Anzeige der Verzeichnisstruktur auf dem Applikationsserver
ATC	ABAP Test Cockpit
BD87, WE02	IDoc auswählen
BUPT	Bereichsmenü für Geschäftspartner-Erweiterungen
CCAPPS	Anwendungen für kundeneigene Analyse
CG3Y	Datei vom Applikationsserver herunterladen
CG3Z	Datei auf den Applikationsserver hochladen
CMOD	Kundeneigene User Exits
DB02	Monitor für Tabellen und Indizes
DBCO	DB-Verbindungspflege
EEWB	Easy Enhancement Workbench
FLETS	Feldlängenerweiterung, Themenschalter
OAC0, TOA01, TOA02, TOA03	CMS Customizing Content Repositories
PFCG	Pflege von Rollen
SBLM_INTERNAL	Ausschlusslisten-Monitor – intern
SAMT	ABAP/4-Programmmengenbearbeitung
SAT	Laufzeitanalyse
SCI	ABAP Code Inspector
SCMON	ABAP Call Monitor: Administration
SCOV	ABAP Coverage Analyzer
SCWB	Korrektur-Workbench
SICF	Pflege des HTTP-Service-Baumes
SE03	Transport Organizer Tools

Transaktion	Beschreibung
SE11	ABAP Dictionary – Pflege
SE16, SE16N, SE16H	Allgemeine Tabellenanzeige
SE18	BAdI-Builder – Definitionen
SE24	ABAP Class Builder
SE37	ABAP-Funktionsbausteine
SE38	ABAP Editor
SE39	ABAP Split Screen Editor
SE80	Object Navigator
SE84	Repository-Infosystem
SEGW	SAP Gateway Service Builder
SGEN	SAP-Load-Generierer
SLG1	Anwendungslog: Protokolle anzeigen
SM21	Systemprotokoll
SM50	Workprozesse einer AS-Instanz
SM51	Gestartete AS-Instanzen
SM59	Anzeige und Pflege von RFC-Destinations
SMOD	SAP-Erweiterungsverwaltung
SNOTE	Note Assistent
SPAU, SPAU_ENH	Modifizierte Objekte anzeigen und abgleichen
SPDD	Modifizierte DDIC-Objekte anzeigen und abgleichen
SPROXY	Enterprise Repository Browser
SRTCM	Laufzeitprüfungsmonitor
SRT_MONI	Webservice-Message-Monitor
SQ01, SQ02	SAP Query und InfoSets pflegen
SQ03	SAP Query: Benutzergruppenpflege
SQLM	SQL-Monitor

Transaktion	Beschreibung
ST01	Systemtrace
STC01	Aufgabenmanager für technische Konfiguration
ST03N	Systemlastmonitor
ST05	Performancetrace
ST06	Betriebssystemmonitor
ST10	Tabellenaufruf-Statistik
ST22	ABAP-Dump-Analyse
STDR	Konsistenzcheck Objektkatalog
STMS	Transportmanagementsystem
STRUST	Trust Manager
SU01	Benutzerpflege
SU53	Auswertung der Berechtigungsprüfung
SUSG	Aggregierte Verwendungsdaten auf Basis von SCMON
SWLT	Arbeitsvorrat für SQL-Performanceoptimierung
SXMB_MONI	Integration Engine – Monitoring
SYCM	Custom Code Management
VOFM	Konfiguration Bedingungen, Formeln

Anhang B
Checkliste zur Vorbereitung der Custom-Code-Migration

Aktivität	Durchgeführt
Verwendungsprotokollierung im produktiven SAP ERP aktivieren	
aktuelle Vereinfachungsdatenbank im Prüfsystem hochladen (siehe SAP-Hinweis 2241080)	
ABAP Test Cockpit konfigurieren (inklusive Befreiungen)	
SAP-S/4HANA-Entwickler-Schulung durchführen	
App Custom Code Migration einrichten	
aktuelle SAP-Hinweise prüfen und einspielen (siehe Sammelhinweise 2436688 und 2364916)	
Arbeitspakete, Termine und Ressourcenzuordnung für die Codeumstellung planen	
Richtlinien und Standards für die Codeumstellung festlegen (Prüfvariante, Dokumentation der Änderungen, Stilllegung von Objekten, aktuelle Entwicklungsrichtlinien, Genehmigung von Befreiungen und vieles mehr)	
negative Seiteneffekte durch aktuell laufende parallele Entwicklungsprojekte prüfen und Transportstrategie festlegen	
Templates zur effizienten Steuerung der Bearbeitung der Befunde erstellen (z. B. zentrale Liste mit Ersetzungsobjekten)	
Überblick über die fachlichen Vereinfachungen innerhalb der Eigenentwicklungen ohne funktionales Äquivalent in SAP S/4HANA verschaffen	
aktuelle Version von Eclipse und ABAP Development Tools einrichten und mit dem Entwicklungssystem verbinden	
Systemzugriff und Berechtigungen (gegebenenfalls Entwicklerschlüssel) für beteiligte Entwickler sicherstellen	
operativ verwendete fremde Namensräume prüfen und mit Drittanbieter abstimmen	

Aktivität	Durchgeführt
korrekte Ausführung des Custom Code Checks für SAP S/4HANA im Entwicklungssystem sicherstellen	
einen regelmäßigen Job für ein längerfristiges Monitoring der Abarbeitung der ATC-Befunde einplanen	
Konfiguration in Transaktionen ATC und SE03 zur automatischen Ausführung einer Prüfvariante bei Freigabe eines Transportauftrags prüfen, inklusive Sperre/Informationen bei kritischen Befunden	
eigene Namensräume für die ATC-Prüfung über den Report `SATC_AC_INIT_NAMESPACE_REG` registrieren	
relevante Baseline bei der ATC-Prüfung prüfen und festlegen (siehe auch SAP Help Portal unter *http://s-prs.de/v763227*)	

Anhang C

Das Autorenteam

Emily Celen ist Principal Developer bei der All for One Group SE. In dieser Rolle ist sie vorwiegend als Entwicklungsmanagerin oder technische Architektin in SAP-S/4HANA-Transformationsprojekten tätig. Zusätzlich leitet sie ein Fachteam zur Optimierung von Methoden, Applikationen und Services im Bereich der Entwicklung in Transformationsprojekten. Bereits seit 2006 unterstützte sie Kunden als technische Beraterin und Entwicklerin in branchenübergreifenden SAP-Projekten mit Fokus auf der ERP-Entwicklung.

Dr.-Ing. **Lutz Rosenpflanzer** arbeitet als fachlicher Leiter eines SAP-Entwicklerteams bei der Swisscom Schweiz/SAP Services. Sein Fokus liegt dabei auf Entwicklungs- und Architekturthemen im Zuge von SAP-S/4HANA-Transformationen. Lutz Rosenpflanzer war seit 1995 als Entwickler und später Development Manager in Entwicklungsprojekten im In- und Ausland tätig, zunächst bei SAP und später auf Kunden- bzw. Beratungsseite. Er studierte Informatik an der TU Dresden und hat in diesem Fach promoviert. Neben seiner Beratertätigkeit unterrichtet er ABAP-Entwicklung an einer Fachhochschule und verfasst Bücher zu Kunst- und Architekturgeschichte.

Index

D

E

I

J

K

L

Q

R

S

U

V

W

X

Z